全国高等教育自学考试指定教材

电工与电子技术

（2024 年版）

（含：电工与电子技术自学考试大纲）

全国高等教育自学考试指导委员会　组编

主编　贾贵玺　赵　刚

机 械 工 业 出 版 社

本书作为全国高等教育自学考试指定教材，根据当前电工与电子技术的进步和相关专业的发展需求，对2015年版教材进行了全面总结、提高和适当精简、补充，具有内容简明、重点突出、深入浅出、便于自学等特点。本书分为3篇，第1篇为电工技术，第2篇为电子技术，第3篇为实验指导书。每篇每章均配有思考题、小结和一定数量的例题和习题。为了便于自学，本书配套有数字资源，包括全部习题详解和PPT课件。

本书可作为高等教育工科非电类专业本科生、专科生的自学教材或参考书，也可供有关工程技术人员培训和自学使用。

图书在版编目（CIP）数据

电工与电子技术：2024年版/全国高等教育自学考试指导委员会组编；贾贵玺，赵刚主编. —北京：机械工业出版社，2024.4

全国高等教育自学考试指定教材

ISBN 978-7-111-75489-3

Ⅰ.①电… Ⅱ.①全… ②贾… ③赵… Ⅲ.①电工技术-高等教育-自学考试-教材②电子技术-高等教育-自学考试-教材 Ⅳ.①TM②TN

中国国家版本馆CIP数据核字（2024）第066065号

机械工业出版社（北京市百万庄大街22号 邮政编码100037）

策划编辑：路乙达 责任编辑：路乙达 杨晓花

责任校对：樊钟英 张 薇 严娅萍 责任印制：任维东

天津翔远印刷有限公司印刷

2024年5月第1版第1次印刷

184mm×260mm · 22.25印张 · 549千字

标准书号：ISBN 978-7-111-75489-3

定价：75.00元

电话服务 网络服务

客服电话：010-88361066 机 工 官 网：www.cmpbook.com

010-88379833 机 工 官 博：weibo.com/cmp1952

010-68326294 金 书 网：www.golden-book.com

 机工教育服务网：www.cmpedu.com

组编前言

21 世纪是一个变幻难测的世纪，是一个催人奋进的时代，科学技术飞速发展，知识更替日新月异。希望、困惑、机遇、挑战，随时随地都有可能出现在每一个社会成员的生活之中。抓住机遇、寻求发展、迎接挑战、适应变化的制胜法宝就是学习——依靠自己学习，终生学习。

自学考试作为我国高等教育的组成部分，其职责就是在高等教育水平上倡导自学、鼓励自学、帮助自学、推动自学，为每一个自学者铺就成才之路。组织编写供自学者学习的教材就是履行这个职责的重要环节。毫无疑问，自学考试指定教材应当适合自学，应当有利于自学者掌握和了解新知识、新信息，有利于自学者增强创新意识、培养实践能力、形成自学能力，同时有利于自学者学以致用，解决实际工作中所遇到的问题。虽然自学考试指定教材沿用了“教材”的概念，但它与仅供教师讲、学生听，教师不讲、学生不懂，以“教”为中心的教科书相比，在内容编排、编写体例、行文风格等方面都大有不同。希望自学者对此有所了解，以便从一开始就树立起依靠自己学习的坚定信念，不断探索适合自己的学习方法，充分利用自己已有的知识基础和实际工作经验，最大限度地发挥自己的潜能，达到学习的目标。

欢迎读者提出意见和建议。

祝每一位自学者自学成功!

全国高等教育自学考试指导委员会

2023 年 1 月

目　录

组编前言

电工与电子技术自学考试大纲

大纲前言
Ⅰ. 课程性质与课程目标 …………………… 3
Ⅱ. 考核目标 ……………………………… 3
Ⅲ. 课程内容与考核要求 ………………… 4
Ⅳ. 关于大纲的说明与考核实施要求 … 19
Ⅴ. 参考样卷 ……………………………… 21
大纲后记 ………………………………… 28

电工与电子技术

编者的话 ……………………………………………………………… 30

第1篇　电工技术

第1章　电路的基本概念与基本定律 …… 31
1.1　电路的组成及其作用 ……………………… 31
1.1.1　电路的组成 ……………………………… 31
1.1.2　电路的作用与分类 ……………………… 31
1.1.3　电路模型 ………………………………… 32
1.2　电流、电压、电动势及其参考方向 …… 32
1.2.1　电流 ……………………………………… 32
1.2.2　电压 ……………………………………… 33
1.2.3　电动势 …………………………………… 34
1.3　欧姆定律 …………………………………… 35
1.4　电路中的功与功率 ………………………… 36
1.5　无源电路元件 ……………………………… 38
1.5.1　电阻元件 ………………………………… 38
1.5.2　电感元件 ………………………………… 39
1.5.3　电容元件 ………………………………… 40
1.6　有源电路元件 ……………………………… 41
1.6.1　理想电压源 ……………………………… 41
1.6.2　理想电流源 ……………………………… 41
1.6.3　实际电源的模型与电源等效变换 ……… 42
1.6.4　电源的串联和并联 ……………………… 45
1.7　电路的工作状态 …………………………… 47
1.7.1　电源的有载工作状态 …………………… 47
1.7.2　电源的空载工作状态 …………………… 48
1.7.3　电源的短路工作状态 …………………… 48
1.8　基尔霍夫定律 ……………………………… 49
1.8.1　基尔霍夫电流定律 ……………………… 49
1.8.2　基尔霍夫电压定律 ……………………… 50
本章小结 ………………………………………… 51
习题 ……………………………………………… 52
第2章　电路的分析方法 ……………………… 55
2.1　电阻的串联与并联 ………………………… 55
2.1.1　电阻的串联 ……………………………… 55
2.1.2　电阻的并联 ……………………………… 55
2.2　支路电流法 ………………………………… 57
2.3　叠加定理 …………………………………… 59
2.4　戴维南定理 ………………………………… 62
2.5　电位的计算 ………………………………… 65
本章小结 ………………………………………… 66
习题 ……………………………………………… 66

第 3 章 电路的暂态分析 …… 70

3.1 换路定则与初始值的确定 …… 70

3.1.1 换路定则 …… 70

3.1.2 初始值的确定 …… 70

3.2 一阶电路的零输入响应 …… 73

3.2.1 *RC* 串联电路的零输入响应 …… 73

3.2.2 *RL* 串联电路的零输入响应 …… 75

3.3 一阶电路的零状态响应 …… 77

3.3.1 *RC* 串联电路的零状态响应 …… 77

3.3.2 *RL* 串联电路的零状态响应 …… 79

3.4 一阶电路的全响应和三要素法 …… 80

3.4.1 一阶电路的全响应 …… 80

3.4.2 三要素法 …… 81

本章小结 …… 83

习题 …… 84

第 4 章 单相正弦交流电路 …… 87

4.1 正弦交流电的基本概念 …… 87

4.1.1 正弦量的基本表示方法 …… 87

4.1.2 正弦量的三要素 …… 88

4.2 正弦量的相量表示法 …… 91

4.2.1 相量的概念 …… 91

4.2.2 复数及其表示形式 …… 91

4.2.3 复数的运算 …… 92

4.2.4 正弦交流电的相量表示 …… 93

4.3 单一参数元件的交流电路 …… 95

4.3.1 电阻元件的交流电路 …… 95

4.3.2 电感元件的交流电路 …… 96

4.3.3 电容元件的交流电路 …… 98

4.4 *RLC* 串联的交流电路 …… 100

4.5 阻抗的串联与并联 …… 106

4.5.1 阻抗的串联 …… 106

4.5.2 阻抗的并联 …… 107

4.6 正弦电路的功率与功率因数的提高 …… 108

4.6.1 正弦电路的功率 …… 108

4.6.2 功率因数的提高 …… 110

本章小结 …… 113

习题 …… 114

第 5 章 三相正弦交流电路与安全用电 …… 117

5.1 三相正弦交流电路 …… 117

5.1.1 三相电源 …… 117

5.1.2 三相负载 …… 118

5.1.3 三相功率 …… 122

5.2 安全用电 …… 123

5.2.1 安全用电概述 …… 123

5.2.2 触电形式 …… 124

5.2.3 触电急救及防护措施 …… 126

5.2.4 保护接地与保护接零 …… 126

本章小结 …… 128

习题 …… 128

第 6 章 磁路和变压器 …… 130

6.1 磁路及其基本定律 …… 130

6.1.1 磁路的概念 …… 130

6.1.2 铁磁材料 …… 131

6.1.3 磁路的基本定律 …… 132

6.2 直流和交流磁路 …… 133

6.2.1 直流磁路 …… 133

6.2.2 交流磁路 …… 133

6.3 变压器 …… 135

6.3.1 变压器的基本原理 …… 135

6.3.2 变压器的运行特性 …… 137

本章小结 …… 138

习题 …… 139

第 7 章 三相异步电动机及其控制 …… 141

7.1 三相异步电动机 …… 141

7.1.1 三相异步电动机的结构 …… 141

7.1.2 三相异步电动机的工作原理 …… 142

7.1.3 三相异步电动机的电磁转矩和机械特性 …… 145

7.1.4 三相异步电动机的额定值 …… 147

7.1.5 三相异步电动机的起动 …… 148

7.1.6 三相异步电动机的调速 …… 151

7.2 继电-接触器控制系统 …… 152

7.2.1 常用低压控制电器 …… 152

7.2.2 继电-接触器控制电路 …… 156

7.3 可编程序控制器概论 …… 160

7.3.1 PLC 的发展历程 …… 161

7.3.2 PLC 的定义 …… 161

7.3.3 PLC 的典型结构组成 …… 162

7.3.4 PLC 的基本功能与应用 …… 164

7.3.5 PLC 的分类 …… 164

7.3.6 PLC 的特点 …… 165

7.3.7 PLC 的工作原理 …… 166

7.3.8 PLC 与继电器控制系统的比较 …… 166

7.3.9 PLC 的发展趋势 …… 167

本章小结 …… 168
习题 …… 168

第2篇　电子技术

第8章　半导体器件 …… 171
8.1　半导体基础知识 …… 171
8.1.1　半导体的导电性能 …… 171
8.1.2　P型半导体和N型半导体 …… 172
8.1.3　PN结及其单向导电性 …… 172
8.2　半导体二极管 …… 173
8.2.1　基本结构 …… 173
8.2.2　伏安特性 …… 173
8.2.3　主要参数 …… 174
8.2.4　基本应用 …… 174
8.3　稳压二极管 …… 176
8.3.1　伏安特性 …… 176
8.3.2　主要参数 …… 177
8.3.3　基本应用 …… 177
8.4　双极型晶体管 …… 178
8.4.1　基本结构 …… 178
8.4.2　电流分配与放大作用 …… 179
8.4.3　伏安特性 …… 180
8.4.4　主要参数 …… 181
8.5　场效应晶体管 …… 183
8.5.1　绝缘栅型场效应晶体管的结构与特性曲线 …… 183
8.5.2　主要参数 …… 186
8.6　光电器件 …… 187
8.6.1　发光二极管 …… 187
8.6.2　光电导器件 …… 187
8.6.3　光电耦合器 …… 188
8.6.4　光（太阳能）电池 …… 189
本章小结 …… 189
习题 …… 190
第9章　基本放大电路 …… 193
9.1　共发射极交流放大电路 …… 193
9.1.1　放大电路的组成 …… 193
9.1.2　放大电路的工作原理 …… 193
9.2　静态工作点稳定的放大电路 …… 196
9.3　放大电路的图解分析法 …… 198
9.4　放大电路的微变等效电路分析法 …… 200
9.5　射极输出器 …… 206
9.5.1　射极输出器的组成 …… 206
9.5.2　射极输出器的分析 …… 206
9.6　差分放大电路 …… 209
9.6.1　基本差分放大电路 …… 209
9.6.2　典型差分放大电路 …… 212
9.7　功率放大电路 …… 213
9.7.1　功率放大电路的特点和分类 …… 213
9.7.2　互补对称功率放大电路 …… 214
9.8　场效应晶体管放大电路 …… 216
9.8.1　场效应晶体管分压式偏置放大电路 …… 216
9.8.2　场效应晶体管放大电路的分析 …… 216
本章小结 …… 219
习题 …… 219
第10章　集成运算放大器及其应用 …… 224
10.1　集成运算放大器 …… 224
10.1.1　集成运算放大器的电路结构 …… 224
10.1.2　集成运算放大器的电压传输特性和主要参数 …… 225
10.2　反馈 …… 228
10.2.1　反馈的基本概念 …… 228
10.2.2　反馈的极性及其判别方法 …… 229
10.2.3　负反馈对电路性能的影响 …… 234
10.3　集成运算放大器在信号运算电路中的应用 …… 236
10.3.1　比例运算电路 …… 237
10.3.2　加法运算电路 …… 241
10.3.3　减法运算电路 …… 242
10.3.4　积分运算电路 …… 244
10.3.5　微分运算电路 …… 245
本章小结 …… 246
习题 …… 246
第11章　直流稳压电源 …… 250
11.1　单相整流电路 …… 250
11.1.1　单相半波整流电路 …… 250
11.1.2　单相全波整流电路 …… 251
11.2　滤波电路 …… 254
11.2.1　电容滤波电路 …… 254
11.2.2　电感滤波电路 …… 256
11.2.3　复合滤波电路 …… 256

11.3 稳压电路 …… 257
11.3.1 稳压二极管稳压电路 …… 257
11.3.2 串联型线性稳压电路 …… 258
11.3.3 集成稳压电路 …… 259
本章小结 …… 261
习题 …… 261
第 12 章 数字逻辑基础和门电路 …… 264
12.1 数字电路基础 …… 264
12.1.1 脉冲信号与数字电路 …… 264
12.1.2 数字电路的特点 …… 265
12.1.3 数制 …… 265
12.2 基本逻辑关系及其门电路 …… 267
12.2.1 与逻辑及与门电路 …… 267
12.2.2 或逻辑及或门电路 …… 268
12.2.3 非逻辑及非门电路 …… 269
12.2.4 复合门电路 …… 270
12.3 TTL 门电路 …… 270
12.3.1 TTL 集成门电路 …… 271
12.3.2 集成门电路多余输入端的处理 …… 274
12.4 CMOS 门电路 …… 275
12.4.1 CMOS 反相器的组成及原理 …… 275
12.4.2 CMOS 传输门 …… 275
12.5 逻辑代数基础 …… 277
12.5.1 逻辑函数及其表示方法 …… 277
12.5.2 逻辑代数的运算法则 …… 280
12.5.3 逻辑函数的化简与变换 …… 281
本章小结 …… 282
习题 …… 283
第 13 章 组合逻辑电路 …… 285
13.1 组合逻辑电路的分析和设计 …… 285
13.1.1 组合逻辑电路的分析 …… 285
13.1.2 组合逻辑电路的设计 …… 286
13.2 加法器 …… 288
13.2.1 半加器 …… 288
13.2.2 全加器 …… 288
13.3 编码器 …… 290
13.3.1 二进制编码器 …… 290
13.3.2 二-十进制编码器 …… 291
13.3.3 优先编码器 …… 292
13.4 译码器 …… 293
13.4.1 二进制译码器 …… 293
13.4.2 二-十进制译码器 …… 294
13.4.3 7 段显示译码器 …… 295
本章小结 …… 297
习题 …… 297
第 14 章 时序逻辑电路 …… 301
14.1 触发器 …… 301
14.1.1 基本 *RS* 触发器 …… 301
14.1.2 钟控 *RS* 触发器 …… 302
14.1.3 *D* 触发器 …… 304
14.1.4 *JK* 触发器 …… 308
14.2 寄存器 …… 310
14.2.1 并行输入寄存器 …… 310
14.2.2 移位寄存器 …… 310
14.2.3 集成寄存器 …… 311
14.3 计数器 …… 312
14.3.1 异步二进制加 1 计数器 …… 312
14.3.2 同步二进制加 1 计数器 …… 314
14.3.3 同步十进制计数器 …… 315
14.3.4 集成计数器 …… 316
本章小结 …… 317
习题 …… 318

第 3 篇 实验指导书

实验 1 常用电子元器件参数的测量（自习） …… 322
实验 2 叠加定理 …… 325
实验 3 单相交流电路参数的测量 …… 326
实验 4 三相交流电路 …… 329
实验 5 三相异步电动机及其基本控制电路 …… 331
实验 6 整流与滤波电路 …… 333
实验 7 晶体管放大电路 …… 335
实验 8 集成运算放大器的基本运算电路 …… 337
实验 9 TTL 集成门电路 …… 340
实验 10 集成计数器的应用 …… 343
参考文献 …… 346
后记 …… 347

全国高等教育自学考试

电工与电子技术
自学考试大纲

全国高等教育自学考试指导委员会　制定

大纲前言

为了适应社会主义现代化建设事业的需要，鼓励自学成才，我国在20世纪80年代初建立了高等教育自学考试制度。高等教育自学考试是个人自学、社会助学和国家考试相结合的一种高等教育形式。应考者通过规定的专业考试课程并经思想品德鉴定达到毕业要求，即可获得毕业证书；国家承认学历并按照规定享有与普通高等学校毕业生同等的有关待遇。经过40多年的发展，高等教育自学考试为国家培养、造就了大批专门人才。

课程自学考试大纲是规范自学者学习范围、要求和考试标准的文件。它是按照专业考试计划的要求，具体指导个人自学、社会助学、国家考试及编写教材的依据。

随着经济社会的快速发展，新的法律法规不断出台，科技成果不断涌现，原大纲中有些内容过时、知识陈旧。为更新教育观念，深化教学内容方式、考试制度、质量评价制度改革，使自学考试更好地提高人才培养的质量，各专业委员会按照专业考试计划的要求，对原课程自学考试大纲组织了修订或重编。

修订后的大纲，在层次上，本科参照一般普通高校本科水平，专科参照一般普通高校专科或高职院校的水平；在内容上，及时反映学科的发展变化，增补了自然科学和社会科学近年来的研究成果，对明显陈旧的内容进行了删减，以更好地指导应考者学习、考试使用。

全国高等教育自学考试指导委员会

2023年12月

Ⅰ. 课程性质与课程目标

一、课程性质和特点

“电工与电子技术”是一门实践性和应用性较强的技术基础课，随着科学技术的发展，电工与电子技术已渗透到了各个领域。“电工与电子技术”是汽车服务工程（专升本）、轨道交通信号与控制（专升本）、数控技术（专科）等专业的重要课程。“电工与电子技术”课程包含电气工程、信息工程和控制工程等领域的基本内容，涵盖电能利用和电信号处理这两个电气与电子工程的核心问题，是高等学校本专科非电类专业重要的工程基础课程。课程知识面广、实践性强，课程内容与时俱进，具有基础性、综合性和跨学科的特点。通过本课程的学习，旨在使考生掌握电路、磁路、电机和电子技术方面的基本理论、基本知识及其在工程技术领域中应用的基本方法和技能，掌握基本的实验技能。

二、课程目标

设置本课程的目的是使考生获得电工、电子技术必要的基本理论、基本知识和基本技能，为学习后续课程及参加实际工作打下必要的基础。

通过本课程学习，要求考生：

1）理解电工基本理论、基本概念，熟练掌握电路基本分析方法，能对一般电路问题进行正确计算，理解变压器、电动机、低压电器的基本原理和性能，掌握基本分析方法和简单计算，理解电动机继电-接触器控制原理，掌握控制电路的分析方法。

2）理解常用电子器件的基本工作原理和基本特性，了解电子器件主要参数的意义，了解基本电子电路的构成原理，掌握电子电路的分析方法、波形图和一般计算。

本课程实践性强，学习时应注意联系实际，完成必要的实验项目，并保证及时完成习题和作业。

三、与相关课程的联系与区别

学习本课程的考生必须先掌握高等数学的基本知识和物理学有关电、磁学的基本知识。掌握本课程的相关知识为以后的专业课打下基础。

四、课程的重点和难点

本课程的重点是电路的基本概念和基本定律、电路的暂态分析、单相正弦交流电路的分析方法、磁路的概念与变压器的基本功能、三相异步电动机的工作原理与控制方法，以及常用半导体器件的基本结构与特性、晶体管放大电路的工作原理与分析方法、运算放大器的应用、基本逻辑关系与门电路、组合逻辑电路的分析方法、触发器的应用、常用集成时序逻辑电路的应用。

本课程的难点包括电路的暂态分析、单相正弦交流电路的分析方法、三相异步电动机的工作原理与控制方法、放大电路静态工作点的计算和微变等效电路的分析方法、放大电路反馈类型的判断、组合逻辑电路的设计方法、任意（N）进制计数器的工作原理。

Ⅱ. 考核目标

本大纲在考核目标中按照识记、领会、简单应用和综合应用四个能力层次规定其应达到的能力层次要求。四个能力层次是递升的关系，后者必须建立在前者的基础上，各能力层次的含义如下：

识记：能够识别和记忆本课程中有关的名词、概念及规律的主要内容，并能够根据考核的不同要求，做出正确的表述、选择和判断。

领会：能够领悟和理解本课程中有关物理概念及规律的内涵，全面把握基本概念、基本原理、基本方法，能够掌握有关概念、原理、方法的区别与联系，并能够根据考核的不同要求，对问题进行逻辑推理和论证，做出正确的判断、解释和说明。

简单应用：能够灵活运用本课程中有关的基本概念、基本原理、基本方法，并能够根据考核的不同要求，运用学过的某个知识点，分析和计算有关简单技术问题。

综合应用：能够灵活运用本课程中有关的基本概念、基本原理、基本方法，并能够根据考核的不同要求，将学过的多个知识点联系起来，分析和解决有关实际问题。

Ⅲ. 课程内容与考核要求

第 1 篇　电 工 技 术

第 1 章　电路的基本概念与基本定律

一、学习目的与要求

通过本章的学习，考生应了解电路的基本概念、基本物理量、基本定律的应用，熟悉电压源、电流源及其等效变换方法，掌握欧姆定律、基尔霍夫定律，达到会分析简单电路的能力要求。

二、课程内容

1）电路的基本概念、基本物理量、基本定律。

2）无源电路元件（电阻、电感和电容）。

3）有源电路元件（电压源和电流源）。

4）基尔霍夫定律。

三、考核知识点与考核目标

1）电路的组成及其作用。

识记：电路的三个重要组成部分，电路传输和转换电能的作用，电路信号传递和处理的作用。

2）电路中的基本物理量。

识记：电流、电压及电动势的物理意义及参考方向的概念。

3）无源电路元件。

识记：电阻元件的物理意义、欧姆定律，根据电压、电流参考方向正确应用欧姆定律表达式，电感元件的物理意义，电感元件上的电压与电流的关系，电容元件的物理意义，电容元件上的电压与电流的关系。

领会：电阻的基本单位及常用的倍数单位，会利用欧姆定律计算电阻值，电感的基本单位及常用的倍数单位，电容的基本单位及常用的倍数单位。

4）有源电路元件。

识记：电压源及电流源的基本概念。

领会：电压源模型与电流源模型之间的相互转换。

5）电路的工作状态。

识记：电路的有载状态及电路中电流、负载电阻两端电压的关系，电路有载状态下的功率平衡关系，电路的开路状态及电路开路时的特征，电路的短路状态及电路短路时的特征。

领会：额定值的基本概念。

6）基尔霍夫定律。

识记：支路、节点和回路的定义，根据所给的电路图正确确定支路、节点和回路。

简单应用：根据基尔霍夫电流定律，列写节点电流方程（不含广义节点）；根据基尔霍夫电压定律，列写回路电压方程，计算电路中任意两点之间的电压。

四、本章重点、难点

本章的重点是电流、电压和电动势的物理意义及参考方向的概念，欧姆定律及其应用；难点是基尔霍夫定律及其应用。

第 2 章　电路的分析方法

一、学习目的与要求

通过本章的学习，考生应掌握常用的电路分析方法。应达到会分析一般电路的能力要求。

二、课程内容

1）电阻的串联与并联。

2）支路电流法。

3）叠加定理。

4）戴维南定理。

5）电位的计算。

三、考核知识点与考核目标

1）电阻的串联与并联。

识记：串联电阻的连接方式；并联电阻的连接方式。

领会：计算串联等效电阻、串联电阻的分压关系；计算并联等效电阻、两个并联电阻的分流关系。

简单应用：计算串、并联等效电阻，计算串、并联电路中的电流、电压及功率。

2）支路电流法。

领会：设置支路电流参考方向及列节点电流的独立方程、回路电压的独立方程。

3）叠加定理。

识记：叠加定理的基本内容及其应用条件。

综合应用：应用叠加定理进行含两个电源的电路分析计算。

4）戴维南定理。

识记：戴维南定理的基本内容，根据解题要求得出有源二端网络。

领会：有源二端网络的等效电动势与开路电压值及极性关系，有源二端网络的除源原则，计算无源二端网络的等效电阻。

综合应用：应用戴维南定理进行具有两个或三个独立回路的电路分析计算。

5）电位的计算

领会：电位的概念。

简单应用：电路中电位的计算。

四、本章重点、难点

本章的重点是支路电流法、叠加定理、戴维南定理及其应用；难点是利用戴维南定理分析电路问题。

第 3 章　电路的暂态分析

一、学习目的与要求

通过本章的学习，考生应了解暂态的基本概念，明确一阶暂态电路过渡过程产生的原因及各种物理现象，达到熟练使用三要素分析法分析一阶暂态电路的能力要求。

二、课程内容

1）电路中暂态的基本概念，换路定则。

2）一阶电路的零输入响应、零状态响应、全响应。

3）一阶电路的三要素分析法。

三、考核知识点与考核目标

1）储能元件及耗能元件

识记：储能元件电感、电容与耗能元件电阻的本质区别。

2）换路定则。

领会：利用换路定则确定一阶电路过渡过程的初始值。

3）一阶电路的零输入响应。

领会：一阶 *RC*、*RL* 电路的零输入响应。

4）一阶电路的零状态响应。

领会：一阶 *RC*、*RL* 电路的零状态响应。

5）一阶电路的全响应。

领会：一阶 *RC*、*RL* 电路的全响应。

简单应用：利用三要素法分析一阶 *RC*、*RL* 电路的零输入、零状态及全响应。

四、本章重点、难点

本章的重点是换路定则的应用，一阶 *RC*、*RL* 电路的零输入、零状态及全响应；难点是利用三要素法分析一阶暂态电路。

第 4 章　单相正弦交流电路

一、学习目的与要求

通过本章的学习，考生应掌握交流电的基本概念、正弦量的表示法、串联电路中电压与电流的关系及功率关系，达到会分析 *RL*、*RC* 及 *RLC* 串联电路中电压与电流的关系、功率关系的能力要求。

二、课程内容

1）交流电的基本概念、正弦量的表示法。

2）*RL*、*RC* 及 *RLC* 串联电路中电压与电流的关系、功率关系。

三、考核知识点与考核目标

1）正弦交流电的基本概念。

识记：交流电的特点，正弦交流电的函数表达式，正弦交流电的幅值、初相位、周期在波形图上的标示。

领会：正弦交流电的三要素，由函数表达式、波形图写出三要素，同频率正弦量的相位差计算关系，根据相位差角确定同频率正弦量的超前、滞后、同相、反相的相位关系，正弦交流电有效值与幅值的关系。

2）正弦量的表示法。

识记：旋转有向线段表示正弦量的含义和方法。

领会：有效值相量的含义和表示方法，相量图的含义及画法，正弦量的复数表示方法。

3）单一参数（R、L、C）的交流电路。

识记：单一参数电压与电流的瞬时值关系，电压与电流的相位关系。

领会：单一参数电压与电流的有效值关系式，电压、电流有效值的计算，电压有效值相量与电流有效值相量的关系，画电压、电流相量图，平均功率关系式、功率单位及功率计算。

4）RL 串联的交流电路。

识记：总电压瞬时值与各元件电压瞬时值之间满足基尔霍夫电压定律，总电压有效值相量与各元件电压有效值相量之间满足相量形式的基尔霍夫电压定律。

领会：总电压有效值与电流有效值的关系及相量关系，根据电路参数计算阻抗。

简单应用：平均功率、无功功率与功率因数的关系，视在功率关系式、单位，电压、电流及功率计算。

5）RC 串联的交流电路。

识记：总电压瞬时值与各元件电压瞬时值之间满足基尔霍夫电压定律，总电压有效值相量与各元件电压有效值相量之间满足相量形式的基尔霍夫电压定律。

领会：总电压有效值与电流有效值的关系及相量关系，根据电路参数计算阻抗。

综合应用：平均功率及无功功率与功率因数的关系，视在功率关系式、单位，电压、电流及功率计算。

6）RLC 串联的交流电路。

领会：总电压瞬时值与各元件电压瞬时值之间满足基尔霍夫电压定律，总电压有效值相量与各元件电压有效值相量之间满足相量形式的基尔霍夫电压定律，电压三角形所表示的各元件电压有效值相量关系，阻抗三角形所表示的电阻、电抗、阻抗关系。

综合应用：电压与电流的关系，平均功率、无功功率与功率因数的关系，视在功率关系式、单位，计算电路中的电压、电流及功率。

四、本章重点、难点

本章的重点是 RL 串联的交流电路、RC 串联的交流电路、RLC 串联的交流电路的分析方法；难点是有功功率、无功功率及视在功率计算。

第 5 章　三相正弦交流电路与安全用电

一、学习目的与要求

通过本章的学习，考生应掌握三相交流电的特点、三相电源及三相负载的连接方法、线值与相值的关系，三相四线制供电方式及中性线的作用，达到会分析三相对称负载的线（相）电压、线（相）电流及三相功率的能力要求。

二、课程内容

1）三相正弦交流电的特点；三相电源及三相负载的连接方法；线值与相值的关系。

2）三相四线制供电方式及中性线的作用。

3）三相对称负载的线（相）电压、线（相）电流及三相功率。

4）安全用电概述与保护方法。

三、考核知识点与考核目标

1）三相正弦交流电源。

识记：对称三相电动势的特点，三角函数式、正弦波形图及相量图表示三相电动势，三相交流电的相序概念。

领会：三相四线制电源中性点、中性线、相线的概念，三相四线制电源相电压与线电压的关系，在电路图及相量图中相电压、线电压的表示方法。

2）三相负载的星形联结。

识记：对称三相负载的概念，负载星形联结方法，电压、电流的参考方向。

简单应用：对称三相负载星形联结时相电压与线电压、相电流与线电流的关系及计算，对称负载三相电路功率的关系式及功率计算。

理解：不对称三相电阻负载星形联结时相电压与线电压、相电流与线电流的关系及计算，中性线的作用及中性线电流的计算。

3）三相负载的三角形联结。

识记：负载三角形联结方法，电压、电流的参考方向。

简单应用：对称三相负载三角形联结时相电压与线电压、相电流与线电流的关系及计算。

4）三相电路的功率。

简单应用：对称负载三相电路功率的关系式及功率计算。

5）触电的危害和预防。

识记：电流对人体的危害。

领会：单相触电、两相触电和跨步电压触电的基本知识，预防触电的基本知识。

6）电气设备的保护接地和保护接零。

简单应用：保护接地的基本知识，保护接零的基本知识。

四、本章重点、难点

本章的重点是三相电源的星形联结及其线电压与相电压的关系；难点是三相负载的星形联结、三角形联结方法及其电路参数计算。

第 6 章　磁路和变压器

一、学习目的与要求

通过本章的学习，考生应掌握磁路的基本概念、交流铁心线圈的电磁关系、变压器的工作原理，达到会使用变压器的能力要求。

二、课程内容

1）磁路的基本概念。

2）交流铁心线圈的电磁关系。

3）变压器的工作原理。

三、考核知识点与考核目标

1）磁路及其基本物理量。

识记：磁感应强度、磁通、磁导率的基本概念。

2）磁性材料及磁化曲线。

3）交流铁心线圈电路。

识记：电磁关系、电压与电流的关系。

领会：功率损耗，铜损耗，铁损耗。

4）变压器。

识记：变压器一次绕组、二次绕组的含义及其电磁关系。

简单应用：变压器的电压变换、电流变换、阻抗变换的作用，变压器的损耗与效率。

识记：变压器的额定值与运行特性。

四、本章重点、难点

本章的重点是变压器的电压变换、电流变换、阻抗变换的作用；难点是变压器的损耗与效率。

第 7 章　三相异步电动机及其控制

一、学习目的与要求

通过本章的学习，考生应了解电动机的结构、工作原理及运行特性，掌握三相异步电动机的使用方法，了解常用低压电器的结构、符号及用途，达到能读懂简单的实际电气控制电路图、掌握三相异步电动机常用控制方法的能力要求。

二、课程内容

1）三相异步电动机的结构、工作原理及运行特性。

2）常用低压电器的结构、符号及用途。

3）电气控制电路图。

4）常用电动机控制系统。

5）可编程控制器的结构与工作原理。

三、考核知识点与考核目标

1）三相异步电动机的结构。

识记：定子铁心和三相定子绕组的一般结构，笼型、绕线转子的一般结构。

2）三相异步电动机的工作原理。

识记：产生旋转磁场的基本原理，旋转磁场旋转方向与定子三相电流相序的关系。

领会：旋转磁场的转速与定子电流频率和旋转磁场的磁极对数的关系，磁转矩的产生及异步电动机转差率的概念。

3）三相异步电动机的电磁转矩与机械特性。

识记：三相异步电动机的电磁转矩与机械特性，机械特性曲线所表示的电磁转矩与转差率或转速与电磁转矩的关系。

领会：三相异步电动机额定转矩的定义，额定转矩与电动机额定功率的关系，最大转矩与定子电压二次方的关系及对应最大转矩的转差率与转子电阻的关系，过载系数的概念，起动转矩与定子电压、转子电阻的关系。

4）三相异步电动机的铭牌数据。

领会：三相异步电动机铭牌上各个数据的含义。

5）三相异步电动机的起动和反转。

领会：三相异步电动机的起动过程。

简单应用：三相异步电动机的直接起动、星形-三角形转换减压起动、反转方法。

6）常用低压电器。

识记：按钮、交流接触器、中间继电器、热继电器、时间继电器、熔断器、行程开关等的结构和作用，常用低压电器的图形符号、文字符号。

7）三相异步电动机直接起、停控制电路。

领会：三相异步电动机控制电路中的自保持（自锁）作用。

简单应用：三相异步电动机控制电路的短路保护、过载保护、欠（失）电压保护的作用，控制电路原理图。

8）三相异步电动机正反转控制电路。

领会：三相异步电动机正反转控制电路的工作原理。

简单应用：三相异步电动机控制电路的互锁控制，复合式按钮的互锁控制，控制电路中具有的保护环节及作用。

9）行程控制电路。

简单应用：限位控制、往复控制的工作原理。

10）时间控制电路。

简单应用：时间控制的工作原理。

11）可编程控制器。

识记：可编程控制器的结构与各部分的作用；可编程控制器的工作原理。

四、本章重点、难点

本章的重点是三相异步电动机的结构与工作原理、三相异步电动机的电磁转矩与机械特性、三相异步电动机的铭牌数据、三相异步电动机直接起动的控制电路；难点是三相异步电动机正反转控制电路、两台三相异步电动机顺序起停控制电路。

第 2 篇　电 子 技 术

第 8 章　半导体器件

一、学习目的与要求

通过本章的学习，考生应了解半导体基础知识，掌握普通二极管、稳压二极管、双极型晶体管、场效应晶体管的基本特性。

二、课程内容

1）半导体基础知识。

2）半导体二极管。

3）稳压二极管。

4）双极型晶体管。

5）场效应晶体管。

6）光电器件。

三、考核知识点与考核目标

1）半导体基础知识。

识记：半导体的导电特性，本征半导体、杂质半导体、PN 结的概念。

2）半导体二极管。

识记：半导体二极管的结构，半导体二极管的伏安特性，半导体二极管的主要参数。

3）稳压二极管。

识记：稳压二极管的符号和主要参数。

领会：稳压二极管的稳压特性。

简单应用：稳压管二极管稳压电路的简单分析和计算。

4）双极型晶体管。

识记：双极型晶体管的结构和主要参数。

领会：双极型晶体管的电流分配和放大电路，双极型晶体管的特性曲线。

5）场效应晶体管。

识记：场效应晶体管的结构和主要参数。

领会：场效应晶体管的种类，场效应晶体管的特性曲线。

6）光电器件。

发光二极管（LED）、光电晶体管和光电耦合器的结构及主要参数。

四、本章重点、难点

本章的重点是 PN 结的单向导电性，二极管、稳压二极管、双极型晶体管、场效应晶体管（MOS 管）的特性曲线和主要参数；难点是双极型晶体管、场效应晶体管的工作原理及工作状态。

第 9 章　基本放大电路

一、学习目的与要求

通过本章的学习，考生应掌握放大电路的组成、放大电路的基本原理及分析方法，达到会分析、计算和应用基本放大电路的能力要求。

二、课程内容

1）双极型晶体管放大电路的基本组成与工作原理。

2）静态工作点的设置。

3）放大电路的静态分析方法。

4）放大电路的动态分析方法。

5）射极输出器。

6）差分放大电路。

7）功率放大电路。

8）场效应晶体管放大电路。

三、考核知识点与考核目标

1）放大电路的基本参数。

识记：放大电路的输入电阻、输出电阻、放大倍数。

2）双极型晶体管共射极放大电路的基本组成。

领会：共射极放大电路的组成和接法、各元器件的作用。

3）放大电路的静态分析。

领会：设置合适静态工作点的必要性，分压式偏置放大电路的作用。

综合应用：用放大电路的直流通路计算静态值，用图解法确定静态工作点。

4）放大电路的动态分析。

领会：图解法进行动态分析的基本知识。

综合应用：绘制基本放大电路的微变等效电路，放大电路的电压放大倍数、输入电阻、输出电阻计算。

5）射极输出器。

领会：射极输出器的特点。

6）差分放大电路。

识记：零点漂移问题，共模信号与差模信号，差分放大电路的特点。

7）功率放大电路。

识记：甲类放大电路、乙类放大电路和甲乙类放大电路效率的不同，交越失真，OTL、OCL 功率放大电路。

8）场效应晶体管放大电路。

简单应用：场效应晶体管放大电路的静态分析、动态分析。

四、本章重点、难点

本章的重点是基本共射极放大电路的组成，静态工作点的设置方法，放大电路的基本工作原理及静态、动态分析方法，射极输出器电路的工作原理分析，场效应晶体管放大电路的工作原理分析；难点是放大电路静态工作点的计算和微变等效电路分析法。

第 10 章　集成运算放大器及其应用

一、学习目的与要求

通过本章的学习，考生应掌握理想运算放大器应用电路的基本分析方法，掌握用集成运算放大器组成的比例、加、减、积分运算电路的应用，理解微分运算电路的工作原理，理解用集成运算放大器组成的电压比较器及其应用。

二、课程内容

1）反馈的基本概念、反馈的极性及其判别方法。

2）直流反馈和交流反馈。

3）负反馈对放大电路工作性能的影响。

4）集成运放在信号运算电路中的应用。

三、考核知识点与考核目标

1）反馈的基本概念。

识记：反馈的定义。

领会：负反馈的四种组态（判别有无反馈、直流反馈还是交流、正反馈还是负反馈、电压反馈还是电流反馈、串联反馈还是并联反馈）。

2）放大电路中的负反馈。

识记：负反馈对放大电路性能的影响。

3）集成运放在信号运算电路中的应用。

识记：微分电路及其输出电压的表达式。

领会：反相输入比例运算电路及其输出电压的表达式，同相输入比例运算、加法运算电路及其输出电压的表达式，差动输入比例（减法）运算电路及其输出电压的表达式，反相求和电路及其输出电压的表达式，积分电路及其输出电压的表达式。

简单应用：已知积分电路输入电压的波形画输出电压的波形。

综合应用：多输入、多个（2~3 个）运算放大器组成的电路分析及其应用。

四、本章重点、难点

本章重点是负反馈的四种组态判别和信号运算电路的分析；难点是判别负反馈组态类型、负反馈对放大电路性能的影响，微分电路、积分电路输出电压的计算和输出波形的画法。

第 11 章　直流稳压电源

一、学习目的与要求

通过本章的学习，考生应掌握直流稳压电源的组成、整流电路、滤波电路、稳压电路的基本原理及分析方法，达到会分析直流稳压电源电路和计算相应参数的能力要求。

二、课程内容

1）直流稳压电源的组成。

2）单相整流电路的工作原理及其分析方法。

3）滤波及稳压电路的工作原理与应用。

三、考核知识点与考核目标

1）整流电路。

识记：单相半波整流电路、单相全波整流电路、单相桥式整流电路输出电压与输入电压的关系。

领会：单相半波整流电路、单相桥式整流电路的工作原理，滤波器的基本概念和基本工作原理。

2）滤波电路。

识记：电容滤波的参数计算，电感滤波及其组合滤波电路的结构。

3）稳压电路。

领会：稳压二极管稳压电路、分立元器件稳压电路的组成及工作原理。

简单应用：集成稳压器的应用。

四、本章重点、难点

本章重点是单相桥式整流电路的工作原理与参数计算，电容滤波电路的参数计算，稳压二极管稳压电路、串联型线性稳压电路的组成、工作原理，集成稳压器的应用；难点是带有放大环节的串联型稳压电路的稳压原理。

第 12 章　数字逻辑基础和门电路

一、学习目的与要求

通过本章的学习，考生应理解数字电路中所使用的二进制数、十六进制数和 BCD 码的概念及相互转换方法，掌握基本逻辑门电路，掌握数字电路的重要分析工具——逻辑代数。

二、课程内容

1）数字电路基础、数字电路的特点、数制和码制。

2）基本逻辑关系及其门电路、TTL 门电路、CMOS 门电路。

3）逻辑函数及其表示方法，逻辑代数的运算法则，逻辑函数的化简与变换。

三、考核知识点与考核目标

1）数字电路基础。

识记：数字电路的特点，门电路的逻辑符号和逻辑关系。

领会：二进制数和十进制数的一般表达式，编码和码制，BCD 码和 8421BCD 码。

简单应用：二进制与十进制的相互转换，十六进制与二进制的相互转换。

2）基本逻辑关系及其门电路。

识记：逻辑变量与逻辑函数。

领会：门电路的逻辑符号。

3）TTL 门电路。

识记：其他门电路的逻辑符号，三态门、OC 门的逻辑符号。

领会：TTL 门电路、三态门、OC 门的逻辑功能。

4）CMOS 门电路。

识记：CMOS 电路的特点，CMOS 传输门的逻辑符号。

5）逻辑代数基础。

识记：逻辑代数的运算法则。

领会：逻辑函数化简的意义和最简的概念。

简单应用：逻辑函数的公式化简法的应用（变量数不超过 4 个、项数不超过 8 项），列出逻辑函数的真值表，给定输入信号波形画出输出信号波形。

四、本章重点、难点

本章的重点是数制和码制、逻辑函数的三种表示方法，逻辑代数的基本运算和基本公式，逻辑函数的公式化简法；难点是逻辑函数的化简。

第 13 章　组合逻辑电路

一、学习目的与要求

通过本章的学习，考生应掌握组合逻辑电路的分析和设计方法，理解加法器、编码器、译码器的应用。

二、课程内容

1）组合逻辑电路的分析。

2）组合逻辑电路的设计。

3）加法器。

4）编码器。

5）译码器。

三、考核知识点与考核目标

1）组合逻辑电路的分析和设计。

领会：组合逻辑电路的分析和设计方法。

简单应用：组合逻辑电路的分析和设计应用。

2）加法器。

领会：加法器的工作原理。

简单应用：加法器的应用。

3）编码器。

领会：编码器的工作原理。

简单应用：编码器的应用。

4）译码器。

领会：7 段数码管的构造和字段编号，译码器的工作原理。

简单应用：译码器的应用。

四、本章重点、难点

本章的重点是组合逻辑电路的分析和设计，半加器、全加器、编码器、译码器的功能和应用；难点是组合逻辑电路的分析和设计应用。

第 14 章　时序逻辑电路

一、学习目的与要求

通过本章的学习，考生要掌握 *RS* 触发器、*D* 触发器、*JK* 触发器的逻辑功能和触发方式，理解由触发器组成的寄存器和各种计数器的工作原理，理解寄存器和移位寄存器的工作原理。

二、课程内容

1）触发器。

2）寄存器。

3）计数器。

三、考核知识点与考核目标

1）触发器。

识记：*RS* 触发器、*D* 触发器、*JK* 触发器的符号。

领会：*RS* 触发器、*D* 触发器、*JK* 触发器的逻辑功能和触发方式。

简单应用：*D* 触发器、*JK* 触发器的应用，给定输入信号波形画出输出信号波形。

2）寄存器。

识记：寄存器的电路组成。

领会：寄存器的工作原理。

简单应用：寄存器的应用，给定输入信号波形画出输出信号波形。

3）计数器。

识记：计数器的电路组成。

领会：计数器的工作原理。

简单应用：计数器的应用，给定输入信号波形画出输出信号波形，用 4 位二进制集成计数器构成十进制（8421BCD 码）计数器。

综合应用：分析用门电路和集成计数器构成应用电路的功能。

四、本章重点、难点

本章的重点是触发器的逻辑符号和功能表，寄存器的工作原理和分析方法，计数器的工作原理和分析方法；难点是寄存器的分析方法，用 4 位二进制集成计数器实现十进制（8421BCD）码计数器的分析方法。

第 3 篇　实验指导书

实验 1　常用电子元器件参数的测量（自习）

一、考核目的与要求

通过该实验使考生学会常用电子元器件的识别和测量方法，掌握常用测量仪器的使用方法，熟悉常用半导体器件好、坏的鉴别方法，锻炼考生的实际操作技能和严谨的科学作风。

二、考核的内容

正确使用测量仪器，熟悉常用半导体器件好、坏的鉴别方法。

主要操作内容：

1）鉴别给定二极管、晶体管的好、坏；指明给定二极管极性、给定晶体管的基极。

2）按给定实验电路图接线，判断电路中稳压二极管的稳压值。

实验 2　叠加定理

一、考核目的与要求

通过该实验，考生应学会直流电工仪表的使用方法，验证线性电路叠加定理的正确性，加深对线性电路叠加性的理解，达到正确使用仪表测量电流、电压的能力要求。

二、考核的内容

验证线性电路叠加定理的正确性。

对指定的含有两个电压源的直流电路，主要操作内容：

1）首先令 U_{S1} 电压源单独作用，用直流数字电压表和毫安表测量各电阻元件两端的电压及各支路电流，数据记入表中。

2）其次令 U_{S2} 电压源单独作用，重复上述步骤，记录数据。

3）最后令 U_{S1} 和 U_{S2} 两个电压源共同作用，重复上述测量，记录数据。

通过记录数据验证叠加定理的正确性。

实验 3　单相交流电路参数的测量

一、考核目的与要求

通过该实验考生应首先学习交流电工仪表的使用方法，掌握简单交流电路的正确接线方法，锻炼考生的实际操作技能和严谨的科学作风。

二、考核的内容

掌握正弦稳态交流电路中电压、电流相量之间的关系，理解改善电路功率因数的意义并掌握其方法。

主要操作内容：

1）按实验电路图接线。调节自耦调压器的输出，使其输出电压缓慢增大，直到荧光灯刚启辉点亮为止，记录读数。

2）将电压调到220V，测量功率、电流、电压等值，验证电压、电流之间的相量关系。

实验4　三相交流电路

一、考核目的与要求

通过该实验，考生应掌握三相负载星形联结、三角形联结的方法，达到能正确连接三相负载及正确测量电压与电流的能力要求，培养考生的实际操作技能和严谨的科学作风。

二、考核的内容

验证三相电阻性（如白炽灯）负载星形联结、三角形联结两种情况下线电压、相电压及线电流、相电流之间的关系，充分理解三相四线制供电系统中中性线的作用。

主要操作内容：

1）三相负载星形联结（三相四线制供电），分别测量三相负载的线电压、相电压、线电流、相电流、中性线电流、电源与负载中性点间的电压。观察各相灯组亮暗的变化程度，特别要注意观察中性线的作用。

2）负载三角形联结（三相三线制供电），测量三相负载的线电压、相电压、线电流、相电流。

实验5　三相异步电动机及其基本控制电路

一、考核目的与要求

通过该实验，考生应掌握三相笼型异步电动机点动控制、自锁控制和正反转控制电路的实际接线方法，达到能够按照电气原理图正确接线的能力要求。

二、考核的内容

通过实验进一步加深对三相异步电动机点动控制、自锁控制和正反转控制电路特点的理解。

主要操作内容：分别完成以下三种控制电路，接线时，先接主电路，再连接控制电路。

1）点动控制。按点动控制电路图进行接线，对电动机进行点动操作。

2）自锁控制电路。按自锁控制电路进行接线，观察电动机及接触器的运转情况，验证自锁触点的作用。

3）正反转控制电路。按正反转控制电路进行接线，观察电动机及接触器的运转情况，从而验证互锁触点的作用。

实验6　整流与滤波电路

一、考核目的与要求

通过该实验，考生应掌握二极管单相半波整流电路、单相桥式整流电路的接线方法，达到能正确测量整流、滤波电路输入、输出电压的能力要求，培养考生的实际操作技能和严谨的科学作风。

二、考核的内容

测量单相电阻性负载桥式整流电路有、无滤波两种情况下输入电压、输出电压的关系，充分理解滤波电容的作用。

主要操作内容：

1）单相桥式整流电路的连接，分别测量单相桥式整流电路（固定电阻负载）有、无电容滤波时输入、输出电压的变化。

2）用示波器观察有、无电容滤波时输入、输出电压的波形变化，验证电容的滤波作用。

实验 7　晶体管放大电路

一、考核目的与要求

通过该实验，考生应学会晶体管放大电路静态工作点的调试方法，掌握放大电路电压放大倍数最大不失真输出电压的测试方法，达到熟悉使用常用电子仪器及模拟电路实验设备的能力要求。

二、考核的内容

连接晶体管放大电路，分析静态工作点对放大器性能的影响。

主要操作内容：

1）调试静态工作点，测量基极、集电极电压并记录，计算相应的基极、集电极电流及电流放大系数。

2）测量电压放大倍数，在放大电路输入端加入正弦信号，调节函数信号发生器的输出，用示波器观察放大电路输出电压波形，在波形不失真的条件下用交流毫伏表测量输出电压值，并用双踪示波器观察 u_o 和 u_i 的相位关系。

3）观察静态工作点对电压放大倍数的影响。

4）观察静态工作点对输出波形失真的影响。

5）测量最大不失真输出电压值。

实验 8　集成运算放大器的基本运算电路

一、考核目的与要求

通过该实验，考生应掌握由集成运算放大器组成的比例、加法、减法等基本运算电路的功能，掌握在实际应用运算放大器时应考虑的一些问题。

二、考核的内容

集成运算放大器在线性应用方面，可组成比例、加法、减法、积分、微分、对数等模拟运算电路，掌握理想运放在线性应用时的两个重要特性。

主要操作内容：按电路图连接实验电路，接通±12V 电源，输入端加入适当的输入电压 u_i，测量相应的输出电压 u_o，并用示波器观察 u_o 和 u_i 的相位关系。

1）反相比例运算电路。

2）同相比例运算电路。

3）反相加法运算电路。

4）减法运算电路。

实验9 TTL集成门电路

一、考核目的与要求

通过该实验，考生应掌握TTL集成与非门的逻辑功能的测试方法，进一步熟悉数字电路实验装置的结构、基本功能和使用方法。

二、考核的内容

掌握常用TTL集成门电路的使用规则及方法。

主要操作内容：

1）验证几种常用TTL集成门电路的逻辑功能。

2）掌握常用TTL集成门电路的接线与逻辑功能的测试方法。

实验10 集成计数器的应用

一、考核目的与要求

通过该实验，考生应掌握集成时序电路的使用方法，熟悉集成计数器的逻辑功能和各控制端的作用。

二、考核的内容

掌握常用集成计数器的逻辑功能及其使用方法。

主要操作内容：

1）掌握常用集成计数器的接线与测试方法。

2）测试一种集成计数器的逻辑功能。

以上实践环节的考核方式与环境要求如下。

（1）考核环境

以上实验均在电工电子实验室进行考核。所需设备有电工综合实验装置、模拟综合实验装置、数字综合实验装置、直流可调稳压电源、万用表、直流数字电压表、交流电压表和电流表、毫伏表、信号源、示波器等仪器仪表。

（2）考核方式

实践环节的考核可以根据专业需要选择8个实验。实践环节采用形成性考核，考生在实验前应结合实验内容和实验指导书认真预习，学习有关仪器、仪表的使用方法，实验中正确进行实验操作和读取实验数据，实验后应认真分析实验结果，编写准确、整洁的实验报告。

实践环节考核采用“优、良、中、及格、不及格”五级评分制。

Ⅳ. 关于大纲的说明与考核实施要求

一、课程自学考试大纲的目的和作用

课程自学考试大纲是根据专业自学考试计划的要求，结合自学考试的特点制定的。其目的是对教材编写、个人自学、社会助学和考试命题等进行指导和规范。

二、课程自学考试大纲与教材的关系

课程自学考试大纲是进行学习和考核的依据，教材是学习掌握课程知识的基本内容与范围，教材的内容是大纲所规定的课程知识和内容的扩展与发挥。课程内容在教材中可以体现一定的深度或难度，但在大纲中对考核的要求一定要适当。

大纲与教材所体现的课程内容应基本一致；大纲里的课程内容和考核知识点，教材里一般也要有。反过来教材里有的内容，大纲里就不一定体现。如果教材是推荐选用的，其中有的内容与大纲要求不一致的地方，应以大纲规定为准。

三、关于自学教材

《电工与电子技术》，全国高等教育自学考试指导委员会组编，贾贵玺、赵刚主编，机械工业出版社出版，2024 年版。

四、关于自学要求和自学方法的指导

1）在开始阅读指定教材某一章之前，先翻阅大纲中有关这一章的考核知识点及对知识点的能力层次要求和考核目标，以便在阅读教材时做到心中有数、有的放矢。

2）阅读教材时，要逐段细读、逐句推敲、集中精力，吃透每一个知识点，对基本概念必须深刻理解，对基本理论必须彻底弄清，对基本方法必须牢固掌握。

3）在自学过程中，既要思考问题，也要做好阅读笔记，把教材中的基本概念、原理、方法等加以整理，从而加深对问题的认知、理解和记忆，以利于突出重点并涵盖整个内容，不断提高自学能力。

4）完成课后作业和适当的辅导练习是理解、消化和巩固所学知识，培养分析问题、解决问题及提高能力的重要环节，在做练习题之前，应认真阅读教材，按考核目标所要求的不同层次，掌握教材内容，在练习过程中对所学知识进行合理的回顾与发挥，注重理论联系实际和具体问题具体分析，解题时应注意培养逻辑性，针对问题围绕相关知识点进行层次（步骤）分明的论述或推导，明确各层次（步骤）间的逻辑关系。

五、对考核内容的说明

本课程要求考生学习和掌握的知识点内容均为考核的内容。课程中各章的内容均由若干知识点组成，在自学考试中作为考核知识点。因此，课程自学考试大纲中所规定的考试内容是以分解为考核知识点的方式给出的。由于各知识点在课程中的地位、作用以及知识自身的特点不同，自学考试对各知识点分别按四个认知层次确定其考核要求。

六、关于考试方式和试卷结构的说明

1）本课程的考试方式为闭卷，笔试，满分 100 分，60 分及格。考试时间为 150 分钟。考生可携带铅笔、钢笔（签字笔）、橡皮、三角板、无存储无记忆功能的计算器参加考试。

2）本课程在试卷中对不同能力层次要求的分数比例大致为：识记占 20%，领会占 30%，简单应用占 30%，综合应用占 20%。

3）要合理安排试题的难易程度，试题的难度可分为易、较易、较难和难四个等级。必须注意试题的难易程度与能力层次有一定的联系，但二者不是等同的概念。在各个能力层次中，对于不同的考生都存在着不同的难度。在大纲中要特别强调这个问题，应告诫考生切勿混淆。

4）课程考试命题的主要题型一般有单项选择题、填空题、简单分析（简析）题、计算与应用题等。

在命题工作中必须按照本课程大纲中所规定的题型命制，考试试卷使用的题型可以略少，但不能超出本课程对题型的规定。

V. 参考样卷

一、单项选择题（本大题共 20 小题，每小题 2 分，共 40 分。在每小题列出的四个备选项中只有一个是符合题目要求的，请将其选出。错选、多选或未选均无分）

1. 在题 1 图所示电路中，$R=1\Omega$，$U_S=1V$，$I_S=1A$，其工作状态是（　　）。

A. 电流源消耗功率 1W

B. 电压源输出功率 1W

C. 电压源消耗功率 1W

D. 电压源和电流源都输出功率 1W

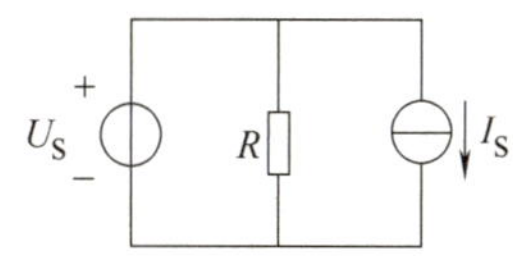

题 1 图

2. 在题 2 图所示电路中，已知电流 $I_1=1A$，$I_3=-2A$，则电流 I_2 为（　　）。

A. −3A

B. −1A

C. 1A

D. 3A

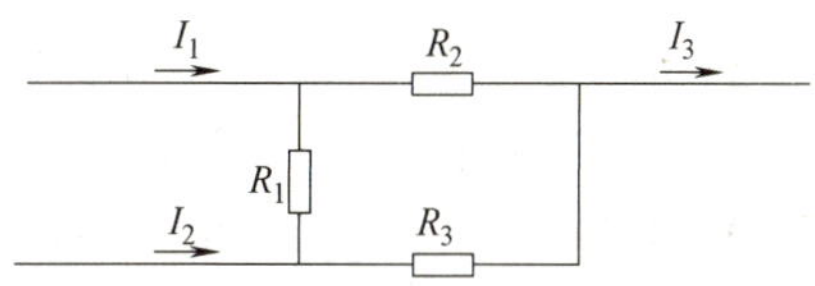

题 2 图

3. 已知正弦电流为 $i=-10\sqrt{2}\sin(314t+60°)A$，则该电流的有效值为（　　）。

A. 14.14A　　B. 10A　　C. −10A　　D. −14.14A

4. 题 4 图所示正弦交流电路中，下列关系式中正确的是（　　）。

A. $u=\frac{1}{\omega C}i$　　B. $i=\frac{1}{\omega C}u$

C. $i=C\frac{du}{dt}$　　D. $i=-C\frac{du}{dt}$

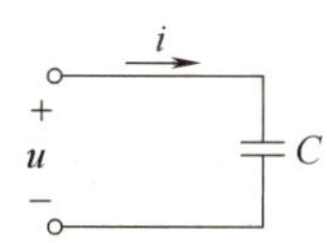

题 4 图

5. 给感性负载电路并联一个电容器，则该电路的功率因数将（　　）。

A. 提高　　B. 降低　　C. 不变　　D. 不确定

6. 感性负载的阻抗角（　　）。

A. 小于 0　　B. 大于 0　　C. 等于 0　　D. 不确定

7. 在对称三相电路中，电源中性点和负载中性点之间的电压（　　）。

A. 小于 0　　B. 大于 0　　C. 等于 0　　D. 不确定

8. 已知题 8 图中 $R_1=R_2$，$u_C(0_-)=U$，则开关 S 闭合瞬间 $u_C(0_+)$ 等于（　　）。

A. 0　　B. $U/2$　　C. U　　D. $2U$

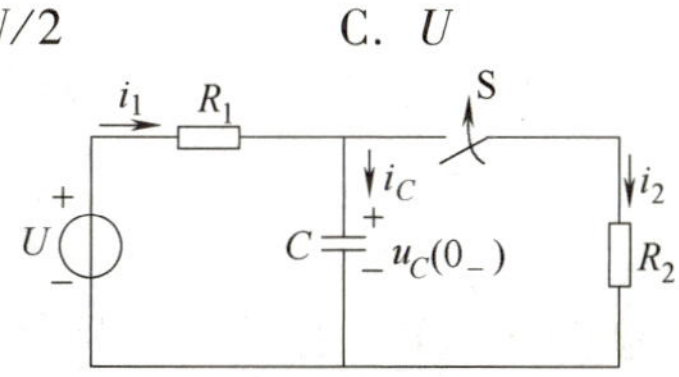

题 8 图

9. 一个额定值为 220V、100W 的白炽灯，在额定电压下连续使用 10h，其耗电量为（　　）。

A. 3.65×10^5kW·h　　B. 3.65×10^6kW·h

C. 1kW·h　　D. 0.1kW·h

10. 一台变压器的匝数比 $K=10$，一次绕组接有 40Ω 的电阻负载，则折算到二次绕组输入端的等效电阻为（　　）。

A. 4Ω　　B. 40Ω　　C. 400Ω　　D. 4000Ω

11. 已知某三相异步电动机的额定转速为 980r/min，电源频率为 50Hz，则极对数 p 等于（　　）。

A. 1　　B. 2　　C. 3　　D. 4

12. 某异步电动机的额定功率为 15kW，额定转速为 970r/min，该异步电动机的额定转矩为（　　）。

A. 1476.8N·m　　B. 147.68N·m　　C. 14.768N·m　　D. 1.4768N·m

13. 在三相异步电动机控制电路中，热继电器适用于（　　）。

A. 短路保护　　B. 互锁保护　　C. 失电压保护　　D. 过载保护

14. 锗二极管导通后的正向电压降约为（　　）。

A. 0.2V　　B. 0.5V　　C. 0.7V　　D. 1V

15. 共发射极基本放大电路的输入电阻 r_i 一般为（　　）。

A. 几到几十欧姆　　B. 几十到几百欧姆

C. 几百到几千欧姆　　D. 几千到几万欧姆

16. 下列不符合运算放大器理想化条件的是（　　）。

A. 输入电阻 $r_{id}\to\infty$　　B. 输出电阻 $r_o\to\infty$

C. 开环放大倍数 $A_{uo}\to\infty$　　D. 共模抑制比 $K_{CMRR}\to\infty$

17. 单相桥式整流（无滤波）电路输出电压平均值与输入电压有效值的比值为（　　）。

A. 0.9　　B. 1　　C. 1.2　　D. 1.4

18. 某门电路的逻辑功能为：当输入信号有一个以上是高电平时，输出是低电平；只有当输入都是低电平时，输出才是高电平，则可判断这个门电路为（　　）。

A. 与门电路　　B. 或门电路　　C. 与非门电路　　D. 或非门电路

19. 题 19 图所示逻辑电路的表达式为（　　）。

A. $\overline{\overline{\overline{A}B}+C}$

B. $\overline{(\overline{\overline{A}+B})+C}$

C. $\overline{\overline{\overline{A}B}C}$

D. $\overline{(\overline{\overline{A}+B})C}$

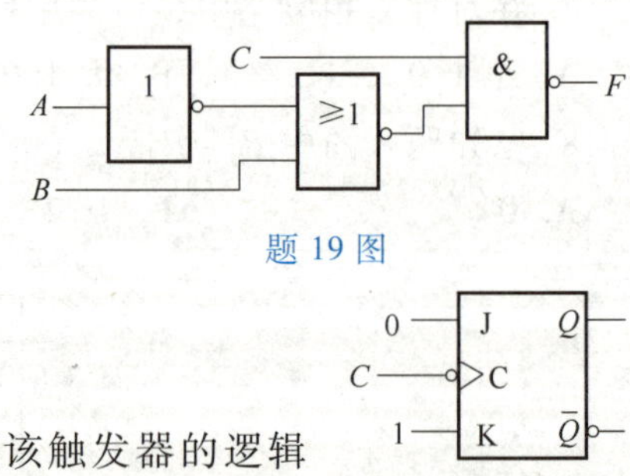

题 19 图

题 20 图

20. 已知 JK 触发器的输入状态如题 20 图所示，则该触发器的逻辑功能为（　　）。

A. 置 1　　　　B. 置 0　　　　C. 不变　　　　D. 计数

二、填空题（本大题共 10 小题，每小题 1 分，共 10 分。请在每小题的空格中填上正确答案。错填、不填均无分）

21. 题 21 图所示电路中，B 点电位为________ V。

22. 题 22 图所示电路中，已知总电流 $I=10\text{A}$，则支路电流 I_1 为________ A。

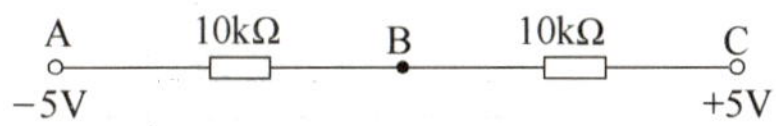

题 21 图

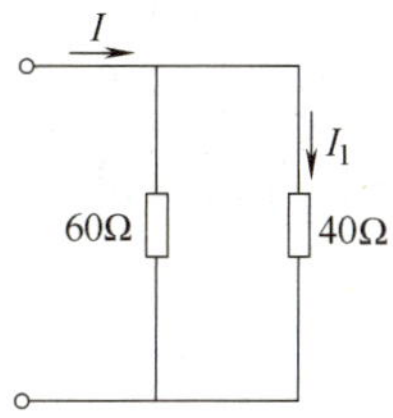

题 22 图

23. 有一正弦电流，其初相位 $\varphi=30°$，$t=0$ 时 $i=10\text{A}$，则该电流的幅值为________ A。

24. 一阶电路过渡过程的快慢与电路的时间常数 τ 有关，τ 越大，过渡过程时间越________。

25. 三相交流电的线电压 $u_{BC}=380\sqrt{2}\sin\omega t\text{V}$，则相电压 U_B 为________ V。

26. 题 26 图所示正弦交流电路中，电流表 A_1 和 A_2 读数如图中所示，则电流表 A_0 的读数为________ A。

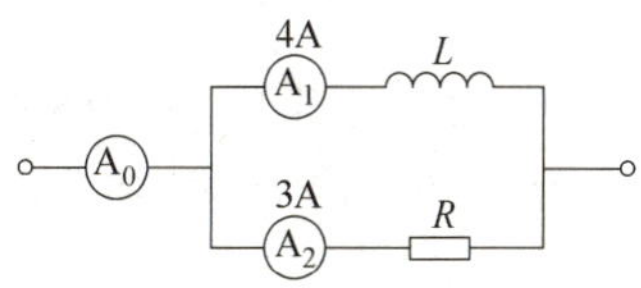

题 26 图

27. 三相异步电动机在额定状态下运行时，如果电源频率升高，则转速________。

28. 电路中有一 NPN 型硅管，测得 $U_{BE}<0$、$U_{BC}<0$、$U_{CE}>0$，则此晶体管工作在________区。

29. 题 29 图所示半波整流电路中，已知整流电压平均值 $U_o=4.5\text{V}$，则变压器二次电压 u 的有效值为________。

30. 题 30 图所示逻辑电路中，输出 $F=0$，则输入 ABC 的状态为________。

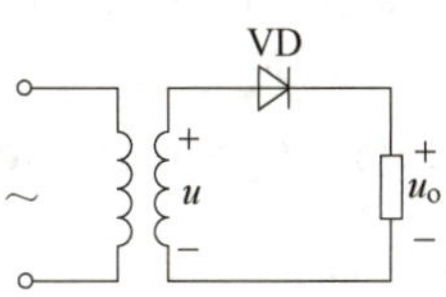

题 29 图

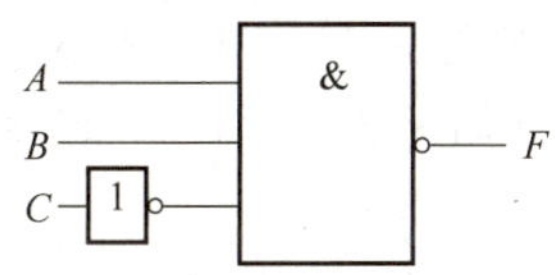

题 30 图

三、简析题（本大题共 6 小题，每小题 5 分，共 30 分）

31. 将题 31 图所示电路等效变换为一个电压源。

32. 题 32 图所示电路中，已知 $u=100\sqrt{2}\sin 314t\text{V}$，$R=30\Omega$，$X_L=40\Omega$，$X_C=80\Omega$，求电流 i 及功率因数 $\cos\varphi$。

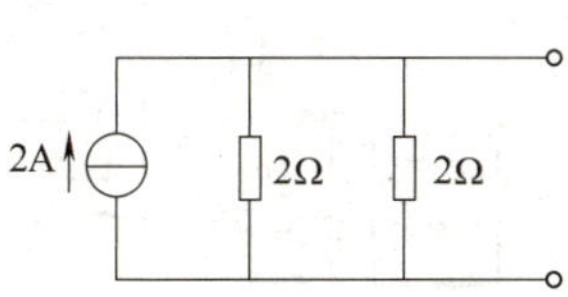

题 31 图

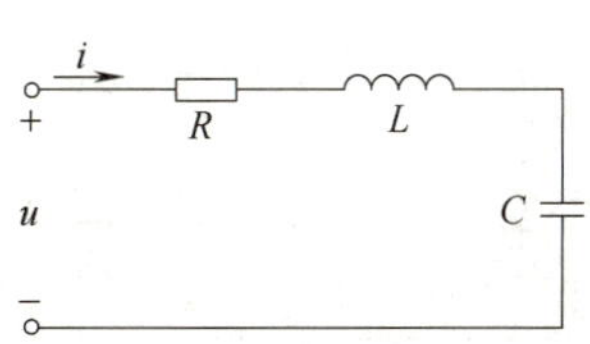

题 32 图

33. 已知题 33 图中 $R_1=R_2=1\text{k}\Omega$，$C=1\mu\text{F}$，$U=10\text{V}$，采用三要素法求开关 S 打开后 u_C 的瞬态响应。

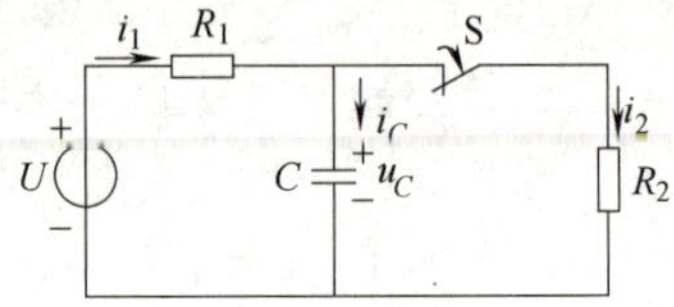

题 33 图

34. 题 34 图所示放大电路中，已知 $U_{CC}=12\text{V}$，$\beta=50$，$R_L=4\text{k}\Omega$。要求 $I_C=1.5\text{mA}$，$U_{CE}=6\text{V}$，晶体管的 U_{BE} 忽略不计。

1）估算 R_B、R_C 的值。

2）计算电压放大倍数 A_u。

35. 已知逻辑电路如题 35 图所示，试写出 F 的逻辑表达式，并将 F 的逻辑状态填写在题 35 表中。

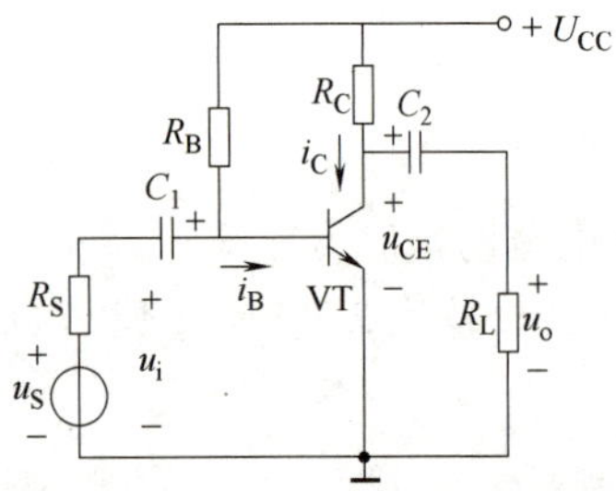

题 34 图

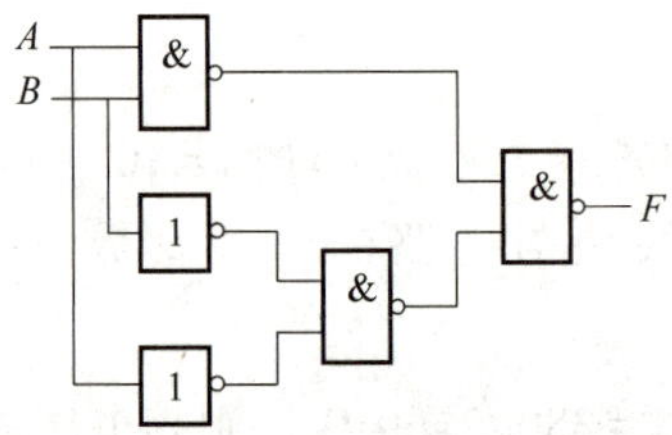

题 35 图

题 35 表

输入		输出
A	B	F
0	0	
0	1	
1	0	
1	1	

36. 已知逻辑电路图及输入端 C、A、B 波形如题 36 图所示，试写出 D 端的逻辑式，并画出 D 端和输出 Q 端的波形（设 Q 的初始状态为 0）。

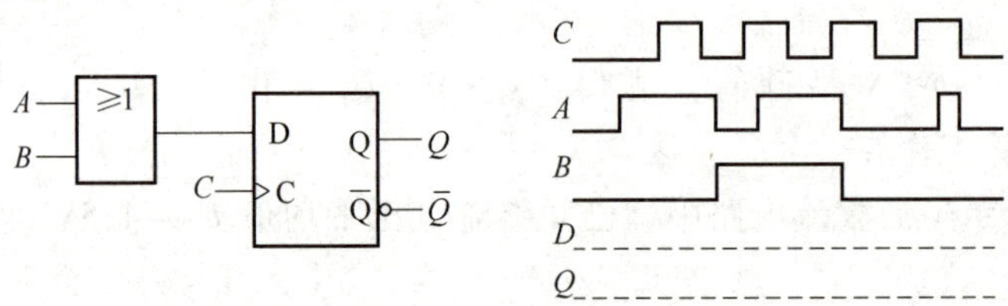

题 36 图

四、计算题（本大题共 2 小题，每小题 10 分，共 20 分）

37. 电路如题 37 图所示，已知 $U_S=12\text{V}$，$I_S=3A$，$R_1=20\Omega$，$R_2=10\Omega$，$R_3=5\Omega$，试用叠加定理求 I_1、I_2 及 U_I。

38. 理想运算放大器电路如题 38 图所示，$R_1=10\text{k}\Omega$，$R_2=50\text{k}\Omega$，$R_4=R_5=R_6=10\text{k}\Omega$，$u_i=0.2\text{V}$。

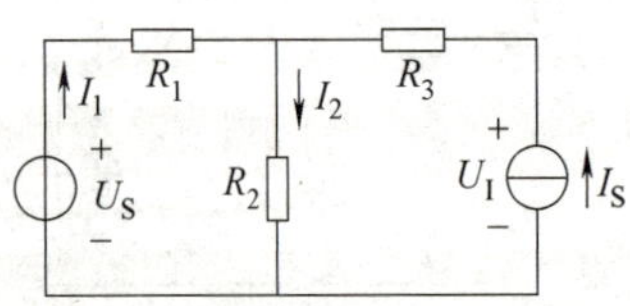

题 37 图

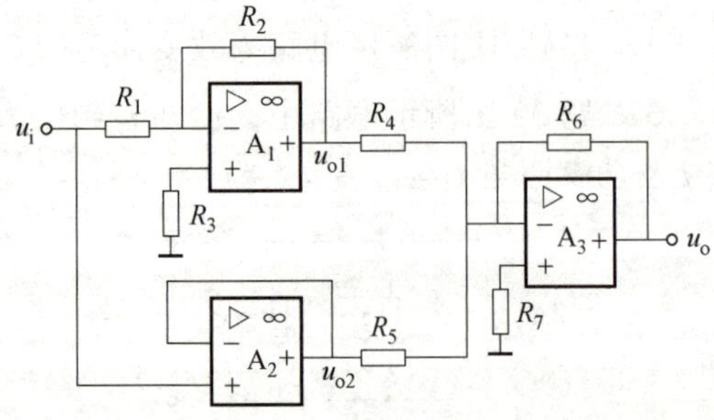

题 38 图

1）运算放大器 A_1、A_2 及 A_3 分别构成哪种运算电路？

2）求输出电压 u_{o1}、u_{o2} 及 u_o。

样卷参考答案

一、单项选择题

1. A　2. A　3. B　4. C　5. D　6. B　7. C　8. C　9. C　10. D

11. C　12. B　13. D　14. A　15. C　16. B　17. A　18. D　19. D　20. B

二、填空题

21. 0　22. 6　23. 20　24. 长　25. 220　26. 5　27. 升高　28. 截止　29. 10　30. 110

三、简析题

31. 解：

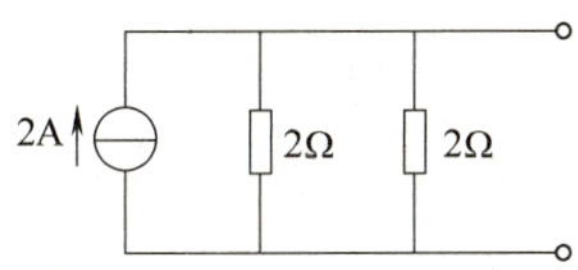

题 31 图

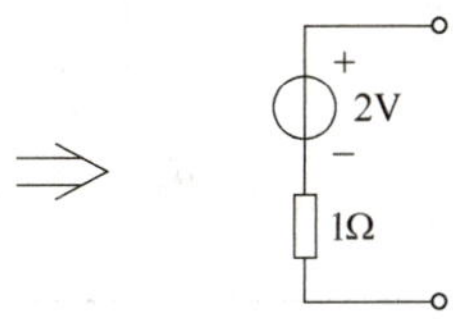

题 31 解图

32. 解：

$$\dot{I}=\frac{\dot{U}}{Z}=\frac{100}{30+\mathrm{j}(40-80)}\mathrm{A}=\frac{100}{30-\mathrm{j}40}=2\angle 53°\mathrm{A}$$

$i=2\sqrt{2}\sin(314t+53°)\mathrm{A}$

功率因数为 $\cos53°=0.6$

33. 解：

$$u_C(0+)=u_C(0-)=U\frac{R_2}{R_1+R_2}=10\times\frac{1}{1+1}\mathrm{V}=5\mathrm{V}$$

$u_C(\infty)=U=10\mathrm{V}$

$\tau=R_1C=1\times10^3\times1\times10^{-6}\mathrm{s}=1\mathrm{ms}$

$$u_C=u_C(\infty)+[u_C(0+)-u_C(\infty)]\mathrm{e}^{-\frac{t}{\tau}}=[10+(5-10)\mathrm{e}^{-\frac{t}{1\times10^{-3}}}]\mathrm{V}=(10-5\mathrm{e}^{-1\times10^3t})\mathrm{V}$$

34. 解：

1）

$$I_\mathrm{B}=\frac{I_\mathrm{C}}{\beta}=\frac{1.5\times10^3}{50}\mu\mathrm{A}=30\mu\mathrm{A}$$

$$R_\mathrm{B}\approx\frac{U_\mathrm{CC}}{I_\mathrm{B}}=\frac{12}{30\times10^{-6}}\Omega=400\mathrm{k}\Omega$$

$$R_\mathrm{C}=\frac{U_\mathrm{CC}-U_\mathrm{CE}}{I_\mathrm{C}}=\frac{12-6}{1.5\times10^{-3}}\Omega=4\mathrm{k}\Omega$$

2）

$$r_{be}=r_b+(1+\beta)\frac{26(\text{mV})}{I_E(\text{mA})}$$

$$=\left[300+(50+1)\times\frac{26}{1.5}\right]\Omega\approx1184\Omega$$

$$A_u=\frac{-\beta R'_L}{r_{be}}=-\frac{50\times4/\!/4}{1.184}\approx-84$$

35. 解：

$$\overline{\overline{AB}\;\overline{\overline{A}\;\overline{B}}}=AB+\overline{A}\,\overline{B}$$

输入		输出
A	*B*	*F*
0	0	1
0	1	0
1	0	0
1	1	1

36. 解：

$D=A+B$

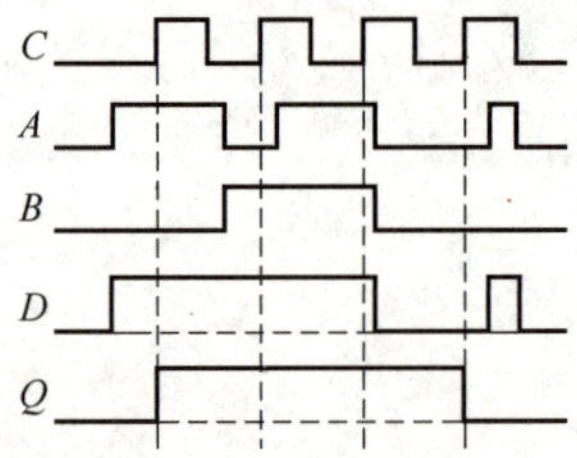

四、计算题

37. 解：

1）首先 U_S 工作、I_S 除源（断路），如题 37 解图 1 所示，求出 I'_1、I'_2及 U'_1。

$$I'_1=\frac{U_S}{R_1+R_2}=\frac{12}{20+10}\text{A}=0.4\text{A}$$

$$I'_2=I'_1=0.4\text{A}$$

$$U'_1=I'_2R_2=0.4\times10\text{V}=4\text{V}$$

2）然后 I_S 工作、U_S 除源（短路），如题 37 解图 2 所示，求出 I''_1、I''_2及 U''_1。

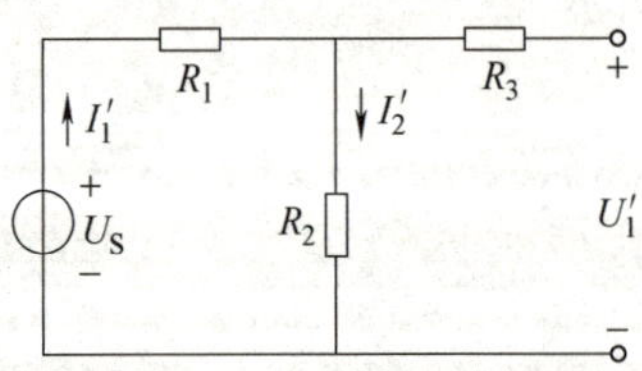

题 37 解图 1

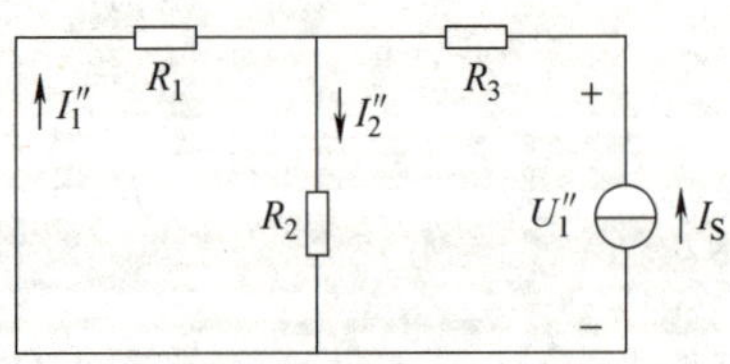

题 37 解图 2

$I_1''=-I_S\dfrac{R_2}{R_1+R_2}=-3\times\dfrac{10}{20+10}\text{A}=-1\text{A}$

$I_2''=I_S\dfrac{R_1}{R_1+R_2}=3\times\dfrac{20}{20+10}\text{A}=2\text{A}$

$U_1''=I_2R_2+I_SR_3=(2\times10+3\times5)\text{V}=35\text{V}$

3）将上面的计算结果叠加。

$I_1=I_1'+I_1''=(0.4-1)\text{A}=-0.6\text{A}$

$I_2=I_2'+I_2''=(0.4+2)\text{A}=2.4\text{A}$

$U_1=U_1'+U_1''=(4+35)\text{V}=39\text{V}$

38. 解：

1）A_1 构成反相比例运算电路，A_2 构成电压跟随器，A_3 构成反相加法运算电路。

2）$u_{o1}=-\dfrac{R_2}{R_1}u_i=-\dfrac{50}{10}\times0.2\text{V}=-1\text{V}$

$u_{o2}=u_i=0.2\text{V}$

$u_o=-\left(\dfrac{R_6}{R_4}u_{o1}+\dfrac{R_6}{R_5}u_{o2}\right)=-\left(-\dfrac{10}{10}\times1+\dfrac{10}{10}\times0.2\right)\text{V}=0.8\text{V}$

大 纲 后 记

《电工与电子技术自学考试大纲》是根据《高等教育自学考试专业基本规范（2021年)》的要求，由全国高等教育自学考试指导委员会机械及轻纺化工类专业委员会组织制定的。

全国高等教育自学考试指导委员会机械及轻纺化工类专业委员会对本大纲组织审稿，根据审稿会意见由编者做了修改，最后由机械及轻纺化工类专业委员会定稿。

本大纲由贾贵玺、赵刚担任主编。参加审稿并提出修改意见的有西安交通大学刘晔教授、西安工程大学徐建教授。

对参与本大纲编写和审稿的各位专家表示感谢。

全国高等教育自学考试指导委员会
机械及轻纺化工类专业委员会
2023 年 12 月

全国高等教育自学考试指定教材

电工与电子技术

全国高等教育自学考试指导委员会　组编

编 者 的 话

“电工与电子技术”是高等工科院校非电专业的一门技术基础课，教学内容涵盖面广、信息量大，其主要内容包括电路基础、磁路与变压器、电机与控制、模拟电子技术、数字电子技术。

本书编者从事电工技术、电子技术教学多年，具有丰富的教学与实践经验。本书内容经过作者精心选编，具有很强的实用性和指导性，力求做到讲述清楚、语言流畅、便于自学，力求做到理论性和实践性并重。

为了适应全国高等教育自学考试的要求，本书在编写过程中遵循以下原则：

1）精选内容，突出基本要求，对基本概念、基本原理和基本方法的阐述简明，使考生对电工与电子技术中的基本理论、基本知识和基本技能有明确、系统的认识。

2）在概念阐述上避免过深的论述，通过例题讲解使考生加深对定理、定律、原理的理解和应用。

3）配有一定数量的思考题，每章都有小结，便于考生复习和总结；每章都配有足够数量的习题供考生练习。

本书由贾贵玺、赵刚任主编。其中赵刚编写了第 1、2、4、5、10 章，贾贵玺编写了第 3、6、7、8、11 章及实验指导书，田梦君编写了第 9 章，马晓春编写了第 12 章，李良洪编写了第 13 章，孙琦编写了第 14 章。全书由贾贵玺统稿。

本书由西安交通大学刘晔教授、西安工程大学徐建教授评审，他们对本书的编写提出了非常宝贵的意见和建议，在此表示最诚挚的谢意！

由于编者水平有限，书中难免出现一些不足之处，恳请读者批评指正，以便进一步修改和完善。

编 者

2023 年 12 月

第1篇 电工技术

第1章 电路的基本概念与基本定律

电路是电工和电子技术的基础。本章通过对直流电路的学习，熟悉和掌握电路的基本概念、基本定律及分析方法，包括电路及模型、电压和电流的方向、电路的基本定律——欧姆定律和基尔霍夫定律、电路的工作状态、电位的计算、电源及其等效变换等。这些基本定律不仅可以用于直流电路的分析，也可以用于交流电路的分析。

本章的重点是基尔霍夫定律的应用。

1.1 电路的组成及其作用

1.1.1 电路的组成

电路是电流或信号的通路，具有传输电能、处理信号、测量、控制、运算等功能。电路由电源、负载和中间环节三部分组成。其中产生电能或电信号的元器件称为电源或信号源，用电设备称为负载，连接电源与负载的导线和开关等设备称为中间环节。电压和电流都是在电源的作用下产生的，因此电源又称为激励源，由激励在电路中产生的电压和电流称为响应。根据激励和响应的因果关系，也可以将激励称为输入、响应称为输出。

1.1.2 电路的作用与分类

（1）强电电路

电路的一个重要作用是实现能量的传输和转换，电力系统是典型的例子：发电厂的发电机将各种形式的非电能（如燃料的化学能、流水的动能和势能、原子的核能等）转换为电能，通过输配电系统，将电能输送和分配到各个用电部门，通过各种各样的用电设备，又将电能转换成声、光、热、机械等各种形式的非电能。在电力系统中，发电机是电源，用电设备是负载，而其余部分可以统称为中间环节，如图 1-1 所示。由于这类电路的电压高、电流大、传输和转换的功率较大，所以一般将这类电路称为强电电路。

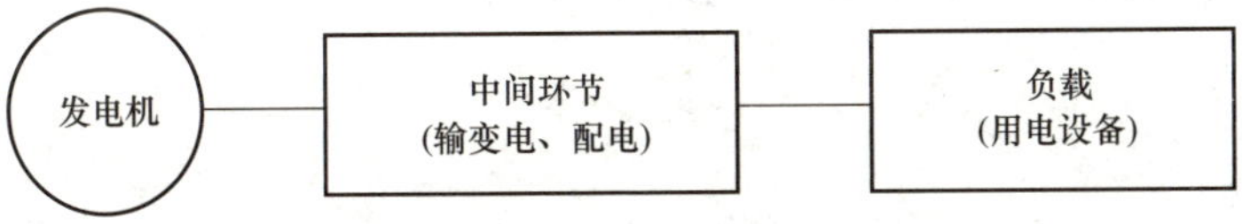

图 1-1 电力系统示意图

(2) 弱电电路

电路的另一种作用是信号处理。在某些电路（如各种电子电路）中，电压、电流都携带着一定的信息，如电视信号就携带着图像和声音信息。一般将这种携带一定信息的电压、电流称为信号。电路的作用是将这些信号进行处理，以满足某种特定的需要，如电视机电路的作用就是接收电视信号，并将其进行适当的处理，以适应显示器图像显示和扬声器放声的要求。在计算机控制系统中，则是将采集到的反映现场情况的信号进行处理、运算，产生新的输出信号以进行实时控制等。图 1-2 为有线广播系统示意图。由于这类电路传送和变换的电信号和功率相对较小，因此称为弱电电路。

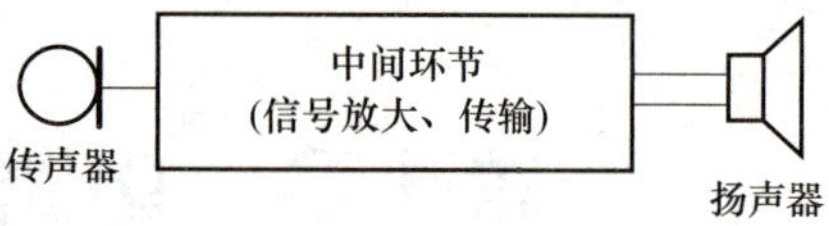

图 1-2　有线广播系统示意图

1.1.3　电路模型

构成实际电路的电气设备和器件，都是一个个的物理实体，如电源、开关、电阻、晶体管等，称为实际元件或器件，电路理论的研究一般不涉及器件内部发生的物理过程，主要计算各种器件的输入、输出电流和电压。实际的电路可能很大、很复杂，如一个电力系统或一片超大规模的集成电路。为了便于电路分析，需要将实际电路理想化（模型化），即由理想元器件构成的电路，称为电路模型。图 1-3a 为手电筒电路示意图，图 1-3b 为其电路模型，其中 E 和 R_0 为电源（电池）的电动势和内阻、S 为开关、R 为灯泡（负载，等效为电阻）。当开关闭合后，在电源（激励）作用下，产生电流 I 并在负载上产生电压 U（响应），通过灯泡将电能转换为光能。

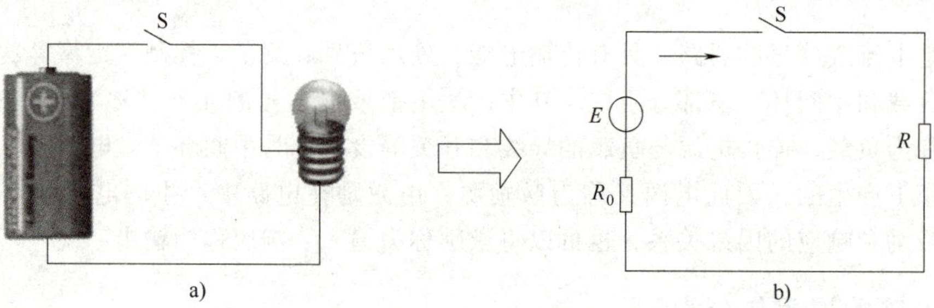

图 1-3　手电筒电路示意图及电路模型

a）电路示意图　b）电路模型

【思考题】

1.1.1　什么是电路？

1.1.2　电路通常由哪几个主要部分组成？

1.1.3　电路的主要作用有哪两类？

1.2　电流、电压、电动势及其参考方向

1.2.1　电流

电流是电荷（带电粒子）的有规则的定向运动，在电场力的作用下，导体中的自由电

荷做定向移动，在导体中即产生了电流。电荷量对时间的变化率定义为电流，用 $i(t)$ 表示，简记为 i，电流 $i(t)$ 和电量 q 的关系为

$$i(t)=\frac{\mathrm{d}q}{\mathrm{d}t} \tag{1-1}$$

在国际单位制（SI）中，q 的单位为库仑（C），t 的单位为秒（s），则电流 i 的单位为安培（A）。表示微小电流时，以毫安（mA）或微安（μA）为单位，$1\mathrm{A}=10^3\mathrm{mA}=10^6\mu\mathrm{A}$。

习惯上将正电荷移动的方向或负电荷移动的相反方向作为电流的实际方向，但计算电流参数时，电流通常是时间的函数，方向并不固定。即使在直流电路中，在对电路求解之前，电流的实际方向也难以确定。为便于电路分析，需预先设定电流的参考方向，根据参考方向计算，然后根据计算结果判断实际方向。

图 1-4 电路中电流通过一个元件，如果电流的实际方向（用虚线表示）和参考方向（用实线表示）一致，则电流为正值（$i>0$）；如果不一致，则电流为负值（$i<0$）。或者说，根据参考方向的计算结果，电流为正值时，实际方向与参考方向一致；计算结果电流为负值时，实际方向与参考方向相反。

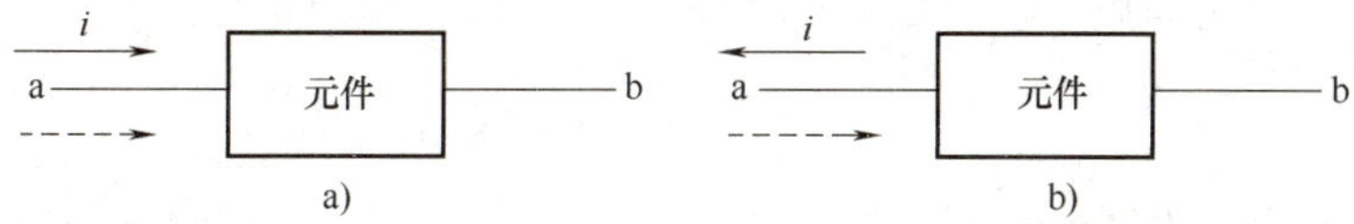

图 1-4　电流的参考方向

a）$i>0$　b）$i<0$

电流的参考方向可以用箭头表示，也可以用双下标表示。如 i_{ab} 表示电流的参考方向是从 a 点流向 b 点；反之，i_{ba} 表示电流的参考方向是从 b 点流向 a 点。很明显，两个电流相差一个负号，即

$$i_{\mathrm{ab}}=-i_{\mathrm{ba}}$$

参考方向确定后，才能运用各种定律、定理来计算电流，而电流才有正、负之分。

若电流不随时间变化而改变，则称为直流，直流电流定义为

$$I=\frac{Q}{T} \tag{1-2}$$

1.2.2　电压

电压是衡量电场力做功的物理量，用 $u(t)$ 表示，简记为 u。电压 u 的单位为伏特（V）。表示微小电压时，以毫伏（mV）或微伏（μV）为单位，表示高电压时，以千伏（kV）为单位，$1\mathrm{kV}=10^3\mathrm{V}$，$1\mathrm{V}=10^3\mathrm{mV}=10^6\mu\mathrm{V}$。

电压也需要设定参考方向或参考极性，可以用正（+）、负（-）号表示，正极指向负极的方向就是电压的参考方向。如图 1-5 所示，电压的实际方向从 a 到 b，与参考方向一致，所以 $u>0$；如果实际方向与参考方向相反，则 $u<0$。

根据电压的定义，a、b 两点间的电压等于 a、b 之间的电位差，即

$$U_{\mathrm{ab}}=V_{\mathrm{a}}-V_{\mathrm{b}} \tag{1-3}$$

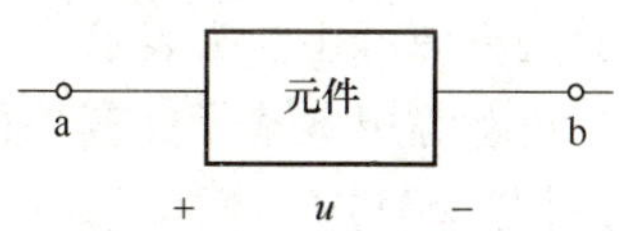

图 1-5　电压的参考方向

电压也可以用双下标表示。如 a、b 两端的电压 u_{ab}，其参考方向是由 a 到 b，即 a 的参考极性为“+”、b 的参考极性为“-”，两端电压可表示为 u_{ab}。如果参考方向是从 b 到 a，则 b、a 两端电压为 u_{ba}，很明显，$u_{ab}=-u_{ba}$。将电位能降低的方向规定为电压的实际方向。

一个元件上电流和电压的参考方向可以独立地任意设定，如果电流的参考方向是从电压的正极流向负极，则电压 u 和电流 i 的参考方向相同，称为关联参考方向，如图 1-6 所示。

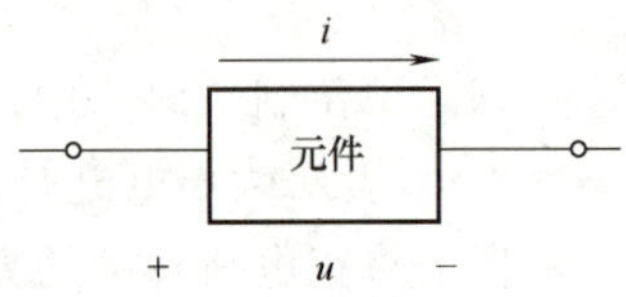

图 1-6 关联参考方向

在电路的分析和计算中，电压和电流的参考方向一旦设定即不再改变，参考方向并不表示其实际方向。根据电压电流的参考方向和分析结果的正、负，即可确定它们的实际方向。可见，只有引入了参考方向的概念后，电压电流的正、负才有意义，它们和时间的关系，才可表示为某种确定的函数关系，或用函数图像（波形）表示。

【例 1-2-1】 电路及电压、电流的参考方向如图 1-7 所示，推导回路电流 I 和电阻上电压 U_R 的表达式。

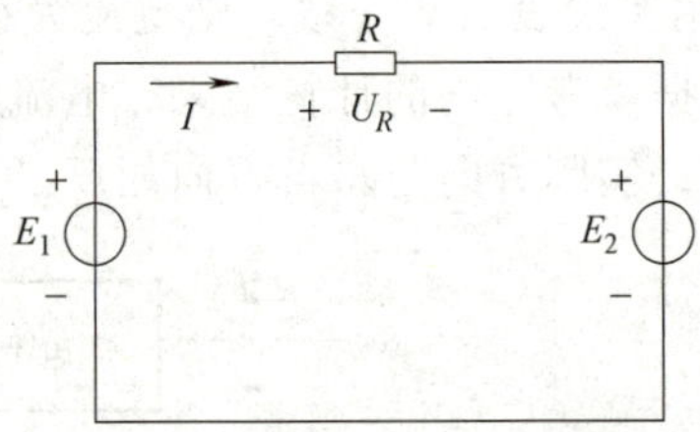

图 1-7 例 1-2-1 电路

解： 根据参考方向，列出表达式为

$$I=\frac{E_1-E_2}{R}$$

$$U_R=RI=\frac{E_1-E_2}{R}R=E_1-E_2$$

如果 $E_1>E_2$，I 和 U_R 为正值，实际方向与参考方向一致；如果 $E_1<E_2$，I 和 U_R 为负值，实际方向与参考方向相反。

1.2.3 电动势

电动势是表示电源特征的物理量，电源的电动势是指电源将其他形式的能量转换为电能的能力。电动势在数值上等于将单位正电荷从电源的负极通过电源内部移到正极所做的功。图 1-18a 中，为了维持回路电流 I，需要电源的端电压 U_{ab} 保持恒定，就需要在电源内部另外一种力能够克服正、负之间的电场力，将正电荷从负极移动到正极，这种力可称为电源力，所以，电动势也是衡量电源力的物理量。图 1-18b 为电源电动势的方向，其中 E 为电动势，箭头表示其方向；U 为电动势的端电压。

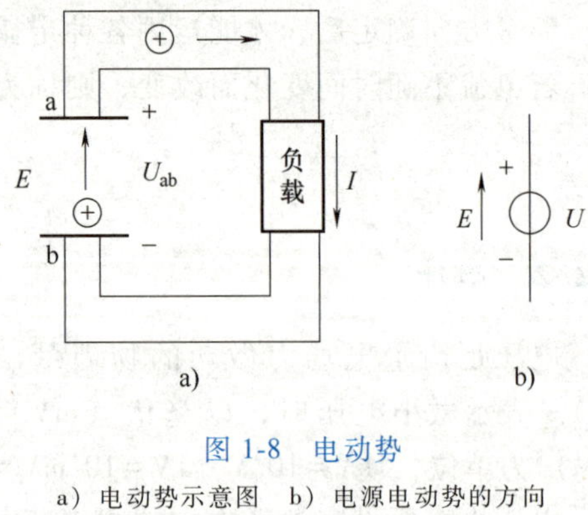

图 1-8 电动势

a）电动势示意图 b）电源电动势的方向

电源电动势的实际方向是从电源的负极到正极，即电位升高的方向。而电源电压的实际方向是从高电位到低电位的方向，即电位降低的方向。所以，电源的电动势与电压方向相反。电动势的方向可用箭头表示。

电动势用 E 表示，其单位与电压相同，即伏特（V）。

【思考题】

1.2.1 电压和电流的参考方向和实际方向有何不同？为什么要设定参考方向？

1.2.2　什么是关联参考方向？

1.2.3　如何根据参考方向的计算结果判断实际方向？

1.3　欧姆定律

欧姆定律是把电学中三个重要的物理量——电流、电压、电阻联系起来的一个重要定律，是电学中最基本的定律，也是学习电学知识和分析电路的基础。其描述是：在同一电路中，导体中的电流与导体两端的电压成正比，与导体的电阻成反比。

图 1-9 电路中，U 和 I 的参考方向相同，用欧姆定律描述为

$$U=IR \tag{1-4}$$

式中，电阻 $R=\frac{U}{I}$。

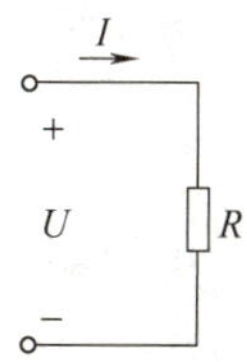

图 1-9　欧姆定律电路

应用欧姆定律时，需要根据电压、电流的参考方向确定欧姆定律表达式的正、负。如果电压、电流的参考方向相反，欧姆定律表达式中将出现负号，但不要将电压和电流的正、负号与欧姆定律表达式中的正、负号混淆。

【例 1-3-1】　图 1-10 电路中，根据电压和电流的参考方向，应用欧姆定律列出表达式并求电阻。

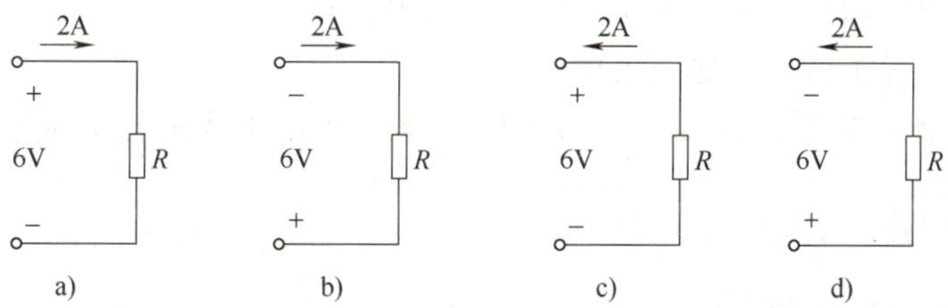

图 1-10　例 1-3-1 图

解： 根据电压和电流的参考方向，应用欧姆定律列出表达式。如果是关联参考方向，表达式前为正号，反之为负号。

图 1-10a 中，$U=6\text{V}$，$I=2\text{A}$，U 与 I 为关联参考方向，所以

$$R=\frac{U}{I}=\frac{6}{2}\Omega=3\Omega$$

图 1-10b 中，$U=-6\text{V}$，$I=2\text{A}$，U 与 I 为非关联参考方向，所以

$$R=-\frac{U}{I}=-\frac{-6}{2}\Omega=3\Omega$$

图 1-10c 中，$U=6\text{V}$，$I=-2\text{A}$，U 与 I 为非关联参考方向，所以

$$R=\frac{U}{I}=-\frac{6}{-2}\Omega=3\Omega$$

图 1-10d 中，$U=-6\text{V}$，$I=-2\text{A}$，U 与 I 为关联参考方向，所以

$$R=\frac{U}{I}=\frac{-6}{-2}\Omega=3\Omega$$

从以上计算可以看出，电阻是标量，与电压、电流方向无关。

图 1-11 电路中，E 为电源的电动势，R_0 为电源内阻，共同构成实际电源（点画线框部分），所产生的电流 I 在负载 R 上得到的电压 U 等于电源的端电压。

各参数之间的关系为

$$I=\frac{E}{R+R_0} \tag{1-5}$$

考虑到电源的内阻，式（1-5）称为全电路欧姆定律，说明电路中的电流与电源电动势成正比，与电源内阻和负载成反比。

【例 1-3-2】 图 1-11 中，电源电动势 $E=3\text{V}$，内阻 $R_0=1\Omega$，负载电阻 $R=100\Omega$，求电流 I 及电压 U。

解： 根据全电路欧姆定律，回路中电流为

$$I=\frac{E}{R+R_0}=\frac{3}{100+1}\text{A}=0.0297\text{A}=29.7\text{mA}$$

电源端电压即负载电压为

$$U=IR=0.0297\times100\text{V}=2.97\text{V}$$

由于电源内阻的存在，电源的端电压小于其电动势，如果 $R\gg R_0$，则 $U\approx E$。

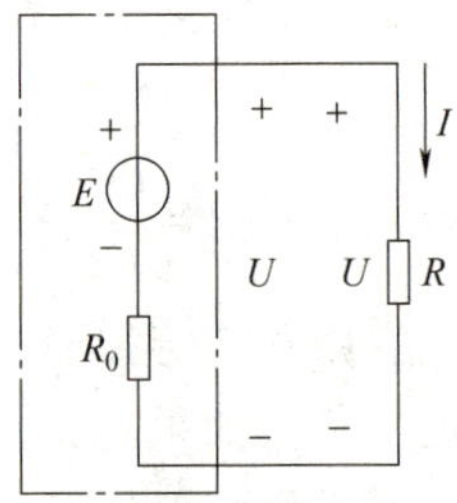

图 1-11 全电路欧姆定律电路

【思考题】

1.3.1 欧姆定律是如何描述电压、电流、电阻三者关系的？

1.3.2 什么情况下欧姆定律会出现负号？

1.3.3 什么情况下需要引入全电路欧姆定律？电源内阻的大小对电源端电压有什么影响？

1.4 电路中的功与功率

电路在工作时就是进行电能与非电能的转换。根据能量守恒定律，电路中电源供出的电能总和等于负载消耗和吸收的电能总和。负载消耗或吸收的电能即为电场力移动电荷 q 所做的功。功和能用 W 表示。

国际单位制（SI）中，电荷 q 的单位为库仑（C），而能 W 的单位为焦耳（J），有

$$W=\int_0^q u\mathrm{d}q=\int_0^\tau ui\mathrm{d}t \tag{1-6}$$

式中，τ 为电流通过负载的时间。

电流在单位时间内做的功称为功率。功率是表示消耗电能大小、电流做功快慢的物理量，用 p 表示，即

$$p=\frac{\mathrm{d}W}{\mathrm{d}t} \tag{1-7}$$

将式（1-6）代入式（1-7）得

$$p=u\frac{\mathrm{d}q}{\mathrm{d}t}=ui \tag{1-8}$$

国际单位制（SI）中，电压、电流的单位分别为伏特（V）、安培（A），则功率的单位

为瓦特（W）。若 u、i 的参考方向相反，即非关联方向，则 $p=-ui$。

按式（1-8）计算元件吸收的功率，计算结果可正可负。结果为正时表明 u、i 的实际方向相同，元件吸收功率；计算结果为负时表明 u、i 的实际方向不同，元件发出功率。

上述计算功率的方法同样适用于部分电路，图 1-12 为左、右两部分电路示意图，左半部分 u、i 的参考方向相反，释放功率为

$$p_1=-ui$$

右半部分 u、i 的参考方向相同，吸收功率为

$$p_2=ui$$

全电路吸收的总功率为

$$p=p_1+p_2=-ui+ui=0$$

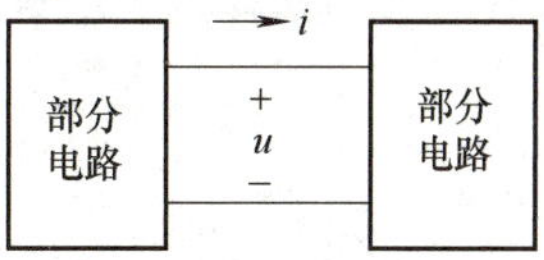

图 1-12　左、右两部分电路示意图

上述结果表明，一个完整电路在任一瞬间功率的代数和为零，即一部分电路若吸收一定量的功率，则另一部分电路必然发出相同数量的功率，称为功率平衡。此结论符合能量守恒原理，另外，此结论可以用于验证电路功率的计算结果是否正确。

电路中电阻一定是吸收功率；而电源可以发出功率，也可以吸收功率，当电源吸收功率时，相当于负载，工作在充电状态。

【例 1-4-1】　图 1-13 电路中，已知 $E_1=9\text{V}$，$E_2=3\text{V}$，$R_1=4\Omega$，$R_2=2\Omega$，求各元件的功率并验证功率是否平衡。

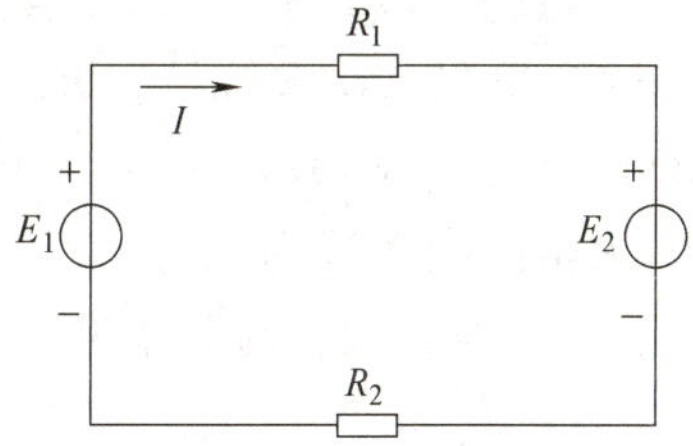

图 1-13　例 1-4-1 电路

解： 电路中电流为

$$I=\frac{E_1-E_2}{R_1+R_2}=\frac{9-3}{4+2}\text{A}=1\text{A}$$

E_1 为非关联方向，则有

$$P_{E1}=-1\times9\text{W}=-9\text{W}$$

P_{E1} 为负值，所以 E_1 发出功率。

E_2 为关联方向，则有

$$P_{E2}=1\times3\text{W}=3\text{W}$$

P_{E2} 为正值，所以吸收功率。

电阻 R_1 和 R_2 一定吸收功率，有

$$P_R=I^2R=1^2\times(2+4)\text{W}=6\text{W}$$

验证电路功率平衡，即

$$P_{E1}+P_{E2}+P_R=(-9+3+6)\text{W}=0$$

E_1 发出功率、E_2 和电阻吸收和消耗功率，两者平衡。

【例 1-4-2】　电路中电源及电流的参数、方向如图 1-14 所示，说明三个电阻共吸收（消耗）多少功率？

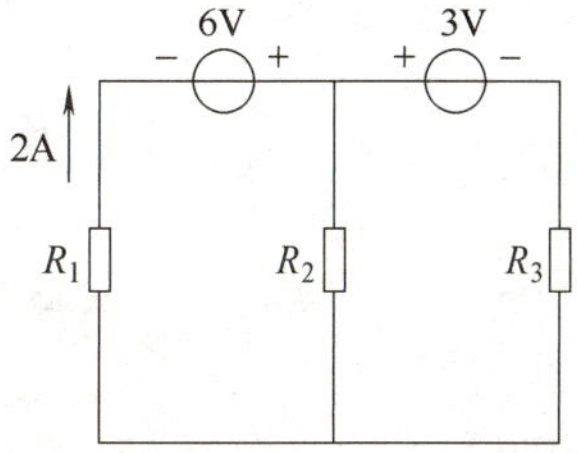

图 1-14　例 1-4-2 电路

解： 根据电流的方向，6V 和 3V 电源上的功率 P_1 和 P_2 分别为

$$P_1=-IU=-2\times6\text{W}=-12\text{W}$$

$$P_2=IU=1\times3\text{W}=3\text{W}$$

因为 6V 电源发出 12W 功率，3V 电源吸收 3W 功率，根据功率平衡条件，所以三个电阻共吸收其余 9W 的功率。

【思考题】

1.4.1 如何判断一个元件是发出功率还是吸收功率？是电源还是负载？

1.4.2 什么是功率平衡？如何判断电路是否功率平衡？

1.5 无源电路元件

1.5.1 电阻元件

电阻是一种二端元件，既是电阻元件（电阻器）的简称，同时也表示为这个元件的参数。作为限流元件，将电阻接在电路中后，可限制通过它所连接支路的电流大小。而灯泡、电炉等用电设备在一定条件下可以用线性电阻等效，而作为电子器件的半导体二极管则可等效为非线性电阻。

阻值不能改变的电阻称为固定电阻器，阻值可变的电阻称为可变电阻器或电位器。

理想的固定电阻器是线性的，即任何时刻，通过固定电阻器的电流与外加电压成正比。可变电阻器或电位器是在裸露的电阻体上紧压着可移金属触点，触点位置确定电阻体任一端与触点间的阻值，可以在一定范围内改变电阻的阻值。

电阻的符号如图 1-15 所示，包括固定电阻（见图 1-15a）和可变电阻或电位器（见图 1-15b）。电阻的文字符号为 R，单位为欧姆（Ω），简称欧，电阻的阻值较大时可以用千欧（kΩ）或兆欧（MΩ）表示，$1\text{M}\Omega=10^3\text{k}\Omega=10^6\Omega$。

电阻的倒数称为电导，文字符号为 G，单位为 S（西门子），简称西，两者的关系为

$$G=\frac{1}{R} \tag{1-9}$$

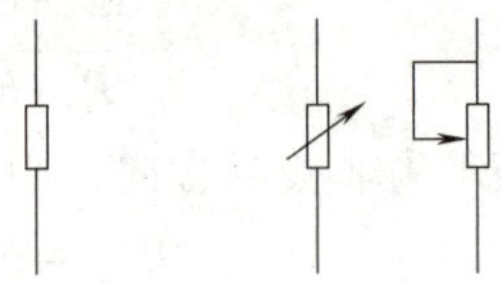

a) b)

图 1-15 电阻的符号

a）固定电阻 b）可变电阻、电位器

电阻的阻值与其材料的电阻率和外形的长度成正比，与其截面积成反比，可以表示为

$$R=\rho\frac{l}{S} \tag{1-10}$$

式中，ρ 为电阻率，单位为 Ω · m，各种材料的电阻率不同，同时也与温度有关。在常温（20℃）下，纯金属的铜和铝的电阻率分别为 $1.75\times10^{-8}\Omega\cdot\text{m}$ 和 $2.6\times10^{-8}\Omega\cdot\text{m}$，作为合金的锰铜和康铜的电阻率分别为 $4.2\times10^{-7}\Omega\cdot\text{m}$ 和 $4.4\times10^{-7}\Omega\cdot\text{m}$，而绝缘体（胶木、塑料、橡胶等）的电阻率一般为 $10^{10}\Omega\cdot\text{m}$ 以上；l 为电阻长度，单位为 m；S 为电阻截面积，单位为 m^2。

【例 1-5-1】 用直径 $d=1\text{mm}$ 的锰铜线绕制阻值为 10Ω 的线绕电阻，需要多少米？

解：根据公式

$$R=\rho\frac{l}{S}$$

$$S=\pi\left(\frac{d}{2}\right)^2$$

可得

$$l=\frac{RS}{\rho}=\frac{R\pi}{\rho}\left(\frac{d}{2}\right)^2=\frac{10\times3.14}{4.2\times10^{-7}}\left(\frac{10^{-3}}{2}\right)^2\text{m}=18.7\text{m}$$

可知用直径 1mm、电阻率为 $4.2\times10^{-7}\Omega\cdot m$ 的锰铜线绕制 10Ω 的线绕电阻，需要 18.7m。

电阻两端电压和所通过电流的关系称为电阻的伏安特性，当电阻为常数时，电阻的阻值与电压、电流无关，称为线性电阻，其伏安特性为一条过原点的直线，如图 1-16a 所示。

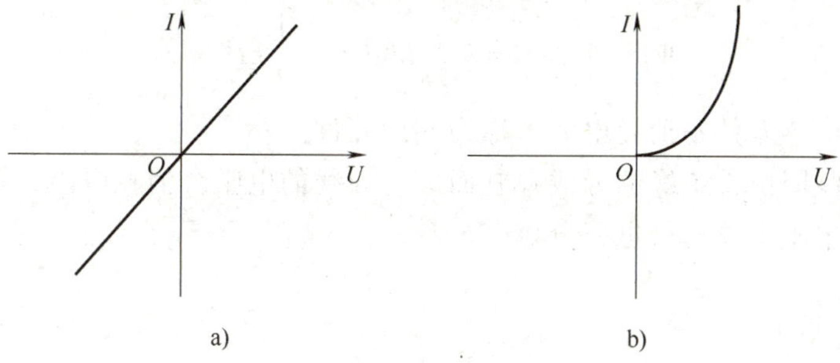

图 1-16 电阻的伏安特性

a）线性电阻 b）非线性电阻

如果电阻不是常数，而是随外加电压或所通过的电流变换而改变，则称为非线性电阻，如半导体二极管的伏安特性就是一条非线性曲线，如图 1-16b 所示。

电阻是耗能元件，它将电能转换成热能，只能消耗功率，其功率为

$$p=ui=Ri^2=\frac{u^2}{R} \tag{1-11}$$

1.5.2 电感元件

电感是电学中的物理量，反映电流通过线圈产生磁通和储存磁场能量这一物理现象。同时，电感元件（电感器）是一种理想电路模型元件。

电感元件的符号及电路图 1-17 所示，当电流 i 通过电感时就会产生磁通 ϕ，设电感线圈的匝数为 N，则电感的参数为

$$L=\frac{N\phi}{i} \tag{1-12}$$

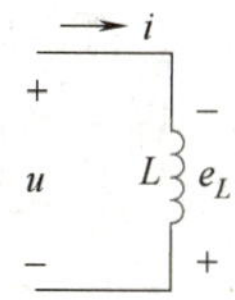

图 1-17 电感元件的符号及电路

式中，磁通 ϕ 的单位为韦伯（Wb）；L 的单位为亨利（H），数值较小时用毫亨（mH），$1H=10^3mH$。

当电感中电流或磁通发生变化时会产生自感电动势 e_L。设 u、i、e_L 的参考方向如图 1-17 所示，其关系为

$$u=-e_L=L\frac{di}{dt} \tag{1-13}$$

当通过电感的电流为恒定直流时，即 $\frac{di}{dt}=0$，则电感上电压 u 为 0，相当于短路，故在稳态直流电路中理想电感元件可视为短路。

将式（1-13）两边乘以 i 得到电感元件的功率为

$$p_L=ui=Li\frac{di}{dt} \tag{1-14}$$

对式（1-14）两边积分可得到电感元件的电能 W_L。

若电流由 0 增加到 I，则电感吸收的电能为

$$W_L = \int_0^I Li\mathrm{d}i = \frac{1}{2}LI^2 > 0 \tag{1-15}$$

若电流由 I 减小到 0，则电感释放的电能为

$$W_L = \int_I^0 Li\mathrm{d}i = -\int_0^I Li\mathrm{d}i = -\frac{1}{2}LI^2 < 0 \tag{1-16}$$

因此，理想电感元件不消耗电能，称为储能元件。

实际的电感线圈由带绝缘的导线绕制而成，导线的电阻会消耗电能，可以将电感线圈等效成理想电感和电阻串联进行电路分析。

1.5.3　电容元件

电容是表示电子元件储存电能能力的物理量，电容元件（电容器）也是理想电路模型元件，它的两个极板可以积累异性电荷来储存电场能量。

电容元件的符号及电路如图 3-18 所示，电容的参数为

$$C=\frac{q}{u} \tag{1-17}$$

式中，电荷 q 的单位为库仑（C），电压 u 的单位为伏特（V），则电容的单位为法拉（F）。由于法拉的单位太大，所以工程上常用微法（μF）和皮法（pF），$1\mathrm{F}=10^6\mu\mathrm{F}=10^{12}\mathrm{pF}$。

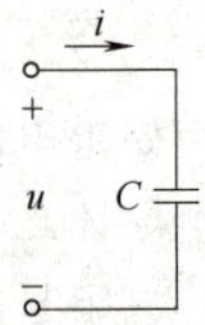

图 1-18　电容元件的符号及电路

当电容上的电荷或电压发生变化时，则产生的电流为

$$i=\frac{\mathrm{d}q}{\mathrm{d}t}=C\frac{\mathrm{d}u}{\mathrm{d}t} \tag{1-18}$$

当电容两端的电压为恒定直流时，即$\frac{\mathrm{d}u}{\mathrm{d}t}=0$，则电容上的电流 i 为 0，相当于断开，故在稳态直流电路中理想电容元件可视为开路。

将式（1-18）两边乘以 u 得到电容元件的功率为

$$p_C=ui=Cu\frac{\mathrm{d}u}{\mathrm{d}t} \tag{1-19}$$

对式（1-19）两边积分可得到电容元件的电能 W_C。

若电压由 0 增加到 U，则电容吸收的电能为

$$W_C = \int_0^U Cu\mathrm{d}u = \frac{1}{2}CU^2 > 0 \tag{1-20}$$

若电压由 U 减小到 0，则电容释放的电能为

$$W_C = \int_U^0 Cu\mathrm{d}u = -\int_0^U Cu\mathrm{d}u = -\frac{1}{2}CU^2 < 0 \tag{1-21}$$

因此，理想电容元件也不消耗电能，也是储能元件。

【思考题】

1.5.1　什么是线性电阻？线性电阻有什么特点？

1.5.2　电阻的阻值与哪些因素有关？

1.5.3　为什么称理想电感元件和理想电容元件为储能元件？

1.5.4　什么情况下可将电感元件视为短路？

1.5.5　什么情况下可将电容元件视为开路？

1.6　有源电路元件

能够给电路提供电能的元件称为有源电路元件，各种电源包括电池、发电机、信号源等均为有源电路元件。有源电路元件可以由两种不同的电路模型表示，一种以电压的形式表示，称为电压源；另一种以电流的形式表示，称为电流源。

1.6.1　理想电压源

理想电压源是一种理想电源模型。理想电压源的端电压与电流无关，通常为时间 t 的函数，即为时变量。理想电压源的符号如图 1-19a 所示。其中，u_S 为理想电压源的电压，正、负号表示其参考极性，在图中所示的参考方向下，其端电压 $u=u_S$，若 u 的参考方向设定为相反方向，则 $u=-u_S$。

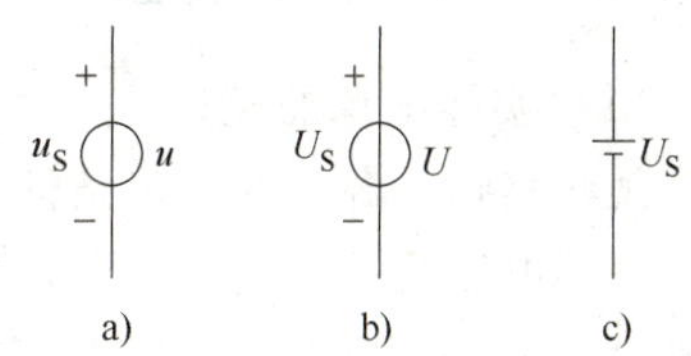

图 1-19　理想电压源的符号

如果理想电压源的电压为一定值，称为恒压源或直流电压源，用 U_S 表示，电路符号如图 1-19b 所示，也可以用图 1-19c 的符号表示，在图中所示的参考方向下，其端电压为

$$U=U_S \tag{1-22}$$

理想电压源的电流由外电路决定，可为任意值，方向也可以改变，但其端电压不随外电路的改变而改变。

1.6.2　理想电流源

理想电流源是另一种理想电源模型，理想电流源的电流与端电压无关，通常为时间 t 的函数，即也是时变量。理想电流源的符号如图 1-20a 所示，其中，i_S 为理想电流源的电流，在图中所示的参考方向下，其输出电流 $i=i_S$。

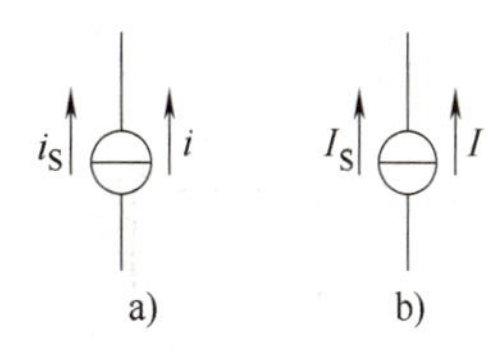

图 1-20　理想电流源的符号

如果理想电流源的电流为恒定值，称为恒流源或直流电流源，用 I_S 表示，如图 1-20b 所示。其输出电流为

$$I=I_S \tag{1-23}$$

随着外电路的变化，理想电流源的端电压可为任意值，方向亦可改变，但其电流不随外电路的改变而改变。

【例 1-6-1】　图 1-21 电路中，要求：

1）分析电流源端电压 u 的极性与电流大小的关系。

2）$U_S=10\text{V}$，$I=1\text{A}$，求电压源发出的功率。

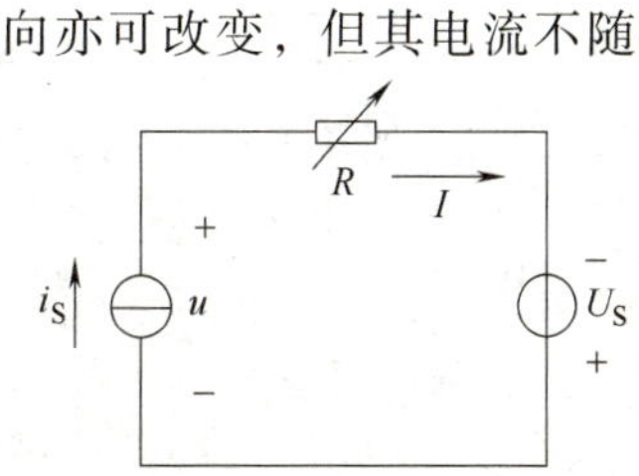

图 1-21　例 1-6-1 电路

解：

1）根据电路列出表达式为

$$u=i_S R-u_S$$

回路电流是由电流源产生的恒流，调节可变电阻器，可以改变该电阻上的电压。

当 $i_S R>u_S$ 时，$u>0$；当 $i_S R<u_S$ 时，$u<0$。

2）因 U_S 和 I 为非关联方向，故

$$P=-IU_S=-1\times10\text{W}=-10\text{W}$$

电压源发出的功率为 10W，或吸收功率-10W。

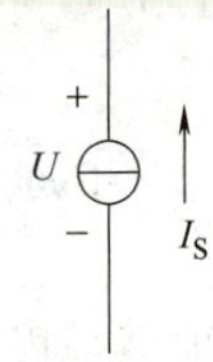

图 1-22 例 1-6-2 电路

【例 1-6-2】 图 1-22 所示电流源，其中 $U=-10\text{V}$，$I_S=1\text{A}$，求电流源发出的功率。

解：因 U_S、I_S 参考方向相反（非关联方向），故有

$$P=-UI_S=-(-10\times1)\text{W}=10\text{W}$$

电流源吸收功率 10W，或发出功率-10W。

1.6.3 实际电源的模型与电源等效变换

（1）实际电源的模型

某些实际电源，在一定条件下，特性非常接近于理想电压源，如一节新的干电池，在小电流下端电压几乎恒定；一台发电机，在输出电流远小于额定电流的情况下，端电压几乎与输出电流无关，所以，可以直接用理想电压源作为它们的模型。而另有一些实际电源，在特定条件下，特性非常接近于理想电流源，如光电池，在照度适中的情况下，输出电流几乎与外部负载无关，即与端电压无关，仅仅取决于照度，所以，可用理想电流源直接作为它们的模型。但是，大量实际电源的特性与两种理想电源都有较大差异，不能以理想电源直接作为它们的模型。下面以实际直流电源为例，讨论实际电源的模型。

图 1-23 为由实际直流电源和可变电阻负载 R 构成的电路，用实验方法改变负载 R 的值，可以测出该电源的外特性曲线如图 1-24 所示，为一条直线，在 U 坐标轴上的截距 U_S 即电源开路（$I=0$）时的开路电压 U_0，而斜率可由两个测试点 M、N 求出，即

$$K=\frac{U_1-U_2}{I_1-I_2}=-R_S \tag{1-24}$$

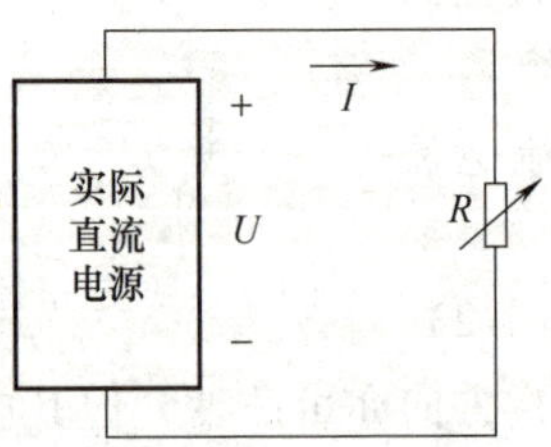

图 1-23 实际直流电源与可变电阻负载组成的电路

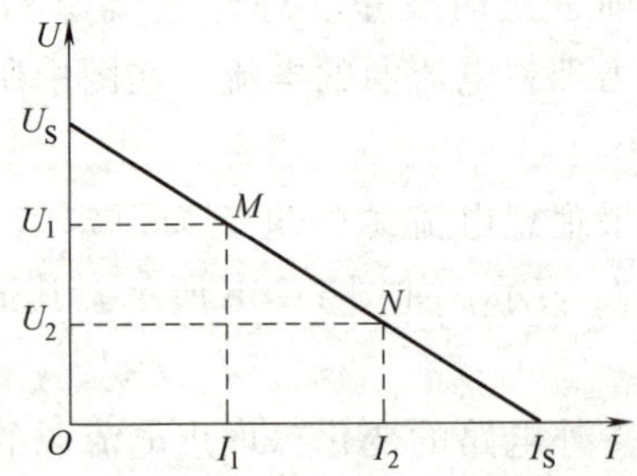

图 1-24 实际电源的外特性曲线

其中

$$R_S=\frac{U_1-U_2}{I_2-I_1} \tag{1-25}$$

为正值，故直线方程为

$$U=U_S-R_SI \tag{1-26}$$

令负载 $R=0$，即 $U=0$，可得到电源的短路电流为

$$I_S=\frac{U_S}{R_S} \tag{1-27}$$

故直线方程可改写为另一种形式，即

$$I=\frac{U_S}{R_S}-\frac{U}{R_S}$$

$$I=I_S-\frac{U}{R_S} \tag{1-28}$$

由式（1-28）可建立实际直流电源的一种模型如图 1-25 所示，为理想电压源 U_S 和内阻 R_S 的串联组合，称为电压源模型，简称电压源。U_S 等于电源的开路电压，而 R_S（即电源的等效内阻）反映了电源内部的能量损耗。

实际电压源（含内阻）的外特性曲线如图 1-26 所示虚线部分，其中 U_0 为开路电压，I_S 为短路电流。

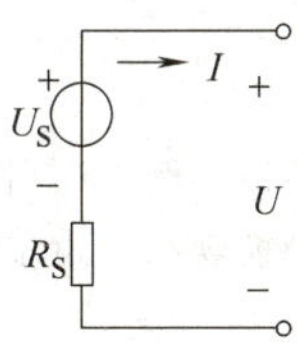

图 1-25 电压源模型

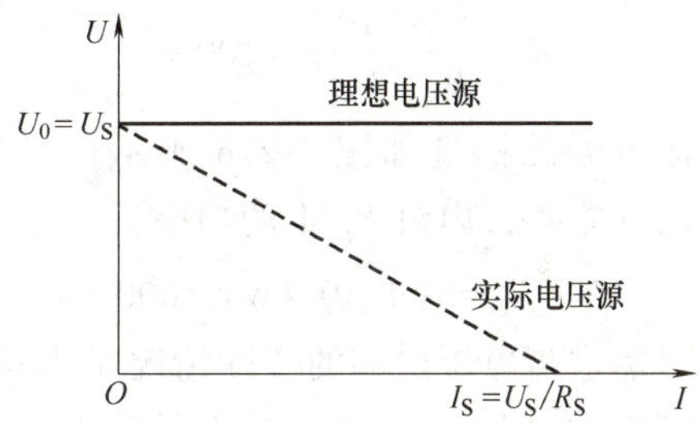

图 1-26 电压源的外特性曲线

当内阻 $R_S=0$ 时，$U=U_S$，即电路的端电压 U 是一个定值，其中的电流 I 则是任意的，由负载电阻和端电压确定，这样的电压源即为理想电压源或恒压源，其外特性曲线见图 1-26 实线部分。

由式（1-28）可建立实际电源的另一种模型如图 1-27 所示，为理想电流源 I_S 和内阻 R_S 的并联组合，称为电流源模型，简称电流源。

根据式（1-28）画出实际电流源（含内阻）的外特性曲线如图 1-28 所示虚线部分，I_S 等于电源的短路电流，而 R_S 亦为电源的等效内阻。

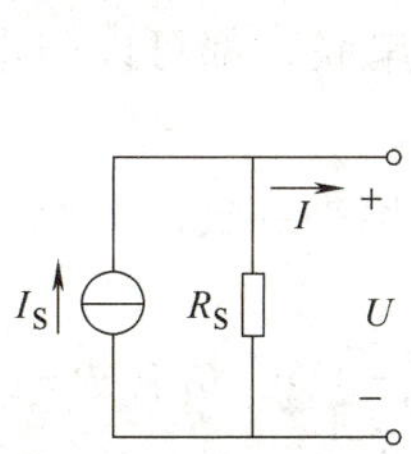

图 1-27 电流源模型

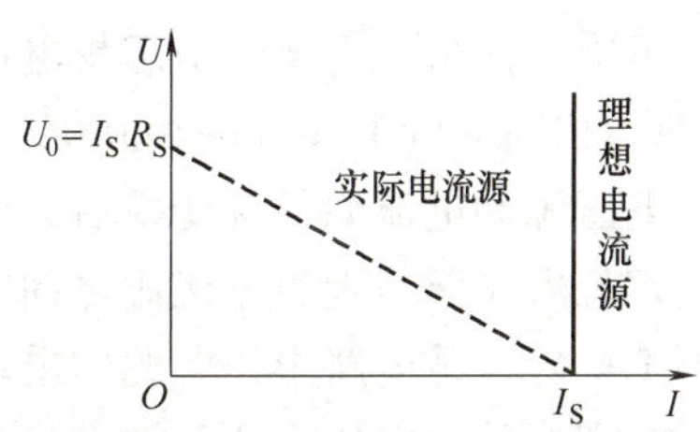

图 1-28 电流源的外特性曲线

当 $R_S\to\infty$ 时，$I=I_S$，即电路的负载电流 I 恒等于短路电流 I_S，是一个定值，而其两端的电压则是任意的，由负载电阻 R 和电流 I_S 确定，这样的电源即为理想电流源或恒流源，其外特性曲线见图 1-26 实线部分。

(2) 电源等效变换

因为上述两种电源模型可表示同一实际电源，所以二者可等效互换，式（1-27）即表达了这种等效互换的关系。

电源的两种模型都真实地模拟了实际电源的外特性，即对外电路而言，与实际电源是等效的，其中电压源真实地反映了电源内部的物理过程，对内部也是等效的，而电流源仅对外部等效，对内部是不等效的。

【例 1-6-3】 用实验方法测得某电源的开路电压 $U_S=10V$，当接某一负载时，电流 $I=10A$，电压 $U=9V$，求该电源的两种模型。

解： 由电源的外特性方程

$$U=U_S-IR_S$$

可得等效内阻为

$$R_S=\frac{U_S-U}{I}=\frac{10-9}{10}\Omega=0.1\Omega$$

故电压源模型如图 1-29a 所示。因

$$I_S=\frac{U_S}{R_S}=\frac{10}{0.1}A=100A$$

故电流源模型如图 1-27b 所示。当电流源输出开路时，内阻 R_S 上的功率为

$$P=I_S^2R_S=100^2\times0.1W=1000W$$

显然这与电源内部的实际情况是不符的，因一般电源开路时，内部损耗通常很小。由此可以看出，电流源模型不能真实地反映电源内部的物理过程，即对内部是不等效的。

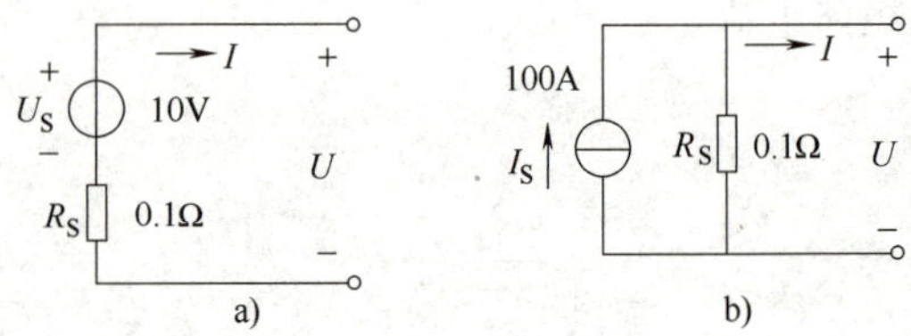

图 1-29 例 1-6-3 图

a）电压源模型 b）电流源模型

根据上述分析和结论，实际的电压源和电流源之间可以等效变换，即对外电路而言，实际电压源（理想电压源与电阻串联）与实际电流源（理想电流源与电阻并联）可以进行相互等效变换。其关系为

$$\begin{cases}I_S=\dfrac{U_S}{R_S}\\U_S=I_SR_S\end{cases}\tag{1-29}$$

在电源的等效变换中，应注意以下三个问题：

1）不限于内阻，只要一个理想电压源 U_S 和一个电阻 R 串联，都可以与电流为 I_S 的理想电流源和相同的电阻 R 并联相互等效。

2）电压源和电流源等效变换后，电压或电流的方向应与原来一致。

3）理想电压源与理想电流源之间不能等效。

【例 1-6-4】 某电路中，电源的电动势 $E=230V$，内阻 $R_0=1\Omega$，负载 $R=22\Omega$。要求：

1）分别用等效电压源和等效电流源电路表示。

2）验证两种等效电路对外电路的作用是否相同。

解：

1）图 1-30a 为等效电压源电路，图 1-30b 为等效电流源电路。其中，两个电路的 R_0 相等均为 1Ω，电压和电流的关系为

$$I_S = \frac{E}{R_0} = \frac{230}{1}\text{A} = 230\text{A}$$

2）电压源电路接负载后，负载上的电流和电压为

$$I = \frac{E}{R_0 + R} = \frac{230}{1+22}\text{A} = 10\text{A}$$

$$U = IR = 10 \times 22\text{V} = 220\text{V}$$

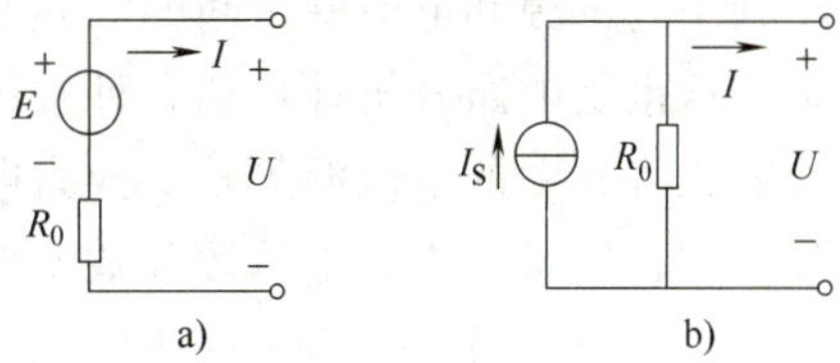

图 1-30　例 1-6-4 电路

a）等效电压源　b）等效电流源

电流源电路接负载后，负载上的电流和电压为

$$I = \frac{I_S R_0}{R_0 + R} = \frac{230 \times 1}{1+22}\text{A} = 10\text{A}$$

$$U = IR = 10 \times 22 = 220\text{V}$$

所以，对负载（外电路）而言，两者是等效的。

1.6.4　电源的串联和并联

图 1-31 为电压源串联电路，多个理想电压源串联可以直接相加，用一个理想电压源等效，等效后的电压为

$$U = U_1 + U_2 + U_3 + \cdots U_n = \sum_{i=1}^{n} U_i \tag{1-30}$$

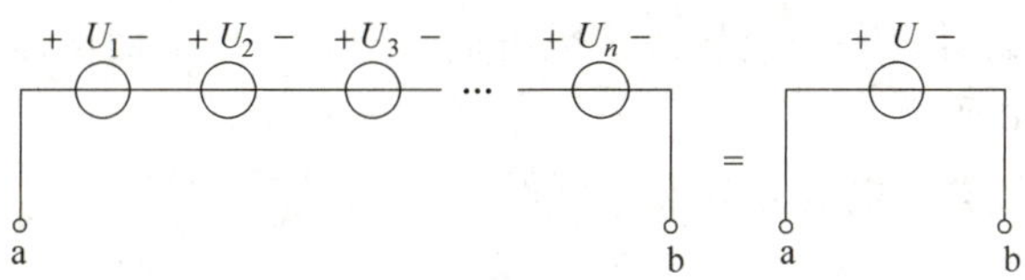

图 1-31　电压源串联电路

图 1-32 为电流源并联电路，多个理想电流源并联可以直接相加，用一个理想电流源等效，等效后的电流为

$$I = I_1 + I_2 + I_3 + \cdots I_n = \sum_{i=1}^{n} I_i \tag{1-31}$$

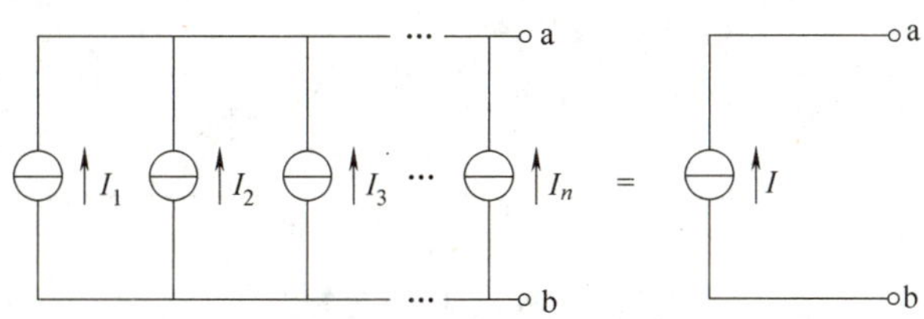

图 1-32　电流源并联电路

在理想电源的串、并联运算中，应注意以下两个问题：

1）各电压源、电流源和等效后电压源、电流源的参考方向是否一致，如一致取正号（相加），不一致取负号（相减）。

2）除非电压大小相等且电压的极性一致，否则电压源不能并联。

3）除非电流大小相等且电流的方向一致，否则电流源不能串联。

利用电压源和电流源之间的等效变换及同类电源之间的合并，可以将多电源的复杂电路简化，这也是电路分析计算的一种常用的方法。进行电源合并化简时，如果电路总体是串联结构，先将其中的电流源等效变换为电压源，再通过合并简化为一个电源；如果电路总体是并联结构，先将其中的电压源等效变换为电流源后再合并简化为一个电源。

【例 1-6-5】　图 1-33a 电路中，用电源等效变换的方法计算电流 I。

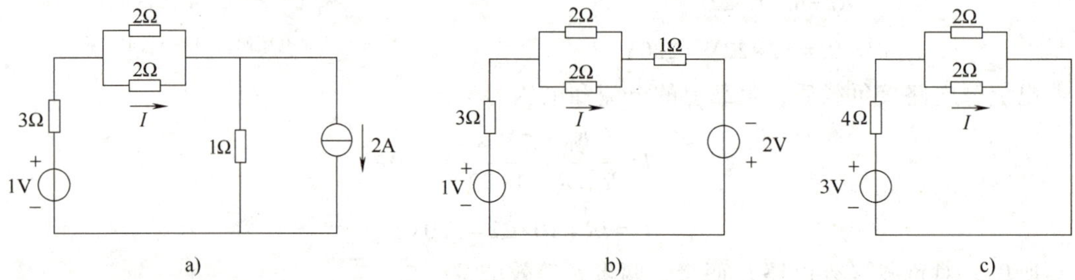

图 1-33　例 1-6-5 图

a）原电路　b）电流源等效为电压值　c）等效为一个电源

解： 电路总体是串联结构，所以需将电流源等效为电压源，再通过合并简化为一个电源。

1）先将 2A 电流源和所并联的 1Ω 电阻，等效变换为 2V 电压源和 1Ω 电阻的串联，如图 1-33b 所示。

2）将两个电压源合并为一个电压源，因方向一致，所以等效电压为 3V。两个串联电阻合并为 4Ω，如图 1-33c 所示。

3）根据图 1-33c 计算总电流并分流，可得

$$I=\frac{3}{4+2/\!/2}\frac{2}{2+2}\mathrm{A}=0.3\mathrm{A}$$

【例 1-6-6】　图 1-34a 电路中，用电源等效变换的方法计算电流 I。

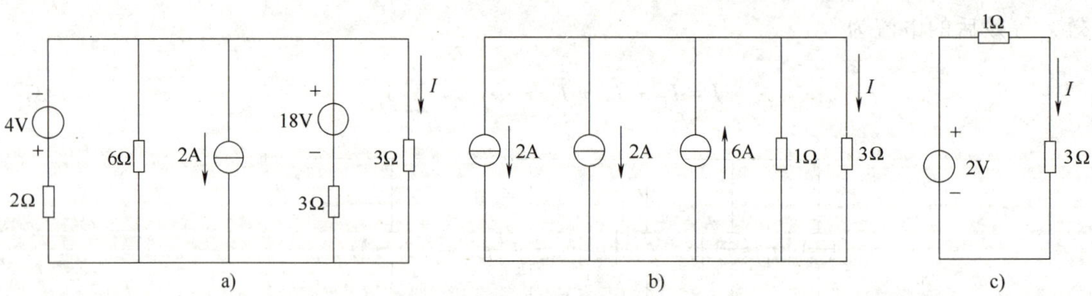

图 1-34　例 1-6-6 图

a）原电路　b）将电压源等效为电流源　c）简化为一个电源

解： 电路总体是并联结构，需要先将电压源等效为电流源后再合并简化为一个电源。

1）将两个电压源等效为电流源，相关电阻也通过并联等效，如图 1-34b 所示。其中 4V 与 2Ω 串联的电压源等效为 2A 与 2Ω 并联的电流源，电流方向向下；18V 与 3Ω 串联的电压源等效为 6A 与 3Ω 并联的电流源，电流方向向上。

2）将三个并联电流源合并为一个电流源，与等效电阻并联后等效为一个电压源与电阻

的串联，与 3Ω 电阻构成回路，如图 1-34c 所示。其中，等效电流源为

$$I_S=(-2-2+6)A=2A$$

等效电阻为

$$R_0=2//6//3\Omega=1\Omega$$

等效电压源为

$$U=I_SR_0=2\times1V=2V$$

3）根据图 1-34c 计算电流 I 为

$$I=\frac{2}{1+3}A=0.5A$$

【思考题】

1.6.1　说明理想电压源和理想电流源的基本特性。理想的含义是什么？

1.6.2　为什么说理想电压源的电流由外电路决定？举例说明。

1.6.3　为什么说理想电流源的端电压由外电路决定？举例说明。

1.6.4　理想电压源和理想电流源的内阻分别为多少？

1.6.5　实际电源的模型有哪两种？它们之间的互换基于什么原则？有什么样的互换关系？等效互换的等效是相对于谁而言的？

1.6.6　电压源模型如何描述实际电源内部的物理过程？

1.6.7　电流源模型能不能描述实际电源内部的物理过程？

1.6.8　为什么理想电压源和理想电流源不能等效互换？

1.7　电路的工作状态

图 1-35 中，电源（E 和 R_0）通过开关（S）连接负载（R），构成电路。当开关闭合和断开时，分别构成有载、空载工作状态，而电源输出两端短接（或开关闭合时，负载 $R=0$）时，构成短路工作状态。

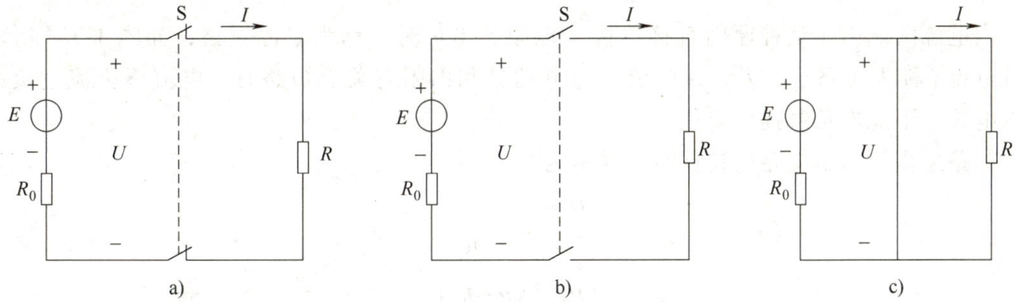

图 1-35　电源工作状态

a）有载状态　b）空载状态　c）短路状态

1.7.1　电源的有载工作状态

当开关 S 闭合时，构成闭合电路，如图 1-35a 所示，产生电流 I，电源向负载发出功率，负载吸收消耗功率，满足功率平衡的条件，又称负载工作状态。

根据全电路欧姆定律，列出回路电流 I、电源端电压 U 的表达式，即

$$\begin{cases} I=\dfrac{E}{R+R_0} \\ U=RI=E-R_0I \end{cases}$$

其功率关系为

$$P=P_E-\Delta P \tag{1-32}$$

式中，P_E 为电源产生的功率，$P_E=EI$；ΔP 为电源内阻消耗的功率，$\Delta P=R_0^2I$；P 为电源输出的功率，$P=UI$。

由此可见，电源端电压小于电源的电动势，两者之差为电源内阻所产生的电压降 R_0I，I 越大，则 U 下降越多。表示 U 和 I 的曲线称为电源的外特性曲线，如图 1-36 所示。

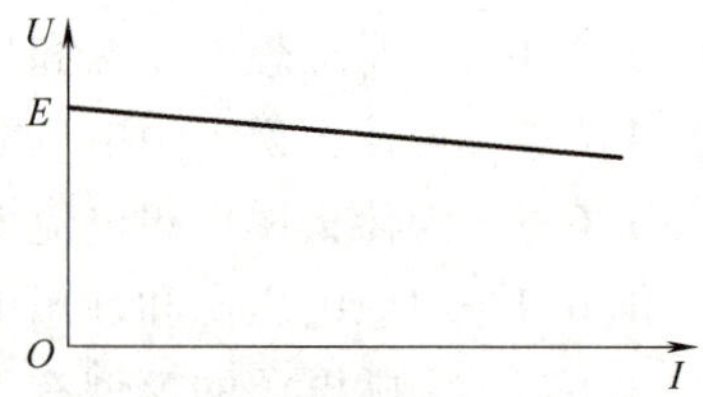

图 1-36 电源有载工作状态的外特性曲线

如果 $R_0 \ll R$，则 $U=E$。同理，$P<P_E$，如果 $R_0 \ll R$，$P=P_E$。

1.7.2 电源的空载工作状态

当电路中的开关 S 断开时，负载断开，称为空载（或开路）工作状态，如图 1-35b 所示。在空载工作状态下，负载电阻相当于无穷大，电流为 0，电源的端电压（开路电压）等于电源的电动势，电源不能输出电能，输出功率为 0。

空载工作状态下电路的特征可以表示为

$$\begin{cases} I=0 \\ U=E \\ P=0 \end{cases}$$

1.7.3 电源的短路工作状态

当电源两端由于某种原因直接连接（电阻为 0）时，称为电源短路，如图 1-35c 所示。此时电流 I 称为短路电流 I_S，该电流只与电动势和内阻有关。短路时，电流不再流过负载，所以电源也不能向负载提供电能。

短路工作状态下电路的特征可以表示为

$$\begin{cases} U=0 \\ I=I_S=E/R_0 \\ P_E=\Delta P=R_0I^2 \\ P=0 \end{cases}$$

由于内阻很小，所以短路电流很大，有一定的危险，正常情况下应避免短路的发生。

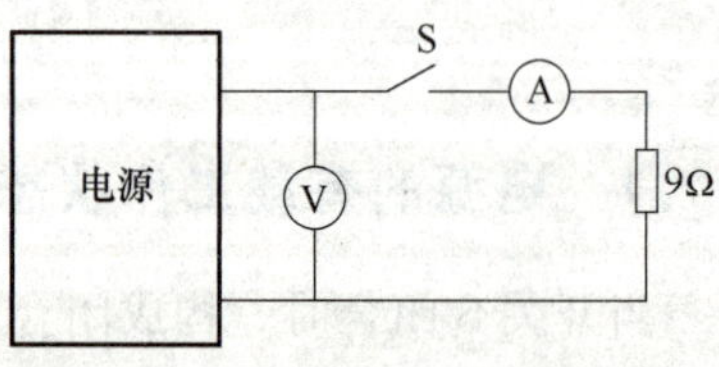

图 1-37 例 1-7-1 电路

【例 1-7-1】 图 1-37 中，电源通过开关接负载电阻，Ⓥ为电压表；Ⓐ为电流表。当开关 S 断开时，电压表显示为 18V，当 S 闭合时，电流表显示为 1.8A。求该电源

的电动势 E、内阻 R_0，以及有载工作时的输出电压 U。

解：当 S 断开时，考虑到理想电压表的内阻为∞，所以电源相当于开路（空载状态），电压表的读数即电源的开路电压，也等于其电动势，即 $E=18V$。

当 S 闭合时，相当于有载状态（负载状态），理想电流表的内阻很小可以忽略，根据全电路欧姆定律，有

$$I=\frac{E}{R_0+R}$$

$$R_0=\frac{E}{I}-R=\left(\frac{18}{1.8}-9\right)\Omega=1\Omega$$

输出电压为

$$U=IR=1.8\times9V=16.2V$$

【思考题】

1.7.1　电路有哪三种工作状态？

1.7.2　如何测量电源的开路电压和短路电流？

1.7.3　为什么电源应避免短路状态？

1.8　基尔霍夫定律

基尔霍夫定律是电路分析中最基本的定律。在介绍基尔霍夫定律之前，先介绍电路分析中的几个术语。

在一个电路中，①由单个元件或多个元件的串联组合构成了电路的一个分支，称为支路，同一支路上的各个元件流过同一电流，如图 1-38 所示电路，共有三条支路；②三个或三个以上支路的汇集点称为节点，图 1-38 电路中有 a、b 两个节点；③由支路构成的电路中的任一闭合路径称为回路，图 1-38 电路中有 cabc、adba 和 cadbc 三个回路；④内部不包含支路的单孔回路称为网孔，又称为独立回路，图 1-38 电路中 cabc、adba 两个回路为网孔。

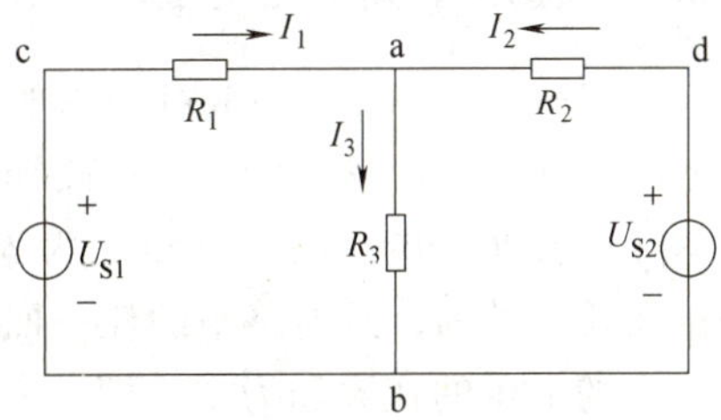

图 1-38　电路的节点、支路和回路

1.8.1　基尔霍夫电流定律

基尔霍夫电流定律（KCL）又称为节点电流定律，KCL 遵循电流连续性和电荷守恒原理，阐明了连接于电路同一节点的各支路电流之间的关系：在任一时刻，流入（或流出）电路中任一节点的所有支路电流的代数和为零。即

$$\sum i=0 \quad 或 \quad \sum I=0(直流) \tag{1-33}$$

将 KCL 应用到某一节点时，首先必须设定各支路电流的参考方向，在代数和中，可以约定流入节点的电流为正，流出节点的电流为负，反之亦然。

将 KCL 应用于图 1-38 电路的节点 a，可得

$$I_1+I_2-I_3=0$$

上式可改写为

$$I_1+I_2=I_3 \tag{1-34}$$

得到 KCL 的另一种描述形式：在任一时刻，流入任一节点的电流之和，恒等于流出该节点的电流之和。

由式（1-33）或式（1-34）可知，对于节点 a 的三个支路电流，只要确定了其中的两个，则第三个唯一确定。

【例 1-8-1】 图 1-38 电路中，设 $I_1=3\text{A}$，$I_2=5\text{A}$，求 I_3。

解：由节点 a 的电流方程，可得

$$I_1+I_2-I_3=0$$

$$I_3=I_1+I_2=(3+5)\text{A}=8\text{A}$$

结果为正，说明所求电流的实际方向与设定的参考方向相同。

由节点 b 列电流方程，可以得到同样的结论。

基尔霍夫电流定律可以推广到闭合回路，可将闭合回路视为一个节点，运用 KCL 求解。

【例 1-8-2】 图 1-39 电路中，已知 $I_1=1\text{A}$，$I_2=2\text{A}$，$I_3=-4\text{A}$，求电流 I_4。

解：图 1-39 中四个电阻组成闭合回路，根据基尔霍夫电流定律，有

$$I_1+I_3=I_2+I_4$$

$$I_4=I_1+I_3-I_2=(1-4-2)\text{A}=-5\text{A}$$

结果为负，说明所求电流的实际方向与设定的参考方向相反。

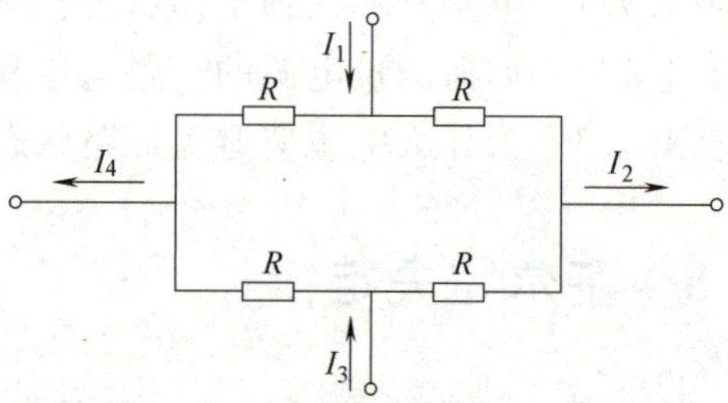

图 1-39 例 1-8-2 图

1.8.2 基尔霍夫电压定律

基尔霍夫电压定律（KVL）又称为回路电压定律，KVL 基于能量守恒原理，单位电荷由电路中的某点出发，沿某一回路循行一周回到出发点时，电位能仍保持原数值，即电位能的总降低值（即电压的代数和）为零。KVL 阐明了电路中任一闭合回路中各部分电压的关系：在任一时刻，沿电路中的任一回路循行一周（顺时针或逆时针），回路内各元件（或支路）上的电压的代数和为零。即

$$\sum u=0 \quad 或 \quad \sum U=0(直流) \tag{1-35}$$

在应用 KVL 时，同样必须先设定各元件或支路上电压的参考方向，并且规定电压参考方向与循行方向相同（电位降低）时取正值，电压参考方向与循行方向相反（电位升高）时则取负值，反之亦然。

将 KVL 应用于图 1-38 电路的 cabc 回路，若沿顺时针方向循行，可得

$$I_1R_1+I_3R_3-U_{S1}=0$$

上式可改写为

$$I_1R_1+I_3R_3=U_{S1}$$

得到 KVL 的另一种描述形式：在任一时刻，沿电路中的任一回路循行一周（回到出发点），则在这个方向上的电位降之和等于电位升之和。

【例 1-8-3】 图 1-38 电路中，设 $I_1=3\text{A}$，$I_2=5\text{A}$，$R_1=R_2=R_3=2\Omega$，求 U_{S1}。

解：由 cabc 回路的电压方程和【例 1-8-1】的结果 $I_3=8\text{A}$，可得

$$U_{S1}=I_1R_1+I_3R_3=(3\times2+8\times2)\text{V}=22\text{V}$$

基尔霍夫定律（KCL、KVL）反映的是电路连接方式与电流、电压之间的关系，与构成电路的元件性质无关。

【例 1-8-4】 图 1-40 电路中，已知 $U_S=18\text{V}$，$R_2=4\Omega$，$R_4=3\Omega$，$I_1=1\text{A}$，$I_3=4\text{A}$，求 I_2、I_4、I_5 各是多少？

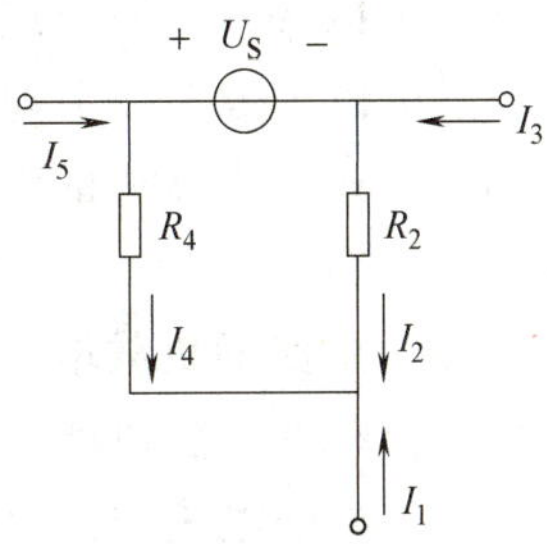

图 1-40　例 1-8-4 电路

解： 将中间的闭合回路视为节点，根据 KCL，可得

$$I_1+I_3+I_5=0$$

$$I_5=-(I_1+I_3)=-(1+4)\text{A}=-5\text{A}$$

对下面的节点和中间的回路，根据 KCL 和 KVL，可得

$$\begin{cases}I_2+I_4=-I_1\\U_S+R_2I_2=R_4I_4\end{cases}$$

$$\begin{cases}I_2+I_4=-1\\18+4I_2=3I_4\end{cases}$$

解得 $I_2=-3\text{A}$，$I_4=2\text{A}$。

【思考题】

1.8.1　解释名词术语：支路、节点、回路、网孔。

1.8.2　说明基尔霍夫电流定律对节点电流的约束关系。

1.8.3　说明基尔霍夫电压定律对回路电压的约束关系。

本章小结

1）基本概念包括：电路及模型，电压和电流及方向的确定，功率的发出、吸收和平衡，电阻及串并联计算，电源及等效变换等。

2）电路中随时间变化的量用小写字母表示，如电流 i、电压 u、电动势 e 和功率 p 等；直流量和恒定量用大写字母表示，如直流电流 I、直流电压 U、直流电动势 E 和功率 P 等。

3）电压、电流的参考方向是为分析电路任意假设的，在参考方向下，电压、电流的数值都是代数值。电压、电流的实际方向与参考方向相同时为正值，反之为负值。

4）判断电路中某个电源是发出功率还是吸收功率，可以通过计算其实际功率来确定，当电源的 u、i 参考方向一致时，用 $p=ui$ 计算；当电源的 u、i 参考方向相反时，用 $p=-ui$ 计算。若计算结果 $p>0$，则说明该电源吸收功率，是负载；若计算结果 $p<0$，则说明该电源发出功率，是电源。

5）无源电路元件有电阻、电感和电容三种：电阻是耗能元件，电感和电容是储能元件。

6）有源电路元件有电压源和电流源两类：理想电压源的电压恒定不变，其输出电流随负载的变化而变化；理想电流源的电流恒定不变，其端电压随负载的变化而变化。

7）基尔霍夫电流、电压定律（KCL、KVL）是电路分析最重要的定律。

KCL：电路中任一节点的所有支路电流的代数和为零，即 $\sum i=0$。

KVL：电路中任一回路内各元件（或支路）上的电压的代数和为零，即 $\sum u=0$。

习　题

一、单项选择题

1.1　两个电压不同的理想电压源并联（　　）。

A. 可以等效为一个理想电压源　　B. 可以用一个实际电压源代替

C. 可以等效为一个理想电流源　　D. 不可以这样连接

1.2　理想电流源的外接电阻减小，它的端电压（　　）。

A. 增高　　B. 降低　　C. 不变　　D. 不能确定

1.3　电路的负载增大指的是（　　）。

A. 负载的电阻值增大　　B. 负载的电压增大

C. 负载的电流增大　　D. 电源发出的功率增大

1.4　将两只额定值为 220V、100W 的白炽灯串联接在 220V 的电源上，则电源发出的功率为（　　）。

A. 200W　　B. 100W　　C. 50W　　D. 25W

1.5　图 1-41 电路中等效电阻 R_{AB} 为（　　）。

A. 14Ω　　B. 8Ω　　C. 4Ω　　D. 2Ω

1.6　图 1-42 电路中电压 U_{AB} 为（　　）。

A. 2V　　B. 1V　　C. −1V　　D. −7V

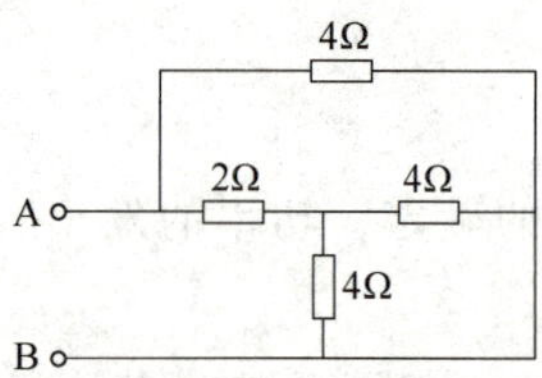

图 1-41　习题 1.5 图

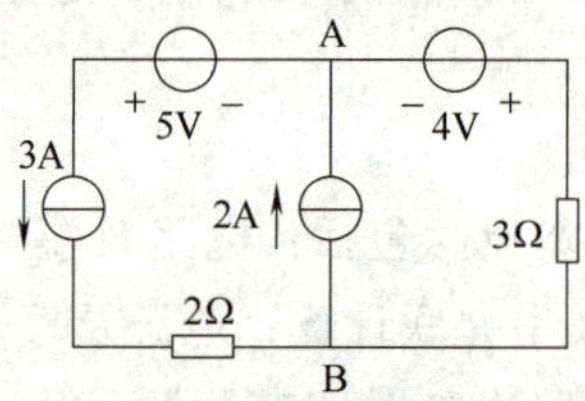

图 1-42　习题 1.6 图

二、分析计算题

1.7　额定值为 1W/100Ω 的碳膜电阻，使用时电压和电流不能超过多少数值？

1.8　图 1-43 各电路中，$E=5\text{V}$，$U_{ab}=10\text{V}$，$R=5\Omega$，求电流 I。

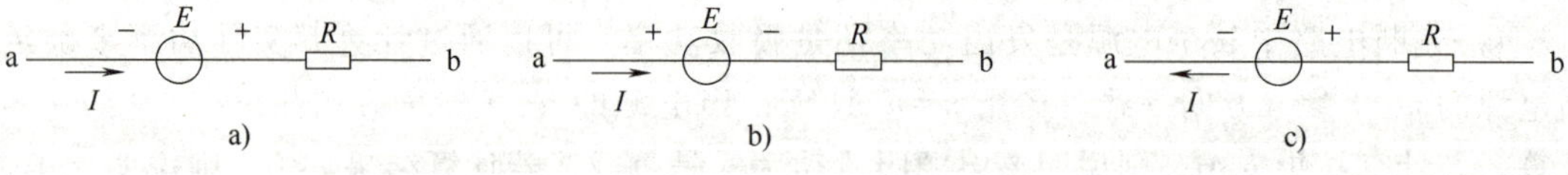

图 1-43　习题 1.8 图

1.9　图 1-44 电路中，电源开路电压 $U_0=230\text{V}$，电源短路电流 $I_S=1150\text{A}$。当负载电流 $I=50\text{A}$ 时，计算负载 R。

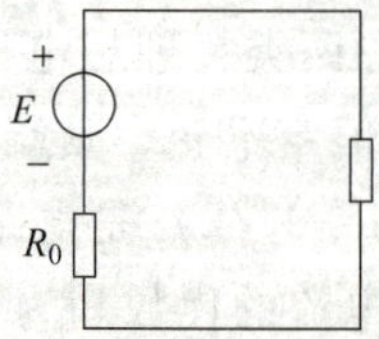

图 1-44　习题 1.9 图

1.10　电路及参数如图 1-45 所示，分别计算 $R=6\text{k}\Omega$、$R=\infty$（开路）、$R=0$（短路）三种情况下的电压 U 和电流 I_1、I_2。

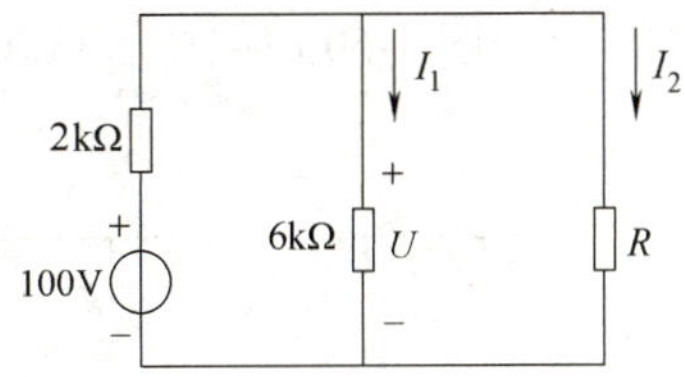

图 1-45　习题 1.10 图

1.11　图 1-46 电路中方框代表电源或负载，电压及电流方向如图中所示，说明哪些是电源？哪些是负载？

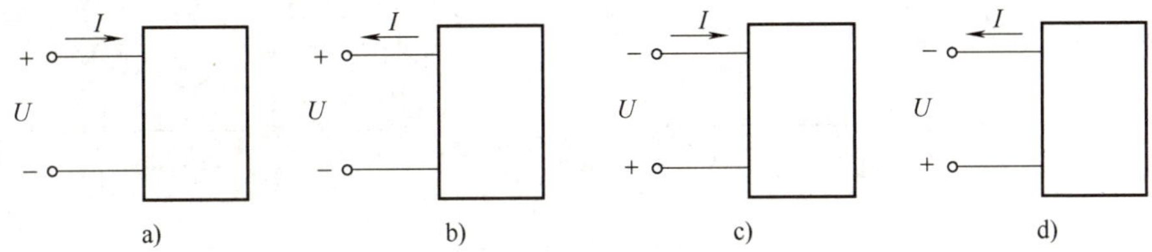

图 1-46　习题 1.11 图

1.12　图 1-47 电路中，已知 $U=12\text{V}$，$I_S=2\text{A}$，求理想电流源两端电压 U_S。

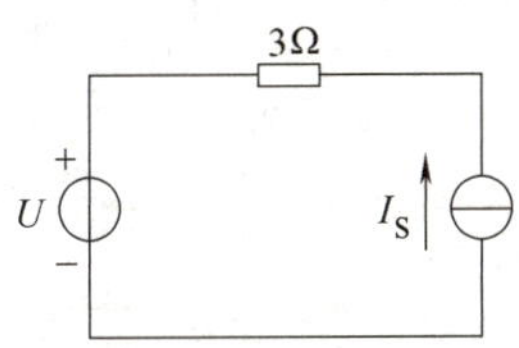

图 1-47　习题 1.12 图

1.13　试求图 1-48 各电路中每个元件上的功率。

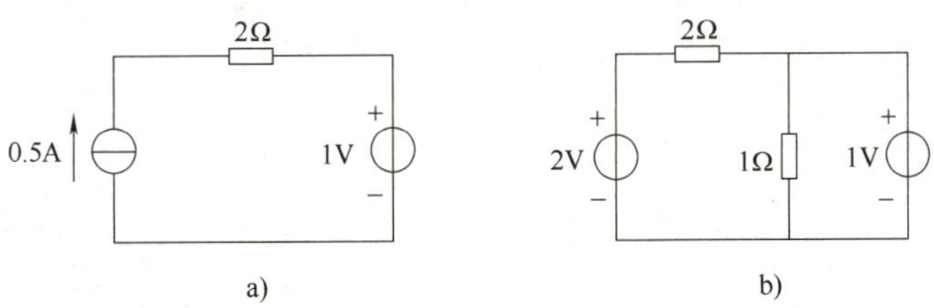

图 1-48　习题 1.13 图

1.14　将图 1-49 电路中的电压源模型转换为电流源模型、电流源模型转换为电压源模型。

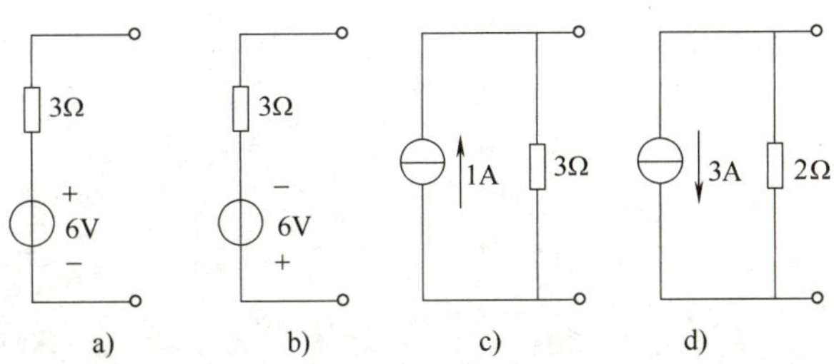

图 1-49　习题 1.14 图

1.15　图 1-50 电路中，试用电压源和电流源等效变换的方法求电流 I。

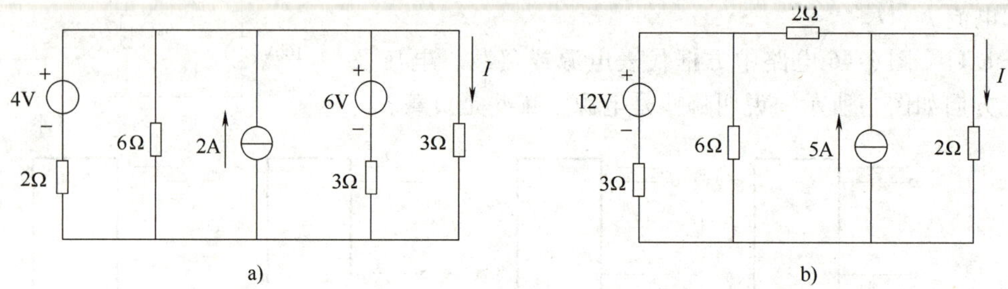

图 1-50　习题 1.15 图

1.16　图 1-51 电路中，已知 $I_1=2\text{A}$，$I_2=-3\text{A}$，$I_3=4\text{A}$，$I_4=-2\text{A}$，求 I_5。

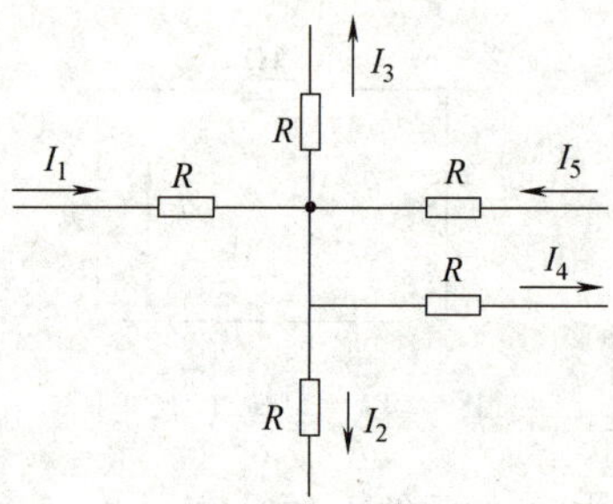

图 1-51　习题 1.16 图

第 2 章　电路的分析方法

根据实际需要，电路的结构形式多种多样。最简单的电路只有一个回路，即所谓单回路电路。有的电路虽然有很多个回路，但是能够用串并联的方法化简为单回路电路。单回路电路较简单，利用欧姆定律就可以直接分析计算；然而有些多回路电路（特别是含有多个电源的电路）则不然，不能用串并联的方法化简为单回路电路，分析起来较为烦琐，这类电路称为复杂电路。因此，要根据电路的结构特点采用不同的分析与计算方法。

本章以直流电阻电路为例，介绍几种常用的分析电路的基本定理和方法，如支路电流法、叠加定理、戴维南定理等，都是分析复杂电路的基本定理和方法。

2.1　电阻的串联与并联

2.1.1　电阻的串联

图 2-1 电路中，两个电阻 R_1 和 R_2 串联，流过同一个电流，则可以等效为一个电阻 R，其等效电阻等于各个电阻之和，可以表示为

$$R=R_1+R_2$$

$$\begin{cases} U_1=R_1I=\dfrac{R_1}{R_1+R_2}U \\ U_2=R_2I=\dfrac{R_2}{R_1+R_2}U \end{cases} \tag{2-1}$$

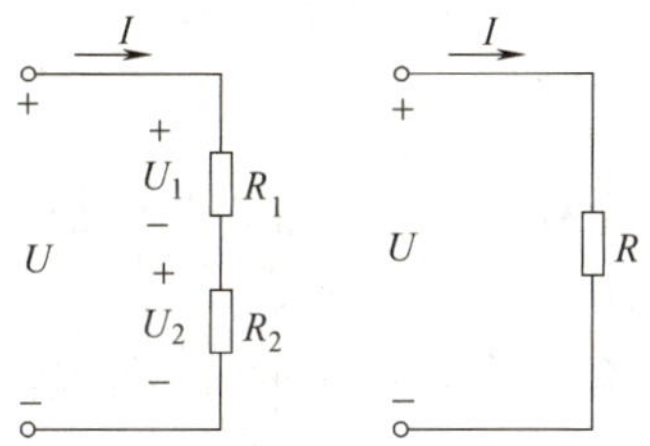

图 2-1　电阻的串联

式（2-1）称为分压公式。推广到 n 个电阻串联，等效电阻为

$$R=\frac{u}{i}=R_1+R_2+\cdots+R_n=\sum_{k=1}^{n}R_k \tag{2-2}$$

可以看出，串联等效电阻应大于任何一个被串联的电阻。电阻串联时，各电阻上的电压之和等于总电压，每个电阻上的电压与电阻大小成正比，即

$$\begin{gathered} u=(R_1+R_2+\cdots+R_n)i=Ri \\ u_k=R_ki=\frac{R_k}{R}u \quad k=1,2,\cdots,n \end{gathered} \tag{2-3}$$

2.1.2　电阻的并联

图 2-2 电路中，两个电阻 R_1 和 R_2 并联（可简写为 $R=R_1/\!/R_2$），两端电压同为 U，则可以等效为一个电阻，其等效电导为各电导之和，即

$$G=G_1+G_2 \tag{2-4}$$

等效电阻的倒数等于各电阻倒数之和，即

$$\frac{1}{R}=\frac{1}{R_1}+\frac{1}{R_2} \tag{2-5}$$

或

$$R=R_1//R_2=\frac{R_1R_2}{R_1+R_2} \tag{2-6}$$

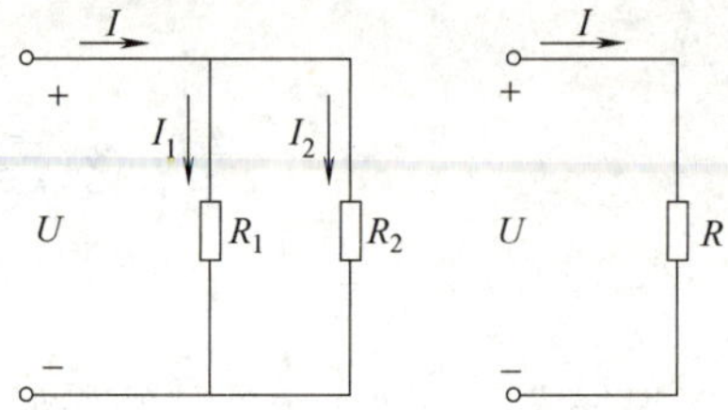

图 2-2 电阻的并联

$$\begin{cases} I_1=\dfrac{U}{R_1}=\dfrac{RI}{R_1}=\dfrac{R_2}{R_1+R_2}I \\ I_2=\dfrac{U}{R_2}=\dfrac{RI}{R_2}=\dfrac{R_1}{R_1+R_2}I \end{cases} \tag{2-7}$$

式（2-7）称为分流公式。推广到 n 个电阻并联，等效电阻可以表示为

$$R=\frac{1}{\sum\limits_{k=1}^{n}\frac{1}{R_k}} \tag{2-8}$$

可以看出，并联等效电阻应小于任何一个被并联的电阻。电阻并联时，各电阻中的电流之和等于总电流，每个电阻上的电流与电阻大小成反比。即

$$\begin{aligned} &i=i_1+i_2+\cdots+i_n=\frac{u}{R_1}+\frac{u}{R_2}+\cdots+\frac{u}{R_n}=\frac{u}{R} \\ &i_k=\frac{u}{R_k}\quad k=1,2,\cdots,n \end{aligned} \tag{2-9}$$

【例 2-1-1】 图 2-3 电路中，已知 $U_{ae}=16\text{V}$，$R=1\Omega$，计算 a、e 端的等效电阻 R_{ae} 和各支路电流 I、$I_1\sim I_4$。

解： 各点向右的等效电阻为

$$R_{de}=R+2R//2R=2R$$

$$R_{ce}=R+2R//R_{de}=2R$$

$$R_{be}=R+2R//R_{ce}=2R$$

$$R_{ae}=R+2R//R_{be}=2R$$

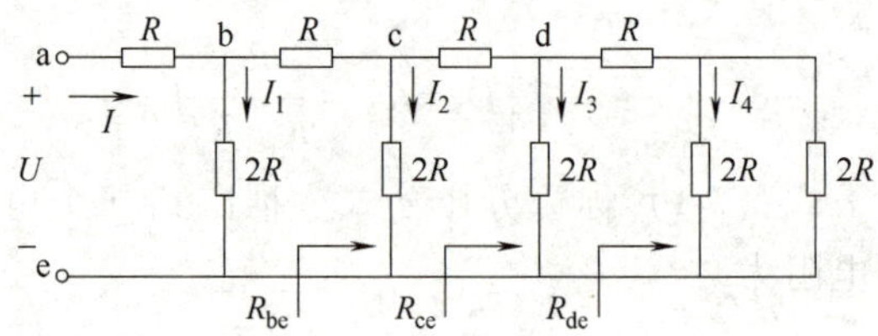

图 2-3 例 2-1-1 图

各电流为

$$I=\frac{U}{2R}=\frac{16}{2\times1}\text{A}=8\text{A}\quad I_1=\frac{I}{2}=\frac{8}{2}\text{A}=4\text{A}\quad I_2=\frac{I_1}{2}=\frac{4}{2}\text{A}=2\text{A}$$

$$I_3=\frac{I_2}{2}=\frac{2}{2}\text{A}=1\text{A}\quad I_4=\frac{I_3}{2}=\frac{1}{2}\text{A}=0.5\text{A}$$

【例 2-1-2】 计算图 2-4 电路中的电流 I。

解： 图 2-4 是一个串并联混合的电路，可以分别采用分压或分流的方法计算。

方法 1：通过分压，求出 U_{ac} 和 U_{bc}，再计算 I，即

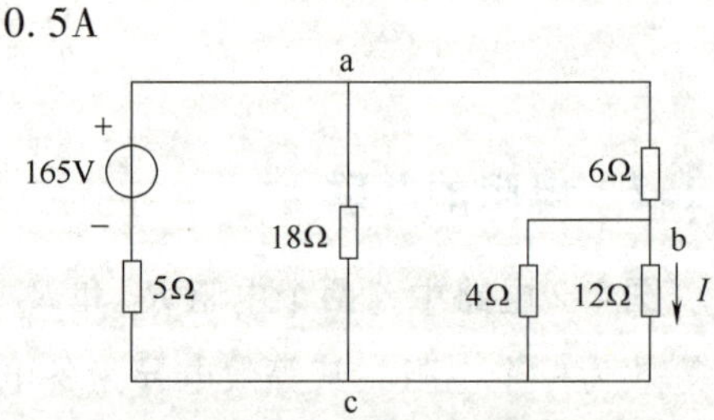

图 2-4 例 2-1-2 图

$$U_{ac}=165\times\frac{18/\!/(6+4/\!/12)}{5+18/\!/(6+4/\!/12)}\text{V}=90\text{V}$$

$$U_{bc}=90\times\frac{4/\!/12}{6+4/\!/12}\text{V}=30\text{V}$$

$$I=\frac{30}{12}\text{A}=2.5\text{A}$$

方法 2：先求总电阻和总电流，通过两次分流计算出 I，即

$$R_{总}=[5+18/\!/(6+4/\!/12)]\Omega=11\Omega$$

$$I_{总}=\frac{165}{11}\text{A}=15\text{A}$$

$$I=15\times\frac{18}{18+6+4/\!/12}\times\frac{4}{4+12}\text{A}=2.5\text{A}$$

需要注意的问题：

1）可以根据精度要求估算，如果 $R_1\gg R_2$，则串联时等效电阻 $R\approx R_1$、并联时等效电阻 $R\approx R_2$。

2）串联电阻可用于限流、分压，可通过电位器调节电压。

3）负载一般都是并联，并联电阻越多，等效电阻越小，电路的总功率和总电流增加越多，但每个负载上的电流和功率保持不变。

【思考题】

2.1.1　并联后的等效电阻是否一定小于其中任何一个电阻？

2.1.2　采用哪种电路可以通过电位器调节电流的大小？

2.1.3　设计一个调节输出电压的电路，输入固定电压为 10V，要求输出电压为 3~6V 可调，如何选择电阻和电位器？

2.2　支路电流法

支路电流法是以支路电流作为未知变量，直接应用 KCL 和 KVL，列出与未知变量（支路电流）数相等的独立方程，再进一步求解得到各支路电流。

例如，图 2-5 为两个电压源并联的电路，其节点数 $n=2$，支路数 $b=3$，回路数共三个，其中独立回路（网孔）数 $m=2$。

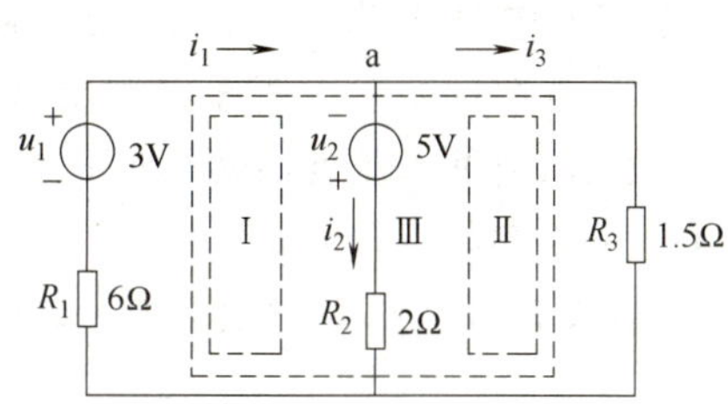

图 2-5　电压源并联电路

以三个支路电流为未知变量，在设定的参考方向下，由 KCL 可得各节点电流方程为

节点 a：$i_1=i_2+i_3$

节点 b：$i_2+i_3=i_1$

不难看出，两个方程实际上是相同的，即只有一个是独立的，即两个节点，可以列出一个独立的 KCL 方程。可以推广到 n 个节点的电路，只能列出 $n-1$ 个独立的 KCL 方程。

由 KVL 对图 2-5 电路的每个回路可列出一个回路电压方程，即

回路Ⅰ：$i_1R_1+i_2R_2=u_1+u_2$

回路Ⅱ：$i_3R_3-i_2R_2=-u_2$

回路Ⅲ：$i_1R_1+i_3R_3=u_1$

这三个方程只有两个是独立的，因为由其中任意两个都可以得到第三个。若选取Ⅰ、Ⅲ回路，则它们都是独立的，因为它们都至少有一个未被对方所包含的支路，但若再选取回路Ⅱ，则回路Ⅱ方程不再是独立的，因为构成该回路的两条支路都已包含在Ⅰ、Ⅲ回路中（该电路为平面网络，也可选取自然网孔即Ⅰ、Ⅱ回路列方程，它们是独立的，且数量是足够的）。

由 KCL、KVL 对图 2-5 电路共可列出三个独立方程，与未知变量数相同，所以，求解由三个独立方程组成的方程组，可得到三个变量的唯一解，代入数值并整理可得

$$\begin{cases} i_1=i_2+i_3 \\ 6i_1+2i_2=8 \\ 6i_1+1.5i_3=3 \end{cases}$$

解上述方程组可得各支路电流的唯一解为

$$\begin{cases} i_1=0.75\text{A} \\ i_3=-1\text{A} \\ i_2=1.75\text{A} \end{cases}$$

支路电流法的关键在于列出数量足够（等于未知的支路电流数）的节点电流方程和回路电压方程。一般规律为：对于有 n 个节点、b 条支路的电路，仅能列出 $n-1$ 个独立的节点电流方程和 $b-(n-1)$ 个独立的回路电压方程，共得 b 个独立方程，与未知变量（支路电流）数相等，因而是足够的。为保证列出的方程都是独立的，可任选 n 个节点中的 $n-1$ 个作为独立节点，列出节点电流方程。对于选取的每个回路，如果保证至少包含一条未被其他已选回路所包含的支路，则列出的回路电压方程一定是独立的。对于平面网络，通常选取网孔作为独立回路，网孔数与回路电压方程数相等。

如果电路中含有理想电流源，由于理想电流源所在支路电流为已知量，所以电路的未知量数减少，故可减少回路电压方程数。

图 2-6 电路含四个节点、六条支路、三个网孔，含有一个理想电流源，实际未知电流数为五个。选取回路时，使理想电流源所在支路仅包含在回路Ⅰ中，则该回路不必列电压方程。根据回路Ⅱ、Ⅲ列出两个独立的回路电压方程，再加上三个独立的节点电流方程，即可解出五个未知的支路电流。

【例 2-2-1】 图 2-7 电路中，要求：

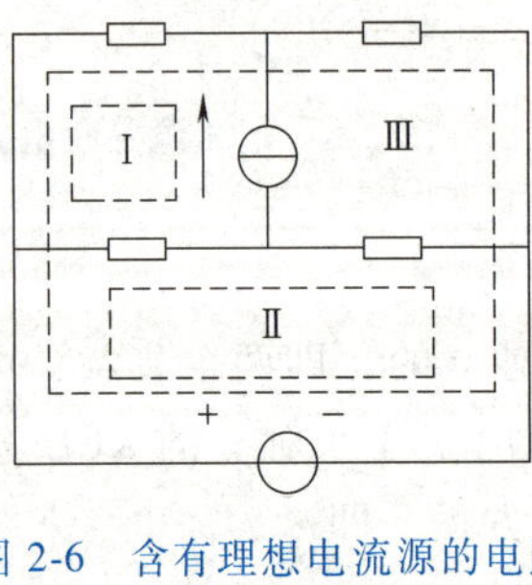

图 2-6　含有理想电流源的电路

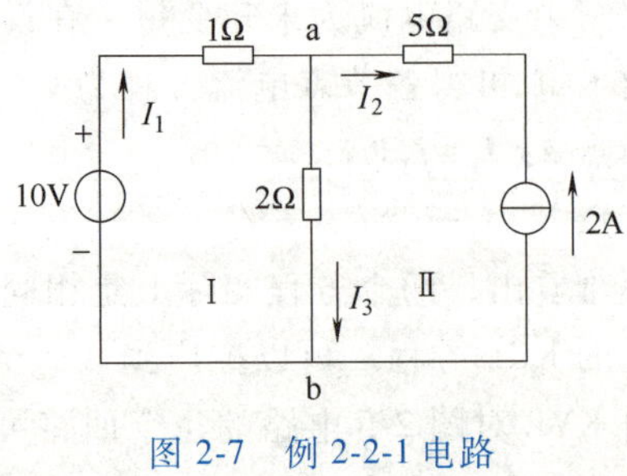

图 2-7　例 2-2-1 电路

1）电路的节点、支路、网孔各有多少个？

2）利用支路电流法列出求解 $I_1 \sim I_3$ 的方程。

解：

1）该电路节点数 $n=2$，支路数 $b=3$，网孔数 $m=2$。

2）求解 $I_1 \sim I_3$，本需列三个独立方程，但由于电路中存在一个 2A 的理想电流源，则 $I_2=-2\text{A}$，实际未知电流数只有两个，故只需列出两个独立方程，即

节点 a：$I_1=I_2+I_3$

回路Ⅰ（避开电流源所在的回路Ⅱ）：$10=1I_1+2I_3$

求解上述两个方程，可得：$I_1=2\text{A}$，$I_3=4\text{A}$。

【思考题】

2.2.1　在用支路电流法求解电路时，列 KCL 方程时一般优先选什么样的节点作为参考节点？

2.2.2　在用支路电流法求解电路时，若电路有 n 个节点、m 个网孔，需要列写多少个独立的 KCL 方程和 KVL 方程？

2.2.3　选取独立回路的充分条件是什么？如何选取列写 KVL 方程的独立回路？

2.2.4　一条支路中包含已知参数的电流源时，如何选取列写 KVL 方程的独立回路？

2.3　叠加定理

叠加定理是线性电路的一个重要的定理。叠加定理描述的是含有多个电源的线性电路中，所有电源共同作用与每个电源单独作用所产生的激励的关系。

以图 2-8 为例，叠加定理研究当每个电源单独作用时，产生电流的各个分量，和它们共同作用时产生的总电流间的关系。

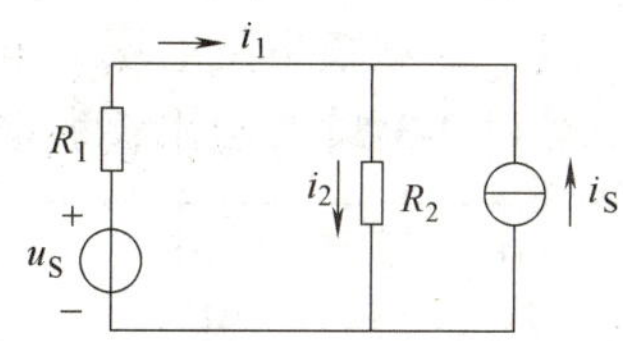

图 2-8　两个电源作用的电路

图 2-8 电路中，根据基尔霍夫定律列出节点电流方程和回路电压方程并求解，有

$$\begin{cases} i_1+i_S=i_2 \\ u_S-i_1R_1-i_2R_2=0 \end{cases}$$

$$\begin{cases} i_1=\dfrac{u_S-i_SR_2}{R_1+R_2}=\dfrac{u_S}{R_1+R_2}-\dfrac{i_SR_2}{R_1+R_2} \\ i_2=\dfrac{u_S+i_SR_1}{R_1+R_2}=\dfrac{u_S}{R_1+R_2}+\dfrac{i_SR_1}{R_1+R_2} \end{cases} \tag{2-10}$$

然后计算两个电源单独作用所产生电流的分量：如图 2-9a 所示，当电压源 u_S 单独作用时，电流源 i_S 开路，u_S 所产生的电流分量为

$$i_1'=i_2'=\frac{u_S}{R_1+R_2}$$

如图 2-9b 所示，当电流源 i_S 单独作用时，电压源 u_S 短路，i_S 所产生的电流分量为

$$
\left.\begin{aligned}
i_1''&=-\frac{R_2 i_S}{R_1+R_2}\\
i_2''&=\frac{R_1 i_S}{R_1+R_2}
\end{aligned}\right\}\qquad(2\text{-}11)
$$

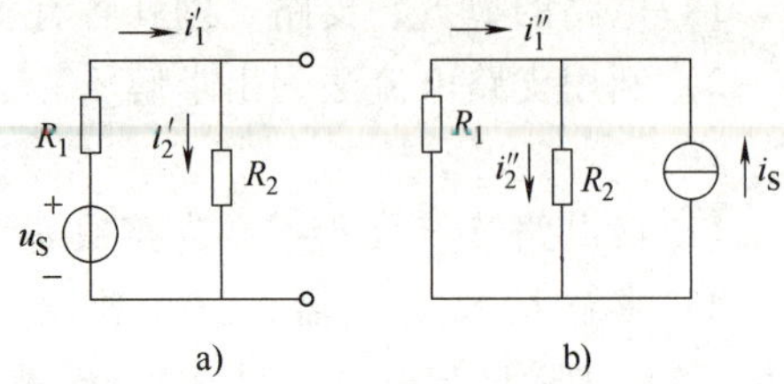

图 2-9　电源单独作用的分电路

a）电压源作用　b）电流源作用

与式（2-10）比较，可得

$$i_1=i_1'+i_1''$$

$$i_2=i_2'+i_2''$$

上述分析结果说明了线性电路的一个基本性质——可叠加性，即在线性电路中，任一元件上的电流（或电压），都等于电路中各电源单独作用时，在该元件上产生的电流（或电压）分量的代数和。这就是叠加定理。

用叠加定理分析电路，就是一个将多电源的复杂电路，化为多个单电源的简单电路计算后再叠加的过程。

应用叠加定理应注意以下几点：

1）叠加定理体现了线性电路的性质，仅适用于线性电路中电压和电流的分析。由于非线性元件的参数随电压或电流而改变，所以，非线性元件不能应用叠加定理分析。

2）“各电源单独作用”的含义为当一个电源单独作用时，其余电源都应为零（除源），即将电压源用短路替代、电流源用开路替代，而内阻均应保留。

3）“代数和”是指每个电源单独作用时，各电压、电流分量的参考方向可以任意设定，叠加时，依据分量和总量的参考方向确定各分量的正、负号，若分量和总量参考方向相同，则冠以正号，相反则冠以负号。

4）因功率不是电压、电流的一次函数，所以，叠加定理不能用于功率计算。

【例 2-3-1】　利用叠加定理计算图 2-10a 电路的电流 I。

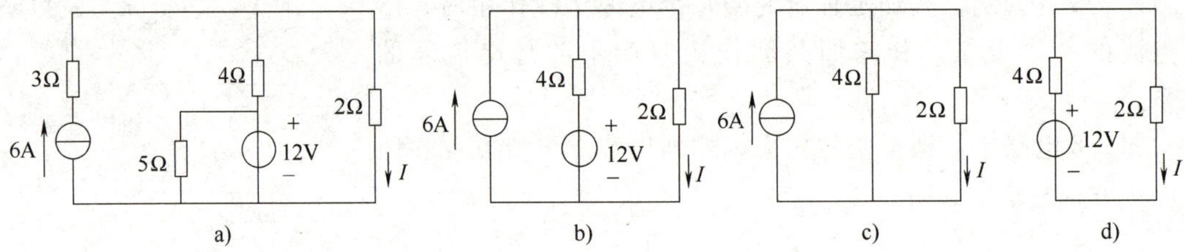

图 2-10　例 2-3-1 电路

a）原电路　b）简化电路　c）电流源单独作用　d）电压源单独作用

解： 图 2-10a 电路中，与理想电流源串联的电阻短路、与理想电压源并联的电阻开路，电路可简化为图 2-10b。

电流源单独作用时，将电压源用短路替代，如图 2-10c 所示，所产生的电流分量为

$$I'=6\times\frac{4}{2+4}\text{A}=4\text{A}$$

电压源单独作用时，将电流源用开路替代，如图 2-10d 所示，所产生的电流分量为

$$I''=\frac{12}{2+4}\text{A}=2\text{A}$$

所以

$$I=I'+I''=(4+2)\text{A}=6\text{A}$$

【例 2-3-2】　用叠加定理计算图 2-11a 电路的 I 和 U。

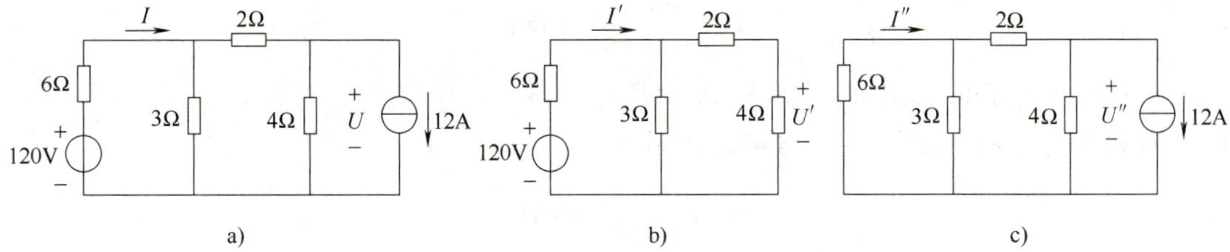

图 2-11　例 2-3-2 电路

a）原电路　b）电压源单独作用　c）电流源单独作用

解：电压源单独作用时，电流源开路，等效电路如图 2-11b 所示，电流和电压分量为

$$I' = \frac{120}{6+\frac{3\times(2+4)}{3+2+4}}\text{A} = 15\text{A}$$

$$U' = 120\times\frac{3/\!/(2+4)}{6+3/\!/(2+4)}\times\frac{4}{2+4}\text{V} = 20\text{V}$$

电流源单独作用时，电压源短路，等效电路如图 2-11c 所示，电流和电压分量为

$$I'' = 12\times\frac{4}{2+\frac{3\times6}{3+6}+4}\times\frac{3}{3+6}\text{A} = 2\text{A}$$

$$U'' = -12\times\frac{4\times\left(2+\frac{3\times6}{3+6}\right)}{4+\left(2+\frac{3\times6}{3+6}\right)}\text{V} = -24\text{V}$$

将两个分量叠加，可得

$$I = I' + I'' = (15+2)\text{A} = 17\text{A}$$
$$U = U' + U'' = (20-24)\text{V} = -4\text{V}$$

【例 2-3-3】　图 2-12a 电路中，用叠加定理求电压 U。

解：图 2-12a 电路有三个电源，需要分三步进行分析。

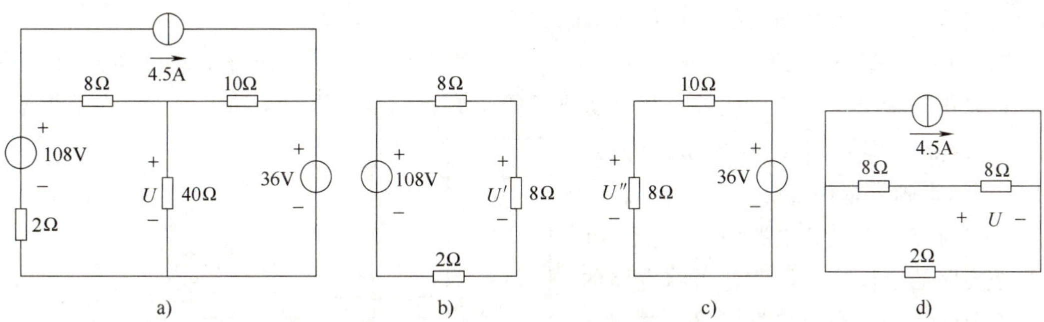

图 2-12　例 2-3-3 图

a）原电路　b）108V 电压源单独作用　c）36V 电压源单独作用　d）4. 5A 电流源单独作用

1）108V 电压源单独作用时，将 36V 电压源短路、4. 5A 电流源开路，如图 2-12b 所示。

其中 8Ω 电阻为 10Ω 与 40Ω 电阻并联，电压分量为

$$U'=\frac{108\times8}{2+8+8}\text{V}=48\text{V}$$

2）36V 电压源单独作用时，将 108V 电压源短路、4.5A 电流源开路，如图 2-12c 所示。其中 8Ω 电阻为（8Ω+2Ω）电阻与 40Ω 电阻并联，电压分量为

$$U''=\frac{36\times8}{8+10}\text{V}=16\text{V}$$

3）4.5A 电流源单独作用时，将两个电压源短路，如图 2-12d 所示。其中 8Ω 电阻为 10Ω 与 40Ω 电阻并联，电压分量为

$$U'''=-4.5\times\frac{2}{8+8+2}\times8\text{V}=-4\text{V}$$

将三个分量叠加，可得

$$U=U'+U''+U'''=(48+16-4)\text{V}=60\text{V}$$

【思考题】

2.3.1　简述用叠加定理求解电路的基本步骤。

2.3.2　用叠加定理求解电路，使某一个电源单独作用时，其他电源应如何处理？

2.3.3　应用叠加定理计算线性电路时，电压、电流、功率三个参数中，哪些可以叠加？哪些不能叠加？为什么？

2.4　戴维南定理

如果电路的某一部分与其他部分的连接仅通过两个端钮，则将该部分电路称为二端网络。如图 2-13 所示点画线左、右两部分电路都可以称为二端网络。当不涉及网络内的具体内容时，网络可用一个方框表示。

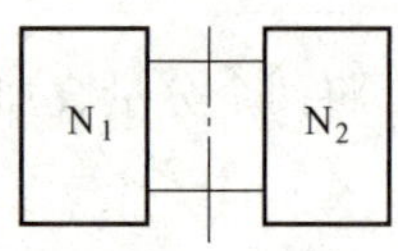

图 2-13　二端口网络

内部包含电源的二端网络称为有源二端网络，不包含电源的二端网络称为无源二端网络。

任何一个线性有源二端网络中，就其外特性而言，都可以用一个电压源等效代替，等效电压源的电动势等于二端网络的开路电压，等效电压源的内阻等于二端网络内除源后的无源网络的端口等效电阻，这就是戴维南定理。

图 2-14a 电路中，方框为有源二端网络，其开路电压为 U，对于外电路（负载 R_L）而言，可以用一个电压源等效代替，其电动势 E 等于有源二端网络的开路电压 U，内阻等于二端网络除源后端口等效电阻 R_0，如图 2-14b 所示点画线框内部分。

当仅研究一个复杂电路中的某个元件或某条支路的电流或电压时，可将电路的其余部分作为一个有源二端网络，并用一个电压源和电阻的串联电路等效代替，即可将复杂电路简化。

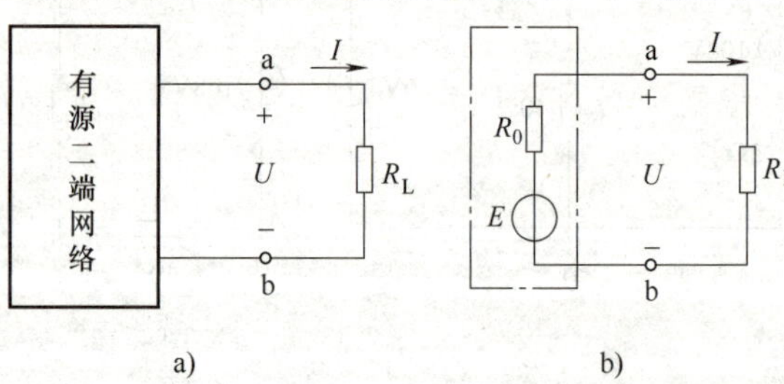

图 2-14　戴维南定理

a）有源二端网络　b）等效电源

【例 2-4-1】　应用戴维南定理计算图

2-15a 电路的电流 I。

解： 图 2-15b 为移去 2Ω 电阻后的二端网络，a、b 间电压为

$$U_{ab}=(6\times4+12)\text{V}=36\text{V}$$

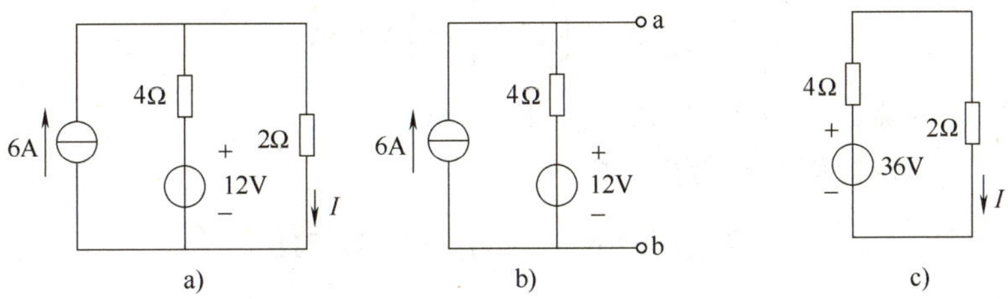

图 2-15　例 2-4-1 电路

a）原电路　b）移去 2Ω 电阻后的二端网络　c）戴维南等效电路

图 2-15b 电路除源后（电压源短路、电流源开路），a、b 间等效电阻为

$$R_{ab}=4\Omega$$

戴维南等效电路等效电压源的电动势为 36V、内阻为 4Ω，等效电路如图 2-15c 所示，有

$$I=\frac{36}{4+2}\text{A}=6\text{A}$$

【例 2-4-2】 应用戴维南定理，将图 2-16 电路化为等效电压源。

解： a、b 间电压为

$$U_{ab}=\frac{12\times8}{4+8}\text{V}-\frac{12\times4}{4+4}\text{V}=2\text{V}$$

除源后（电压源短路），a、b 间等效电阻为

$$R_{ab}=R_0=(4/\!/8+4/\!/4)\,\Omega=\left(\frac{4\times8}{4+8}+\frac{4\times4}{4+4}\right)\Omega=\frac{14}{3}\Omega$$

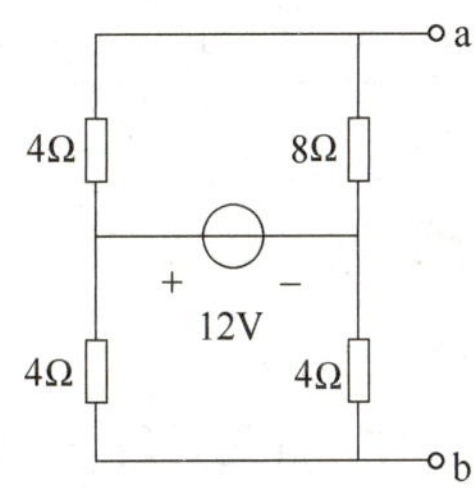

图 2-16　例 2-4-2 电路

所求等效电压源的电动势为 2V、内阻为$\frac{14}{3}\Omega$。

【例 2-4-3】 图 2-17a 电路中，计算电流 I。

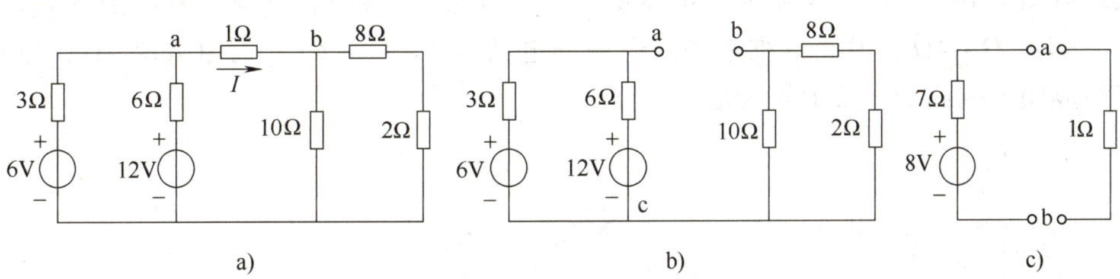

图 2-17　例 2-4-3 图

a）原电路　b）移去 1Ω 电阻的二端网络　c）戴维南等效电路

解： 首先移去 1Ω 电阻，a、b 端为一个二端网络，如图 2-17b 所示，求 a、b 端开路电压 U_{ab} 和等效电阻 R_0。设 c 点，根据基尔霍夫电压定律列左边回路电压方程，求出 a、c 间电压，即

$$12-6=I(3+6)$$

$$I=\frac{12-6}{3+6}\text{A}=\frac{2}{3}\text{A}$$

$$U_{\text{ac}}=\left(12-\frac{2}{3}\times 6\right)\text{V}=8\text{V}$$

右边回路中无电源，$U_{\text{bc}}=0$，所以 $U_{\text{ab}}=U_{\text{ac}}=8\text{V}$。

然后除源（电压源短路）求等效电阻为

$$R_{\text{ab}}=[3/\!/6+(2+8)/\!/10]\Omega=7\Omega$$

戴维南等效电路的电动势 $E=8\text{V}$、内阻 $R_0=7\Omega$，与 1Ω 电阻重新组成闭合回路，如图 2-17c 所示。

最后电流 I 为

$$I=\frac{8}{7+1}\text{A}=1\text{A}$$

【例 2-4-4】 用戴维南定理求图 2-18a 电路的支路电流 I。

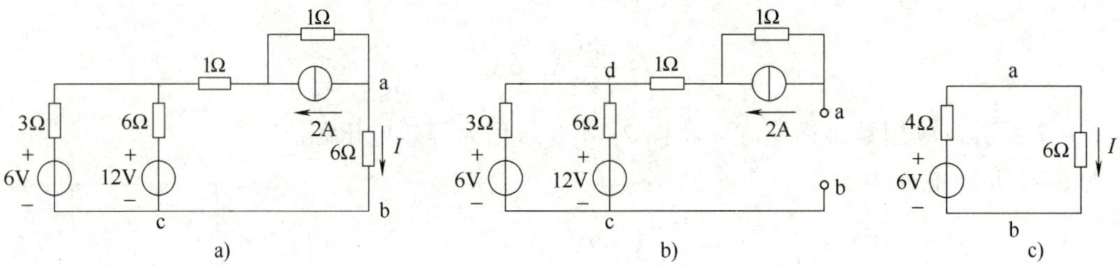

图 2-18 例 2-4-4 图

a）原电路 b）除去 6Ω 负载的电路 c）等效电路

解： 首先计算 a、b 端的开路电压。移去 a、b 间 6Ω 负载电阻的电路如图 2-18b 所示，设 d 点，根据例 2-4-3 解法可得 $U_{\text{dc}}=8\text{V}$，2A 与 1Ω 电阻并联组成的电流源的端电压为 -2V（方向与 U_{ac} 相反），所以开路电压 $U_{\text{ab}}=U_0=(8-2)\text{V}=6\text{V}$（也可以采用电源等效变换计算）。

然后对图 2-18b 所示电路除源（电压源短路、电流源开路），计算等效电阻为 $R_{\text{ab}}=R_0=[3/\!/6+(1+1)]\Omega=4\Omega$。因此戴维南等效电路的电动势 $E=U_0=6\text{V}$、内阻 $R_0=4\Omega$，与 6Ω 电阻重新组成闭合回路如图 2-18c 所示。

最后电流 I 为

$$I=\frac{U_0}{R_0+6}=\frac{6}{4+6}\text{A}=0.6\text{A}$$

【例 2-4-5】 图 2-19a 中 N 为有源二端网络，其外特性如图 2-19b 所示，求其等效电压源。

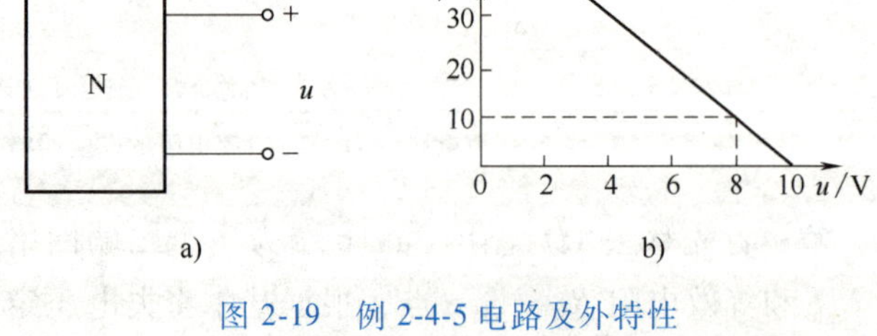

图 2-19 例 2-4-5 电路及外特性

a）有源二端网络 b）外特性

解： 当电流 $i=0$（空载状态），电压源开路电压 $u_{\text{OC}}=10\text{V}$，即等效电压源的电动势 $E=10\text{V}$。当输出电压

$u=8\text{V}$（有载状态），电流 $i=10\text{A}$，即

$$R_0=\frac{E-u}{i}=\frac{10-8}{10}\Omega=0.2\Omega$$

所求等效电压源的电动势为 10V、内阻为 0.2Ω。

【思考题】

2.4.1　简述用戴维南定理求解电路的基本步骤。

2.4.2　求线性有源二端网络的入端电阻有哪几种方法？

2.5　电位的计算

两点间的电压相当于这两点之间的电位差；反之，某点的电位相当于该点与参考点（参考电位）之间的电压，所以电位与电压有密切的关系，且具有相同的单位——伏特（V）。

通常设参考电位为 0，标上接地符号。其他各点电位都与参考电位相比较。电位的符号为 V。

【例 2-5-1】　分析图 2-20a 电路各点及之间的电位和电压关系。

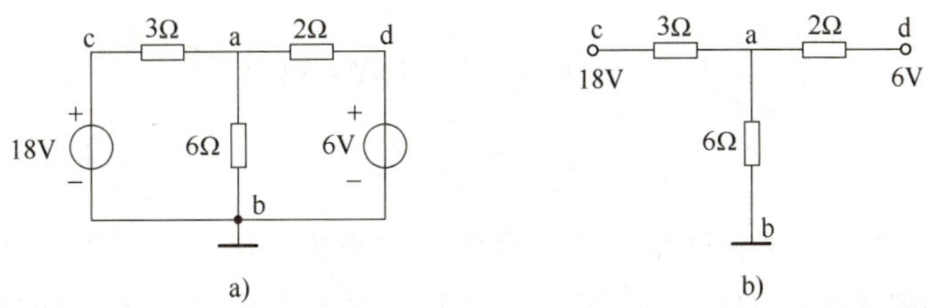

图 2-20　例 2-5-1 电路

a）原电路　b）简化电路

解： 如果以图 2-20a 中 b 点为参考点，即 $V_b=0$，则其他各点电位为

$$V_c=18\text{V},\ V_d=6\text{V},\ V_a=\left(18\times\frac{6/\!/2}{3+6/\!/2}+6\times\frac{6/\!/3}{2+6/\!/3}\right)\text{V}=9\text{V}$$

a 点与其他三点间的电压为

$$U_{ab}=V_a-V_b=(9-0)\text{V}=9\text{V}$$

$$U_{ac}=V_a-V_c=(9-18)\text{V}=-9\text{V}$$

$$U_{ad}=V_a-V_d=(9-6)\text{V}=3\text{V}$$

如果以 a 点为参考点，则

$$V_b=\left(-18\times\frac{6/\!/2}{3+6/\!/2}-6\times\frac{6/\!/3}{2+6/\!/3}\right)\text{V}=-9\text{V},\ V_c=9\text{V},\ V_d=-3\text{V}$$

同样计算 a 点与其他三点间的电压为

$$U_{ab}=V_a-V_b=[0-(-9)]\text{V}=9\text{V}$$

$$U_{ac}=V_a-V_c=(0-9)\text{V}=-9\text{V}$$

$$U_{ad}=V_a-V_d=[0-(-3)]\text{V}=3\text{V}$$

由上可以得出如下结论：选取的参考点不同，则各点的电位也不同，但两点间的电位

差，即电压不变，或者说电压的计算与参考点无关。

图 2-20a 电路可以简化，即不画电源，只标出电源的电位值，如图 2-20b 所示（b 为参考点）。电子电路常用这种方法表示电源。

【例 2-5-2】 图 2-21 电路中，开关 S 闭合和断开时，分别计算 A 点的电位。

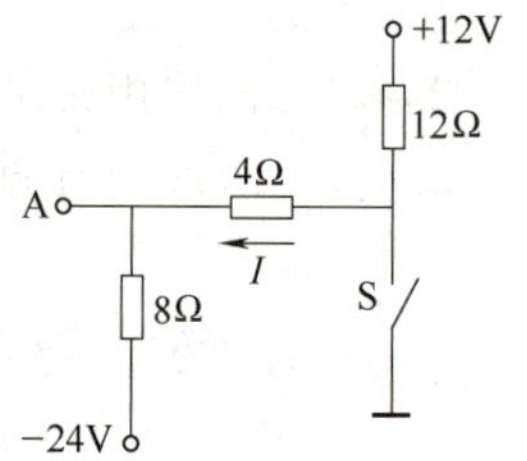

图 2-21 例 2-5-2 电路

解：S 闭合时，电流为

$$I=\frac{0-(-24)}{4+8}\text{A}=2\text{A}$$

则 A 点电位为

$$V_A=(0-2\times4)\text{V}=-8\text{V}$$

或者

$$V_A=(-24+2\times8)\text{V}=-8\text{V}$$

S 断开时，电流为

$$I=\frac{12-(-24)}{12+4+8}\text{A}=1.5\text{A}$$

则 A 点电位为

$$V_A=-24+1.5\times8\text{V}=-12\text{V}$$

或者

$$V_A=12-1.5\times(12+4)\text{V}=-12\text{V}$$

本章小结

1）电路分析的基本方法：网络化简法和电路方程法。网络化简法是按照等效变换的原则将部分网络（不要求求解的部分）尽可能化简，以便简化最终求解的部分网络。网络化简法包括电源的等效变换及合并，戴维南定理是最常用和最有效的网络化简法。要求掌握网络化简的基本方法和基本步骤。

2）支路电流法是一种电路方程法，通过列出电路的 KVL、KCL 方程，直接求解支路电流。

3）叠加定理反映了线性电路的可叠加性，也是电路分析的一种方法。

4）戴维南定理是将有源二端网络等效为电源支路的一种电路简化分析方法。

5）计算电路中各点电位时，必须首先设定电路电位的参考点。参考点变动，则各点的电位也随之变动；但两点间电位差（即电压）的计算与参考点无关。

习 题

一、单项选择题

2.1 图 2-22 电路对于外电路来说可等效为（ ）。

A. 电压源 U_S　　B. 电流源 I_S

C. 电压源 U_S 或电流源 I_S　　D. 其他电路

2.2 图 2-23 电路中，已知 $U_S=15\text{V}$，I_S 单独作用时 $I=-2\text{A}$，当 U_S、I_S 共同作用时，I 等于（ ）。

A. −1A　　B. 1A　　C. 3A　　D. −3A

2.3　图 2-24 有源二端网络，其戴维南等效电路中的电压源 U_S 为（　　）。

A. 3V　　B. 5V　　C. 7V　　D. 9V

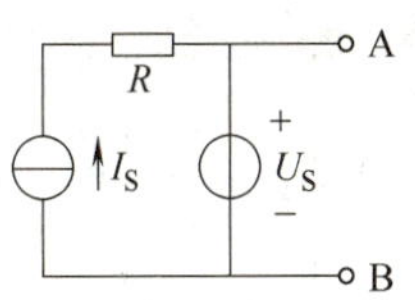

图 2-22　习题 2.1 图

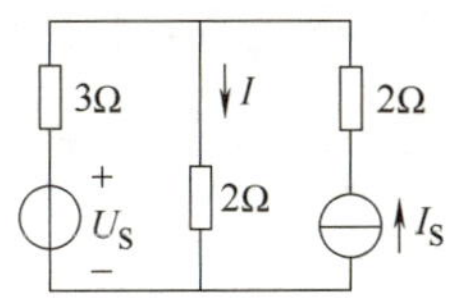

图 2-23　习题 2.2 图

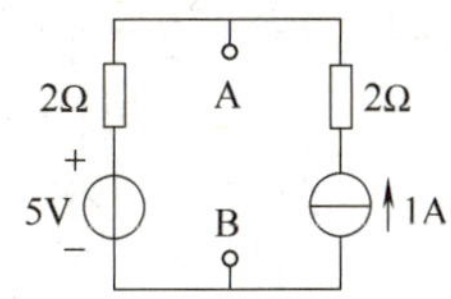

图 2-24　习题 2.3 图

2.4　有源二端网络的开路电压 $U_{OC}=8V$，短路电流 $I_{SC}=4A$，外接 8Ω 电阻时的电流为（　　）。

A. 5A　　B. 4A　　C. 1A　　D. 0.8A

2.5　对于有 n 个节点、b 条支路的有源电路（仅含电压源，不含电流源），若用支路电流法求解各支路电流时，需列出（　　）。

A. $n-1$ 个 KCL 方程　　B. $b-(n-1)$ 个 KVL 方程

C. n 个 KCL 方程和 b 个 KVL 方程　　D. $n-1$ 个 KCL 方程和 $b-(n-1)$ 个 KVL 方程

2.6　叠加定理主要用来（　　）。

A. 计算线性电路的电压和电流　　B. 计算非线性电路的电压和电流

C. 计算线性电路的电压、电流和功率　　D. 计算非线性电路的电压、电流和功率

2.7　求线性有源二端网络的戴维南等效电阻时，此网络内的电压源、电流源的处理方法为（　　）。

A. 电流源短路、电压源开路　　B. 电压源短路、电流源开路

C. 电压源、电流源均开路　　D. 电压源、电流源均短路

二、分析计算题

2.8　试求图 2-25 各电路 a、b 端等效电阻 R_{ab}。

2.9　图 2-26 电路中，要求：

1）说明该电路节点、支路、回路各有多少个？

2）列出解 $I_1\sim I_4$ 的支路方程（避开含电流源回路）。

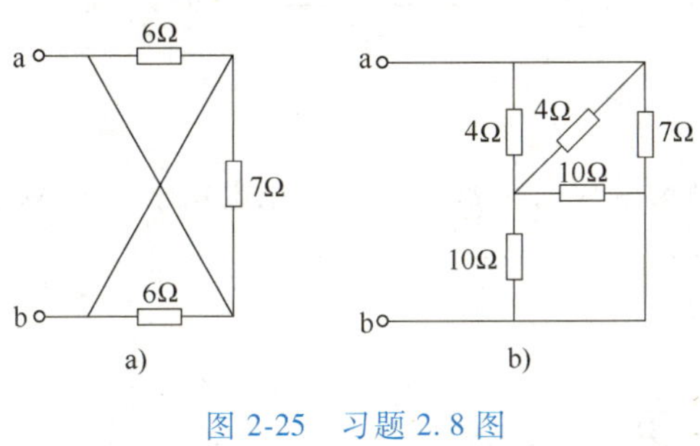

图 2-25　习题 2.8 图

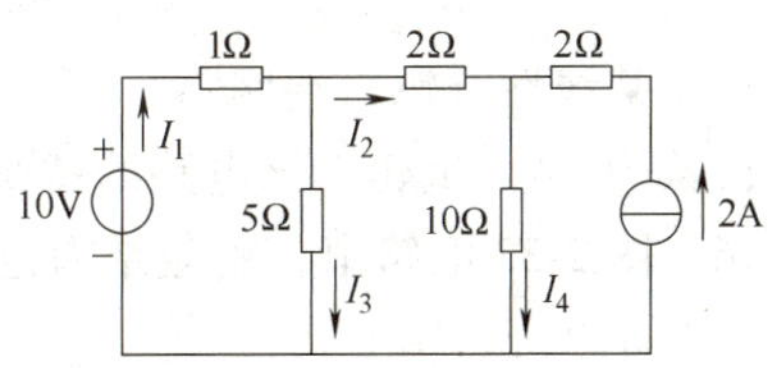

图 2-26　习题 2.9 图

2.10　图 2-27 电路中，要求：

1）说明该电路节点、支路、网孔各有多少个？

2）列出求解电流 $I_1\sim I_6$ 的支路方程。

2.11　用叠加定理求图 2-28 电路的电流 I。

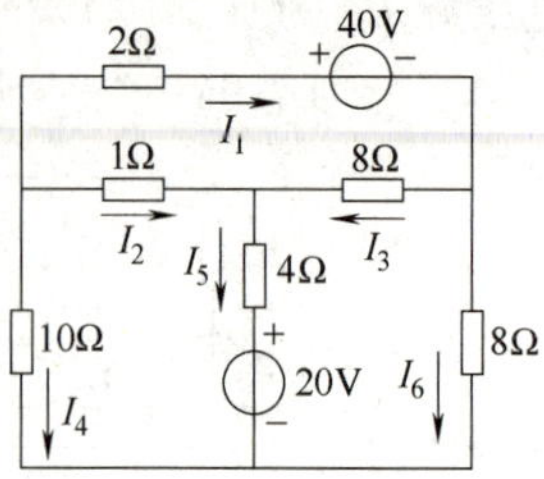

图 2-27　习题 2.10 图

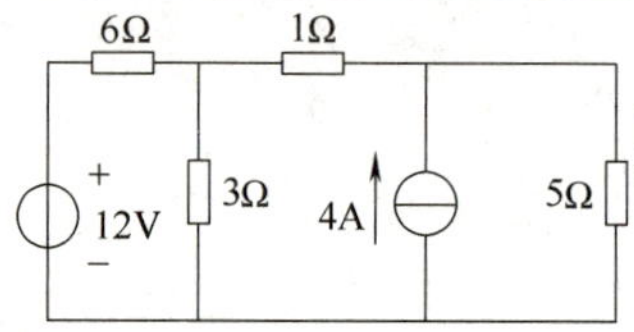

图 2-28　习题 2.11 图

2.12　图 2-29 电路中，$U_S=9V$，$I_S=3A$，$R_1=6\Omega$，$R_2=3\Omega$，用叠加定理求 I。

2.13　用叠加定理求图 2-30 电路的支路电流 I_1、I_2。

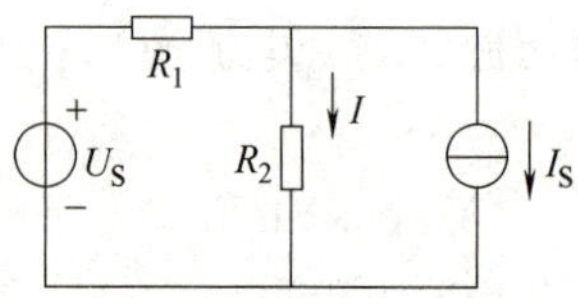

图 2-29　习题 2.12 图

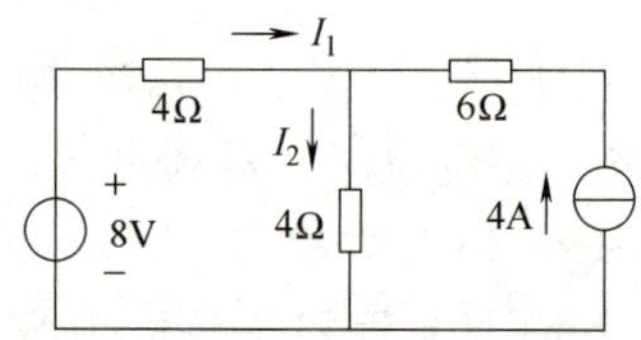

图 2-30　习题 2.13 图

2.14　用戴维南定理将图 2-31 各电路化为等效电压源。

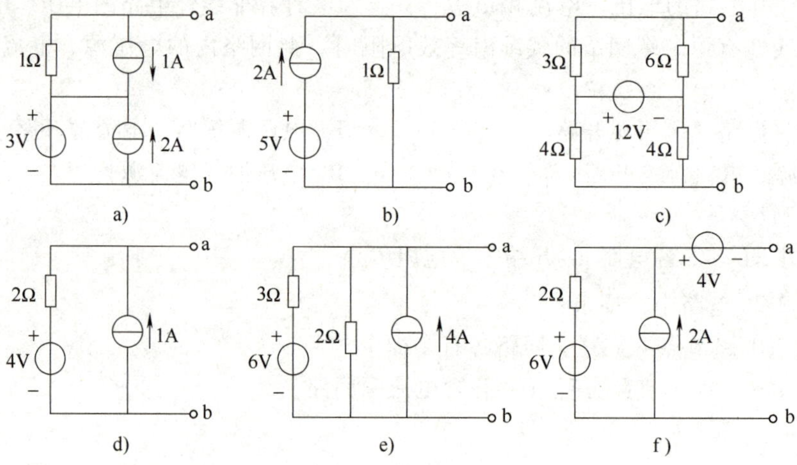

图 2-31　习题 2.14 图

2.15　某线性有源二端网络，用电压表直接测量端口时读数为 10V，用电流表直接测量端口时读数为 2A。试建立该电路的戴维南等效模型。

2.16　图 2-32 电路中，用戴维南定理求电流 I。

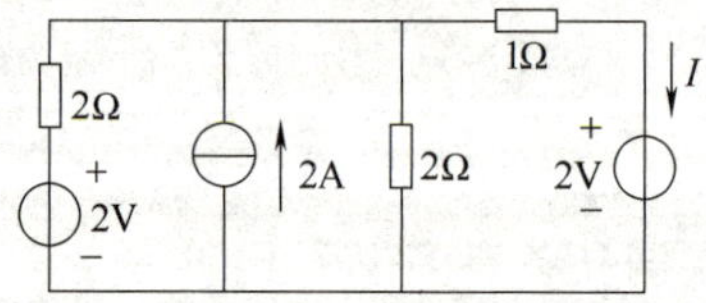

图 2-32　习题 2.16 图

2.17 图 2-33 电路中，用戴维南定理求电压 U。

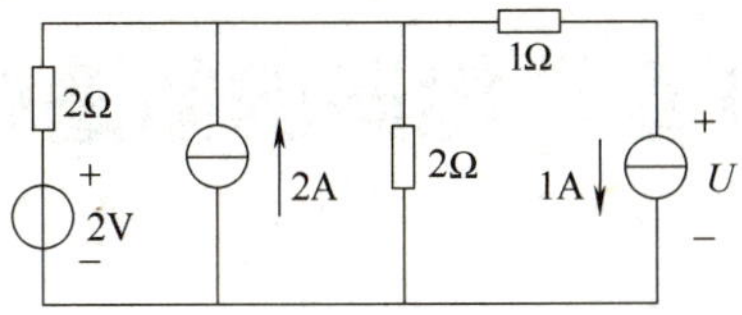

图 2-33 习题 2.17 图

2.18 图 2-34 电路中，将 B 点和 D 点分别作为参考点，求其他三点的电位及电压 U_{AC}。

2.19 求图 2-35 电路中 A 点的电位 V_A。

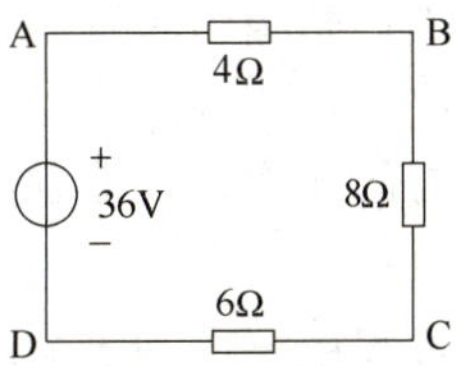

图 2-34 习题 2.18 图

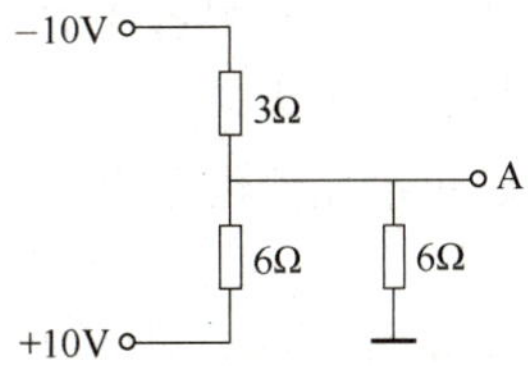

图 2-35 习题 2.19 图

第3章 电路的暂态分析

前面两章讨论的直流电路中只含耗能元件（R），不含储能元件（L、C），在电路接通或断开电源时，电路中各个参数立即进入稳定状态，简称为稳态。如果电路中存在储能元件，当接通、断开电源或元件的参数发生突变时，则由于储能元件（储存、释放）的能量不能突变，电路中各部分的电压、电流的增长或衰减需要一个过渡过程，这段过渡过程称为暂态。研究暂态过程有很重要的实际意义：①在电子技术领域，利用电路暂态过程产生特定波形的电信号，如锯齿波、三角波、尖脉冲等；②在电力系统中，暂态过程开始的瞬间可能产生过电压、过电流使电气设备或元件损坏，搞清楚暂态过程的起因，就能预防可能产生的危害。

本章首先介绍引起暂态过程的原因，然后介绍电路暂态过程中电压和电流的变化规律和一阶暂态电路的分析方法。

3.1 换路定则与初始值的确定

3.1.1 换路定则

电路由一个稳定状态到另一个稳定状态的过渡过程称为暂态过程。

产生暂态过程的必要条件：

1）电路中含有储能元件（内因）。

2）电路发生换路（外因）。

换路，即电路的接通、切断，电路接线的改变，电路参数及电源的突然变化等。

产生暂态过程的原因是物体所具有的能量不能跃变，即换路瞬间储能元件的能量不能跃变。因为电容 C 的储能为 $W_C=\frac{1}{2}Cu_C^2$，意味着换路时电容的电压 u_C 不能突变；又因为电感 L 储能为 $W_L=\frac{1}{2}Li_L^2$，意味着换路时电感的电流 i_L 也不能突变。

换路定则：换路瞬间电容电压和电感电流的初始值等于换路前的终了值。

设：$t=0$ 表示换路瞬间（定为计时起点），$t=0_-$表示换路前的终了时刻，$t=0_+$表示换路后的初始时刻，则换路定则可用公式表示为

$$\begin{cases}u_C(0_+)=u_C(0_-)\\ i_L(0_+)=i_L(0_-)\end{cases} \tag{3-1}$$

换路定则用于暂态过程中换路瞬间 u_C、i_L 初始值的确定。

3.1.2 初始值的确定

换路瞬间电路元件电压、电流的变化规律如下：

1）电容的电压不能突变，电流可以突变。

2）电感的电流不能突变，电压可以突变。

3）电阻的电流、电压均可以突变。

利用上述规律，再依据基尔霍夫电压、电流定律就可以确定电路换路瞬间的初始值。初始值为电路中各 u、i 在 $t=0_+$时的数值。

1）$u_C(0_+)$、$i_L(0_+)$ 的求法。先由 $t=0_-$的电路求出 $u_C(0_-)$、$i_L(0_-)$，根据换路定则确定 $u_C(0_+)$、$i_L(0_+)$。

2）其他电量初始值的求法。在 $t=0_+$的电路中将已知的 $u_C(0_+)$、$i_L(0_+)$ 代入，进而求出其他电量的初始值。

【例 3-1-1】 图 3-1 电路中，已知 $U_S=20V$，$R_2=10\Omega$，$R_1=5\Omega$，开关 S 闭合前电容电压为 0，在 $t=0$ 时合上开关 S。试求各电流、电压的初始值。

解： 因为开关 S 闭合前 $u_C(0_-)$ 为 0，则由换路定则可得 $u_C(0_+)=u_C(0_-)=0$，从而可得各个电量初始值为

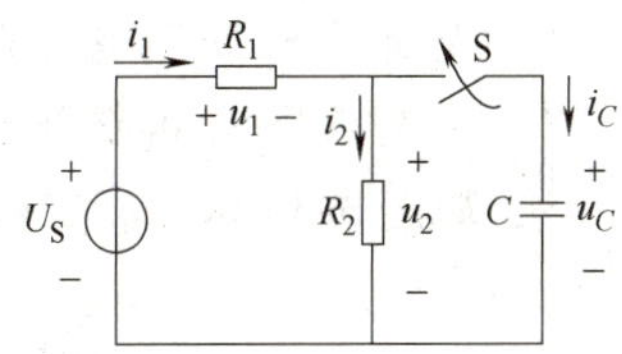

图 3-1　例 3-1-1 图

$$u_1(0_+)=U_S=20V$$

$$i_1(0_+)=\frac{u_1(0_+)}{R_1}=\frac{20}{5}A=4A$$

$$u_2(0_+)=u_C(0_+)=0$$

$$i_2(0_+)=\frac{u_2(0_+)}{R_2}=\frac{0}{10}A=0A$$

$$i_C(0_+)=i_1(0_+)-i_2(0_+)=(4-0)A=4A$$

【例 3-1-2】 图 3-2a 电路中，开关 S 原处于闭合状态，求 S 打开瞬间电阻 R_1、电容、电感元件的电压和电流。已知 $U=100V$，$R_1=R_2=R_3=100\Omega$。

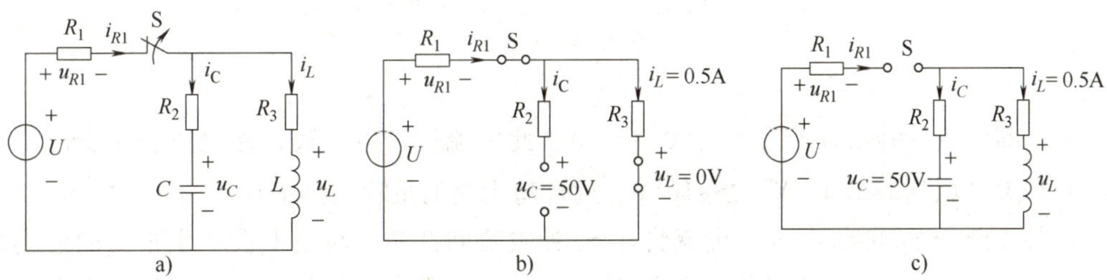

图 3-2　例 3-1-2 图

a）换路前原电路　b）换路前等效电路　c）换路瞬间等效电路

解： 换路前图 3-2a 的稳态等效电路如图 3-2b 所示，故电压、电流为

$$i_C(0_-)=0A$$

$$u_L(0_-)=0V$$

$$i_L(0_-)=\frac{U}{R_1+R_3}=\frac{100}{200}A=0.5A$$

$$u_C(0_-)=R_3i_L(0_-)=100\times0.5V=50V$$

$$i_{R1}(0_-)=i_L(0_-)=0.5A$$

$$u_{R1}(0_-)=R_1i_{R1}(0_-)=50V$$

换路后瞬间个元件的电压、电流为

$$i_C(0_+) = i_L(0_-) = 0.5\text{A}$$

$$u_C(0_+) = u_C(0_-) = 50\text{V}$$

由换路定则得电路的工作状态等效为图 3-2c。

由 KVL 得　$$u_L(0_+) - u_C(0_+) - R_2 i_C(0_+) + i_L(0_+) R_3 = 0$$

因为　$$i_C(0_+) = -i_L(0_+) = -0.5\text{A}$$

得　$$u_L(0_+) = (50-0.5\times200)\text{V} = -50\text{V}$$

$$i_{R1}(0_+) = 0,\ u_{R1}(0_+) = 0$$

【例 3-1-3】　R、L 串联测量电路如图 3-3a 所示，已知：$L=15\text{H}$，$R=5\Omega$，电压表量程为 50V，内阻 $R_V=5\text{k}\Omega$，电流表内阻可忽略不计。若电流表显示 $I_L=5\text{A}$、电压表显示 $U=40\text{V}$，试问：

1）先断开 S_1 瞬间电压表承受的电压为多少？

2）若先断开 S_2 再断开 S_1 会出现什么现象？

3）如图 3-3b 所示，二极管 VD 起到什么作用？

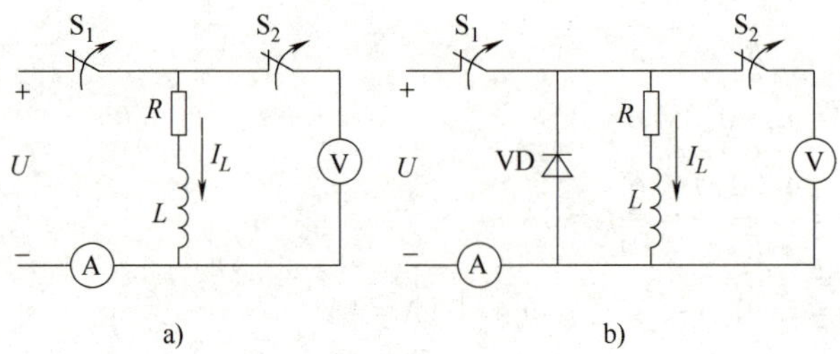

图 3-3　例 3-1-3 图

a）R、L 串联测量电路　　b）加上二极管的 R、L 串联测量电路

解：

1）先断开 S_1 瞬间，$I_L(0_+) = I_L(0_-) = 5\text{A}$，此电流流过电压表，使电压表承受的电压为 $U(0_+) = I_L(0_+) R_V = 5\times5\times10^3\text{V} = 25\times10^3\text{V}$，远远超出它的量程使其损坏。

2）若先断开 S_2 再断开 S_1，电流将在 S_1 处被瞬间截断，绕组上会产生很高的感应电动势在 S_1 断开处形成电弧，开关电器的损坏多半是由电弧造成的。此外很高的感应电动势会破坏线圈绝缘，对人身安全也有威胁。不过电弧在某些场合也有用武之地，如汽车的点火器就是利用点火线圈断电瞬间产生的高压电火花将气缸点燃的。

3）如果在线圈两端反向并联一个二极管，如图 3-3b 所示的 VD，在 S_1 闭合时，二极管承受反向电压处于截止状态不影响电路正常工作；在 S_1 断开时电流 I_L 通过二极管 VD 续流逐渐衰减到零，将电感储存的能量耗尽。此二极管称为续流二极管，常用在有电感的直流电路中起保护作用。

【思考题】

3.1.1　电路发生换路的瞬间，电容电压和电感电流不能突变的原因是什么？

3.1.2　含有储能元件的电路中，电容和电感在什么情况下可看作开路？在什么情况下可看作短路？

3.2　一阶电路的零输入响应

仅含一个储能元件或可等效为一个储能元件的线性电路，　且由一阶微分方程描述，称为一阶线性电路。求解一阶线性电路微分方程通常采用经典法，即根据激励（电源电压或电流），通过求解电路的微分方程得出电路的响应（电压和电流）。

（脱离电源后）输入为零，由储能元件的原始储能引起的电路中电压、电流的变化称为零输入响应。

3.2.1　*RC* 串联电路的零输入响应

无电源激励，输入信号为零，仅由电容元件的初始储能所产生的电路的响应，即电容的放电过程。

RC 串联电路如图 3-4a 所示，换路前电路已处于稳态，电容已充满电，即 $u_C(0_-)=U$；$t=0$ 时换路，开关 S 由“1”打到“2”，电容 C 经电阻 R 放电，换路后 *RC* 串联电路的零输入响应等效电路如图 3-4b 所示。

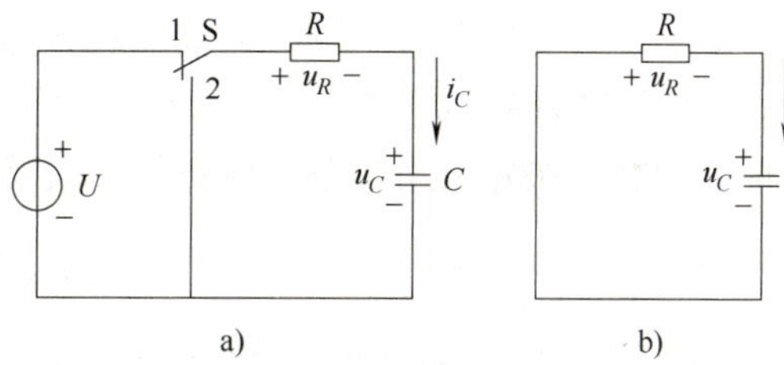

图 3-4　*RC* 串联电路的零输入响应

a）换路前电路　b）换路后等效电路

（1）求解换路后电容电压 u_C

首先列出 KVL 方程为

$$u_R+u_C=0$$

其中，$u_R=iR$，$i_C=C\dfrac{\mathrm{d}u_C}{\mathrm{d}t}$。代入上式得

$$RC\frac{\mathrm{d}u_C}{\mathrm{d}t}+u_C=0 \tag{3-2}$$

式（3-2）为一阶线性常系数齐次微分方程，其通解为

$$u_C=A\mathrm{e}^{pt}$$

其特征方程为

$$RCp+1=0$$

特征根为

$$p=-\frac{1}{RC}$$

得到齐次微分方程的通解为

$$u_C=A\mathrm{e}^{-\frac{t}{RC}}$$

再由初始值确定积分常数 A。根据换路定则，$t=(0_+)$ 时，$u_C(0_+)=U$，可得

$$A=U$$

得到电容电压 u_C 的变化规律为

$$u_C=U\mathrm{e}^{-\frac{t}{RC}} \tag{3-3}$$

由式（3-3）可知，电容放电时，电压 u_C 从初始值按指数规律衰减，衰减的快慢由 *RC*

决定。

（2）求解电流及电阻电压的变化规律

放电电流为

$$i_C = C\frac{\mathrm{d}u_C}{\mathrm{d}t} = -\frac{U}{R}\mathrm{e}^{-\frac{t}{RC}}$$

电阻电压为

$$u_R = i_C R = -U\mathrm{e}^{-\frac{t}{RC}}$$

（3）零输入响应

u_C、i_C、u_R 的变化曲线如图 3-5 所示。

（4）时间常数 τ

RC 串联电路的时间常数为

$$\tau = \tau_C = RC \tag{3-4}$$

式中，τ 的单位为 s。

时间常数 τ 决定电路暂态过程变化的快慢，即

$$u_C = U\mathrm{e}^{-\frac{t}{RC}} = U\mathrm{e}^{-\frac{t}{\tau_C}}$$

当 $t = RC = \tau$ 时，$u_C = U\mathrm{e}^{-1} = 36.8\%U$。

因此在零输入响应时，时间常数 τ 为电容电压衰减到初始值的 36.8%所需的时间。如图 3-6 所示，τ 越大，曲线变化越慢，达到稳态所需要的时间越长。

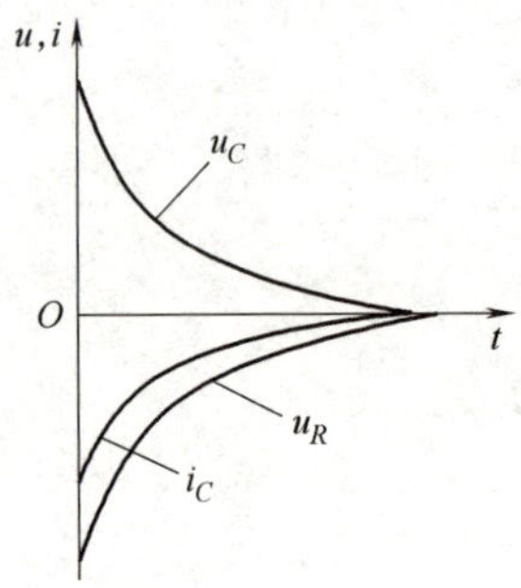

图 3-5 u_C、i_C、u_R 的变化曲线

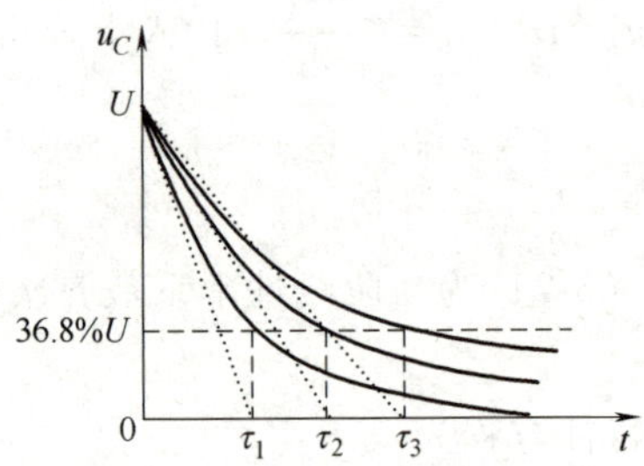

图 3-6 不同 τ 值 u_C 的变化曲线（$\tau_1<\tau_2<\tau_3$）

（5）暂态时间

理论上，暂态只有经过 $t=\infty$ 才能达到稳态。但通过表 3-1 可以看出一阶 RC 电路的暂态过程，u_C 随时间 t 按指数规律变化，换路后初期衰减很快，经过 $3\tau\sim5\tau$ 时间后 u_C 已经接近 0，即 u_C 达到稳态值，电容放电基本结束。因此，工程上认为当 $t=5\tau$ 时，暂态过程基本结束。

表 3-1 u_C 随时间 t 的衰减

t	τ	2τ	3τ	4τ	5τ	6τ
$\mathrm{e}^{-t/\tau}$	e^{-1}	e^{-2}	e^{-3}	e^{-4}	e^{-5}	e^{-6}
u_C	$0.368U$	$0.135U$	$0.050U$	$0.018U$	$0.007U$	$0.002U$

【例 3-2-1】　图 3-7 电路为实际电容器的电路模型，与电容 C 并联的 R 为介质损耗的等效电阻。设电容器是经 100Ω 的电阻 R_1 接于电压为 220V 的电源充电，开关断开前电路已达稳态。已知 $C=10\mu F$，$R=100M\Omega$，求 S 断开后：

1）时间常数。

2）$t=\tau$ 和 $t=5\tau$ 时电容器的电压。

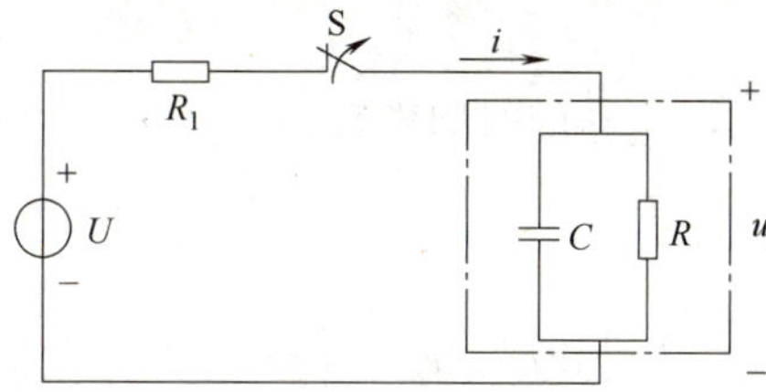

图 3-7　例 3-2-1 图

解：

1）电路的时间常数为

$$\tau=RC=100\times10^6\times10\times10^{-6}\text{s}=1000\text{s}$$

2）S 断开后，电容上的初始电压为

$$u_C(0_+)=U_0=\frac{UR}{R_1+R}=\frac{220\times100\times10^6}{100+100\times10^6}\text{V}=220\text{V}$$

因为

$$u_C=U_0\text{e}^{-\frac{t}{RC}}=220\text{e}^{-\frac{t}{\tau}}$$

所以，当 $t=\tau$ 时

$$u_C(\tau)=U\text{e}^{-1}=220\times0.368\text{V}=80.96\text{V}$$

当 $t=5\tau$ 时

$$u_C(5\tau)=U\text{e}^{-5}=220\times0.007\text{V}=1.54\text{V}$$

由例 3-2-1 结果可见，充电后的电容器虽然已脱离了电源，但在一段时间内仍保持一定的电压，照相机的闪光灯就是利用充满电的电容放电来点亮的。这也就能够理解，电力维修工作人员在检测含有电容的高压电路时，断电后不会贸然徒手立即操作，必须给电容放电后再进行检测。

3.2.2　*RL* 串联电路的零输入响应

如图 3-8a 所示 RL 串联电路原已稳定，根据分流公式可得 $i_L(0_-)=\dfrac{R_SI_S}{R+R_S}$；换路后零输入响应的等效电路如图 3-8b 所示。

（1）求换路后电感电流 $i_L(t)$

首先确定初始值为

$$i_L(0_+)=i_L(0_-)=I_{L0}=\frac{R_SI_S}{R+R_S}$$

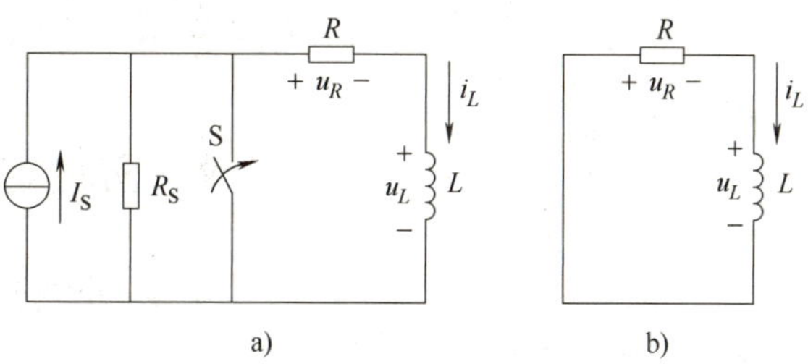

图 3-8　*RL* 串联电路的零输入响应

a）换路前电路　b）$t\geqslant0$ 时的等效电路

然后列出 $t\geqslant0$ 时的微分方程为

$$i_LR+u_L=0$$

将 $u_L=L\dfrac{\text{d}i_L}{\text{d}t}$ 代入上式得

$$L\frac{\text{d}i_L}{\text{d}t}+i_LR=0 \tag{3-5}$$

式（3-5）仍为一阶线性常系数齐次微分方程，其通解为

$$i_L = I_{L0}\mathrm{e}^{-\frac{Rt}{L}} = I_{L0}\mathrm{e}^{-\frac{t}{\tau_L}} \tag{3-6}$$

齐次方程通解为

$$i_L = A\mathrm{e}^{pt}$$

RL 电路的时间常数为

$$\tau = \tau_L = \frac{L}{R} \tag{3-7}$$

（2）求 u_L、u_R

$$u_L = -I_{L0}R\mathrm{e}^{-\frac{t}{\tau_L}} = -U_0\mathrm{e}^{-\frac{t}{\tau_L}}$$

$$u_R = U_0\mathrm{e}^{-\frac{t}{\tau}}$$

【例 3-2-2】 图 3-9 中点画线框内的电路是实际励磁线圈的电路模型，其中电阻 $R=80\Omega$，电感 $L=10\text{H}$，接于 220V 的电源上，调节电阻 $R_\text{P}=30\Omega$，S 闭合后电路达稳态，试求：

1）S 断开瞬间泄放电阻 R' 选何值时线圈两端的电压不大于 500V？

2）S 断开后经多长时间线圈放出所储能量的 95%？

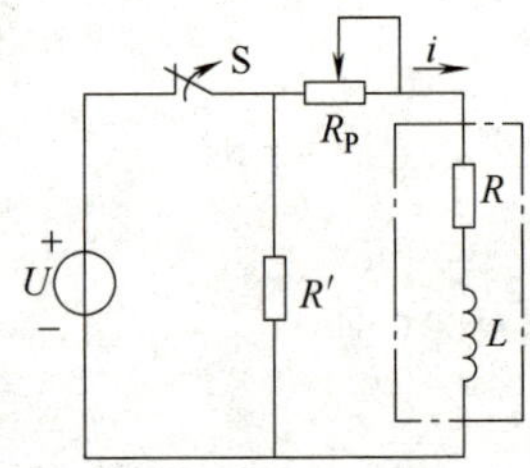

图 3-9 例 3-2-2 图

解：

1）已知开关断开瞬间，电路中的初始电流为 $I_{L0}=\dfrac{U}{R+R_\text{P}}=\dfrac{220}{80+30}\text{A}=2\text{A}$

由已知条件知换路瞬间有

$$(R'+R_\text{P})\times I_{L0} \leqslant 500\text{V}$$

解得 $R' \leqslant 220\Omega$。

2）S 断开后，电感的初始储能为

$$W_1 = \frac{1}{2}LI_{L0}^2 = \frac{1}{2}\times 10\times 2^2\,\text{J} = 20\text{J}$$

释放的储能为

$$W_1 = 20\times 0.95\text{J} = 19\text{J}$$

剩余的储能为

$$W_2 = (20-19)\text{J} = 1\text{J}$$

所对应的电流为

$$i_L = \sqrt{2\frac{W_2}{L}} = \sqrt{2\times\frac{1}{10}}\,\text{A} = 0.447\text{A}$$

时间常数为

$$\tau = \frac{L}{R+R_\text{P}+R'} = \frac{10}{80+30+220}\text{s} = \frac{1}{33}\text{s}$$

由 $i_L = I_{L0}\mathrm{e}^{-\frac{t}{\tau}}$，可得

$$t=\tau\ln\frac{I_{L0}}{i_L}$$

代入数据得

$$t=\frac{1}{33}\ln\frac{2}{0.447}\text{s}=0.045\text{s}$$

即需要 0.045s 线圈放出所储能量的 95%。

3.3　一阶电路的零状态响应

换路前储能元件初始储能为零，在外接电源的激励下，电路中各电流、电压产生的响应称为零状态响应。

3.3.1　*RC* 串联电路的零状态响应

储能元件电容的初始能量为零，仅由电源激励所产生的电路的响应，即电容的充电过程。*RC* 串联电路的零状态响应如图 3-10 所示。

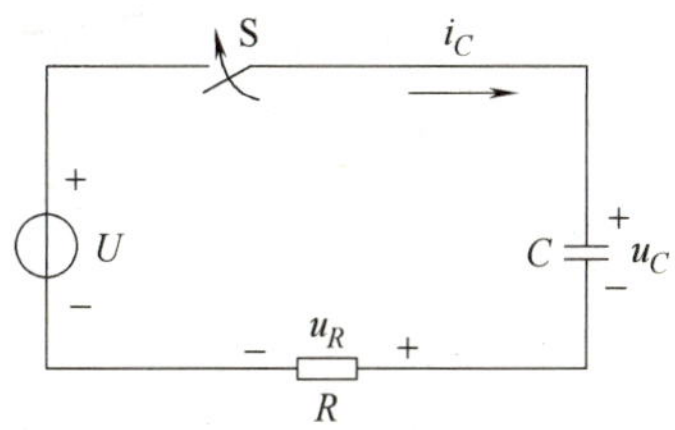

图 3-10　*RC* 串联电路的零状态响应

$t=0$ 时换路，开关 S 闭合，采用经典法分析如下。

（1）u_C 的变化规律

首先列出换路后电路的 KVL 方程为

$$u_R+u_C=U$$

$$RC\frac{\mathrm{d}u_C}{\mathrm{d}t}+u_C=U \tag{3-8}$$

式（3-8）为一阶线性常系数非齐次微分方程，其通解由两部分组成：方程的特解 u_C'和齐次方程的通解 u_C''。即

$$u_C=u_C'+u_C''$$

方程的特解为式（3-8）的常数项，即

$$u_C'=U$$

齐次方程的通解为

$$u_C''=A\mathrm{e}^{pt}=A\mathrm{e}^{-\frac{t}{RC}}$$

可得式（3-8）的通解为

$$u_C=u_C'+u_C''=U+A\mathrm{e}^{-\frac{t}{RC}} \tag{3-9}$$

确定积分常数 A

根据换路定则，在 $t=0_+$时，$u_C(0_+)=0$，则 $A=-U$。代入式（3-9）可得

$$u_C=U-U\mathrm{e}^{-\frac{t}{RC}}$$

整理可得电容放电电压 u_C 的变化规律为

$$u_C=U(1-\mathrm{e}^{-\frac{t}{RC}})=U(1-\mathrm{e}^{-\frac{t}{\tau_C}}) \tag{3-10}$$

式中，τ_C 为时间常数，$\tau_C=RC$

（2）电流 i_C 的变化规律

$$i_C = C\frac{\mathrm{d}u_C}{\mathrm{d}t} = \frac{U}{R}\mathrm{e}^{-\frac{t}{\tau_C}}$$

（3）零状态响应

u_C 与 i_C 的变化曲线如图 3-11 所示。

（4）时间常数 τ 的物理意义

当 $t=\tau$ 时

$$u_C(\tau) = U(1-\mathrm{e}^{-1}) = 63.2\%U$$

如图 3-12 所示，在零状态响应时，时间常数 τ 为电容电压 u_C 从初始值 0 上升到稳态值的 63.2%时所需的时间。

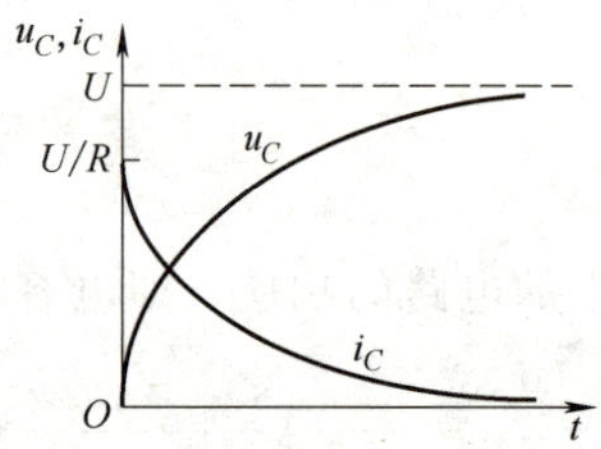

图 3-11 u_C 与 i_C 的变化曲线

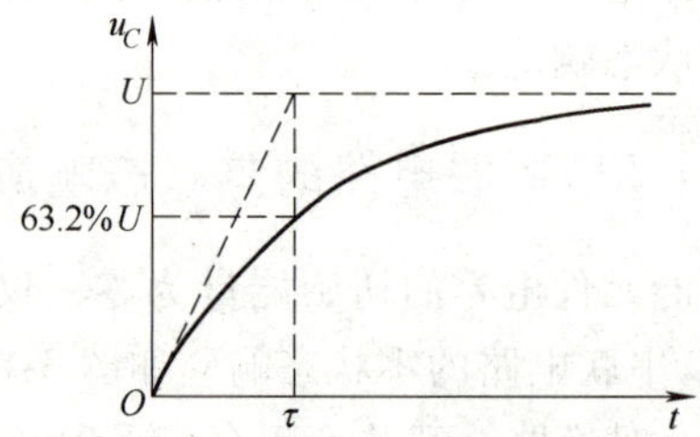

图 3-12 时间常数 τ 的物理意义

当 $t=5\tau$ 时

$$u_C(5\tau) = U(1-\mathrm{e}^{-5}) = 99.3\%U$$

暂态基本结束，u_C 达到稳态值。

零状态响应和零输入响应结论一样，τ 越大，曲线变化越慢，达到稳态时间越长。

【例 3-3-1】 图 3-10 电路中，已知 $U=100\text{V}$，$R=10\text{k}\Omega$，$C=6\mu\text{F}$，开关 S 闭合前，电容未曾充电。在 $t=0$ 时，合上开关 S，求：

1）最大充电电流。

2）开关 S 闭合后经历多长时间，电容上的电压才能达到 80V？

解：

1）由于开关 S 闭合前，电容未曾充电，所以换路后有

$$u_C(0_+) = u_C(0_-) = 0$$

根据 RC 充电电路原理可知，开关 S 闭合瞬间充电电流最大，其值为

$$i_{\max} = \frac{U}{R} = \frac{100}{10\times10^3}\text{A} = 10\text{mA}$$

2）开关 S 闭合后，电路响应为零状态响应。电路的时间常数为

$$\tau_C = RC = 10\times10^3\times6\times10^{-6}\text{s} = 60\text{ms}$$

已知 $U=100\text{V}$，设开关闭合后至 t_1 时，电容电压上升到 80V。根据式（3-10）可得

$$u_C(t_1) = 80 = 100(1-\mathrm{e}^{-\frac{t_1}{60\times10^{-3}}})$$

$$\mathrm{e}^{-\frac{t_1}{60\times10^{-3}}} = 1-\frac{80}{100} = \frac{1}{5}$$

$$t_1 = \ln 5 \times 60 \times 10^{-3}\,\text{s} = 96.57\,\text{ms}$$

3.3.2　*RL* 串联电路的零状态响应

储能元件电感的初始能量为零，仅由电源激励所产生的电路的响应，即电感的充磁过程。*RL* 串联电路的零状态响应如图 3-13 所示。

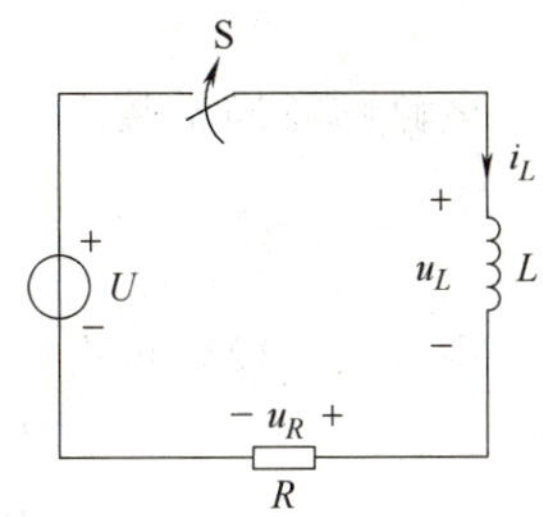

图 3-13　*RL* 串联电路的零状态响应

$t=0$ 时换路，开关 S 闭合，采用经典法分析如下。

（1）求换路后电感电流 $i_L(t)$

首先确定初始值为

$$i_L(0_+) = i_L(0_-) = 0$$

再列出 $t \geqslant 0$ 时的微分方程为

$$i_L R + u_L = U \quad u_L = L\frac{di_L}{dt}$$

$$\begin{cases} L\dfrac{di_L}{dt} + i_L R = U \\ \dfrac{L}{R}\dfrac{di_L}{dt} + i_L = \dfrac{U}{R} \end{cases} \tag{3-11}$$

式（3-11）亦为一阶线性常系数非齐次微分方程，仿照 *RC* 串联电路的零状态响应的求解过程，求得方程式（3-11）的解为

$$i_L = \frac{U}{R}\left(1 - e^{-\frac{Rt}{L}}\right) = \frac{U}{R}\left(1 - e^{-\frac{t}{\tau_L}}\right) \tag{3-12}$$

式中，τ_L 为时间常数，$\tau_L = L/R$。

（2）求 u_L、u_R

$$u_L = U e^{-\frac{t}{\tau_L}}$$

$$u_R = U\left(1 - e^{-\frac{t}{\tau_L}}\right)$$

（3）零状态响应

u_L 与 i_L 的变化曲线如图 3-14 所示。

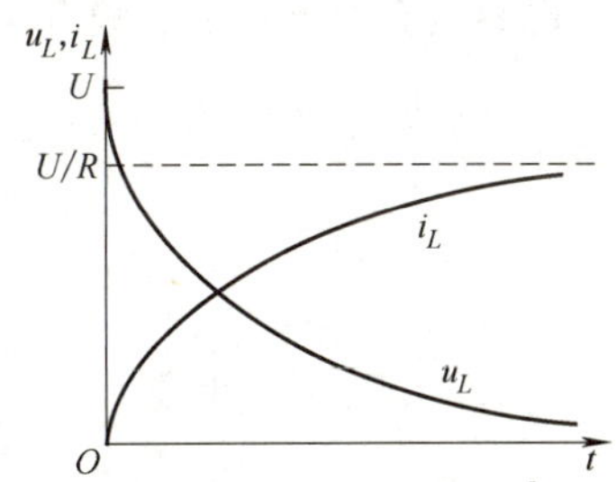

图 3-14　u_L 与 i_L 的变化曲线

【例 3-3-2】　图 3-15a 电路中，已知 $U = 20\text{V}$，$L = 0.01\text{H}$，$R_1 = R_2 = 20\Omega$，$R_3 = 10\Omega$。开关闭合前电路处于零状态，即 $i_L(0_-) = 0$。求开关闭合后电感中的电流。

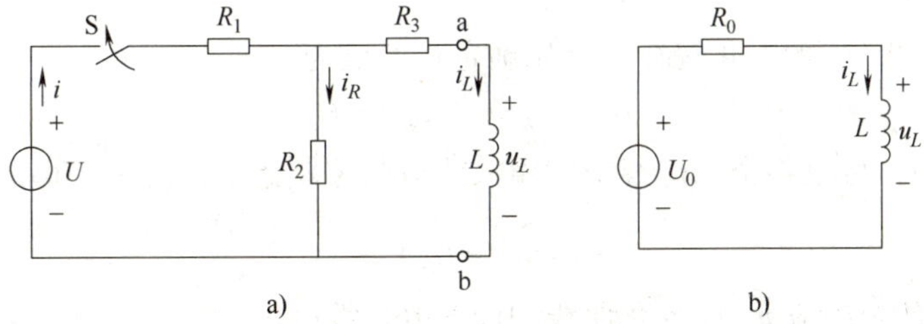

图 3-15　例 3-3-2 图

a）换路前电路　b）等效电路

解： 首先利用戴维南定理将换路前电路电感 L 以外的部分化简为戴维南等效电路，如图 3-15b 所示，其中

$$R_0=R_1/\!/R_2+R_3=(10+10)\Omega=20\Omega$$

$$U_0=U\frac{R_2}{R_1+R_2}=20\times\frac{20}{20+20}\text{V}=10\text{V}$$

电路的时间常数为

$$\tau_L=\frac{L}{R_0}=\frac{0.01}{20}\text{s}=5\times10^{-4}\text{s}$$

由式（3-12）可得

$$i=\frac{U_0}{R_0}(1-\mathrm{e}^{-\frac{t}{\tau_L}})=\frac{10}{20}(1-\mathrm{e}^{-\frac{t}{5\times10^{-4}}})\text{A}=0.5(1-\mathrm{e}^{-2\times10^3t})\text{A}$$

3.4 一阶电路的全响应和三要素法

外加电源激励和储能元件的初始储能共同作用下，电路中的电压和电流产生的响应称为全响应。

3.4.1 一阶电路的全响应

全响应就是电源激励、储能元件的初始能量均不为零时电路中的响应。图 3-16a 电路中，电容具有原始储能，设开关 S 闭合时电容电压为 $U_0=U\frac{R_2}{R_1+R_2}$，$t=0$ 时将开关 S 断开。

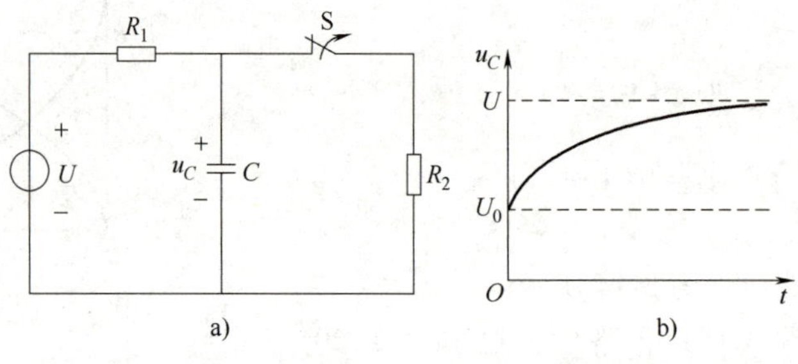

图 3-16 *RC* 串联电路的全响应

a）全响应电路 b）全响应 u_C 的变化曲线

采用经典法分析 u_C 的变化规律。首先确定初始值为

$$u_C(0_+)=u_C(0_-)=U_0$$

根据叠加定理，可以将全响应视为零输入响应与零状态响应之和，即

$$u_C=U_0\mathrm{e}^{-\frac{t}{\tau}}+U(1-\mathrm{e}^{-\frac{t}{\tau}}) \tag{3-13}$$

RC 串联电路的全响应 u_C 的变化曲线如图 3-16b 所示。

结论 1：全响应=零输入响应+零状态响应

将式（3-13）进行整理，可得

$$u_C = U + (U_0 - U)\mathrm{e}^{-\frac{t}{\tau}} \tag{3-14}$$

结论 2：全响应=稳态分量+暂态分量

3.4.2　三要素法

根据经典法推导结果，一阶 RC 电路的全响应为

$$u_C = U + (U_0 - U)\mathrm{e}^{-\frac{t}{\tau}}$$

$$u_C = u_C(\infty) + [u_C(0_+) - u_C(\infty)]\mathrm{e}^{-\frac{t}{RC}}$$

在直流电源激励的情况下，一阶线性电路暂态响应的微分方程解的通用表达式为

$$f(t) = f(\infty) + [f(0_+) - f(\infty)]\mathrm{e}^{-t/\tau} \tag{3-15}$$

式中，$f(0_+)$ 为初始值；$f(\infty)$ 为稳态值；τ 为时间常数。

利用求三要素的方法求解暂态过程，称为三要素法。如图 3-17 所示，所有一阶电路的暂态响应都可以应用三要素法求解，在求得 $f(0_+)$、$f(\infty)$ 和 τ 的基础上，可直接写出电路的响应（电压或电流）。

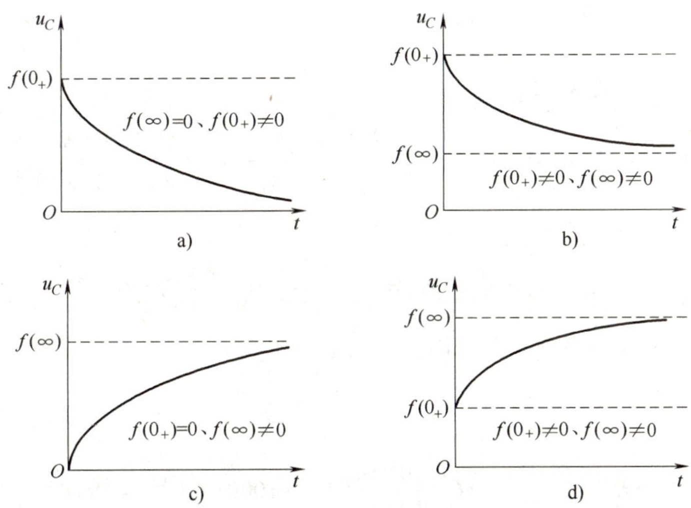

图 3-17　$f(t)$ 的变化曲线

a）零输入响应　b）全响应（一）　c）零状态响应　d）全响应（二）

使用三要素法注意以下几点：

1）当 $f(0_+) > f(\infty)$ 时，电路中电压或电流按指数规律衰减。

2）当 $f(0_+) < f(\infty)$ 时，电路中电压或电流按指数规律增长。

3）当 $f(0_+) = f(\infty)$ 时，电路换路后不发生暂态过程。

4）阻容电路的时间常数 $\tau = RC$，阻感电路的时间常数 $\tau = \frac{L}{R}$，其中 R 等于从储能元件看进去的等效电阻。

三要素法求解暂态过程的要点：

1）求初始值、稳态值、时间常数。

2）将求得的三要素结果代入暂态过程通用表达式式（3-15）。

3）画出暂态电路电压、电流随时间的变化曲线。

【例 3-4-1】　图 3-18 电路中，开关 S 原断开，电容 C 存在初始储能 $u_C(0_-)=2\text{V}$，$U_S=12\text{V}$，$R_1=R_2=10\text{k}\Omega$，$C=1000\text{pF}$，在 $t=0$ 时开关 S 闭合，用三要素法求电容电压 u_C 和电流 i_C、i_{R2} 与 i 的响应。

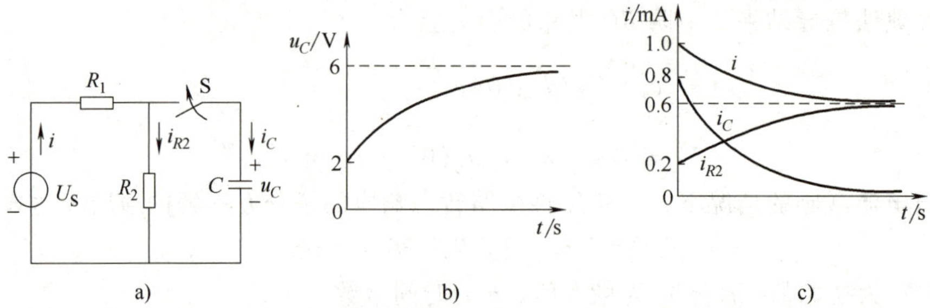

图 3-18　例 3-4-1 图

a）全响应电路　b）电容电压响应　c）电流响应

解：

1）电容电压、电流响应。

初始值（$t=0_+$）为

$$u_C(0_+)=u_C(0_-)=2\text{V}$$

$$i_C(0_+)=i(0_+)-i_R(0_+)=\frac{U_S-u_C(0_+)}{R_1}-\frac{u_C(0_+)}{R_2}=\left(\frac{12-2}{10\times10^3}-\frac{2}{10\times10^3}\right)\text{A}=0.8\text{mA}$$

稳态值（$t\to\infty$）为

$$u_C(\infty)=u_{R2}(\infty)=U_S\frac{R_2}{R_1+R_2}=\frac{12\times10}{10+10}\text{V}=6\text{V}$$

$t\to\infty$ 时电容充满电相当于开路，因此

$$i_C(\infty)=0$$

时间常数为

$$\tau_C=RC=(R_1/\!/R_2)C=\frac{10\times10}{10+10}\times10^3\times1000\times10^{-12}\text{s}=5\times10^{-6}\text{s}$$

根据三要素公式（3-15）可得

$$u_C=u_C(\infty)+[u_C(0_+)-u_C(\infty)]\text{e}^{-\frac{t}{\tau_C}}=[6+(2-6)\text{e}^{-\frac{t}{5\times10^{-6}}}]\text{V}=(6-4\text{e}^{-2\times10^5t})\text{V}$$

$$i_C=i_C(\infty)+[i_C(0_+)-i_C(\infty)]\text{e}^{-\frac{t}{\tau_C}}=[0+(0.8-0)\text{e}^{-\frac{t}{5\times10^{-6}}}]\text{mA}=0.8\text{e}^{-2\times10^5t}\text{mA}$$

也可以由

$$i_C=C\frac{\text{d}u_C}{\text{d}t}=0.8\text{e}^{-2\times10^5t}\text{mA}$$

2）电阻 R_2 电压、电流响应为

$$u_{R2}=u_C=(6-4\text{e}^{-2\times10^5t})\text{V}$$

$$i_{R2}=\frac{u_{R2}}{R_2}=(0.6-0.4\text{e}^{-2\times10^5t})\text{mA}$$

3）总电流响应为

$$i=i_{R2}+i_C=(0.6+0.4e^{-2\times10^5t})\text{ mA}$$

u_C 的变化曲线如图 3-18b 所示，i_C、i_{R2} 和 i 的变化曲线如图 3-18c 所示。

【例 3-4-2】 图 3-19 电路中，已知：$U=200\text{V}$，$L=25\text{H}$，$R=R'=50\Omega$，$R_1=500\Omega$。开关 S 断开前电路处于稳态。用三要素法求开关 S 断开后电感中的电流 i_L。

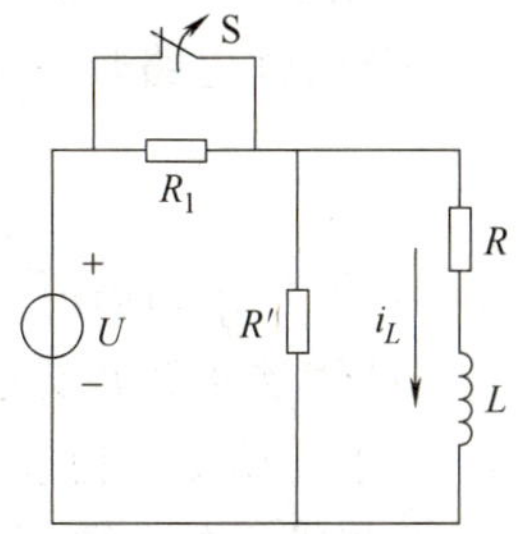

图 3-19　例 3-4-2 图

解：

1）i_L 的初始值为

$$i_L(0_+)=i_L(0_-)=\frac{U}{R}=\frac{200}{50}\text{A}=4\text{A}$$

2）i_L 的稳态值为

$$i_L(\infty)=\frac{U}{R_1+R'/\!/R}\frac{R'}{R'+R}=\frac{200}{500+\frac{50\times50}{50+50}}\times\frac{50}{50+50}\text{A}=0.19\text{A}$$

3）时间常数为

$$\tau=\frac{L}{R+R'/\!/R_1}=\frac{25}{50+\frac{50\times500}{50+500}}\text{s}=0.262\text{s}$$

4）总电流响应为

$$i_L=0.19+(4-0.19)e^{-\frac{t}{0.262}}\text{A}=0.19+3.81e^{-3.82t}\text{A}$$

【思考题】

3.4.1　在对含有储能元件的电路进行分析时，电容有时可以看成开路，有时却又看成短路，电感也有同样情况，为什么？

3.4.2　在一阶电路暂态过程中，同一电路中各个变量响应的时间常数是相同的。这种说法对吗？

3.4.3　一阶电路的时间常数是由电路的结构形式决定的，对吗？

本 章 小 结

1）产生暂态过程的必要条件：

① 电路中含有储能元件（内因）。

② 电路发生换路（外因）。

2）换路即电路的接通、切断，电路接线的改变，电路参数及电源的突然变化等。

换路定则：换路瞬间电容电压和电感电流的初始值等于换路前的终了值。换路定则公式为

$$\begin{cases}u_C(0_+)=u_C(0_-)\\ i_L(0_+)=i_L(0_-)\end{cases}$$

换路定则用于暂态过程中换路瞬间 u_C、i_L 初始值的确定。

3）一阶电路暂态响应分为零输入响应、零状态响应和全响应三类。一阶电路暂态响应

的问题通过经典法分析其微分方程得到结论：①一阶电路暂态响应（增长或衰减）按指数规律变化；②变化的快慢取决于电路的时间常数。阻容电路的时间常数 $\tau=RC$，阻感电路的时间常数 $\tau=\frac{L}{R}$，其中 R 等于从储能元件看进去的等效电阻。

4）所有一阶电路暂态响应（零输入响应、零状态响应和全响应）均可以用三要素法分析。一阶线性电路暂态响应的微分方程解的通用表达式为

$$f(t)=f(\infty)+[f(0_+)-f(\infty)]e^{-t/\tau}$$

式中，$f(0_+)$ 为初始值；$f(\infty)$ 为稳态值；τ 为时间常数。

三要素法求解暂态过程的要点：

① 求初始值、稳态值、时间常数。

② 将求得的三要素结果代入暂态过程通用表达式式（3-15）。

③ 画出暂态电路电压、电流随时间的变化曲线。

习　　题

一、单项选择题

3.1　在稳态直流电路中，理想电感元件上（　　）。

A. 没有电流也没有电压　　B. 有电流也有电压

C. 没有电流只有电压　　D. 只有电流没有电压

3.2　图 3-20 为两个一阶电路的响应曲线，时间常数的关系为（　　）。

A. $\tau_1=\tau_2$　　B. $\tau_1<\tau_2$　　C. $\tau_1>\tau_2$　　D. 不能确定

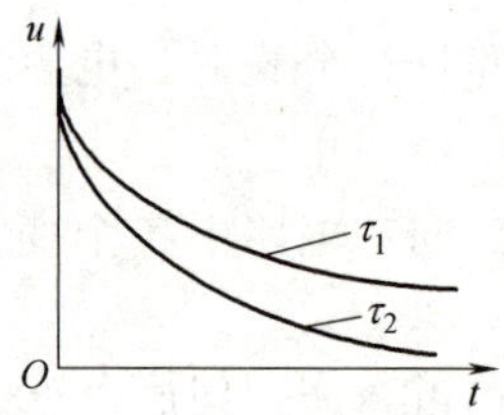

图 3-20　习题 3.2 图

3.3　一阶电路的时间常数为（　　）。

A. $\tau_C=RC$，$\tau_L=RL$　　B. $\tau_C=RC$，$\tau_L=L/R$

C. $\tau_C=RC$，$\tau_L=R/L$　　D. $\tau_C=C/R$，$\tau_L=L/R$

3.4　改变电路的时间常数，将改变暂态电路的（　　）。

A. 初始值　　B. 终了值

C. 结构　　D. 过渡过程时间的长短

3.5　工程上认为，一阶电路的暂态从换路开始计算到基本结束，大约时间为（　　）

A. τ　　B. 5τ　　C. 10τ　　D. ∞

3.6　电路如图 3-21 所示，已知换路前电路处于稳态，换路后电流 i_1、i_2 和 i_L 为（　　）。

A. 3A、0、3A　　B. 1A、1A、0A　　C. 3A、1A、2A　　D. 1A、1A、2A

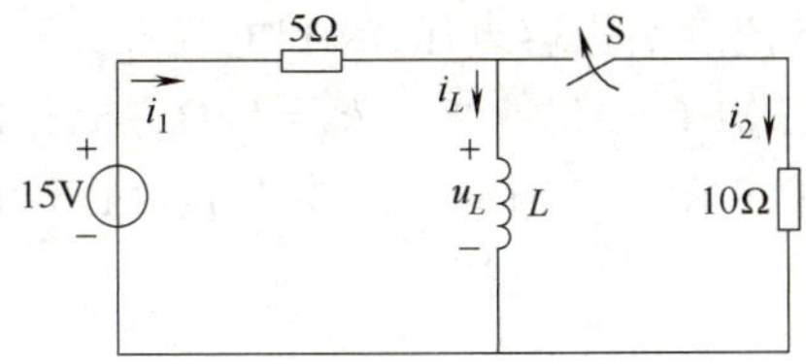

图 3-21　习题 3.6 图

二、分析计算题

3.7　试求图 3-22 中各电路换路瞬间储能元件的电压和电流。

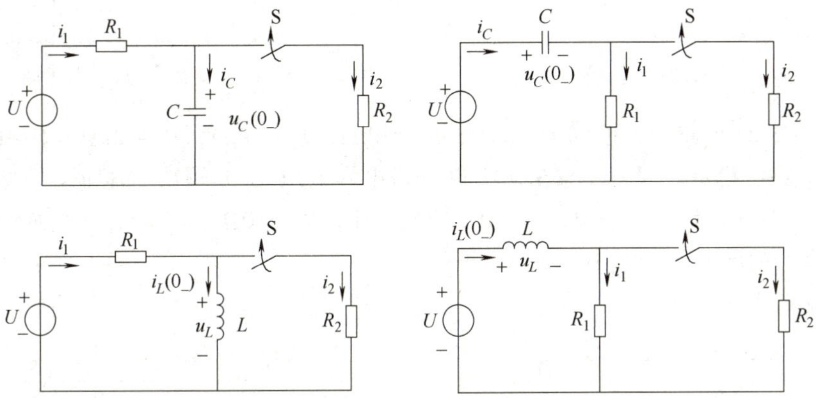

图 3-22　习题 3.7 图

3.8　参数为 L、R 的电动机励磁绕组如图 3-23 所示。为了加快绕组中电流的下降过程，在不中断电路的情况下，将它接至电阻为 R_1 的电阻器上，已知 $U_s=40\text{V}$，$L=1\text{H}$，$R=5\Omega$，$R_1=10\Omega$。求换路后：

1）绕组中的电流和电压。

2）电流下降至初始值的 5%时所需要的时间 t_1。

3）$R_1=0$ 时电流下降至初始值的 5%时所需的时间 t_2。

4）能否用 $u=L\dfrac{\mathrm{d}i}{\mathrm{d}t}$计算 S 断开瞬间线圈的端电压。

5）线圈的自感电动势与 R_1 的电阻值有关吗？为什么？

3.9　图 3-24 电路中，已知 $U=24\text{V}$，$R_1=R_3=3\text{k}\Omega$，$R_2=2\text{k}\Omega$，$C=10\mu\text{F}$，开关 S 原闭合，电路已稳定，用三要素法求 S 断开后电容电压 u_C 和电流 i_C。

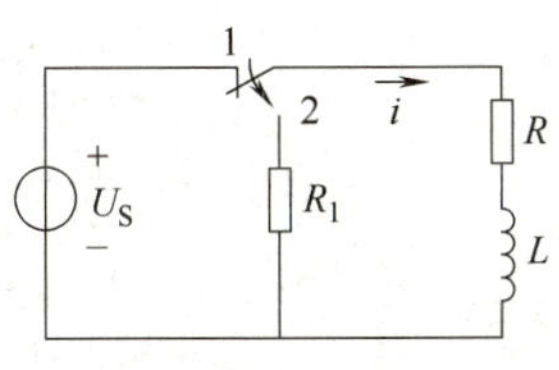

图 3-23　习题 3.8 图

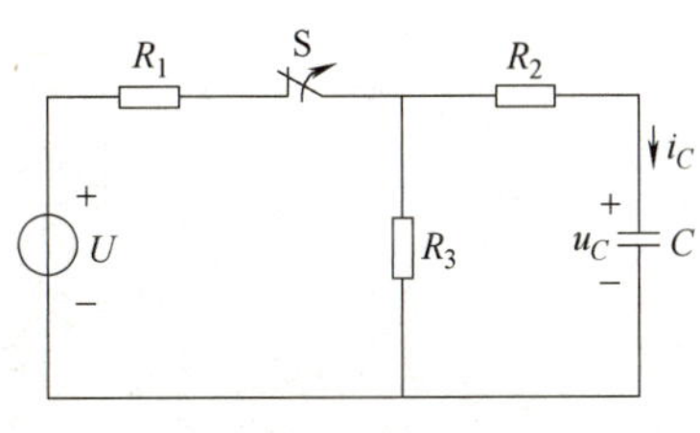

图 3-24　习题 3.9 图

3.10　图 3-25 电路中，已知 $U=20\text{V}$，$R_1=3\text{k}\Omega$，$R_2=2\text{k}\Omega$，$C=100\mu\text{F}$，开关 S 原断开，电路已稳定，用三要素法求 S 闭合后电容电压 u_C 和电流 i_C。

3.11　图 3-26 电路中，已知 $U=12\text{V}$，$R_1=R_3=5\text{k}\Omega$，$R_2=10\text{k}\Omega$，$C=100\text{pF}$。开关 S 原闭合，电容 C 没有储能，试求 S 在 $t=0$ 时断开，又在 $t=2\mu\text{s}$ 时闭合的情况下，输出电压 u_o 的响应并画出波形。

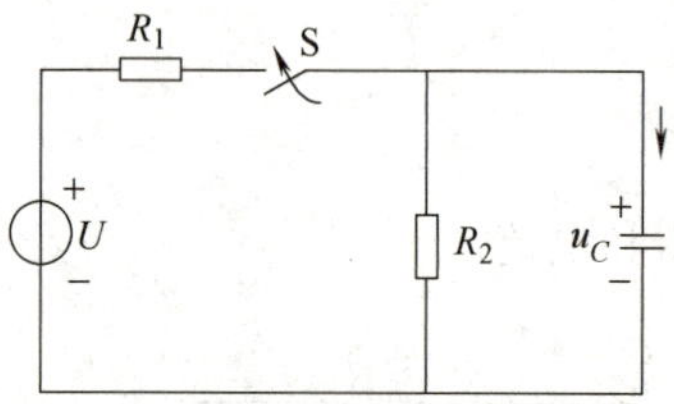

图 3-25　习题 3.10 图

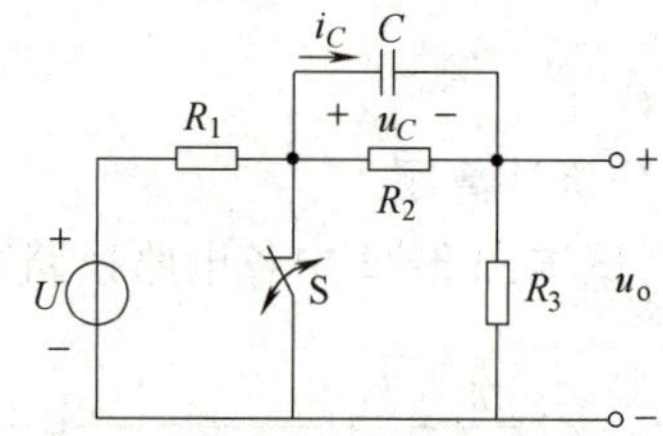

图 3-26　习题 3.11 图

3.12　图 3-27 电路中，已知 $U=24\text{V}$，$R_1=6\text{k}\Omega$，$R_2=3\text{k}\Omega$，$R_3=2\text{k}\Omega$，$C=10\mu\text{F}$，开关 S 原闭合，电路已稳定，用三要素法求 S 断开后电容电压 u_C 和输出电压 u_o。

3.13　图 3-28 电路中，已知 $U_\text{s}=10\text{V}$，$C=1\mu\text{F}$，$R_1=10\Omega$，$R_2=5\Omega$。求换路后：

1）电容上的电流 i_C 和电压 u_C。

2）电流 i_1 和 i_2。

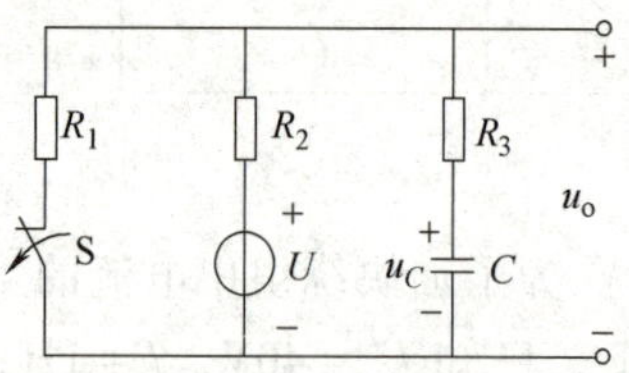

图 3-27　习题 3.12 图

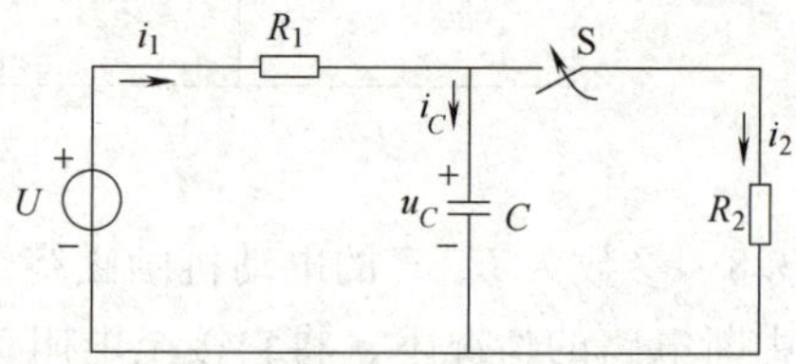

图 3-28　习题 3.13 图

第4章　单相正弦交流电路

在工农业生产和日常生活中广泛使用交流电作为能源，正弦信号也是电工电子技术中重要的信号形式，因此研究正弦交流电具有非常重要的实际意义。交流电与直流电相比物理现象差别很大，首先必须建立交流电的概念，然后掌握交流电路特有的分析方法——相量分析法，在此基础上可以运用直流电路中所介绍的各种方法进行交流电路的分析计算。

本章介绍正弦交流电的基本概念、参数、表示方法与分析方法，研究单相正弦电路 R、L、C 元件上的电压、电流和功率关系，为学习三相正弦交流电路和电子技术打下基础。

4.1　正弦交流电的基本概念

前两章所分析的都是直流电路，其电压和电流的大小与方向不随时间变化，如图 4-1a 所示。而方向随时间做周期性变化的电压和电流称为交流电，如方波、三角波等，其中按正弦规律变化的交流电称为正弦交流电，如图 4-1b 所示。

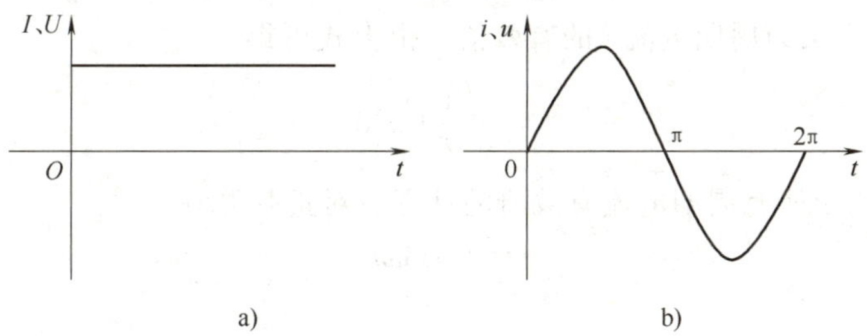

图 4-1　直流电和正弦交流电

a）直流电　b）正弦交流电

4.1.1　正弦量的基本表示方法

凡随时间 t 按正弦规律变化的电压和电流都是正弦信号，统称为正弦量。

（1）正弦量的瞬时表达式

正弦量与时间 t 的函数关系式称为瞬时表达式，即

$$x=X_{m}\sin(\omega t+\psi) \tag{4-1}$$

正弦量任一瞬间的值称为瞬时值，随着时间 t 的连续变化，瞬时值将在 X_m 与 $-X_m$ 之间变化。电路中用小写字母表示瞬时值，如电流和电压的瞬时值为 i、u。

（2）正弦量的波形图表示

正弦量的波形如图 4-2 所示。

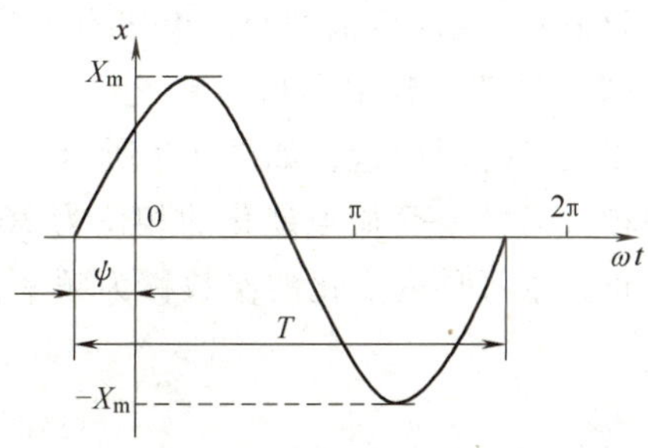

图 4-2　正弦量的波形

图 4-2 画出了一个周期（T）的正弦量，其中

x 大于零的部分称为正半周，小于零的部分称为负半周。

4.1.2 正弦量的三要素

式（4-1）和图 4-2 中的 X_m、ω 和 ψ 分别称为正弦量的最大值、角频率和初相位，这三个量确定后，则正弦量被唯一确定，所以将 X_m、ω 和 ψ 称为正弦量的三要素。

（1）最大值和有效值

正弦量的最大值（幅值），用大写字母加下标“m”表示。电路中用 I_m 和 U_m 表示电流和电压的最大值。

为了定量研究周期信号做功能力的大小，引入有效值的概念。周期信号的有效值定义为与其做功能力相同的直流量的数值，以大写字母表示，以周期电流 i 为例，周期电流 i 流过电阻 R，在一个周期 T 内所做的功为

$$W_{Ri}=\int_0^T i^2R\mathrm{d}t$$

在相同时间 T 内，直流电流 I 流过同一电阻 R，所做的功为

$$W_{RI}=I^2RT$$

令 $W_{Ri}=W_{RI}$，即

$$\int_0^T i^2R\mathrm{d}t=I^2RT$$

则直流电流 I 的值定义为周期电流 i 的有效值。由上式可得

$$I=\sqrt{\frac{1}{T}\int_0^T i^2\mathrm{d}t} \tag{4-2}$$

式（4-2）适用于所有周期电流有效值的计算。对正弦电流

$$i=I_m\sin\omega t$$

则有效值 I 为

$$I=\sqrt{\frac{1}{2\pi}\int_0^{2\pi} I_m^2\sin^2\omega t\mathrm{d}\omega t}=\frac{I_m}{\sqrt{2}} \tag{4-3}$$

同理，正弦电压的有效值为

$$U=\frac{U_m}{\sqrt{2}}$$

上述结果表明，正弦信号的有效值等于最大值的 $1/\sqrt{2}$。

为了便于测量，正弦量的大小通常以有效值表示（一般交流电流表、电压表的示值都是有效值）。我国市电的交流电压有效值为 220V。

（2）周期、频率和角频率

正弦量为周期量，如图 4-2 所示，变化一次所需要的时间称为一个周期 T，周期 T 的单位为秒（s）。一个周期变化的相位为 360°或 2π 弧度。

正弦量每秒内变化的次数称为频率 f，频率与周期互为倒数，即

$$f=\frac{1}{T},T=\frac{1}{f} \tag{4-4}$$

正弦量每秒内变化的角度称为正弦量的角频率 ω，单位为弧度/每秒（rad/s）。

由正弦函数的周期 2π 弧度，不难得到角频率 ω 与周期 T 及频率 f 的关系为

$$\omega T=2\pi$$

$$\omega=\frac{2\pi}{T}=2\pi f \tag{4-5}$$

ω 与 f、T 一样，可用来表征正弦量变化的快慢，由 $T=\frac{2\pi}{\omega}$ 可知，ω 越大，相位变化一个周期所需时间（T）越短，即变化越快。

我国和世界上许多国家都采用 50Hz 作为电力标准频率，通常称为工频，相应的 $T=0.02\text{s}=20\text{ms}$，$\omega=2\pi f=314\text{rad/s}$。有些国家也采用 60Hz 作为电力标准频率，如美国、日本。

（3）初相位与相位差

瞬时表达式中的（$\omega t+\psi$）为随时间变化的电角度，称为相位角，简称相位，单位为度（°）或弧度（rad）。

ψ 称为正弦量的初相位，即 $t=0$ 时的相位角，如图 4-2 所示。图 4-3 为初相位 ψ 各不相同的三个同频率（ω 相同）正弦量的波形，其中 $\psi_1>0$，$\psi_2=0$，$\psi_3<0$。

将 $t=0$ 代入式（4-1），可得

$$x=X_{\text{m}}\sin\psi$$

为正弦量 x 在初始时刻 $t=0$ 的量值，即初始值，可见，ψ 的大小决定了 x 的初始值，图 4-2 也清楚地表明了这一点。

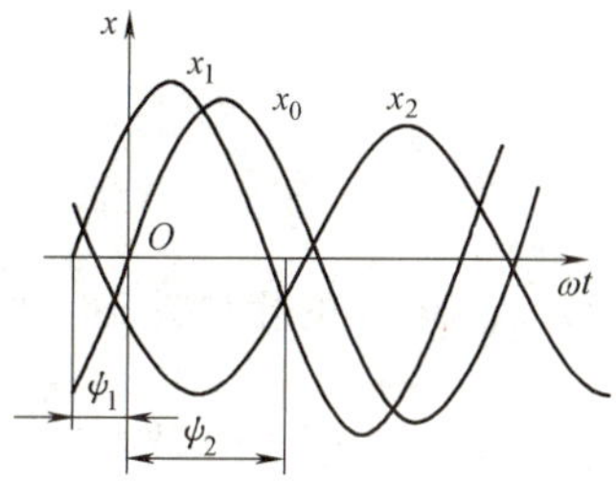

图 4-3　不同初相位的正弦量

初相位与计时起点的选择有关，在同时研究几个同频率的正弦量时，计时起点的选择，通常使某一正弦量的初相位为零，该正弦量称为参考正弦量，图 4-3 中的 x_0 即为参考正弦量，即 $\psi_0=0°$。

两个同频率正弦量相位的差值称为相位差，用 φ 表示为

$$\varphi=(\omega t+\psi_1)-(\omega t+\psi_2)=\psi_1-\psi_2 \tag{4-6}$$

相位差等于二者相位的差值，尽管两个正弦量的初相位 ψ_1、ψ_2 都与计时起点的选择有关，但它们的差值即相位差却为一常数，并不因计时起点的改变而改变。

通常规定初相位 ψ 和相位差 φ 的范围为 $[-180°, +180°]$，因此，图 4-3 中的 x_1 的初相位为正角度，而 x_2 的初相位为负角度。

对同一个正弦量 x，选不同的计时起点，则初相位不同。如图 4-4 所示，原正弦量 x_0 的初相位为 0°，如果将纵坐标左移，计时起点提前，则 x_1 的初相位为正角度，但如果将纵坐标右移，计时起点推后，则 x_2 的初相位为负角度。

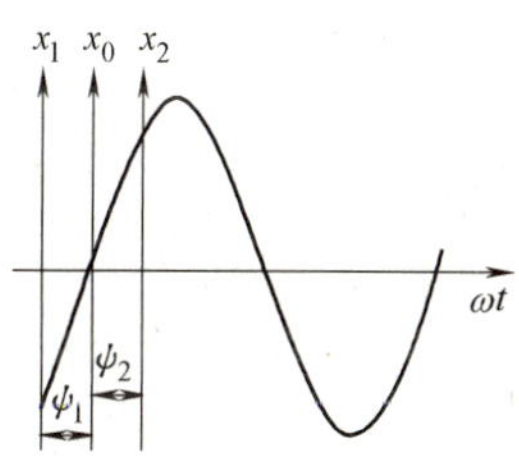

图 4-4　同一正弦量不同初相位

两个同频率正弦量 x_1 与 x_2 的相位差反映了它们变化步调的先后次序，若 $\varphi=\psi_1-\psi_2>0$，则称 x_1 超前 x_2，或称 x_2 滞后 x_1；若 $\varphi=\psi_1-\psi_2<0$，则结论相反；若 $\varphi=\psi_1-\psi_2=0$，则称 x_1 与 x_2 同相位。图 4-3 三个正弦信号的相位关系显然为：x_1 超前 x_0 和 x_2，而 x_2 滞后 x_0 和 x_1。

当两个正弦量的相位差 $\varphi=0°$，则称二者为同相；如果 $\varphi=$

180°，则称二者反相；如果 $\varphi=90°$，则称二者正交。

【例 4-1-1】 设两个电压 $u_1=100\sin\left(6280t+\dfrac{\pi}{4}\right)\text{V}$，$u_2=120\sin\left(6280t+\dfrac{\pi}{2}\right)\text{V}$。

1）求 u_1 的幅值、有效值、频率、周期、初相位。

2）分析 u_1 和 u_2 的相位关系，求相位差。

3）在同一坐标上画出 u_1 和 u_2 的波形图

4）求 $t=0.5\text{ms}$ 时的 u_1 的电压瞬时值。

解：

1）u_1 的幅值、有效值、频率、周期、初相位为

$$U_{1\text{m}}=100\text{V}$$

$$U_1=\frac{100}{\sqrt{2}}=70.7\text{V}$$

$$f=\frac{\omega}{2\pi}=\frac{6280}{2\times3.14}\text{Hz}=1000\text{Hz}$$

$$T=\frac{1}{f}=\frac{1}{1000}\text{s}=1\text{ms}$$

$$\psi_1=\frac{\pi}{4}$$

2）u_1 和 u_2 的相位差为

$$\varphi=\psi_1-\psi_2=\frac{\pi}{4}-\frac{\pi}{2}=-\frac{\pi}{4}$$

即 u_1 滞后 $u_2$45°，或 u_2 超前 $u_1$45°

3）u_1、u_2 的波形如图 4-5 所示。

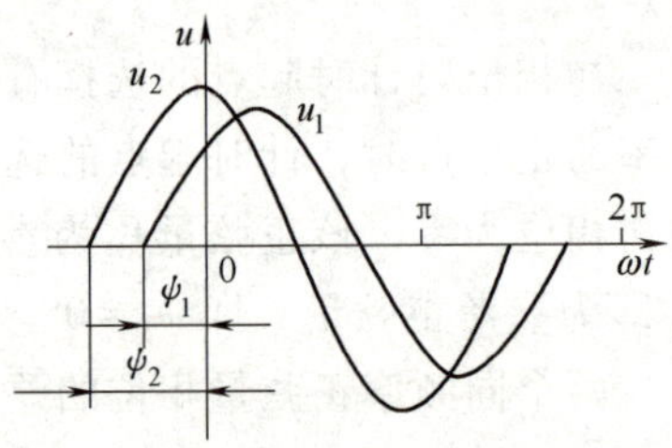

图 4-5 例 4-1-1 图

4）$t=0.5\text{ms}u_1$ 的瞬时值为

$$u_1(0.5)=100\sin\left(6280\times0.5\times10^{-3}+\frac{\pi}{4}\right)\text{V}$$

$$=100\sin225°\text{V}=-70.7\text{V}$$

【例 4-1-2】 已知某正弦电压的频率为 50Hz，有效值为 220V，当 $t=0$ 时，瞬时值 $u(0)=110\sqrt{6}\text{V}$，求此电压的瞬时表达式。

解： 该电压的幅值和角频率为

$$U_\text{m}=220\sqrt{2}\text{V}$$

$$\omega=2\pi f=2\times3.14\times50\text{rad/s}=314\text{rad/s}$$

由

$$u(0)=220\sqrt{2}\sin\psi=110\sqrt{6}\text{V}$$

可得

初相位 $$\psi=\arcsin\frac{\sqrt{3}}{2}=60°$$

瞬时表达式 $$u=220\sqrt{2}\sin(314t+60°)\text{V}$$

【思考题】

4.1.1 正弦量都有哪些参数？其三要素是什么？它们分别描述了正弦量的哪些特征？

4.1.2 一把 220V、40W 的电烙铁，接在有效值 220V 交流电源上与接在 220V 直流电源上，在相同的时间内消耗的电能是否相同？

4.1.3 两个同频率正弦量的相位差反映了二者之间的什么关系？相位差与计时起点的选择有没有关系？

4.1.4 弧度和角度如何换算？角频率、频率和周期之间是什么关系？

4.1.5 正弦量的最大值、有效值和瞬时值之间是什么关系？

4.2 正弦量的相量表示法

4.2.1 相量的概念

4.1 节介绍了正弦量的瞬时表达式和波形图两种表示方法，用这两种表示方法进行正弦量的分析计算比较困难。

考虑到线性交流电路进行的是同频率正弦量之间的运算，所以只需确定正弦量的幅值（或有效值）和初相位，即可确定某个交流电压或电流。所以，在交流电路的分析运算中，引入复平面的矢量表示正弦量，其模为正弦量的幅值（或有效值）、幅角为正弦量的初相位。这种用复数来表示和分析正弦量的方法称为正弦量的相量表示法。

相量法是对电路进行系统的正弦稳态分析的基本方法，相量法的关键是将正弦量用相量（即复数）表示。因此本节首先介绍复数的基本知识，然后介绍正弦量的相量表示法。

4.2.2 复数及其表示形式

全体复数的集合为复平面，即复平面上的任何一个点都有唯一对应的一个复数。

复数有多种表示形式，其代数形式为

$$A=a+\mathrm{j}b \tag{4-7}$$

式中，j 为虚数单位，$\mathrm{j}=\sqrt{-1}$；a 为复数 A 的实部；b 为复数 A 的虚部。a、b 分别表示为

$$a=\mathrm{Re}[A]$$

$$b=\mathrm{Im}[A]$$

复数 A 也可以用一条从原点 O 指向 A 的有向线段（相量）表示，其中 r 为复数模、ψ 为幅角。如图 4-6 所示，则有

$$\begin{cases}a=r\cos\psi\\ b=r\sin\psi\end{cases} \tag{4-8}$$

式（4-7）可写为

$$A=r\cos\psi+\mathrm{j}r\sin\psi=r(\cos\psi+\mathrm{j}\sin\psi) \tag{4-9}$$

根据欧拉公式

$$\cos\psi+\mathrm{j}\sin\psi=\mathrm{e}^{\mathrm{j}\psi}$$

可得复数的指数形式为

$$A=r(\cos\psi+\mathrm{j}\sin\psi)=r\mathrm{e}^{\mathrm{j}\psi} \tag{4-10}$$

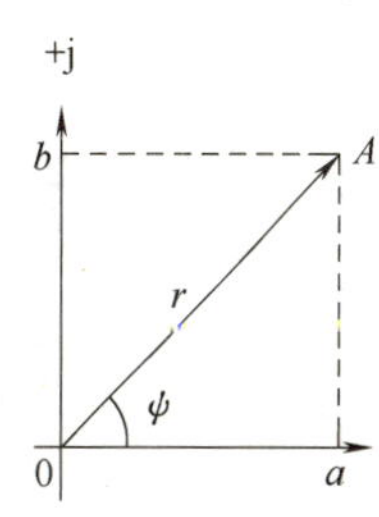

图 4-6 复平面与复数

或表示成极坐标式

$$A=r\angle\psi \tag{4-11}$$

其中

$$\begin{cases}r=\sqrt{a^2+b^2}\\ \psi=\arctan\dfrac{b}{a}\end{cases} \tag{4-12}$$

综上所述，复数的表示有代数式、指数式和极坐标式三种形式，正弦电路的相量分析中主要采用代数式和极坐标式，应熟悉这些表示形式及相互之间的转换方法。应用式（4-12）可以将复数的代数式转换为极坐标式；应用式（4-8）可以将复数的极坐标式转换为代数式。

【例 4-2-1】 设图 4-6 中的复数 $a=4$、$b=3$，用三种形式表示该复数。

解：模和幅角为

$$r=\sqrt{4^2+3^2}=5,\ \psi=\arctan\frac{3}{4}=36.9°$$

代数式为

$$A=a+\mathrm{j}b=4+\mathrm{j}3$$

指数式为

$$A=r\mathrm{e}^{\mathrm{j}\psi}=5\mathrm{e}^{\mathrm{j}36.9°}$$

极坐标式为

$$A=r\angle\psi=5\angle 36.9°$$

4.2.3 复数的运算

设 $A_1=a_1+\mathrm{j}b_1=r_1\angle\varphi_1$，$A_2=a_2+\mathrm{j}b_2=r_2\angle\varphi_2$，复数的四则运算法则可表示为

$$\begin{cases}A_1\pm A_2=(a_1\pm a_2)+\mathrm{j}(b_1\pm b_2)\\ A_1A_2=r_1r_2\angle(\varphi_1+\varphi_2)\\ \dfrac{A_1}{A_2}=\dfrac{r_1}{r_2}\angle(\varphi_1-\varphi_2)\end{cases} \tag{4-13}$$

因此，做复数加（减）运算时，应采用代数式，实部与虚部分别加（减），而进行复数乘（除）运算时，采用极坐标式比较方便，模相乘（除）、幅角相加（减）。

【例 4-2-2】 已知复数 $A=8+\mathrm{j}6$，$B=5\angle-53.1°$，求 $A+B$、$A-B$、$A\times B$、$A\div B$。

解：A 的极坐标式为

$$A=\sqrt{8^2+6^2}\angle\arctan\frac{6}{8}=10\angle 36.9°$$

B 的代数式为

$$B=5\angle-53.1°=5\cos(-53.1°)+\mathrm{j}5\sin(-53.1°)=3-\mathrm{j}4$$

$$A+B=8+\mathrm{j}6+3-\mathrm{j}4=11+\mathrm{j}2=11.2\angle 10.3°$$

$$A-B=8+\mathrm{j}6-(3-\mathrm{j}4)=5+\mathrm{j}10=11.2\angle 63.4°$$

$$A\times B=10\times5\angle(36.9°-53.1°)=50\angle-16.2°$$

$$A\div B=10\div5\angle(36.9°+53.1°)=2\angle 90°$$

4.2.4　正弦交流电的相量表示

在正弦交流电路中，响应与激励为同频率的正弦量，所以，仅用复数常量 $F_m e^{j\psi}$ 便足以表征正弦量的特征。为了与一般的复数有所区别，将表示正弦量的复数称为相量。

正弦电压和正弦电流的有效值相量用大写字母上加“·”表示，分别记作 $\dot{U}$ 和 $\dot{I}$，即

$$\dot{U}=Ue^{j\psi_u}=U\angle\psi_u$$

$$\dot{I}=Ie^{j\psi_i}=I\angle\psi_i$$

正弦电压的最大值相量和正弦电流的最大值相量分别记作 $\dot{U}_m$ 和 $\dot{I}_m$，即

$$\dot{U}_m=U_m e^{j\psi_u}=U_m\angle\psi_u$$

$$\dot{I}_m=I_m e^{j\psi_i}=I_m\angle\psi_i$$

只有正弦量才能用相量表示，而相量只是用来表示正弦量，方便进行分析计算，相量并不等于正弦量。

相量在复平面上用长度为其模的有向线段表示，称为相量图。如电压相量 $\dot{U}=U\angle\psi_u$ 和电流相量 $\dot{I}=I\angle\psi_i$ 的相量图如图4-7所示。相量图可以直观地表示正弦量间的关系。注意：只有同频率的相量才能画在同一幅相量图中。

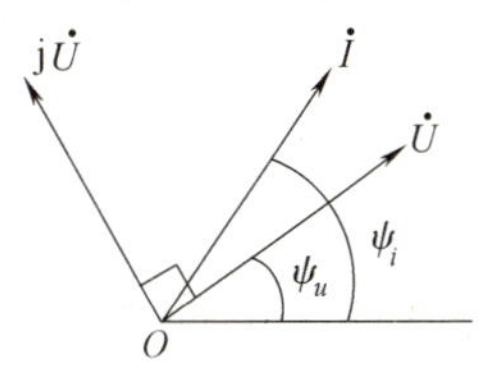

图4-7　电压与电流相量

设某电压 $u=U_m\sin(\omega t+\psi)$，其相量式为

$$\dot{U}=U(\cos\psi+j\sin\psi)=Ue^{j\psi}=U\angle\psi$$

$e^{j\psi}=1\angle\psi$ 是一个模等于1、幅角为 ψ 的复数，任意复数 A 乘以 $e^{j\psi}$ 等于将 A 逆时针旋转一个角度 ψ，而 A 的模不变。如 $A=5\angle 30°$，乘以 $1\angle 45°$，即

$$A\times 1\angle 45°=5\angle 30°\times 1\angle 45°=5\angle 75°$$

当 $\psi=\pm 90°$时，有

$$e^{\pm j90°}=\cos 90°\pm j\sin 90°=0\pm j=\pm j$$

上式说明，任何一个相量乘以+j后，相当于在相量图上向前（逆时针）旋转90°（见图4-7）；乘以−j后，相当于在相量图上向后（顺时针）旋转90°，所以称j为90°旋转因子；−j为−90°旋转因子；以此类推 $e^{j\pi}=j^2=-1$ 为180°旋转因子。

在交流电路分析中，电路的基本定律，如欧姆定律、基尔霍夫定律仍适用，如对节点有 $\sum\dot{I}=0$，对回路则有 $\sum\dot{U}=0$，即为基尔霍夫定律的相量形式。

【例4-2-3】 将正弦电压

$$u_1=100\sqrt{2}\sin(\omega t+60°)\text{ V}$$

$$u_2=200\sqrt{2}\sin(\omega t-30°)\text{ V}$$

分别用有效值相量表示，并画相量图。

解：

$$\dot{U}_1=100\angle 60°\text{V}$$

$$\dot{U}_2=200\angle -30°\text{V}$$

相量图如图 4-8 所示。

【例 4-2-4】 已知电压相量的相量图如图 4-9 所示，求其表示的正弦电压瞬时表达式（单位为 V）。

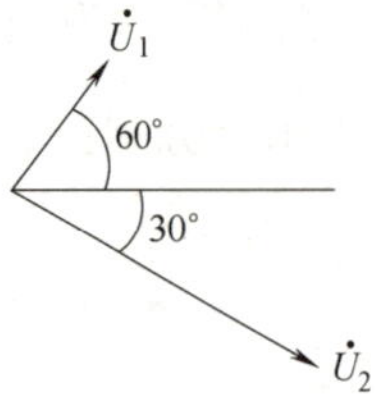

图 4-8 例 4-2-3 相量图

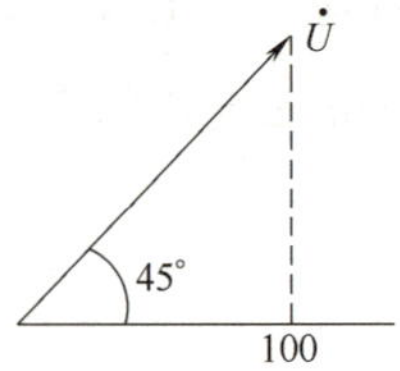

图 4-9 例 4-2-4 相量图

解：根据相量图先写出其相量式，再转换为瞬时表达式。由图 4-9 可得

$$\dot{U}=100\sqrt{2}\angle 45°\,\text{V}$$

$$u=100\sqrt{2}\sqrt{2}\sin(\omega t+45°)\,\text{V}=200\sin(\omega t+45°)\,\text{V}$$

【例 4-2-5】 已知两个电流相量 $\dot{I}_1=(2\sqrt{2}+\text{j}2)\,\text{A}$，$\dot{I}_2=(2+\text{j}2\sqrt{2})\,\text{A}$，求两个电流相量的极坐标式，画相量图，写出对应的正弦量瞬时表达式，求相位差。

解：两个电流相量的极坐标式为

$$\dot{I}_1=(2\sqrt{2}+\text{j}2)\,\text{A}=\sqrt{(2\sqrt{2})^2+2^2}\angle\arctan\frac{2}{2\sqrt{2}}\text{A}=2\sqrt{3}\angle 35.3°\text{A}$$

$$\dot{I}_2=(2+\text{j}2\sqrt{2})\,\text{A}=\sqrt{2^2+(2\sqrt{2})^2}\angle\arctan\frac{2\sqrt{2}}{2}\text{A}=2\sqrt{3}\angle 54.7°\text{A}$$

相量图如图 4-10 所示，对应的正弦量瞬时表达式为

$$i_1=2\sqrt{6}\sin(\omega t+35.3°)\,\text{A},\ i_2=2\sqrt{6}\sin(\omega t+54.7°)\,\text{A}$$

相位差为

$$\varphi=54.7°-35.3°=19.4°$$

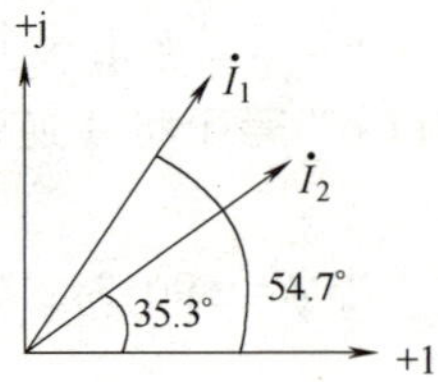

图 4-10 例 4-2-5 相量图

【例 4-2-6】 已知电流 $i_1=10\sqrt{2}\sin\left(\omega t+\frac{\pi}{3}\right)\text{A}$，$i_2=8\sqrt{2}\sin\left(\omega t+\frac{\pi}{6}\right)\text{A}$，用相量法求 $i=i_1+i_2$，并画相量图。

解：

$$\dot{I}_1=10\angle 60°\text{A}=(10\cos60°+\text{j}10\sin60°)\,\text{A}=(5+\text{j}8.66)\,\text{A}$$

$$\dot{I}_2=8\angle 30°\text{A}=(8\cos30°+\text{j}8\sin30°)\,\text{A}=(6.93+\text{j}4)\,\text{A}$$

$$\dot{I}=\dot{I}_1+\dot{I}_2=(5+\text{j}8.66+6.93+\text{j}4)\,\text{A}=(11.93+\text{j}12.66)\,\text{A}=17.4\angle 46.7°\text{A}$$

$$i=17.4\sqrt{2}\sin(\omega t+46.7°)\,\text{A}$$

通过运算可以得出结论，即两个同频率的相量相加（或相减）后，其结果的频率不变。

相量图如图 4-11 所示，由相量图可知，两个相量相加，其和为两相量为边长构成平行四边形的对角线，因此，也可以在相量图上通过图解法求两个相量相加（减）的解。

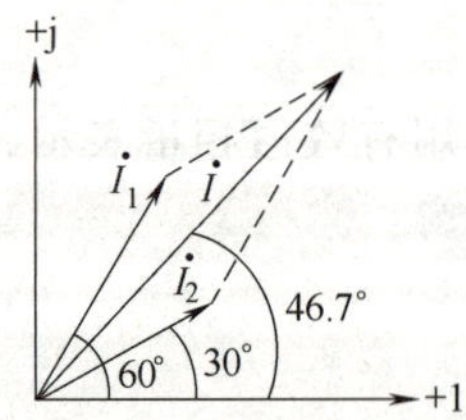

图 4-11 例 4-2-6 相量图

【思考题】

4.2.1　复数有几种形式？复数的四则运算分别采用哪种形式合适？

4.2.2　什么是相量？相量与它所表示的正弦量之间是什么关系？

4.2.3　相量表示了正弦量三要素中的哪几个要素？为什么它能表示一个正弦量？

4.2.4　如何用相量表示一个正弦量？什么是有效值相量？什么是最大值相量？二者有什么关系？

4.2.5　如何由有效值相量和最大值相量得到它所表示的正弦量？

4.2.6　什么是相量图？如何由相量做出相量图？如何由相量图得到它所表示的相量？

4.3　单一参数元件的交流电路

单一参数元件即理想模型元件，包括电阻、电感、电容元件。

4.3.1　电阻元件的交流电路

电阻元件是一种表征电气设备耗能性质的理想电路模型。

（1）电压与电流

图 4-12a 电路为正弦交流电作用于电阻元件，从图 4-12b 波形和图 4-12c 相量图可知，电阻上电压和电流的频率和初相位均相同，即电压与电流的相位差为零。

设电压和电流分别为

$$u=U_m\sin(\omega t+\psi)$$

$$i=I_m\sin(\omega t+\psi)$$

根据欧姆定律，电压与电流的比值即为电阻，即

$$\frac{U_m}{I_m}=\frac{U}{I}=R$$

根据相量分析法，有

$$\dot{U}=U\angle\psi$$

$$\dot{I}=I\angle\psi$$

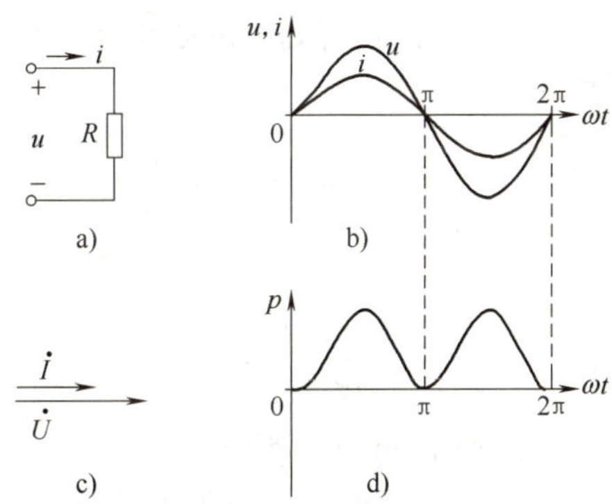

图 4-12　电阻元件的交流电路

a）电路图　b）电压、电流波形

c）电压、电流相量图　d）功率波形

欧姆定律的相量形式为

$$\frac{\dot{U}}{\dot{I}}=\frac{U\angle\psi}{I\angle\psi}=\frac{U}{I}\angle 0=\frac{U}{I}=R \tag{4-14}$$

（2）功率

在任意瞬间，电压瞬时值 u 与电流瞬时值 i 的乘积称为瞬时功率，用小写字母 p 表示，即

$$\begin{aligned} p&=p_R=ui=U_mI_m\sin^2\omega t=\frac{U_mI_m}{2}(1-\cos2\omega t)\\ &=UI(1-\cos2\omega t) \end{aligned} \tag{4-15}$$

式中，等号右边第一部分为常数 UI；第二部分为角频率为 2ω 的交变量。p 随时间变化的波

形如图 4-12d 所示。可以看出，p 始终为正，始终消耗功率，所以电阻是耗能元件。

瞬时功率的平均值称为平均功率，用大写字母 P 表示。电阻上的平均功率为

$$P=\frac{1}{T}\int_0^T p\mathrm{d}t=\frac{1}{T}\int_0^T UI(1-\cos 2\omega t)\mathrm{d}t=UI=RI^2=\frac{U^2}{R} \tag{4-16}$$

从式（4-16）可以看出，当电压和电流均用有效值表示时，电阻消耗的平均功率的表达式与直流电路中计算功率的表达式相同。用电设备所标注的功率就是平均功率，也称为有功功率。

如一个额定电压 220V、功率为 40W 的白炽灯泡，在额定状态下其电阻值和所通过的电流分别为

$$R=\frac{U^2}{P}=\frac{220^2}{40}\Omega=1210\Omega$$

$$I=\frac{U}{R}=\frac{220}{1210}\mathrm{A}=0.18\mathrm{A}$$

4.3.2 电感元件的交流电路

（1）电压与电流

图 4-13a 电路为正弦交流电作用于电感元件，设电流为

$$i=I_{\mathrm{m}}\sin\omega t \tag{4-17}$$

由式（1-13）可知，电感元件上电压与电流的关系为

$$u=-e_L=L\frac{\mathrm{d}i}{\mathrm{d}t} \tag{4-18}$$

电压为

$$u=L\frac{\mathrm{d}(I_{\mathrm{m}}\sin\omega t)}{\mathrm{d}t}=\omega LI_{\mathrm{m}}\sin(\omega t+90°)$$

$$=U_{\mathrm{m}}\sin(\omega t+90°) \tag{4-19}$$

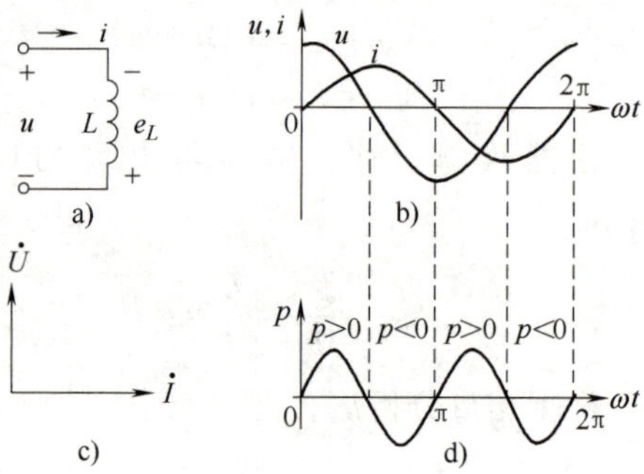

图 4-13 电感元件的交流电路

a）电路图 b）电压、电流波形 c）电压、电流相量图 d）功率波形

根据式（4-19），可得如下结论：

1）电感中，电压的相位超前电流相位 90°，或者说电流的相位滞后电压相位 90°，即电压和电流的相位差为 90°，也可以从图 4-13b 电压、电流的波形和图 4-13c 相量图看出。

2）根据 $U_{\mathrm{m}}=\omega LI_{\mathrm{m}}$，可得

$$\omega L=\frac{U_{\mathrm{m}}}{I_{\mathrm{m}}}=\frac{U}{I} \tag{4-20}$$

即电压与电流有效值之比是对交流电流起阻碍作用的参数，称为感抗，用 X_L 表示，即

$$X_L=\omega L=2\pi fL \tag{4-21}$$

相量关系式为

$$\dot U=\mathrm{j}X_L\dot I=\mathrm{j}\omega L\dot I \tag{4-22}$$

其中

$$\mathrm{j}X_L=\omega L\angle 90°=\frac{\dot{U}}{\dot{I}} \tag{4-23}$$

称为复感抗，为电压与电流相量之比，其模为 X_L，幅角为 90°。

感抗的单位也是欧姆（Ω），感抗是一个与频率（角频率）有关的参数，与频率成正比。频率越高，感抗越大，在电路中常用电感线圈扼制高频电流，称为扼流圈；当频率为零（直流）时，感抗为零，所以理想电感元件在直流电路中相当于短路。电感有使直流信号畅通、高频交流信号受到阻碍的作用。

【例 4-3-1】　设一个 0.1H 的电感，接在电压 $u=100\sqrt{2}\sin(\omega t+45°)$ V 的电源上，当电源频率分别为 50Hz、1000Hz 时，分别求电流的瞬时表达式。

解： 当 $f=50$Hz 时，有

$$X_L=2\pi fL=2\times3.14\times50\times0.1\Omega=31.4\Omega$$

$$I=\frac{U}{X_L}=\frac{100}{31.4}\text{A}=3.18\text{A}$$

$$i=3.18\sqrt{2}\sin(\omega t-45°)\text{ A}$$

当 $f=1000$Hz 时，有

$$X_L=2\pi fL=2\times3.14\times1000\times0.1\Omega=628\Omega$$

$$I=\frac{U}{X_L}=\frac{100}{628}\text{A}=0.159\text{A}$$

$$i=0.159\sqrt{2}\sin(\omega t-45°)\text{ A}$$

（2）功率

电感元件的瞬时功率为

$$\begin{aligned}p_L&=ui=U_\mathrm{m}I_\mathrm{m}\sin\omega t\sin(\omega t+90°)\\&=U_\mathrm{m}I_\mathrm{m}\sin\omega t\cos\omega t=\frac{U_\mathrm{m}I_\mathrm{m}}{2}\sin2\omega t\\&=UI\sin2\omega t\end{aligned} \tag{4-24}$$

功率波形如图 4-13d 所示，可以看出，在一个周期内瞬时功率为正和为负的时间各占 50%，其正、负可以这样理解：瞬时功率为正时，电感从电源取用电能，吸收功率；为负时，电感将电能归还电源，发出功率。所以，电感元件上的平均功率为零，即

$$P_L=\frac{1}{T}\int_0^T p\mathrm{d}t=\frac{1}{T}\int_0^T UI\sin2\omega t\mathrm{d}t=0$$

综上所述，电感元件不消耗能量，只有电感与电源之间的能量交换，这种交换的规模称为无功功率，定义无功功率等于瞬时功率的幅值，用 Q 表示，无功功率的单位为乏（var）或千乏（kvar）。

电感元件的无功功率为

$$Q_L=UI=X_LI^2=\frac{U^2}{X_L} \tag{4-25}$$

4.3.3 电容元件的交流电路

（1）电压和电流

图 4-14a 电路为正弦交流电作用于电容元件，设电压为

$$u=U_{\mathrm{m}}\sin\omega t \tag{4-26}$$

由式（1-18）可知，电容元件上电流与电压的关系为

$$i=\frac{\mathrm{d}q}{\mathrm{d}t}=C\frac{\mathrm{d}u}{\mathrm{d}t} \tag{4-27}$$

电流为

$$i=C\frac{\mathrm{d}(U_{\mathrm{m}}\sin\omega t)}{\mathrm{d}t}=\omega CU_{\mathrm{m}}\cos\omega t=\omega CU_{\mathrm{m}}\sin(\omega t+90^\circ)$$

$$=I_{\mathrm{m}}\sin(\omega t+90^\circ) \tag{4-28}$$

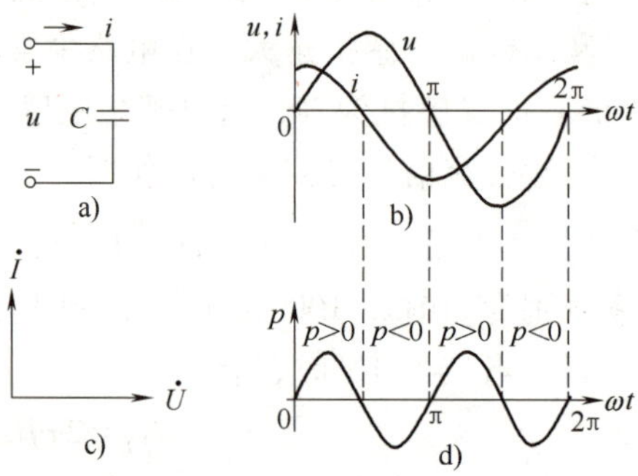

图 4-14 电容元件的交流电路

a）电路图 b）电压、电流波形

c）电压、电流相量图 d）功率波形

根据式（4-28），可得如下结论：

1）电容中，电流的相位超前电压相位 90°，或者说电压的相位滞后电流相位 90°，即电压和电流的相位差也是 90°。也可以从图 4-14b 电压、电流的波形和图 4-14c 相量图看出。

2）根据 $I_{\mathrm{m}}=\omega CU_{\mathrm{m}}$，可得

$$\frac{1}{\omega C}=\frac{U_{\mathrm{m}}}{I_{\mathrm{m}}}=\frac{U}{I} \tag{4-29}$$

即电压与电流之比是电容中具有对交流电流其阻碍作用的参数，称为容抗，用 X_C 表示，即

$$X_C=\frac{1}{\omega C}=\frac{1}{2\pi fC} \tag{4-30}$$

相量关系式为

$$\dot{U}=\frac{\dot{I}}{\mathrm{j}\omega C}=-\mathrm{j}\frac{\dot{I}}{\omega C}=-\mathrm{j}X_C\dot{I} \tag{4-31}$$

其中

$$\mathrm{j}X_C=\frac{1}{\omega C}\angle-90^\circ=\frac{\dot{U}}{\dot{I}} \tag{4-32}$$

称为复容抗，为电压与电流的相量之比，其模为 X_C，幅角为−90°。

容抗的单位也是欧姆（Ω），也是一个与频率（角频率）有关的参数，与频率成反比，频率越高，容抗越小；当频率为零（直流时），容抗为无穷大，所以理想电容元件在直流电路中相当于开路。电容有使直流信号隔断、高频交流信号容易通过的作用。

【例 4-3-2】 设一个 10μF 的电容器，接在电压 $u=100\sqrt{2}\sin(\omega t+45^\circ)$ V 的电源上，当电源频率分别为 50Hz、1000Hz 时，分别求电流的表达式。

解：当 $f=50$Hz 时，有

$$X_C=\frac{1}{2\pi fC}=\frac{1}{2\times3.14\times50\times10\times10^{-6}}\Omega=318\Omega$$

$$I=\frac{U}{X_C}=\frac{100}{318}\text{A}=0.314\text{A}$$

$$i=0.314\sqrt{2}\sin(\omega t+135°)\text{A}$$

当 $f=1000\text{Hz}$ 时，有

$$X_C=\frac{1}{2\pi fC}=\frac{1}{2\times3.14\times1000\times10\times10^{-6}}\Omega=15.9\Omega$$

$$I=\frac{U}{X_C}=\frac{100}{15.9}\text{A}=6.28\text{A}$$

$$i=6.28\sqrt{2}\sin(\omega t+135°)\text{A}$$

（2）功率

电容元件的瞬时功率表达式与电感元件的瞬时功率表达式相同，即

$$\begin{aligned}p_C&=ui=U_\text{m}I_\text{m}\sin\omega t\sin(\omega t+90°)\\&=U_\text{m}I_\text{m}\sin\omega t\cos\omega t=\frac{U_\text{m}I_\text{m}}{2}\sin2\omega t\\&=UI\sin2\omega t\end{aligned}\tag{4-33}$$

功率波形如图 4-14d 所示，与电感相同，瞬时功率为正和为负的时间各占 50%，瞬时功率为正时，电源向电容充电，电压值升高，电容吸收功率；瞬时功率为负时，电容放电，电压值降低，电容释放功率。所以，电容元件上的平均功率为零，即

$$P_C=\frac{1}{T}\int_0^T p\text{d}t=\frac{1}{T}\int_0^T UI\sin2\omega t\text{d}t=0$$

综上所述，电容元件也不消耗能量，只有电容与电源之间的能量交换。

为与电感元件的无功功率相比较，设电流

$$i=I_\text{m}\sin\omega t$$

为参考正弦量，则电压为

$$u=U_\text{m}\sin(\omega t-90°)$$

可得瞬时功率为

$$p=p_C=ui=-UI\sin2\omega t$$

电容元件的无功功率为

$$Q_C=-UI=-X_CI^2\tag{4-34}$$

电容元件的无功功率取负值，以与电感元件的无功功率相区别。

【思考题】

4.3.1　什么是欧姆定律和基尔霍夫定律的相量形式？

4.3.2　写出三种理想元件（R、L、C）伏安特性的相量形式。

4.3.3　三种理想元件（R、L、C）上电压与电流的相位关系如何？

4.3.4　电感元件的感抗、电容元件的容抗与电阻元件的电阻具有相同的量纲，它们有什么异同？与电源的频率有什么关系？

4.3.5 电感元件和电容元件对直流电的作用有什么区别？

4.3.6 三种理想元件（R、L、C）的瞬时功率、有功功率、无功功率有什么区别？

4.4 *RLC* 串联的交流电路

图 4-15 为 RLC 串联的交流电路，其中图 4-15a 称为瞬时模型，图 4-15b 称为相量模型。根据基尔霍夫电压定律，对图 4-15a 有

$$u=u_R+u_L+u_C=Ri+L\frac{\mathrm{d}i}{\mathrm{d}t}+\frac{1}{C}\int i\mathrm{d}t \quad (4\text{-}35)$$

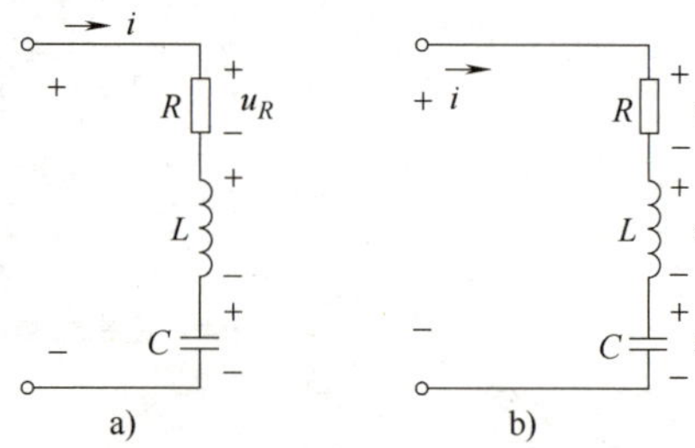

图 4-15 *RLC* 串联的交流电路

a）瞬时模型 b）相量模型

对图 4-15b，可列出基尔霍夫电压定律的相量形式为

$$\begin{aligned}\dot{U}&=\dot{U}_R+\dot{U}_L+\dot{U}_C=R\dot{I}+\mathrm{j}X_L\dot{I}-\mathrm{j}X_C\dot{I}\\&=[R+\mathrm{j}(X_L-X_C)]\dot{I}\end{aligned} \quad (4\text{-}36)$$

则有

$$\frac{\dot{U}}{\dot{I}}=R+\mathrm{j}(X_L-X_C) \quad (4\text{-}37)$$

称为阻抗，用大写字母 Z 表示，即

$$Z=\frac{\dot{U}}{\dot{I}}=R+\mathrm{j}(X_L-X_C)=R+\mathrm{j}X=|Z|\angle\varphi \quad (4\text{-}38)$$

阻抗 Z 分为实部和虚部，实部 R 为电阻部分，是一个常数，与频率无关；虚部 X 为电抗部分，$X=X_L-X_C$，包括感抗和容抗，统称为电抗。电抗 X 不仅与元件参数（L、C）有关，而且是频率 ω 的函数，如图 4-16 所示，阻抗的单位也是欧姆（Ω）。

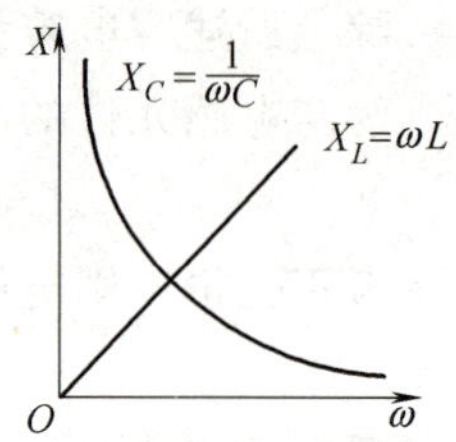

图 4-16 电抗与频率的关系

阻抗也可以表示为模和幅角，其中

$$|Z|=\sqrt{R^2+(X_L-X_C)^2}=\sqrt{R^2+\left(\omega L-\frac{1}{\omega C}\right)^2}=\frac{U}{I} \quad (4\text{-}39)$$

称为阻抗模。幅角为

$$\varphi=\arctan\frac{X_L-X_C}{R}=\arctan\frac{U_L-U_C}{U_R} \quad (4\text{-}40)$$

称为阻抗角，即电压超前电流的相位，也是电压和电流的相位差。

阻抗 Z 是复数，显然 Z 不是时间的正弦函数，所以不能称为相量，字母 Z 上也不能加“·”。

阻抗的模表示元件上电压与电流的有效值（或最大值）之比，阻抗角表示电压超前于电流的角度，即

$$Z=\frac{\dot{U}}{\dot{I}}=\frac{U\angle\psi_u}{I\angle\psi_i}=\frac{U}{I}\angle(\psi_u-\psi_i)=\frac{U_\mathrm{m}}{I_\mathrm{m}}\angle(\psi_u-\psi_i)=|Z|\angle\varphi \quad (4\text{-}41)$$

可见，复阻抗的引入，使三种单一元件上电压相量与电流相量间的关系统一为一种形式，式（4-41）与电阻电路的欧姆定律形式相同，是复数阻抗的定义。

单一元件电阻、电感、电容的复阻抗分别为

$$\begin{cases} Z_R = R\angle 0° \\ Z_L = \mathrm{j}\omega L = \omega L\angle 90° = X_L\angle 90° \\ Z_C = \dfrac{1}{\mathrm{j}\omega C} = -\mathrm{j}\dfrac{1}{\omega C} = \dfrac{I}{\omega C}\angle -90° = X_C\angle -90° \end{cases} \tag{4-42}$$

阻抗的模中包含电阻 R、感抗 X_L 和容抗 X_C，数值上等于元件上电压与电流有效值之比，反映了每种元件对电流的阻碍作用的大小。

阻抗角 φ 反映了三种元件上电压和电流间的相位关系：电阻元件上的电压、电流同相位；电感元件上的电压超前电流 90°；而电容元件上的电压滞后电流 90°。如图 4-17 所示。

根据阻抗的表达式，阻抗的模 $|Z|$ 和电抗 X、电阻 R 的关系可以用一个直角三角形表示如图 4-18 所示，称为阻抗三角形。

从阻抗的表达式可知，虚部与 L、C 和 f 三个参数有关，根据参数不同，阻抗的计算有以下三种结果：

1）$X_L>X_C$ 时，$U_L>U_C$，$\varphi>0°$，电压超前电流，阻抗为感性，其电压与电流的相量图如图 4-19 所示。

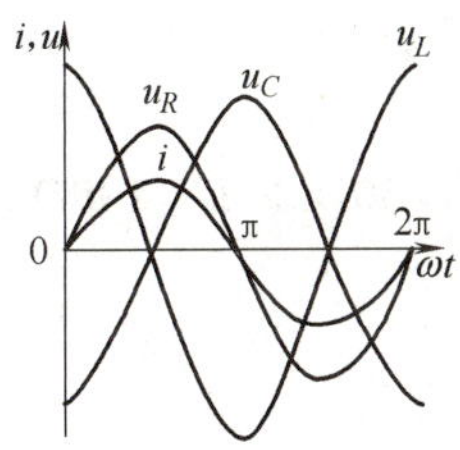

图 4-17　不同元件上电压、电流间的相位关系

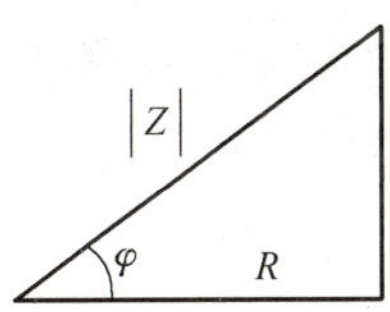

图 4-18　阻抗三角形

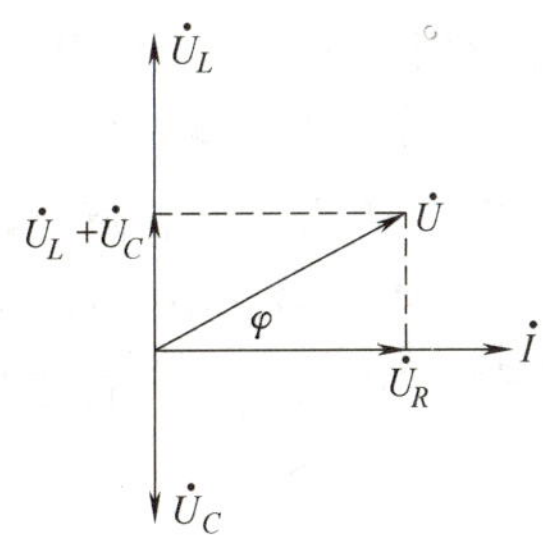

图 4-19　感性串联电路电压与电流的相量图

2）$X_L<X_C$ 时，$U_L<U_C$，$\varphi<0°$，电压滞后电流，阻抗为容性。

3）$X_L=X_C$ 时，$U_L=U_C$，$\varphi=0°$，电压电流同相，阻抗为阻性，称为串联谐振。因为 $X_L=X_C$，则发生串联谐振的条件为

$$\omega L = \frac{1}{\omega C} \tag{4-43}$$

则有

$$\omega = \omega_0 = \frac{1}{\sqrt{LC}} \tag{4-44}$$

式中，ω_0 为谐振角频率。由此可得谐振频率为

$$f_0 = \frac{1}{2\pi\sqrt{LC}} \tag{4-45}$$

当 RLC 串联电路发生当谐振时，虚部（电抗）为零，即 $\varphi=0°$，阻抗为电阻且最小，电

流达到最大值。

【例 4-4-1】 RL 串联电路如图 4-20 所示，电源电压为 $U=220\text{V}/50\text{Hz}$，$R=300\Omega$，$L=1.65\text{H}$，求电流、各元件电压相量，画相量图。

解：图 4-20 电路中无电容，电抗即感抗。首先计算阻抗为

$$|Z|=\sqrt{R^2+(\omega L)^2}=\sqrt{300^2+(2\pi\times50\times1.65)^2}\Omega=600\Omega$$

$$\varphi=\arctan\frac{X_L}{R}=\arctan\frac{2\pi\times50\times1.65}{300}=60^\circ$$

$$Z=600\angle60^\circ\Omega$$

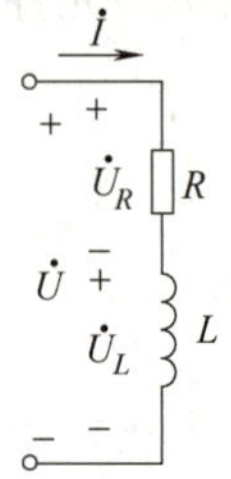

图 4-20　例 4-4-1 电路

串联电路一般设电流为参考量（初相位为 0°），则电流和各元件电压为

$$\dot{I}=\frac{\dot{U}}{Z}=\frac{220\angle\varphi}{600\angle60^\circ}\text{A}=0.37\angle0^\circ\text{A}$$

$$\dot{U}=220\angle60^\circ\text{V}$$

$$\dot{U}_R=R\dot{I}=300\times0.37\angle0^\circ\text{V}=110\angle0^\circ\text{V}$$

$$\dot{U}_L=\text{j}X_L\dot{I}=2\pi\times50\times1.65\times0.37\angle90^\circ\text{V}=190\angle90^\circ\text{V}$$

相量图如图 4-21 所示，$\varphi=60^\circ$，即电压超前电流 60°。电阻上电压与电流同相，电感上电压超前电流 90°。总电压是电阻上电压和电感上电压的相量相加的结果。

在 RL 串联电路中，如果频率升高，感抗增加，则 φ 增加，$X_L\gg R$ 时，$\varphi\to90^\circ$；反之，如果频率降低，则 φ 减小，$X_L\ll R$ 时，则 $\varphi\to0^\circ$。所以，$0^\circ<\varphi<90^\circ$。

【例 4-4-2】 RC 串联电路如图 4-22 所示，电源电压为 $U=220\text{V}/50\text{Hz}$，$R=100\Omega$、$C=10\mu\text{F}$，求电流、各元件电压相量，画相量图。

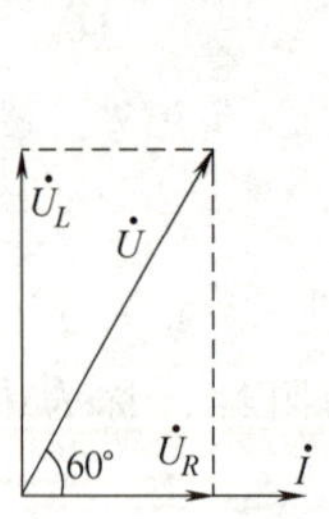

图 4-21　例 4-4-1 相量图

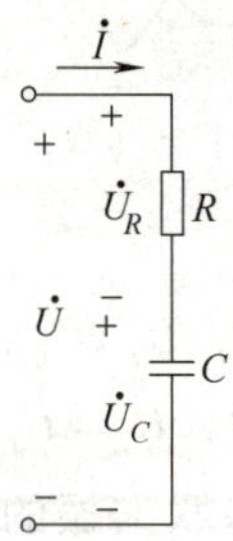

图 4-22　例 4-4-2 电路

解：电路中无电感，阻抗即容抗。首先计算阻抗为

$$|Z|=\sqrt{R^2+\left(\frac{1}{\omega C}\right)^2}=\sqrt{100^2+\left(\frac{1}{2\pi\times50\times10\times10^{-6}}\right)^2}\Omega$$
$$=333.8\Omega$$

$$\varphi=\arctan\left(\frac{-X_C}{R}\right)=\arctan\left(-\frac{1}{2\pi\times50\times10\times10^{-6}\times100}\right)$$
$$=-72.6^\circ$$

$$Z=333.8\angle-72.6^\circ\Omega$$

设电流初相位为 0°，则电流和各元件电压为

$$\dot{I}=\frac{\dot{U}}{Z}=\frac{220\angle\varphi}{333.8\angle-72.6°}\text{A}=0.66\angle0°\text{A}$$

$$\dot{U}=220\angle-72.6°\text{V}$$

$$\dot{U}_R=R\dot{I}=100\times0.66\angle0°\text{V}=66\angle0°\text{V}$$

$$\dot{U}_C=-\text{j}X_C\dot{I}=\frac{1}{2\pi\times50\times10\times10^{-6}}\times0.66\angle-90°\text{V}$$
$$=210.2\angle-90°\text{V}$$

相量图如图 4-23 所示，$\varphi=-73.3°$，即电压滞后电流 72.6°。电阻上电压与电流同相，电容上电压滞后电流 90°。总电压是电阻上电压和电感上电压的相量相加的结果。

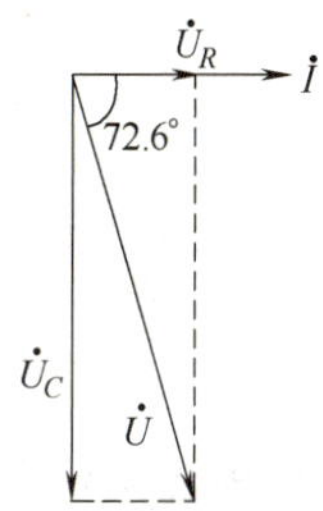

图 4-23
例 4-4-2 相量图

在 *RC* 串联电路中，如果频率升高，容抗降低，则 $|\varphi|$ 减小，$X_C \ll R$ 时，$\varphi\to0°$；反之，如果频率降低，则容抗增加，$|\varphi|$ 增加。$X_L \gg R$ 时，则 $\varphi\to-90°$。所以，$-90°<\varphi<0°$。

【例 4-4-3】 *RLC* 串联电路如图 4-15 所示，电源 $U=220\text{V}/50\text{Hz}$，$R=200\Omega$，$L=1\text{H}$，$C=15\mu\text{F}$。

1）计算阻抗、电流、各元件电压相量，画相量图。

2）如果电源频率改为 25Hz，则阻抗、电流、各元件电压如何变化，画相量图。

3）计算谐振频率和谐振时电流。

解：

1）电源频率为 50Hz 时，阻抗为

$$X_L=2\pi fL=2\times3.14\times50\times1\Omega=314\Omega$$

$$X_C=\frac{1}{2\pi fC}=\frac{1}{2\times3.14\times50\times15\times10^{-6}}\Omega=212\Omega$$

$$|Z|=\sqrt{R^2+(X_L-X_C)^2}$$
$$=\sqrt{200^2+(314-212)^2}\,\Omega=224.5\Omega$$

$$\varphi=\arctan\left(\frac{X_L-X_C}{R}\right)=\arctan\left(\frac{314-212}{200}\right)=27°$$

$$Z=224.5\angle27°\Omega$$

因为 $X_L>X_C$，电路阻抗呈感性，电压超前电流（$\varphi=27°$）。

设电流的初相位为 0°，则电流和各元件电压相量为

$$\dot{U}=220\angle27°\text{V}$$

$$\dot{I}=\frac{\dot{U}}{Z}=\frac{220\angle27°}{224.5\angle27°}\text{A}=0.98\angle0°\text{A}$$

$$\dot{U}_R = R\dot{I} = 200\times0.98\angle0°\text{V} = 196\angle0°\text{V}$$

$$\dot{U}_C = -\text{j}X_C\dot{I} = 212\times0.98\angle-90°\text{V} = 208\angle-90°\text{V}$$

$$\dot{U}_L = \text{j}X_L\dot{I} = 314\times0.98\angle90°\text{V} = 308\angle90°\text{V}$$

相量图可参考图 4-19，总电压相量为各元件电压的相量相加。因而可知，电感或电容上的电压可能高于总电压，称为过电压现象。

2）如果电源频率改变为 25Hz，则 R 不变，X_L 减小为原来的 1/2，X_C 增大一倍，即

$$X_L = 2\pi fL = 2\times3.14\times25\times1\Omega = 157\Omega$$

$$X_C = \frac{1}{2\pi fC} = \frac{1}{2\times3.14\times25\times15\times10^{-6}}\Omega = 424\Omega$$

$$|Z| = \sqrt{R^2+(X_L-X_C)^2} = \sqrt{200^2+(157-424)^2} = 333.6\Omega$$

$$\varphi = \arctan\left(\frac{X_L-X_C}{R}\right) = \arctan\left(\frac{157-424}{200}\right) = -53.1°$$

$$Z = 333.6\angle-53.1°\Omega$$

因 $X_L<X_C$，$\varphi<0°$，阻抗呈容性，所以电压将滞后电流。

设电流的初相位为 0°，则电流和各元件电压相量为

$$\dot{U} = 220\angle-53.1°\text{V}$$

$$\dot{I} = \frac{\dot{U}}{Z} = \frac{220\angle-53.1°}{333.6\angle-53.1°}\text{A} = 0.66\angle0°\text{A}$$

$$\dot{U}_R = R\dot{I} = 200\times0.66\angle0°\text{V} = 132\angle0°\text{V}$$

$$\dot{U}_L = \text{j}X_L\dot{I} = 157\times0.66\angle90°\text{V} = 103.6\angle90°\text{V}$$

$$\dot{U}_C = -\text{j}X_C\dot{I} = 424\times0.66\angle-90°\text{V} = 279.8\angle-90°\text{V}$$

相量图如图 4-24 所示。

3）谐振频率为

$$f_0 = \frac{1}{2\pi\sqrt{LC}} = \frac{1}{2\times3.14\times\sqrt{1\times15\times10^{-6}}}\text{Hz} = 41.1\text{Hz}$$

谐振时电流为

$$I = \frac{220}{200}\text{A} = 1.1\text{A}$$

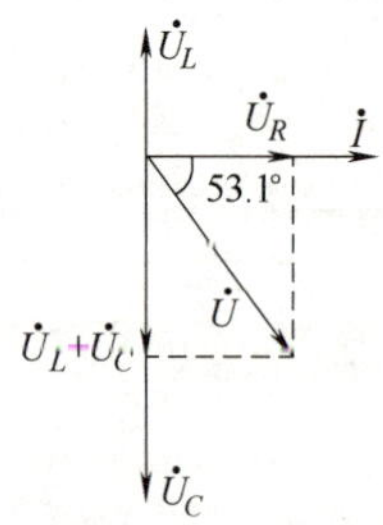

图 4-24　例 4-4-3 相量图

从相量图图 4-24 可看出，三个元件上的电压与总电压的关系也可以用一个直角三角形表示，称为电压三角形，如图 4-25 所示。

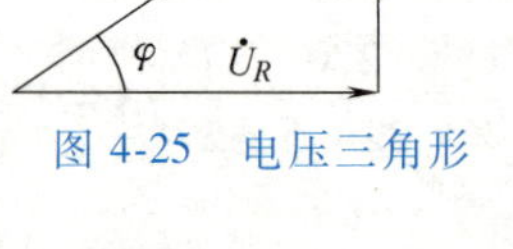

图 4-25　电压三角形

RLC 串联电路中电压与电流的关系有一定的规律性，见表 4-1。

表 4-1　*RLC* 串联电路中电压与电流的关系

电路形式	一般关系式	相位关系	大小关系	复数式
R	$u=Ri$	$\varphi=0°$	$I=\frac{U}{R}$	$\dot{I}=\frac{\dot{U}}{R}$
L	$u=L\frac{\mathrm{d}i}{\mathrm{d}t}$	$\varphi=90°$	$I=\frac{U}{X_L}$	$\dot{I}=\frac{\dot{U}}{\mathrm{j}X_L}$
C	$u=\frac{1}{C}\int i\mathrm{d}t$	$\varphi=-90°$	$I=\frac{U}{X_C}$	$\dot{I}=\frac{\dot{U}}{-\mathrm{j}X_C}$
RL 串联	$u=Ri+L\frac{\mathrm{d}i}{\mathrm{d}t}$	$0°<\varphi<90°$	$I=\frac{U}{\sqrt{R^2+X_L^2}}$	$\dot{I}=\frac{\dot{U}}{R+\mathrm{j}X_L}$
RC 串联	$u=Ri+\frac{1}{C}\int i\mathrm{d}t$	$-90°<\varphi<0°$	$I=\frac{U}{\sqrt{R^2+X_C^2}}$	$\dot{I}=\frac{\dot{U}}{R+\mathrm{j}X_C}$
RLC 串联	$u=Ri+L\frac{\mathrm{d}i}{\mathrm{d}t}+\frac{1}{C}\int i\mathrm{d}t$	$-90°<\varphi<90°$	$I=\frac{U}{\sqrt{R^2+(X_L-X_C)^2}}$	$\dot{I}=\frac{\dot{U}}{R+\mathrm{j}(X_L-X_C)}$

【例 4-4-4】　图 4-26 各图中电压表 V_0 的读数是多少？

解： 图 4-26a 为 *RL* 串联电路，U_R 与电流同相，U_L 超前电流 90°。所以 U_L 超前 U_R 也是 90°。根据电压三角形，电压表 V_0 的读数为

$$U_0=\sqrt{U^2-U_L^2}=\sqrt{100^2-60^2}\text{ V}=80\text{V}$$

图 4-26b 为 *RC* 串联电路，U_R 与电流同相，U_C 滞后电流 90°。所以 U_C 滞后 U_R 也是 90°。根据电压三角形，电压表 V_0 的读数为

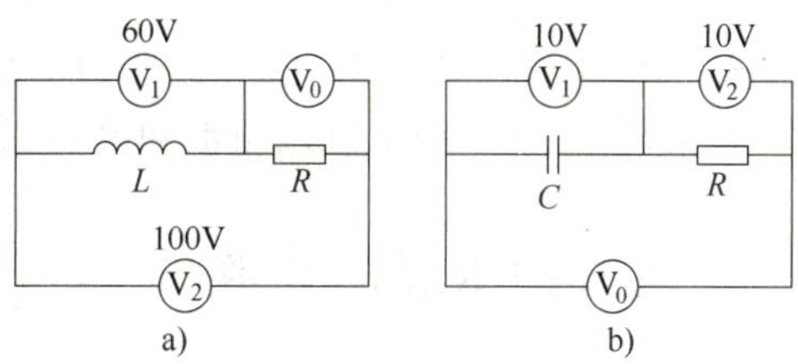

图 4-26　例 4-4-4 图

$$U_0=\sqrt{U_R^2+U_C^2}=\sqrt{10^2+10^2}\text{ V}=14.14\text{V}$$

【例 4-4-5】　图 4-20 *RL* 串联电路，如接在 120V 直流电源上，电流为 $I=6$A；如接在 220V/50Hz 交流电源上，电流 $I=28.2$A。求该电路的电阻 R 和电感 L 各是多少？

解： 接 120V 直流时，电感相当于短路，所通过的电流为直流，则电阻为

$$R=\frac{U}{I}=\frac{120}{6}\Omega=20\Omega$$

接 220V/50Hz 交流电源时，通过的交流电流有效值为 28.2A，则由

$$I=\frac{220}{\sqrt{R^2+(2\pi fL)^2}}=\frac{220}{\sqrt{6^2+(2\pi\times50L)^2}}\text{A}=28.2\text{A}$$

可得电感为

$$L=\frac{\sqrt{\left(\frac{220}{28.2}\right)^2-6^2}}{100\pi}\text{mH}=15.9\text{mH}$$

【例 4-4-6】　图 4-22 *RC* 串联电路中，已知电源频率为 1000Hz、阻抗模为 2000Ω、$\dot{U}$ 与 $\dot{U}_C$ 相位差 30°，求 R、C。

解： 先根据题意画出相量图，如图 4-27 所示。参照相量图，列出方程组为

$$\begin{cases}\dfrac{U_R}{U_C}=\dfrac{iR}{iX_C}=\dfrac{R}{X_C}=\tan 30°=0.577\\ |Z|=\sqrt{R^2+X_C^2}=2000\Omega\end{cases}$$

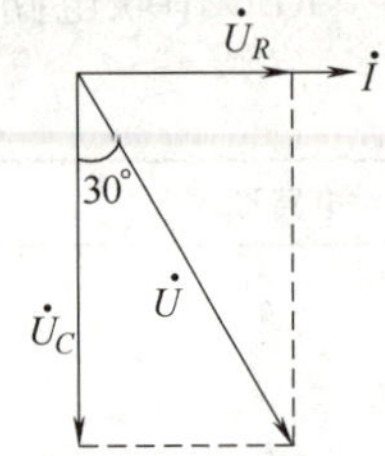

图 4-27　例 4-4-6 相量图

解方程组，可得

$$\begin{cases}R=1000\Omega\\ X_C=1732\Omega\end{cases}$$

$$C=\frac{1}{2\pi f X_C}=\frac{1}{2\times 3.14\times 1000\times 1732}\text{F}=0.1\mu\text{F}$$

【思考题】

4.4.1　阻抗由哪几部分组成？哪些部分与频率有关？

4.4.2　阻抗是否是复数？是否是相量？

4.4.3　*RLC* 串联电路中，满足什么条件时，$\varphi>0°$、$\varphi=0°$、$\varphi<0°$？

4.4.4　如何判断一个 *RLC* 负载是感性还是容性？

4.4.5　如果电源频率升高，*RLC* 负载的变化趋势是什么？

4.4.6　*RLC* 串联电路中，各元件上电压的有效值之间有什么关系？

4.4.7　*RLC* 串联电路中，某个元件上的电压是否一定小于总电压？

4.4.8　如何理解阻抗三角形和电压三角形及其相互关系。

4.5　阻抗的串联与并联

4.4 节重点介绍了阻抗，在阻抗的连接形式中，最基本的还是串联和并联。阻抗串、并联及分压、分流，在形式上与电阻的相应计算相似，但阻抗作为复数，应遵循复数的运算规则。

4.5.1　阻抗的串联

图 4-28a 电路为两个阻抗 Z_1 和 Z_2 串联，可以用一个等效阻抗 Z 代替，如图 4-28b 所示。

根据基尔霍夫定律，列出其相量表达式为

$$\dot{U}=\dot{U}_1+\dot{U}_2=Z_1\dot{I}+Z_2\dot{I}=(Z_1+Z_2)\dot{I}$$

等效后的电流有效值和相位应不变，即

$$\dot{U}=Z\dot{I}$$

比较两式，有

$$Z=Z_1+Z_2$$

因为一般

$$U\neq U_1+U_2$$

即

$$|Z|I\neq|Z_1|I+|Z_2|I$$

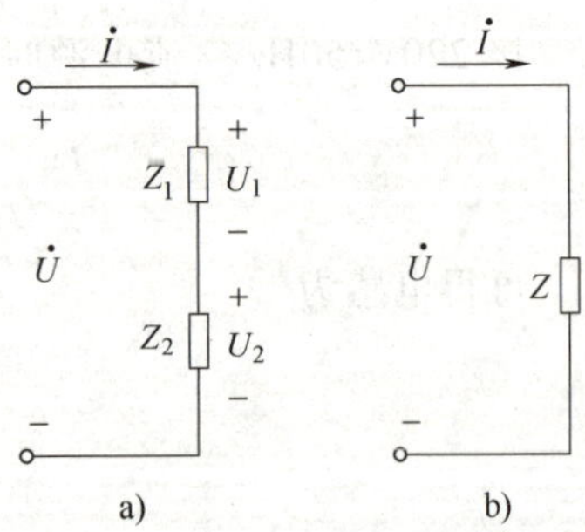

图 4-28　阻抗的串联

a）串联电路　b）等效电路

所以

$$|Z| \neq |Z_1|+|Z_2|$$

结论：只有等效阻抗才是各串联阻抗之和。

【例 4-5-1】　两个阻抗串联，其中 $Z_1=(4-j8)\Omega$，$Z_2=2\sqrt{2}\angle 45°\Omega$。要求：

1）计算等效阻抗。

2）如果加交流电压 $u=100\sqrt{2}\sin 314t$V，求电流和各阻抗上的电压，画相量图。

解：

1）将 Z_2 化为代数式，计算两阻抗之和为

$$Z_2=2\sqrt{2}\angle 45°\Omega=(2\sqrt{2}\cos 45°+j2\sqrt{2}\sin 45°)\Omega=(2+j2)\Omega$$

$$Z_1+Z_2=(4-j8+2+j2)\Omega=(6-j6)\Omega=6\sqrt{2}\angle -45°\Omega$$

2）电流为

$$\dot{I}=\frac{100\angle 0°}{6\sqrt{2}\angle -45°}\text{A}=11.8\angle 45°\text{A}$$

各阻抗上的电压为

$$Z_1=4-j8=8.9\angle -63.4°$$

$$\dot{U}_1=\dot{I}Z_1=11.8\angle 45°\times 8.9\angle -63.4°\text{V}=105\angle -18.4°\text{V}$$

$$\dot{U}_2=\dot{I}Z_2=11.8\angle 45°\times 2\sqrt{2}\angle 45°\text{V}=33.4\angle 90°\text{V}$$

相量图如图 4-29 所示。

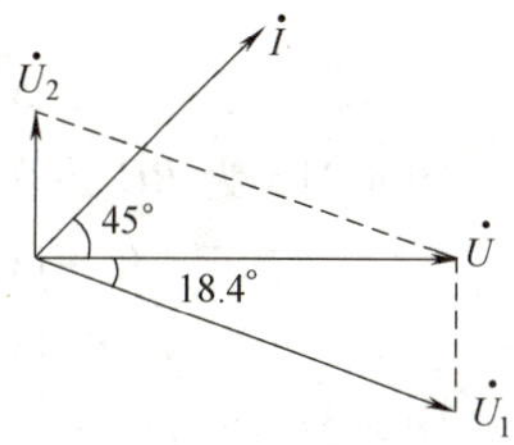

图 4-29　例 4-5-1 相量图

4.5.2　阻抗的并联

图 4-30a 电路为两个阻抗 Z_1 和 Z_2 并联，也可以等效为一个阻抗 Z，如图 4-30b 所示。根据基尔霍夫电流定律，有

$$\dot{I}=\dot{I}_1+\dot{I}_2=\frac{\dot{U}}{Z_1}+\frac{\dot{U}}{Z_2}=\dot{U}\left(\frac{1}{Z_1}+\frac{1}{Z_2}\right)$$

等效后电流为

$$\dot{I}=\frac{\dot{U}}{Z}$$

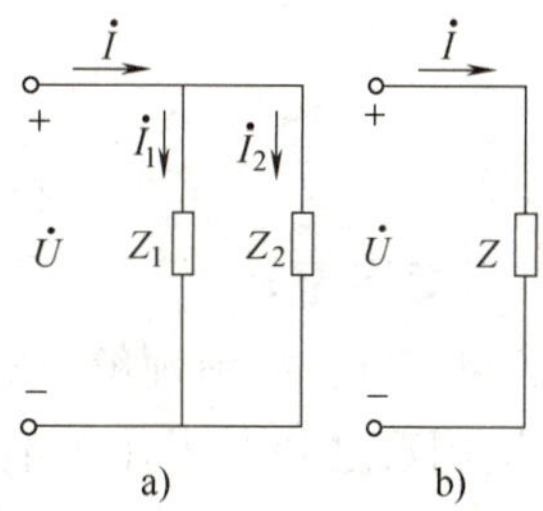

图 4-30　阻抗的并联

a）串联电路　b）等效电路

比较两式，有

$$\frac{1}{Z_1}+\frac{1}{Z_2}=\frac{1}{Z}\quad 或\quad Z=\frac{Z_1Z_2}{Z_1+Z_2}$$

因为一般

$$I\neq I_1+I_2$$

即

$$\frac{U}{|Z|}\neq\frac{U}{|Z_1|}+\frac{U}{|Z_2|}$$

所以

$$\frac{1}{|Z|} \neq \frac{1}{|Z_1|}+\frac{1}{|Z_2|}$$

结论：只有等效阻抗的倒数才是各阻抗倒数之和。

【例 4-5-2】 图 4-31 电路中，$R=4\Omega$，$X_L=6\Omega$，$X_C=8\Omega$，求各电路的等效阻抗。

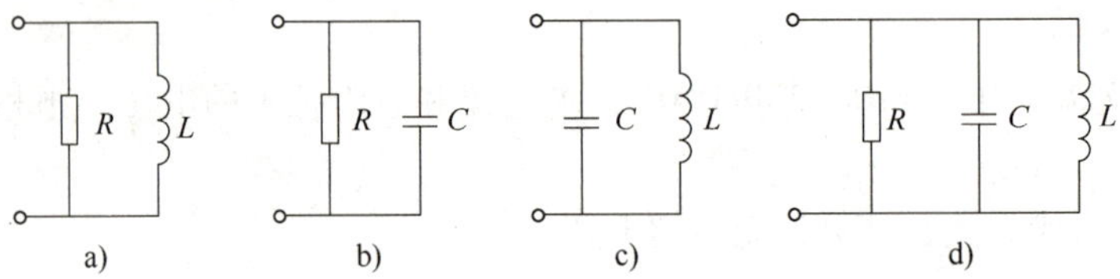

图 4-31 例 4-5-2 图

a）RL 并联 b）RC 并联 c）LC 并联 d）RLC 并联

解：图 4-31a 为 RL 并联电路，其等效阻抗为

$$Z=\frac{R\times \mathrm{j}X_L}{R+\mathrm{j}X_L}=\frac{4\times 6\angle 90°}{4+\mathrm{j}6}\Omega=\frac{24\angle 90°}{7.2\angle 56.3°}\Omega=3.33\angle 33.7°\Omega$$

图 4-31b 为 RC 并联电路，其等效阻抗为

$$Z=\frac{R(-\mathrm{j}X_C)}{R-\mathrm{j}X_C}=\frac{4\times 8\angle -90°}{4-\mathrm{j}8}\Omega=\frac{32\angle -90°}{8.94\angle -63.4°}\Omega=3.58\angle -153.4°\Omega$$

图 4-31c 为 LC 并联电路，其等效阻抗为

$$Z=\frac{\mathrm{j}X_L(-\mathrm{j}X_C)}{\mathrm{j}X_L-\mathrm{j}X_C}=\frac{6\angle 90°\times 8\angle -90°}{\mathrm{j}6-\mathrm{j}8}\Omega=\frac{48\angle 0°}{2\angle -90°}\Omega=24\angle 90°\Omega$$

图 4-31d 为 RLC 并联电路，其等效阻抗为

$$\frac{1}{Z}=\frac{1}{R}+\frac{1}{\mathrm{j}X_L}-\frac{1}{\mathrm{j}X_C}=\left(\frac{1}{4}+\frac{1}{\mathrm{j}6}-\frac{1}{\mathrm{j}8}\right)\mathrm{S}$$

$$=\left(\frac{1}{4}+\frac{\mathrm{j}8-\mathrm{j}6}{\mathrm{j}8\times \mathrm{j}6}\right)\mathrm{S}=\left(\frac{1}{4}-\frac{\mathrm{j}}{24}\right)\mathrm{S}=\frac{6-\mathrm{j}}{24}\mathrm{S}=0.25\angle -9.46°\mathrm{S}$$

$$Z=3.95\angle 9.46°\Omega$$

【思考题】

4.5.1 如何理解只有等效阻抗才是各串联阻抗之和，只有等效阻抗的倒数才是各并联阻抗倒数之和？为什么不能仅通过模的运算计算总的阻抗？

4.5.2 荧光灯可看作 RL 串联电路，通常灯开得越多，总的阻抗是越大还是越小？

4.5.3 多个阻抗串联，等效阻抗是否一定大于其中任何一个阻抗？说明原因；多个阻抗并联，等效阻抗是否一定小于其中任何一个阻抗？说明原因，交流电路与直流电路的情况是否相同？

4.6 正弦电路的功率与功率因数的提高

4.6.1 正弦电路的功率

通过对电阻、电感、电容元件的分析得知，电阻是消耗（或吸收）能量的，其瞬时功率始终为正，平均功率（有功功率）大于零。而电感和电容在一个周期内的瞬时功率正、负各占半个周期，平均功率为零，只进行能量的交换，其交换规模用无功功率表示。

下面讨论 RLC 串联电路功率计算的一般方法。

RLC 串联电路的瞬时功率为

$$p=ui=U_{\mathrm{m}}I_{\mathrm{m}}\sin(\omega t+\varphi)\sin\omega t=UI\cos\varphi-UI\cos(2\omega t+\varphi)$$

电阻消耗功率，相应的平均功率（有功功率）为

$$P=\frac{1}{T}\int_0^T p\mathrm{d}t=\frac{1}{T}\int_0^T[UI\cos\varphi-UI\cos(2\omega t+\varphi)]\mathrm{d}t=UI\cos\varphi$$

根据电压三角形（见图 4-25），有

$$U\cos\varphi=U_R=RI$$

所以

$$P=U_RI=RI^2=UI\cos\varphi \tag{4-46}$$

电感和电容进行能量交换，其无功功率为

$$Q=U_LI-U_CI=(U_L-U_C)I=(X_L-X_C)I^2=UI\sin\varphi \tag{4-47}$$

根据上述分析可以得出结论：交流电源的输出功率不仅与其输出电压和电流有关，还与负载的阻抗角 φ 有关。

定义 $\cos\varphi$ 为功率因数，用 λ 表示，即

$$\lambda=\cos\varphi$$

在同样的 U、I 条件下，功率因数不同，则有功功率和无功功率也不同。

在交流电路中，定义电压和电流有效值的乘积为视在功率，即

$$S=UI \tag{4-48}$$

视在功率是发电机、变压器等交流电源设备所能输出的最大功率。视在功率的单位是伏安（V·A）或千伏安（kV·A）。

比较有功功率 P、无功功率 Q 和视在功率 S 的关系，同样可以用一个直角三角形表示，如图 4-32 所示，称为功率三角形。在功率三角形中

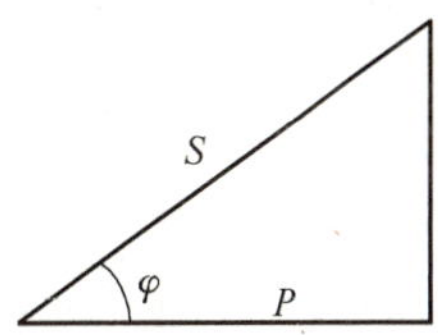

图 4-32　功率三角形

$$\begin{cases}S=\sqrt{P^2+Q^2}\\ \cos\varphi=\dfrac{P}{S}\end{cases} \tag{4-49}$$

式中，φ 为电压超前于电流的角度，也就是阻抗角，在此又称为功率因数角。

【例 4-6-1】　求例 4-4-3 中 RLC 串联电路（电源频率为 50Hz、其他参数不变）的有功功率、无功功率、视在功率和功率因数。

解： 例 4-4-3 中，$U=220\text{V}$，通过计算得到电流 $I=0.98\text{A}$、$\varphi=27°$，则

$$P=UI\cos\varphi=220\times0.98\times\cos27°=192.1\text{W}$$

$$Q=UI\sin\varphi=220\times0.98\times\sin27°=97.88\text{var}$$

$$S=UI=215.6\text{V}\cdot\text{A}$$

$$\cos\varphi=\cos27°=0.89$$

【例 4-6-2】　荧光灯和镇流器相当于 RL 串联电路，已知 40W 的荧光灯接在 220V/50Hz 交流电源上，功率因数为 0.6，求电流 I、无功功率 Q、视在功率 S、等效电感 L 和等效电阻 R。

解： 因 $P=40\text{W}$，所以

$$I=\frac{P}{U\cos\varphi}=\frac{40}{220\times0.6}\text{A}=0.3\text{A}$$

$$\cos\varphi=0.6\rightarrow\varphi=53.1°$$

$$Q=UI\sin53.1°=220\times0.3\times0.8\text{var}=52.8\text{var}$$

$$S=UI=220\times0.3\text{V}\cdot\text{A}=660\text{V}\cdot\text{A}$$

$$R=\frac{P}{I^2}=\frac{40}{0.3^2}\Omega=444.4\Omega$$

$$L=\frac{X_L}{2\pi f}=\frac{R\times\tan27°}{2\times3.14\times50}\text{H}=0.72\text{H}$$

【例 4-6-3】 某无源二端网络如图 4-33 所示，其输入端电压和电流为

$$u=220\sqrt{2}\sin(314t+30°)\text{V}$$

$$i=5\sqrt{2}\sin(314t-30°)\text{A}$$

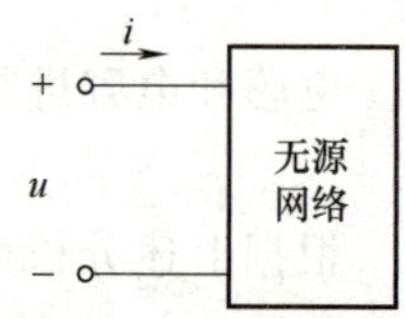

图 4-33 例 4-6-3 图

求：

1）该网络由两个元件串联的等效电路及参数值。

2）该网络的功率因数、有功功率、无功功率和视在功率。

解：

1）该网络阻抗为

$$Z=\frac{\dot{U}}{\dot{I}}=\frac{220\angle30°}{5\angle-30°}\Omega=44\angle60°\Omega=(38.1+\text{j}22)\Omega$$

因阻抗角 $\varphi>0$，所以是感性负载，可等效为电阻和电感串联。

$$R=38.1\Omega$$

$$X_L=22\Omega$$

$$L=\frac{X_L}{\omega}=\frac{22}{314}\text{mH}=70\text{mH}$$

2）功率因数、有功功率、无功功率和视在功率为

$$\varphi=60°$$

$$\cos\varphi=\cos60°=0.5$$

$$P=UI\cos\varphi=220\times5\times0.5\text{W}=550\text{W}$$

$$Q=UI\sin\varphi=220\times5\times0.866\text{var}=952.6\text{var}$$

$$S=UI=220\times5\text{V}\cdot\text{A}=1.1\text{kV}\cdot\text{A}$$

4.6.2 功率因数的提高

电气设备的铭牌上通常都标有该设备的额定电压和额定电流，二者之乘积即为该设备的视在功率。电气设备的铭牌上通常还标有该设备的额定功率，具体视设备的类型及额定功率的单位而定。用电设备的额定功率用有功功率表示，如荧光灯的额定功率以瓦数表示，显然这是有功功率。电源设备的额定功率通常都以视在功率表示。

用电设备的视在功率表示了该设备在正常工作时，作为负载所占用的电源的功率，其中，有功功率所占比例由该设备的功率因数 $\cos\varphi$ 决定，若为纯电阻负载，如电阻炉，功率因数 $\cos\varphi$ 为 1，则全部是有功功率。

发电机、变压器等电源设备的视在功率表示了该设备的功率容量，即正常工作时，可以向负载稳定提供的最大视在功率，也就是额定电压和最大电流的乘积。但实际发出的功率由负载决定，可以是空载或满载，也可能是超载。电源设备向负载发出的有功功率与总功率的比例，即供电系统的功率因数，取决于负载的功率因数，如一台满载工作的发电机，若负载的功率因数 $\cos\varphi$ 为 1，则全部容量都输出为有功功率，但若负载的功率因数 $\cos\varphi$ 为 0.5，则只有一半的容量输出为有功功率，同时产生大量的无功功率，在负载和电源之间进行能量的交换，没有实际的效益，却占用了大量的功率容量，降低了电源的利用率。

在交流电路中，平均功率（有功功率）是实际消耗的功率，不仅与电压、电流有关，还与功率因数 $\cos\varphi$ 有关，其中 φ 既是电压与电流之间的相位差，又与阻抗中虚部与实部的比值有关，即

$$\varphi=\arctan\frac{X_L-X_C}{R} \tag{4-50}$$

所以，功率因数的值在 0~1 之间。$\cos\varphi$ 越小，则有功功率越小、无功功率越大。

设发电机的容量（视在功率）为

$$P=UI$$

而负载消耗的平均功率为

$$P=UI\cos\varphi$$

常见的负载中，白炽灯近似为电阻性负载，$\cos\varphi$ 接近 1。其他包括荧光灯、电动机等均为电感性负载，$\cos\varphi<1$，如异步电动机的 $\cos\varphi\approx0.7\sim0.85$，荧光灯镇流器的 $\cos\varphi\approx0.4\sim0.6$。所以，电路中出现大量的无功功率，发电机的容量没有得到充分利用，同时也增加了电力网中输电线路的功率损耗和电压损失。为了使宝贵的电力系统资源得到充分的利用，应尽可能提高供电系统的功率因数。

如何提高负载的功率因数呢？负载的功率因数是由其本身的固有参数决定的，一般是无法改变的，通常采用的方法是在感性负载上并联电容，使得实际并联阻抗的虚部（电抗部分）减小，根据式（4-50），则 φ 减小，$\cos\varphi$ 会增加，以提高整个供电系统的功率因数，如图 4-34 所示。

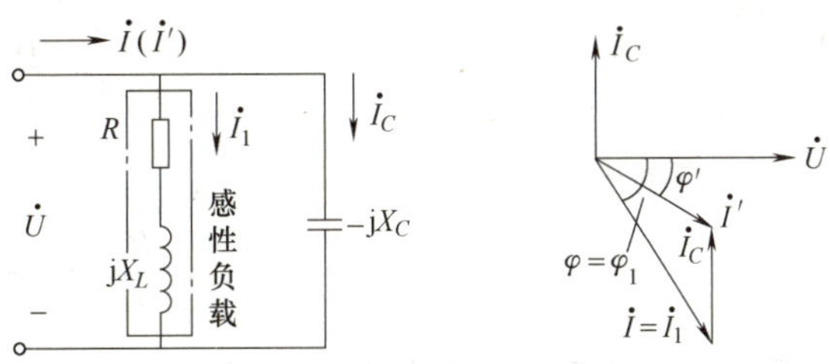

图 4-34　电感性负载并联电容提高功率因数

a）电路图　b）相量图

在没有并联电容时，电路的功率因数角 φ 与感性负载的功率因数角 φ_1 相等，而电流 $\dot{I}$ 也就是感性负载上的电流 $\dot{I}_1$，并联电容后，感性负载的功率因数角和电流 $\dot{I}_1$ 没有改变，但电路的总电流

$$\dot{I}'=\dot{I}_1+\dot{I}_C$$

由相量图可知，比没有并联电容时的电流 $\dot{I}$ 小，电路的功率因数角 φ' 也比感性负载的

功率因数角 φ_1 小，即整个电路的功率因数比感性负载的功率因数有所提高。

适当选择电容的容量，可以使电路的功率因数角 φ' 减小为 0，即使电路的功率因数提高到 1，从而使电流 $\dot{I}'$ 达到最小值。但是，功率因数的提高与并联电容的容量并不成正比，功率因数越接近于 1，电容容量的变化对功率因数的影响越不明显，所以，没有必要追求将功率因数补偿到 1，一般接近 1 即可。

【例 4-6-4】 图 4-35 中，$R=6\Omega$，$X_L=8\Omega$，$X_C=20\Omega$，未并联 C 前，感性负载 RL 支路的阻抗和功率因数分别为

$$Z=(6+\mathrm{j}8)\Omega=10\angle 53.1°\Omega$$

$$\lambda=\cos 53.1°=0.6$$

并联 C 后，总的阻抗和功率因数为

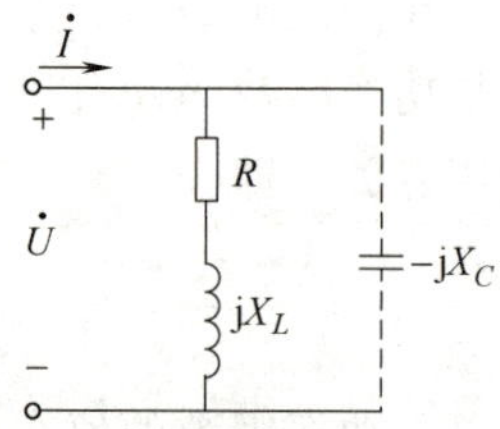

图 4-35 例 4-6-4 图

$$\begin{aligned} Z' &= Z /\!/ (-\mathrm{j}X_C) \\ &= \frac{10\angle 53.1°\times 20\angle -90°}{10\angle 53.1°+20\angle -90°}\Omega \\ &= \frac{200\angle -36.9°}{6\sqrt{5}\angle -63.4°}\Omega \\ &= 14.9\angle 26.5°\Omega \end{aligned}$$

$$\lambda=\cos 26.5°=0.895$$

如何根据提高功率因数的要求而选择并联电容？从图 4-34b 相量图可得

$$\begin{aligned} I_C &= I_1\sin\varphi_1 - I\sin\varphi = \left(\frac{P}{U\cos\varphi_1}\right)\sin\varphi_1 - \left(\frac{P}{U\cos\varphi}\right)\sin\varphi \\ &= \frac{P}{U}(\tan\varphi_1 - \tan\varphi) \end{aligned}$$

因为

$$I_C=\frac{U}{X_C}=U\omega C$$

$$U\omega C=\frac{P}{U}(\tan\varphi_1-\tan\varphi)$$

需并联的电容为

$$C=\frac{P}{\omega U^2}(\tan\varphi_1-\tan\varphi) \tag{4-51}$$

利用式（4-51）可以计算所需并联的电容值，其中 $\cos\varphi_1$ 和 $\cos\varphi$ 分别为并联 C 前、后的功率因数，P 为有功功率，U 为电压，ω 为电源角频率。

【例 4-6-5】 某功率为 1kW、功率因数 $\cos\varphi_1=0.5$ 的感性负载，接在 220V/50Hz 交流电源上。

1）将功率因数提高到 0.95，需并联多大的电容？

2）如将功率因数从 0.95 增加到 1，需再并联多大电容？

解：

1）将功率因数从 0.5 增加到 0.95，根据式（4-25）

$\cos\varphi_1 = 0.5 \qquad \varphi_1 = 60°$

$\cos\varphi = 0.95 \qquad \varphi = 18°$

$$C = \frac{P}{\omega U^2}(\tan\varphi_1 - \tan\varphi) = \frac{1\times10^3}{2\times3.14\times50\times220^2}(\tan60° - \tan18°)\mu F = 92.6\mu F$$

需并联 92.6μF 的电容

2）将功率因数从 0.95 再增加到 1，

$\cos\varphi_1 = 0.95 \qquad \varphi_1 = 18°$

$\cos\varphi = 1 \qquad \varphi = 0°$

$$C = \frac{P}{\omega U^2}(\tan\varphi_1 - \tan\varphi) = \frac{1\times10^3}{2\times3.14\times50\times220^2}(\tan18° - \tan0°)\mu F = 21.4\mu F$$

需再并联 21.4μF 的电容。

结论：当功率因数增加到接近 1 时，再继续增加到 1，所需并联的电容还是比较大的，所以一般情况下，功率因数接近 1 即可。

【思考题】

4.6.1　为什么有功功率与电阻有关，而无功功率与电感和电容有关？

4.6.2　说明功率三角形及视在功率、无功功率和有功功率的意义。

4.6.3　什么是平均功率或有功功率？电感和电容元件上的平均功率等于多少？为什么会有这样的结果？

4.6.4　什么是无功功率？电感和电容元件上的无功功率具有什么物理意义？如何计算无功功率？

4.6.5　平均功率和什么有关？电压和电流之间相位差的大小对平均功率有什么影响？

4.6.6　什么是视在功率？视在功率和有功功率、无功功率之间有什么关系？三者的单位有什么不同？如何计算视在功率？电气设备的视在功率具有什么物理意义？铭牌上标的额定功率代表什么？是视在功率还是有功功率？如何识别？

4.6.7　电源实际供出的功率由什么因素决定？与电源的功率容量有没有关系？

4.6.8　什么是功率因数？它有什么物理意义和经济意义？功率因数是否一定小于 1？什么情况下功率因数可能为 1？一个用电器的功率因数由什么因素决定？在电源频率一定的情况下能不能改变？

4.6.9　为什么感性负载需要提高功率因数？全是白炽灯的负载是否需要提高功率因数？为什么说功率因数越高，发电设备的利用率越高？如何提高供电系统的功率因数？

本章小结

本章研究单相正弦交流电路，主要包括以下几部分内容：

1）正弦交流电的基本概念。正弦量的三要素为幅值（有效值）、频率（角频率、周期）、初相位。正弦量的表示方法有三种，即三角函数式、正弦波形、相量法。

2）相量法。同频率正弦交流电之间的运算只考虑幅值和相位，所以引入复数，表示正弦量的复数称为相量，相量的基础是复数，复数的可以用代数式、指数式、极坐标式表示。要求能够熟练复数各种表示方式之间的相互转换，以及复数的四则运算。

相量的表示包括相量式、相量图。

3）利用相量法分析计算正弦交流电作用于电阻、电感、电容上的各种响应（电流、电压、相位、功率等），包括作用于不同的单一元件（R、L、C），以及作用于 RL、RC、RLC 串联电路中的电压和电流关系、功率、相量图等的区别和特点，总结其规律。

4）阻抗的概念、性质，以及串并联阻抗的计算。

5）RLC 串联电路中的电压、阻抗和功率三角形有密切联系。

6）正弦电路的功率包括视在功率、有功功率、无功功率、功率因数。功率因数的大小反映了供电质量的好坏，在感性负载上并联电容，可以提高电路的功率因数，提高电源的利用率。

习　　题

一、单项选择题

4.1　相量表示了正弦量三要素中的（　　）。

A. 最大值和初相位　　B. 最大值和角频率

C. 初相位和角频率　　D. 所有三个要素

4.2　R、L、C 元件的阻抗表示了元件上电压和电流之间的关系是（　　）。

A. 数量　　B. 相位　　C. 数量和相位　　D. 数量和频率

4.3　R、L、C 串联电路的等效阻抗中，（　　）。

A. 电阻分量仅与电阻有关，电抗分量仅与电感、电容有关

B. 电阻分量仅与电阻有关，电抗分量与电阻、电感、电容均有关

C. 电阻分量、电抗分量和电阻、电感、电容都有关系

D. 电阻分量仅和电阻有关，电抗分量和电感、电容及电源的频率有关

4.4　感性的无源二端网络的内部（　　）。

A. 可以包含电容　　B. 一定不包含电容

C. 一定包含电容　　D. 一定不包含电阻

4.5　在发生串联谐振的电路中，（　　）。

A. 可能出现过电压现象　　B. 可能出现过电流现象

C. 一定出现过电压现象　　D. 一定不出现过电压现象

4.6　用电器的功率因数 $\cos\varphi=0.5$，表示（　　）。

A. 有功功率和无功功率各占一半

B. 无功功率和视在功率各占一半

C. 有功功率的数值是视在功率的二分之一

D. 实际占用的电源的功率只是其额定功率的一半

4.7　Y联结的对称三相电源，线电压与相电压的之比是（　　）。

A. $1/\sqrt{3}$　　B. 1　　C. $\sqrt{2}$　　D. $\sqrt{3}$

4.8　在△联结的负载中，线电流与相电流之比是（　　）。

A. 1　　B. $\sqrt{2}$　　C. $1/\sqrt{3}$　　D. $\sqrt{3}$

4.9　在关联参考方向下，电容元件上电压的相量形式为（　　）。

A. $\dot{U}_C=\omega C\dot{I}_C$　　B. $\dot{U}_C=\mathrm{j}\omega C\dot{I}_C$

C. $\dot{U}_C=\dfrac{\dot{I}_C}{\mathrm{j}\omega C}$　　D. $\dot{U}_C=\mathrm{j}\dfrac{\dot{I}_C}{\omega C}$

4.10　在关联参考方向下，电感元件上电压的相量形式为（　　）。

A. $\dot{U}_L=\omega L\dot{I}_L$　　B. $\dot{U}_L=\mathrm{j}\omega L\dot{I}_L$

C. $\dot{U}_L=\mathrm{j}\dfrac{\dot{I}_L}{\omega L}$　　D. $\dot{U}_L=-\mathrm{j}\dfrac{\dot{I}_L}{\omega L}$

二、分析计算题

4.11　已知正弦电流

$$i_1=14.1\sin\left(\omega t+\frac{\pi}{3}\right)\mathrm{A},\ i_2=7.07\sin\left(\omega t-\frac{\pi}{4}\right)\mathrm{A}$$

1）试用相量表示 i_1、i_2，画相量图。

2）求 i_1+i_2 和 i_1-i_2。

3）设 $f=500\mathrm{Hz}$，求 i_1 在 $t=0.75\mathrm{ms}$ 时的瞬时值。

4.12　已知电压相量 $\dot{U}_1=100\angle\frac{\pi}{3}\mathrm{V}$、$\dot{U}_2=30\angle-\frac{\pi}{6}\mathrm{V}$，分别求它们所表示的正弦量（设正弦量周期为 20ms）。

4.13　已知复数 $A=-3+\mathrm{j}4$、$B=4+\mathrm{j}4$，求 $A+B$、$A-B$、$A\times B$、$A\div B$，结果为代数式。

4.14　相量图如图 4-36 所示，试求所表示的正弦量。

4.15　图 4-37 电路中，已知 $i_1=6\sqrt{2}\sin(\omega t+30°)\mathrm{A}$、$i_2=4\sqrt{2}\sin(\omega t+60°)\mathrm{A}$，求电流表的读数。

4.16　图 4-38 电路中，$R=300\Omega$，$L=1\mathrm{H}$，$C=5\mu\mathrm{F}$，$i=\sqrt{2}\sin314t\mathrm{A}$，求电压 u。

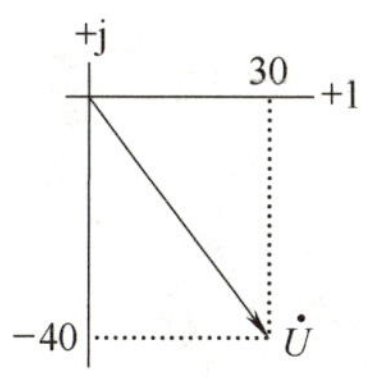

图 4-36　习题 4.14 图

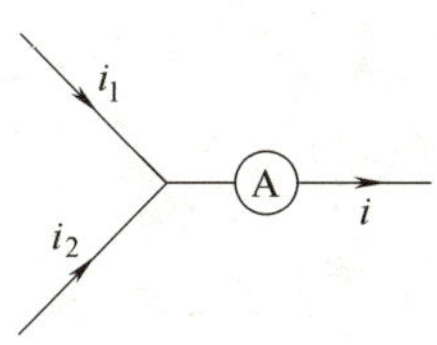

图 4-37　习题 4.15 图

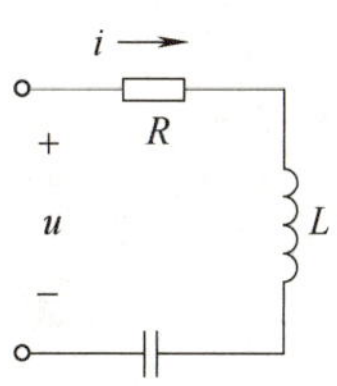

图 4-38　习题 4.16 图

4.17　二端网络的端口电压 u 和端口电流 i 分别为 $u=220\sqrt{2}\sin(314t+30°)\mathrm{V}$、$i=2.2\sqrt{2}\sin(314t-23.1°)\mathrm{A}$，试求该二端网络的模型。

4.18　计算下列各题，说明电路的性质。

1）$\dot{U}=8\angle30°\mathrm{V}$，$Z=2+\mathrm{j}2\Omega$，$\dot{I}=?$　$P=?$

2）$\dot{U}=220\angle0°\mathrm{V}$，$\dot{I}=-2\angle-165°\mathrm{A}$，$R=?$　$X=?$　$P=?$

4.19　在感性负载两端加 110V/50Hz 的正弦交流电压，测得电流 $I=5\mathrm{A}$，$P=400\mathrm{W}$。计算负载的参数（电阻 R 和电感 L）。

4.20　求图 4-39 正弦交流电路中未知电表的读数。

4.21 求图 4-40 各二端网络的等效阻抗。

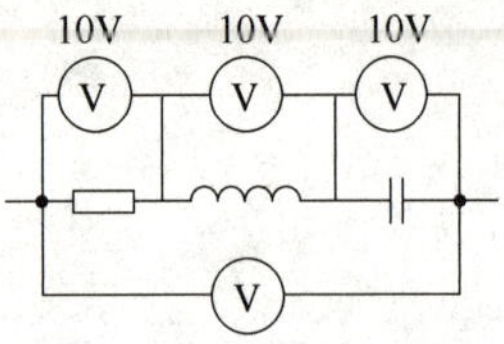

图 4-39 习题 4.20 图

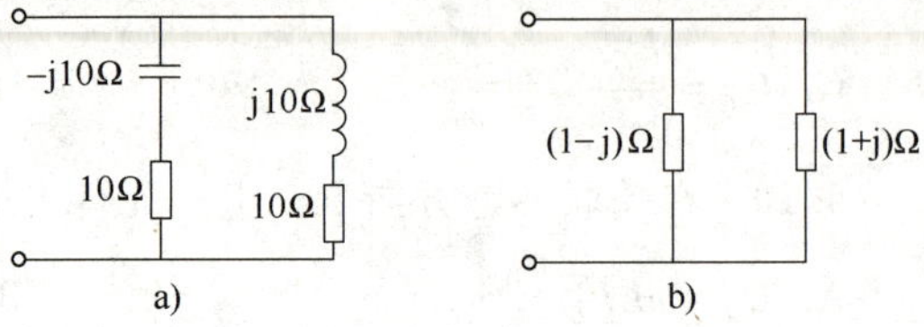

图 4-40 习题 4.21 图

4.22 某感性负载的额定交流电压为 220V/50Hz，额定功率为 220W，功率因数 $\cos\varphi=0.5$，求该感性负载的模型。欲使供电系统的功率因数提高为 1，需在感性负载上并联多大容量的电容？

第5章　三相正弦交流电路与安全用电

电力系统的发电、输电和供电方式绝大多数采用三相制，包括三相电源、三相负载和三相输电线路。三相交流电是三个同频率而不同相位的正弦电压或电流的总称。通常，三个电压或电流大小相等，相位彼此差120°，称为对称三相交流电。居民家庭所用的单相交流电也是从三相交流电中引出的。本章主要介绍相电源及三相负载的连接、三相电路的分析方法以及安全用电问题。

5.1　三相正弦交流电路

5.1.1　三相电源

三相交流电由三相交流发电机产生，发电机定子中有三个绕组（线圈），其始端分别为 U_1、V_1、W_1，末端分别为 U_2、V_2、W_2，如图5-1所示。三个绕组的始端（或末端）之间各相差120°。

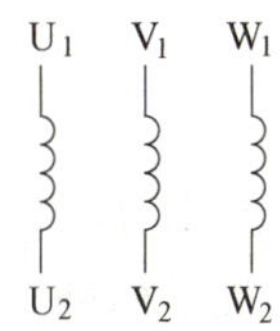

图5-1　三相绕组

当发电机的转子转动时，每相绕组依次切割磁场，产生正弦电动势，所以，在三个绕组上产生幅值和频率相同，相位差互差120°的三相对称正弦电压，分别为 u_1、u_2、u_3，如果以 u_1 作为参考正弦量，则

$$\begin{cases} u_1=\sqrt{2}U\sin\omega t \\ u_2=\sqrt{2}U\sin(\omega t-120°) \\ u_3=\sqrt{2}U\sin(\omega t+120°) \end{cases} \tag{5-1}$$

式（5-1）的相量表达式为

$$\begin{cases} \dot{U}_1=U\angle 0° \\ \dot{U}_2=U\angle -120° \\ \dot{U}_3=U\angle 120° \end{cases} \tag{5-2}$$

三相交流电的相量关系和波形如图5-2a、b所示，三相交流电出现正幅值（或相应零值）的顺序称为相序，图5-2所示波形的相序为1→2→3。

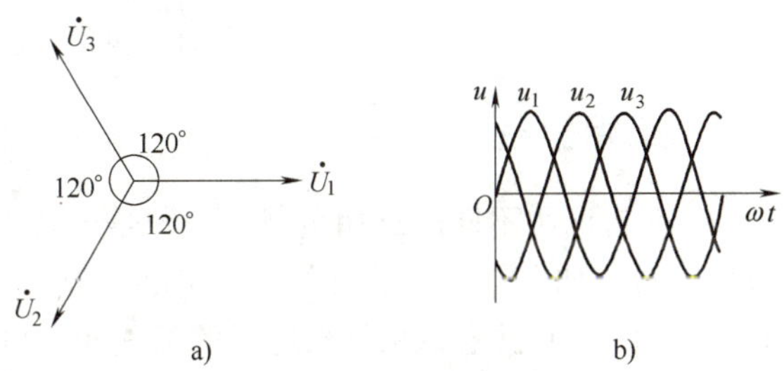

图5-2　三相交流电的相量关系和波形

a）相量关系　b）波形

如果将三个绕组的末端 U_2、V_2、W_2 连接在一起，这一连接点称为中性点或零点，用N表示。从三个绕组的始端 U_1、V_1、W_1 引出三根导线L1、L2、

L3，称为相线或端线。这种连接方式称为星形（Y）联结。如果从中性点（N）引出导线，称为中性线或零线，则称为三相四线制。

星形联结的三相电源如图 5-3 所示。如果三个绕组首尾连接，称为三角形（△）联结。这里只介绍星形联结的电源。

图 5-3 电路中，每相始、末端间的电压，即每根相线与中性线间的电压 u_1、u_2、u_3 称为相电压，其有效值分别用 U_1、U_2、U_3 或一般用 U_P 表示；而相线间的电压 u_{12}、u_{23}、u_{31} 称为线电压，有效值分别用 U_{12}、U_{23}、U_{31} 或一般用 U_L 表示。

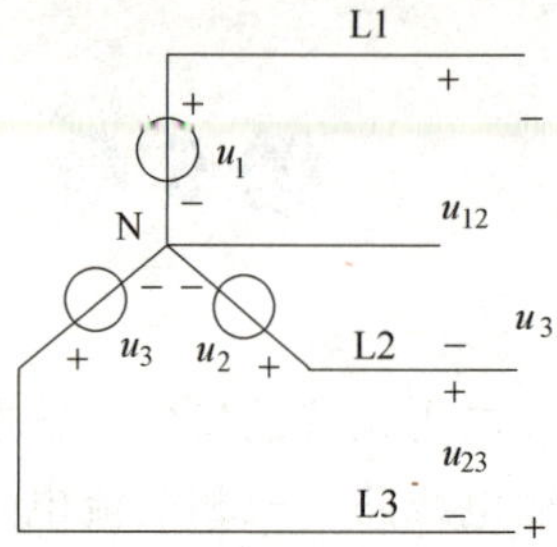

图 5-3 星形联结的三相电源

从图 5-3 可以看出，线电压与相电压的关系为

$$\begin{cases} u_{12}=u_1-u_2 \\ u_{23}=u_2-u_3 \\ u_{31}=u_3-u_1 \end{cases} \tag{5-3}$$

其相量表达式为

$$\begin{cases} \dot{U}_{12}=\dot{U}_1-\dot{U}_2 \\ \dot{U}_{23}=\dot{U}_2-\dot{U}_3 \\ \dot{U}_{31}=\dot{U}_3-\dot{U}_1 \end{cases} \tag{5-4}$$

根据式（5-4）画出包含相电压和线电压的相量图如图 5-4 所示，可以看出，线电压与相电压频率相同，也是对称三相电压，相位比对应的相电压超前 30°。

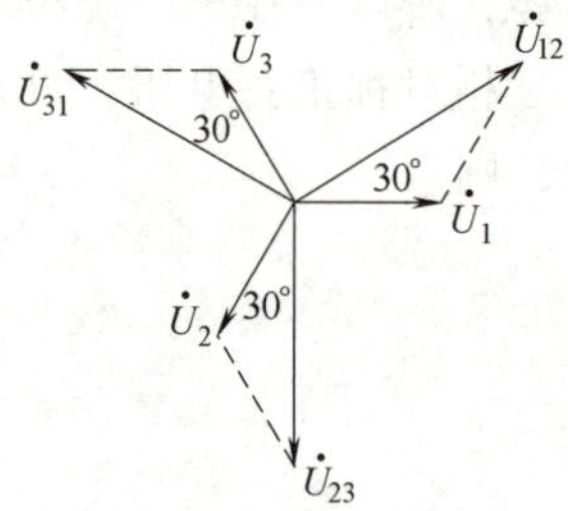

图 5-4 星形联结线电压与相电压的相量图

如果用 U_P 和 U_L 分别表示相电压和线电压，则有

$$\frac{U_L}{2}=U_P\cos 30°$$

所以，线电压和相电压的大小关系为

$$U_L=\sqrt{3}\,U_P \tag{5-5}$$

星形联结的三相电源，线电压等于相电压的$\sqrt{3}$倍。通常在低压配电系统中相电压为 220V，线电压为 380V（$380V=\sqrt{3}\times 220V$）。

由波形图和相量图不难看出，对称三相电压之和等于零，即

$$\begin{cases} u_1+u_2+u_3=0 \\ u_{12}+u_{23}+u_{31}=0 \end{cases} \tag{5-6}$$

5.1.2 三相负载

图 5-5 为两种不同的三相负载，一种是由若干单相负载构成的三相负载，通常是一些小容量用电器，如电灯、电子仪器、家用电器等，一般功率较小，为使用方便，一般做成单相负载，采用 220V 供电，从三相电源的某一相（任一条相线和中性线之间）引出，对三相电源而言，构成三相负载。为了使三相电源负担均匀，通常把这些单相负载大致平均地分配到各相上，但是，由于工作的随机性等原因，三相负载的阻抗不可能完全相等，属于不对称三

相负载。另一种是由大型设备构成的三相负载，这些大容量用电设备，如大型电阻炉、电动机等，为了使三相电源负担均匀，一般为三相负载，由于三相的阻抗相等，故为对称三相负载。由于电动机在三相电源下运行性能优良，所以，通常都采用三相电动机，只有功率很小且对性能要求不高的情况下，为使用方便，才制作成单相电动机，如家用电器中的微型电动机。

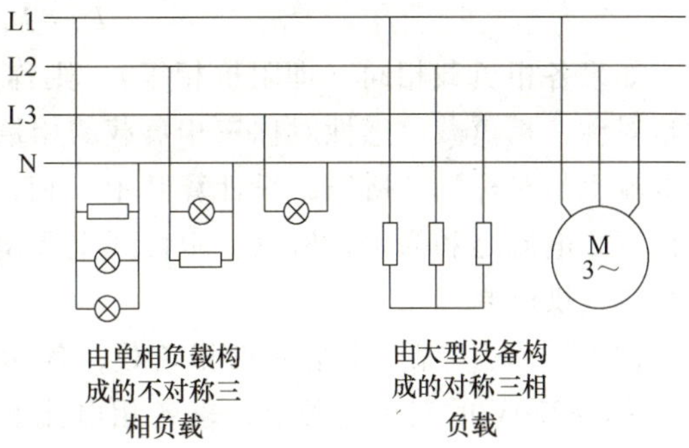

图 5-5　三相负载

三相负载的连接方式也可分为星形（Y）联结和三角形（△）联结两种。无论哪一种连接方式，每相负载上（首末端之间）的电压称为负载的相电压，而流过每相负载的电流称为负载的相电流，负载所连接的相线上的电流称为线电流。

负载采用哪一种连接方式，由电源的电压和负载的额定电压决定，正确的连接方式是使每相负载上的实际电压等于其额定电压。

（1）三相负载的星形联结

将三相负载的三个首端分别连接到三相电源的三条相线上，而将三个末端连接在一起（以 N′表示），接三相电源的中性线，称为三相负载的星形（Y）联结，如图 5-6 所示。

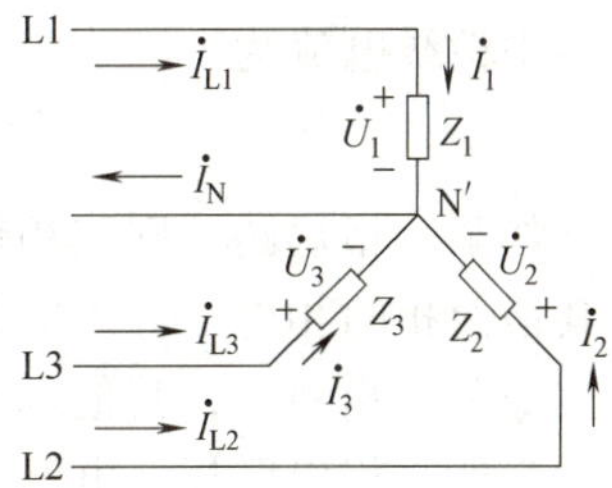

图 5-6　三相负载的星形联结

图 5-6 中，$\dot{I}_{L1}$、$\dot{I}_{L2}$、$\dot{I}_{L3}$ 称为线电流，$\dot{I}_1$、$\dot{I}_2$、$\dot{I}_3$ 为相电流。很明显，在Y联结的三相负载中，$\dot{I}_{L1}=\dot{I}_1$、$\dot{I}_{L2}=\dot{I}_2$、$\dot{I}_{L3}=\dot{I}_3$，即线电流（I_L）等于对应的相电流（I_P），表示为

$$I_L=I_P \tag{5-7}$$

由于中性线保证了负载的相电压等于三相电源对应的相电压，所以无论负载对称与否，负载的相电压为对称的三相电压。所以，三相负载的相电流可以按单相电路的计算方法，逐相计算。

设电源相电压 $\dot{U}_1$ 为参考正弦量，则

$$\dot{U}_1=U_1\angle 0^\circ \quad \dot{U}_2=U_1\angle -120^\circ \quad \dot{U}_3=U_1\angle 120^\circ$$

电源相电压就是负载相电压，所以，负载中每相电流为

$$\begin{cases}\dot{I}_1=\dfrac{\dot{U}_1}{Z_1}=\dfrac{U_1\angle 0^\circ}{|Z_1|\angle\varphi_1}\\[2ex]\dot{I}_2=\dfrac{\dot{U}_2}{Z_2}=\dfrac{U_2\angle -120^\circ}{|Z_2|\angle\varphi_2}\\[2ex]\dot{I}_3=\dfrac{\dot{U}_3}{Z_3}=\dfrac{U_3\angle 120^\circ}{|Z_3|\angle\varphi_3}\end{cases} \tag{5-8}$$

中性线电流可由 N′点的 KCL 方程确定，即

$$\dot{I}_N=\dot{I}_1+\dot{I}_2+\dot{I}_3 \tag{5-9}$$

如果各相负载相同（即阻抗相等），则称为对称三相负载。如三相电动机等大容量负载就是对称三相负载。感性对称三相负载的相量图如图5-7所示，显然，相电流也是对称的，所以，只计算其中一相，即可推知其余两相。因对称三相电流之和为零，所以，中性线上无电流，可以省去，即成为三相三线供电制。

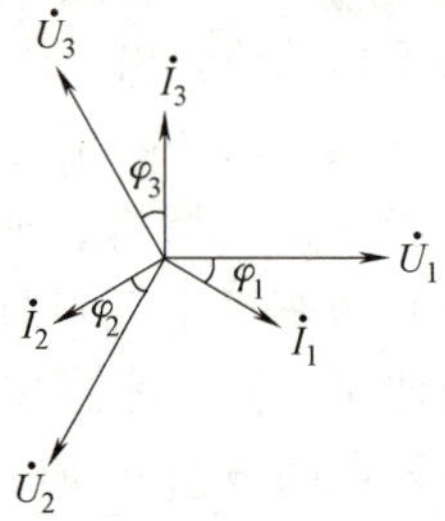

图5-7　感性对称三相负载的相量图

【例5-1-1】　某Y联结的三相负载，各相阻抗 Z 均为 $10\angle 60°\Omega$，接到 $U_P=220V$ 的三相电源上，求各相电流及中性线电流，并分析某相短路或断路的情况。

解： 这是一个对称三相负载，先计算其中一相的电流。

设 $\dot{U}_1=220\angle 0°V$，则

$$\dot{I}_1=\frac{\dot{U}_1}{Z}=\frac{220\angle 0°}{10\angle 60°}A=22\angle -60°A$$

因相电流对称，故

$$\dot{I}_2=22\angle(-60-120)°A=22\angle -180°A$$

$$\dot{I}_3=22\angle(-60+120)°A=22\angle 60°A$$

中性线电流为

$$\dot{I}_N=\dot{I}_1+\dot{I}_2+\dot{I}_3=0$$

如某一相短路，则该相熔断器熔断，其他两相不受影响；如某一相短路且中性线断开，则其他两相的相电压等于电源线电压，超过负载的额定值，这是不允许的。

如某一相断开，其他两相不受影响；如某相断开且中性线也断开，则电路成为单相电路，其他两相串联接在电源线电压上，每相上的电压与该项阻抗成正比，可根据分压公式计算，某相电压可能超过或低于负载的额定电压，也是不允许的。

【例5-1-2】　如图5-8所示某三相电路相量模型，接到线电压 $U_L=380V$ 的三相电源上，求各相的相电流、线电流及中性线电流。

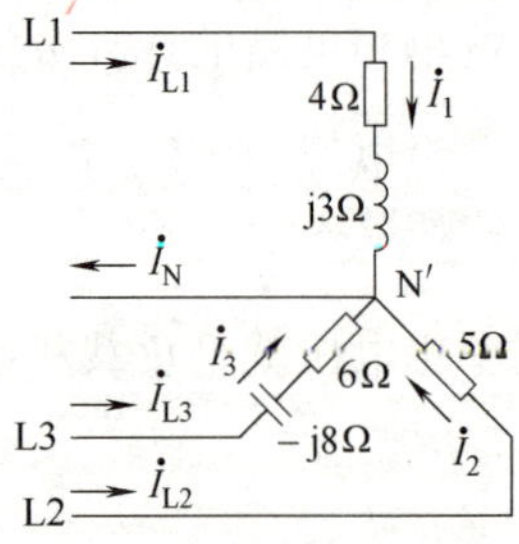

图5-8　例5-1-2电路

解： 负载Y联结，其相电压为

$$U_P=\frac{U_L}{\sqrt{3}}=\frac{380}{\sqrt{3}}V=220V$$

这是一个不对称三相负载，需逐相计算。令 $\dot{U}_1=220\angle 0°V$，则

$$\dot{U}_2=220\angle -120°V$$

$$\dot{U}_3=220\angle 120°V$$

各项阻抗为

$$Z_1=(4+j3)\Omega=5\angle 36.9°\Omega$$

$$Z_2=5\Omega=5\angle 0°\Omega$$

$$Z_3=6-j8=10\angle -53.1°\Omega$$

各相的相电流等于线电流，分别为

$$\dot{I}_{L1}=\dot{I}_1=\frac{\dot{U}_1}{Z_1}=\frac{220\angle 0^\circ}{5\angle 36.9^\circ}A=44\angle -36.9^\circ A=(35.2-j26.4)A$$

$$\dot{I}_{L2}=\dot{I}_2=\frac{\dot{U}_2}{Z_2}=\frac{220\angle -120^\circ}{5\angle 0^\circ}A=44\angle -120^\circ A=(-22-j38.1)A$$

$$\dot{I}_{L3}=\dot{I}_3=\frac{\dot{U}_3}{Z_3}=\frac{220\angle 120^\circ}{10\angle -53.1^\circ}A=22\angle 173.1^\circ A=(-21.8+j2.7)A$$

中性线电流为

$$\begin{aligned}\dot{I}_N&=\dot{I}_1+\dot{I}_2+\dot{I}_3\\&=(35.2-j26.4-22-j38.1-21.8+j2.7)A\\&=(-8.64-j61.8)A=62.45\angle -82^\circ A\end{aligned}$$

相量图如图 5-9 所示。

在负载Y联结时，如果是由分接到各相的各种单相负载（照明电器、小容量电器、家用电器等）构成的不对称三相负载，正常情况下都必须有中性线，中性线的作用是使负载中性点 N′与电源中性点 N 等电位，以保证不对称三相负载上的电压是对称的，使各相负载都能在额定电压下正常工作。无中性线属于故障情况，一旦中性线意外断开，就会破坏三相负载上电压的对称性，致使有的相电压低于额定值，而有的相电压又高于额定值，这就破坏了各相负载的正常工作，甚至会造成损坏。所以，中性线内不应接入熔断器。

（2）三相负载的三角形联结

将三相负载彼此首尾相接，三个连接点分别接三相电源的三条相线，这种连接称为三角形（△）联结。图 5-10 为负载△联结的相量模型。

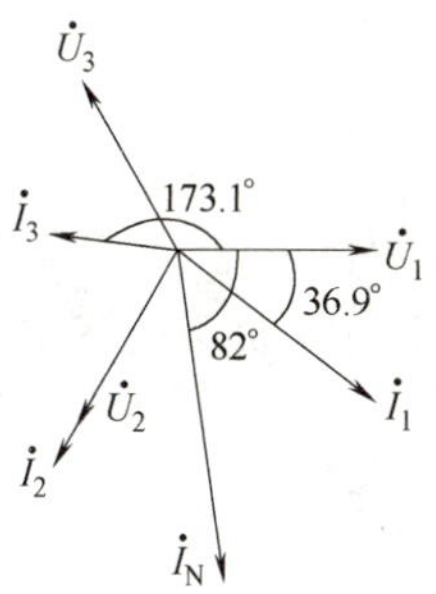

图 5-9　例 5-1-2 相量图

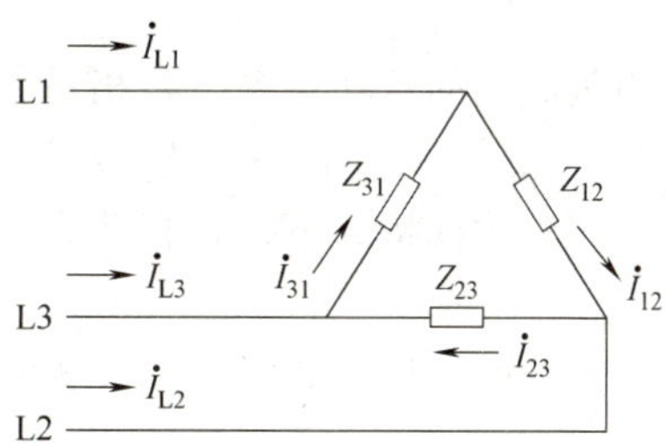

图 5-10　负载△联结的相量模型

图 5-10 中，$\dot{I}_{L1}$、$\dot{I}_{L2}$、$\dot{I}_{L3}$ 为电源线电流，$\dot{I}_{12}$、$\dot{I}_{23}$、$\dot{I}_{31}$ 为负载相电流。在三相负载△联结电路中，相电压等于电源线电压，总是对称的，而不管负载对称与否，所以，相电流也可以按单相电路的计算方法，逐相地计算，即

$$\dot{I}_{12}=\frac{\dot{U}_{12}}{Z_{12}},\ \dot{I}_{23}=\frac{\dot{U}_{23}}{Z_{23}},\ \dot{I}_{31}=\frac{\dot{U}_{31}}{Z_{31}}$$

三个线电流 $\dot{I}_{L1}$、$\dot{I}_{L2}$、$\dot{I}_{L3}$ 与三个相电流 $\dot{I}_{12}$、$\dot{I}_{23}$、$\dot{I}_{31}$ 的关系为

$$\dot{I}_{L1}=\dot{I}_{12}-\dot{I}_{31}$$
$$\dot{I}_{L2}=\dot{I}_{23}-\dot{I}_{12}$$
$$\dot{I}_{L3}=\dot{I}_{31}-\dot{I}_{23}$$

△联结三相负载在正常情况下都为对称负载，定性画出其相量关系如图 5-11 所示（设为感性负载）。可以看出，相电流和线电流都是对称的，故只计算一相电流和一线电流，即可推出其他两相和两线电流。由图 5-11 还可以看出，三个线电流分别滞后于对应相电流 30°。若以 I_L 和 I_P 分别表示线电流和相电流的有效值，则有

$$\frac{I_L}{2}=I_P\cos30°$$

所以，线电流和相电流的大小关系为

$$I_L=\sqrt{3}I_P \tag{5-10}$$

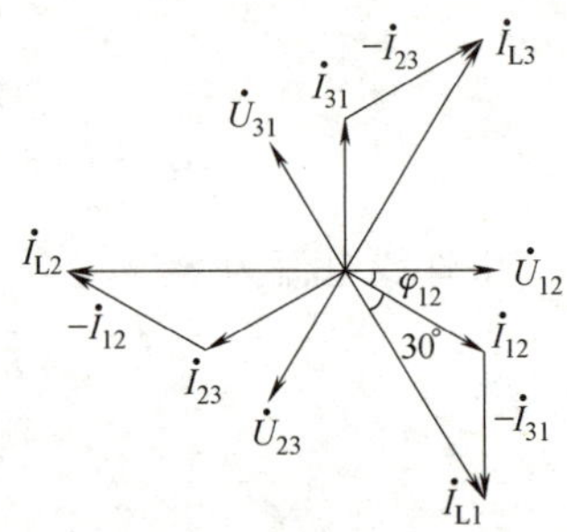

图 5-11 负载△联结的相量关系

即负载在△联结情况下，线电流是相电流的$\sqrt{3}$倍。

【例 5-1-3】 在 $U_P=220V$ 的电源下运行的某三相电动机，每相等效阻抗 $Z=42.5\angle11.2°\Omega$，△联结，求各相电流和线电流的有效值。

解： △联结时，负载相电压等于电源线电压，即

$$U_L=\sqrt{3}\ U_P=\sqrt{3}\times220V=380V$$

负载对称，各相电流、线电流应该相等，即

$$I_P=\frac{U_L}{Z}=\frac{380}{42.5}A=8.94A$$

$$I_L=\sqrt{3}I_P=\sqrt{3}\times8.94A=15.5A$$

5.1.3 三相功率

三相负载上的总功率等于各相功率之和，即

$$P=P_1+P_2+P_3=U_1I_1\cos\varphi_1+U_2I_2\cos\varphi_2+U_3I_3\cos\varphi_3 \tag{5-11}$$

在负载对称的情况下，各相功率相等，而三相总功率等于每相负载功率的 3 倍，即

$$P=3U_PI_P\cos\varphi \tag{5-12}$$

式中，φ 为各相负载的阻抗角，也是负载上电压超前电流的角度。

在负载Y联结情况下，有

$$U_L=\sqrt{3}U_P \quad I_L=I_P$$

而在△联结情况下，有

$$U_L=U_P \quad I_L=\sqrt{3}I_P$$

分别代入式（5-57），可得对称三相负载的功率为

$$P=3\times\frac{1}{\sqrt{3}}U_LI_L\cos\varphi=\sqrt{3}U_LI_L\cos\varphi \tag{5-13}$$

同理可得

$$Q=\sqrt{3}U_LI_L\sin\varphi \tag{5-14}$$

$$S=\sqrt{3}\,U_L I_L \tag{5-15}$$

【例 5-1-4】 计算例 5-1-1 电路的有功功率 P、无功功率 Q 和视在功率 S。

解：例 5-1-1 中，$U_P=220V$，$I=22A$、$\varphi=60°$，则有

$$U_L=\sqrt{3}\,U_P=\sqrt{3}\times 220V=380V$$

$$I_L=I_P=22A$$

$$P=\sqrt{3}\,U_L I_L\cos\varphi=\sqrt{3}\times 380\times 22\times\cos 60°\,W=7.24kW$$

$$Q=\sqrt{3}\,U_L I_L\sin\varphi=\sqrt{3}\times 380\times 22\times\sin 60°\,var=12.54kvar$$

$$S=\sqrt{3}\,U_L I_L=\sqrt{3}\times 380\times 22V\cdot A=14.48kV\cdot A$$

【思考题】

5.1.1 什么是对称三相交流电？三相交流电通常采用什么方式输送？

5.1.2 在三相四线供电制中，什么是相线？什么是中性线？什么是相电压？什么是线电压？

5.1.3 在Y联结的对称三相系统中，相电压与线电压之间有什么关系？

5.1.4 什么是对称三相负载和不对称三相负载？它们分别是如何构成的？

5.1.5 三相负载有几种接法？具体如何连接？

5.1.6 如何计算Y联结的三相负载的相电流、线电流和中性线电流？负载对称时又如何计算？

5.1.7 Y联结的对称三相负载为什么不需要中性线？而不对称时为什么必须有中性线？中性线起什么作用？断开中性线有什么危害？

5.1.8 如何计算△联结的三相负载的相电流和线电流？负载对称时又如何计算？此时相电流和线电流之间有什么关系？

5.1.9 如何计算三相功率？为什么对于Y联结和△联结的三相负载计算公式相同？

5.2 安全用电

安全用电是指在使用电气设备的过程中如何保证人身和设备的安全。伴随电气化的发展，人身触电事故、设备事故和电气火灾时有发生，给人民生命财产和国民经济带来损失。电气事故多种多样，一般可分为人为事故和自然事故。人为事故是指违反安全操作规程而引起的人身和设备事故；自然事故是指非人为原因所引起的事故，如设备绝缘老化引起的漏电事故，静电火花引起的爆炸以及雷击造成的事故等。多数事故是因为缺乏安全用电知识或电气设备的安装不符合安全要求，以及没有推广安全工作制度造成的。因此，学习安全用电知识、建立完善的安全工作制度并严格遵守操作规程是安全用电的根本保证。

5.2.1 安全用电概述

电流通过人体，可能对人体造成伤害。伤害程度与电流的大小、电流流经人体的路径、持续的时间、电流的频率以及人体状况等因素有关。表 5-1 为人体对工频电流的生理反应，其中电流强度为有效值；表 5-2 为人体对直流电流的生理反应。

表 5-1 人体对工频电流的生理反应 （单位：mA）

生理反应(电流路径:手—人身—手)	电流强度及被测试者反应比例		
	5%	50%	95%
手掌刚有感觉	0.7	1.2	1.7
手掌有轻度刺痛感,手有麻木感觉	1.0	2.0	3.0
手掌轻微颤动,腕部有挤压感	2.0	3.2	4.4
肘下前臂轻度痉挛,腕部有挤压感	2.5	4.0	5.5
肘上臂轻度痉挛	3.2	5.2	7.2
手僵硬、手指蜷握,尚能自己摆脱电源,有疼痛感	4.2	6.2	8.2
手到肩部的肌肉全部痉挛,自己不能摆脱电源	7.0	11.0	14.0

表 5-2 人体对直流电流的生理反应 （单位：mA）

生理反应(电流路径:手—人身—手)	电流强度及被测试者反应比例		
	5%	50%	95%
手掌指尖有轻度刺痛感	6	7	8
手掌刺痛感增强,并感觉发热,腕部有轻度挤压感	10	12	15
有挤压感,手掌、腕部疼痛	18	21	25
手掌、腕部疼痛,挤压感增强,肘下前臂感到刺痛	25	27	30
腕部挤压感增强,疼痛加剧,肘部感到刺痛	30	35	40

日常生活中接触的直流电电压一般比较低（多数在十几伏以下），而交流电电压为较高，为220V/380V，而且人体对直流电电流强度的承受能力要大大高于对交流电流的承受能力（见表5-2、表5-3）。如通过人体的工频电流在10mA以下或直流电流在50mA以下时，触电者感到神经刺激、肌肉痉挛、呼吸困难，但能自己摆脱电源。50%的人对达到11mA的工频交流电流、95%的人对达到14mA的工频交流电流已不能摆脱、呼吸麻痹、继而心脏停止跳动，有可能导致死亡。人体可以忍耐的交流电流为30mA，致命的交流电流为50mA。

根据人体所承受的致命电流和人体本身的电阻，可以大致估算出人体所能承受的安全电压，即通过人体的电流值与人体电阻和施加于人体的电压值有关。在人体皮肤干燥完好的情况下，人体电阻相当大，可达$10^4\sim10^5\Omega$；但在皮肤潮湿、出汗、外伤的情况下，人体电阻会显著下降至800~1000Ω。考虑到安全电流的数值，一般50V以下为安全电压，我国规定的安全电压等级有12V、24V、36V、48V等。如按照人体致命电流（50mA）与人体最低电阻（1000Ω）计算，得到最大安全电压是50V，而实际多规定为36V，在潮湿场所，一般规定为24V或12V。

5.2.2 触电形式

人体触电形式有以下几种情况。

（1）两相触电

两相触电就是人体不同部位（如双手）同时触及三相电中的两根相线，人体承受电源线电压，这是最为严重的触电形式。

（2）单相触电

人体的某一部位触及一根相线或与相线相接的其他带电体（漏电的电器外壳）就形成

单相触电。单相触电的危险程度与电源中性点接地有关。

如图 5-12a 所示，在三相电源中性点接地的情况下，通过人体的电流为

$$I_h=\frac{U_P}{R_h+R_I+R_0} \tag{5-16}$$

式中，U_P 为电源相电压；R_h 为人体电阻；R_I 为人与地面或其他接触面的绝缘电阻；R_0 为供电系统的接地电阻。

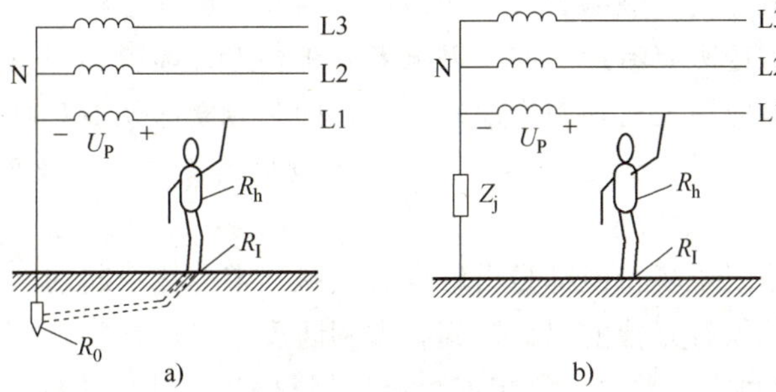

图 5-12　单相触电

a）中性点接地　b）中性点不接地

一般情况下，R_0 很小（约为 4~20Ω），与 R_h、R_I 相比可以忽略，则有

$$I_h\approx\frac{U_P}{R_h+R_I} \tag{5-17}$$

可见，当 R_I 较大，如在脚穿绝缘鞋或踩在干燥木板上时，通过人体的电流就相对较小。相反，若赤足踩地或一手抓暖气管等金属接地物，而另一手触及电源相线时，通过人体的电流就很大，危险性增加。

如图 5-12b 所示，当三相电源的中性点不接地时，人体触及一根电源相线，通过人体的电流取决于人体电阻 R_h 与输电线对地绝缘阻抗 Z_j 的大小。如果输电线绝缘良好，绝缘电阻 R_j 较大，输电线不长，对地电容 C_j 不大，则阻抗 Z_j 较大，对人体的危险性就较小。若输电线较长，则对地电容 C_j 较大，阻抗 Z_j 降低，则触电后的危险性增大。

导致单相触电更多的情况是接触到正常不带电的金属体，包括从工厂的电动机到家用的洗衣机、电热水器等各种金属外壳的电器，外壳都不应带电，但由于绝缘损坏而使外壳带电，人体接触后就会形成单相触电，所以这一类电器都必须采取保护接地或保护接零措施。

（3）跨步触电

在高压输电线断线落地时，有强大电流流入大地，在离接地点距离不同的两处会产生电压降，称为跨步电压，如图 5-13 所示。

当人体接近接地点时，两脚之间承受跨步电压而触电，跨步电压的大小与人和接地点距离，两脚之间的跨距，接地电流大小等因素有关。若人体双脚跨步以 0.8m 计，则在 10kV 高压线接地点 20m 以外，380V 相线接地点 5m 以外才是安全的。如误入危险区域，应双脚并拢或单脚跳离危险区，以免发生触电伤害。

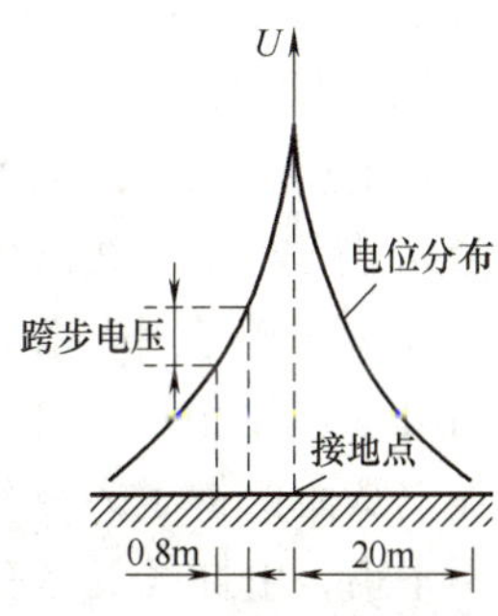

图 5-13　跨步电压

5.2.3 触电急救及防护措施

（1）触电急救

发生触电事故，必须对触电者进行急救。首要措施是迅速切断电源。若事故发生地离电源开关较远，应想方设法让触电者尽快脱离电源，救护人员应持绝缘物体，脚踩绝缘物将触电者与带电体分离。救护者千万不要随手直接接触触电者身体，以免自己也同样触电。其次是检查触电者的受伤情况，当触电者有电伤出血等情况，但神志清楚、呼吸正常，可就地采取止血、包扎措施后，送医院治疗。如果触电者处于昏迷、虚脱、呼吸困难或假死等严重症状时，则有生命危险，应马上通知医生前来抢救，同时应立即就地对触电者施行人工呼吸和心脏按压（挤压）急救措施。经验表明，对触电者抢救越及时，效果就越好。

（2）防护措施

发生触电事故的原因很多，但都是由触电者接触到带电体引起的。因此，预防触电事故除加强安全教育外，必须有完善的保护措施，做到防患于未然。

1）加强用电管理和安全教育，制定安全操作规程和电气设备的定期保养、维护制度。

2）对高压系统应设围栏，挂明显的警告牌，非工作人员不得接近。工作人员对高压系统操作时需持有操作票，并由监护人员进行安全监护。

3）严禁带电操作。如必须带电操作时，应采取必要的安全措施，正确使用安全工具。

4）为了防止意外触电事故，对各种电器设备应采取保护接地、保护接零及安装漏电保护器等措施。

5.2.4 保护接地与保护接零

正常情况下，一般电器设备（如电动机、家用电器等）的金属外壳是不带电的，但由于绝缘遭受破坏或老化失效会导致外壳带电，在这种情况下，人触及外壳就会触电。保护接地与保护接零技术是防止这类事故发生的有效保护措施。

接地的种类很多，下面主要介绍供电系统中的工作接地、保护接地和保护接零。

（1）工作接地

在380V/220V三相四线制供电系统中，中性线连同变电所的变压器的外壳直接接地，称为工作接地，如图5-14所示。当某一相对地发生短路故障时，这一相电流很大，将其熔断器（FU）熔断，而其他两相仍能正常供电，这对于照明电路非常重要。如果某局部线路上装有断路器，大电流将会使其迅速跳闸，切断电路，从而保证了人身安全和整个低压系统工作的可靠性。

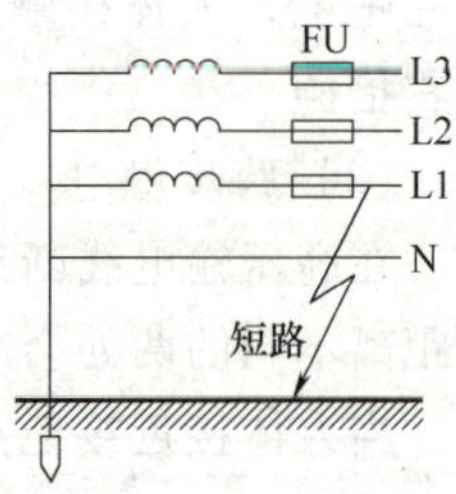

图5-14 工作接地

（2）保护接零（接中）

在上述有工作接地的三相四线制低压供电系统中，将用电设备的金属外壳与中性线（零线）可靠地连接起来，称为保护接零，如图5-15所示。在保护接零用电系统中，若由于绝缘破损使某一相电源与设备外壳相连，将会发生该相电源短路，使熔断器等保护电器动作，从而保护了人体触及设备外壳时的安全。但是，如果三相负载不平衡，中性线上将有电流通过，存在中性线电压，带来触电风险，故保护接零比较适合对称负载系统使用。

（3）保护接地

在中性点不接地的三相三线制供电系统中，其保护措施是将电气设备的外壳可靠地用金属导体与大地相连，称为保护接地，如图 5-16 所示。图中 PE 为保护接地线，R_{ins} 为中性点对地绝缘电阻，R_h 为人体（包括鞋）电阻，一般 $R_h>10^4\Omega$，R_g 为保护接地电阻，根据安全规程要求，$R_g \leqslant 4\Omega$。

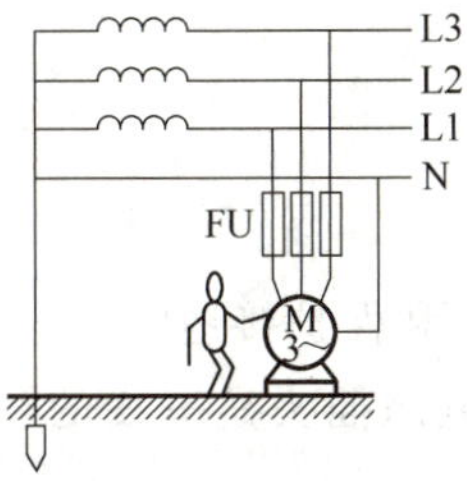

图 5-15　保护接零

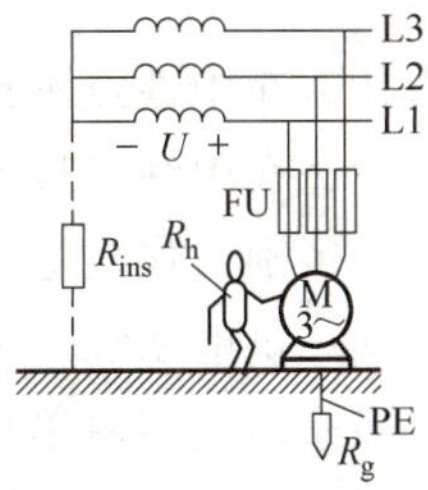

图 5-16　保护接地

在人体接触漏电的电器外壳时，相当于人体电阻 R_h 与接地电阻 R_g 并联，R_g 起分流作用，此时通过人体的电流为

$$I_h = I_s \frac{R_g}{R_h + R_g} \tag{5-18}$$

其中，$I_s \approx \dfrac{U_P}{R_{ins}}$，这是因为 $R_{ins} \gg R_h // R_g$，故 L1 相电路可视为恒流源电路。

由于在一般情况下，$R_g \ll R_h$，故通过触电者身体的电流很小，从而得到保护。但如果没有设保护接地，则相当于中性点不接地的单相触电情况，危险性大大增加。可见，在中性点不接地的供电系统中，电器设备外壳均应装设良好的接地系统。

值得注意的是，中性点接地（工作接地）系统不能随便将电器外壳接地（如将电器外壳与暖气管、水管相连），也不允许保护接零和保护接地同时混用。

（4）单相接地保护

普通民用供电系统采用三相五线制，即在三相四线制的基础上，增加一根专用保护地线。而进入居民家中的配电系统实际是单相三线制，即一根相线、一根中性线再加上一根接地线，俗称相线、零线和地线。图 5-17 单相三孔插座中，L 为相线、N 为中性线、PE 为接地线。在居室配电完好的情况下，预制的单相三孔插座已为用户提供了带有保护地线的单相电源，即中间的孔为保护接地，其余两孔为电源线，各种电器的三端电源插头也是这样装配的（中间一端与电器外壳相接，其余两端为电源输入端），将它直接插入三孔插座即可。

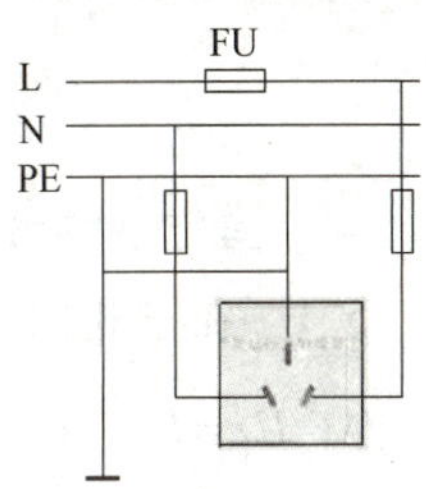

图 5-17　单相三孔插座的接线方式

因为民用电为三相不对称负载，正常工作时，负载电流流经工作中性线，而保护地线中没有电流，所以这种接地保护方式的安全性好。家用电器应采用将金属外壳与专用保护地线（PE）相连的保护接地方法，而绝不能将外壳与工作中性线相连。这是因为家庭居室的单相交流电源相线和工作中性线上均装有熔断器，一旦中性线上的熔断器熔断而相线上的熔断器完好时，电器外壳通过保护地线和负载与相线相连而带电，非常危险。

若家用电器只有两根电源线，外壳没有引出线，这种情况下的保护接地需另外用一根导线一端接在电器外壳上、另一端接到三线插座的中间线上，两根电源线接到三线插座的另外两线即可。千万不要随便将电器外壳与工作中性线连接或接到暖气管、自来水管上，否则将带来事故隐患。

没有独立保护地线的场所，可安装剩余电流保护器。

【思考题】

5.2.1　为什么在中性点不接地系统中采用保护接地？

5.2.2　为什么在中性点接地系统中不采用保护接地？

5.2.3　如何区别工作接地、保护接地和保护接零？

5.2.4　在同一供电系统中为什么不能同时采用保护接零和保护接地？

5.2.5　很多家用电器由单相交流电源供电，为什么其电源插头是三线的？如何与家庭供电系统相连接？试画出正确使用的电路图。

本章小结

本章研究三相正弦交流电路，主要包括以下几部分：

1）三相交流电是由三相交流发电机产生的，经电力网、变压器传输分配到用户，我国低压供电系统普遍采用工频 380V/220V 三相四线制电源，可向用户提供 380V 和 220V 两种电压。

2）三相电路可视为三个单相电路，逐相地计算，对称三相电路可只计算一相，其他各相可以利用对称关系推出。

3）三相负载Y联结时，$I_L=I_P$。

4）不对称三相负载Y联结时，中性线的作用是保证三相负载上的相电压对称。

5）三相负载△联结时，$U_L=U_P$。

6）三相对称负载的平均功率为 $P=3U_PI_P\cos\varphi=\sqrt{3}U_LI_L\cos\varphi$

7）触电对人体的危害程度主要由通过人体的电流和频率决定。防止触电应采取有效的保护措施，包括保护接地、保护接零等。

习　题

一、单项选择题

5.1　在三相四线制供电系统中，电源线电压 U_L 与相电压 U_P 的关系为（　　）。

A. $U_L=U_P$　　B. $U_L=\sqrt{2}U_P$　　C. $U_L=\sqrt{3}U_P$　　D. $U_L=2\sqrt{3}U_P$

5.2　对称三相负载，指的是（　　）。

A. $Z_1=Z_2=Z_3$　　B. $|Z_1|=|Z_2|=|Z_3|$　　C. $R=X_L=X_C$　　D. $|R|=|X_L|=|X_C|$

5.3　在三相四线制供电系统中，中性线（　　）。

A. 必须有　　B. 可以没有　　C. 可以悬空　　D. 可有可无

5.4　在中性点接地的三相四线制低压供电系统中，为了防止触发事故，对电器设备应采取的措施是（　　）。

A. 保护接地　　B. 保护接零（接中）

C. 保护接零或保护接地　　　　D. 悬空

5.5　某三相异步电动机欲连接在中性点接地的三相四线制交流电源上，则应将电动机的金属外壳（　　）。

A. 与大地连接　　　　B. 悬空

C. 与电源中性线连接　　　　D. 与电动机绕组的任一端连接

二、分析计算题

5.6　有一个Y联结对称三相感性负载，每相为 55Ω 等效电阻和 0.303H 等效电感的串联，接于 $U_L=380V/50Hz$ 的供电系统中，求线电流及三相有功功率。

5.7　若将题 5.6 的三相负载改为△联结，仍接于 $U_L=380V/50Hz$ 的供电系统中，求线电流和三相有功功率。

5.8　某三层宿舍楼，每层有功率 100W 的白炽灯 100 盏，分别构成三相电源的各相负载（Y联结），$U_P=220V$。

1）所有的灯都工作时，求每相的阻抗 Z、电流 i 及中性线电流 i_N。

2）如一楼（A 相）开 80 盏灯、二楼（B 相）开 60 盏灯、三楼开（C 相）开 40 盏灯，求各相电流 $i_A \sim i_C$ 及中性线电流 i_N。

3）在 2）的条件下，中性线意外断开且 B 相也断开时，A 相和 C 相电压各是多少？

4）在 2）的条件下，中性线意外断开且 B 相短路时，A 相和 C 相电压各是多少？

第6章　磁路和变压器

在电工技术中，利用电磁现象及其原理制成的电气设备种类很多，其中变压器就是借助磁场来实现电压变换、传递和分配电能的电气设备，变压器广泛应用于发电厂、变电站及工矿企业中。本章首先介绍磁路的基本概念，然后介绍交流铁心线圈的电磁关系，最后介绍变压器的工作原理及其分析方法。

本章的重点内容是变压器的电压变换、电流变换和阻抗变换作用，以及变压器的损耗与效率。

6.1　磁路及其基本定律

表6-1列出了磁场主要物理量的定义和单位，它们同样适用于磁路的描述。

表6-1　磁场主要物理量的定义和单位

物理量		定义	单位	
名称	符号		名称	符号
磁感应强度(磁通密度)	B	表示空间某一点磁场强弱和方向的物理量,其大小可用单位正电荷在场中以单位速度沿与磁场垂直方向运动时所受的最大磁场力来表述,$B=F/qv$	特斯拉(特)	T
磁通	Φ	表示在磁场内穿过某一截面S的磁感应强度B的通量。在均匀磁场中,$\Phi=BS$	韦伯	Wb
磁导率	μ	表示物质导磁能力的大小,真空的磁导率$\mu_0=4\pi\times10^{-7}$H/m,相对磁导率$\mu_r=\mu/\mu_0$	亨利/米	H/m
磁场强度	H	表示介质中某点的磁感应强度与介质磁导率之比,$H=B/\mu$	安/米	A/M

6.1.1　磁路的概念

设计电机、电器时，为了使这些设备的工作效率高、体积小，总想用较小的电流产生较大的磁通。通常用导磁性能良好的铁磁材料做成一定形状的铁心，使磁通的绝大部分通过此铁心构成的闭合路径，这样的闭合路径称为磁路。图6-1为变压器、直流电动机和电磁型继

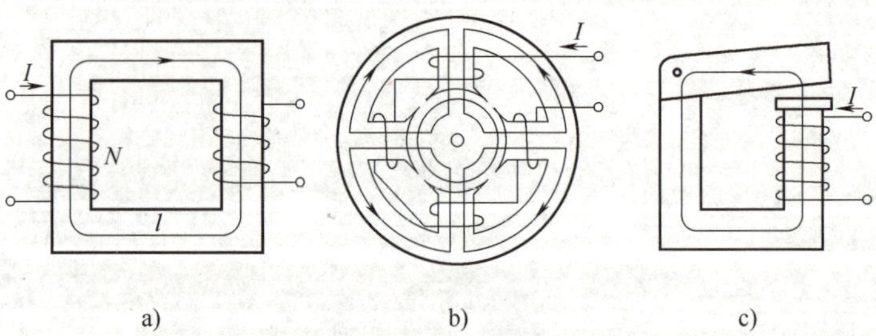

图6-1　磁路示意图

a）变压器　b）直流电动机　c）电磁型继电器

电器磁路示意图。

变压器的磁路由电工钢片叠成，一般不留空气隙；直流电动机的磁路由磁极铁心、空气隙、电枢铁心和机轭组成，铁心用电工钢片叠成，机轭用铸钢材料制造，它们都是磁导率高的铁磁材料。继电器的磁路由不同的导磁材料和空气隙组成，继电器和电机的空气隙是机电能量进行转换的场所，铁心的作用是加强磁场，将磁场能量导引在选定的空间。

6.1.2 铁磁材料

物质按其导磁性能大体上分为铁磁材料和非铁磁材料两大类。非铁磁材料对磁场强弱的影响很小，它们的磁导率与真空的磁导率近似相等，为一常数。只有铁、钴、镍以及这些金属的合金具有很高的磁导率，可以对其周围的磁场产生较大的影响，通常把这一类物质称为铁磁物质。

铁磁物质具有以下特点：

（1） 磁导率高

铁磁材料的磁导率很高，$\mu_r \gg 1$，可达数百至数万。这是因为铁磁材料内部存在许多很小的天然磁化区，称作磁畴，它们排列序乱无章。无外磁场作用时，这些磁畴的磁场互相抵消，对外不显磁性。但在外磁场的作用下，它们转动成较规则的排列，形成与外磁场同方向的附加磁场，从而加强了原来的磁场，所以铁磁材料的磁导率很高。非铁磁材料不具有磁畴的结构，所以 μ 较小。

（2） 磁饱和特性

铁磁材料受到外磁场磁化时，由于磁畴的作用，磁感应强度 B 随磁场强度 H 的增大而快速增大。但磁畴的作用是有限的，当 H 增大到一定程度后，所有磁畴已完全排列整齐，其附加磁场不再增强，B 的再增大将仅与外磁场有关，这时称物质磁化达到饱和。

铁磁材料的磁化特性通常用磁化曲线（或 B-H）来表示。各种铁磁材料的磁化曲线可通过实验得出。在测得对应于不同的磁场强度 H 值下的磁感应强度 B 后，可逐点绘制出 B-H 曲线。如图 6-2 所示。为显示铁磁材料的特征，在图中绘出了真空（或空气）的 B_0-H 曲线，方便对比。

由磁化曲线可以看出，铁磁材料的 B 与 H 为非线性关系，因而它的磁导率不是定值，μ 随磁场强度的变化情况见图 6-2。

（3） 磁滞特性

将一块尚未磁化的铁磁材料放在选定的 $+H_m$ 和 $-H_m$ 的幅度内多次反复交变磁化，可获得一个对称于原点的闭合曲线，称为铁磁材料的磁滞回线，如图 6-3 所示。当磁场强度 H 由 $+H_m$ 逐渐减小到零时，B 却不等于零，这时的 B 值称为剩磁，剩磁的强弱用剩磁感应强度 B_r 表示。使 B 为零的反方向磁场强度 $-H_c$ 称为矫顽力。这种磁感应强度 B 的变化落后磁场强度 H 变化的性质称为磁滞特性。

选取一系列不同值的 H_m 多次交变磁化，可得到一系列磁滞回线，如图 6-4 所示。将这系列的磁滞回线的顶点与原点 O 连成的曲线 $Oa_1a_2a_3\cdots$ 称为材料的标准磁化曲线，用以表征铁磁材料的磁化性能，它是分析计算磁路的依据。

几种常用的铁磁材料的标准磁化曲线如图 6-5 所示，图中 a、b、c 曲线分别为铸铁、铸钢和硅钢片的标准磁化曲线。

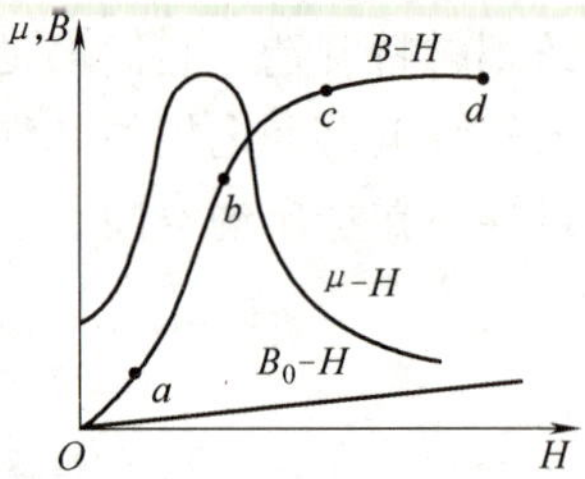

图 6-2 铁磁材料的 *B-H*、*μ-H* 曲线

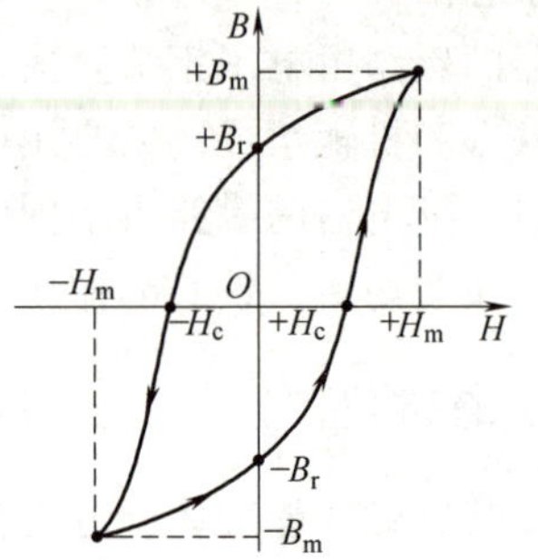

图 6-3 铁磁材料的磁滞回线

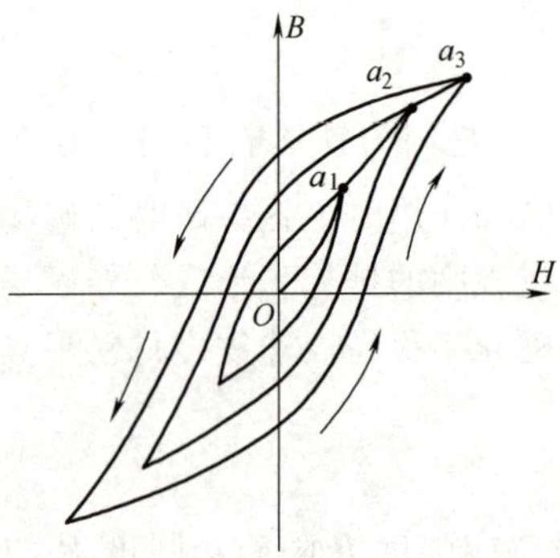

图 6-4 磁滞回线

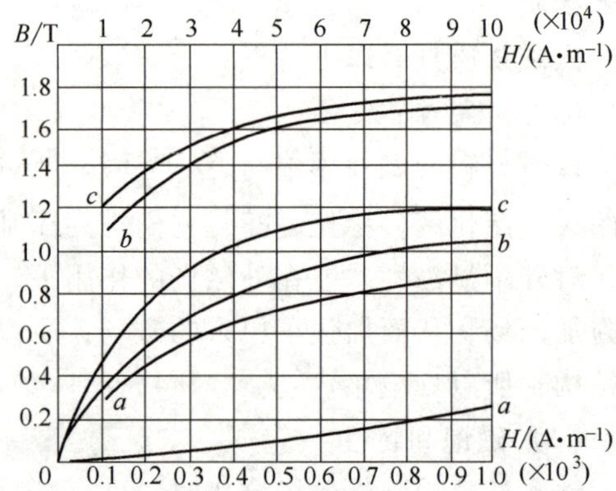

图 6-5 铁磁材料的标准磁化曲线

6.1.3 磁路的基本定律

（1）安培环路定律

电流与其产生的磁场之间的关系可由比奥-沙伐定律得出，即

$$\oint_l \boldsymbol{B} \cdot \mathrm{d}\boldsymbol{l} = \mu I \tag{6-1}$$

铁心中的磁感应强度 B 与磁场强度 H 的关系为

$$\boldsymbol{B} = \mu \boldsymbol{H}$$

因此有

$$\oint_l \boldsymbol{H} \cdot \mathrm{d}\boldsymbol{l} = I \tag{6-2}$$

当积分线环链的电流有多个时，则为

$$\oint_l \boldsymbol{H} \cdot \mathrm{d}\boldsymbol{l} = \sum_{k=1}^{M} I_k = F_{\mathrm{m}} \tag{6-3}$$

式（6-3）称为安培环路定律，F_{m} 称为磁通势，在国际单位制中其单位为 A。

（2）磁路欧姆定律

设由某种铁磁材料构成的均匀磁路，其长度为 l，截面积为 S，由于磁路上各点的 μ 值、B 值相等，磁场强度 H 也相等，故通过 S 截面的磁通可表示为

$$\Phi = BS = \mu HS \tag{6-4}$$

根据安培环路定律，对于均匀磁路有

$$\oint_l \boldsymbol{H} \cdot \mathrm{d}\boldsymbol{l} = Hl = NI \tag{6-5}$$

式中，N 为励磁绕组的匝数。将式（6-5）代入式（6-4），可得

$$\Phi = \frac{NI}{l/\mu S} \quad 或 \quad NI = \Phi R_{\mathrm{m}} = F_{\mathrm{m}} \tag{6-6}$$

式中，R_{m} 为磁阻，$R_{\mathrm{m}} = \dfrac{l}{\mu S}$。与电路中的导体电阻 $R = \dfrac{l}{\gamma S}$的形式类似。将 Φ 比作电流 I，F_{m} 比作电动势 E，则式（6-6）类似电路中的欧姆定律，因此称为磁路欧姆定律。

应当指出的是，磁路与电路本质是不同的，由于导电材料和绝缘材料的电导率相差几千亿倍以上，因此在电路分析中很少考虑漏电流；但在磁路中，由于铁磁材料的磁导率只比非铁磁材料的磁导率大几千或几万倍，故漏磁通是应当考虑的，或者说，不存在磁的绝缘材料。另外，铁磁材料的磁导率 μ 值不是常数，因此不能用磁路欧姆定律直接计算磁路，但利用磁阻概念说明磁通 Φ 与励磁电流 I 的关系比较方便。

【思考题】

6.1.1　磁路和磁场有什么区别和联系？

6.1.2　铁磁材料和非铁磁材料的区别是什么？

6.1.3　磁感应强度与磁场强度的关系是什么？

6.1.4　铁磁材料为什么会有剩磁？

6.1.5　为什么磁路欧姆定律不适用磁路计算？

6.1.6　有 A、B、C 三个几何尺寸相同的环形磁路，均绕有 N 匝线圈，线圈通入相同电流，磁路 A 用非铁磁材料制成，B 用铁磁材料制成，C 是带有空气隙的铁心磁路，试问：

1）磁路 A 与磁路 B 的磁感应强度是否相同？

2）磁路 C 铁心中的磁场强度与空气隙中的磁场强度是否相同？磁感应强度是否相同？

6.1.7　当空气隙中的磁通增大一倍时，磁通势如何变化？

6.2　直流和交流磁路

6.2.1　直流磁路

直流电流励磁的磁路称为直流磁路。直流磁路中的磁通在稳态下是不随时间变化的，不会在直流励磁线圈中产生感应电动势，对励磁电流没有制约作用。

根据磁路欧姆定律，当励磁线圈的匝数、电阻不变时，若励磁电压也保持不变，磁路磁阻（或空气隙长度）变化时，磁路的磁通 Φ 相应变化，而励磁稳态电流不受影响。直流磁路具有恒磁通势的性质。

6.2.2　交流磁路

由交流电励磁的磁路称为交流磁路。由于磁路用铁磁材料制成，因而又称磁路为铁心，

称励磁线圈为交流铁心线圈。如交流电磁铁、各种交流接触器和交流继电器的线圈等。

交流磁路中的磁通是交变的时间函数。交变磁通环链着励磁线圈，所以在线圈中产生感应电动势。讨论磁路中交变磁通与交变电流的关系是交流磁路问题；讨论交流磁路中交变电流与交变电压之间的关系属于铁心线圈电路问题，电路和磁路通过电磁感应互相制约，这是交流磁路不同于直流磁路之处。

如图 6-6 所示，带铁心的线圈接在交流电源上，铁心是交流磁路。设线圈有 N 匝，电压 u 为正弦电压，励磁电流为 i，磁通势 iN 产生的磁通主要通过铁心闭合，这部分磁通称为主磁通 Φ。通过空气或其他非导磁材料闭合的磁通称为漏磁通 Φ_σ。这两个磁通在线圈中分别产生主磁感应电动势 e 和漏磁电动势 e_σ，即

$$e=-N\frac{\mathrm{d}\Phi}{\mathrm{d}t}$$

$$e_\sigma=-N\frac{\mathrm{d}\Phi_\sigma}{\mathrm{d}t}$$

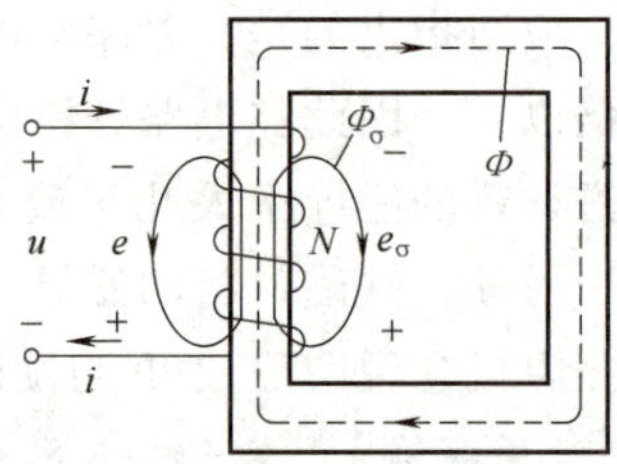

图 6-6 交流铁心线圈电路

图 6-6 中的 u、i、e、e_σ 取关联正方向，由 KVL 可以得出交流铁心线圈电路电压和电流之间的关系，即

$$u+e+e_\sigma=iR \tag{6-7}$$

考虑到在实际的铁心线圈电路中，由于空气的磁导率 μ_0 为常数，远小于铁心的磁导率 μ，因此漏磁通 Φ_σ 和线圈电阻 R 均较小，为了分析简便，可忽略它们的影响。所以式（6-7）可写成

$$u\approx -e=N\frac{\mathrm{d}\Phi}{\mathrm{d}t} \tag{6-8}$$

由于线圈施加正弦电压 u 励磁，线圈中通过的电流为 i，铁心中的主磁通 Φ 是与 u 同频率的交变磁通，为了分析方便，设 $\Phi=\Phi_\mathrm{m}\sin\omega t$，$u=\omega N\Phi_\mathrm{m}\sin(\omega t+90°)$，以相量表示式（6-9）为

$$\dot{U}=\mathrm{j}\omega N\dot{\Phi}=\mathrm{j}2\pi fN\frac{\dot{\Phi}_\mathrm{m}}{\sqrt{2}} \tag{6-9}$$

$$=\mathrm{j}4.44fN\dot{\Phi}_\mathrm{m}=\mathrm{j}4.44fNS\dot{B}_\mathrm{m}$$

$$U=4.44fNSB_\mathrm{m}$$

由此可见，当外施电压为正弦电压时，铁心中的磁通也为同频率的正弦函数，其相位滞后励磁电压 u90°。式（6-9）中，B_m 和 Φ_m 分别为铁心中磁感应强度和磁通的幅值。

式（6-9）说明，励磁电压 u 与铁心磁通 Φ 的数量关系是固定的，而与线圈的电流和磁路的磁阻无关。在 f、N 和 S 不变的前提下，只要电压不变，磁感应强度也不变，交流磁路具有恒磁通的性质。

交流铁心线圈的损耗包含两部分：线圈电阻损耗 I^2R，称为铜损，用 P_Cu 表示；交变磁通在铁心中产生的磁滞损耗和涡轮损耗，称为铁损，用 P_Fe 表示。

【思考题】

6.2.1 一个带有空气隙的铁心线圈接到直流电源上，当改变空气隙的长短时，线圈中的电流和磁通如何变化？

6.2.2　将交流铁心线圈的匝数减少，其他参数不变，铁心的磁通和线圈中的电流如何变化？

6.2.3　一闭合交流磁路，保持励磁电流的频率和电压不变，试问：

1）励磁线圈匝数不变，磁路的截面减小 1/2，励磁电流有何变化？

2）励磁线圈匝数增加一倍，铁心中的磁通有何变化？

3）匝数不变，衔铁拉开一个空气隙，励磁电流如何变化？

6.2.4　上述电路使用直流电励磁，保持励磁电压和线圈匝数不变，当磁路的截面增大一倍时，试问：

1）铁心中的磁通如何变化？

2）若磁路的铁心与衔铁之间原有较大的空气隙，磁通的变化与 1）问有何不同？

6.2.5　两个材料相同的铁心线圈，如匝数及磁路的平均长度也相同，但截面积 $S_1>S_2$，试问绕组中通过相等的直流电流时，哪个铁心中的磁通和磁感应强度大？如接到交流电源上，两个铁心中的磁通和磁感应强度的大小相比又将如何？

6.2.6　把一个有空气隙的铁心线圈接到电压不变的直流电源上，改变空隙的大小，试问线圈电流及铁心磁通如何变化？接到电压有效值不变的正弦电压源上又将如何变化？

6.2.7　把一个有空隙的铁心线圈接到电流不变的正弦电流源上，改变空隙的大小，试问线圈电压及铁心磁通如何变化？

6.2.8　一个交流铁心线圈的额定电压 $U_N=220V$。

1）如将电压增加 10%，其电流是否也增加 10%？

2）如把它接到 380V 的正弦电压上，电流将如何变化？

3）如把它接到 220V 的直流电压源上，电流又将如何变化？

6.2.9　一个铁心线圈修理后，如果因铁心没有装好留有较大空隙，使用中磁感应强度、电流、功率损耗与修理前有何变化？

6.2.10　交流铁心线圈的损耗有几部分组成？铁损耗包括什么损耗？

6.3　变压器

变压器是利用电磁感应作用传递交流电能和信号的，它的主要功能是变换电压、电流和阻抗。

变压器种类较多，广泛应用于不同的场合。电力系统中应用的变压器容量大，标志其性能的主要特性是外特性和效率。在测量和控制中使用的变压器，主要用于整流、传递信号和实现阻抗匹配，这些变压器的容量都较小，效率不是主要的性能指标。

虽然不同的变压器在容量、结构、外形、体积等方面有较大差异，但基本结构和作用原理是相同的。

6.3.1　变压器的基本原理

图 6-7 为单相变压器的原理图。它由闭合铁心和绕在铁心上的两个匝数不同的线圈耦合而成。与电源连接的线圈称为一次绕组；与负载连接的线圈称为二次绕组。一、二次绕组没有电的联系，但二者处在同一磁路上。一次绕组通过电源输入电能，经过磁场耦合传送给二

次绕组，给负载提供电能，一、二次绕组的匝数分别为 N_1、N_2。

（1）空载运行和电压变换

将变压器的一次绕组连接额定的交变电压，而二次绕组开路（即不与负载接通），变压器便在空载下运行。

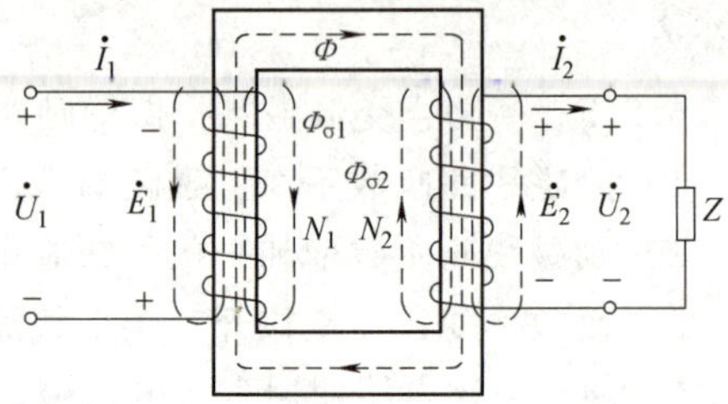

图 6-7　单相变压器原理图

在外加正弦电压 u_1 的作用下，一次绕组中便有交变电流 i_0 通过，称为空载电流。变压器的空载电流一般都很小，约为额定电流的 3%～8%。空载电流 i_0 通过匝数为 N_1 的一次绕组，产生磁通势 i_0N_1，在其作用下，铁心中产生了正弦交变磁通。由于铁心的磁导率远大于空气的磁导率，所以，绝大部分的磁通都沿铁心而闭合，它与二次绕组同时交链，因而称其为主磁通 Φ（或工作磁通）。此外，还有很少的一部分磁通，在穿过一次绕组后就沿附近的空间闭合，如图 6-7 所示 $\Phi_{\sigma1}$，这部分仅与一次绕组相交链而不与二次绕组相交链的磁通，称为一次绕组的漏磁通，由于 i_0 很小，故空载时漏磁通 $\Phi_{\sigma1}$ 也很小。

变压器空载时的一次侧电路就是一个含有铁心线圈的交流电路，漏磁通 $\Phi_{\sigma1}$ 由于经过非导磁材料而闭合，所以 $\Phi_{\sigma1}$ 与 i_0 成正比，它们的关系可用漏磁电感 $L_{\sigma1}=\dfrac{N_1\Phi_{\sigma1}}{i_0}$来表示。由 KVL 可知一次侧电路的电压方程为

$$u_1+e_1+e_{\sigma1}=i_0R$$

$$u_1+e_1=i_0R+L_{\sigma1}\frac{\mathrm{d}i_0}{\mathrm{d}t}$$

$$u_1+e_1=u_R+u_L \tag{6-10}$$

式中，u_R 为一次绕组的电阻电压降；u_L 为一次绕组的漏感抗电压降。由于空载电流 i_0 很小，所以 u_R 和 u_L 可以忽略不计，因此式（6-10）可以写成

$$u_1\approx -e_1$$

若用相量表示，则有

$$\dot{U}_1\approx-\dot{E}_1=\mathrm{j}4.44fN_1\dot{\Phi}_{\mathrm{m}} \tag{6-11}$$

空载时变压器的二次绕组开路，主磁通穿过二次绕组所产生的感应电动势为

$$\dot{E}_2=-\mathrm{j}4.44fN_2\dot{\Phi}_{\mathrm{m}}$$

它的端电压 $\dot{U}_2$ 与感应电动势 $\dot{E}_2$ 相等，即

$$\dot{U}_2=\dot{E}_2=-\mathrm{j}4.44fN_2\dot{\Phi}_{\mathrm{m}} \tag{6-12}$$

所以，一次电压 U_1 与二次电压 U_2 的关系为

$$\frac{U_1}{U_2}\approx\frac{E_1}{E_2}=\frac{N_1}{N_2}=K_u \tag{6-13}$$

式中，K_u 称为变压器的电压比。

（2）带载运行和电流变换

变压器连接负载后，二次侧将产生电流 $\dot{I}_2$，负载上电压为 $\dot{U}_2$，所产生的磁通势 $\dot{I}_2N_2$

将产生磁通 Φ_2，磁通 Φ_2 的绝大部分与一次磁通势产生的磁通共同作用在同一闭合的磁路上，仅有很少的一部分沿着二次绕组周围的空间闭合，如图 6-7 所示 $\Phi_{\sigma2}$，$\Phi_{\sigma2}$ 称为二次绕组的漏磁通。

当变压器连接负载后，由于二次磁通势的影响，铁心中的主磁通 Φ 将试图改变，但由式（6-11）可知，$\dot{\Phi}_m$ 受 $\dot{U}_1$ 的制约不能改变。因此随着 $\dot{I}_2$ 的出现，一次电流将由 $\dot{I}_0$ 增加到 $\dot{I}_1$ 补偿二次电流 $\dot{I}_2$ 的励磁作用。

由安培环路定律可知，有载时的磁通 Φ 是由磁通势 $\dot{I}_1N_1$ 和 $\dot{I}_2N_2$ 共同产生的。为了保证带载前后磁路中的磁通维持不变，故有

$$\dot{I}_0N_1=\dot{I}_1N_1+\dot{I}_2N_2 \tag{6-14}$$

式（6-14）称为磁通势平衡方程，标志着能量传递的物理概念。

由于铁心的磁导率很高，变压器在满载下 $\dot{I}_0$ 仅为 $\dot{I}_1$ 的百分之几，因此允许忽略 $\dot{I}_0$ 不计，于是得

$$\dot{I}_1N_1+\dot{I}_2N_2\approx 0 \qquad \dot{I}_1\approx -\dot{I}_2\frac{N_2}{N_1}$$

$$\frac{I_1}{I_2}\approx\frac{N_2}{N_1}=\frac{1}{K_u}=K_i \tag{6-15}$$

式中，K_i 称为电流比，为二次绕组与一次绕组的匝数比，它等于电压比的倒数。

（3）阻抗变换

对电源来说，变压器连同其负载 Z 如同一个复数阻抗 Z'。如图 6-8a 所示，从变压器的一次侧可得

$$Z'=\frac{\dot{U}_1}{\dot{I}_1} \tag{6-16}$$

若将阻抗元件直接接于电源上，如图 6-8b 所示，则图 6-8a、b 电路对电源是等效的。用变压器二次电压、电流表示一次电压、电流，则由式（6-16）可得

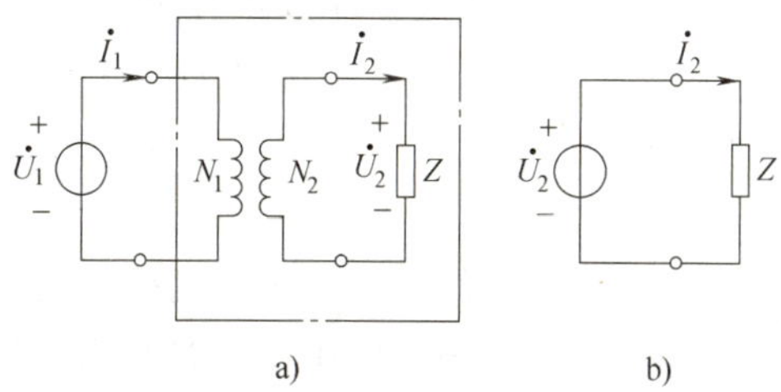

图 6-8　变压器的阻抗变换作用

$$Z'=\frac{\dot{U}_1}{\dot{I}_1}=\frac{-K_u\dot{U}_2}{-\dfrac{\dot{I}_2}{K_u}}=K_u^2\frac{\dot{U}_2}{\dot{I}_2}=K_u^2Z \tag{6-17}$$

由式（6-17）可见，变压器具有阻抗变换作用。应用变压器的阻抗变换作用可以实现电路阻抗匹配，即选择变压器的匝数比把负载阻抗换算为电路所需的合适数值。在信号电路中，多采用阻抗变换达到电源输出最大功率。

6.3.2　变压器的运行特性

（1）外特性和电压调整率

当考虑变压器中的漏磁通和绕组电阻时，$\dot{\Phi}_m$、$\dot{E}_1$、$\dot{E}_2$ 和 $\dot{U}_2$ 都与负载有关，不能维持不变。

变压器的外特性是描述当一次侧接额定电压 U_{1N}，并且保持不变，二次绕组端电压 U_2 与负载电流 I_2 的关系。表示外特性 $U_2=f(I_2)$ 的曲线称为变压器的外特性曲线，如图 6-9 所示。

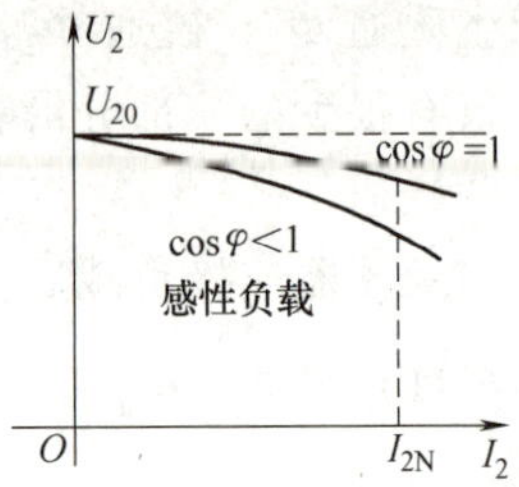

图 6-9 变压器的外特性

变压器带负载后，二次电压 U_2 随电流 I_2 改变，变化的程度用电压调整率 $\Delta U\%$ 表示。电压调整率定义为

$$\Delta U\% = \left(\frac{U_{20}-U_2}{U_{20}}\right)\times 100\% \tag{6-18}$$

式中，U_{20} 为二次空载电压；U_2 为二次电流为额定电流 I_{2N} 时的端电压。对电力变压器而言，要求 $\Delta U\%$ 小些，约为 2%～3%。$\Delta U\%$ 越小，固然供电电压的稳定性越好，但发生短路事故时变压器受到的冲击也越大。

（2）损耗和效率

实际变压器在运行过程中，其一、二次绕组和铁心总要损耗一部分电功率。变压器的损耗包括两部分：一部分是一、二次绕组的铜损耗 ΔP_{Cu}（绕组的电阻损耗），即

$$\Delta P_{Cu}=I_1^2R_1+I_2^2R_2$$

另一部分是变压器的铁心损耗 ΔP_{Fe}（磁滞损耗和涡流损耗的和）。

变压器的功率效率定义为输出功率与输入功率之比，即

$$\eta=\frac{P_2}{P_1}\times 100\% \tag{6-19}$$

式中，P_1 为变压器一次侧输入功率；P_2 为变压器二次侧输出功率。

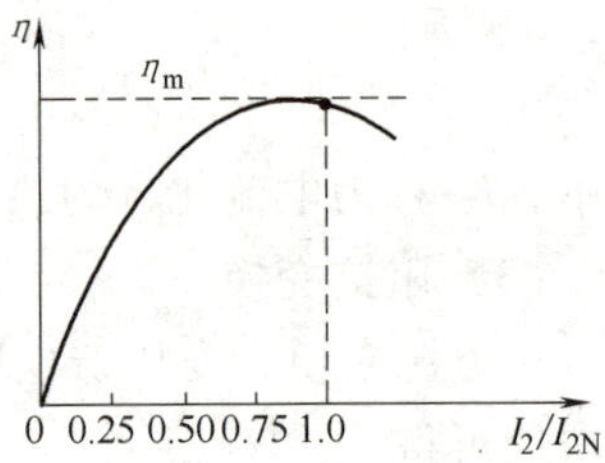

图 6-10 变压器的效率特性

变压器的负载是经常变动的，从经济运行方面考虑，将电力变压器的效率特性设计成负载等于 50% 满载以上时效率较高，且变化平缓，如图 6-10 所示。大容量变压器满载时的效率可高达 98%。

【思考题】

6.3.1 变压器的一、二次绕组在电路上并没有接通，工作时它们是如何相互影响的？

6.3.2 如果把额定电压相同的直流电压加在变压器的一次绕组上，会产生什么结果？

6.3.3 一台工作正常的变压器，能否为了减少涡流损耗和磁滞损耗而去掉铁心？

6.3.4 一台降压变压器，是否可以反过来用以升压？

6.3.5 将额定频率为 50Hz 的变压器接在 60Hz 的交流电源上，变压器能长期正常工作吗？为什么？

6.3.6 一台降压变压器，其一次电压的有效值为 220V，要求二次电压为 110V，在一次侧绕 2 匝线圈、二次侧绕 1 匝线圈，是否可以？为什么？

6.3.7 变压器的损耗由几部分组成？

本章小结

通过本章的学习，学生应掌握磁路的基本概念、交流铁心线圈的电磁关系、变压器的工作原理，应达到会使用变压器的能力。

1）用铁磁材料做成一定形状的铁心，使磁通的绝大部分通过铁心构成的闭合路径称为

磁路。

2）磁路分析的两个基本定律：

安培环路定律
$$\oint_l \boldsymbol{H} \cdot \mathrm{d}\boldsymbol{l} = \sum_{k=1}^{M} I_k = F_{\mathrm{m}}$$

磁路欧姆定律
$$NI = \Phi \frac{l}{\mu S} = F_{\mathrm{m}}$$

磁路有直流磁路和交流磁路之分：直流磁路中的磁通在稳态下是不随时间变化的，不会在直流励磁线圈中产生感应电动势，对励磁电流没有制约作用。交流磁路中的磁通是交变的时间函数。交变磁通环链着励磁线圈，所以在线圈中产生感应电动势。

3）交流磁路的线圈电压 U 近似等于感应电动势 E，即 $U \approx E = 4.44fNSB_{\mathrm{m}}$

4）变压器具有电压变换、电流变换和阻抗变换作用。

习　　题

一、单项选择题

6.1　当直流磁路中铁心的横截面增加，而其他条件不变时，磁路的磁通（　　）。

A. 减小　　B. 不变　　C. 增大　　D. 不能确定

6.2　如直流铁心线圈的匝数减小 1/2，其他条件不变，磁路的磁通势（　　）。

A. 不变　　B. 减小　　C. 增大　　D. 不能确定

6.3　在交流磁路中，如铁心的平均长度减小，其他条件不变，则磁路的磁通势（　　）。

A. 减小　　B. 不变　　C. 增大　　D. 不能确定

6.4　变压器带负载运行，已知电压比 $N_1/N_2=10$，当二次电流 $I_2=10\mathrm{A}$ 时，一次电流 I_1 等于（　　）。

A. 100A　　B. 1A　　C. 0.1A　　D. 0.01A

6.5　变压器一次侧的等效阻抗为 100Ω，已知电压比 $N_1/N_2=2$，负载阻抗等于（　　）。

A. 4000Ω　　B. 200Ω　　C. 50Ω　　D. 25Ω

6.6　变压器在额定状态下运行时，与空载时相比较，由电源提供的有功功率（　　）。

A. 较小　　B. 较大　　C. 相等　　D. 不能确定

6.7 随着负载的增大，变压器的铁损（　　）。

A. 减小　　B. 增大　　C. 不变　　D. 不能确定

6.8 随着变压器的输出功率 P_2 增大，变压器的效率（　　）。

A. 提高　　B. 降低　　C. 不变　　D. 不能确定

二、分析计算题

6.9 有一线圈绕在铸钢制成的闭合铁心上，已知线圈匝数 $N=5000$，铁心截面积 $S=20\mathrm{cm}^2$，平均长度 $l=50\mathrm{cm}$，如要在铁心中产生 $\Phi=0.002\mathrm{Wb}$ 的磁通，问线圈应通入的直流电流是多少？

6.10　如图 6-1 所示，铸钢的环形磁路含有一长度为 $\delta=0.2\mathrm{cm}$ 的空气隙，已知铁心 $l=6\mathrm{cm}$，$S=4\mathrm{cm}^2$，$N=500$ 匝，求在空气隙中产生 $5\times10^{-4}\mathrm{Wb}$ 磁通所需的电流。

6.11 磁路中有一空气隙，截面积 $S=24\text{cm}^2$，平均长度 $l=0.8\text{cm}$，求空气隙的磁阻。

6.12 已知铁心由铸铁制成，其截面积 $S=10\text{cm}^2$，平均长度 $l=40\text{cm}$，线圈匝数 $N=500$，磁感应强度 $B=0.8\text{T}$，求磁通 Φ、磁场强度 H、磁通势 F_m 和励磁电流 I。

6.13 为了确定铁心线圈的铁损耗，先将它接在直流电源上，从而得到线圈的电阻为 1.75Ω，然后接在 $U=120\text{V}$ 的交流电源上，测得 $I=2\text{A}$，功率 $P=70\text{W}$，求铁损耗和铜损耗及线圈的功率因数。

6.14 将交流铁心线圈接到电压为200V、频率为50Hz的正弦交流电源上，测得其消耗的功率为 $P_1=250\text{W}$，$\cos\varphi_1=0.68$，若将此铁心抽出再接到同一电源上，则消耗功率 $P_2=100\text{W}$，$\cos\varphi_2=0.05$，求该线圈具有铁心时的铁损耗、铜损耗和电流。

6.15 一台容量为10kV·A的变压器，在满载的情况下向功率因数为0.95（滞后）的负载供电，变压器的效率为94%，求变压器的损耗。

6.16 在输出变压器的二次绕组接一个 $R_L=8\Omega$ 的扬声器，已知线圈的匝数比 $K_u=3$，信号源 $U_S=6\text{V}$，内阻 $R_S=100\Omega$，求信号源输出的功率。

第7章　三相异步电动机及其控制

电动机是将电能转换成机械能的机电设备。在现代化生产中广泛使用电动机拖动各种生产机械。电动机分为直流电动机和交流电动机两大类，直流电动机的特点是调速性能好，但是需要提供直流电源。交流电动机使用方便，有同步电动机和异步电动机两种，同步电动机的优点是转速与电源频率同步，不受电源电压和负载波动的影响，缺点是结构复杂，运行和维护成本较高。异步电动机又称为感应电动机，具有结构简单、制造容易、价格低廉、维护方便等优点，因此，大多数生产机械都采用异步电动机拖动，尤其是三相异步电动机的使用最为广泛。据统计，目前电力拖动中90%以上采用的是异步电动机，在电力系统总负荷中，三相异步电动机占50%以上。因此，本章重点介绍三相异步电动机。

通过本章的学习，应掌握三相异步电动机的结构、工作原理及运行特性，达到会使用三相异步电动机的目的；掌握常用电器的结构、符号及用途，能读懂简单的电气控制电路图，对三相异步电动机控制系统有深刻地认识；了解可编程序控制器的结构、工作原理和发展趋势。

7.1　三相异步电动机

7.1.1　三相异步电动机的结构

如图7-1所示，三相异步电动机的结构分为定子和转子两大部分。

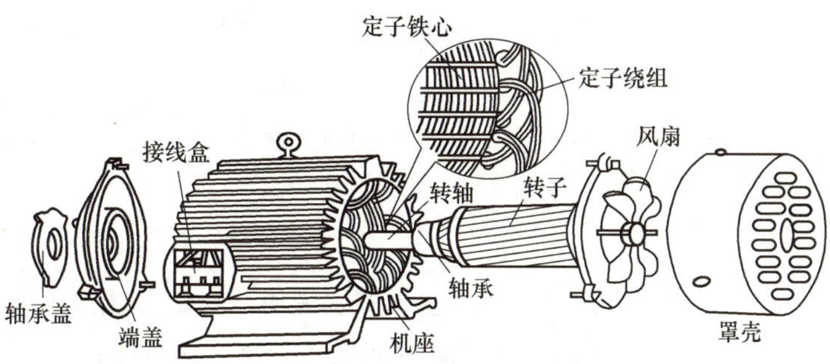

图7-1　三相异步电动机的结构

定子由机座、定子铁心、定子绕组和端盖等部件组成。定子铁心一般用厚0.5mm的环形硅钢片叠成，呈圆筒形，固定在机座里面。在定子铁心的内圆侧冲有间隔均匀分布的槽，如图7-2所示，定子三相绕组对称地嵌放在这些槽中。

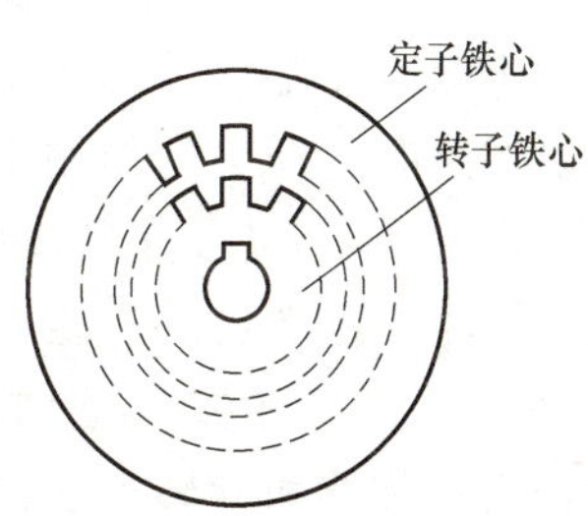

图7-2　定子、转子铁心

端盖固定在机座上，端盖中央孔上装有轴承，支撑转子。转子拖动机械负载工作。

笼型转子由转子铁心、转子绕组和转轴组成，转子铁心也是用硅钢片叠成，转子铁心固定在转轴上，呈圆柱形，外圆侧表面冲有均匀分布的槽，如图 7-2 所示，槽内嵌放转子绕组。

笼型转子绕组的制作方法有两种：一种是将铜条嵌入转子铁心槽中，两端用铜环将铜条一一短接构成闭合回路，如图 7-3a 所示。另一种方法是将熔化的铝液浇铸到转子铁心槽内，并同时铸出两端短路环和散热风扇叶片，如图 7-3b 所示。后一种制造方法成本较低，中小型笼型异步电动机转子一般都采用铸铝法制造。

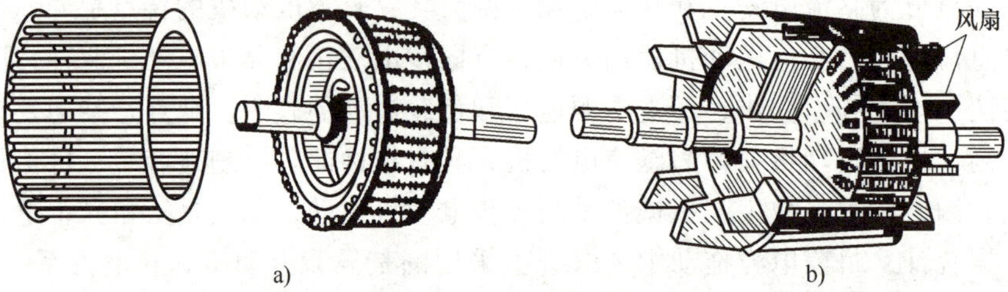

图 7-3 笼型转子绕组

a）铜环转子 b）铸铝转子

定子三相绕组的首、末端 U_1、U_2、V_1、V_2、W_1、W_2 分别引出，接到机座的接线盒上，如图 7-4a 所示。根据电动机额定电压和供电电源电压的不同，可以用短接铜排将三相定子绕组三角形联结，如图 7-4b 所示；也可以星形联结，如图 7-4c 所示。

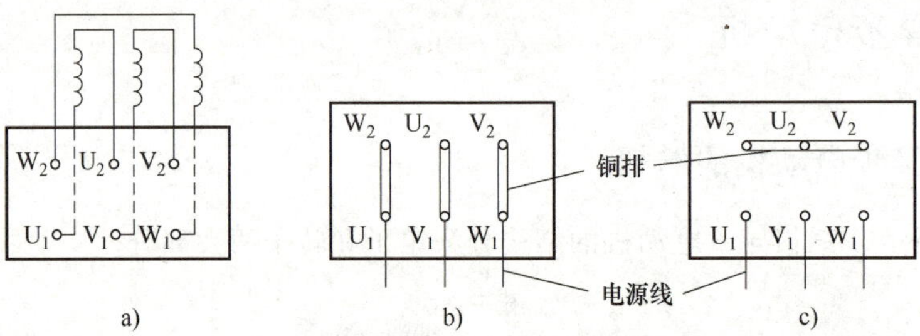

图 7-4 三相定子绕组的连接

a）三相定子绕组 b）三角形联结 c）星形联结

7.1.2 三相异步电动机的工作原理

为了便于理解三相异步电动机的工作原理，先假设用一对旋转着的永久磁铁作为旋转磁场，如图 7-5 所示。假设这个两极磁场顺时针方向旋转，旋转磁场中间是简化的、只有一匝绕组的转子，闭合的绕组受到旋转磁场的切割，在转子绕组中会产生感应电动势，由于转子绕组是闭合回路，所以在感应电动势的作用下会产生感应电流，感应电流的方向如图 7-5 中所示。图中⊙表示电流从该端流出，⊗表示电流从该端流入。感应电流同旋转磁场相互作用产生电磁力 F，电磁力的方向根据左手定则判定，在电磁力的作用下转子和旋转磁场同方向旋转。但是转子速度必然低于旋转磁场的转速，否则，转子绕组不受旋转磁场

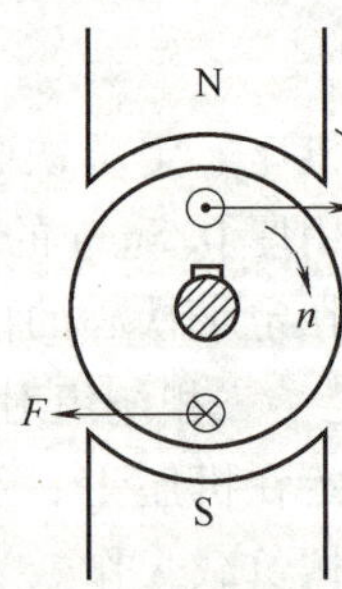

图 7-5 异步电动机的转动原理

切割而不能产生感应电动势和电流，当然也就不能产生电磁力和转矩。通常称旋转磁场的转速为同步转速 n_1，转子的转速即异步电动机的转速为 n。

三相异步电动机的旋转磁场是由三相交流电产生的。当给异步电动机的定子绕组接入三相对称电流后，随电流的变化会产生一空间旋转磁场。

（1）一对极（两极）的旋转磁场

一对极（两极）三相异步电动机的每相定子绕组只有一个线圈。这三个线圈的结构完全相同，对称地嵌放在定子铁心线槽中，绕组的首端与首端、末端与末端都相互间隔 120°，如图 7-6 所示。为了清楚起见，三相对称绕组每相只用一匝线圈表示。设三相绕组星形联结，如图 7-7 所示。

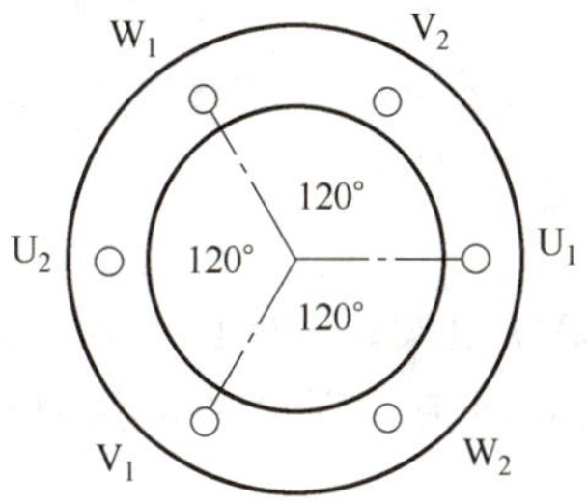

图 7-6　三相异步电动机绕组

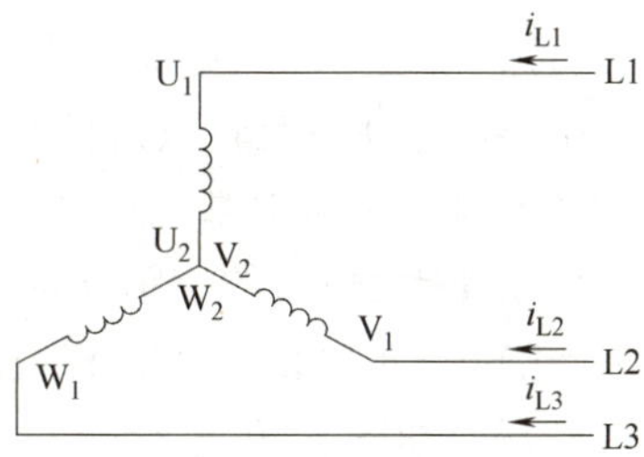

图 7-7　三相对称绕组

当三相绕组的首端接入三相交流电源时，绕组中的三相对称电流分别为

$$i_{L1}=I_m\sin\omega t$$
$$i_{L2}=I_m\sin(\omega t-120°)$$
$$i_{L3}=I_m\sin(\omega t+120°)$$

其波形如图 7-8 所示。其中 T_1 为电流的周期。设从线圈首端流入的电流为正，从线圈末端流入的为负，则在 $t_1 \sim t_4$ 各瞬间三相绕组中的电流产生的合成磁场如图 7-9 所示。将图 7-9 与图 7-8 对照分析如下：

在 t_1 时刻，即 $\omega t=90°$时，$i_{L1}=I_m$，$i_{L2}=i_{L3}=-\frac{1}{2}I_m$，用右手螺旋法则判定，三相电流产生的合成磁场为一两磁极磁场，如图 7-9a 所示。

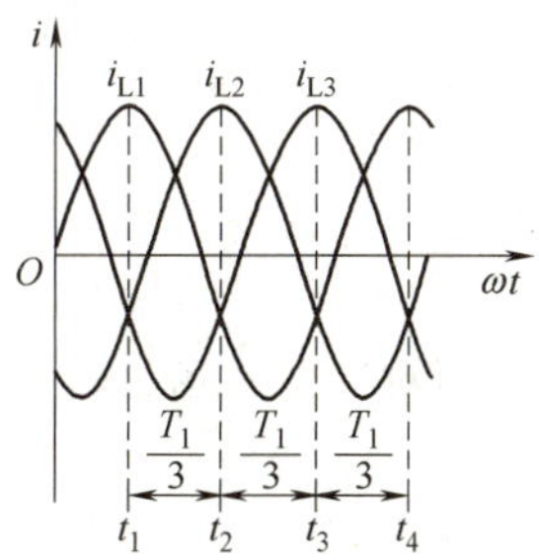

图 7-8　三相对称电流波形

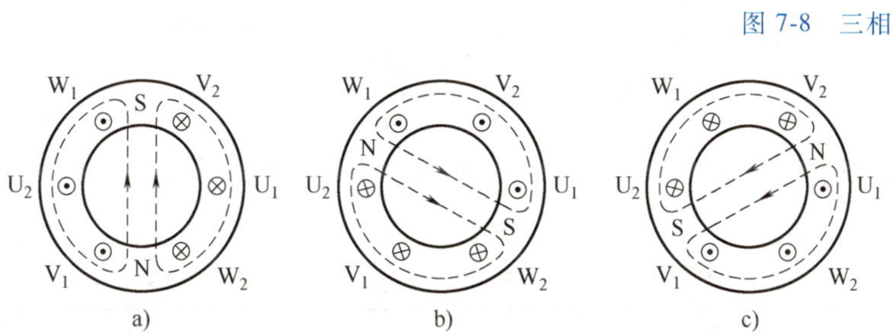

图 7-9　三相电流产生的旋转磁场（一对磁极）

a）$t=t_1$　b）$t=t_2$　c）$t=t_3$

同理还可以得到 t_2、t_3 时刻的合成磁场，如图 7-9b、c 所示。

可见，三相电流经过一个周期，相位变化了 360°，产生的合成磁场在空间也旋转了一周；磁场旋转的速度与电流的变化同步。

上述每相绕组节距（即每个绕组首、末端之间的几何角）为 180°几何角，产生的旋转磁场是一对极（两极）磁场。其转速为

$$n_1 = 60\frac{1}{T_1} = 60f_1$$

式中，f_1 为定子电流的频率。转速的单位为 r/min。

旋转磁场的旋转方向与接入定子三相绕组的电流相序有关。图 7-7 中是将电动机端线 U_1、V_1、W_1 分别与三相电源 L1、L2、L3 相接，相序的排列顺序为顺时针方向，磁场顺时针方向旋转；反之，若将电动机端线 U_1、V_1、W_1 分别与电源 L2、L1、L3 相接，即将 L1 与 L2 调换位置，使定子绕组电流相序为逆时针方向排序，磁场将改为逆时针方向旋转。所以，若使三相异步电动机反转只需任意调换电源与电动机的两相接线即可。

（2）同步转速与磁极对数的关系

若绕组采用 90°几何角的节距，每相绕组由两个线圈串联组成，线圈的首端与首端、末端与末端都互隔 60°几何角。给三相绕组接入三相对称正弦电流，则可产生两对磁极（四极）的旋转磁场，如图 7-10 所示。

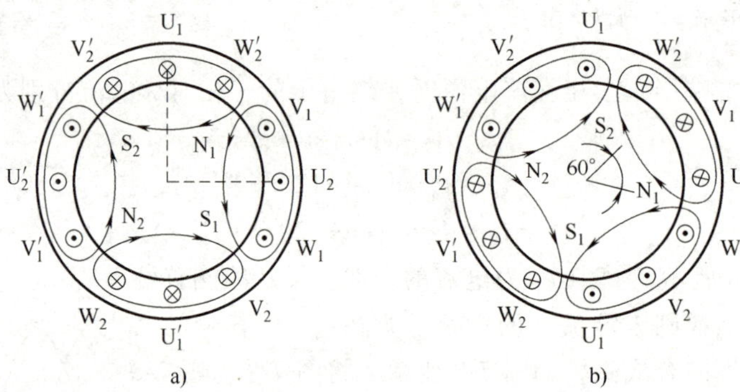

图 7-10　三相电流产生的旋转磁场（两对磁极）

两对极的磁场旋转一周需要 $2T_1$ 时间，其转速为

$$n_1 = 60\frac{1}{2T_1} = 60\frac{f_1}{2}$$

所以，同步转速的表达式为

$$n_1 = \frac{60}{pT_1} = \frac{60f_1}{p} \tag{7-1}$$

式中，p 为磁极对数。工频（$f_1 = 50\text{Hz}$）下同步转速（n_1）与磁极对数（p）的关系见表 7-1。

表 7-1　工频下同步转速（n_1）与磁极对数（p）的关系

p	1	2	3	4	5	6
$n_1/\text{r}\cdot\text{min}^{-1}$	3000	1500	1000	750	600	500

（3）转速与转差率

如前所述，异步电动机的转子绕组受到旋转磁场的切割时，产生电磁转矩，使电动机转

动起来。因此，异步电动机的转速 n 必然低于同步转速 n_1，即 $n<n_1$。异步电动机的同步转速 n_1 与转速 n 之差 Δn 称为转差，即

$$\Delta n=n_1-n \tag{7-2}$$

转差 Δn 与同步转速 n_1 的比值称为转差率 s，即

$$s=\frac{\Delta n}{n_1}=\frac{n_1-n}{n_1} \tag{7-3}$$

因此，异步电动机的转速为

$$n=(1-s)n_1 \tag{7-4}$$

在电动机起动瞬间，电动机的转速 $n=0$，即 $s=1$。随着转速的提高，转差率 s 减小。正常运行时，异步电动机的转差率 s 在 0 与 1 之间，即 $0\leqslant s\leqslant 1$，一般异步电动机的额定转速 n_N 很接近同步转速 n_1，所以额定转差率 s_N 数值很小，在 0.01~0.06 之间。

转差率 s 是异步电动机的一个重要参数，在分析异步电动机的运行特性时经常用到。

7.1.3　三相异步电动机的电磁转矩和机械特性

1. 电磁转矩

三相异步电动机的电磁转矩是由旋转磁场与转子电流相互作用产生的。可以证明，转矩 T 与磁通 Φ 及转子电流 I_2 的关系为

$$T=C\Phi_m I_2\cos\varphi_2 \tag{7-5}$$

式中，C 为与电动机结构有关的常数；Φ_m 为气隙中的主磁通；I_2 为转子电流有效值；$\cos\varphi_2$ 为转子电路功率因数。T 的单位为 N · m。

由于 Φ 与定子相电压 U_1 和频率 f_1 有关，I_2 与 U_1 和转差率 s 有关，$\cos\varphi_2$ 与转子每相绕组的电阻 R_2 和漏阻抗 X_2 有关，故式（7-5）可改写为

$$T=C_T U_1^2\frac{sR_2}{R_2^2+(sX_{20})^2} \tag{7-6}$$

其中，当电源频率 f_1 一定时，C_T 为一常数。可见，三相异步电动机的电磁转矩不仅与转差率 s、转子电路参数有关，而且还与电源电压 U_1 的二次方成正比。因此，电源电压的波动对电动机的转矩影响很大。这是异步电动机的不足之处。

当电源电压 U_1 和频率 f_1 一定，且电动机参数不变时，异步电动机转矩 T 与转差率 s 的关系 $T=f(s)$ 称为转矩特性，转矩特性曲线如图 7-11 所示。

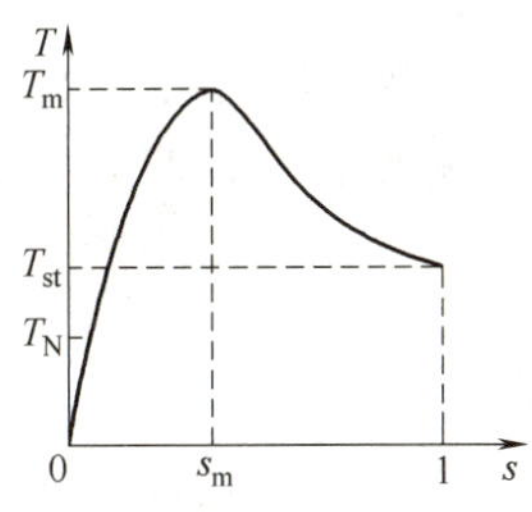

图 7-11　转矩特性曲线

（1）最大转矩

从 $T=f(s)$ 曲线可以看出，$s=0$ 时 $T=0$，为理想空载工作状态，实际中不存在。在 $0<s<s_m$ 区间，转矩 T 随 s 的增大而增大；$s=s_m$ 时，转矩达到最大值 T_m；在 $s_m<s<1$ 区间，转矩 T 随转差率 s 的增大而减小。通常称 s_m 为临界转差率。

将式（7-6）对 s 求导，并令 $\frac{dT}{ds}=0$，可得临界转差率为

$$s_m=\frac{R_2}{X_{20}} \tag{7-7}$$

将式（7-7）代入式（7-6），可得最大转矩为

$$T_{\mathrm{m}}=C_T U_1^2 \frac{1}{2X_{20}} \tag{7-8}$$

从式（7-7）、式（7-8）可以看出，临界转差率 s_{m} 与转子电阻 R_2 成正比，但最大转矩 T_{m} 与 R_2 无关。R_2 增大，T_{m} 不变，s_{m} 增大，使得电动机发生最大转矩时的转速降低，如图 7-12 所示。因此，在绕线转子异步电动机转子回路外接变阻器可实现调速的目的。

由式（7-8）可知，异步电动机的最大转矩 T_{m} 与电源电压 U_1 的二次方成正比。所以供电电压的波动将影响电动机的运行情况。图 7-13 为电源电压不同时三相异步电动机的转矩特性曲线。

（2）起动转矩

电动机起动瞬间，$n=0$，$s=1$，这时产生的电磁转矩称为起动转矩 T_{st}，将 $s=1$ 代入式（7-6），可得

$$T_{\mathrm{st}}=C_T U_1^2 \frac{R_2}{R_2^2+X_{20}^2} \tag{7-9}$$

可见，改变 R_2 和 U_1 都会对起动转矩 T_{st} 有影响，如图 7-12、图 7-13 所示。

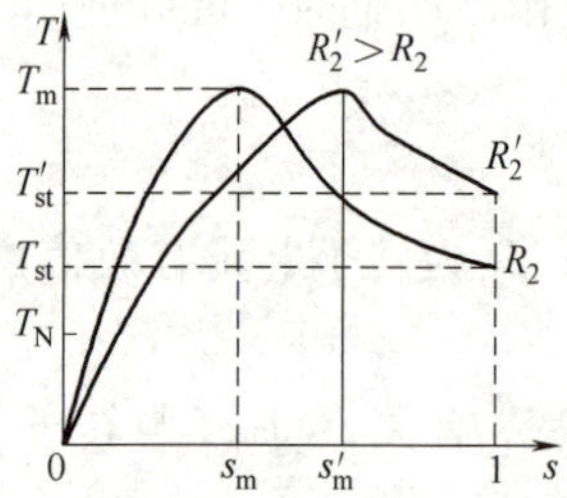

图 7-12 转子电阻不同时三相异步电动机的转矩特性曲线

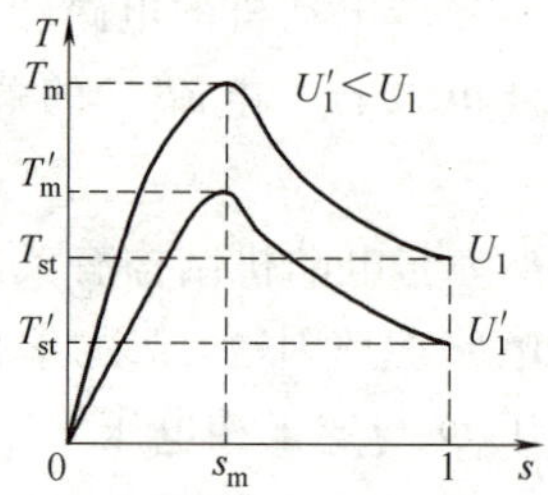

图 7-13 电源电压不同时三相异步电动机的转矩特性曲线

（3）额定转矩

在忽略电动机本身的机械损耗阻力矩时，可认为电磁转矩 T 近似等于电动机轴上的输出机械转矩 T_2，即

$$T\approx T_2=\frac{P_2}{\frac{2\pi n}{60}}=9.55\frac{P_2}{n} \tag{7-10}$$

式中，P_2 为电动机输出机械功率（W）。异步电动机工作在额定状态下产生的电磁转矩为异步电动机的额定转矩 T_{N}，即

$$T_{\mathrm{N}}=\frac{P_{2\mathrm{N}}}{\frac{2\pi n_{\mathrm{N}}}{60}}=9.55\frac{P_{2\mathrm{N}}(\mathrm{W})}{n_{\mathrm{N}}}=9550\frac{P_{2\mathrm{N}}(\mathrm{kW})}{n_{\mathrm{N}}} \tag{7-11}$$

式中，n_{N} 为电动机额定转速（r/min）。

电动机的最大转矩 T_{m} 与额定转矩 T_{N} 之比称为过载系数，用 λ_{m} 表示为

$$\lambda_{\mathrm{m}}=\frac{T_{\mathrm{m}}}{T_{\mathrm{N}}} \tag{7-12}$$

λ_m 表示电动机的短时过载能力。一般三相异步电动机的 λ_m 为 1.8~2.2，而冶金、起重等特殊电动机的 λ_m 为 2.2~3。

需要指出的是，电动机的负载转矩 T_L 在 $T_N<T_L<T_m$ 状态运行时，为过载状态。过载状态下只能短时运行，否则电流太大，温升过高将使电动机绝缘老化、寿命缩短。因此，中、大容量的电动机均应装配热保护继电器，其目的就是避免电动机长时间过载运行。

电动机的起动转矩 T_{st} 与额定转矩 T_N 的比值 K_{st} 为电动机的起动能力，即

$$K_{st}=\frac{T_{st}}{T_N} \tag{7-13}$$

一般异步电动机的 K_{st} 值为 1.4~2.2。

2. 机械特性

异步电动机的转速 n 与转矩 T 之间的关系 $n=f(T)$ 称为机械特性，其曲线如图 7-14 所示。

当电动机所带负载转矩 T_L 小于起动转矩 T_{st} 时，可带负载起动，从 a 点→b 点，电动机的转矩随转速的上升而增大，促使转速迅速提高，到达 b 点时转矩为最大值 T_m。拐过 b 点以后，电动机的转矩则随转速的上升而减小，但只要是电磁转矩 T 大于负载转矩 T_L，电动机的转速还将保持继续上升，直到 $T=T_L$ 时，电动机的转速稳定下来。所以，电动机稳定运行的工作点位于 $n=f(T)$ 曲线 bc 区上的某一点，故 bc 区称为稳定工作区。ab 区为不稳定工作区。

当负载转矩发生变化时，只要 $T'_L<T_m$，则电动机可以自动调节，使电动机的电磁转矩重新适应负载的需要。如当负载转矩增加时，电动机的电磁转矩 T 不能马上改变，因而 $T<T'_L$，导致电动机的转速下降，随着转速的下降，电磁转矩上升，直到 $T=T'_L$，电动机在一个新的工作点上稳定下来，此时转速 $n'<n$，如图 7-14 所示。一般异步电动机 $n=f(T)$ 曲线的 bc 段较平，故在此区段内，负载转矩的变动引起的转速变化不大，这种特性称为硬机械特性。

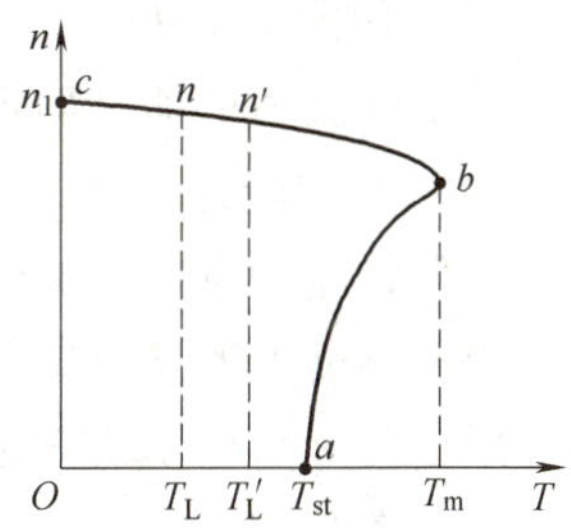

图 7-14　三相异步电动机的机械特性曲线

如果负载转矩 T_L 突然增加，或电源电压突然降低使 T_m 下降，一旦 $T_m<T_L$，则电动机转速迅速下降，进入 ab 区段，电动机的电磁转矩随转速的下降而减小，导致电动机迅速停止运转，这一现象称为堵转。堵转后，电动机的电流立即升高为额定电流的数倍，如果没有保护措施及时切断电源，电动机将可能被烧毁。

7.1.4　三相异步电动机的额定值

电动机的型号和额定数据都标记在铭牌上，下面以 Y132S-2 型电动机为例，说明铭牌上各数据的含义。

三相异步电动机		
型号：Y132S-2	功率：7.5kW	频率：50Hz
电压：380V	电流：15.0A	接法：△
转速：2900r/min	绝缘等级：B	工作方式：连续
出厂年月　×年×月		

(1) 型号

电动机型号中包括产品类型代号、结构、磁极数和特殊环境代号，其中产品类型代号见表 7-2。例如：

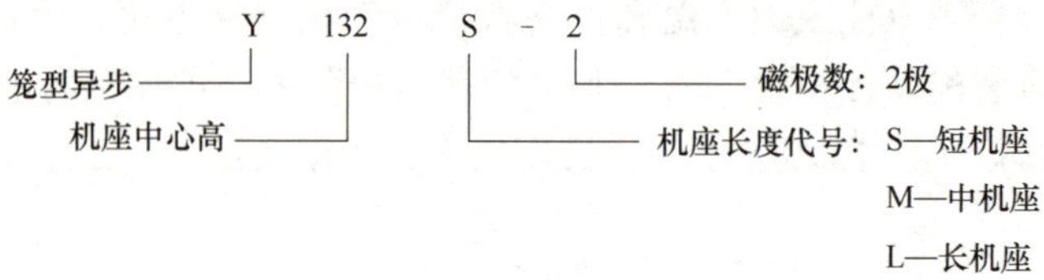

表 7-2 电动机型号中的产品类型代号

代号	产品名称	代号	产品名称
Y	笼型异步电动机	YB	隔爆笼型异步电动机
YR	绕线转子异步电动机	YQS	潜水笼型异步电动机
YQ	高起动转矩异步电动机	YQY	潜油笼型异步电动机
YD	多速异步电动机	YRL	立式绕线转子异步电动机

(2) 额定电压 U_{1N}

额定电压为电动机额定运行时定子绕组应加的电源线电压（V）。一般规定电动机电源电压的偏差应小于额定值的±5%。

(3) 额定电流 I_{1N}

额定电流为电动机额定运行时的定子绕组线电流（A）。

(4) 额定转速 n_N

额定转速为电动机额定运行时的转速（r/min）。

(5) 额定功率 P_N

额定功率为电动机额定运行时电动机轴上输出的机械功率（kW）。

(6) 额定频率 f_{1N}

我国电力系统交流电的频率统一采用 50Hz，因此国内用交流异步电动机的额定频率一般为 50Hz。

(7) 绝缘等级

电动机的绝缘等级是按其所用绝缘材料所容许的温升或容许极限温度来分级的。

7.1.5 三相异步电动机的起动

电动机从接入电源开始转动，转速逐渐上升直到稳定运行状态，这一过程称为起动。电动机能够起动的条件是起动转矩 T_{st} 必须大于负载转矩 T_L。

电动机在刚接入电源瞬间，$n=0$，$s=1$，旋转磁场切割转子的相对速度最大，转子回路的感应电动势和感应电流最大，因此定子电流也必然最大，此瞬间定子的线电流称为起动电流或堵转电流，用 I_{st} 表示。一般中小型三相笼型异步电动机的起动电流约为额定电流的 5~7 倍。

通常情况下，电动机的起动时间很短（中小型电动机约为 1~3s），电流随转速上升而很快下降，因此，只要不是频繁起动的电动机，不会因起动而过热。但是过大的起动电流会在电源线路上产生较大的电压降落，影响同一变压器供电的其他负载的正常工作，如电灯突然变暗，其他电动机的电磁转矩突然下降等。

综上所述，实际中应根据电动机的起动转矩、起动电流和电网电源的要求采用适当的起动方法。常用的起动方法有以下几种。

（1）直接起动（全压起动）

直接起动就是采用刀闸或接触器直接将额定电压加到电动机上。这种起动方法的优点是简单、经济和起动快，缺点是由于起动电流很大，起动瞬间会造成电网电压突然下降。一台电动机能否直接起动，需要根据电力管理部门的规定决定，一般 30kW 以下的笼型异步电动机可考虑采用直接起动。

（2）减压起动

功率较大的电动机，直接起动时起动电流太大，对电网影响较大，应采用减压起动来限制起动电流。最常用的减压起动方法是星形-三角形换接起动法。

星形-三角形换接起动法简记为Y-△起动法。Y-△起动法适用于正常工作时定子绕组是三角形联结的笼型异步电动机，如图 7-15 所示。

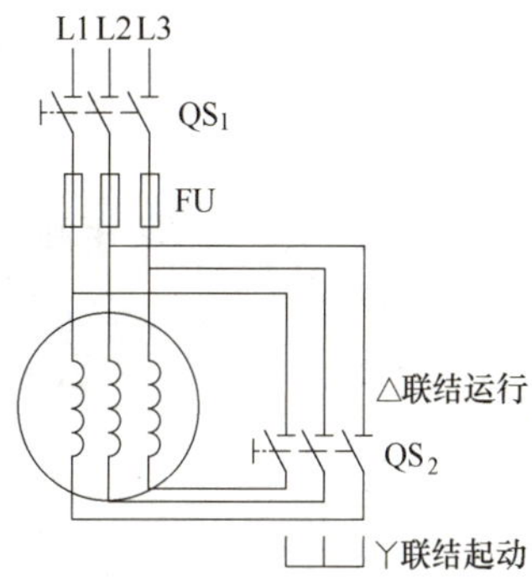

图 7-15　Y-△起动

起动时，先将三相手动刀开关 QS_1 合上接入电源，然后将开关 QS_2 合向起动位置，使电动机定子绕组Y联结，这样定子绕组只承受额定电压的 $1/\sqrt{3}$，当电动机达到一定转速时，再将开关 QS_2 合向运行位置，使电动机定子绕组换接为△联结，电动机在额定电压下运行。采用Y-△起动可以使起动电流减小至直接起动的 1/3，但同时起动转矩也降低至直接起动的 1/3。因此Y-△起动法只适用于空载或轻载起动。

采用上述两种起动方法，电动机在起动时都将受到不同程度的冲击，且对电网的影响不能完全克服。随着电力电子技术和微机控制的发展，目前，一种性能优良的软起动控制器已经问世，并得到迅速推广。

软起动控制器采用现代电力电子技术及先进的微机控制技术，其实质是一个由大功率电力电子器件控制的电子交流调压器。在电动机起动过程中，可按用户期望的起动特性，对电动机进行自动控制，使其平滑可靠地完成起动过程。软起动器与电动机的接线图如图 7-16 所示。

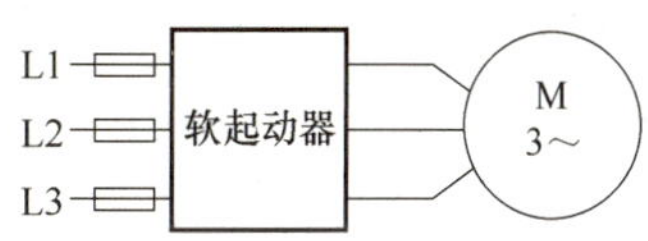

图 7-16　软起动器与电动机的接线图

软起动控制器还兼有对电动机的过电流、过电压、过载和断相等保护功能，因此得到日益广泛地应用。

（3）转子回路串接电阻起动

三相绕线转子异步电动机可以采用转子回路串接电阻的方法减小起动电流，同时还可以提高起动转矩，其起动特性见图 7-12。因此这种方法常用于需要起动转矩大的生产机械上，如卷扬机、锻压机、起重机等设备。

【例 7-1-1】　某三相异步电动机的额定数据如下：$P_N = 4.5$kW，$U_N = 380$V，△联结，$\eta_N = 0.84$，$\lambda_N = \cos\varphi_N = 0.8$，$I_{st}/I_N = 6.5$，$T_{st}/T_N = 1.4$，$T_m/T_N = 1.8$，$f_1 = 50$Hz，$n_N = 1430$r/min，求：磁极对数 p、额定转差率 s_N 定子绕组的额定电流 I_N 和起动电流 I_{st}、额定转矩 T_N、

起动转矩 T_{st} 和最大转矩 T_m。

解：因 $n_N=1430r/min$，所以其同步转速 $n_1=1500r/min$，磁极对数

$$p=\frac{60f_1}{n_1}=\frac{60\times50}{1500}=2$$

额定转差率为

$$s_N=\frac{n_1-n}{n_1}=\frac{1500-1430}{1500}=0.05$$

定子绕组的额定电流为

$$I_N=\frac{P_N}{\sqrt{3}U_N\cos\varphi_N\eta_N}=\frac{4.5\times10^3}{\sqrt{3}\times380\times0.8\times0.84}A=10.2A$$

$$I_{st}=6.5I_N=6.5\times10.2A=66.3A$$

额定转矩、起动转矩和最大转矩分别为

$$T_N=9550\frac{P_N}{n_N}=9550\times\frac{4.5}{1430}N\cdot m=30.05N\cdot m$$

$$T_{st}=1.4T_N=1.4\times30.5N\cdot m=42.7N\cdot m$$

$$T_m=1.8T_N=1.8\times30.5N\cdot m=54.9N\cdot m$$

【例 7-1-2】 一台 40kW 的三相异步电动机，$U_N=380V$，△联结，$\lambda_N=\cos\varphi_N=0.88$，$\eta_N=0.9$，$T_{st}/T_N=1.8$，$I_{st}/I_N=7$，$n_N=1450r/min$，接入线电压为380V的三相电源，试求：

1）该电动机的额定电流和额定转矩。

2）直接起动时的起动电流和起动转矩。

3）采用Y-△起动法起动时起动电流和起动转矩是多少？

4）当负载转矩为额定转矩 T_N 的 80%和 50%时，电动机能否起动？

解：

1）
$$I_N=\frac{P_N}{\sqrt{3}U_N\cos\varphi_N\eta_N}=\frac{40\times10^3}{\sqrt{3}\times380\times0.88\times0.9}A=76.7A$$

$$T_N=9550\frac{P_N}{n_N}=9550\times\frac{40}{1450}N\cdot m=263.4N\cdot m$$

2）
$$I_{st}=7I_N=7\times76.7A=536.9A$$

$$T_{st}=1.8T_N=1.8\times263N\cdot m=473.4N\cdot m$$

3）
$$I_{stY}=\frac{1}{3}I_{st}=\frac{536.9}{3}A=178.9A$$

$$T_{stY}=\frac{1}{3}T_{st}=\frac{473.4}{3}N\cdot m=157.8N\cdot m$$

4）负载转矩 T_L 为额定转矩的 80%时，可得

$$T_L=0.8T_N=0.8\times263.4N\cdot m=210.7N\cdot m>158.1N\cdot m$$

即 $T_L>T_{stY}$，故电动机不能起动。

当负载转矩 T'_L 为额定转矩的 50%时，可得

$$T'_L = 0.5T_N = 0.5\times263.4\text{N}\cdot\text{m} = 131.7\text{N}\cdot\text{m} < 157.8\text{N}\cdot\text{m}$$

即 $T'_L < T_{stY}$，故电动机可以起动。

7.1.6　三相异步电动机的调速

调速是用人为的方法，在同一负载下，使电动机的转速从某一数值改变为另一数值。

三相异步电动机的转速公式为

$$n = (1-s)n_1 = (1-s)\frac{60f_1}{p} \tag{7-14}$$

由式（7-14）可知，改变电动机转速有三种方法：

（1）变极对数 p 调速

三相异步电动机可以采用改变极对数的方法改变转速，极对数越多转速越低，常见的多速电动机有双速、三速和四速等，若极对数太多，则制造复杂、难以实现。由于变极对数调速时电动机转速呈跳跃性变化，因而该调速方法只用在对调速性能要求不高的场合，如铣床、镗床、磨床等机床上。

（2）变转差率 s 调速

变转差率调速是绕线转子电动机特有的一种调速方法，是通过在转子回路串联可调电阻，改变转子回路电阻从而改变异步电动机的机械特性使转差率发生变化，达到调速的目的。变转差率调速的优点是调速平滑、设备简单、投资少，缺点是电阻能耗较大、运行效率低。变转差率调速方法在各种提升、起重设备中应用较多。

（3）变频率 f 调速

变频调速方法是通过改变异步电动机的供电频率来改变转速，如果能均匀地改变电源频率 f_1 即可实现无级平滑调速。变频调速性能优异，其特点是调速范围大、稳定性好、运行效率高，因此得到越来越广泛的应用。

【思考题】

7.1.1　三相异步电动机的三相绕组中接入直流电流能产生旋转磁场吗？接入单相交流电流产生什么磁场？

7.1.2　什么是三相电源的相序？改变三相异步电动机所接三相电源的相序，电动机的工作情况如何变化？

7.1.3　一台 $n_N = 2970\text{r/min}$ 的三相异步电动机，$n_1 = ?$ 磁极对数 $p = ?$

7.1.4　三相异步电动机的电磁转矩是如何产生的？与哪些因素有关？

7.1.5　三相异步电动机转子电路中的电动势、电流、频率、电阻、电抗和功率因数与转差率有什么关系？

7.1.6　三相异步电动机转子电路断开（$i_2 = 0$）能否起动运行？为什么？

7.1.7　三相异步电动机的额定转矩 T_N 受哪些因素的限制？

7.1.8　三相绕线转子异步电动机是否外串转子电路电阻 R_2 越大，起动转矩越大？

7.1.9　三相异步电动机在正常运转时，电源电压忽然降低，电动机的电流如何变化？

7.1.10　电压降低对三相异步电动机的转速、起动转矩、起动时间有什么影响？

7.1.11　改变三相异步电动机转速有哪几种方法？

7.2 继电-接触器控制系统

现代生产中广泛采用自动控制系统，这不仅是提高生产率、提高产品质量、节约人力、节约原材料和能源的需要，而且也是保证生产中人员和设备安全的需要。传统的继电-接触器控制具有操作简便、造价低廉、维护容易等优点，在对控制要求不高的场合仍被广泛应用。所以，了解继电-接触器控制系统仍具有重要的现实意义。

电气系统的继电-接触器控制是采用有触点的控制元件，如接触器、继电器、刀开关、按钮等，实现对控制对象运行状态的控制，常用的控制方式有自锁、联锁等。电动机是重要的控制对象，对电动机的控制主要有起动、停止和正、反转控制等。

7.2.1 常用低压控制电器

低压控制电器（简称低压电器）泛指工作电压在1200V以下的电器设备，用来对强电电路进行通断控制、保护和调节。

低压控制电器通常分为以下几类：

1）开关电器，包括刀开关、转换开关、断路器等。

2）主令电器，包括按钮、行程开关和接近开关等。

3）执行电器，包括接触器和各类继电器。

4）保护电器，包括熔断器、剩余电流保护器和各种过载、过电压、过电流、短路等保护电器。

一些电器常兼有保护功能，以便安装和使用。如在刀开关中一般都配有熔断器，断路器则兼有短路、过载、失电压等保护功能。

本节介绍几种常用的低压电器。部分常用电机、电器的图形符号见表7-3。

表7-3 常用电机、电器的图形符号

名称		符号
三相笼型异步电动机		
熔断器		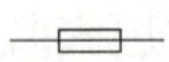
热继电器	发热元件	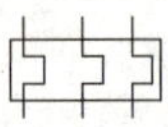
	动断触点	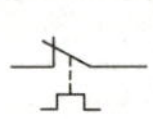
按钮触点	动合	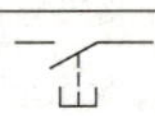
	动断	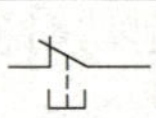

名称		符号
三相开关		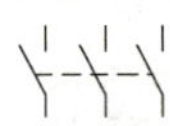
照明灯信号灯		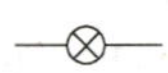
行程开关触点	动合	
	动断	
继电器触点、接触器辅助触点	动合	
	动断	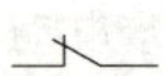

名称		符号
继电器接触器线圈		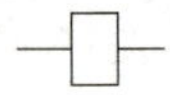
接触器主触点	动合	
	动断	
时间继电器触点	动合延时闭合	
	动合延时断开	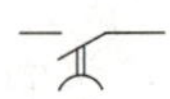
	动断延时断开	
	动断延时闭合	

1. 开关电器与熔断器

（1）刀开关（QS）

刀开关是一种最常用的手动电器，用于不频繁地接通和切断电源的场合。刀开关由刀片（动触点）、刀座（静触点）、瓷质底板及胶木盖构成。刀开关分为单极、双极和三极等，其电路图形符号如图 7-17 所示。选用刀开关时应根据负载的情况确定其额定电压和额定电流。

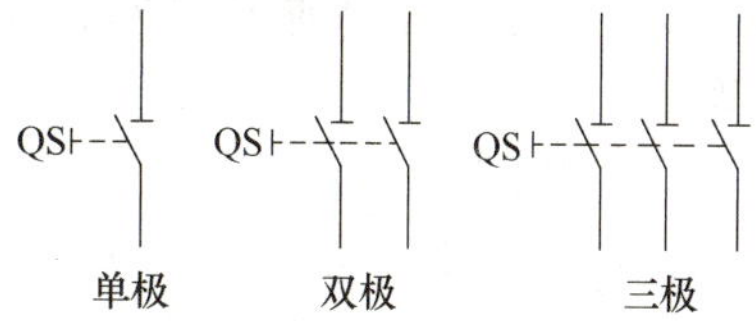

图 7-17　刀开关的电路图形符号

用刀开关切断电路时，由于电路中的感性负载释放储能，瞬间产生高压使空气电离而导电，在刀片与刀座间会产生电弧，特别是在切断较大电流时，电弧非常强烈且持续不易熄灭，因此，为安全起见，不准用无隔弧、灭弧装置的刀开关切断大电流。在继电-接触器控制系统中，刀开关一般用作隔离开关，而用接触器接通和断开负载。

（2）熔断器（FU）

熔断器是一种最常见的短路保护元件。熔断器按照其结构和用途分为插入式、螺旋式、无填料密封式、有填料密封式、快速式等。熔断器中的熔丝或熔片统称为熔体，熔体一般用电阻率较高的易熔合金制成。熔断器串接在电路中，在额定电流情况下，熔体不会熔断，当发生短路或严重过载时，熔体应立即熔断切断电路，保护电路和设备不受损坏。

熔断器熔体额定电流的选择方法，应根据不同的负载决定：

1）对电阻性负载，如电灯、电阻炉等，熔体额定电流≥负载总电流。

2）对单台电动机，由于负载起动电流大于工作电流，熔断器额定电流的选择既要有短路保护作用，又要使熔断器在起动瞬间不被熔断。因此，对单台长期工作的电动机，熔体额定电流≥(1.5~2.5）倍电动机额定电流；对单台频繁起动的电动机，熔体额定电流≥(3~3.5）倍电动机额定电流。

3）对多台电动机，熔体额定电流应大于或等于最大电动机额定电流与其余电动机额定电流之和的（1.5~2.5）倍。

（3）断路器

断路器用于低压（500V 以下）交、直流配电系统，在正常供电情况下，用于不频繁接通和切断电路。一旦电路发生过载、短路及欠电压故障，断路器的保护装置立即动作切断电路，当故障排除后，无须更换零件，可迅速恢复供电。因此，使用非常方便。

图 7-18 为断路器原理图。当操作手柄扳到闭合位置时，连杆被锁钩锁住，主触点闭合，电源接通。保护装置的过电流脱扣器和欠电压脱扣器都是电磁铁，在正常工作时，过电流脱扣器的衔铁不吸合，而当发生严重过载或短路故障时，与主电路串联的线圈产生较强的电磁力将衔铁吸下，顶开锁钩，在释放弹簧的拉力下，主触点迅速断开，切断电路。电流保护的动作电流可根据负载情况整定，其最大值为额定电流的 10~12 倍。欠电压脱扣器的工作与过电流脱扣器相反，正常电压时，其衔铁吸合，当电压

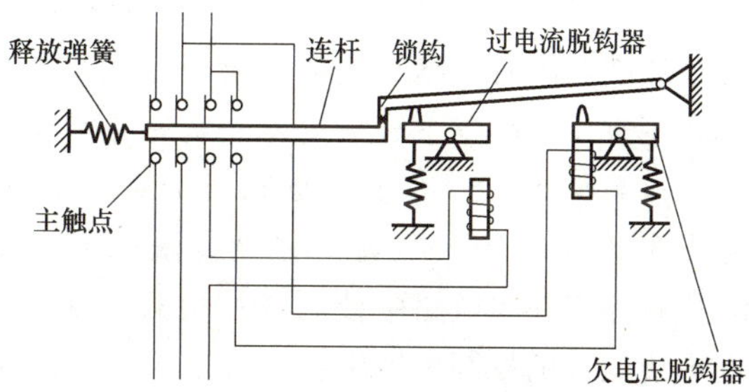

图 7-18　断路器原理图

过低或欠电压时，衔铁释放，使主触点断开。当电源电压恢复正常时，必须重新合闸才能工作，实现了欠电压保护。

2. 主令电器

主令电器用来接通和分断控制电路，发出操作命令。常用的主令电器有按钮、行程开关等。

(1) 按钮（SB）

按钮是一种手动主令电器，按钮内的动合（常开）触点用来接通控制电路，发出起动指令，按钮内的动断（常闭）触点用来分断控制电路，发出停止指令。最常见的按钮是复合式的，包括一个动合触点和一个动断触点。图 7-19 为按钮结构示意图。

当按压按钮帽时，动触点下移，使动断触点断开、动合触点闭合，当松开按钮帽时，复位弹簧使动触点复位，动断和动合触点恢复原来的状态。

(2) 行程开关（ST）

行程开关也称位置开关，它是反映运动部件行进位置的主令电器。行程开关广泛用于起重机、机床、生产线等设备的行程控制、限位控制和程序控制中的位置检测。行程开关的种类很多，主要分为机械式和电子式两大类。图 7-20 为直动式机械行程开关结构示意图。

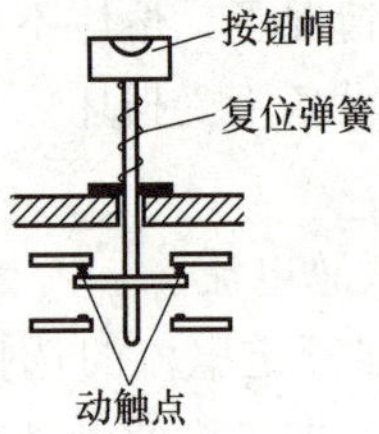

图 7-19 按钮结构示意图

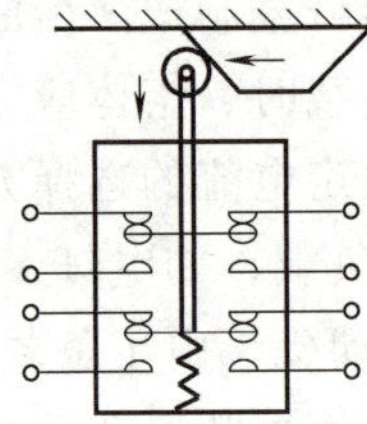
图 7-20 直动式机械行程开关结构示意图

当运动部件压下触杆时，行程开关动作；运动部件离开触杆时，行程开关恢复常态。根据行程开关的不同状态，发出不同的指令。

3. 执行电器

(1) 接触器（KM）

接触器是利用电磁力来接通和断开主电路的执行电器。三相交流接触器的结构示意图如图 7-21 所示。它由电磁机构、触点系统和灭弧装置组成。电磁机构包括吸引线圈、静铁心和动铁心，动铁心与动触点相连。当吸引线圈两端施加额定电压时，产生电磁力，将动铁心吸下，动铁心带动动触点一起下移，使动合触点闭合、动断触点断开，当吸引线圈断电时，动铁心失去磁力，在复位弹簧的作用下复位，触点系统恢复常态。三相交流接触器的触点系统中有三对主触点和若干对辅助触点，主触点可以通过较大电流，并设有隔弧和灭弧装置。主触点用在主电路中控制三相负载，辅助触点用在电流较小的控制电路中。

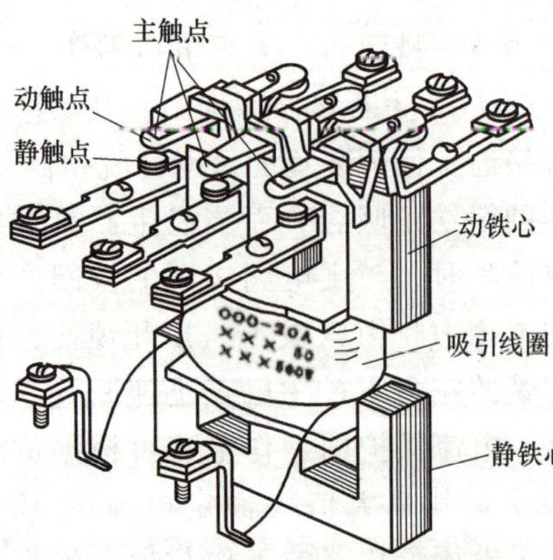

图 7-21 三相交流接触器结构示意图

在选用接触器时应注意：接触器的额定电流指

主触点的额定电流，另外，要根据控制电路的工作电压选择吸引线圈的额定电压，常用的有交流 36V、220V 和 380V 接触器。

（2）继电器

继电器是广泛用于自动控制系统和保护系统的自动电器，其输入控制量可以是电压、电流等电量，也可以是温度、压力等非电量。继电器种类繁多，常用的有三大类。

1）电磁式控制继电器（KA）。电磁式控制继电器的基本结构、工作原理和接触器相似，只是它的触点电流容量较小，一般为 5A 或 10A，没有灭弧装置。

电磁式控制继电器种类也很多，电压继电器可用于负载的失电压、欠电压保护；电流继电器可用于过载或短路保护；中间继电器的触点数目较多且电流容量相对较大，可作为信号放大或用于要求触点较多的控制系统。

2）时间继电器（KT）。时间继电器是反映时间的自动控制电器，即从接收信号到触点动作有一定延时。延时长短可根据需要预先整定。时间继电器分电磁式和电子式，前者是在电磁式控制继电器上加装空气阻尼（如气囊）或机械阻尼（钟表机械）构成，后者是利用电子延时电路实现延时动作。

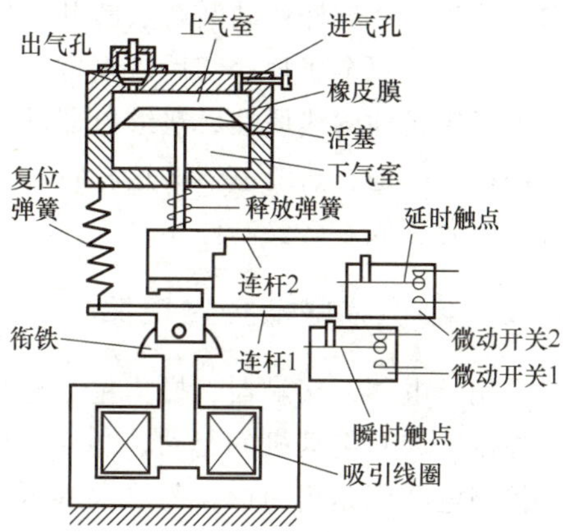

图 7-22　空气阻尼式时间继电器原理图

图 7-22 为空气阻尼式时间继电器的原理图。当吸引线圈通电时产生磁力，将衔铁吸下，带动连杆 1 压下微动开关 1 的按钮，使其触点立即动作，这是时间继电器的瞬时触点。连杆 1 的下移使连杆 2 失去支撑，在释放弹簧的作用下，连杆 2 拉动活塞开始下移，但由于活塞表面有一层橡皮膜，当活塞下移时，下气室压力增大、上气室压力减小，这个压力差使活塞不能迅速下移，随着空气由细小的进气孔缓慢地进入上气室，活塞逐渐下移，当移到最低位置时，连杆 2 压下微动开关 2 的按钮，使其触点动作（动断触点断开、动合触点闭合），这就是时间继电器的延时触点。延时时间即自吸引线圈通电时刻起到微动开关触点动作为止的时间，通过调节进气孔螺钉可以改变进气孔大小，调节延时长短。

吸引线圈断电时失去磁力，在复位弹簧的作用下，连杆 1 带动连杆 2 及活塞上移复位，由于上气室的空气可由出气孔迅速排出，使复位即刻完成，所以，微动开关 1、2 的触点立即释放，没有延时。

图 7-22 空气阻尼式时间继电器为通电延时型，即吸引线圈通电时延时触点延时动作，动合触点延时闭合、动断触点延时断开，而在吸引线圈断电时立即复位，没有延时。改变时间继电器的结构，可得到断电延时型时间继电器，即在吸引线圈断电时延时触点延时复位，动合触点延时断开、动断触点延时闭合，而在通电时立即动作，没有延时。

3）热继电器（FR）。热继电器是一种以感受元件受热而动作的继电器，常作为负载的过载保护。图 7-23 分别为热继电器的外形、结构示意图及工作原理示意图。

如图 7-23b 所示，热继电器主要由热元件、动断（常闭）触点及动作机构组成。热元件是一段阻值很小的电阻丝，绕在双金属片上，双金属片由两种热膨胀系数不同的金属片轧制

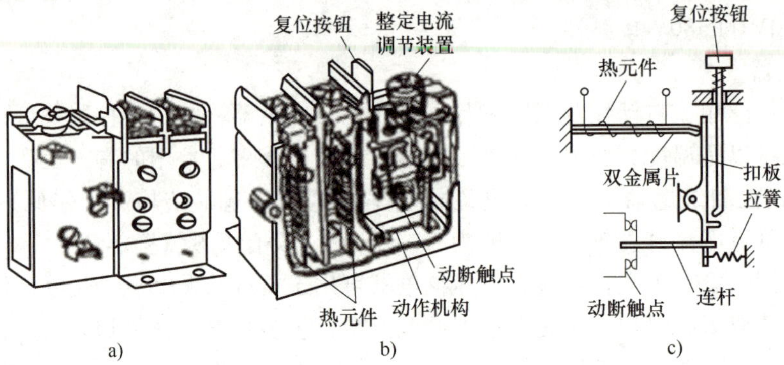

图 7-23 热继电器

a）外形 b）结构示意图 c）工作原理示意图

而成。热元件串接在负载的主电路中，动断触点串接在控制电路。当主电路电流超过允许值时，热元件产生较多的热量，使双金属片受热上翘，如图 7-23c 所示，扣板在拉簧的作用下脱扣，同时带动连杆使动断触点断开，切断控制电路，使接触器线圈断电，切断主电路使负载受到保护。双金属片冷却后恢复常态，需按下复位按钮，才可使热继电器复位。

由于热元件的热惯性，热继电器动作需要一定的时间，故只能作为过载保护而不能作为短路保护。但是，热继电器的这种特性正好符合电动机等负载的起动要求，可避免起动时的短时过载而造成不必要的停车。

7.2.2 继电-接触器控制电路

采用继电器、接触器、操作主令电器等低压电器组成有触点的控制系统，称为继电-接触器控制。如对电动机的起动、制动、反转和调速控制。

控制电路图是用图形符号和文字符号表示的各种电器的连接图。要读懂一套控制电路图，除了要具备各种电机、电器的必要知识外，还应了解被控对象的工艺和生产过程，明确它们对控制电路的要求。此外，还要掌握控制电路构图的以下特点：

1）一个系统的总控制电路图分为主电路和控制电路两部分。主电路中串联有接触器的主触点，通过主触点的动作对负载的供电电源进行通、断控制。主电路的电流一般较大，要用接通和分断能力较大的电器（接触器、断路器等）来操作。此外，在主电路中还需设置各种保护装置，如熔断器、热继电器的发热元件等，以保障电源和负载的运行安全。控制电路的直接控制对象是接触器的吸引线圈，通常是根据预定的生产工艺过程，由按钮、行程开关等主令电器发出指令，通过控制电路控制接触器的吸引线圈通电或断电，引起串联在主电路中的接触器主触点动作，从而实现对负载运行情况（起动、停车、制动、调速、反转等）的控制。

2）在总控制电路图中，为绘图简洁，同一电器的各个部件往往不画在一起，而是分布在不同地方，甚至不在一张图上。如一个接触器的主触点在主电路图中，而它的吸引线圈和辅助触点则在控制电路图中，但是，同一电器的各个部件都用同一文字符号标明。

3）电路图中，所有电器的状态均为常态，即吸引线圈不带电、按钮没按下的情况等。

控制系统根据生产工艺要求的不同，控制电路的结构也不相同，但主电路则变化不大。

控制电路都是用若干个基本电路和一些保护措施组合而成的，因此，掌握一些基本电路和保护措施，是学习继电-接触器控制系统的关键。

下面以电动机控制为例，介绍基本的控制电路，其控制原理同样适用于其他电器的控制。

（1）三相异步电动机点动控制电路

点动控制常用于吊车、机床立柱、横梁的位置移位，以及刀架、刀具的调整等。图 7-24 为三相异步电动机的点动控制电路，左边为主电路，主电路由刀开关 QS、熔断器 FU、接触器 KM 的主触点和电动机组成。右边为控制电路，由按钮 SB 和接触器 KM 的线圈串联组成。

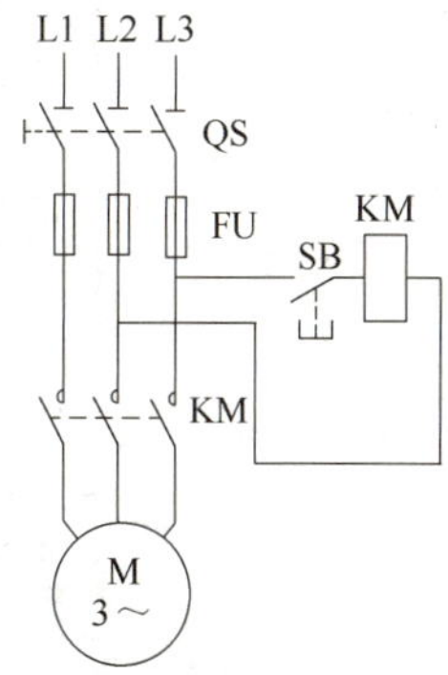

图 7-24　三相异步电动机点动控制电路

工作时，首先合上刀开关 QS，这时电动机不会运转。当按下按钮 SB 时，接触器线圈 KM 通电产生电磁力，KM 的三个动合主触点吸合，使电动机与三相电源接通，起动运转。松开按钮 SB，接触器 KM 的线圈断电失磁，主触点断开恢复常态，电动机断电停止运转，这就实现了电动机的点动控制。熔断器 FU 的作用是电源短路保护。

（2）三相异步电动机的直接起、停控制电路

图 7-25 为带有过载和断相保护的三相异步电动机直接起、停控制电路。与图 7-24 点动控制电路相比，该电路增加了接触器 KM 的一个动合（常开）辅助触点、停车按钮 1SB 和热继电器 FR。

图 7-25 控制电路的结构特点为：接触器 KM 的动合辅助触点旁路起动按钮 2SB，热继电器 FR 的热元件串接在主电路中，负责检测负载电流，它的动断（常闭）触点在控制电路中与接触器 KM 的吸引线圈串联。

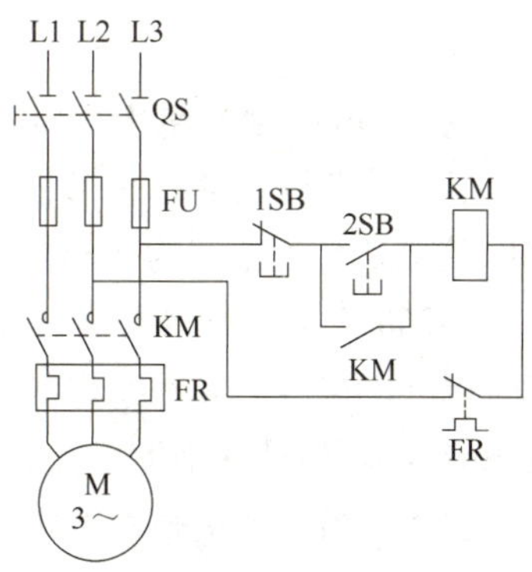

图 7-25　三相异步电动机的直接起、停控制电路

电动机起动时，首先合上刀开关 QS，然后按下起动按钮 2SB，接触器 KM 线圈通电吸合，三个动合主触点闭合，使电动机与三相电源接通而起动运转。同时，与起动按钮 2SB 并联的接触器的辅助触点也闭合，所以，当松开起动按钮 2SB 时，接触器仍能通过自己的辅助触点自保持供电，这种环节称为自锁。

当需要停车时，按下停车按钮 1SB，切断控制电路，使接触器 KM 的吸引线圈断电释放，其主触点与辅助触点均断开恢复常态，电动机断电停车。

电动机过载或断相（断开一根相线）时，主电路电流增大，当电流增大到热继电器 FR 的整定值（动作电流）时，热继电器动作，串联在控制电路中的热继电器的动断（常闭）触点断开，接触器线圈断电，主触点断开恢复常态，主电路断电，电动机停车而得到保护。

图 7-25 电路还具有失电压保护作用。电动机在运转时，若电源电压降低或突然停电，会使接触器 KM 线圈释放，触点恢复常态，切断主电路和控制电路，电动机停车。当电源恢复正常时，由于起动按钮和接触器辅助触点均处于断开状态，电动机不会自行起动，保证了设备和人身安全。

(3) 三相异步电动机的正、反转控制电路

生产过程中经常需要改变电动机的旋转方向。要改变三相异步电动机的转向，只需将连接到电动机的三根电源线中的任意两根对调，改变流入电动机的三相电流的相序即可。

图 7-26 为三相笼型异步电动机正反转起、停控制电路，该电路用了两个接触器 KM_F 和 KM_R，分别负责正、反转控制。图 7-26a 为主电路，图 7-26b、图 7-26c 为两种不同的控制电路。

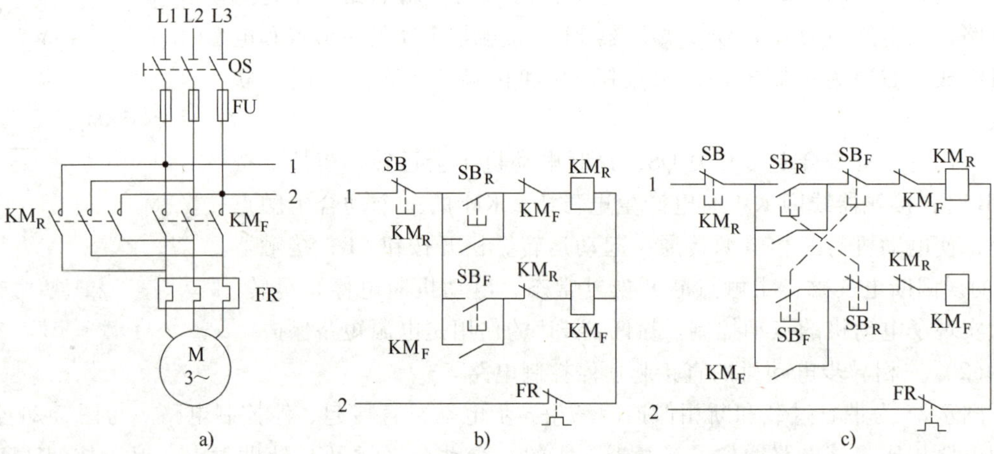

图 7-26 三相笼型异步电动机正反转起、停控制电路

a) 主电路 b) 控制电路 1 c) 控制电路 2

图 7-26b 控制电路中，SB_F 为正转起动按钮，SB_R 为反转起动按钮，SB 为停止按钮。正、反转起动按钮各有一个相应接触器的动合辅助触点与之并联，以构成自锁。正转接触器 KM_F 线圈所在的电路为正转控制电路，反转接触器线圈 KM_R 所在的电路为反转控制电路。从图 7-26b 主电路可以看出，如果两个接触器同时吸合，六个主触点同时闭合，将造成电源相间短路，这是绝对不允许的，必须采取防范措施，为此，在正转控制电路中串入一个反转接触器 KM_R 的动断辅助触点，而在反转控制电路中串入一个正转接触器 KM_F 的动断辅助触点，这样，当正转接触器 KM_F 吸合时，它的动断辅助触点打开，将反转控制电路断开，即使按下反转起动按钮 SB_R，反转接触器 KM_R 也不会通电吸合，同样，当反转接触器 KM_R 吸合时，它的动断辅助触点将正转控制电路断开，即使按下正转起动按钮 SB_F，正转接触器 KM_F 也不会通电吸合，这就保证了两个接触器不会同时吸合，这种环节称为互锁。按下停止按钮 SB 后才能进行电动机正、反转的切换。

图 7-26c 控制电路中，正、反转起动按钮采用复合式按钮，将正转起动按钮的动断触点串联在反转控制电路中，而将反转起动按钮的动断触点串联在正转控制电路中，通过复合式按钮的动合、动断触点的联动构成机械式互锁环节，这种互锁作用使得电动机在进行正、反转切换时，不必先按停止按钮 SB，而直接按下相应的起动按钮即可。如当电动机正转时若按下反转起动按钮，则其动断触点首先断开，将正转控制电路切断，使正转接触器 KM_F 断电释放，其串联在反转控制电路中的动断辅助触点恢复常态，反转起动按钮的动合触点随之闭合，接通反转控制电路，反转接触器线圈通电动作，电动机切换为反转运行。

（4）行程控制

行程控制是利用行程开关对生产机械的运动部件的位置或行程进行控制。行程控制可分为限位控制和往复运动控制。如车间内的龙门吊车通常都设有限位控制装置，以便使吊车运行到终点时能自动停车。往复运动控制在机床上被广泛采用，如刨床的工作台根据加工工件的长度被限制在一定的行程范围内做往复运行。

1）限位控制。图 7-25 三相异步电动机直接起、停控制电路中，接触器线圈串联一个行程开关 ST 的动断触点，如图 7-27 所示，即可构成限位控制电路。当生产机械的运动部件到位后，撞击行程开关，将其动断触点断开，使接触器 KM 吸引线圈断电，电动机断电而停止运行。

2）往复运动控制。往复运动控制可使生产机械的运动部件在一定的行程范围内往复循环运动，此时，要求拖动这个部件的电动机能自动地实现正、反转控制，所以，往复运动控制可以通过对前面所述的电动机正、反转控制电路改造来实现。往复运动控制主电路与图 7-26a 相同，控制电路只需将图 7-26c 控制电路中的复合式按钮 SB_F、SB_R 换为复合式行程开关 ST_F、ST_R，分别安装在行程的起点和终点，另外再增加两个单独的正、反转起动按钮 SB_F、SB_R，如图 7-28 所示。

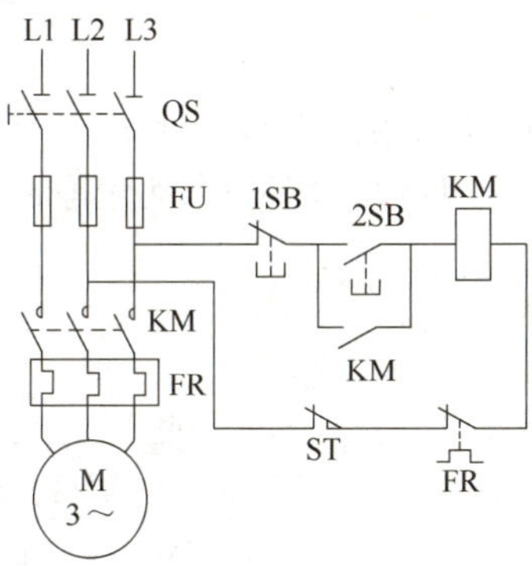

图 7-27　限位控制电路

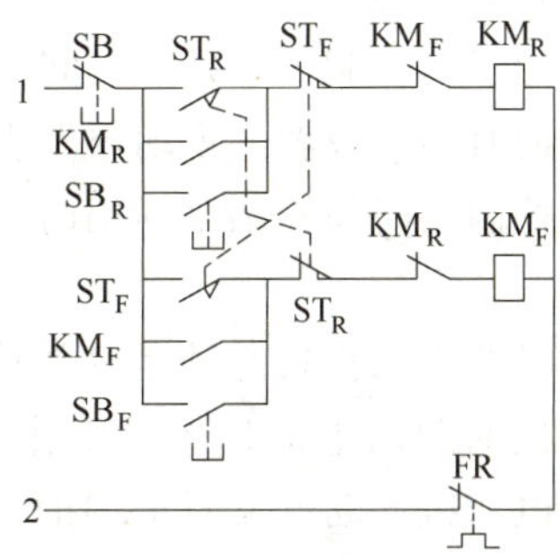

图 7-28　往复运动控制电路

起始时，若按下正向起动按钮 SB_F，接触器 KM_F 线圈通电，电动机正转，拖动机械运动部件前进，到达终点位置时碰撞行程开关 ST_R，使其动断触点断开、动合触点闭合，接触器 KM_F 线圈断电释放，而接触器 KM_R 线圈通电吸合，控制电动机反转，拖动机械运动部件后退。运动部件的后退使其与行程开关 ST_R 分开，触点复位，为 KM_F 的再次通电做好准备。由于 KM_R 辅助触点的自锁作用，ST_R 触点的复位不会使接触器 KM_R 的线圈断电。

运动部件后退回到起点时，碰撞行程开关 ST_F，使其动断触点断开，动合触点闭合，接触器 KM_R 线圈断电释放，而接触器 KM_F 线圈通电吸合，控制电动机正转，拖动运动部件再次前进。这样，电动机不停地正转、反转，拖动机械的运动部件在规定的行程范围内往复运动，直到按下停止按钮 SB 时停止运行。往复控制过程如图 7-29 所示。

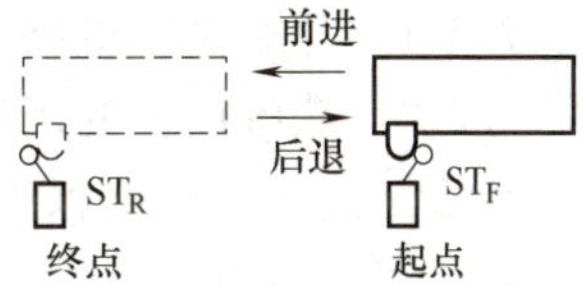

图 7-29　往复控制过程

（5）顺序控制

生产中往往需要多台电动机配合工作，根据工艺流程要求，它们的起动或停止必须按照规定的顺序进行。两台电动机 M_A 和 M_B 顺序起动控制电路如图 7-30 所示，图 7-30a 为主电路，图 7-30b 为控制电路，要求 M_A 起动后 M_B 才能起动。实现这一要求需要采用联锁环节。

图 7-30b 接触器 KMB 线圈前串联了一个接触器 KM_A 的动合辅助触点 KM_{A5}，这意味着只有在接触器 KM_A 工作后接触器 KMB 才能工作，这就实现了 M_A 起动后 M_B 才能起动的要求，KM_{A5} 就是联锁环节。

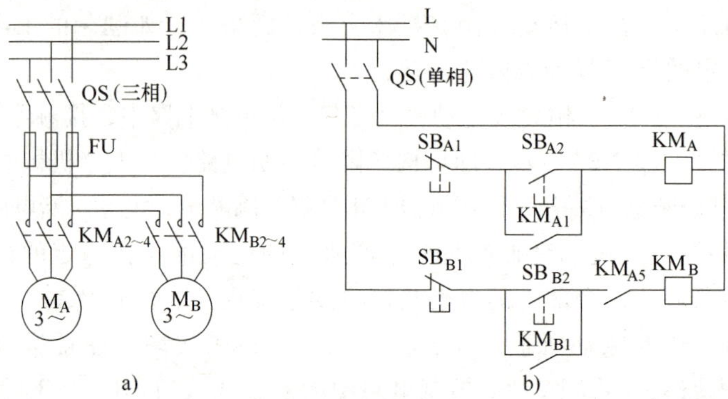

图 7-30 两台电动机顺序起动控制电路

a）主电路 b）控制电路

（6）时间控制

很多加工和控制过程是以时间为依据进行控制，如工件加热时间的控制；一个动作需要维持一定的时间；或者一个动作发生之后，间隔一定的时间再开始下一个动作等，这就要求进行时间控制。时间控制是利用时间继电器来实现的。

电动机的Y-△换接起动是时间控制的典型实例。电动机的起动电流比正常工作电流大得多，为了减小电动机起动电流对电网的冲击，一般采用减压起动的方法，对于正常工作时△联结的电动机，在起动时可先Y联结，起动电流可减小到正常起动时的三分之一，起动后再改为△联结。利用时间继电器可以控制电动机在Y联结下起动的时间，并可实现Y-△起动的自动转换。电动机Y-△换接起动控制电路如图 7-31 所示。

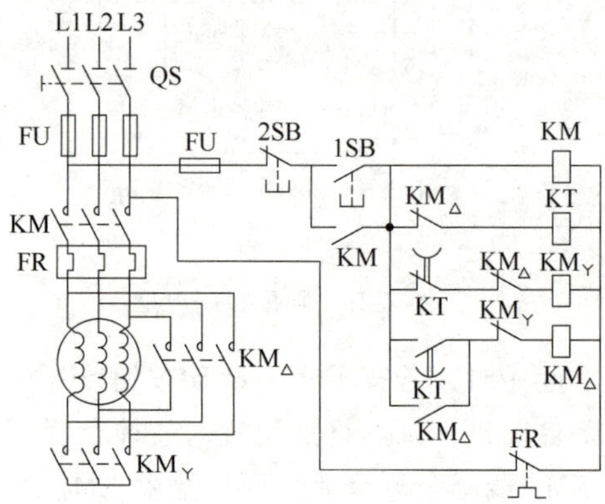

图 7-31 电动机Y-△换接起动控制电路

【思考题】

7.2.1 什么是主电路？什么是控制电路？

7.2.2 热继电器的用途是什么？它的发热元件和触点分别连接在什么电路中？热继电器为什么不能用于短路保护？

7.2.3 举例说明什么是自锁、互锁环节？

7.2.4 为什么在电动机正、反转控制电路中必须具有互锁环节？

7.2.5 交流接触器为什么具有失电压保护作用？

7.3 可编程序控制器概论

可编程序控制器简称 PLC，它是现代化工业发展的必然产物，PLC 是以微处理器为核心的工业控制装置。PLC 的种类繁多，不同生产厂家的产品各有特色，但作为工业标准通用控制装置，PLC 在结构、工作原理和使用方法等方面有一定共性。

本节主要介绍 PLC 的发展与特点，重点介绍 PLC 的结构、工作原理和工作方式。

7.3.1　PLC 的发展历程

20 世纪 60 年代，计算机技术迅速发展。但由于计算机技术本身的复杂性、编程难度高、难以适应恶劣的工业环境以及价格昂贵等原因，未能在工业控制中广泛应用。当时的工业控制主要还是以传统的继电器、接触器组成的控制系统。1968 年，美国最大的汽车制造商——通用汽车制造公司（GM），为适应汽车型号的不断翻新，以公开招标方式寻求一种新型的工业控制器，提出的设计要求是：尽可能减少重新设计和更换控制系统的硬件及接线、减少安装调试时间、降低成本；要将计算机的完备功能、灵活及通用等优点和继电器控制系统的简单易懂、操作方便、价格低廉等优点结合起来，制成一种适合工业环境的通用控制装置；并把计算机的编程方法和程序输入方式加以简化，用面向控制过程、面向对象的自然语言进行编程，使不熟悉计算机的人也能方便地使用。1969 年，美国数字设备公司（GEC）根据上述要求，首先研制成功世界上第一台可编程序控制器，并在通用汽车公司的自动装配线上试用成功，从而开创了工业控制的新局面。

早期的可编程序控制器是为取代继电器控制电路、存储程序指令、完成顺序控制而设计的，主要用于逻辑运算和计时、计数等顺序控制，均属开关量控制，所以称为可编程序逻辑控制器（Programmable Logic Controller，PLC）。随着微电子技术的发展，这种控制器采用了通用微处理器，功能不断增强，不再局限于当初的逻辑运算。因此，实际上应改称为可编程序控制器（Programmable Controller，PC），但为了不和个人计算机（PC）混淆，目前仍习惯将可编程序控制器称为 PLC。

至 20 世纪 80 年代，随着 16 位和 32 位微处理器的出现，PLC 得到了惊人的发展，使 PLC 在概念、设计、性能、价格以及应用等方面都有了新的突破。不仅控制功能增强、功耗和体积减小、成本下降、可靠性提高、编程和故障检测更为灵活方便，而且随着远程 I/O 和通信网络、数据处理以及图像显示的发展，使 PLC 向用于连续生产过程控制的方向发展，因此，PLC 与数控技术、CAD 技术、机器人一起称为现代工业生产自动化的四大支柱。

7.3.2　PLC 的定义

PLC 自问世以来一直在发展中，其定义几经修改，国际电工学会（IEC）于 1987 年发布的 PLC 标准的第三稿中，对 PLC 做了如下定义：可编程序控制器是一种数字运算操作电子系统，专为在工业环境下应用而设计。它采用了可编程序的存储器，用来在其内部存储执行逻辑运算、顺序控制、定时、计数和算术运算等操作的指令，并通过数字式、模拟式的输入和输出，控制各种类型的机械或生产过程。可编程序控制器及其有关的外围设备，都应按易于与工业控制系统形成一个整体、易于扩充其功能的原则设计。

定义指明了 PLC 应该是具有以下特点的一种电子系统：抗干扰能力与可靠性高；软件编程方便；运算和控制能力强；便于和工业现场信号接口；功能与规模易于扩展。

7.3.3 PLC 的典型结构组成

PLC 的基本组成可归为四大部件，即中央处理单元（通常简称为 CPU 模块）、输入模块、输出模块（通常简称为 I/O 模块）和电源模块。另外，PLC 还必须有编程工具，用于将用户程序写进规定的存储器内。

PLC 的基本组成如图 7-32 所示。

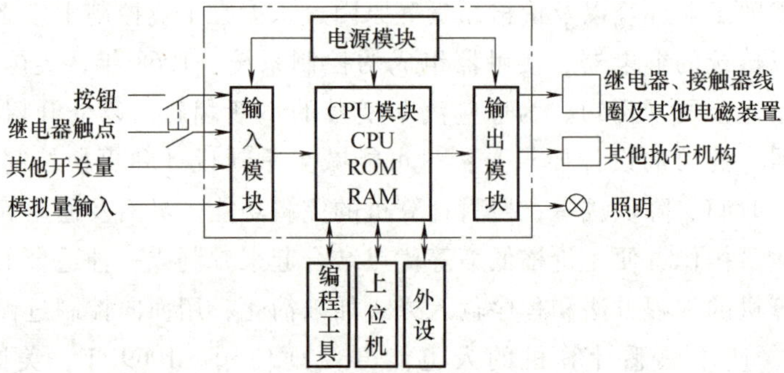

图 7-32 PLC 的基本组成

1. CPU 模块

CPU 模块主要由中央处理器（CPU）和存储器组成。

（1）中央处理器（CPU）

中央处理器（CPU）是 PLC 的核心部分，PLC 系统都是在 CPU 的统一指挥和协调下工作。每台 PLC 至少有一个 CPU，在一些按功能分散处理的或根据容错技术而设计的高性能 PLC 中，可以包括多个 CPU，分别承担各自的控制功能。

CPU 的主要功能：

1）接收并存储从编程器输入的用户程序和数据。

2）用扫描方式接收现场输入装置的状态或数据，并存入输入映像寄存器或数据寄存器。

3）执行用户程序，进行数据处理，根据运算结果，更新有关标志位的状态和输出映像寄存器的内容，实现输出控制。

4）诊断电源和 PC 内部电路的工作状态及编程过程中的语法错误。

（2）存储器

PLC 常用的存储器芯片有以下三种：

1）随机存储器（RAM）。RAM 是易失性存储器，掉电后存储的内容（数据）将丢失，其特点是可以写入也可以读出内容（数据），且读、写速度非常快，用来存放用户数据。

2）只读存储器（ROM）。ROM 是非易失性存储器，掉电后存储的内容（数据）不会丢失，特点是其内容（数据）只能读出，不能写入。

3）电可擦写只读存储器（EEPROM）。EEPROM 也是非易失性存储器，特点是可以由用户对其编程，兼有 ROM 的非易失性和 RAM 的随机读写功能，但是将信息写入所需时间比 RAM 要长得多，通常用于存储用户程序和需要长期保存的重要数据。

CPU 模块中有两种存储器：系统程序存储器和用户程序存储器。

系统程序存储器用于存放系统程序，由 PLC 制造商固化在 ROM 中，不能由用户直接存取。系统程序相当于计算机中的操作系统，包括监控程序、管理程序、指令解释程序、系统诊断程序等。

用户程序存储器用于存放数据和用户程序，采用 RAM 和 EEPROM。

（3）用户程序和数据的存放形式

任何语言编写的程序都要经过翻译，变成机器代码，才能顺序存放在用户程序存储器（RAM 或 EEPROM）中。除了程序代码，用户数据也很重要。

因为系统程序不能由用户直接存取，所以通常 PLC 产品资料中所指的存储器形式或存储方式及容量，都是指用户程序存储器。PLC 的用户程序存储器通常以字节（8 位/字节）或字（16 位/字）为单位来表示存储容量。

2. 输入/输出（I/O）模块

PLC 的 I/O 模块是 CPU 与现场 I/O 装置或其他外部设备之间的连接部件，包括 I/O 接口电路和 I/O 映像寄存器。

I/O 模块可与 CPU 放在一起构成基本配置，也可以根据需要进行扩展。通常 I/O 模块上都具有状态显示的 LED 指示灯和用于与现场设备连接的接线端子排。PLC 制造商提供了各种用途的 I/O 模块供用户选用。

一个 PLC 控制系统由输入部分、逻辑部分和输出部分组成。如图 7-33 所示。各部分主要作用如下：

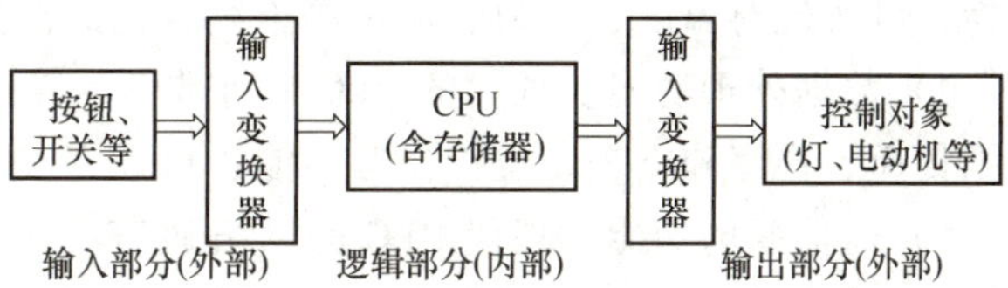

图 7-33　PLC 控制系统示意图

1）输入部分由外部信号和输入变换器组成，作用是收集并保存被控对象实际运行的数据和信息，主要是来自被控对象上的各种开关信息或操作台上的操作命令等。

2）逻辑部分由 CPU 和存储器组成，作用是处理输入部分所取得的信息，并按照被控对象实际的动作要求执行相应的逻辑功能。

3）输出部分由输出变换器及其输出信号组成，作用是对需要操作的控制对象提供实时操作信号。

由于输入信号一般为开关信号或电压、电流信号，必须将它们转换成微处理器所能接收的电平信号，所以必须有输入变换器，也就是 PLC 的输入模块。同样，微处理器输出的电平信号，也必须转换成控制设备所需的开关信号或电压、电流信号，所以也需要有输出变换器，也就是 PLC 的输出模块。此外，输入、输出部分与逻辑部分之间必须有电气隔离措施，防止外部干扰信号进入 PLC 内部，影响和破坏 PLC 的正常工作。

3. 电源模块

PLC 通常需要低压+5V 和±12V 直流电源供电，电源模块的作用就是为 PLC 提供高质量直流电源。大多数 PLC 机型还可以向外输出 DC 24V 稳压电源，为现场的开关信号、外部传感器用电提供方便。

4. 编程工具

编程工具的作用是实现与 PLC 的人机对话，主要用来编辑、调试和修改用户程序，还可以用来检测 PLC 内部状态和参数。

最初PLC的编程工具是一个手持编程器，体积小、携带方便，但功能单一，只能现场联机并采用指令（语句表）对PLC编程。目前广泛采用个人计算机安装相关的编程软件后，再配备一根专用通信电缆，构成PLC的开发编程工具，功能较手持编程器要强大许多，既可联机（在线）也可脱机（离线）编程；既可以采用指令（语句表）编程，也可以用梯形图等语言编程。可随时将编辑好的用户程序下载到PLC，也可以将PLC中的用户程序上传到计算机保存。许多PLC厂家的编程软件不仅可以编辑、修改用户程序，而且还可以监控系统的运行状况，对工业现场和系统进行仿真等。

7.3.4 PLC的基本功能与应用

PLC的各种基本功能可归纳为以下几种：

1）开关量的逻辑控制功能。这是PLC的最基本功能，有着最广泛的应用领域。它取代传统的继电器控制系统，实现逻辑控制、顺序控制、定时功能和计数功能。

2）运动控制功能。PLC可用于直线运动或圆周运动的控制。早期直接用开关量I/O模块连接位置传感器和执行机械，现在一般使用专用的运动控制模块。目前，PLC制造商已提供了拖动步进电动机或伺服电动机的单轴或多轴位置控制模块。

3）闭环过程控制功能。PLC通过模拟量的I/O模块实现模拟量与数字量的A/D、D/A转换，可实现对温度、压力、流量等连续变化的模拟量的PID控制。

4）数据处理功能。现代的PLC具有数学运算（包括矩阵运算、函数运算、逻辑运算），数据传递、排序和查表、位操作等功能；可以完成数据的采集、分析和处理。

5）通信联网功能。现代PLC的网络通信功能很强，除了具有PLC与PLC之间的通信和联网功能以外，PLC还可以与上位机和其他智能设备进行通信和联网。因此，PLC适用于各种层次工业自动化网络。

并不是所有的PLC都具有上述全部功能，有的小型PLC只具有上述部分功能，但价格比较低廉。

7.3.5 PLC的分类

由于PLC的品种、型号、规格、功能各不相同，要按统一的标准对它们进行分类十分困难。通常PLC按结构可分为整体式和模块式两类；按I/O点数和存储器规模又可分为大、中、小型三类。

1. 按结构的PLC分类

（1）整体式

整体式PLC是将电源、CPU、I/O等功能模块和通信接口都集中在一个塑料机箱内，构成一台小巧的PLC。整体式PLC本身所带的I/O端子有限，根据需要还可以扩展I/O模块和其他功能模块。

整体式PLC的特点是结构紧凑、体积小、价格低、安装简便，适用于简单控制系统。

（2）模块式

模块式PLC是按不同功能做成各种模块，设计控制系统时，根据需要选用合适的功能模块与相应的机架，然后将选好的模块插在机架的插槽上，机架背板上的布线将这些功能模块的控制线、数据线以及电源线连接起来，即构成一个控制系统。

模块式 PLC 的特点是配置灵活，可根据需要选配各种功能模块构成不同规模的控制系统，而且装配简单，调试、维护方便，适用于大规模复杂控制系统。

2. 按规模大小的 PLC 分类

（1）小型 PLC

I/O 点数≤256 点；单 CPU；结构上一般采用整体式，如德国西门子公司的 S7-200 型；美国通用电气（GE）公司的 GE-I 型；美国德州仪器公司的 TI100 型；日本三菱电气公司的 FX 型；日本欧姆龙公司的 CPM2A 型。

（2）中型 PLC

I/O 点数在 256~2048 点之间；双 CPU；结构上一般采用模块式，如德国西门子公司的 S7-300 型；日本欧姆龙公司的 CJ1M 型；美国 GE 公司的 GE-Ⅲ型。

（3）大型 PLC

I/O 点数>2048 点；多 CPU；结构上统一采用模块式，如德国西门子公司的 S7-400 型；美国 GE 公司的 GE-Ⅳ型；日本欧姆龙公司的 C-2000 型；日本三菱公司的 K3 型等。

7.3.6　PLC 的特点

与一般控制装置相比较，PLC 具有以下特点：

（1）可靠性高，维护方便

工业生产对控制设备的可靠性要求是无故障工作时间长、故障修复时间短。为此，各 PLC 制造商在硬件和软件设计上采取了多种方法，PLC 的硬件设计采用了屏蔽、滤波、光电隔离等措施；软件设计采用了故障检测、信息保护、警戒时钟（看门狗）等措施，使 PLC 的抗干扰能力大大增强，可以适应各种恶劣的工作环境，其平均无故障时间可达几万小时，这比传统的继电-接触器控制系统要高得多。此外，PLC 便于维护，具有自诊断能力，出现故障后能及时给出错误信息，并可通过更换某个模块或插件迅速排除自身故障。

（2）通用性强，使用灵活

PLC 品种齐全的各种硬件装置，可以组成能满足各种要求的控制系统，用户不必自己再设计和制作硬件装置。用户在硬件确定以后，在生产工艺流程改变或生产设备更新的情况下，不必改变 PLC 的硬件设备，只需改编程序就可以满足要求。

（3）功能完善，适应面广

现代 PLC 不仅有逻辑运算、计时、计数、顺序控制等功能，还具有数字和模拟量的输入输出、功率驱动、通信、人机对话、自检、记录显示等功能，既可以控制一台生产机械，也可以控制一条生产线，又可以控制一个生产过程。在工厂自动化集中控制、网络连接控制中，PLC 也被大量采用。

（4）编程简单，容易掌握

目前，大多数 PLC 都采用继电控制形式的梯形图编程方式。梯形图语言既继承了传统控制电路的清晰直观，又考虑了大多数工厂企业电气技术人员的读图习惯及编程水平，所以非常容易接受和掌握。梯形图语言的编程元件的符号和表达方式与继电器控制电路原理图相当接近。通过阅读 PLC 的用户手册或短期培训，电气技术人员很快就能学会用梯形图语言编制控制程序。

（5）体积小巧、结构紧凑

PLC是将微电子技术应用于工业设备的产品，其坚固耐用、体积小、重量轻、功耗低。并且由于PLC的强抗干扰能力，易于装入设备内部，是实现机电一体化的理想控制设备。

随着微电子技术的飞速发展，微处理器芯片及有关元件的价格大大降低，PLC的成本大幅下降，PLC的功能显著增强，PLC的性能价格比不断提高，因而PLC的应用日益广泛。目前PLC的应用领域有钢铁、采矿、水泥、石油、化工、电力、机械制造、汽车、装卸、造纸、纺织、环保等各行各业。

7.3.7 PLC的工作原理

PLC采用循环扫描的工作方式，其工作过程如图7-34所示。

PLC通电后，在未进入正式运行前，首先应确定自身的完好性，检查电源系统是否正确，消除各元件的随机状态，进行清零或复位处理，这就是接通电源后的初始化操作。

当PLC投入运行后，其工作过程主要分为三个阶段，即输入采样、用户程序执行和输出刷新。在整个运行期间，PLC的CPU以一定的扫描速度重复执行上述三个阶段，完成上述三个阶段和一次系统自检称作一个扫描周期，扫描周期的时间长短与CPU的执行指令速度和用户程序大小有关，一般PLC的扫描周期为几至几十毫秒。

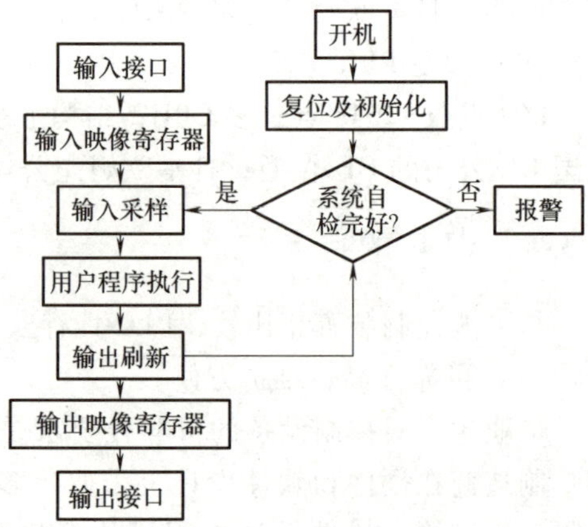

图7-34　PLC的工作过程

（1）输入采样阶段

在输入采样阶段，PLC以扫描方式依次读入所有输入信号状态和数据，并将它们存入输入映像寄存器的相应单元内。输入采样结束后，转入用户程序执行和输出刷新阶段。在后两个阶段中，即使输入状态和数据发生变化，输入映像寄存器中相应单元的状态和数据也不会改变。由于PLC扫描周期一般仅几十毫秒，两次采样之间的间隔时间很短，对一般的开关量而言，可以认为采样是连续的。

（2）用户程序执行阶段

在用户程序执行阶段，PLC总是按先左后右、由上而下的顺序依次扫描用户程序（梯形图），进行各种运算，然后根据运算的结果，刷新输出映像区中对应位的状态。由于在同一扫描周期内对每一个输入量只采样一次，因此在执行用户程序期间不会发生运算结果混乱。

（3）输出刷新阶段

当扫描用户程序结束后，PLC就进入输出刷新阶段。在此期间，CPU按照输出映像寄存器内对应的状态和数据刷新所有的输出锁存电路，并经输出电路驱动相应的外部负载。

关于PLC的编程语言和使用方法见参考文献［3］。

7.3.8 PLC与继电器控制系统的比较

PLC是在继电器控制系统基础上发展起来的，因此两者既有相似性又有很大区别。与传统的继电-接触器控制系统相比，PLC具有以下优点：

（1）软件控制，速度提高

PLC 采用软件控制的电子开关（软继电器）取代继电-接触器控制系统中传统意义的物理继电器。软继电器开关速度快、没有机械磨损，每个软继电器的触点的数量和使用次数不受限制。而每个物理继电器所带触点不仅数量有限，而且触点开关速度（每秒几次到几十次）和使用寿命也受限制（一般为几十万次）。

（2）使用灵活，适应性强

PLC 硬件为标准积木式结构，外部接线非常简单，控制功能主要由软件来实现，改变控制方案和工艺流程时，一般只需修改软件（用户程序），使用非常灵活、方便。PLC 还可像搭积木那样扩充控制系统规模和增加功能。而继电-接触器控制是将各个独立的器件及触点按固定接线方式连接来实现控制要求，所以，一经设计安装完成，哪怕是一点点控制功能的改变，也需要改变线路，而控制方案和工艺流程改变时，则需要重新设计、更改设备并重新安装线路。

（3）接线简单，调试快捷

由于 PLC 采用软件来取代继电器控制系统中大量的中间继电器、时间继电器、计数器等器件，控制柜的设计、安装、接线工作量大为减少。同时，PLC 的用户程序可以在实验室模拟调试，更减少了现场的调试工作量。

（4）串行工作，可靠性高

采用循环扫描工作方式是 PLC 与继电-接触器控制的重要区别之一。继电-接触器控制按并行（即同时执行）方式工作，只要形成电流通路，就可能有几个继电器同时动作。而 PLC 以反复扫描的方式工作，循环、连续地逐条执行程序，任一时刻 PLC 只能执行一条指令，也就是说 PLC 是以串行方式工作的。这种串行工作方式可以避免像继电-接触器控制那样发生触点竞争和时序失配问题，大大提高了其可靠性。由于 PLC 的扫描速度很快，一般察觉不到 PLC 串行工作的动作时延。

（5）体积小巧，能耗降低

复杂的控制系统采用 PLC 以后，可以减少大量的中间继电器、时间继电器以及接线和配件，因此控制柜的体积可以大大缩小，节省了原材料的投资，同时系统自身能耗也明显下降。

7.3.9　PLC 的发展趋势

PLC 自问世以来，经过 50 多年的发展，功能越来越强大，品种不断翻新，性价比不断提高，全世界每年的总销售量不断上升，已成为重要的产业之一。

PLC 的发展趋势主要体现在以下几个方面：

1）产品规模向大、小两个方向发展。大型 PLC 的发展方向是多 CPU 并行工作、大容量存储器、扫描速度高速化。小型 PLC 由整体结构向小型模块化结构发展，增加了配置的灵活性，降低了成本。

2）PLC 在闭环过程控制中应用日益广泛。

3）加强集中控制和网络连接能力。

4）不断开发适应不同控制要求的特殊功能模块。高性能的 PLC 除了主要采用高档 CPU 以提高处理速度外，还有带处理器的 EPROM 或 RAM 的智能 I/O 模块、高速计数模块、远程 I/O 模块等专用化模块。

5）编程工具丰富多样，功能不断提高，编程语言趋向标准化。

6）发展容错技术。采用热备用或并行工作、多数表决的工作方式，不断提高可靠性。

7）追求软硬件的标准化。

【思考题】

7.3.1 PLC 由哪几个主要部分组成？各部分有什么作用？

7.3.2 PLC 主机内部有哪几种存储器？各有什么特点？

7.3.3 为什么称 PLC 的继电器为软继电器？与物理继电器相比，软继电器在使用上有什么特点？

7.3.4 PLC 的主要指标有哪些？各指标的意义是什么？

7.3.5 整机式和模块式 PLC 各有什么特点？分别适用于什么场合？

7.3.6 什么是 PLC 的扫描周期？其扫描过程分为哪几个阶段？各阶段完成什么任务？

7.3.7 PLC 控制与继电器控制的工作方式有什么不同？

7.3.8 与继电-接触器控制系统相比，PLC 控制系统有哪些主要优点？二者的主要区别是什么？

本章小结

1）三相异步电动机的定子绕组接入三相对称电流后，随电流的变化产生空间旋转磁场。旋转磁场与转子绕组的感应电流相互作用使转子沿旋转磁场方向旋转。

2）三相异步电动机的旋转方向取决于三相定子绕组所接的三相交流电源的相序。

3）三相异步电动机旋转磁场的转速称为同步转速，$n_1=\dfrac{60f_1}{p}$。

4）三相异步电动机的起动电流是额定电流的 5~7 倍。为了减小对电网的冲击，功率较大的笼型电动机应该采用减压起动方法，星形-三角形换接起动法就是常用的一种，但这种方法在减小起动电流的同时，也会减小起动转矩，起动电流和起动转矩都是直接起动时的 1/3。

5）绕线转子异步电动机可以采用转子回路串电阻起动法，这种方法的优点是在减小起动电流的同时，会增加起动转矩。

6）电气系统的继电-接触器控制是采用有触点的控制器件，如接触器、继电器、刀开关、按钮等，要熟悉这些低压电器的工作原理、电路图形和文字符号。

7）对电动机的继电-接触器控制主要有起动、停止和正、反转控制等。

8）实现对控制对象运行状态的控制，常用的控制方式有自锁、联锁等。

9）为了电气设备的安全运行，电动机继电-接触器控制电路中应该设有短路保护、过载保护、欠（失）电压保护等必要的保护环节。

10）PLC 由 CPU、输入 \ 输出和电源模块组成，PLC 由程序控制，采用循环扫描的工作方式。

习　题

一、单项选择题

7.1 三相异步电动机的旋转方向取决于（　　）。

A. 电源电压的大小　　B. 定子电流的相序

C. 电源频率的高低　　D. 电源电压的大小和频率高低

7.2　三相异步电动机的同步转速取决于（　　）。

A. 电压大小　　B. 频率高低　　C. 磁极对数　　D. 频率和磁极对数

7.3　起重设备上的异步电动机常采用的起动方法是（　　）。

A. 直接起动法　　B. 星形-三角形换接起动法

C. 转子回路串接电阻法　　D. 转子回路并接电阻法

7.4　刀开关在主电路中的作用是（　　）。

A. 通断开关　　B. 起动开关　　C. 隔离开关　　D. 自动开关

7.5　三相异步电动机的自锁环节兼有（　　）。

A. 失电压保护　　B. 短路保护　　C. 过载保护　　D. 过电压保护

7.6　热继电器的功能是（　　）。

A. 短路保护　　B. 过载保护　　C. 失电压保护　　D. 过电压保护

7.7　电动机点动控制（　　）。

A. 需要加自锁环节　　B. 需要加互锁环节

C. 需要加联锁环节　　D. 以上均不需要

7.8　三相异步机电动机的正、反转控制电路必须采用（　　）。

A. 时间控制　　B. 互锁环节　　C. 行程控制　　D. 联锁环节

7.9　随着三相异步电动机的转速 n 升高，其转子回路的感应电势 E_2 将（　　）。

A. 增大　　B. 减小　　C. 不变　　D. 不确定

7.10　三相绕线转子异步电动机转子回路串入外接电阻后，它的机械特性将（　　）。

A. 变硬　　B. 变软　　C. 保持不变　　D. 不确定

7.11　三相异步电动机在运行中转子突然被卡住不能转动，则电动机的电流（　　）。

A. 增大　　B. 减小　　C. 不变　　D. 不确定

7.12　PLC 的系统程序存放在（　　）。

A. RAM　　B. ROM　　C. EEPROM　　D. 三者均可

二、分析计算题

7.13　一台三相笼型异步电动机，接在频率为 50Hz 的三相电源上，已知在额定电压下满载运行的转速为 940r/min。试求：

1）电动机的磁极对数。

2）额定转差率。

3）额定条件下转子相对于定子旋转磁场的转差。

4）转差率为 0.04 时的转速和转子电流的频率。

7.14　一台三相笼型异步电动机，其额定数据如下：$P_N = 3.0\text{kW}$，$U_N = 220/380\text{V}$（△/Y），$I_N = 11.2/7.48\text{A}$，$n_N = 1430\text{r/min}$，$f_1 = 50\text{Hz}$，$I_{st}/I_N = 7.0$，$T_m/T_N = 2.0$，$T_{st}/T_N = 1.8$，$\cos\varphi_N = 0.84$，试求：

1）额定转差率。

2）额定转矩。

3）最大转矩。

4）起动转矩。

5）额定状态下的运行效率。

6）当供电电压为380V时，定子绕组的连接方式和直接起动时的起动电流。

7.15 某三相笼型异步电动机，其铭牌数据如下：三角形联结，$U_N = 380V$，$I_N = 19.9A$，$P_N = 10kW$，$n_N = 1450/min$，$T_{st}/T_N = 1.4$，$I_{st}/I_N = 7.0$。若负载转矩为20N·m，电源允许的最大电流是60A，试问应采用直接起动还是采用Y-△转换法起动，为什么？

7.16 某三相笼型异步电动机，其铭牌数据如下：三角形联结，$U_N = 380V$，$I_N = 15A$，$n_N = 1450/min$，$\eta_N = 87\%$，$\cos\varphi_N = 0.87$，$f_{1N} = 50Hz$，$T_m/T_N = 2.0$，$T_{st}/T_N = 1.4$，$I_{st}/I_N = 7.0$，试求：

1）转子电流频率f_{2N}。

2）此电动机的起动电流、起动转矩和最大转矩。

3）当采用Y-△转换法起动时，定子每相绕组的起动电压为多少？起动电流和起动转矩各是多少？

7.17 试设计两台三相异步电动机（M_1、M_2）联锁控制电路，要求：M_1起动后M_2才能起动；M_2停车后M_1才能停车。画出主电路与控制电路图。

7.18 试设计两台三相异步电动机（M_1、M_2）联锁控制电路，要求：M_1先起动，经一定延时M_2自行起动；M_2起动后经一定延时M_1自动停车。画出主电路与控制电路图。

7.19 试设计两台三相异步电动机（M_1、M_2）联锁控制电路，要求：M_1起动后经一定延时M_2自动起动；M_2起动后M_1立即停车。画出主电路图与控制电路图。

7.20 试设计一个传送带控制电路，要求：把货物从始发地送到目的地后自动停车；延时一定时间后自动返回始发地停车。画出主电路与控制电路图。

7.21 试设计三相异步电动机Y-△起动控制程序，要求：首先Y联结起动，经一定时间延时自动转换为△联结运行。画出主电路图与控制电路图。

7.22 试设计对三相异步电动机的如下控制：按下起动按钮后电动机起动，运转一定时间后自动停止。画出主电路图与控制电路图。

第2篇　电子技术

第8章　半导体器件

半导体器件是组成电子电路的主要器件，半导体二极管、晶体管是电子电路中最常用的半导体器件，掌握它们的基本结构、工作原理、特性、参数等，是分析和设计电子电路的基础。本章主要介绍 PN 结的单向导电性以及半导体二极管、双极型晶体管、场效应晶体管等。

8.1　半导体基础知识

8.1.1　半导体的导电性能

在自然界的物质中，导电能力介于导体和绝缘体之间的物质称为半导体，常用的半导体有硅（Si）、锗（Ge）和一些金属氧化物、硫化物等。目前用得最多的半导体材料是硅和锗，在硅和锗的原子结构中，最外层的价电子数目都是 4 个，因此它们都是四价元素，如图 8-1 所示。图中圆圈里标注的“+4”表示除价电子外的正离子数。

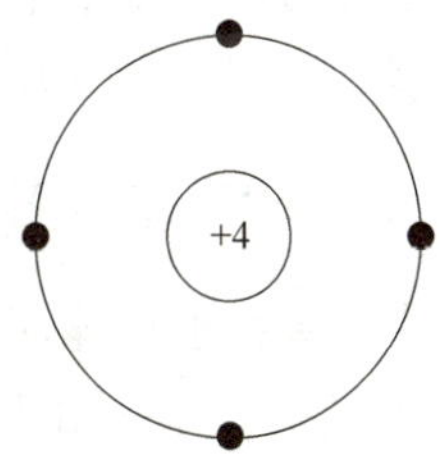

图 8-1　硅和锗原子的简化模型

自然界的半导体材料是不能直接用来制造半导体器件的，必须经过高精度提纯获得纯净的单晶体，称为本征半导体。本征半导体的单晶体结构中，原子与原子之间最外层的价电子两两结合组成共价键。当本征半导体受热或光照时，共价键中的个别束缚电子吸收一定的能量而挣脱束缚，成为自由电子，与此同时，在共价键中留下一个空位，称为空穴，这个过程称为热激发。本征半导体中的自由电子和空穴总是成对出现，温度越高，热激发产生的自由电子、空穴对会越多。在共价键中的空穴会被价电子填充，从而又在移出价电子的键中出现空穴。如此继续下去，就好像空穴在运动，即相当于正电荷的移动。若有外电场作用时，自由电子和空穴将分别朝相反方向运动，构成的电流方向一致，所以半导体中的电流是电子电流和空穴电流之和，这是半导体导电和金属导电的本质区别。自由电子和空穴统称为半导体中的载流子。

半导体材料在不同的条件下，会呈现不同的导电性能。

(1) 热敏性

有些半导体对温度的变化特别敏感，当环境温度升高时，热激发加强，载流子增多，其电阻率会下降，如锗，当温度每升高 10℃，电阻率会减小到原来的 50%左右，因此导电能力会显著增强。利用半导体的热敏性可以制成各种热敏元件。

（2）光敏性

有些半导体对光的变化非常敏感，当受到光照射时载流子也会增多，使其电阻率下降，如硫化镉，在没有光照时，其电阻率高达几十兆欧，而受到光照时，电阻率可下降到几十千欧，导电能力显著增强。利用半导体的光敏性可以做成各种光敏元件。

（3）掺杂特性

在纯净的半导体材料中掺入微量杂质后可以增强其导电能力。常温下的本征半导体的载流子数量较少，因此导电能力较差，利用半导体的掺杂特性，可在本征半导体中掺入某些微量元素来提高载流子数量，一般以百万分之一的比例掺入，掺入的杂质越多，导电能力越强。如在纯净的硅中掺入百万分之一的硼后，它的电阻率可从 2kΩ·m 减小到 4mΩ·m 左右。利用半导体的这种掺杂特性可以制造出各种半导体器件。

8.1.2 P型半导体和N型半导体

在本征半导体硅中掺入微量三价元素硼（B），硼原子最外层只有 3 个价电子，故每一个硼原子在与四价元素硅原子结合成共价键结构时，由于缺少一个价电子而产生一个空穴，每个硼原子都会提供一个空穴，于是出现大量空穴，导电能力大大增强，空穴成为这种掺杂半导体的主流，称为空穴半导体或 P 型半导体。P 型半导体中空穴为多数载流子、自由电子为少数载流子。

在本征半导体硅中掺入微量五价元素磷（P），磷原子最外层只有 5 个价电子，故每一个磷原子在与四价元素硅原子结合成共价键结构时，由于多出一个价电子而产生一个自由电子，每个磷原子都会提供一个自由电子，于是出现大量自由电子，导电能力大大增强，自由电子成为这种掺杂半导体的主流，称为电子半导体或 N 型半导体。N 型半导体中自由电子为多数载流子、空穴为少数载流子。

8.1.3 PN结及其单向导电性

在本征半导体薄片的两个侧面分别掺入三价和五价杂质元素，以分别形成 P 型半导体和 N 型半导体。由于 P 区的空穴浓度大、N 区的自由电子浓度大，所以，P 区的空穴向 N 区扩散，与 N 区的自由电子复合，而 N 区的自由电子向 P 区扩散，并与 P 区的空穴复合。这样在 P 区与 N 区的交界面，多数载流子离去，在 N 区一侧留下的是正离子，在 P 区一侧留下的是负离子，产生一个由 N 区指向 P 区的内电场，如图 8-2 所示。P 区与 N 区的交界面就是 PN 结。

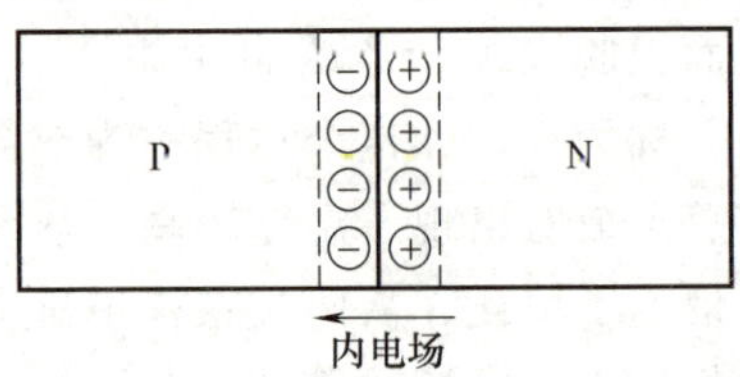

图 8-2 PN 结

内电场有阻止多数载流子的扩散和促进少数载流子的漂移运动的双重作用。

如给 PN 结外加正向偏置电压，即 P 区接电源正极、N 区接电源负极，外电场与内电场方向相反且外电场大于内电场，克服了内电场的阻挡作用，相当于 PN 结变薄，如图 8-3a 所示。P 区的多数载流子空穴和 N 区的多数载流子自由电子在外电场的作用下，能够形成较大的从 P 区到 N 区的正向电流，即 PN 结正向电阻很低，此时 PN 结处于正向导通状态。在一定范围内，PN 结外加的正向偏压越强，正向电流越大。

如给 PN 结外加反向偏置电压，即 P 区接电源负极、N 区接电源正极时，外电场与内电场方向相同，外电场加强了内电场的阻挡作用，相当于 PN 结变厚，如图 8-3b 所示。此时 P 区的多数载流子空穴和 N 区的多数载流子自由电子运动受阻，但 P 区的少数载流子自由电子和 N 区的少数载流子空穴可以通过 PN 结，但由于少数载流子的数量有限，形成很小的由 N 区到 P 区的反向电流很小，即 PN 结反向电阻很大，此时 PN 结处于反向截止状态。

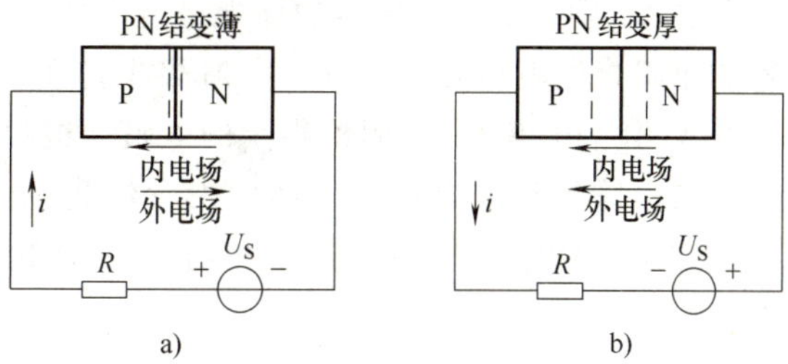

图 8-3　PN 结的单向导电性

a）PN 结正向偏置　b）PN 结反向偏置

PN 结在正向偏置时导通、反向偏置时截止，这就是 PN 结的单向导电性。

PN 结是构成各种半导体器件的重要基础。

【思考题】

8.1.1　半导体具有哪几种特性？

8.1.2　什么是 P 型半导体？什么是 N 型半导体？

8.1.3　什么是 PN 结？

8.1.4　为什么 PN 结具有单向导电性？

8.1.5　PN 结有哪两种工作状态？

8.2　半导体二极管

8.2.1　基本结构

在 PN 结两端加上电极引线，与 P 区相连的为正极（又称阳极），与 N 区相连的为负极（又称阴极），再封装起来，就构成半导体二极管。图 8-4 为二极管的电路符号，VD 为二极管的文字符号。

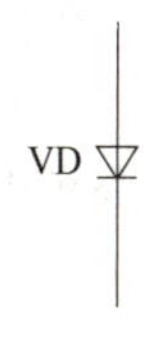

图 8-4　二极管的电路符号

二极管按内部结构不同分为点接触型和面接触型。点接触型二极管的 PN 结面积很小，不能通过太大的电流（一般在几十毫安以下），它们的结电容很小，高频性能好，适用于高频检波和小功率整流电路，也常用于数字电路，通常为锗管。面接触型二极管的 PN 结面积较大，能通过较大的电流（可达几百毫安至上千安培），但它们的结电容大，最高工作频率低，一般用于低频大功率整流电路，通常为硅管。

8.2.2　伏安特性

伏安特性是元器件电压和电流的关系曲线。

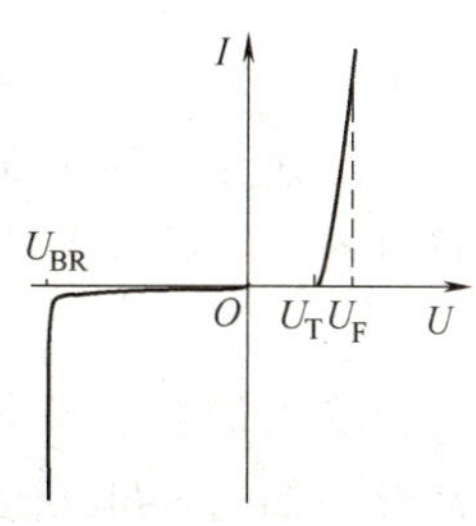

图 8-5　二极管的伏安特性曲线

二极管的伏安特性曲线如图 8-5 所示。由伏安特性曲线可以看出，当二极管外加的正向电压小于某一数值 U_T 时，二极管正向电流几乎为零，U_T 称为二极管的死区电压，硅管的 U_T 约为 0.5V，锗管的 U_T 约为 0.1V。当正向

电压超过 U_T 后，电流随电压的增加迅速增加。二极管正向导通时，管子两端的电压称为二极管的正向导通电压降 U_F，U_F 数值很小，（一般硅管的 U_F 为 0.6~0.7V，锗管的 U_F 为 0.2~0.3V），相当于一个阻值很小的电阻，这就是二极管的正向导通状态。

当二极管加反向电压时，产生由少数载流子的漂移运动形成的反向电流，正常时二极管的反向电流很小且基本恒定，相当于一个阻值极大的电阻，这就是二极管的反向截止状态。

当外加反向电压大于某一定值 U_{BR} 时，反向电流会急剧增大，失去了单向导电性，这种现象称为反向击穿，U_{BR} 称为二极管的反向击穿电压。各类二极管反向击穿电压的大小不等，通常为几十伏至几百伏，有的可达几千伏。

8.2.3 主要参数

器件的参数是器件特性的定量描述，是合理选择和正确使用器件的依据。二极管的主要参数有：

1）最大整流电流 I_{FM}。I_{FM} 是二极管长时间工作时，允许通过二极管的最大正向平均电流。平均电流超过此值，将使 PN 结过热而烧坏。

2）反向工作峰值电压 U_{RM}。U_{RM} 是保证二极管不被击穿所容许的最高反向工作电压。为了确保二极管可靠工作，通常器件手册上给出的 U_{RM} 为反向击穿电压 U_{BR} 的 1/2。

3）反向峰值电流 I_{RM}。I_{RM} 是在二极管上加反向工作峰值电压时的反向电流值，I_{RM} 越小，说明二极管的单向导电性越好，I_{RM} 大则二极管的单向导电性能差，并且受温度的影响大。硅管的 I_{RM} 较小，一般在几微安以下；锗管的 I_{RM} 较大，是硅管的几十到几百倍。

4）最高工作频率 f_M。f_M 的高低取决于二极管结电容的大小，当二极管的工作频率超过 f_M 时，二极管反向阻抗很小、反向电流增大，导致二极管单向导电性能变差。

8.2.4 基本应用

二极管的单向导电性被广泛用于整流、限幅、钳位、元件保护电路等。在数字电路中，二极管作为开关元件使用。

在分析电路时，一般可以假设二极管为理想二极管，即二极管加正向偏压导通时，正向电阻为零，等效为开关接通；当二极管加反向偏压截止时，反向电阻为无穷大，等效为开关断开。

（1）钳位电路

在信号处理过程中，往往会失去或改变信号原有的直流分量，利用钳位电路，可以使信号的直流分量得以恢复，而不改变信号的波形。图 8-6a 是一种最简单的二极管钳位电路。

在 $t=0\sim\pi/2$、u_i 从 0 上升至 U_{im} 期间，二极管正偏导通，因二极管正向电阻很小，所以电容电压迅速充电到 u_i 的峰值 U_{im}，之后因 $u_i<U_{im}$，二极管处于反向截止状态，电容不能放电使得电容电压始终保持为 U_{im}。由图 8-6a 可得

$$u_o=u_i-U_{im}$$

即相当于给输入信号 u_i 叠加了直流分量 $-U_{im}$，使输出电压 u_o 被钳制在零电平以下，却不改变信号波形，如图 8-6b 所示。如将二极管反接，则可将波形负峰钳制在零电平（读者可自行分析）。

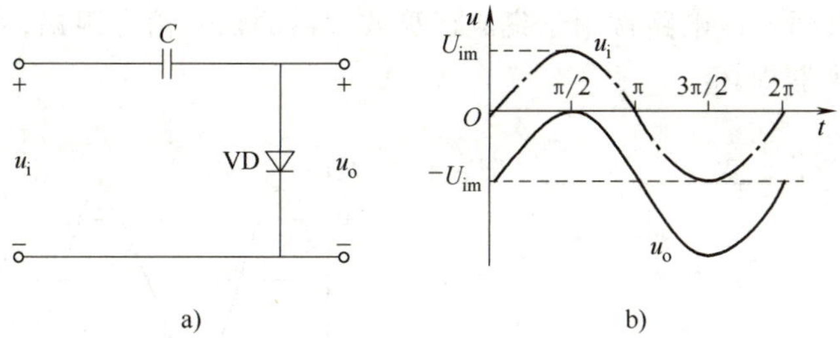

图 8-6 二极管钳位电路

a）钳位电路 b）波形图

与二极管串联一电压源，则可以改变钳位基准电平，电路图、波形图分别如图 8-7a、b 所示。

$$u_o = u_i - U_{im} + U$$

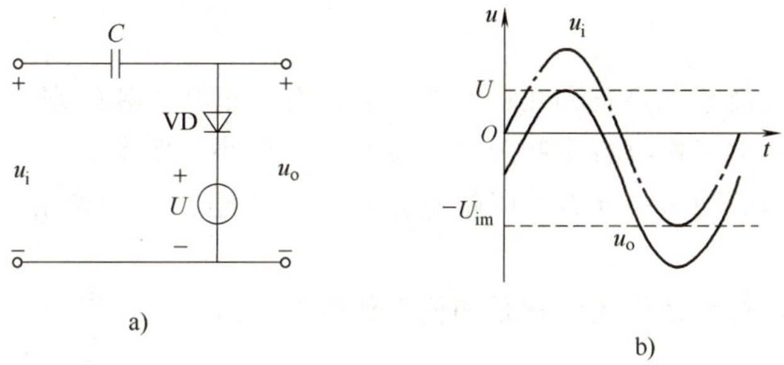

图 8-7 改变基准电平的钳位电路

a）电路图 b）波形图

（2）限幅电路

限幅电路也称电压限制器或削波器，常用来将电压限制在某一参考电压以上或以下，也可以用来有选择地传输信号波形的某一部分。图 8-8a 是一种常用的限幅电路，电路等效模型如图 8-8b、c 所示。不难看出，有

$$u_o = \begin{cases} u_i & (u_i < U) \\ U & (u_i > U) \end{cases}$$

u_i 为正弦信号时，u_o 的波形如图 8-8d 所示，$u_i > U$ 的部分被削去，故称为上限幅。若将二极管反接，则可将 $u_i < U$ 的部分削去，称为下限幅（读者可自行分析）。改变参考电压 U 的大小和极性，就可以改变限幅电平大小和极性。

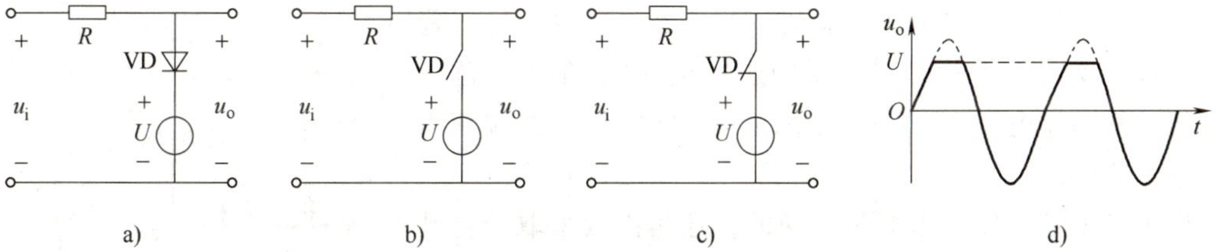

图 8-8 限幅电路

a）电路图 b）$u_i<U$ c）$u_i>U$ d）波形图

（3）双向限幅电路

图 8-9 是一种最简单的用于保护的双向限幅电路，利用二极管的正向饱和电压降，将 u_o

限制在大约±0.7V之间。该电路常用于集成运算放大器的输入信号限幅，防止因输入信号过高导致集成运算放大器损坏。

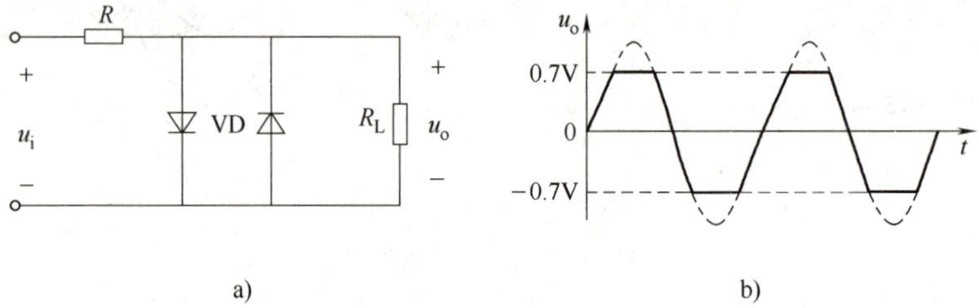

图 8-9 双向限幅电路

a）电路图 b）波形图

【思考题】

8.2.1 常用的二极管主要有哪几种类型？它们有什么共性和区别？

8.2.2 二极管正常工作时有哪些工作状态？它有哪些主要参数？

8.2.3 限幅电路的别名是什么？限幅电路有什么作用？它的输出波形和输入波形有什么不同？

8.2.4 钳位电路有什么作用？它是如何工作的？

8.3 稳压二极管

稳压二极管是一种特殊的面接触型二极管，其外形、内部结构同普通二极管相似，但反向击穿电压较低。稳压二极管通常工作在反向击穿状态，利用反向击穿时的稳压特性，与适当数值的限流电阻配合后，在电路中起到稳定电压的作用，因此经常用在稳压设备和电子电路中。稳压管的电路符号如图 8-10 所示，文字符号为 VZ。

图 8-10 稳压管的电路符号

8.3.1 伏安特性

稳压二极管的伏安特性曲线如图 8-11 所示，与普通二极管特性曲线相似，只是稳压二极管的反向特性曲线比较陡。稳压二极管在正向工作状态时，与普通二极管一样。稳压二极管在反向工作状态时，反向击穿电流 I_Z 在较大范围内变化，其两端电压 U_Z 变化很小，因而可以从它两端获得一个稳定的电压。

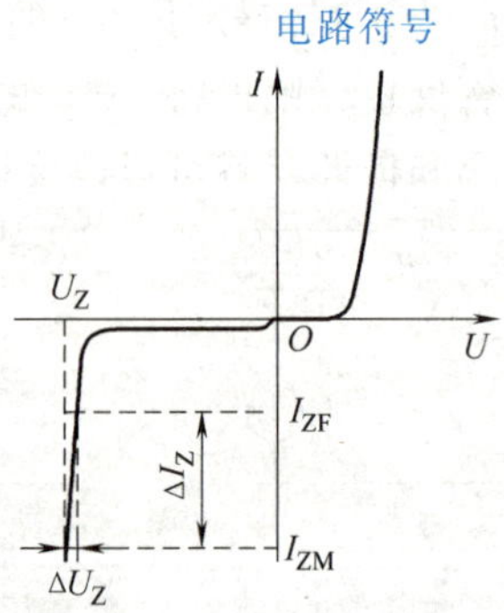

图 8-11 稳压二极管的伏安特性曲线

稳压二极管的反向击穿是可逆的，这是因为采取了特殊的制造工艺，使通过 PN 结接触面上各点的电流比较均匀。工作时把反向电流限制在一定数值内，因此，虽然稳压二极管工作在击穿状态，但其 PN 结的温度不会超过允许值，稳压二极管不致损坏；当反向电压减小到 U_Z 以下时，PN 结又自动恢复为反向截止状态。

8.3.2 主要参数

1）稳定电压 U_Z。U_Z 就是稳压二极管在反向击穿状态下两端的稳定工作电压。同一型号的稳压二极管，其稳定电压分布在一定数值范围内，如 2CW18 型稳压二极管的 U_Z 为 10~12V，但就某一个稳压二极管来说，在温度一定时，其稳定电压是一定值。

2）电压温度系数 α_U。稳压二极管的稳定电压随工作温度不同而有所变化，α_U 是说明稳压二极管温度稳定性的系数，如 2CW18 型稳压二极管的电压温度系数 $\alpha_U=+0.095\%/℃$，表示温度每升高 1℃，稳压值要增加 0.095%，假如在 20℃时它的稳压值是 11V，则在 50℃时变为

$$11+\frac{0.095}{100}(50-20)\times 11\text{V}\approx 11.3\text{V}$$

由于硅的热稳定性比锗好，因此一般都用硅材料制作稳压二极管。

3）稳定电流 I_{ZF} 和最大稳定电流 I_{ZM}。I_{ZF} 为稳压二极管工作电压等于稳定电压时的反向电流，I_{ZM} 为稳压二极管允许通过的最大反向电流。使用稳压二极管时，工作电流应介于 I_{ZF} 与 I_{ZM} 之间，不能超过 I_{ZM}，否则将导致稳压二极管损坏。

4）动态电阻 r_Z。r_Z 是稳压二极管端电压的变化量与相应的电流变化量的比值，即

$$r_Z=\frac{\Delta U_Z}{\Delta I_Z} \tag{8-1}$$

稳压二极管的动态电阻 r_Z 越小，反向特性越陡，则稳压性能越好。

5）最大允许耗散功率 P_{ZM}。P_{ZM} 是稳压管不致发生热击穿的最大功率损耗，即

$$P_{ZM}=U_Z I_{ZM} \tag{8-2}$$

8.3.3 基本应用

实际应用中稳压二极管要和限流电阻配合使用，稳压二极管 VZ 和负载电阻 R_L 并联，再与限流电阻 R 串联构成稳压电路，如图 8-12 所示。要求稳压电路的输入电压 U_i 大于约 2 倍以上的负载电压 U_o，保证稳压二极管始终处于反向击穿稳压状态，使 $U_o=U_i$，当输入电压 U_i 发生波动时，U_o 与 I_o 保持不变，$U_o=U_i-U_R$，U_R、I_R 与 I_Z 发生相应变化，限流电阻 R 起到电压补偿作用。选择稳压二极管时，一般取 $U_Z=U_o$，$U_i=(2\sim3)U_o$。

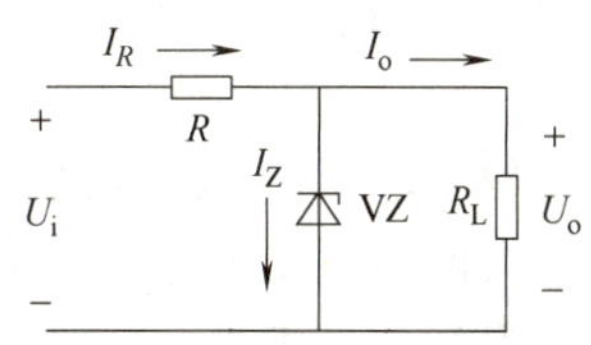

图 8-12　稳压二极管基本电路

【例 8-3-1】 图 8-12 电路中，已知 $R=1\text{k}\Omega$，$R_L=1\text{k}\Omega$，稳压二极管 VZ 的参数 $U_Z=6\text{V}$、$I_{ZF}=3\text{mA}$、$I_{ZM}=8\text{mA}$，试求：

1）当 $U_i=16\text{V}$ 时，稳压二极管能否正常工作？

2）稳压二极管能够安全工作的输入电压最大值 U_{im}。

解：

1）稳压二极管的工作电流为

$$I_Z=I_R-I_o=\frac{U_i-U_o}{R}-\frac{U_o}{R_L}=\left(\frac{16-6}{1}-\frac{6}{1}\right)\text{mA}=4\text{mA}$$

因为 I_Z 介于 I_{ZF} 与 I_{ZM} 之间，所以稳压二极管可以正常工作。

2）稳压管能够安全工作的输入电压最大值为

$$U_{im}=(I_{ZM}+I_o)R+U_o=\left[\left(8+\frac{6}{1}\right)\times1+6\right]\text{V}=20\text{V}$$

【例 8-3-2】 图 8-12 电路中，已知稳压二极管 VZ 的参数 $U_Z=10\text{V}$，$I_{ZF}=5\text{mA}$，$I_{ZM}=20\text{mA}$，$R_L=2\text{k}\Omega$。要求当输入电压由正常值发生±20%波动时，负载电压基本不变。求电阻 R 和输入电压 U_i 的正常值。

解： $U_o=U_Z=10\text{V}$，当输入电压达到上限为 $1.2U_i$ 时，流过稳压二极管的电流为 I_{ZM}，则有

$$I_R=I_{ZM}+\frac{U_o}{R_L}=\left(20+\frac{10}{2}\right)\text{mA}=25\text{mA}$$

$$1.2U_i=I_RR+U_o=25R+10$$

当输入电压降到下限为 $0.8U_i$ 时，流过稳压二极管的电流为 I_{ZF}，则有

$$I_R=I_{ZF}+\frac{U_o}{R_L}=\left(5+\frac{10}{2}\right)\text{mA}=10\text{mA}$$

$$0.8U_i=I_RR+U_Z=10R+10$$

联立上述方程求解，可得

$$U_i=18.75\text{V},R=0.5\text{k}\Omega$$

【思考题】

8.3.1 稳压二极管正常工作时，它的工作电流应该限制在什么范围？

8.3.2 稳压电路的功能是什么？稳压电路中的稳压二极管正常工作时处在什么状态？

8.3.3 什么是稳压二极管的动态电阻？

8.3.4 利用二极管的正向导通电压降是否也可以起到稳压作用？

8.3.5 图 8-12 电路中，稳压二极管和电阻 R 各起什么作用？

8.4 双极型晶体管

双极型晶体管简称晶体管，是最重要的一种半导体器件。在双极型晶体管中，自由电子和空穴两种载流子都参与导电过程，具有电流放大作用和开关作用。本节主要介绍双极型晶体管的结构组成和电流放大作用。

8.4.1 基本结构

晶体管的种类很多，外形不同但其基本结构相同，都是通过一定的工艺在一块半导体基片上制成两个 PN 结，再引出三个电极，然后用管壳封装而成。

晶体管都是由三层不同的半导体构成的。根据结构不同，可分为 NPN 型和 PNP 型。NPN 型和 PNP 型晶体管的结构示意图及电路符号如图 8-13 所示。

NPN 型或 PNP 型晶体管的三层半导体形成三个不同的导电区。中间薄层半导体掺入杂质最少，因而多数载流子浓度最低，称为基区。基区两侧为同型半导体，但两者掺入杂质的浓度不同，故多数载流子的浓度不同。一侧的多数载流子浓度较大，是发射多数载流子的，称为发射区。另一侧的多数载流子浓度较小，是收集载流子的，称为集电区。从发射区、基

区和集电区引出的三个电极分别称为发射极、基极和集电极，并分别用字母 E、B、C 表示。发射区与基区交界处的 PN 结称为发射结，集电区与基区交界处的 PN 结称为集电结。集电结面积大于发射结，其目的在于保证集电区能有效地收集载流子。

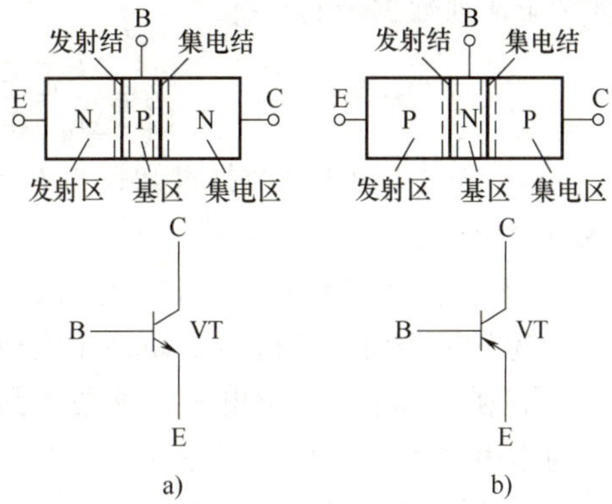

图 8-13　晶体管结构示意图和电路符号

a）NPN 型　b）PNP 型

8.4.2　电流分配与放大作用

NPN 型和 PNP 型晶体管的内部结构虽然不同，但工作原理是相同的，只是在使用时电源极性相反。根据晶体管的内部结构，给它提供一定的外部条件（加适当的电压）时，载流子便会按一定规律运动和分配。由于应用中采用 NPN 型晶体管较多，因此下面以 NPN 型晶体管为例说明其电流放大作用，所得结论同样适用于 PNP 型晶体管。

某 NPN 型晶体管实验电路如图 8-14 所示，首先必须使电路中 $U_{BE}>0$，使发射结加正向电压（正偏），$U_{CC}>U_{BB}$、$U_{CE}>U_{BE}$，使集电结加反向电压（反偏），这是保证晶体管能够进行电流放大的必要条件。

改变可变电阻 R_B 的电阻值，则基极电流 I_B、集电极电流 I_C 和发射极电流 I_E 都会相应发生变化，实验测量结果见表 8-1。

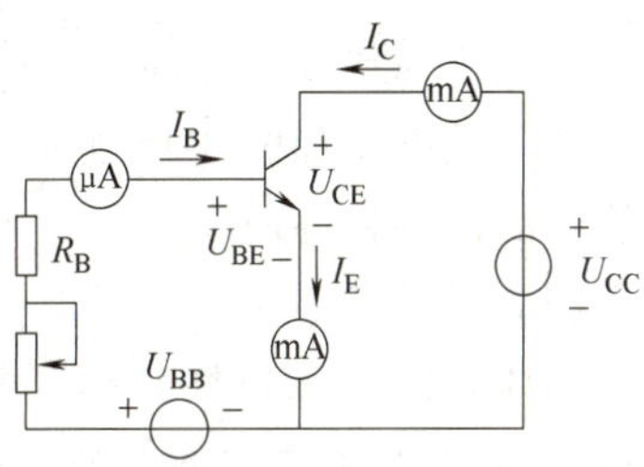

图 8-14　某 NPN 型晶体管实验电路

表 8-1　晶体管电流测试数据　（单位：mA）

I_B	0	0.02	0.04	0.06	0.08
I_C	<0.001	1.50	3.01	4.55	6.20
I_E	<0.001	1.52	3.05	4.61	6.28

由表 8-1 实验数据可以得出如下结论：

1）观察每一列数据可知晶体管三个极的电流分配为

$$I_E=I_B+I_C \tag{8-3}$$

此结果符合基尔霍夫电流定律。

2）I_C 和 I_E 比 I_B 大得多（$I_E\approx I_C$），且 I_C 与 I_B 保持一定的比例，二者之比称为晶体管直流（静态）电流放大系数，即

$$\bar{\beta}=\frac{I_C}{I_B} \tag{8-4}$$

以表 8-1 第 3 列和第 4 列数据为例，有

$$\bar{\beta}=\frac{3.01}{0.04}=75.25,\quad \bar{\beta}=\frac{4.55}{0.06}=75.83$$

这就是晶体管的电流放大作用。电流放大作用还体现在基极电流的少量变化 ΔI_B 引起集电极电流较大的变化 ΔI_C，二者之比称为交流（动态）电流放大系数，用 β 表示，仍以表 8-1 第

3 列和第 4 列数据为例，有

$$\beta=\frac{\Delta I_C}{\Delta I_B}=\frac{4.55-3.01}{0.06-0.04}=\frac{1.54}{0.02}=77$$

3）由表 8-1 第 1 列数据可知，当 $I_B=0$ 时（基极开路），$I_C=I_{CEO}<0.001\text{mA}=1\mu\text{A}$，$I_{CEO}$ 称为穿透电流。

4）要使晶体管具有电流放大作用，发射结必须正向偏置，集电结必须反向偏置。

上述分析表明，发射结正偏，才能使发射区向基区大量地发射自由电子，而集电结反偏，才有利于集电区收集电子，这两点是晶体管能进行电流放大的必要条件，电源 U_{BB} 和 U_{CC} 的作用也正在于此。对于 PNP 型晶体管，为满足上述条件，U_{BB} 和 U_{CC} 的极性应与图 8-14 相反，电流 I_E、I_B 和 I_C 的方向也与图 8-14 相反。

U_{CC} 的另一个作用是向晶体管提供能量，即产生电流 I_C。由此可见，晶体管的电流放大，就是用一个小电流 I_B 来控制一个大电流 I_C。因此，晶体管是一种电流控制器件。

8.4.3　伏安特性

晶体管的伏安特性即各极电压、电流间的关系，可以用输入特性和输出特性来描述，伏安特性测试电路如图 8-15 所示。采用晶体管伏安特性图示仪就可以在显示屏上直接观察被测管子的伏安特性曲线。

（1）输入特性

晶体管的输入特性是指当集-射极之间电压 U_{CE} 为常数时，输入电路中基极电流 I_B 与基-射极电压 U_{BE} 之间的关系，即 $I_B=f(U_{BE})\big|_{U_{CE}=\text{常数}}$。某 NPN 型小功率硅晶体管的输入特性曲线如图 8-16 所示。实际上，对于每个给定的 U_{CE} 都对应着一条输入特性曲线，但通常只需给出有代表性的两条曲线，即可满足实用要求：一条是 $U_{CE}=0\text{V}$ 的曲线，相当于 C、E 短路的情况，输入特性为两个 PN 结并联的正向特性；另一条是 $U_{CE}\geqslant 1\text{V}$ 的曲线，对应于集电结反偏的情况，集电极收集电子的能力已足够强，由发射极注入基区的大部分自由电子都可被拉入集电区形成 I_C，只有少数自由电子在基区与空穴复合形成 I_B，所以，在相同的 U_{BE} 下，I_B 大大减小，曲线右移。当 $U_{CE}>1\text{V}$ 时，因无更多的自由电子可供收集，所以 I_B 无明显变化，曲线基本上是重合的，因此，一般只需测试出 $U_{CE}\geqslant 1\text{V}$ 的一条曲线即可。

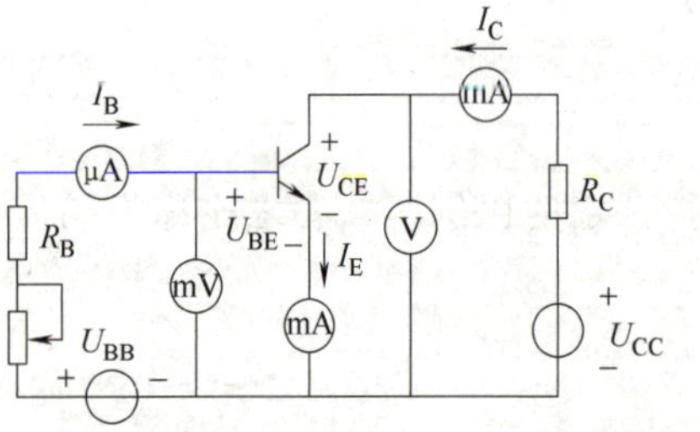

图 8-15　晶体管伏安特性测试电路

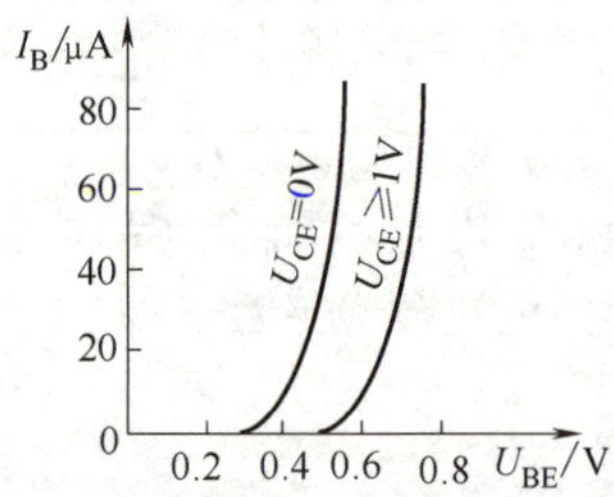

图 8-16　某 NPN 型小功率硅晶体管的输入特性曲线

图 8-16 中，晶体管的输入特性和二极管伏安特性相似也有一段死区，只有当发射结外加电压大于死区电压时，晶体管才会出现基极电流 I_B。硅管的死区电压约为 0.5V，锗管的死区电压约为 0.1V。在正常工作时，硅管的发射结电压约为 0.6~0.7V，锗管的发射结电压约为 0.2~0.3V。

（2）输出特性

晶体管的输出特性是指当基极电流 I_B 为常数时，输出电路中集电极电流 I_C 与集-射极电压 U_{CE} 之间的关系，即 $I_C = f(U_{CE})|_{I_B=常数}$。某 NPN 型小功率硅晶体管的输出特性曲线如图 8-17 所示，曲线可划分为三个区域，对应着晶体管三种不同的工作状态。

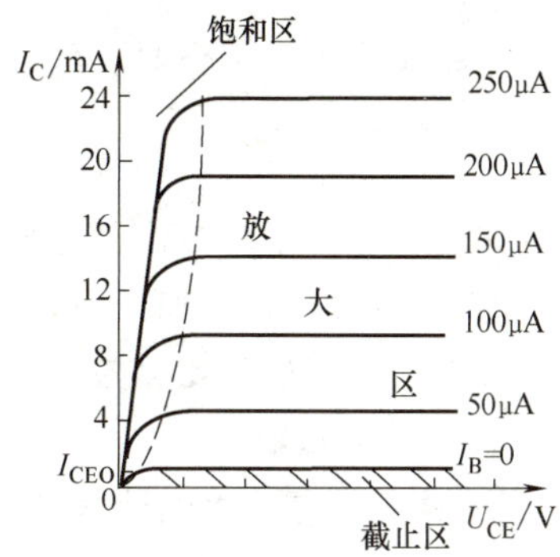

图 8-17 某 NPN 型小功率晶体管的输出特性曲线

1）放大区。输出特性曲线近于平行的部分为放大区。晶体管工作在放大区的条件是发射结处于正偏、集电结处于反偏，在放大区 I_C 几乎与 U_{CE} 无关，$I_C = \beta I_B$，I_C 受 I_B 的控制，表现为恒流特性。

2）截止区。靠近横轴 $I_B = 0$ 以下的区域称为截止区。NPN 型晶体管当 $U_{BE} < U_T$ 时，发射结和集电结都处于反向偏置，即工作在截止区，此时，$I_B = 0$，$I_C = I_{CEO} \approx 0$。为了使晶体管可靠截止，通常使 $U_{BE} \leqslant 0$。

3）饱和区。输出特性靠近纵轴 U_{CE} 较小的区域称为饱和区。饱和区 $U_{CE} < U_{BE}$ 使得发射结和集电结都处于正向偏置，此时，$U_{CE} = U_{CES} \approx 0$，$I_C = I_{CS} \approx \dfrac{U_{CC}}{R_C}$，$I_C$ 不再随 I_B 的增大而增大。U_{CES} 为晶体管饱和电压，约为 0.3V；I_{CS} 为晶体管饱和电流；基极临界饱和电流 $I_{BS} = \dfrac{I_{CS}}{\beta}$，当 $I_B > I_{BS}$ 时，晶体管进入饱和状态。

当晶体管工作在饱和区和截止区时，则失去了正常的电流放大作用，所以，晶体管作为放大器件时，应避免其进入饱和和截止区。但是另一方面，由于晶体管工作在这两个区时，分别相当于一个接通或断开的开关，这种良好的开关特性，使晶体管在脉冲和数字电路中得到了广泛的应用。

8.4.4 主要参数

（1）电流放大系数 β

直流（静态）电流放大系数 $\bar{\beta}$ 和交流（动态）电流放大系数 β 二者数值相近，常不加区别，统称为共射极电流放大系数，用 β 表示。普通小功率晶体管的 β 为 20~200，产品手册中的 β 常用 h_{fe} 表示。

（2）极间反向电流

1）C、B 间反向饱和电流 I_{CBO}。I_{CBO} 指发射极开路时集电结的反向电流。I_{CBO} 一般很小（锗管为微安级，硅管小于 1μA），对电流放大作用影响不大，但因该电流对温度很敏感，与温度近似呈指数关系，是影响晶体管热稳定性的重要因素，所以越小越好。

2）C、E 间反向饱和电流（穿透电流）I_{CEO}。I_{CEO} 为基极开路且在集-射极间加上规定电压时的集电极电流。C、E 间外加电压使发射结正偏、集电结反偏，集电结两侧的少子必然相对漂移，致使基区空穴浓度有所提高，因基极开路，这些空穴只能与来自发射区的自由电子复合，以维持基区空穴浓度不变。此时，发射结正偏，发射区向基区注入电子，其中一部分与基区由少子漂移产生的空穴复合，形成电流 I_{CBO}，而另一部分为集电区所收集，其数

量必然等于在基区复合数量的β倍，并形成电流βI_{CBO}，C、E 间总电流为

$$I_{CEO}=(1+\beta)I_{CBO} \tag{8-5}$$

当晶体管正常工作时，I_{CEO}依然存在，且构成集电极电流的一部分，即

$$i_C=\beta i_B+I_{CEO}$$

如前所述，I_{CBO}与温度近似呈指数关系，所以，I_{CEO}对温度也很敏感，当温度升高时，I_{CEO}的增大会使I_C增加，引起工作点的变动，所以，I_{CBO}、I_{CEO}是决定晶体管热稳定性的重要参数。由于硅管比锗管的I_{CEO}小得多，故硅管的热稳定性比锗管好得多。

（3）极限参数

1）集电极最大允许电流I_{CM}。晶体管在大电流下β会下降，通常将β下降为正常值的1/3~1/2 时的I_C规定为I_{CM}，在实际应用中，超过此值，晶体管并不一定损坏。

2）反向击穿电压$U_{(BR)CEO}$。$U_{(BR)CEO}$为基极开路时集-射极之间的最大允许电压。当集-射极之间的电压超过$U_{(BR)CEO}$时，会造成晶体管击穿损坏。为保证安全，使用中应选取晶体管的$U_{(BR)CEO}$大于2~3 倍的电源电压U_{CC}。

3）集电极最大允许耗散功率P_{CM}。P_{CM}为集电极允许耗散功率（U_{CE}和I_C的乘积）的最大值，超过此值，可能造成晶体管过热损坏。图 8-18 中的功耗曲线表示在不同的U_{CE}下允许的I_C值。由I_{CM}、$U_{(BR)CEO}$和P_{CM}共同限定了晶体管的安全工作区。

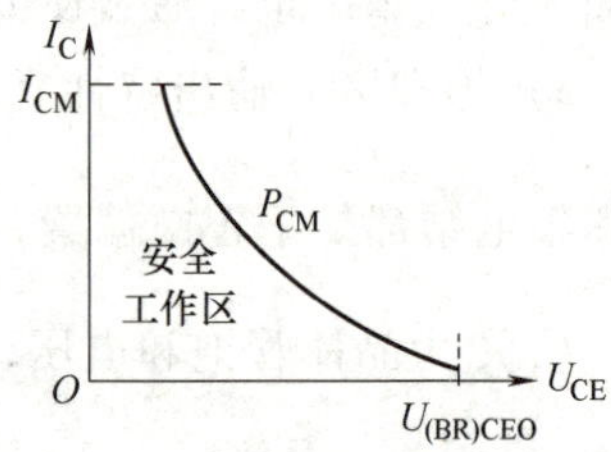

图 8-18 晶体管的安全工作区

【思考题】

8.4.1 晶体管按照导电类型分类，有哪几种类型？它们的结构和电路符号是什么？

8.4.2 在 NPN 型晶体管中，掺杂浓度最高的是什么区？面积最大的是什么区？

8.4.3 NPN 型晶体管的三层结构与反向串联的两个二极管相似，如图 8-19 所示，后者有没有电流放大作用？为什么？

8.4.4 交流电流放大系数和直流电流放大系数意义是否相同？

8.4.5 晶体管正常进行电流放大的外部条件是什么？电流放大的本质是什么？

8.4.6 晶体管可以作为开关使用，接通和断开时分别工作在哪种工作状态？

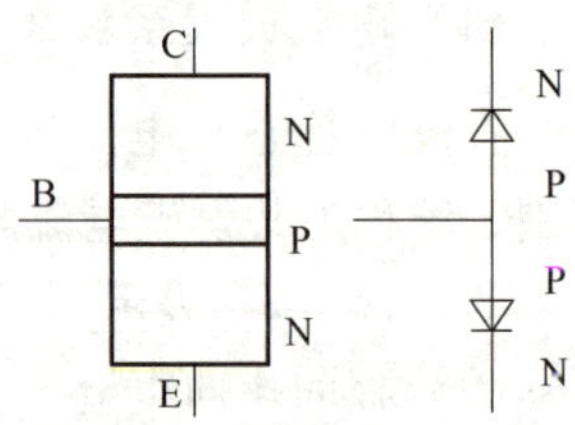

图 8-19 思考题 8.4.3 图

8.4.7 晶体管的输入特性曲线在$U_{CE}\geqslant 2V$后为什么差别不大？

8.4.8 晶体管在饱和、截止、电流放大等几种状态下各有什么电路作用？如何使它分别工作在这几种不同的状态？

8.4.9 图 8-15 中，设晶体管工作在放大区：

1）如U_{CC}、U_{BB}、R_C不变，增大R_B，试问I_B、I_C和U_{CE}如何变化？

2）如U_{CC}、U_{BB}、R_B不变，增大R_C，试问I_B、I_C和U_{CE}如何变化？

8.5 场效应晶体管

上述双极型晶体管是电流控制器件，其输入电阻相对较小（仅有 $10^2 \sim 10^4 \Omega$）当它工作在放大状态时，必须给基极输入一定的基极电流，需要较大的输入功率。场效应晶体管是一种单极型电压控制器件，利用改变电场的强弱来控制半导体的导电能力，它不仅具有较高的输入电阻（$10^9 \sim 10^{14} \Omega$），还具有噪声低、热稳定性好、抗辐射能力强、耗电省、制造工艺简单、易于集成化等优点，目前已广泛地应用于各种电子电路中，尤其在实现超大规模集成电路方面更为突出。

场效应晶体管按其结构的不同分为结型和绝缘栅型，本书仅介绍常用的绝缘栅型场效应晶体管。

8.5.1 绝缘栅型场效应晶体管的结构与特性曲线

绝缘栅型场效应晶体管根据导电沟道的不同，可分为 N 沟道和 P 沟道两种，每一种又分为增强型和耗尽型两类。

（1）增强型场效应晶体管

N 沟道绝缘栅增强型场效应晶体管结构如图 8-20a 所示。它是用一块杂质浓度较低的 P 型薄硅片作为衬底，在上面扩散两个杂质浓度很高的 N^+ 区，分别用金属铝各引出一个电极，称为源极 S 和漏极 D，并用热氧化的方法在硅片表面生成一层薄薄的二氧化硅（SiO_2）绝缘层，在它上面再添加一层金属铝，也引出一个电极，称为栅极 G。

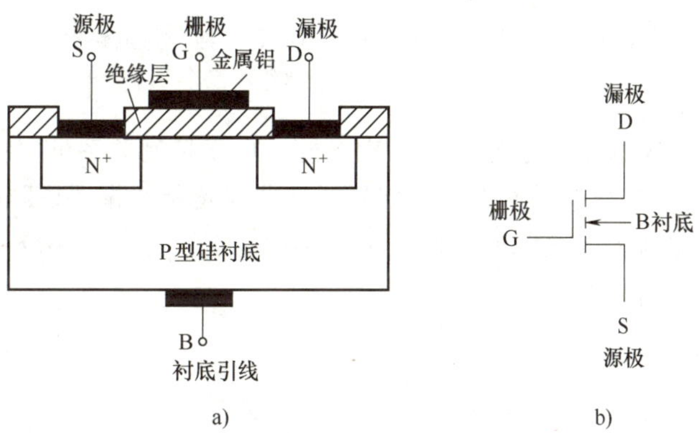

图 8-20 N 沟道绝缘栅增强型 MOS 管的结构与电路符号
a）结构 b）电路符号

因为绝缘栅型场效应晶体管的栅极和其他电极及硅片之间是绝缘的，所以输入电阻很高，输入电流几乎为零；又由于它是由金属、氧化物和半导体所构成，所以又称为金属-氧化物-半导体（Metal-Oxide-Semiconductor）场效应晶体管，简称 MOS 管。N 沟道绝缘栅增强型 MOS 管的电路符号如图 8-20b 所示，一般情况下，衬底 B 和源极 S 接在一起。

N 沟道绝缘栅增强型 MOS 管源极与漏极之间是 N^+PN^+ 结构，相当于两个背靠背的 PN 结。如果将衬底改为 N 型、源极与漏极所连区域改为 P^+ 杂质区，则形成 P^+NP^+ 结构的 P 沟道绝缘栅增强型 MOS 管，如图 8-21 所示。与 NPN、PNP 型晶体管道理一样，N 沟道绝缘栅增强型 MOS 管与 P 沟道绝缘栅增强型 MOS 管工作原理完全相同，只是两者电源极性、电流方向相反而已。

本书以 N 沟道绝缘栅增强型 MOS 管为例介绍其工作原理。N 沟道绝缘栅增强型 MOS 管导通原理如图 8-22 所示。当 $U_{GS}=0$ 时（G、S 之间短路），无论 D、S 之间电压 U_{DS} 极性如何，总有一个 PN 结是反偏的，漏极电流几乎为零。如果在栅极和源极之间加一正向电压 U_{GS}，在 U_{GS} 的作用下，会产生垂直于衬底表面的电场，P 型衬底与 SiO_2 绝缘层的界面将感应出负电荷层，随着 U_{GS} 的增大，负电荷的数量也增多，当积累的负电荷足够多时，使两个 N+区之间形成导电沟道，在一定的漏-源极电压 U_{DS} 的作用下，漏、源极之间便有漏极电流 I_D 出现。使管子由不导通转为导通的临界栅-源极电压称为开启电压，用 $U_{GS(th)}$ 表示。当 $0<U_{GS}<U_{GS(th)}$ 时，导电沟道尚未完全形成，$I_D=0$；当 $U_{GS}>U_{GS(th)}$ 时，随着 U_{GS} 的增大，导电沟道会加宽，漏极电流 I_D 也会随之增大。

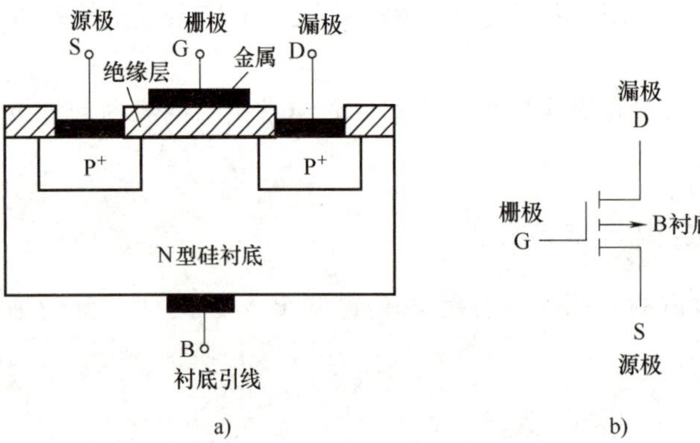

图 8-21　P 沟道绝缘栅增强型 MOS 管的结构与电路符号

a）结构　b）电路符号

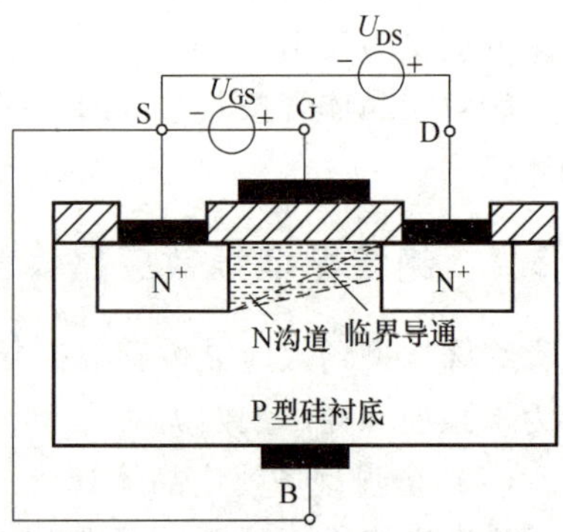

图 8-22　N 沟道绝缘栅增强型 MOS 管导通原理示意图

N 沟道绝缘栅增强型 MOS 管的电压控制关系可用特性曲线描述。

1）转移特性曲线。转移特性曲线是指当漏-源极电压 U_{DS} 为常数时，输出电流 I_D 与输入电压 U_{GS} 之间的关系，即 $I_D=f(U_{GS})\big|_{U_{DS}=常数}$。图 8-23a 为 N 沟道绝缘栅增强型 MOS 管的转移特性曲线。

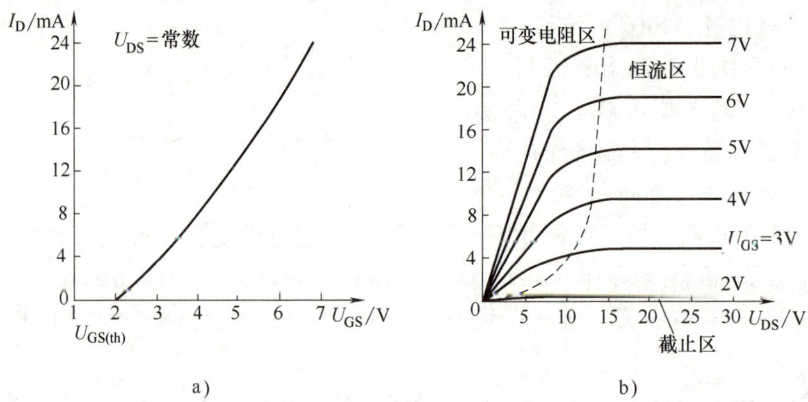

图 8-23　N 沟道绝缘栅增强型 MOS 管的特性曲线

a）转移特性曲线　b）输出特性曲线

2）输出特性曲线。输出特性曲线是指当栅-源极电压 U_{GS} 为常数时，输出电流 I_D 与漏-源极电压 U_{DS} 之间的关系，即 $I_D=f(U_{DS})\big|_{U_{GS}=常数}$。图 8-23b 为 N 沟道绝缘栅增强型 MOS 管的输出特性曲线。

MOS 管的输出特性曲线分成三个区域：①可变电阻区，U_{DS} 相对较小，对沟道影响不大，当 U_{GS} 为一定值时，沟道电阻也一定，I_D 与 U_{DS} 之间基本上呈线性关系，且 U_{GS} 越大，沟道电阻越小，曲线越陡，即沟道电阻大小由 U_{GS} 决定，故称为可调电阻区；②恒流区，$U_{DS}>U_{GS}-U_{GS(th)}$，I_D 几乎不随 U_{DS} 的变化而变化，呈恒流特性，特性曲线近乎与横轴平行，I_D 的大小由 U_{GS} 决定；③截止区（也称夹断区）；当 $U_{GS}<U_{GS(th)}$ 时，MOS 管的沟道尚未建立起来，I_D 几乎为零，处于截止状态。

（2）耗尽型场效应晶体管

如果在制造 MOS 管时，在 SiO_2 绝缘层中掺入大量的正离子产生足够强的内电场，使得 P 型衬底的硅表层的多数载流子空穴被排斥开，从而感应出很多的负电荷，使漏极与源极之间形成 N 型导电沟道，如图 8-24a 所示。这样，即使栅极、源极之间不加电压（$U_{GS}=0$），漏极、源极之间已经存在原始导电沟道，这种场效应晶体管称为耗尽型 MOS 管。N 沟道耗尽型 MOS 管的电路符号如图 8-24b 所示。

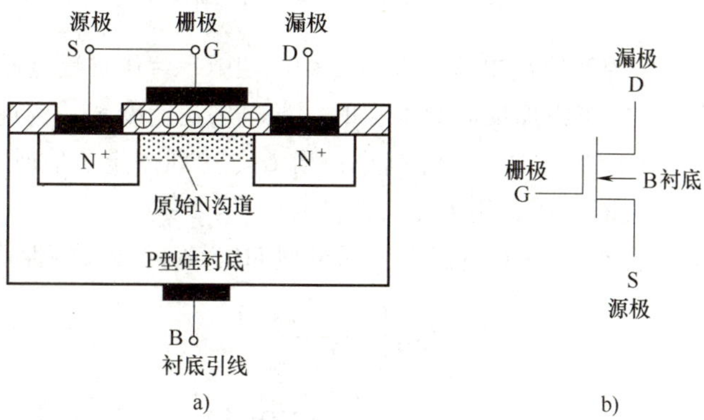

图 8-24　N 沟道耗尽型 MOS 管的结构与电路符号

a）结构　b）电路符号

如果在制作场效应晶体管时采用 N 型硅作为衬底，漏极、源极为 P^+ 型，则导电沟道为 P 型。P 沟道耗尽型 MOS 管的结构与电路符号分别如图 8-25a、b 所示。

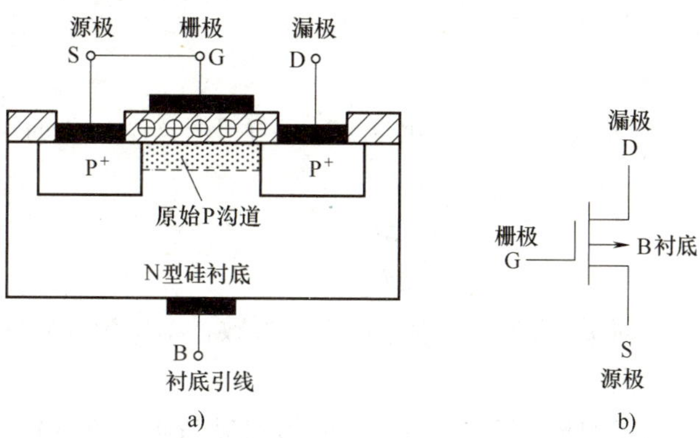

图 8-25　P 沟道耗尽型 MOS 管的结构与电路符号

a）结构　b）电路符号

N 沟道耗尽型 MOS 管的特性曲线如图 8-26 所示。

1）转移特性曲线。图 8-26a 为 N 沟道耗尽型 MOS 管的转移特性曲线。当漏-源极电压 U_{DS} 为常数时，输出电流 I_D 与输入电压 U_{GS} 之间基本呈线性关系，U_{GS} 极性可正可负，实

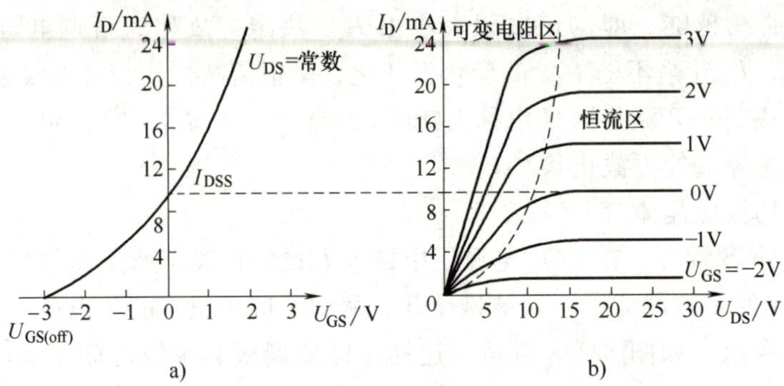

图 8-26 N 沟道耗尽型 MOS 管的特性曲线

a）转移特性曲线 b）输出特性曲线

际应用中通常采用负栅压控制输出电流，即 $U_{GS} \leqslant 0$。当 $U_{GS}=0$ 时流过原始导电沟道的输出电流为漏极饱和电流 I_{DSS}。当施加反向的 U_{GS} 时，导电沟道会变窄，沟道电阻增大，相应的 I_D 会减小；U_{GS} 负值越大，沟道越窄，I_D 越小；当 U_{GS} 达到一定负值时，导电沟道被夹断，$I_D=0$，此时的 U_{GS} 称为夹断电压，用 $U_{GS(off)}$ 表示。

实验表明，在 $U_{GS(off)} \leqslant U_{GS} \leqslant 0$ 范围内，耗尽型 MOS 管的转移特性可近似表示为

$$I_D = I_{DSS}\left[1-\frac{U_{GS}}{U_{GS(off)}}\right]^2 \tag{8-6}$$

2）输出特性曲线。图 8-26b 为 N 沟道耗尽型 MOS 管的输出特性曲线，它与 N 沟道增强型 MOS 管的输出特性曲线相似。

8.5.2 主要参数

场效应晶体管的主要参数除了前面提到的输入电阻 r_{GS}、开启电压 $U_{GS(th)}$ 和夹断电压 $U_{GS(off)}$，还有以下参数。

（1）跨导 g_m

在 U_{DS} 为定值时，漏极电流 I_D 的变化量 ΔI_D，与引起这个变化的栅-源电压 U_{GS} 的变化量 ΔU_{GS} 的比值称为跨导，表示为

$$g_m = \frac{\Delta I_D}{\Delta U_{GS}}\bigg|_{U_{DS}=常数}$$

g_m 是衡量 MOS 管的 U_{GS} 对 I_D 控制能力大小的重要参数，单位为 μA/V 或 mA/V。

（2）通态电阻 r_{DS}

通态电阻 r_{DS} 为在确定的栅-源电压 U_{GS} 下，场效应晶体管进入饱和导通时漏、源极之间的电阻值，它的大小决定了管子的开通损耗。

（3）最大漏、源击穿电压 $U_{(BR)DS}$

最大漏、源击穿电压 $U_{(BR)DS}$ 指漏极与源极之间允许的最大反向电压，当漏极、源极之间的电压超过 $U_{(BR)DS}$ 时，会造成 MOS 管击穿损坏。为保证安全，使用中应选取 MOS 管的 $U_{(BR)DS}$ 大于 2~3 倍的电源电压 U_{DD}。

(4) 漏极最大耗散功率 P_{DM}

漏极最大耗散功率 P_{DM} 是漏极耗散功率 $P_D = U_{DS}I_D$ 的最大允许值，是从发热角度对管子提出的限制条件。

另外，由于绝缘栅场效应晶体管的输入电阻很高，所以栅极上很容易积累较高的静电电压将绝缘层击穿。为了避免这种损坏，在保存场效应晶体管时应将它的三个极短接起来；在电路中，栅极、源极间应有固定电阻或稳压二极管并联，以保证有一定的直流通道；在焊接时应使电烙铁外壳良好接地。

【思考题】

8.5.1　场效应晶体管与双极型晶体管比较有何特点？

8.5.2　为什么说双极型晶体管是电流控制器件，而场效应晶体管是电压控制器件？

8.5.3　说明场效应晶体管的夹断电压 $U_{GS(off)}$ 和开启电压 $U_{GS(th)}$ 的意义。

8.5.4　试分析 P 沟道绝缘栅增强型和耗尽型 MOS 管的转移特性。

8.5.5　为什么绝缘栅 MOS 管的栅极不能开路？

8.5.6　绝缘栅型 MOS 管的 $U_{GS}=0V$（G、S 之间短接）时，漏极电流 I_D 为 0，试判断是什么类型的 MOS 管？如果漏极电流 I_D 不为 0，又是什么类型的 MOS 管？为什么？

8.5.7　如何控制 MOS 管漏极电流的大小？

8.6　光电器件

将光信号（或光能）转变成电信号（或电能）的器件称为光电器件。光电器件主要有半导体发光器件、利用半导体光敏特性工作的光电导器件和利用半导体光电效应工作的光电池等。

8.6.1　发光二极管

发光二极管（Light Emitting Diode，LED）是一种将电能直接转换成光能的半导体器件。与普通二极管相似，LED 也是由一个 PN 结构成。LED 多采用磷砷化镓制作 PN 结，这种半导体材料的 PN 结在正向导通时，由于空穴和电子的复合而放出能量，发出一定波长的可见光。光的波长不同，颜色也不同。常见的 LED 有红、绿、黄、蓝等颜色。LED 的 PN 结封装在透明塑料管壳内，外形有方形、矩形和圆形等。发光二极管的驱动电压低、工作电流小，具有很强的抗振动和抗冲击能力、体积小、可靠性高、耗电省和寿命长等优点，广泛用于信号指示和传递中。

LED 的电路符号如图 8-27 所示。它的伏安特性和普通二极管相似，开启电压为 0.9~8.1V，正向工作电压为 8.5~2.5V，工作电流为 5~15mA，反向击穿电压较低，一般小于 10V。

图 8-27　发光二极管的电路符号

8.6.2　光电导器件

(1) 光敏电阻

光敏电阻是一种电导率随吸收的光量子多少而变化的电子元件。在一定波长范围的光照下，载流子浓度增加，从而电导率增加，电阻值明显变小，这就是光电导效应。利用不同材料制作的光敏电阻可以制成各种光探测器。

（2）光电二极管

光电二极管的管壳上有透明聚光窗，由于 PN 结的光敏特性，当有光线照射时，光电二极管在一定的反向偏压范围内，其反向电流将随光照度的增加而线性增加，这时光电二极管等效于一个理想电流源。当无光照时，光电二极管的伏安特性与普通二极管一样。光电二极管的等效电路如图 8-28a 所示，图 8-28b、c 分别示出光电二极管的电路符号与伏安特性曲线。

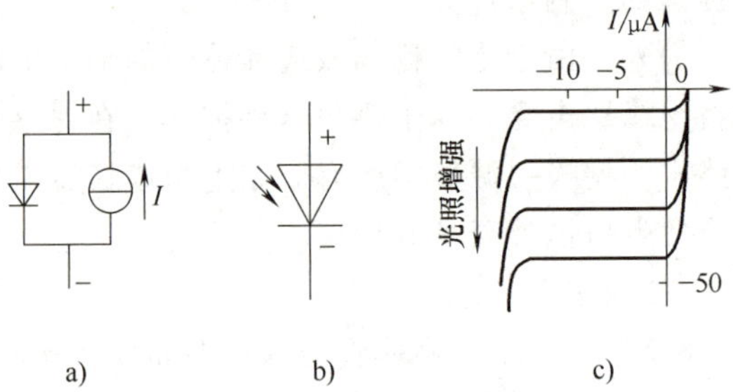

图 8-28　光电二极管

a）等效电路　b）电路符号　c）伏安特性曲线

光电二极管的主要参数有：

1）暗电流。暗电流为无光照时的反向饱和电流，一般很小，可以忽略不计。

2）光电流。光电流为在额定照度下的反向电流，一般为几十微安。

3）灵敏度。灵敏度为在给定波长（如 0.9μm）的单位光功率时，光电二极管产生的光电流，一般大于或等于 0.5μA/μW。

4）峰值波长。峰值波长为使光电二极管具有最高响应灵敏度（光电流最大）的光波长，一般光电二极管的峰值波长在可见光和红外线范围内。

5）响应时间。响应时间为加定量光照后，光电流达到稳定值的 63%所需要的时间，一般为 10^{-7}s。

（3）光电晶体管

将光电二极管与晶体管结合即构成光电晶体管，其等效电路如图 8-29a 所示。光电晶体管的灵敏度较光电二极管提高了 β 倍，但响应时间也相应增加。其电路符号与伏安特性曲线如图 8-29b、c 所示。

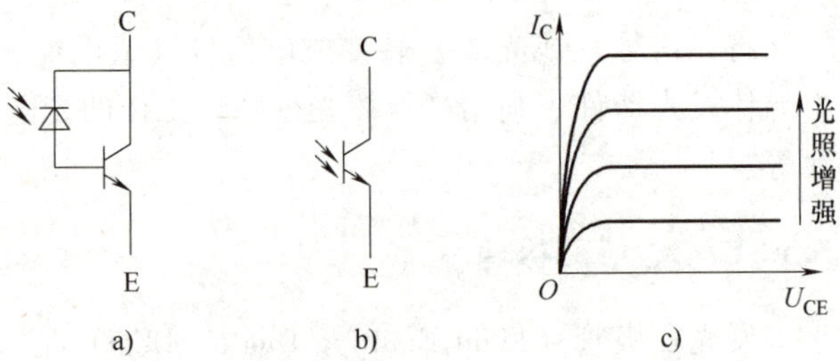

图 8-29　光电晶体管

a）等效电路　b）电路符号　c）特性曲线

8.6.3　光电耦合器

将发光器件和受光器件组装在一起就构成了光电耦合器。使用时将电信号送入光电耦的发光器件，发光器件将电信号转换成光信号，由输出侧的受光器件接收再转换成电信号。由于信号是通过光耦合传输的，输出与输入之间没有直接电气联系，所以也称为光电隔离器，用以代替继电器等装置。

光电耦合器的发光器件和受光器件封装在同一不透明的管壳内，由透明、绝缘的树脂隔开。发光器件常用发光二极管，受光器件则根据输出电路的不同要求有光电晶体管、光电晶闸管和光电集成电路等。图 8-30 为晶体管输出型光电耦合器的电路符号。

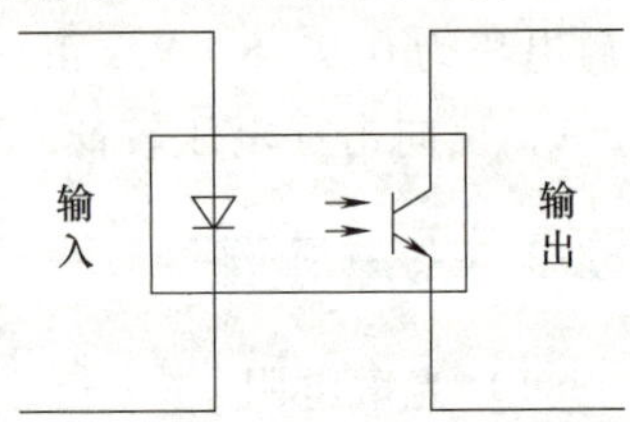

图 8-30　晶体管输出型光电耦合器的电路符号

1）光电耦合器的发光器件与受光器件互不接触，绝缘电阻很高，可达 $10^{10}\Omega$ 以上，并能承受 2000V 以上的高压，因此经常用来隔离强电和弱电系统。

2）光电耦合器的发光二极管是电流驱动器件，输入电阻很小，而干扰源一般内阻较大且能量很小，很难使发光二极管误动作，所以光电耦合器有极强的抗干扰能力。

3）光电耦合器具有较高的信号传递速度，响应时间一般为数微秒，高速型光电耦合器的响应时间可以小于 100ns。

光电耦合器的用途很广，如作为信号隔离转换，脉冲系统的电平匹配，微机控制系统的输入、输出回路等。

8.6.4　光（太阳能）电池

光电池是通过光电转换原理直接将太阳能转换成电能的一种半导体器件，这种光电转换过程通常称为光伏效应。光电池等效于一个 PN 结，通过太阳光照形成新的空穴、电子对，在 PN 结两端产生电动势，接上负载后会有电流流过产生一定的输出功率。由于太阳能是取之不尽的绿色环保能源，因此光电池被广泛用于通信卫星、空间站系统电源、光伏水泵（饮水或灌溉）、光缆通信基站电源、光伏发电等。

本章小结

1）PN 结具有单向导电性，PN 结承受正向电压时，其电阻很小，为导通状态；PN 结承受反向电压时，其电阻很大，为截止状态。

2）二极管和稳压二极管都是由一个 PN 结构成的半导体器件，它们的正向特性很相似，主要区别是：二极管不允许反向击穿，一旦击穿会造成永久性损坏；而稳压二极管则可以工作在反向击穿状态，且反向击穿时动态电阻很小，即电流在允许范围内变化时，稳定电压 U_Z 基本不变。

3）双极型晶体管是由两个 PN 结构成的电流控制半导体器件，其内部是两种载流子参与导电，可分为 NPN 型和 PNP 型两大类，其主要功能是可以用较小的基极电流控制较大的集电极电流，控制能力用电流放大系数 β 表示。

晶体管的电流关系：　$I_E=I_B+I_C=(1+\beta)I_B$

晶体管的输入特性与二极管的正向特性相似。

晶体管的输出特性可划分为三个区域，即截止区、放大区、饱和区，分别对应晶体管的三种工作状态。晶体管三种工作状态的特征见表 8-2。

表 8-2　晶体管三种工作状态的特征

工作状态	截止	放大	饱和
外部偏置	发射结反偏，集电结反偏	发射结正偏，集电结反偏	发射结正偏，集电结正偏
特征（NPN 型硅管）	$U_{BE}\leqslant 0, U_{CE}\approx U_{CC}$ $I_C=I_{CEO}$	$U_{BE}=0.6\sim0.7V$ $U_{CE}>U_{BE}$	$U_{BE}=0.6\sim0.7V$ $U_{CE}=U_{CES}\approx 0$

4）场效应晶体管（MOS 管）是单极型电压控制的半导体器件，其内部只有一种载流子参与导电，可分为 N 沟道和 P 沟道两种，每一种又分为增强型和耗尽型两类。其基本功能是用栅-源极电压 U_{GS} 控制漏极电流 I_D，具有输入电阻高、噪声低、热稳定性好、耗电省等

优点。

5）利用某些半导体材料 PN 结在正向导通时能够发出可见光的特性，制成发光二极管；利用 PN 结的光敏特性，制成光敏电阻、光电二极管和光电晶体管；将它们组合在一起可制成光电耦合器。光电池能够通过半导体的光伏效应将太阳能转换成电能。

习　　题

一、单项选择题

8.1　PN 结典型的工作状态为（　　）。

A. 正向导通

B. 反向截止

C. 正向导通和反向截止

D. 正向导通、反向截止和反向击穿

8.2　PN 结反向击穿时的状态相当于（　　）。

A. 恒流源　　B. 恒压源　　C. 很小的电阻　　D. 很大的电阻

8.3　图 8-31 电路中，VD_1 与 VD_2 均为理想二极管，则 V_O 为（　　）。

A. 0V　　B. 2V

C. 3V　　D. 5V

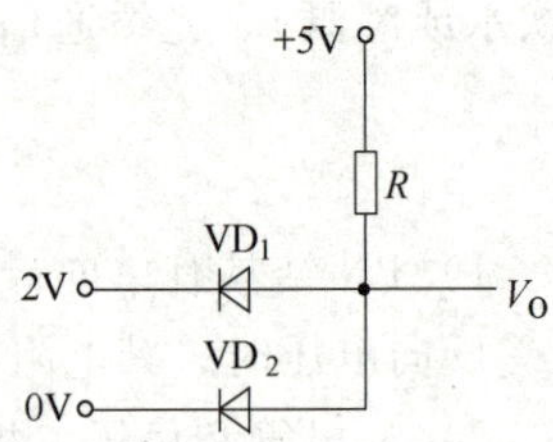

图 8-31　习题 8.3 电路图

8.4　限幅电路的作用是（　　）。

A. 将电压限制在某一参考电压以上或以下

B. 限制电压的最大值

C. 限制电压的有效值

D. 限制电压的平均值

8.5　稳压电路中的稳压二极管正常工作状态为（　　）。

A. 正向导通　　B. 反向截止　　C. 反向击穿　　D. 正向导通和反向截止

8.6　图 8-12 稳压二极管基本电路中，电流 I_R（　　）。

A. 随 R_L 的变化而变化　　B. 随 I_o 的变化而变化

C. 随 I_Z 的变化而变化　　D. 随 U_i 的变化而变化

8.7　工作在放大状态的晶体管，其电压偏置为（　　）。

A. 发射结正偏、集电结反偏　　B. 发射结反偏、集电结正偏

C. 发射结与集电结均正偏　　D. 发射结与集电结均反偏

8.8　用电流表测得一个晶体管的基极电流为 1mA，集电极电流为 3mA，调节基极电流时，集电极电流只有微小的变化，则结论为（　　）。

A. 晶体管电流放大系数太小　　B. 晶体管损坏

C. 晶体管工作在饱和状态　　D. 晶体管工作在截止状态

8.9　晶体管的工作点如图 8-32 所示，当前晶体管的工作状态为（　　）。

A. 截止　　B. 饱和

C. 放大　　D. 不能判断

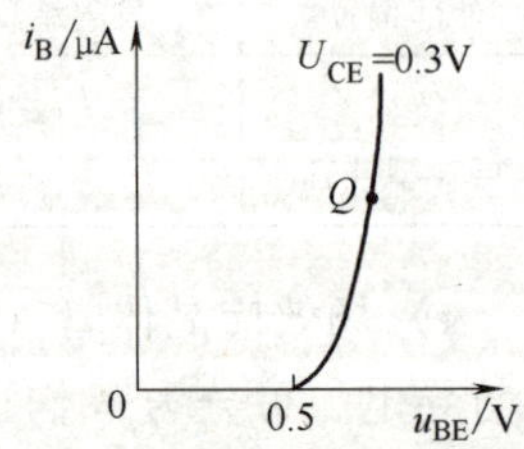

图 8-32　习题 8.9 特性曲线

8.10　场效应晶体管是（　　）。

A. 单极型电流控制器件　　　　B. 单极型电压控制器件

C. 双极型电流控制器件　　　　D. 双极型电压控制器件

二、分析计算题

8.11　图 8-33 钳位电路中，输入电压 $u_i = 6U\sin\omega t$V，画出输出电压 u_o 的波形。

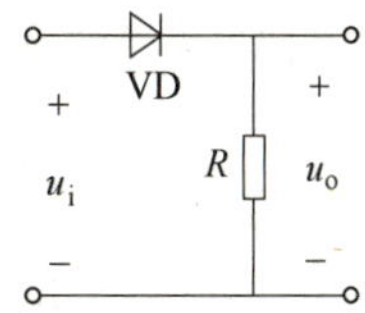

图 8-33　习题 8.11 图

8.12　图 8-34 电路中，已知 u_i 的波形，试画出电压 u_o 的波形，并说明电路的原理，设 VD 为理想二极管。

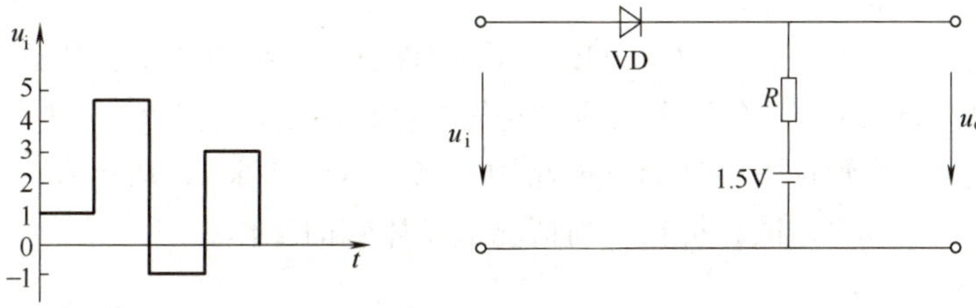

图 8-34　习题 8.12 图

8.13　稳压电路及其伏安特性曲线如图 8-35 所示，试求 R_1、R_2 和 U_Z。

8.14　图 8-36 电路中，$V_A = 10$V，$V_B = 0$V，试求输出电位 V_F 和通过各二极管的电流，设二极管为理想二极管。

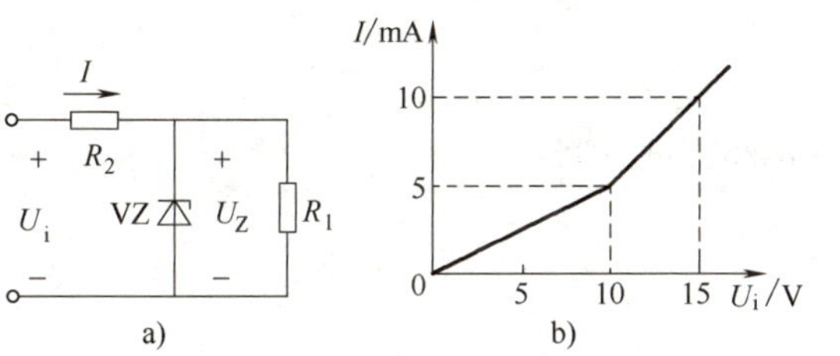

图 8-35　习题 8.13 图

a）稳压电路　b）伏安特性曲线

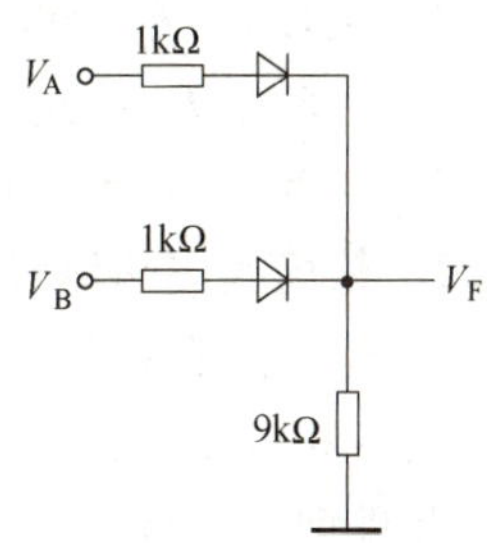

图 8-36　习题 8.14 图

8.15　图 8-37 各限幅电路中，$u_i = 2U\sin wt$，试画出 u_o 的波形。

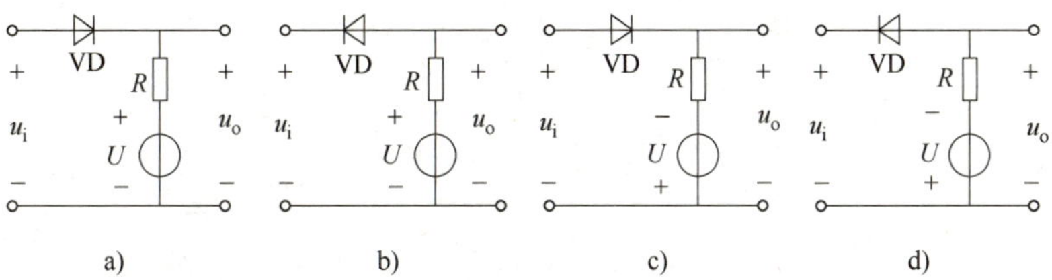

图 8-37　习题 8.15 图

8.16　图 8-38 限幅电路的输入电压 $u_i = 8\sin 314t$V，试画出输出 u_o 的波形。

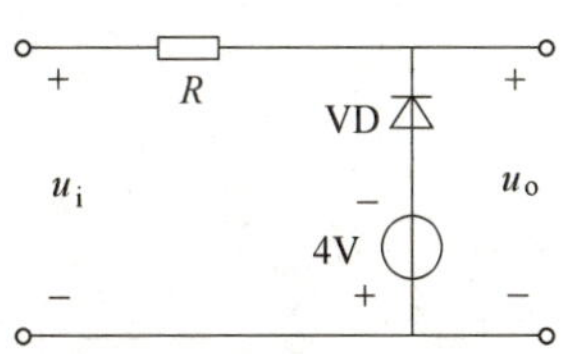

图 8-38　习题 8.16 图

8.17　图 8-39 为与门和或门电路（二极管可视为理想二极管），试完成表 8-3，并归纳输出 F、F'与输入 A、B 之间的关系。

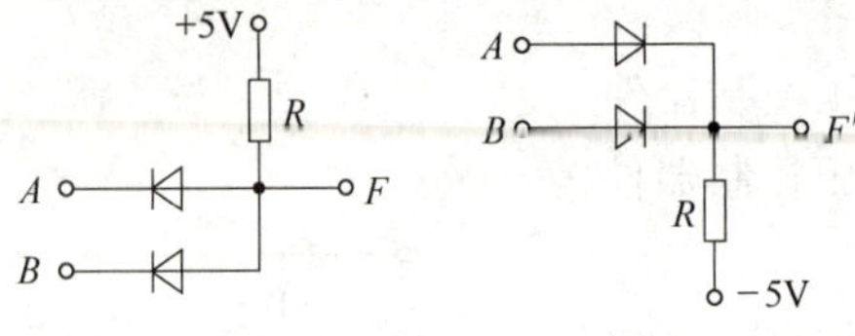

图 8-39 习题 8.17 图

表 8-3 习题 8.17 表

V_A/V	0	0	3	3
V_B/V	0	3	0	3
V_F/V				
V_F/V				

8.18 图 8-12 电路中，已知稳压管 VZ 的参数 $U_Z = 10V$、$I_{ZF} = 5mA$、$I_{ZM} = 20mA$，$U_i = 30V$，$R = 1k\Omega$，$R_L = 2k\Omega$。试分析当 U_i 波动±10%时，电路能否正常工作？如果 U_i 波动±30%，电路还能否正常工作？

8.19 图 8-12 电路中，已知 $R = 500\Omega$，$R_L = 500\Omega$，稳压管 VZ 的参数 $U_Z = 10V$、$I_{ZF} = 5mA$、$I_{ZM} = 30mA$，试分析 U_i 在什么范围内变化时电路能正常工作？

8.20 图 8-15 晶体管伏安特性测试电路中，已知 $R_B = 10k\Omega$，$R_C = 1k\Omega$，$U_{CC} = 10V$，晶体管的 $\beta = 50$、$U_{BE} = 0.7V$，试分析在下列情况下晶体管的工作状态。

1）$U_{BB} = 0V$。

2）$U_{BB} = 2V$。

3）$U_{BB} = 3V$。

8.21 已知某晶体管 $P_{CM} = 700mW$，$I_{CM} = 120mA$，$U_{(BR)CEO} = 35V$，试问在下列情况下，哪种属于正常工作状态？为什么？

1）$U_{CE} = 12V$，$I_C = 50mA$。

2）$U_{CE} = 5V$，$I_C = 150mA$。

3）$U_{CE} = 20V$，$I_C = 100mA$。

8.22 某场效应晶体管漏极特性曲线见图 8-26，试判断：

1）该管属于哪种类型？

2）其夹断电压约为多少伏？

3）漏极饱和电流约为多少毫安？

第9章　基本放大电路

在模拟电子电路中，放大电路的主要作用是将微弱的交流电信号（电压、电流）放大到足够的幅度，以推动后级放大电路（功率放大电路）工作。本节重点介绍由晶体管和电阻、电容等分立元器件组成的放大电路，以及放大电路的基本概念、基本放大电路的组成和工作原理、放大电路的基本分析方法。

9.1　共发射极交流放大电路

9.1.1　放大电路的组成

由双极型晶体管组成的单管放大电路是构成各种类型放大电路的基本单元电路，如图9-1所示。由于晶体管的发射极接地，是输入信号 u_i 和输出信号 u_o 的公共参考点，偏置电阻 R_B 通过电源给晶体管提供偏置电流 I_B，所以，该电路称为固定偏置式共发射极放大电路。

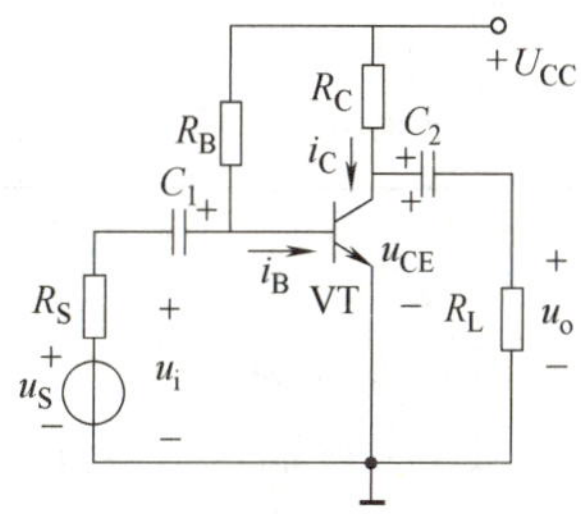

图9-1　固定偏置式共发射极放大电路

电路中各元器件的作用如下：

VT：晶体管，电流放大器件，用基极电流 i_B 控制集电极电流 i_C，放大电路的核心器件。

U_{CC}：偏置电源，使晶体管的发射结正偏、集电结反偏，产生晶体管的工作电流 i_B、i_C，保证晶体管的正常工作，同时也是放大电路能量的来源。

R_B：偏置电阻，用以调节晶体管的偏置电流 i_B、i_C，使其有一个合适的工作点，通常为几十千欧到几百千欧。

R_L：负载电阻，为放大电路的外接负载。

R_C：集电极电阻，与负载电阻 R_L 一起，将晶体管电流 i_C 的变化转换为电压的变化，使晶体管的电压 u_{CE} 随电流 i_C 的变化而变化，以获得输出电压 u_o。R_C 一般为几千欧。

C_1、C_2：耦合电容，输入信号 u_i 经电容 C_1 加到晶体管的基极和发射极之间，而输出信号 u_o 经电容 C_2 由晶体管的集电极和发射极之间取出，C_1、C_2 通常选取比较大的单极性电解电容，在放大电路正常工作频率下，对交流信号 u_i、u_o 而言，C_1、C_2 的容抗极小可视为短路。C_1、C_2 既顺利地传递了交流信号，又实现了放大电路和信号源（u_S、R_S）及负载（R_L）之间的直流隔离作用。

9.1.2　放大电路的工作原理

当晶体管组成的单管放大电路输入交流信号时，各极的电流、电压都包含直流和交流两种分量，直流分量可保证放大电路的正常工作，交流分量是放大电路的放大对象。放大电路的静态是指没有交流输入信号（$u_i=0$）时的工作状态；动态是指有交流输入信号（即$u_i\neq0$）时的工作状态。

对放大电路进行静态和动态分析，其中静态分析是根据放大电路的直流通路确定各极电压、电流的直流值 I_B、I_C、U_{CE}（也称静态值），放大电路的质量好坏与静态值有着很大的关系，动态分析是通过放大电路的交流通路确定放大电路的电压放大倍数 A_u、输入电阻 r_i 和输出电阻 r_o 等。

为了便于分析，对放大电路中晶体管各极电压、电流的符号做统一规定，见表 9-1。

表 9-1 晶体管放大电路中的电压、电流符号

名称	直流分量静态值	交流分量		总电压或电流		直流电源	
		瞬时值	有效值	瞬时值	平均值	电动势	电压
基极电流	I_B	i_b	I_b	i_B	$I_{B(AV)}$		
集电极电流	I_C	i_c	I_c	i_C	$I_{C(AV)}$		
发射极电流	I_E	i_e	I_e	i_E	$I_{E(AV)}$		
集-射极电压	U_{CE}	u_{ce}	U_{ce}	u_{CE}	$U_{CE(AV)}$		
基-射极电压	U_{BE}	u_{be}	U_{be}	u_{BE}	$U_{BE(AV)}$		
集电极电源						E_C	U_{CC}
基极电源						E_B	U_{BB}
发射极电源						E_E	U_{EE}

1. 静态分析

（1）计算静态值

在无交流输入信号 u_i（或 $u_i=0$）时，放大电路的工作状态称为静态，此时，电路中的电压、电流都是直流量，称为静态值，用 I_B、I_C、U_{CE} 表示。图 9-1 电路中，电容 C_1、C_2 相当于开路，电路的等效直流通路如图 9-2 所示。

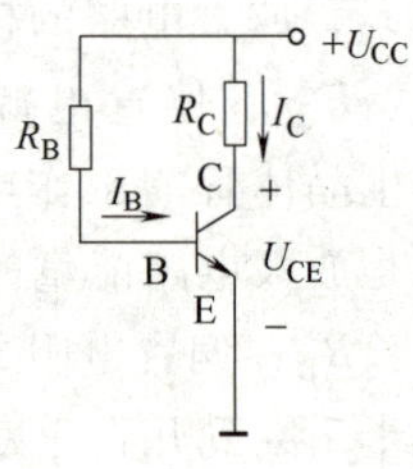

图 9-2 图 9-1 电路的等效直流通路

由图 9-2 放大电路的直流通路可得

$$I_B=\frac{U_{CC}-U_{BE}}{R_B} \tag{9-1}$$

$$I_C=\beta I_B \tag{9-2}$$

$$U_{CE}=U_{CC}-R_C I_C \tag{9-3}$$

式中，U_{BE} 为 NPN 型硅晶体管发射结正向电压降，大约为 0.7V。

【例 9-1-1】 图 9-1 放大电路中，已知 $U_{CC}=12V$，$R_C=4k\Omega$，$R_B=300k\Omega$，$U_{BE}=0.7V$，$\beta=37.5$，求电路的静态值。

解：由于 $U_{CC}\gg U_{BE}$，U_{BE} 可忽略不计。

由式（9-1）~式（9-3）可得

$$I_B\approx\frac{U_{CC}}{R_B}=\frac{12}{300\times10^3}A=4\times10^{-5}A=40\mu A$$

$$I_C=\beta I_B=37.5\times40\mu A=1.5mA$$

$$U_{CE}=U_{CC}-I_C R_C=12V-1.5\times4V=6V$$

【例 9-1-2】 例 9-1-1 中，若 $U_{CC}=24V$，$\beta=50$，已选定 $I_C=2mA$，$U_{CE}=8V$，试估算 R_B、R_C 阻值。

解：

$$I_B=\frac{I_C}{\beta}=\frac{2\times10^3}{50}\mu A=40\mu A$$

$$R_B\approx\frac{U_{CC}}{I_B}=\frac{24}{40\times10^{-6}}\Omega=600k\Omega$$

$$R_C=\frac{U_{CC}-U_{CE}}{I_C}=\frac{24-8}{2\times10^{-3}}\Omega=8k\Omega$$

（2）用图解法确定静态值

采用图解法分析也可以确定放大电路的静态工作点 I_{BQ}、U_{BQ} 和 I_{CQ}、U_{CEQ}。由于耦合电容 C_1、C_2 的隔直作用，在静态情况下，电路的等效直流通路如图 9-2 所示。该电路的静态图解分析可由图 9-2 中的基极回路和集电极回路分别进行。由于 $U_{CE}\gg U_{BEQ}$，基极回路的图解分析比较困难，误差也较大，所以通常不进行基极回路的图解分析，而用式（9-1）估算 I_{BQ}，发射结正向电压降 U_{BE} 可近似取为 0.7V。

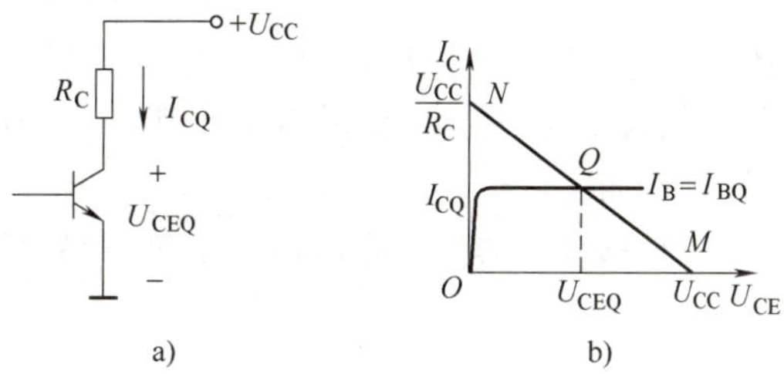

图 9-3　集电极回路的图解分析

a）集电极回路　b）图解分析

集电极回路的图解分析如图 9-3b 所示。

直流负载线方程为

$$U_{CE}=U_{CC}-I_CR_C$$

过 $M(U_{CC},\ 0)$、$N\left(0,\ \frac{U_{CC}}{R_C}\right)$ 两点画直流负载线，如图 9-3b 所示，直流负载线与特性曲线的交点 Q（U_{CEQ}，I_{CQ}）即为晶体管的静态工作点。

在静态情况下，当调节偏置电阻 R_B 以改变 I_B 时，静态工作点 Q 将随 I_B 的变化沿着图 9-3b 中的直流负载线 MN 移动，I_B 也称为偏置电流。

2. 动态分析

动态分析是分析晶体放大电路的工作点确定后，交流信号的传输情况。

图 9-1 放大电路中，设输入电压为一正弦信号，即

$$u_i=U_{im}\sin\omega t$$

其波形如图 9-4a 所示。

u_i 经电容 C_1 加到晶体管的基极上，基-射极电压为直流电压 U_{BE} 和信号电压的叠加，即

$$u_{BE}=U_{BE}+U_{im}\sin\omega t$$

其波形以 U_{BE} 为基础，随 u_i 上下波动，如图 9-4d 所示。

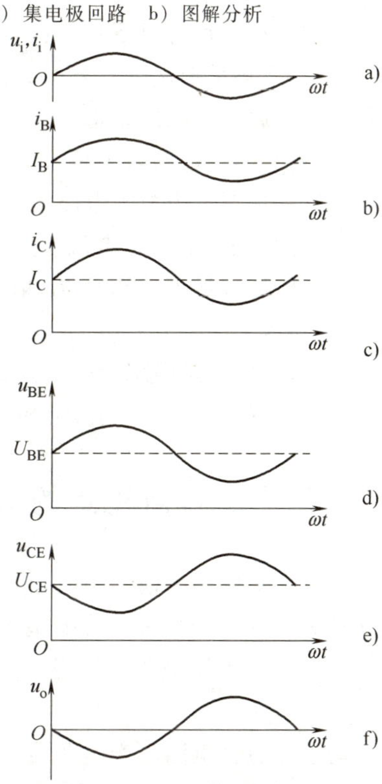

图 9-4　图 9-1 放大电路的动态波形

a）u_i，i_i　b）i_B　c）i_C

d）u_{BE}　e）u_{CE}　f）u_o

在 u_{BE} 的作用下，i_B 将随 u_{BE} 成比例地变化，它也由直流分量和交流分量叠加而成，即

$$i_B = I_B + i_b = I_B + I_{bm}\sin\omega t$$

其中

$$i_b = \frac{u_i}{r_{be}} = I_{bm}\sin\omega t$$

其波形如图 9-4b 所示。

将 i_B 放大 β 倍，得到集电极电流为

$$i_C = \beta i_B = I_C + I_{cm}\sin\omega t$$

其中 $I_C = \beta I_B$，$I_{cm} = \beta I_{bm}$，其波形如图 9-4c 所示。

集-射极电压 u_{CE} 将由 i_C 和电路参数决定，即

$$u_{CE} = -i_C R_C = U_{CE} - U_{CEm}\sin\omega t$$

其中，$U_{CEm} = I_{CEm}R_C$，$U_{CE} = U_{CC} - I_C R_C$。当 $i_C \uparrow$ 时，$i_C R_C \uparrow$，$u_{CE} \downarrow$；当 $i_C \downarrow$ 时，$i_C R_C \downarrow$，$u_{CE} \uparrow$。可见，u_{CE} 与 i_C 相位相反，其波形如图 9-4e 所示。因 i_C 与输入信号 u_i 同相，所以 u_{CE} 与 u_i 反相。

u_{CE} 经耦合电容 C_2 输出时，其直流分量被隔断，输出电压 u_o 就是 u_{CE} 中的交流分量，即

$$u_o = -i_C R_C = -U_{om}\sin\omega t$$

其波形如图 9-4f 所示。

综上所述，可得以下结论：

1）放大电路有输入信号时，晶体管各极电流、电压都包含直流和交流两种分量。直流分量可保证放大电路的正常工作，交流分量是放大电路的放大对象。

2）u_{be}、i_b、i_c 与输入信号 u_i 同相位，与 u_{ce} 反相，即输出电压 u_o 与输入电压 u_i 相位相反，这种情况称为放大电路的反相放大作用。

3）输出回路的信号电流 i_c 为输入回路电流的 β 倍，i_c 在 R_C 上的电压降 $|i_c R_C|$ 即为输出信号电压，适当地选取 R_C 值，即可得到所需要的放大了的输出电压 u_o。

【思考题】

9.1.1 什么是静态分析？什么是动态分析？它们各包含哪些主要步骤？

9.1.2 静态分析对动态分析什么意义？

9.2 静态工作点稳定的放大电路

当放大电路输出信号的波形与输入信号的波形不成比例时，就产生了非线性失真。引起非线性失真的因素很多，其中最主要的是静态工作点选择不当或输入信号太大而引起的失真。由于输出电压波形与静态工作点有着密切的关系，静态工作点过高或过低都会导致失真。

为了使放大电路不产生非线性失真，必须要有一个合适的静态工作点，但放大电路的静态工作点往往因外界条件的变化（温度变化、晶体管老化、电源电压波动等）而变动。图 9-1 放大电路采用的固定偏置电路虽然简单，但在外部因素的影响下将会引起静态工作点的变动，从而大大影响放大电路的性能和正常工作。

常用如图 9-5 所示的分压式偏置放大电路来稳定静态工作点。图中 R_{B1} 和 R_{B2} 为分压式偏置电路，使基极电位 V_B 基本固定，发射极电路串接电阻 R_E，利用 R_E 上直流电流负反馈的作用稳定静态工作点。

在设计放大电路时，适当选取电阻 R_{B1}、R_{B2} 的阻值，以满足 $I_1 \gg I_B$，则可将 I_B 忽略不计，于是可以用下面的估算法计算放大电路的静态工作点。

图 9-5 分压式偏置放大电路的直流通路如图 9-6 所示，当满足 $I_1 \gg I_B$ 时，I_B 可以忽略，晶体管基极电位 V_B 仅由 R_{B1}、R_{B2} 对 U_{CC} 的分压决定，即

$$V_B = \frac{R_{B2}}{R_{B2}+R_{B1}} U_{CC} \tag{9-4}$$

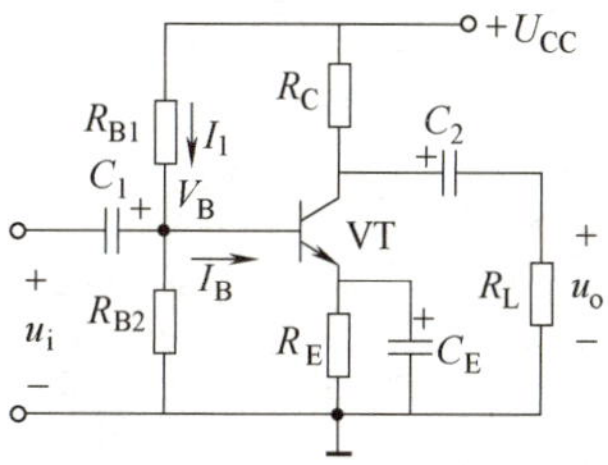

图 9-5　分压式偏置放大电路

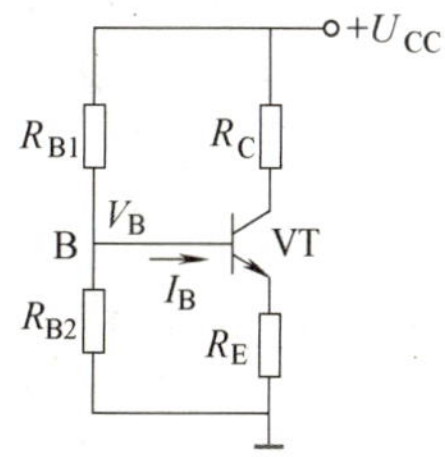

图 9-6　直流通路

基极电位 V_B 与晶体管参数无关，即与温度无关。

集电极电流为

$$I_C \approx I_E = \frac{V_B - U_{BE}}{R_E}$$

当 $V_B \gg U_{BE}$ 时，有

$$I_C \approx I_E \approx \frac{V_B}{R_E} \tag{9-5}$$

由式（9-4）可知，V_B 与温度无关，则集电极电流也与温度无关。

接着可以计算基极电流 I_B 和 U_{CE} 为

$$I_B = \frac{I_C}{\beta} \tag{9-6}$$

$$U_{CE} = U_{CC} - I_C R_C - I_E R_E \tag{9-7}$$

综上可知，分压式偏置放大电路可以稳定静态工作点。当温度改变，如温度升高时，晶体管电流 I_C、I_E 及发射极电阻 R_E 上的电压降趋于增大，发射极电位 V_E 有升高的趋势，但因基极电位 V_B 基本恒定，故发射结正向偏压 U_{BE} 必然趋于减小，由晶体管的输入特性曲线可知，这将导致基极电流 I_B 趋于减小，正好对发射极电流 I_E 和集电极电流 I_C 起到了补偿作用，即阻碍了 I_E、I_C 随温度的改变，从而使 I_E、I_C 趋于稳定。上述自动调节过程可表示为

温度 $T\uparrow \longrightarrow I_C、I_E\uparrow \longrightarrow U_E\uparrow \longrightarrow U_{BE}\downarrow \longrightarrow I_B\downarrow$

I_C、$I_E\downarrow$ ←（由 $I_B\downarrow$ 导致）

其中，↑和↓仅表示增大或减小的趋势。

上述调节作用显然与发射极电阻 R_E 有关，R_E 越大，调节作用（即稳定工作点的效果）越显著，但 R_E 太大，R_E 上过大的直流电压降将使放大电路输出电压的动态范围减小。通常选择 R_E，使 R_E 上的电压降大于或等于 $(3\sim5)U_{BE}$，即 2.1~3.5V 为宜。

图 9-5 放大电路中的电容 C_E 称为发射极旁路电容，通常选择较大的容量（几十至几百微法），在动态情况下，C_E 对 i_E 中的变化量（即交流分量）i_e 而言，可视为短路，即在 R_E 上的交流电压降为零，从而消除了 R_E 对放大电路性能的影响，即对交流信号而言，晶体管发射极相当于接地，所以，该电路仍然是共发射极放大电路。

【例 9-2-1】 图 9-5 放大电路中，已知 $U_{CC}=15V$，$R_{B1}=100k\Omega$，$R_{B2}=30k\Omega$，$R_C=2.5k\Omega$，$R_E=2k\Omega$，$U_{BE}=0.7V$，$\beta=50$，试用估算法计算电路的静态工作点。

解： 由图 9-5 放大电路的直流通路图 9-6，用估算法计算静态工作点。

电路满足 $I_1 \gg I_B$ 时，由式（9-4）可得

$$V_B=\frac{R_{B2}U_{CC}}{R_{B1}+R_{B2}}=\frac{30\times15}{100+30}V=3.46V$$

由式（9-5）~式（9-7），可得

$$I_C\approx I_E=\frac{V_B-U_{BE}}{R_E}=\frac{3.46-0.7}{2\times10^3}A=1.38mA$$

$$I_B=\frac{I_C}{\beta}=\frac{1.38}{50}mA=27.6\mu A$$

$$\begin{aligned}U_{CE}&=U_{CC}-I_CR_C-I_ER_E\\&=(15-1.38\times2.5-1.38\times2)V=8.79V\end{aligned}$$

9.3 放大电路的图解分析法

（1）图解分析

由于晶体管伏安特性的非线性，含有晶体管的放大电路的分析通常采用图解分析法和微变等效电路分析法。图解分析法是基于晶体管的特性曲线，利用几何作图的方法对电路求解。下面以图 9-1 固定偏置式共发射极放大电路为例进行讨论。

在输入信号 u_i 的作用下，随着基极电流 i_B 的变化，放大电路的工作点将沿着交流负载线移动。为便于分析，设输入电压为参考正弦量

$$u_i=U_{im}\sin\omega t$$

图解分析如图 9-7 所示。

首先进行输入回路的图解分析，如图 9-7a 所示。输入信号 u_i 经耦合电容 C_1 加在晶体管的发射结上，与发射结静态电压 U_{BEQ} 相叠加，引起发射结电压降 u_{BE} 发生变化（见图 9-4d u_{BE} 波形），从而使得工作点沿输入特性曲线上、下移动，即在 u_i 的正半周，工作点由静态工作点 Q 先随 u_{BE} 的增大而上移，当 $u_i=U_{im}$ 时，到达 Q_1 点，然后又随 u_i 的减小而下移，当 u_i 过零时，回到静态工作点 Q；在 u_i 的负半周，工作点先随 u_{BE} 的减小继续下移，当 $u_i=-U_{im}$ 时，到达 Q_2，然后又随 u_{BE} 的增大而上移，回到静态工作点 Q。以上就是对应于 u_i 的一个周期，工作点移动情况的分析描述。

随着工作点的变动，晶体管的基极电流 i_B（工作点的纵坐标值）的变化如图 9-7a 所示

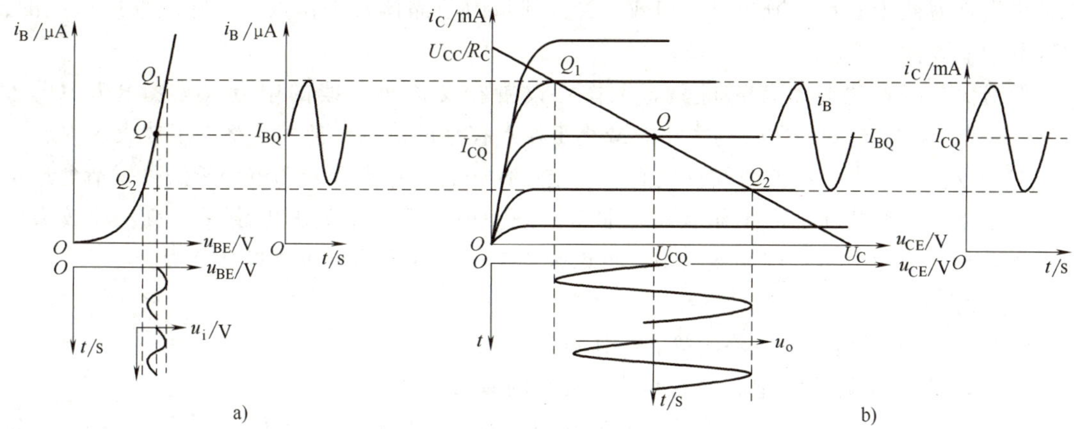

图 9-7　图 9-1 放大电路的图解分析

a）输入特性曲线　b）输出特性曲线

（与图 9-4b 一致）。

然后进行输出回路的图解分析，如图 9-7b 所示。随着基极电流 i_B 的变化，工作点将由静态工作点 Q 沿着交流负载线上、下移动，而晶体管的 i_C、u_{CE} 亦随着工作点的移动而变化，分别如图 9-7b 右方和下方所示（分别与图 9-4c、e 一致）。

由 u_{CE} 的波形可知，u_{CE} 包含直流分量（静态值 U_{CE}）和交流分量 u_{ce}，u_{ce} 即为输出电压 u_o，波形如图 9-7b 下方所示。比较 u_o 与 u_i 的波形可知，二者相位相反。

（2）放大电路的非线性失真

如果放大电路的静态工作点设置得不合适（偏低或偏高），当输入信号 u_i 较大时，输出电压 u_o 将出现非线性失真。NPN 型晶体管放大电路在这两种情况下输出电压 u_o 的失真波形如图 9-8 所示。

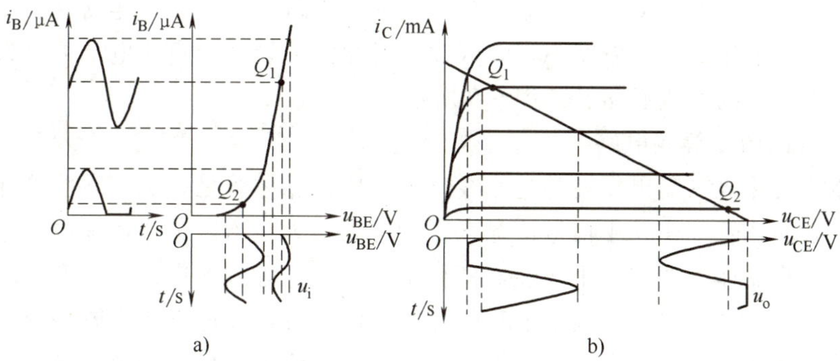

图 9-8　工作点不合适引起的 NPN 型晶体管输出电压 u_o 的非线性失真

a）输入特性曲线　b）输出特性曲线

静态工作点偏高（位于 Q_1）时，在输入信号的正半周，有一段时间工作点将进入饱和区，使得 u_{CE}、i_C 在这段时间几乎不随输入信号 u_i 而变化，造成输出电压 u_o 的负半周出现平顶畸变，这种失真称为饱和失真。而当静态工作点偏低（位于 Q_2）时，在输入信号 u_i 的负半周，有一段时间晶体管因 $i_B=0$ 而截止，工作点停留在交流负载线与横轴的交点，使得 u_{CE}、i_C 在这段时间也不随输入信号 u_i 而变化，造成输出电压 u_o 的正半周出现平顶畸变，这种失真称为截止失真。饱和失真和截止失真都是由于晶体管工作点进入非线性区造成的，故统称为非线性失真。

要避免非线性失真，首先将静态工作点设置在交流负载线的中点（见图 9-7 中的 Q 点）；其次，限制输入信号 u_i 的大小，减小工作点移动的范围，使其始终处于放大区内。

对于分析放大电路中的非线性失真、确定最佳静态工作点等，图解分析法可以清楚地了解放大电路在各种情况下的工作状态，非常直观。但对于复杂放大电路（如负反馈放大电路）的分析，图解分析法则无能为力，可以采用微变等效电路分析法进行分析。

【思考题】

9.3.1　如何设置放大电路的静态工作点？

9.3.2　放大电路产生饱和失真和截止失真的原因是什么？

9.3.3　当静态工作点设置得偏低或偏高时，对放大电路的性能有什么影响？是否一定会产生非线性失真？

9.3.4　为什么把静态工作点设置在交流负载线的中点？此时，是否可以避免输出电压出现非线性失真？

9.4　放大电路的微变等效电路分析法

在小信号情况下，如果仅对放大电路电压、电流的变化量感兴趣，通常采用微变等效电路分析法对放大电路进行比较精确的分析。微变等效电路分析法是将放大电路中的晶体管用晶体管的微变等效电路代替，将非线性的放大电路转换成线性电路，从而借助于线性电路的分析方法来分析放大电路。

（1）放大电路的交流通路

图 9-1 固定偏置式共发射极放大电路中，输出端接有负载电阻 R_L。对于输入电压的交流分量而言，耦合电容 C_1、C_2 的容抗很小，可视为短路；一般直流电源 U_{CC} 的内阻很小，交流分量在其上的电压降可以忽略不计，因此，对交流分量来说直流电源可视为接地。这样就可以画出放大电路的交流通路，如图 9-9 所示。

（2）晶体管的微变等效电路

由于晶体管的输入与输出特性都是非线性的，所以晶体管是一个非线性器件。但是在一定的条件下，如晶体管工作在小信号情况下，就可以认为在给定工作范围内，它的特性曲线是线性的，从而将晶体管看成一个线性器件，用一个与它等效的小信号模型，晶体管的微变等效电路来表示，这样就可以用线性电路的分析方法来分析晶体管放大电路。

晶体管具有两个端口，一个是输入端口，另一个是输出端口，如图 9-10 所示。

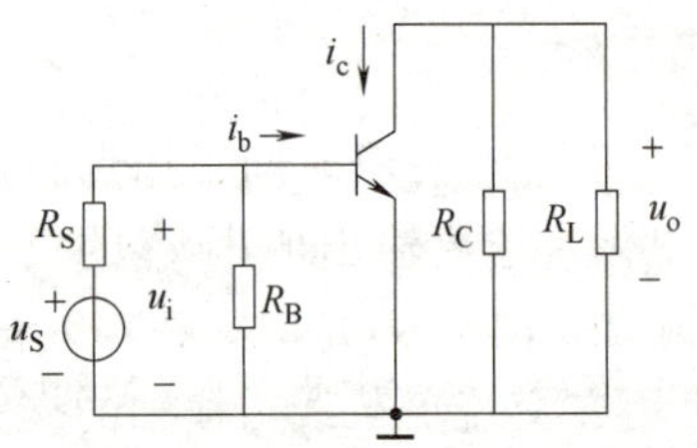

图 9-9　图 9-1 放大电路的交流通路

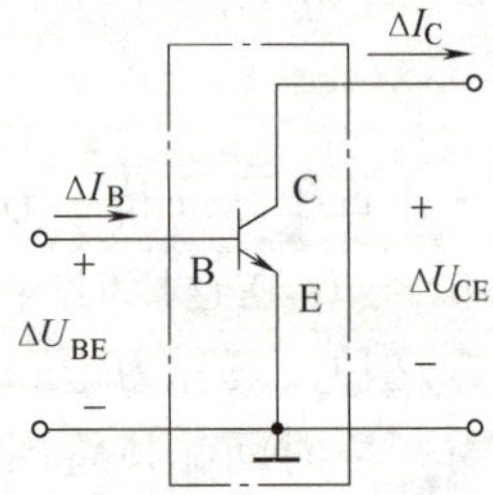

图 9-10　晶体管

当晶体管工作在线性区时，可以视为一个线性二端网络，其输入端口的电流和电压之间的关系可用其输入特性来确定，如图 9-11 所示。

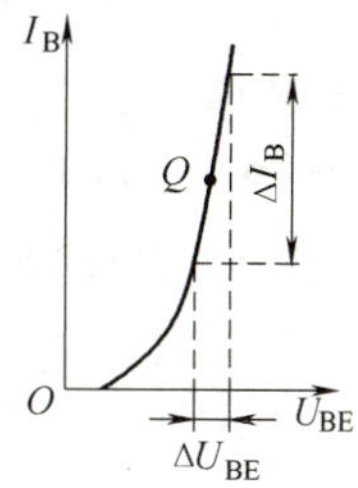

图 9-11　从输入特性求 r_{be}

由图 9-11 可见，如果晶体管工作在输入特性曲线的线性部分，则 ΔI_B 与 ΔU_{BE} 成正比，因而可用一个等效电阻 r_{be} 来表示输入电压和输入电流之间的关系，称为晶体管的输入电阻。低频小功率晶体管的输入电阻估算公式为

$$r_{be} \approx r_b + (1+\beta)\frac{26(\mathrm{mV})}{I_E(\mathrm{mA})} \tag{9-8}$$

式中，r_b 为晶体管的基区电阻。对于一般小功率晶体管 $I_E < 5\mathrm{mA}$，并工作在低频信号下，r_b 的阻值约为 300Ω。

由式（9-8）可见，发射极静态电流 I_E 越大，r_{be} 就越小；晶体管的电流放大系数 β 越大，则 r_{be} 越大。r_{be} 为几百欧至几千欧。产品手册中 r_{be} 常用 h_{ie} 表示。

晶体管输出端口的电流和电压关系可用其输出特性曲线来确定，如图 9-12 所示。

由图 9-12 可见，晶体管的放大工作区是一组近似水平的直线，当 U_{CE} 为常数时，ΔI_C 只受 ΔI_B 控制，所以从输出端口看进去时，可以用 $\beta\Delta I_B$ 来表示。$\beta\Delta I_B$ 的大小和方向与 ΔI_B 有关，即受 ΔI_B 控制，所以，晶体管的输出可以用一个受控电流源代替。

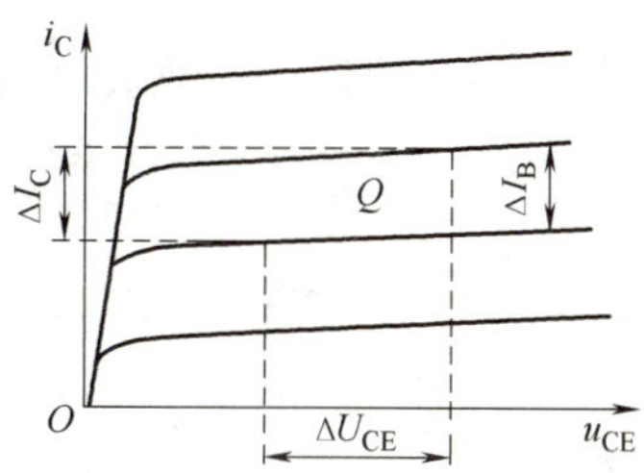

图 9-12　晶体管的恒流特性

综上所述，晶体管可用如图 9-13 所示的等效电路来表示，即晶体管的输入端口用它的输入电阻 r_{be} 来等效，输出端口用一个受控电流源来等效。在这个等效电路中，忽略了 U_{CE} 对 I_C 和 U_{BE} 的影响，因此，图 9-13 等效电路称为晶体管的微变等效电路。

当输入信号为正弦信号时，图 9-13 等效电路中的电压变化量和电流变化量均可用相量表示，如图 9-14 所示。

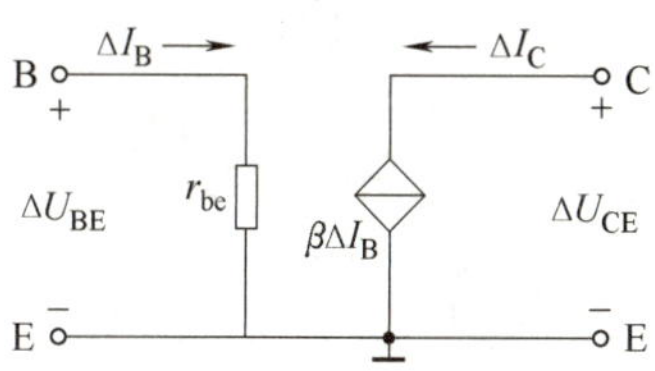

图 9-13　晶体管的微变等效电路

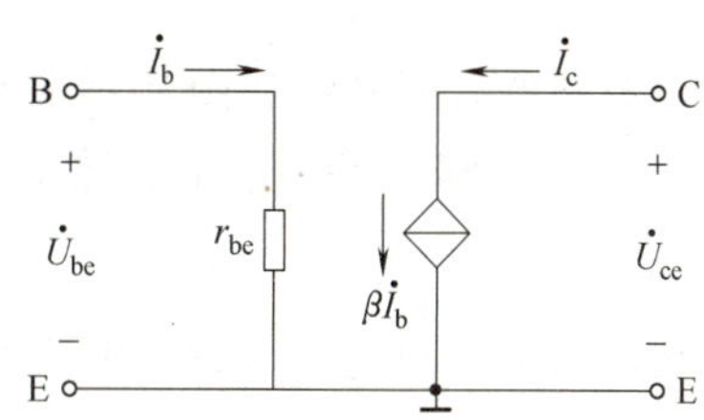

图 9-14　相量表示的晶体管的微变等效电路

【例 9-4-1】 已知晶体管的电流放大系数 $\beta = 100$，发射极静态工作电流 $I_E = 4\mathrm{mA}$，试求输入电阻。

解： 对于小功率晶体管，基区电阻 $r_b \approx 300\Omega$，所以由式（9-8）可得输入电阻为

$$\begin{aligned} r_{be} &= r_b + (1+\beta)\frac{26(\mathrm{mV})}{I_E(\mathrm{mA})} \\ &= \left[300 + (100+1) \times \frac{26}{4}\right]\Omega = 956.5\Omega \end{aligned}$$

（3）放大电路的微变等效电路

由晶体管的微变等效电路和图 9-1 放大电路的交流通路图 9-9，可得放大电路的微变等效电路如图 9-15 所示。微变等效电路中的电压和电流用相量表示，电流正方向同图中箭头方向。

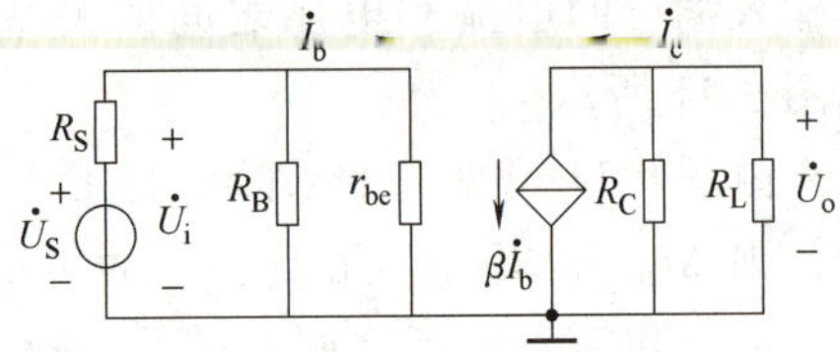

图 9-15　图 9-1 放大电路的微变等效电路

画放大电路的微变等效电路时，可先画出晶体管的微变等效电路（为避免出错，可标出对应的电极 E、B、C），然后，逐个考查元件在电路中的连接位置和作用，并按上述原则处理耦合电容、发射极旁路电容和电源 U_{CC}，即可画出放大电路的微变等效电路。

1）输入电阻。在放大电路的入口，将放大电路和负载 R_L 包含在内视为一个二端网络，如图 9-16 所示，二端网络的入端电阻即为放大电路的输入电阻，即

$$r_i=\frac{\dot{U}_i}{\dot{I}_i}=R_B/\!/r_{be} \tag{9-9}$$

2）输出电阻。在放大电路的输出端口，将信号源和放大电路包含在内视为一个二端网络，如图 9-17 所示，二端网络的入端电阻即为放大电路的输出电阻。

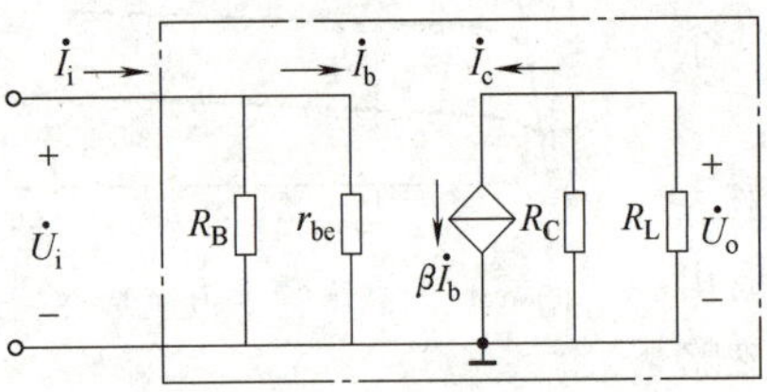

图 9-16　计算二端网络的输入电阻

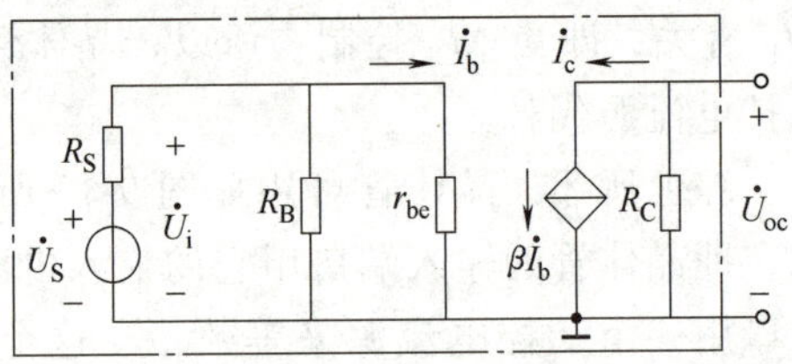

图 9-17　计算二端网络的输出电阻

由图 9-17 可得二端网络的开路电压为

$$\dot{U}_{oc}=-\beta R_C\dot{I}_b$$

输出短路的二端网络如图 9-18 所示。

由图 9-18 可得二端网络的短路电流为

$$\dot{I}_{sc}=-\beta\dot{I}_b$$

二端网络的入端电阻即放大电路的输出电阻为

$$r_o=\frac{\dot{U}_{oc}}{\dot{I}_{sc}}=\frac{-\beta R_C\dot{I}_b}{-\beta\dot{I}_b}=R_C$$

$$r_o\approx R_C \tag{9-10}$$

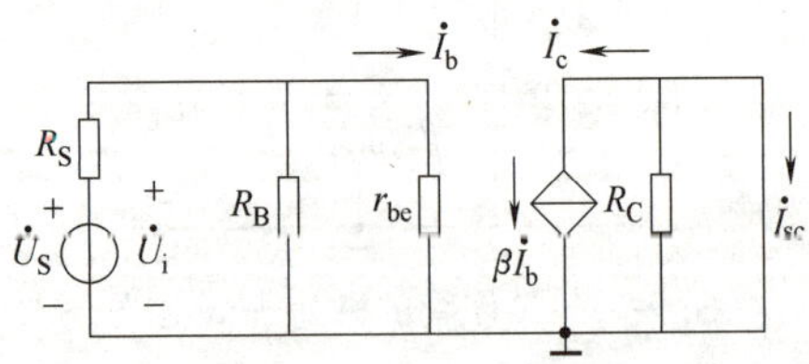

图 9-18　输出短路的二端网络

3）电压放大倍数。由图 9-15 可得放大电路的输出电压为

$$\dot{U}_o=-\beta R'_L\dot{I}_b$$

式中，R'_L 为等效交流负载电阻，$R'_L=R_C/\!/R_L$。

放大电路的输入电压为

$$\dot{U}_i=r_{be}\dot{I}_b$$

放大电路的电压放大倍数为

$$A_u=\frac{\dot{U}_o}{\dot{U}_i}=\frac{-\beta R'_L\dot{I}_b}{r_{be}\dot{I}_b}=\frac{-\beta R'_L}{r_{be}} \tag{9-11}$$

式（9-11）表明，A_u 与交流等效负载电阻 R'_L 成正比，其中负号表示输出电压与输入电压相位相反。

如果考虑信号源内阻 R_S 的影响，则放大电路的源电压放大倍数为

$$A_{uS}=\frac{\dot{U}_o}{\dot{U}_S}=\frac{\dot{U}_o}{\dot{U}_i}\frac{\dot{U}_i}{\dot{U}_S}=A_u\frac{r_i}{r_i+R_S} \tag{9-12}$$

由式（9-12）可见，当 $r_i \gg R_S$ 时，R_S 对放大倍数的影响不大。

【例 9-4-2】　已知图 9-1 固定偏置式放大电路中，$R_B=300\text{k}\Omega$，$R_C=R_L=4\text{k}\Omega$，$U_{CC}=12\text{V}$，晶体管的 $\beta=50$，信号源内阻 $R_S=10\text{k}\Omega$，试求：

1）画出微变等效电路。

2）输入电阻 r_i。

3）输出电阻 r_o。

4）电压放大倍数 A_u 及源电压放大倍数 A_{uS}。

解：

1）画出微变等效电路见图 9-15。因参数 r_{be} 与静态电流 I_E 有关，故先计算静态电流 I_E，由式（9-1）、式（9-2）可得

$$I_B\approx\frac{U_{CC}}{R_B}=\frac{12}{300\times10^3}\text{A}=4\times10^{-5}\text{A}=40\mu\text{A}$$

$$I_E\approx I_C=\beta I_B=50\times40\mu\text{A}=2\text{mA}$$

$$r_{be}=r_b+(1+\beta)\frac{26(\text{mV})}{I_E(\text{mA})}=\left[300+(1+50)\times\frac{26}{2}\right]\Omega=963\Omega$$

2）输入电阻 r_i 为　　$r_i\approx r_{be}=963\Omega$

3）输出电阻 r_o 为

$$r_o\approx R_C=4\text{k}\Omega$$

4）电压放大倍数为

$$A_u=\frac{-\beta R'_L}{r_{be}}=-\frac{50\times4/\!/4}{0.963}=-104$$

源电压放大倍数为

$$A_{uS}=A_u\frac{r_i}{r_i+R_S}=-104\times\frac{963}{963+10\times10^3}=-9.14$$

计算结果表明，尽管电压放大倍数高达 104，但源电压放大倍数极低，可见，为了改善放大电路的性能，应尽可能提高放大电路的输入电阻。

【例 9-4-3】　已知图 9-5 分压式偏置放大电路中，$R_{B1}=12\text{k}\Omega$，$R_{B2}=3.9\text{k}\Omega$，$R_C=R_L=$

2.7kΩ，$R_E=2k\Omega$，$U_{CC}=12V$，$U_{BE}=0.7V$，晶体管的$\beta=50$，试求：

1）计算静态值。

2）画出微变等效电路。

3）输入电阻r_i。

4）输出电阻r_o。

5）电压放大倍数A_u。

解：

1）因模型参数r_{be}与静态电流I_E有关，故先用估算法估算静态工作点，即

$$V_B=\frac{R_{B2}}{R_{B1}+R_{B2}}U_{CC}=\frac{3.9}{12+3.9}\times 12V=2.94V$$

$$R_B=R_{B1}//R_{B2}=\frac{12\times 3.9}{12+3.9}k\Omega=2.94k\Omega$$

$$I_B=\frac{V_B-U_{BE}}{R_B+(1+\beta)R_E}=\frac{2.94-0.7}{2.94+(1+50)\times 2}mA=0.0213mA$$

$$I_E=(1+\beta)I_B=(1+50)\times 0.0213mA=1.09mA$$

$$r_{be}=r_b+(1+\beta)\frac{26(mV)}{I_E(mA)}=\left[300+(1+50)\times\frac{26}{1.09}\right]\Omega=1.52k\Omega$$

2）画出的微变等效电路如图9-19所示。

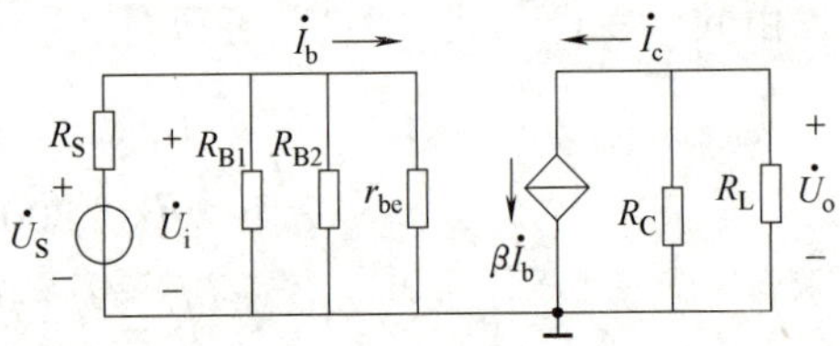

图9-19　图9-5的微变等效电路

3）输入电阻为

$r_i=R_{B1}//R_{B2}//r_{be}=12//3.9//1.52k\Omega\approx 1k\Omega$

4）输出电阻为

$r_o=R_C=2.7k\Omega$

5）交流等效负载电阻为

$R'_L=R_C//R_L=2.7//2.7k\Omega=1.35k\Omega$

电压放大倍数为

$$A_u=\frac{-\beta R'_L}{r_{be}}=-\frac{50\times 1.35}{1.52}=-44.4$$

【例9-4-4】　如果去掉图9-5放大电路中的发射极旁路电容C_E后，放大电路如图9-20所示，设电路参数与例9-4-3相同，试计算该放大电路的如下参数：

1）输入电阻r_i。

2）输出电阻r_o。

3）电压放大倍数A_u。

解：图9-20放大电路的微变等效电路如图9-21所示，则有

$$r'_i=\frac{\dot{U}_i}{\dot{I}_b}=\frac{\dot{I}_b r_{be}+(1+\beta)\dot{I}_b R_E}{\dot{I}_b}=r_{be}+(1+\beta)R_E$$

1）输入电阻为

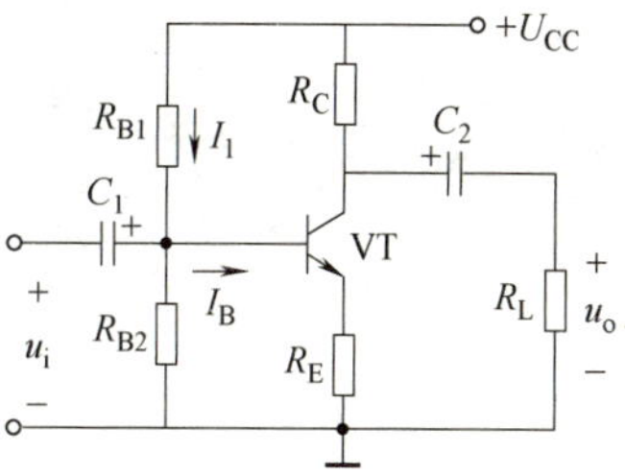

图 9-20　无 C_E 的图 9-5 放大电路

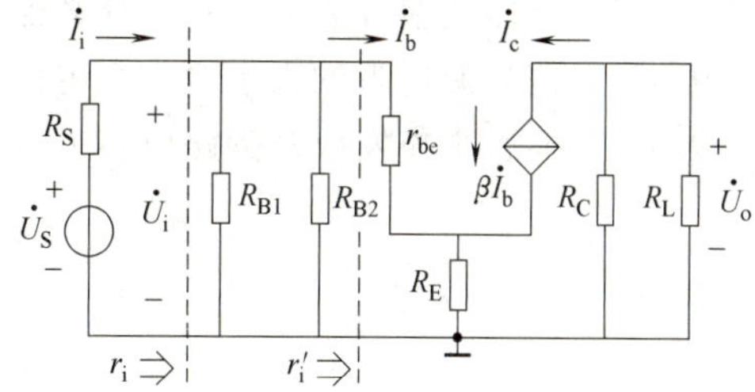

图 9-21　微变等效电路

$$r_i=\frac{\dot{U}_i}{\dot{I}_i}=R_{B1}/\!/R_{B2}/\!/r_i'=R_{B1}/\!/R_{B2}/\!/[r_{be}+(1+\beta)R_E] \tag{9-13}$$

代入数值计算得 $r_i'=103.4\text{k}\Omega$，$r_i=2.86\text{k}\Omega$。输入电阻没有明显增大。

在放大电路的出口，将放大电路和信号源包含在内视为一个二端网络，内部除源后的二端网络如图 9-22 所示。

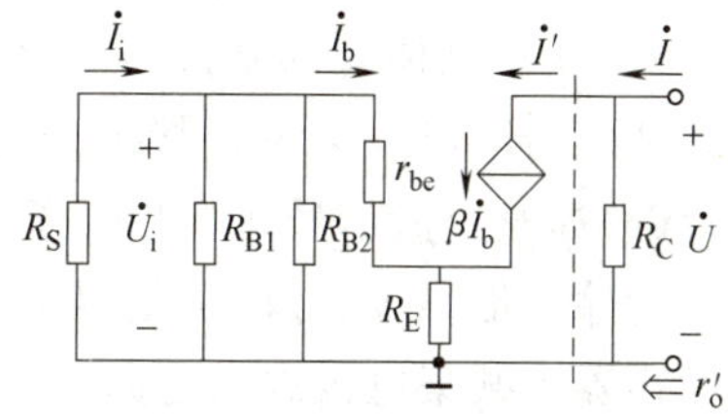

图 9-22　内部除源后的二端网络

在端口上外加电压 u，则有

$$\dot{I}'=\beta\dot{I}_b$$

$$\dot{I}_b[(R_S/\!/R_{B1}/\!/R_{B2})+r_{be}]+(1+\beta)\dot{I}_bR_E=0$$

可得 $\dot{I}_b=0$，所以

$$\dot{I}=0 \qquad r_o'=\frac{\dot{U}}{\dot{I}'}=\infty$$

2）输出电阻为

$$r_o=\frac{\dot{U}}{\dot{I}}=R_C/\!/r_o'\approx R_C=2.7\text{k}\Omega$$

3）电压放大倍数为

$$A_u=\frac{\dot{U}_o}{\dot{U}_i}=\frac{-\beta R_L'\dot{I}_b}{\dot{I}_b[r_{be}+(1+\beta)R_E]}=\frac{-\beta R_L'}{r_{be}+(1+\beta)R_E} \tag{9-14}$$

其中，R_L'为等效交流负载电阻，$R_L'=R_C/\!/R_L$。

代入数值计算得 $A_u=-0.65$。

去掉发射极旁路电容 C_E 后，电压放大倍数 A_u 由原来的-44.4 锐减至-0.65，显著减小。因此在常用的放大电路中，不能去掉发射极旁路电容 C_E。

由于晶体管的微变等效电路仅对电压、电流的微变量成立，所以，放大电路的微变等效电路分析法仅能用来分析放大电路的交流分量，不可用于静态工作点的计算。

【思考题】

9.4.1　如何建立放大电路的微变等效电路？

9.4.2　放大电路的微变等效电路能不能用来计算放大电路的静态工作点？为什么？

9.4.3　微变等效电路分析法和图解分析法各有什么优点和局限性？

9.4.4 分压式偏置放大电路为什么能稳定静态工作点？

9.4.5 信号源内阻的大小对放大电路有什么影响？

9.4.6 能否去掉发射极旁路电容 C_E？为什么？

9.5 射极输出器

9.5.1 射极输出器的组成

射极输出器是一种应用很广泛的放大电路，如图 9-23 所示。

图 9-23 中，R_B 为偏置电阻，用以调节晶体管的静态工作点；R_E 为直流负载电阻；C_1、C_2 为耦合电容。

射极输出器电路结构与共发射极放大电路不同，输入信号经 C_1 加在晶体管的基极与地之间，输出信号经 C_2 由发射极和地之间取出，集电极接理想电压源 U_{CC}，其电压变化量 $\Delta u=0$，即对交流信号而言相当于短路，集电极相当于直接接地，为输入信号 u_i 与输出信号 u_o 的公共参考点，所以，射极输出器为共集电极放大电路。

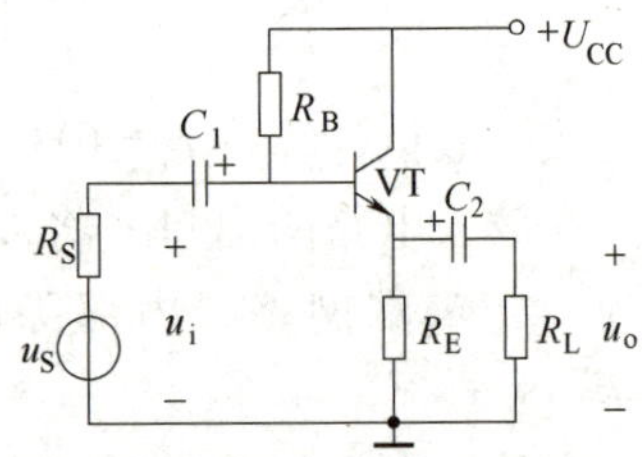

图 9-23 射极输出器

9.5.2 射极输出器的分析

下面举例进行射极输出器的静态分析和动态分析。静态分析就是求射极输出器放大电路的静态值。

【例 9-5-1】 已知图 9-23 射极输出器放大电路中，$U_{CC}=12\text{V}$，$R_B=200\text{k}\Omega$，$R_E=R_L=4\text{k}\Omega$，$R_S=100\Omega$，$U_{BE}=0.7\text{V}$，晶体管 $\beta=60$，试求：

1）静态值。

2）输入电阻 r_i。

3）电压放大倍数 A_u 及源电压放大倍数 A_{uS}。

4）输出电阻 r_o。

解： 1）在静态情况下，射极输出器放大电路中的电容 C_1、C_2 相当于开路，画出直流通路如图 9-24 所示。

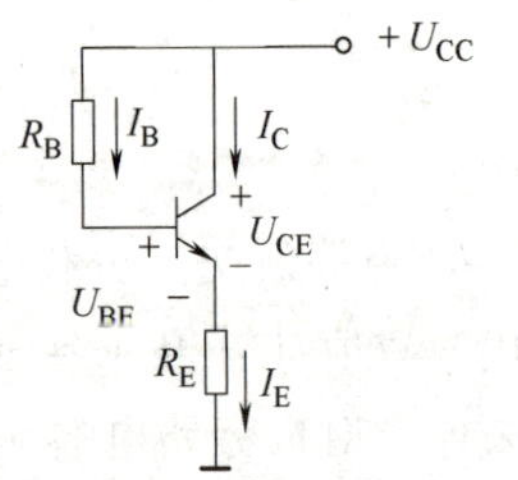

图 9-24 射极输出器的直流通路

由直流通路可得

$$
\begin{aligned}
U_{CC} &= R_B I_B + U_{BE} + R_E I_E \\
&= R_B I_B + U_{BE} + R_E(1+\beta) I_B
\end{aligned}
$$

静态值为

$$I_B=\frac{U_{CC}-U_{BE}}{R_B+(1+\beta)R_E} \tag{9-15}$$

$$U_{CE}=U_{CC}-R_E I_E \tag{9-16}$$

代入数值计算得

$$I_B=\frac{U_{CC}-U_{BE}}{R_B+(1+\beta)R_E}=\frac{12-0.7}{200+(1+60)\times4}\text{mA}=0.025\text{mA}$$

$$I_E=(1+\beta)I_B=(1+60)\times0.025\text{mA}=1.525\text{mA}$$

$$U_{CE}=U_{CC}-R_EI_E=(12-4\times1.525)\text{V}=5.9\text{V}$$

2）计算输入电阻 r_i。对交流信号而言，射极输出器放大电路中的电容 C_1、C_2 及电源 U_{CC} 相当于短路，因此，可画出射极输出器的微变等效电路，如图 9-25 所示。

还可将图 9-25 射极输出器的微变等效电路改画为如图 9-26 所示的形式。

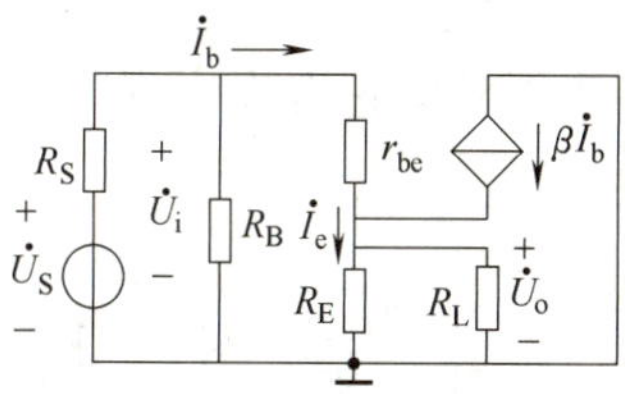

图 9-25　射极输出器的微变等效电路

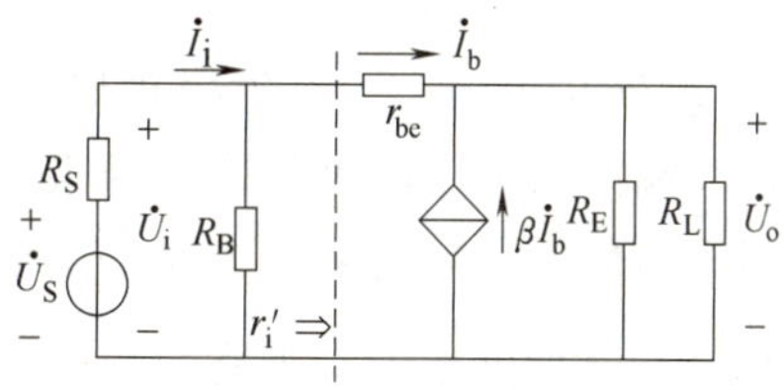

图 9-26　射极输出器微变等效电流的另一种画法

图 9-26 中，将电阻 R_B 右边的电路连同负载 R_L 一起视为一个二端网络，其入端电阻为

$$r_i'=\frac{\dot{U}_i}{\dot{I}_b}=\frac{\dot{I}_br_{be}+(1+\beta)\dot{I}_bR_L'}{\dot{I}_b}=r_{be}+(1+\beta)R_L'$$

交流等效负载为

$$R_L'=R_E//R_L \tag{9-17}$$

射极输出器的输入电阻为

$$r_i=\frac{\dot{U}_i}{\dot{I}_i}=R_B//r_i'=R_B//[r_{be}+(1+\beta)R_L'] \tag{9-18}$$

$$r_{be}=r_b+(1+\beta)\frac{26(\text{mV})}{I_E(\text{mA})}=\left[300+(1+60)\times\frac{26}{1.525}\right]\Omega=1.34\text{k}\Omega$$

$$R_L'=R_E//R_L=4//4\text{k}\Omega=2\text{k}\Omega$$

$$r_i=R_B//[r_{be}+(1+\beta)R_L']=200//[1.34+(1+60)\times2]\text{k}\Omega=76.3\text{k}\Omega$$

由计算结果可以看出，射极输出器的输入电阻远远大于共发射极放大电路的输入电阻。

3）计算电压放大倍数。由图 9-26 可得

$$A_u=\frac{\dot{U}_o}{\dot{U}_i}=\frac{(1+\beta)\dot{I}_bR_L'}{\dot{I}_br_{be}+(1+\beta)\dot{I}_bR_L'}=\frac{(1+\beta)R_L'}{r_{be}+(1+\beta)R_L'} \tag{9-19}$$

上述分析结果表明，射极输出器电压放大倍数 A_u 小于 1，但一般情况下 $r_{be}\ll(1+\beta)R_L'$，所以有

$$A_u=\frac{(1+\beta)R_L'}{r_{be}+(1+\beta)R_L'}\approx1$$

$$A_u=\frac{(1+\beta)R_L'}{r_{be}+(1+\beta)R_L'}=\frac{(1+60)\times2}{1.34+(1+60)\times2}=0.989$$

射极输出器电压放大倍数非常接近 1，即输入信号与输出信号大小近似相等，该电路没有电压放大作用，但仍有一定的电流放大作用和功率放大作用。射极输出器的输入信号与输

出信号相位相同，也就是说，输出信号总是跟随输入信号的变化而变化，所以也称为射极跟随器。

考虑信号源内阻 R_S 影响的源电压放大倍数为

$$A_{uS}=\frac{\dot{U}_o}{\dot{U}_S}=A_u\frac{r_i}{r_i+R_S}=\frac{(1+\beta)R_L}{r_{be}+(1+\beta)R_L}\frac{r_i}{r_i+R_S} \tag{9-20}$$

$$A_{uS}=\frac{\dot{U}_o}{\dot{U}_S}=A_u\frac{r_i}{r_i+R_S}=0.989\times\frac{76.3}{76.3+0.1}\approx0.99$$

4）计算输出电阻 r_o。在射极输出器的出口，将放大电路和信号源包含在内视为一个二端网络，二端网络的入端电阻即为射极输出器的输出电阻。

内部除源后的二端网络如图 9-27 所示。

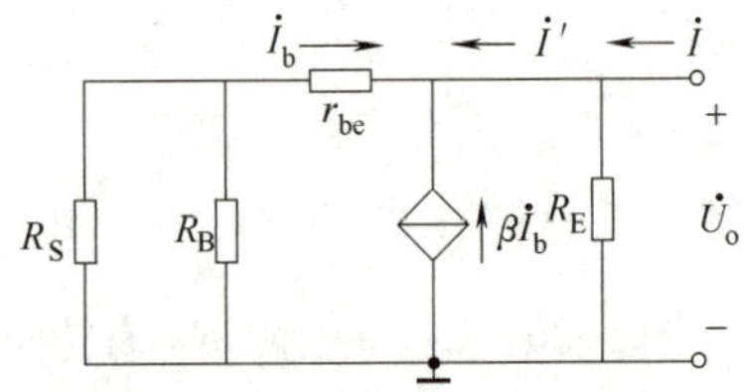

图 9-27 内部除源后的二端网络

在端口上外加电压 $\dot{U}$，则有

$$\dot{I}_b=\frac{-\dot{U}}{r_{be}+R_S/\!/R_B}$$

$$\dot{I}'=-(1+\beta)\dot{I}_b=-(1+\beta)\frac{-\dot{U}}{r_{be}+R_S/\!/R_B}$$

$$r'_o=\frac{\dot{U}}{\dot{I}'}=\frac{r_{be}+R_S/\!/R_B}{1+\beta}$$

输出电阻为

$$r_o=\frac{\dot{U}}{\dot{I}}=R_E/\!/r'_o=\frac{R_E(r_{be}+R_S/\!/R_B)}{(1+\beta)R_E+(r_{be}+R_S/\!/R_B)} \tag{9-21}$$

$$r_o=\frac{4\times(1.34+0.1/\!/200)}{(1+60)\times4+(1.34+0.1/\!/200)}\text{k}\Omega=4000/\!/23\Omega\approx23.5\Omega$$

一般信号源内阻 R_S 都很小，当 $R_S=0$ 或 $\beta\gg1$ 时，有

$$r_o\approx\frac{r_{be}}{\beta} \tag{9-22}$$

所以，射极输出器的输出电阻一般远远小于共发射极放大电路的输出电阻。

综上所述，射极输出器具有以下特点：

1）电压放大倍数小于 1 但接近 1，输出电压几乎等于输入电压，具有电压跟随作用，且输出电压与输入电压同相。

2）具有较高的输入电阻。

3）具有较低的输出电阻，带负载能力强。

【思考题】

9.5.1 为什么说射极输出器是共集电极放大电路？

9.5.2 射极输出器有什么特点？

9.5.3 射极输出器有无电流放大和功率放大作用？

9.6　差分放大电路

在非电量测量和自动控制系统中，经常遇到一些变化非常缓慢的信号，称为直流信号，如在温度的测量和自动控制系统中，常用温度传感器（如热电偶）将温度转变为电信号，这种电信号和温度一样，变化非常缓慢，是一种直流信号。放大电路在放大变化缓慢的直流信号时，必须采用直接耦合的方式，即把前级的输出端直接连接到后一级的输入端。

外界条件对放大电路静态工作点的诸多影响中最主要的是温度的影响。当温度变化时，工作点会发生变动。放大电路在无输入信号的情况下，输出电压发生缓慢地、不规则地波动，这种现象称为零点漂移。在阻容耦合放大电路中，各级放大电路都有零点漂移，但是，由于耦合电容的隔直作用，任何一级输出电压的漂移，都不会传输到下一级。而在直接耦合放大电路中，因级间无耦合电容，任何一级输出电压的漂移，都可以向下一级传递，并经后面逐级放大，因而使末级输出电压发生较大的波动。

零点漂移是直接耦合放大电路必须解决的问题。抑制零点漂移的方法很多，最理想的方法是用两个相同的放大电路相互补偿，这就产生了一种全新的电路——差分放大电路。

9.6.1　基本差分放大电路

图 9-28 为基本差分放大电路，由完全相同的两个共发射极单管放大电路组成，要求两个晶体管特性一致，两侧电路参数对称。

图 9-28 电路有两个输入端和两个输出端，输入信号 u_i 加在两个输入端之间，输出信号 u_o 由两个输出端之间取得。输入信号 u_i 被两个单管放大电路的输入电阻（输入端对地的电阻）分压，如图 9-29 所示，它们各分得 u_i 的一半，但极性相反，即

$$u_{i1}=\frac{u_i}{2}\quad u_{i2}=-\frac{u_i}{2}$$

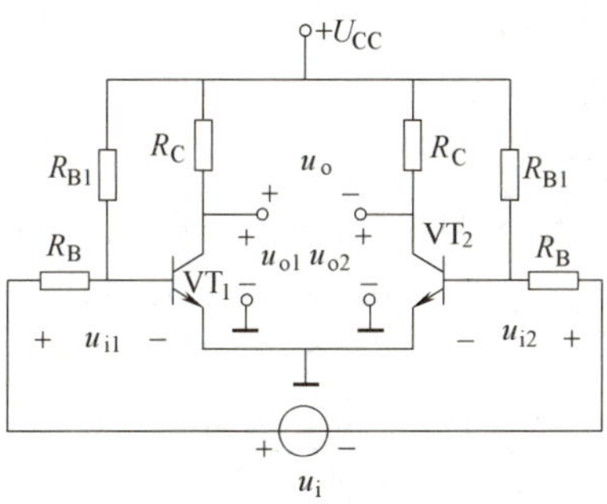

图 9-28　基本差分放大电路

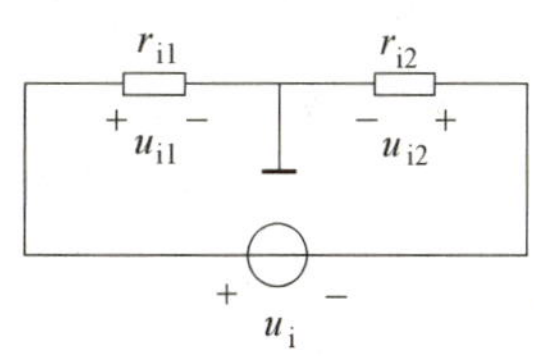

图 9-29　输入端对地电阻

所以，输入信号 u_i 是两个单管放大电路输入电压的差值，即

$$u_i=u_{i1}-u_{i2}$$

而输出电压 u_o 也是两个单管放大电路输出电压的差值，即

$$u_o=u_{o1}-u_{o2}$$

(1) 抑制零点漂移

当温度变化时，两个单管放大电路的工作点都要发生变动，因而产生输出漂移 Δu_{o1}、Δu_{o2}，但是由于电路是对称的，所以，$\Delta u_{o1}=\Delta u_{o2}$，差分放大电路的输出漂移为

$$\Delta u_o=\Delta u_{o1}-\Delta u_{o2}=0$$

即消除了零点漂移。

(2) 差模输入

当两个单管放大电路的输入信号是一对大小相等而极性相反的信号（$u_{i1}=-u_{i2}$，称为差模信号）时，为差模输入状态。

图 9-30a 为图 9-28 电路的单管交流通路，其微变等效电路如图 9-30b 所示。

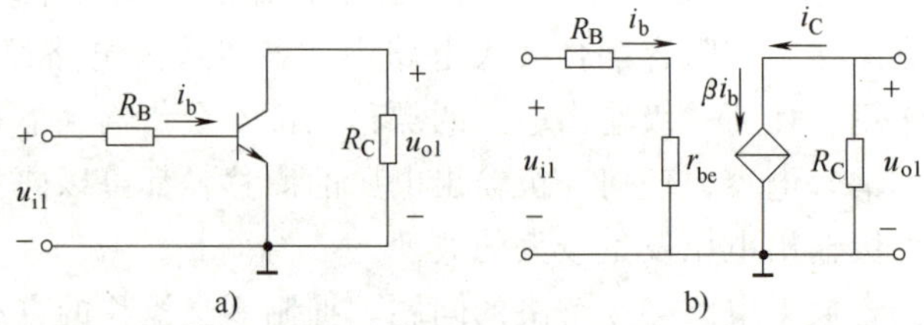

图 9-30 单管交流通路和微变等效电路

a）单管交流通路 b）微变等效电路

由此可得单管差模电压放大倍数为

$$A_{d1}=\frac{u_{o1}}{u_{i1}}=\frac{-\beta i_b R_C}{i_b(R_B+r_{be})}=\frac{-\beta R_C}{R_B+r_{be}}$$

同理可得

$$A_{d2}=\frac{u_{o2}}{u_{i2}}=\frac{\beta R_C}{i_c(R_B+r_{be})}=\frac{-\beta R_C}{R_B+r_{be}}=A_{d1}$$

双端输出电压为

$$u_o=u_{o1}-u_{o2}=A_{d1}u_{i1}-A_{d2}u_{i2}=A_{d1}(u_{i1}-u_{i2})=A_{d1}u_i$$

双端输入-双端输出差分放大电路的差模电压放大倍数为

$$A_d=\frac{u_o}{u_i}=A_{d1}=-\beta\frac{R_C}{R_B+r_{be}} \tag{9-23}$$

由此可见，双端输出差分放大电路的差模电压放大倍数与单管差模电压放大倍数相等。双端输入-双端输出差分放大电路在差模电压放大倍数上受到一定的损失，但却有效地抑制了零点漂移。差模信号就是需要被放大的有用信号。

当在两个晶体管的集电极之间接入负载电阻 R_L 时，差模电压放大倍数为

$$A_d=-\frac{\beta R_L'}{R_B+r_{be}} \tag{9-24}$$

其中，$R_L'=R_C/\!/\frac{1}{2}R_L$。因为当输入差模信号时，一个晶体管的集电极电位下降，另一个晶体管的集电极电位升高，在 R_L 的中点相当于零电位（接地）。所以每个晶体管各带一半负载电阻。

由于是双端输入，电路的输入电阻 r_i 由两个 R_B 和两个 r_{be} 构成，所以输入电阻为

$$r_i = 2(R_B + r_{be}) \tag{9-25}$$

同样由于是双端输出，输出电压取自两个晶体管的集电极，则输出电阻为

$$r_o = R_C + R_C = 2R_C \tag{9-26}$$

(3) 共模输入

当两个单管放大电路的输入信号是一对大小相等、极性相同的信号（$u_{i1} = u_{i2} = u_{ic}$，称为共模信号）时，为共模输入状态。u_{oc} 为输出共模电压，由于电路的对称性，有

$$u_{oc1} = u_{oc2} = A_u u_{ic}$$

$$u_{oc} = u_{oc1} - u_{oc2} = 0$$

共模电压放大倍数为

$$A_c = \frac{u_{oc}}{u_{ic}} = 0$$

即差分放大电路由于电路的对称性，完全抑制了共模信号。共模信号是反映温度漂移干扰或噪声等无用的信号。

(4) 比较输入

在实际情况中，差分放大电路的两个输入信号 u_{i1}、u_{i2} 可能既非差模信号，又非共模信号，其大小和相位都是任意的，称为比较输入方式。可以通过等效变换，变换为一个差模分量 u_{id} 和一个共模分量 u_{ic} 的组合，差模信号是两个输入信号之差，即

$$u_{id1} = \frac{u_{i1} - u_{i2}}{2} = -u_{id2}$$

$$u_{id} = u_{id1} - u_{id2}$$

共模信号是两个输入信号的算术平均值，即

$$u_{ic1} = u_{ic2} = \frac{u_{i1} + u_{i2}}{2}$$

则有差分放大电路的两个输入是差共模信号和模信号的组合，即

$$u_{i1} = u_{ic1} + u_{id1} \tag{9-27}$$

$$u_{i2} = u_{ic2} - u_{id2} \tag{9-28}$$

根据前面的分析，差分放大电路对共模信号没有放大作用，放大的只是差模分量。只有当两个信号有差别时，电路才有输出，差分放大电路的名称也由此而得。

(5) 共模抑制比 K_{CMRR}

对差分放大电路来说，差模信号是有用信号，要求对它有较大的放大倍数；而共模信号是需要抑制的，因此对它的放大倍数要越小越好。对共模信号的放大倍数越小，就意味着零点漂移越小，抗共模干扰能力越强。为了全面衡量差分放大电路放大差模信号和抑制共模信号的能力，通常引用共模抑制比（Common-Mode Rejection Ratio，CMRR）K_{CMRR} 来表征，其定义为放大电路对差模信号的放大倍数 A_d 和对共模信号的放大倍数 A_c 之比以对数形式表示，即

$$K_{CMRR} = 20\lg\left|\frac{A_d}{A_c}\right| \tag{9-29}$$

K_{CMRR}表示了差分放大电路对共模信号抑制能力的大小，单位为db。

显然，共模抑制比越大，差分放大电路分辨有用的差模信号的能力越强，受共模信号的影响越小。对于双端输出差分电路，若电路完全对称，则在共模信号作用下，两管电流同时等量增大，结果双端输出的电压$u_{oc}=0$，零点漂移被完全抑制，即$A_c=0$，$K_{CMRR}\to\infty$，这是理想情况。而实际情况是电路完全对称是不可能的，共模抑制比也不可能趋于无穷大。

在理想情况下，两个单管放大电路的输出电压漂移Δu_{o1}、Δu_{o2}相等，若将它们分别折合为各自输入电压的漂移，则有$\Delta u_{i1}=\Delta u_{i2}$，为一对共模信号。可见，零点漂移等效于共模输入，这也说明差分放大电路对共模信号的抑制作用和对零点漂移的抑制作用是一致的。

9.6.2 典型差分放大电路

在实际情况下，电路是不可能绝对对称的，因此，图9-28中两个单管放大电路的输出电压漂移不可能完全抵消，不能抵消的部分即成为差分放大电路的输出漂移。

(1) 改进型差分放大电路

图9-31为改进型差分放大电路，与图9-28基本差分放大电路的主要区别在于增加了发射极电阻R_E和负电源U_{EE}，是典型的差分放大电路。

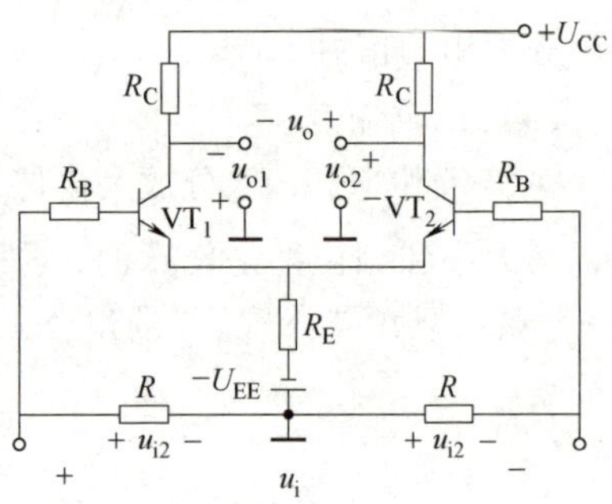

图9-31 双端输入-双端输出差分放大电路

发射极电阻R_E对零点漂移和共模信号有抑制作用，同时又不影响差模放大倍数，所以，希望R_E越大越好。但R_E越大，产生的直流电压降越大，为了补偿R_E上的直流电压降，使晶体管基极基本保持零电位，以便于信号的输入，故增加负电源U_{EE}，此时，基极电流I_B可由U_{EE}经R_B提供，故图9-28中的R_{B1}可以省去。

如当温度升高时，两个晶体管的发射极电流会随温度升高而增大，流过发射极电阻R_E的电流增加，发射极电位升高，结果使两个晶体管的发射结电压降同时减小，基极电流也都减小，从而阻止了它们发射极电流随温度升高而增大的趋势，使发射极电流基本稳定，从而稳定了两个单管放大电路的工作点，使它们的输出电压漂移减小，即减小了差分放大电路的零点漂移。由于零点漂移等效于共模输入，所以，发射极电阻R_E对于共模信号必然也有很强的抑制能力。

(2) 静态分析

由于电路对称，对图9-31差分放大电路的静态分析只需计算一个管子的静态值即可。图9-32为图9-31电路的单管直流通路。R_E上流过两管的发射极电流，故图中标出电流为$2I_E$。

静态时，$I_{B1}=I_{B2}=I_B$，$I_{C1}=I_{C2}=I_C$，$I_{E1}=I_{E2}=I_E$，$U_{BE1}=U_{BE2}=U_{BE}$。由基极电路可得

$$I_BR_B+U_{BE}+2I_ER_E=U_{EE}$$

其中 $I_BR_B+U_{BE}\ll 2I_ER_E$，则每管的集电极电流为

$$I_C\approx I_E\approx\frac{U_{EE}}{2R_E} \tag{9-30}$$

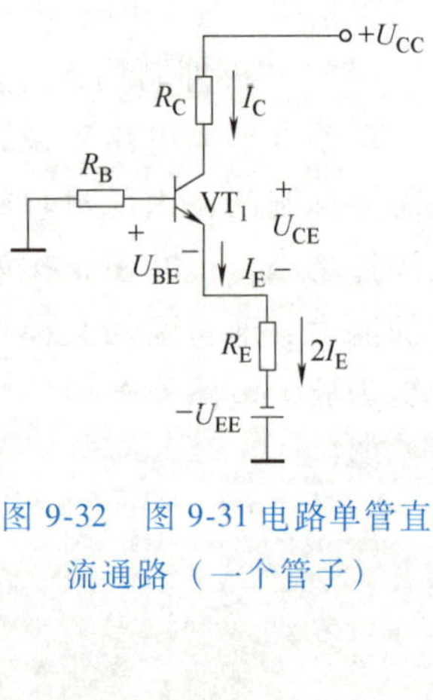

图9-32 图9-31电路单管直流通路（一个管子）

由此可知，发射极电位 $V_E \approx 0$。每管的基极电流为

$$I_B = \frac{I_C}{\beta} \approx \frac{U_{EE}}{2\beta R_E} \tag{9-31}$$

每管的集-射极电压为

$$U_{CE} \approx U_{CC} - I_C R_C \approx U_{CC} - \frac{R_C U_{EE}}{2R_E} \tag{9-32}$$

（3）动态分析

在差模信号输入时，因电路对称，因此流过发射极电阻 R_E 的电流保持不变，发射极电位恒定，即 R_E 对差模信号而言相当于短路，不影响差模放大倍数。因此，图 9-31 差分放大电路的动态分析，可参见 9.6.1 节的差模输入。

【思考题】

9.6.1　什么是零点漂移？

9.6.2　什么是共模信号？什么是差模信号？

9.6.3　差分放大电路如何抑制零点漂移？

9.6.4　零点漂移与差分放大电路的连接方式有关吗？

9.6.5　共模抑制比越大越好吗？

9.7　功率放大电路

电子设备的放大电路一般由电源、输入级、中间级和输出级等部分组成，将信号放大后输出足够大的功率去驱动负载工作，负载如扬声器、继电器等。要完成这些工作，要求输出级向负载提供足够大的信号功率，即要求输出足够大的输出电压和输出电流，这种放大电路称为功率放大电路。

9.7.1　功率放大电路的特点和分类

（1）功率放大电路的特点

功率放大电路和前面介绍的电压放大电路都是将信号进行放大，但侧重点不同，电压放大电路是将小信号电压不失真地放大，而功率放大电路是将中间级放大了的信号再进行放大，属于大信号放大电路，因此，功率放大电路具有以下特点。

1）输出功率大。通常用功率放大电路的最大不失真输出功率 P_{om} 表示输出电压和电流波形不失真或失真程度在允许范围内的最大输出功率，即

$$P_{om} = \frac{U_{om}}{\sqrt{2}} \frac{I_{om}}{\sqrt{2}} = \frac{U_{om} I_{om}}{2}$$

由于功率放大电路的晶体管工作在接近极限工作的状态，因此它们的工作状态不超过其极限参数 I_{CM}、P_{CM} 和 $U_{(BR)CEO}$。

2）效率高。功率放大电路主要把直流电源供给的直流电能转换成交流电能输送给负载，效率是功率放大电路输出的最大功率 P_{om} 与直流电源提供的功率 P_E 的比值，即

$$\eta = \frac{P_{om}}{P_E} \times 100\%$$

3）非线性失真小。由于功率放大电路的晶体管处于大信号工作状态，所以由晶体管特性的非线性引起的非线性失真不可避免。因此，要将非线性失真限制在允许的范围内。

（2）功率放大电路的分类

由于功率放大电路通常都处于多级放大电路的输出级，其输入信号是经过电压放大电路放大了的大信号，即功率放大电路工作在大信号下，因而电路的工作情况不宜用微变等效电路分析法进行分析，通常采用图解分析法。

根据功率放大电路的静态工作点在交流负载线上的位置不同，有以下三种工作状态，如图 9-33 所示。

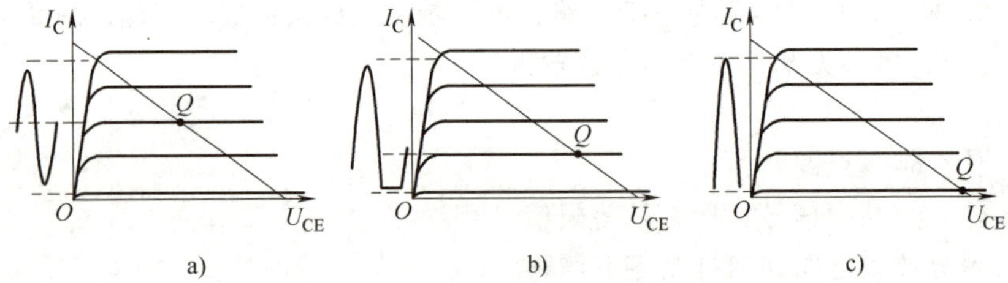

图 9-33　功率放大电路的工作状态

a）甲类　b）甲乙类　c）乙类

1）甲类工作状态。当静态工作点 Q 设置在交流负载线的中点时，静态电流较大。在输入信号变化的整个周期内，晶体管都有电流通过，所以晶体管的直流功率损耗较大，放大电路的最高理想效率也只有 50%。这种工作状态称为甲类工作状态，如图 9-33a 所示。

2）乙类工作状态。静态工作点 Q 设置为接近横轴（$I_C \approx 0$）时，晶体管只在信号的正半周内导通，负半周时晶体管截止，无电流通过。这种工作状态称为乙类工作状态，如图 9-33c 所示。如果功率放大电路工作在乙类工作状态，静态（$u_i=0$）时，$I_C=0$，没有损耗；动态（$u_i \neq 0$）时，i_C 的平均分量也很小，损耗也将大大下降，功率放大电路的效率将有很大的提高，理想情况下最高效率的理论值为 78.5%。但会造成严重的波形失真。

3）甲乙类工作状态。当静态工作点 Q 的设置比乙类工作状态略向上移时，如图 9-33b 所示，这种工作状态称为甲乙类工作状态。甲乙类功率放大电路中，晶体管的静态工作点处于放大区，但接近截止区，在输入信号的整个周期内，晶体管的导通时间大于半个周期而小于全周期，这类功率放大电路的特性介于甲类和乙类之间，但输出信号仍有较大失真。

9.7.2　互补对称功率放大电路

如果选用两个工作在乙类状态的功率放大电路，分别在正半周和负半周工作，形成互补对称的电路结构，理论上将会大大提高放大电路的效率，又可减小信号波形的失真。

（1）OTL（无输出变压器）互补对称功率放大电路

图 9-34 为单电源供电的甲乙类互补对称功率放大电路，输出端需接耦合电容 C，称为 OTL 互补对称功率放大电路。

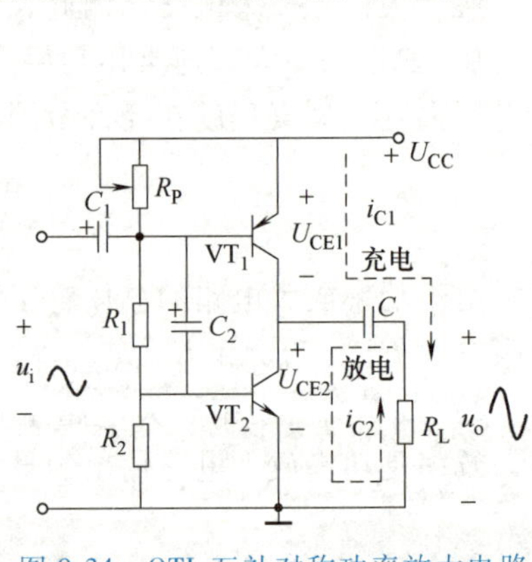

图 9-34　OTL 互补对称功率放大电路

为了使输出电压 u_o 的正、负半周完全对称，所选择的 VT_1、VT_2 两管的特性和参数完全对称。静态时调节 R_P 可使管上的电压 $|+U_{CE1}|=|-U_{CE2}|$，分别为电源电压 U_{CC} 的一半，即输出端电容 C 上的电压 U_C 也等于 $U_{CC}/2$。

当输入信号 u_i 在正半周时，VT_1 导通，VT_2 截止，电源 U_{CC} 通过 VT_1 对电容 C 充电，充电电流 i_{C1} 经过负载电阻 R_L，如图 9-34 所示，形成输出电压 u_o 的正半周波形。输入信号 u_i 的负半周时，VT_1 截止，VT_2 导通，电容 C 上的电压 U_C 作为电源通过 VT_2 对负载电阻 R_L 放电，放电电流 i_{C2} 经过负载电阻 R_L，如图 9-34 所示，形成输出电压 u_o 的负半周波形。

所以，在输入信号 u_i 的整个周期里，VT_1、VT_2 两管交替地工作，结果在负载电阻 R_L 上得到一个完整的正弦波输出电压 u_o。

由上述分析可见，OTL 互补对称功率放大电路是单电源供电的甲乙类功率放大电路，输出端电容 C 实际上起了一个负电源的作用。图 9-34 中电容 C_2 为交流信号的旁路电容，其作用使 VT_1、VT_2 两管的基极对交流信号的电位相同，以保证 VT_1 和 VT_2 对地输入信号的幅值相等，从而改善输出电压 u_o 正、负半周波形的对称性。

由于电路的对称性，有

$$U_{om}=U_{cem}=\frac{1}{2}U_{CC}$$

OTL 互补对称功率放大电路的输出最大功率为

$$P_{om}=\frac{U_{om}}{\sqrt{2}}\frac{I_{om}}{\sqrt{2}}=\frac{U_{om}}{\sqrt{2}}\frac{U_{om}}{\sqrt{2}R_L}=\frac{1}{2}\frac{U_{om}^2}{R_L}=\frac{U_{CC}^2}{8R_L} \tag{9-33}$$

（2）OCL（无输出电容）互补对称功率放大电路

图 9-35 为一个输出端不接电容的甲乙类互补对称功率放大电路，称为 OCL 互补对称功率放大电路。

图 9-35 中晶体管 VT_1 工作在典型的甲类电压放大状态，用作功率放大电路前的推动级。在 VT_1 的集电极，也就是在功率放大级（输出级）晶体管 VT_2、VT_3 的基极间加了两个二极管 VD_1、VD_2（或者加电阻，或者电阻和二极管串联），利用 VT_1 的静态电流在 VD_1、VD_2 上产生的正向电压降，给 VT_2、VT_3 提供大于死区电压的基极偏置。静态时，VT_2、VT_3 处于微导通状态，即预先给每个管子以一定的电流，VT_2、VT_3 轮流导通时，交替得比较平滑，从而克服了交越失真。

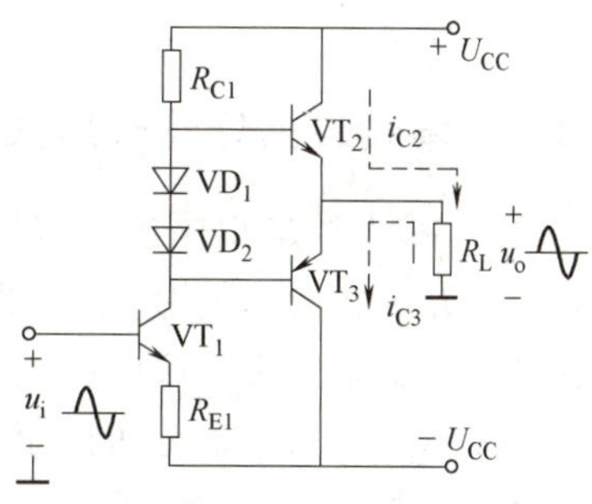

图 9-35　OCL 互补对称功率放大电路

由于电路完全对称，静态时 VT_2、VT_3 电流相等，负载电阻 R_L 上没有静态电流流过，两管的发射极电位 $V_E=0$。当有输入信号 u_i 时，由于二极管的交流电阻 $r_D \ll R_{C1}$，可认为 VT_2、VT_3 的基极交流电位基本相等，两管轮流工作在过零点附近。VT_2、VT_3 的导通时间都比半个周期长，即有一定的交替时的重叠导通时间。

为了克服交越失真，应使互补对称功率放大电路工作在甲乙类状态，但为了提高功率转换效率，在设置偏置时，应尽可能接近乙类状态，电路输出最大功率时的工作情况如图 9-33c 所示。此时，由输出特性曲线可得

$$U_{om} \approx U_{CC}$$

$$I_{om} \approx I_{Cm} \approx \frac{U_{om}}{R_L} \approx \frac{U_{CC}}{R_L}$$

OCL 互补对称功率放大电路的输出最大功率为

$$P_{om} = \frac{U_{om}}{\sqrt{2}} \frac{I_{om}}{\sqrt{2}} = \frac{U_{om}}{\sqrt{2}} \frac{U_{om}}{\sqrt{2}R_L} = \frac{1}{2} \frac{U_{om}^2}{R_L} \approx \frac{1}{2} \frac{U_{CC}^2}{R_L} \tag{9-34}$$

OCL 互补对称功率放大电路的特点是输出端省去了隔直电容，改善了放大电路在低频时的特性，得到比较广泛的应用，但该电路需要正、负双电源（$+U_{CC}$ 和$-U_{CC}$）供电。

【思考题】

9.7.1　功率放大电路的特点是什么?

9.7.2　功率放大电路有几种工作状态?

9.7.3　对功率放大电路有什么要求?

9.7.4　什么是交越失真? 如何克服交越失真?

9.7.5　OTL 和 OCL 是什么功率放大电路?

9.7.6　OTL 和 OCL 电路工作在什么状态下?

9.8　场效应晶体管放大电路

场效应晶体管又称单极型晶体管，与双极型晶体管相比，场效应晶体管的源极、漏极和栅极，分别相当于它的发射极、集电极和基极。场效应晶体管放大电路与晶体管放大电路相类似，为了保证放大电路正常工作，也必须设置合适的静态工作点，以保证场效应晶体管工作在线性区，否则将造成输出信号的失真。本节只介绍耗尽型绝缘栅场效应晶体管分压式偏置放大电路。

9.8.1　场效应晶体管分压式偏置放大电路

图 9-36 为耗尽型绝缘栅场效应晶体管分压式偏置放大电路。R_{G1} 和 R_{G2} 为分压电阻，由于 $R_G \gg R_{G1}$ 和 R_{G2}，电阻 R_G 中并无电流。该电路的栅、源电压除与 R_S 有关外，还随 R_{G1} 和 R_{G2} 的分压比而改变，因此适应性较大。

适当选择 R_{G1} 或 R_{G2} 的值，即可获得正、负及零三种偏压。对于 N 沟道耗尽型 MOS 管，U_{GS} 为负值；对于 N 沟道增强型 MOS 管，U_{GS} 为正值。图中 R_G 值很大，用以隔离 R_{G1} 或 R_{G2} 对信号的分流作用，以保持放大器高的输入电阻。

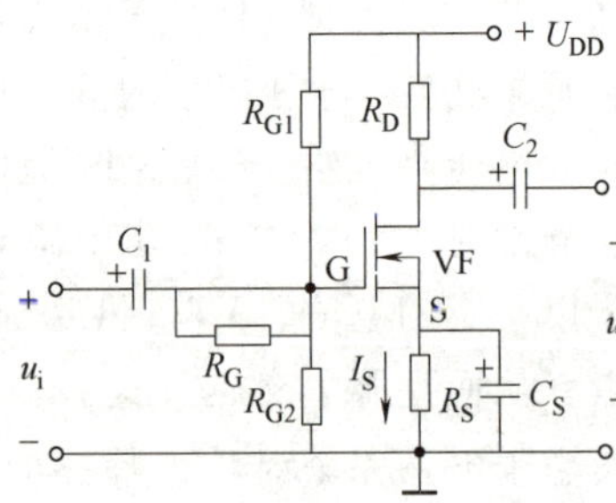

图 9-36　分压式偏置放大电路

9.8.2　场效应晶体管放大电路的分析

1. 静态分析

图 9-36 耗尽型绝缘栅场效应管分压式偏置放大电路中，R_{G1} 和 R_{G2} 为分压电阻，由于

$R_G \gg R_{G1}$ 和 R_{G2}，电阻 R_G 上没有电流和电压，栅极电位为

$$V_G = \frac{R_{G2}}{R_{G1}+R_{G2}} U_{DD} \tag{9-35}$$

源极的对地电压为

$$U_S = I_D R_S$$

如果 $V_G \gg U_{GS}$，则 $U_S = V_G$，静态漏极电流为

$$I_D = \frac{U_S}{R_S} \approx \frac{V_G}{R_S} \tag{9-36}$$

漏、源电压为

$$U_{DS} \approx U_{DD} - I_D(R_D + R_S) \tag{9-37}$$

栅、源电压为

$$U_{GS} = \frac{R_{G2}}{R_{G1}+R_{G2}} U_{DD} - I_D R_S = V_G - I_D R_S \tag{9-38}$$

对于 N 沟道耗尽型场效应晶体管，U_{GS} 为负值，所以 $I_D R_S > V_G$。

2. 动态分析

（1）电压放大倍数

在小信号输入情况下，场效应晶体管放大电路的动态分析也可用微变电路等效法进行。

图 9-37 为图 9-36 分压式偏置放大电路的交流通路和微变等效电路。从场效应晶体管的微变等效电路可以看出，输入、输出端共用源极，所以此电路也称为场效应晶体管共源极放大电路。

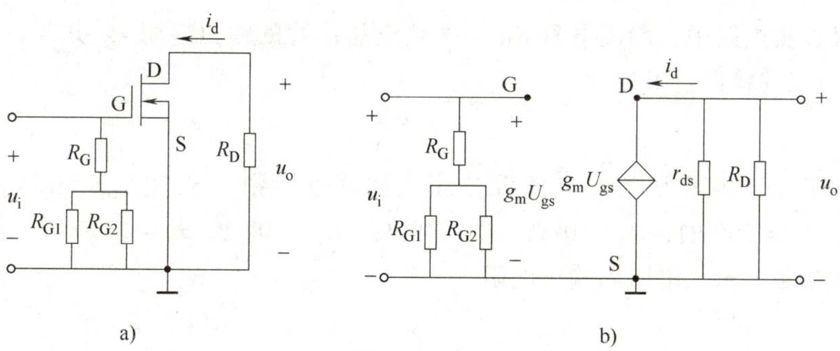

图 9-37　交流通路和微变等效电路

a）交流通路　b）微变等效电路

由于场效应晶体管的栅极和其他电极绝缘，所以输入电路是开路，略去动态电阻不计，从输出端看进去，它是一个受栅极电压交流分量 U_{GS} 控制的电流源，这个受控电压源的电流为 $g_m U_{gs}$。

由图 9-37b 可知，当 $r_{ds} \gg R_D$ 时，放大电路的输出电压为

$$U_o = -I_D R_D = -g_m U_{gs} R_D$$

所以电压放大倍数为

$$A_u = \frac{U_o}{U_i} = \frac{U_o}{U_{gs}} = -g_m R_D \tag{9-39}$$

其中，“-”表明输出电压与输入电压反相。

当输出端接有负载电阻 R_L 时，放大电路的总负载电阻为

$$R'_L = R_D // R_L$$

则电压放大倍数为

$$A_u = -g_m R'_L \tag{9-40}$$

场效应晶体管的跨导较小，一般为 0.1~10mA/V，所以场效应晶体管共源极放大电路的电压放大倍数低于晶体管共发射极放大电路的电压放大倍数。

（2）输入电阻

由图 9-37b 可得输入电阻为

$$r_i = R_G + (R_{G1} // R_{G2})$$

一般 $R_G \gg (R_{G1} // R_{G2})$，因此有

$$r_i \approx R_G \tag{9-41}$$

可见，在分压点和栅极之间接入电阻 R_G 的目的在于大大提高场效应晶体管放大电路的输入电阻。R_G 的接入对电压放大倍数并无影响；在静态时 R_G 中没有电流流过，因此也不会影响静态工作点。

（3）输出电阻

由于场效应晶体管的输出特性具有恒流特性（见图 8-26 特性曲线），故输出电阻很高，输出电阻为

$$r_{ds} = \frac{\Delta U_{DS}}{\Delta I_D}\bigg|_{u_{GS}=常数}$$

在共源极放大电路中，漏极电阻 R_D 与场效应晶体管的输出电阻 r_{ds} 并联，所以当 $r_{ds} \gg R_D$ 时，放大电路的输出电阻为

$$r_o \approx R_D \tag{9-42}$$

【例 9-8-1】 图 9-36 场效应晶体管分压式偏置电路中，已知 $U_{DD}=15V$，$R_G=1M\Omega$，$R_{G1}=500k\Omega$，$R_{G2}=200k\Omega$，$R_S=10k\Omega$，$R_D=10k\Omega$，$R_L=10k\Omega$，$g_m=2mA/V$，试求静态工作点、电压放大倍数、输入电阻和输出电阻。

解：

1）静态工作点。由式（9 35）式（9 37），可得

$$V_G = \frac{R_{G2}}{R_{G1}+R_{G2}} U_{DD} = \frac{200}{200+500} \times 15V = 4.3V$$

静态漏极电流为

$$I_D = \frac{V_G}{R_S} = \frac{4.3}{10} mA = 0.43mA$$

漏、源电压为

$$U_{DS} = U_{DD} - I_D(R_D + R_S) = [15 - 0.43 \times (10+10)]V = 6.4V$$

2）由式（9-40）可得电压放大倍数为

$$A_u = -g_m R'_L = -2 \times (10 // 10) = -10$$

3）由式（9-41）可得输入电阻为

$$r_i \approx R_G = 1\text{M}\Omega$$

4）由式（9-42）可得输出电阻为

$$r_o \approx R_D = 10\text{k}\Omega$$

【思考题】

9.8.1　场效应晶体管是电压控制器件还是电流控制器件？

9.8.2　场效应晶体管组成的放大电路中必须有栅极偏压吗？

9.8.3　场效应晶体管组成的放大电路中有没有偏流？

9.8.4　MOS 管是指哪一种场效应晶体管？

本章小结

1）晶体管是非线性器件，但对于工作点附近微小的电压和电流变化量而言，它们近似为线性关系，所以，在这种情况下，晶体管可以用一个线性网络等效代换，这就是它们的小信号模型即微变等效电路。微变等效电路在放大电路的分析中具有很重要的地位。

2）晶体管放大电路的实质是用小信号和小能量控制大信号和大能量。

3）放大电路的分析包括静态分析和动态分析两方面。静态分析通常采用估算法和图解分析法，以确定放大电路中晶体管的静态工作点。动态分析可以采用微变等效电路分析法和图解分析法。微变等效电路分析法是在小信号条件下，把非线性器件晶体管用线性网络等效代换，从而把非线性的放大电路线性化，借助于线性电路的分析方法来进行动态分析，计算放大电路的输入电阻、输出电阻和电压放大倍数等技术指标。图解分析法可用来分析放大电路的工作状态，研究放大电路的非线性失真。

4）放大电路存在非线性失真（饱和失真、截止失真、交越失真），它们可以通过选择放大电路的元器件参数、调整合适的工作点、稳定工作点、限制输入信号及引入负反馈等措施予以削弱或消除。共发射极放大电路的电压放大倍数较大。

5）射极输出器的电压放大倍数小于 1 但接近 1，输出电压几乎等于输入电压，具有电压跟随作用，且输出电压与输入电压同相；具有较高的输入电阻；具有较低的输出电阻。射极输出器在电子电路中有着广泛的应用。

6）差分放大电路由于电路的对称性，对共模信号的抑制作用和对零点漂移的抑制作用是一致的。差分放大电路在放大差模信号的同时，还可以抑制电路中的零点漂移。

7）功率放大电路的任务是向负载提供符合要求的输出功率，因此主要考虑的是信号的失真要小，输出功率要大，晶体管的损耗要小，效率要高。常用的互补对称功率放大电路有 OTL 和 OCL 电路。

8）场效应晶体管是电压控制器件，利用栅源电压控制漏极电流。由于 MOS 管的栅、源间是绝缘的，故有很高的输入电阻。

习　　题

一、单项选择题

9.1　NPN 型晶体管共发射极放大电路的输入信号为正弦波，输出信号正半周出现了平顶畸变，原因是静态工作点设置（　　）。

A. 偏高　　　B. 偏低　　　C. 偏左　　　D. 偏右

9.2　放大电路如图 9-38 所示，下列电路中能正常放大交流信号的图为（　　）。

A. 图 9-38a　　　B. 图 9-38b　　　C. 图 9-38c　　　D. 图 9-38d

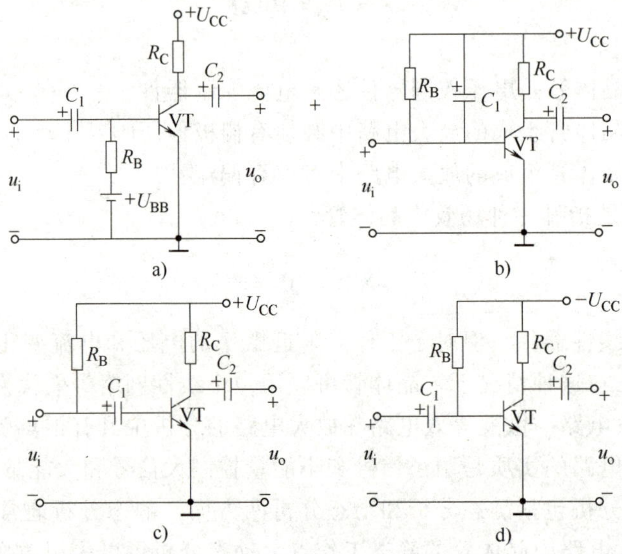

图 9-38　习题 9.2 图

9.3　如图 9-39 所示，输入正弦交流电时，输出波形如图 9-39 所示，试判断电路的状态是（　　）。

A. 放大　　　B. 截止失真　　　C. 饱和失真　　　D. 交越失真

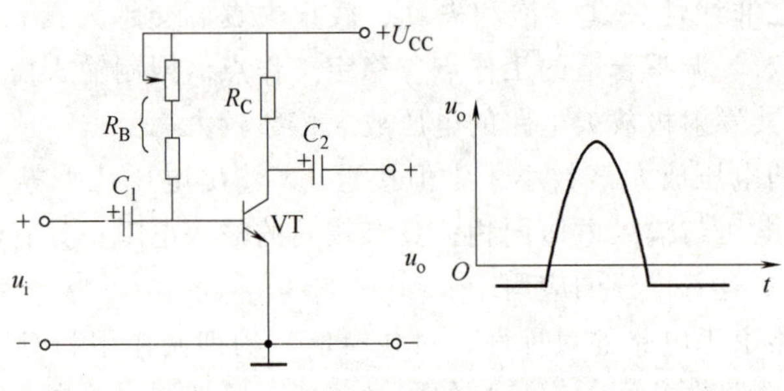

图 9-39　习题 9.3 图

9.4　在分压式偏置共发射极放大电路中，如果输出电压的正、负半周都出现了失真，失真的原因是（　　）。

A. 工作点 Q 偏高

B. 工作点 Q 偏低

C. 工作点 Q 在横轴上

D. 输入信号太大

9.5　对放大电路进行动态分析的主要任务是（　　）。

A. 确定静态工作点 Q

B. 确定集电结和发射结的偏置电压

C. 确定电压放大倍数 A_u 和输入、输出电阻 r_i、r_o

D. 确定静态工作点 Q、放大倍数 A_u 和输入、输出电阻 r_i、r_o

9.6 射极输出器的性能是（　　）。

A. 输入电阻高，输入、输出电压同相

B. 输入电阻低，输入、输出电压反相

C. 输出电阻高，输入、输出电压同相

D. 输出电阻低，输入、输出电压反相

9.7 OTL 电路输出端接耦合电容的作用是（　　）。

A. 交流耦合　　B. 对地旁路

C. 相当于提供正电源　　D. 相当于提供负电源

9.8 OCL 电路的负载电阻 $R_L=10\Omega$，电源电压 $U_{CC}=20V$，忽略晶体管的饱和电压降时，其最大不失真正弦波输出功率为（　　）。

A. 5W　　B. 10W　　C. 20W　　D. 40W

9.9 放大电路产生零点漂移的主要原因是（　　）。

A. 放大倍数太大

B. 环境温度变化引起器件参数变化

C. 外界存在干扰源

D. 耦合电容

9.10 晶体管的下列特性中，（　　）不是绝缘栅型场效应晶体管的特性。

A. 电流控制器件　B. 电压控制器件　C. 输入电阻高　D. 单极型晶体管

二、分析计算题

9.11 图 9-6 电路中，已知 $R_{B2}=10k\Omega$，$R_C=R_E=1k\Omega$，晶体管 $\beta=30$，$U_{BE}=0.7V$，$U_{CC}=12V$，$U_{CES}=0V$，分别求当 R_{B1} 为

1）300kΩ 时晶体管的管电压降 U_{CE}，并说明晶体管的工作状态。

2）20kΩ 时晶体管的管电压降 U_{CE}，并说明晶体管的工作状态。

3）2kΩ 时晶体管的管电压降 U_{CE}，并说明晶体管的工作状态。

9.12 图 9-1 固定偏置式共发射极放大电路中，已知晶体管的 $\beta=50$，$R_B=680k\Omega$，$U_{CC}=20V$，$R_C=6.2k\Omega$，U_{BE} 忽略不计。求：

1）静态管电压降 U_{CE}。

2）若要求使 $U_{CE}=6.8V$，应将 R_B 调到多大阻值？

9.13 图 9-1 放大电路中，已知晶体管 $\beta=100$，$U_{BE}=0.7V$，$R_B=450k\Omega$，$R_C=3k\Omega$，$R_L=3k\Omega$，$U_{CC}=12V$。

1）求静态工作点。

2）画出微变等效电路。

3）求电压放大倍数 A_u、输入电阻 r_i 和输出电阻 r_o。

4）若改为 $\beta=120$，则 A_u 变为多大？

9.14 图 9-5 分压式偏置共发射极放大电路中，已知 $U_{CC}=12V$，$R_C=3k\Omega$，$R_E=2k\Omega$，$U_{BE}=0.7V$，$I_C=1.5mA$，$\beta=50$，试估算 R_{B1} 和 R_{B2}。

9.15 如图 9-40 放大电路中，已知 $\beta=20$，$U_{BE}=0.7V$，稳压二极管的稳定电压 $U_Z=$

6V，试确定该电路静态时的 U_{CE} 和 I_C 值。

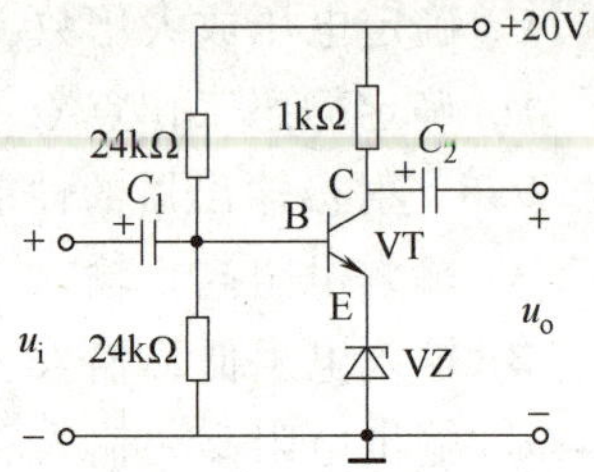

图 9-40　习题 9.15 图

9.16　图 9-5 分压式偏置共发射极放大电路中，已知 $U_{CC}=12V$，$R_{B1}=22k\Omega$，$R_{B2}=4.7k\Omega$，$R_E=1k\Omega$，$R_C=2.5k\Omega$，$\beta=50$，$r_{be}=1.3k\Omega$，$U_{BE}=0.7V$，试求：

1）静态工作点。

2）空载时的电压放大倍数。

3）$R_L=4k\Omega$ 时的电压放大倍数。

9.17　如果将图 9-5 中发射极交流旁路电容 C_E 除去，如图 9-20 所示。

1）试问静态值有无变化？

2）画出微变等效电路。

3）计算电压放大倍数 A_u，并说明发射极电阻 R_E 对电压放大倍数的影响。

4）计算放大电路的输入电阻 r_i。

5）计算放大电路的输出电阻 r_o。

9.18　如图 9-41 所示放大电路，已知 $r_{be}=2k\Omega$，$U_{CC}=12V$，$R_{B1}=270k\Omega$，$R_{B2}=100k\Omega$，$R_C=R_L=1.5k\Omega$，$R_S=1k\Omega$，$R_{E1}=150\Omega$，$R_{E2}=1k\Omega$，晶体管 $\beta=75$，$U_{BE}=0.7V$，试求：

1）静态工作点。

2）画出微变等效电路。

3）放大电路的输入电阻 r_i。

4）输出电阻 r_o。

5）电压放大倍数 A_u。

6）源电压放大倍数 A_{uS}。

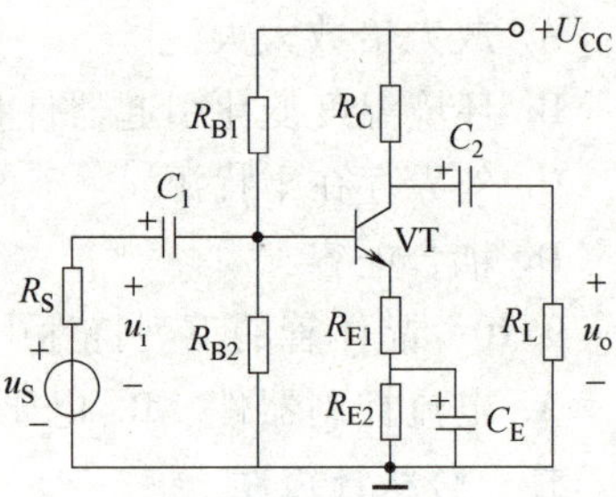

图 9-41　习题 9.18 图

9.19　如图 9-42 所示电路，已知 $U_{CC}=12V$，$R_{B1}=30k\Omega$，$R_{B2}=30k\Omega$，$R_E=1k\Omega$，$R_L=1k\Omega$，$\beta=100$，$r_{be}=1k\Omega$，$U_{BE}=0.7V$。

1）试计算电路的静态工作点。

2）画出电路的微变等效电路。

3）求电路中的 A_u、r_i、r_o。

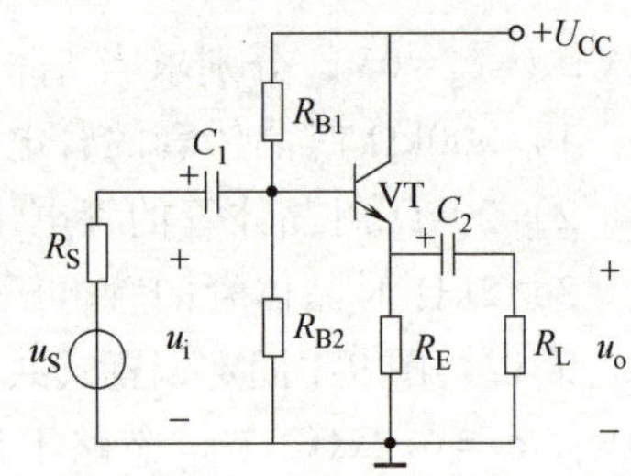

图 9-42　习题 9.19 图

9.20　如图 9-43 所示电路，已知 $U_{CC}=12V$，$\beta=70$，$r_{be}=1.4k\Omega$，当信号源电压均为 $u_S=5\sin\omega t$mV 时，计算各自的输出电压 u_o 并比较计算结果，说明图 9-43b 电路中射极输出器所起的作用。

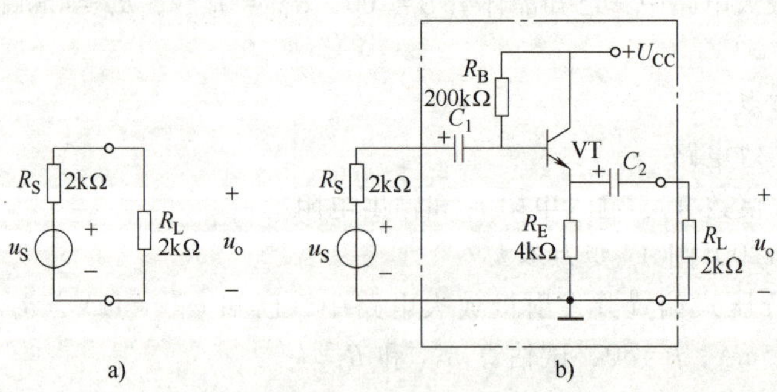

图 9-43　习题 9.20 图

9.21　如图 9-44 所示电路，已知 $U_{CC}=10V$，$\beta=50$，$U_{BE}=0.7V$，$R_{B1}=24k\Omega$，$R_{B2}=15k\Omega$，$R_C=2k\Omega$，$R_E=2k\Omega$，$R_L=10k\Omega$，要求：

1）估算静态工作点 Q。

2）计算分别自 M、N 两端输出时电压放大倍数的表达式。

3）上述两种情况下的输出电压 u_{o1} 和 u_{o2} 的相位有什么关系？

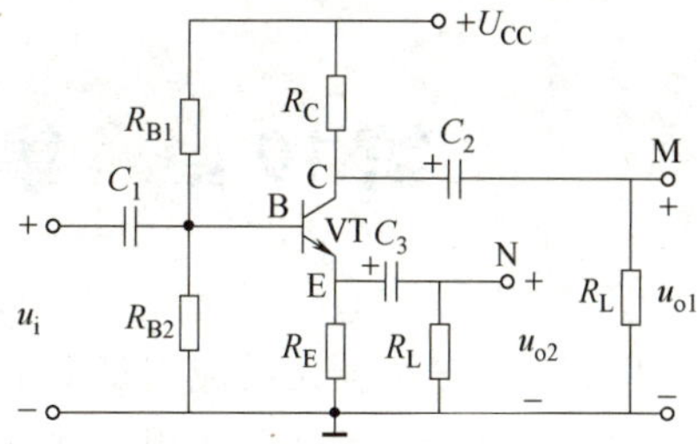

图 9-44　习题 9.21 图

9.22　如图 9-45a 所示射极输出器放大电路，已知 $R_B=470k\Omega$，$R_{E1}=3.9k\Omega$，$R_L=680\Omega$，$\beta_1=60$，$r_{be1}=1k\Omega$。

1）试求其输入电阻 r_i。

2）如果在此射极输出器的输出和负载之间再插入一级同样的射极输出器，如图 9-45b 所示，且 $R_{E2}=3.9k\Omega$，$r_{be2}=1k\Omega$，$\beta_2=60$，$R_L=680\Omega$，试求其输入电阻 r_i。

3）比较两次计算结果，说明两级射极输出器的优点。

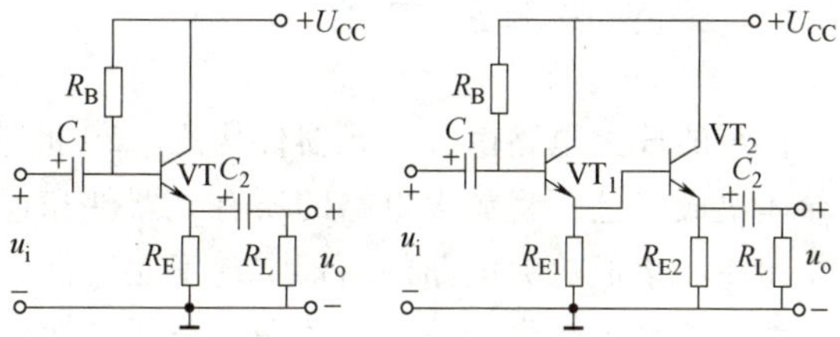

a)　　b)

图 9-45　习题 9.22 图

a）单极射极输出器　b）两极射极输出器

9.23　如图 9-46 所示电路，已知 $U_{CC}=16V$，$R_L=4\Omega$，VT_1 和 VT_2 的饱和管电压降 $|U_{CES}|=2V$，输入正弦波电压足够大，试求最大不失真输出功率 P_{omax} 为多少？

9.24　如图 9-47 所示电路是什么电路？VT_3、VT_4 是如何连接的？起什么作用？在静态时 $V_A=0V$，这时 VT_5 的集电极电位 V_{C5} 应调到多少？设电路中各晶体管的发射结电压降为 0.7V。

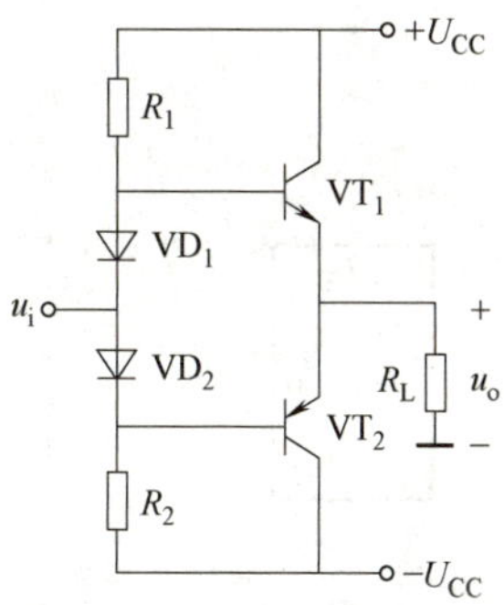

图 9-46　习题 9.23 图

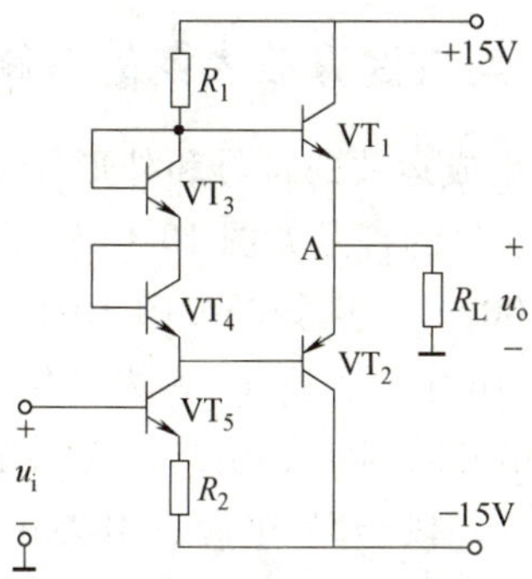

图 9-47　习题 9.24 图

9.25　图 9-36 场效应晶体管放大电路中，已知 $U_{DD}=12V$，$R_{G1}=100k\Omega$，$R_{G2}=50k\Omega$，$R_G=1M\Omega$，$R_D=5k\Omega$，$R_S=5k\Omega$，$R_L=5k\Omega$，设 $V_G=V_S$，$g_m=5mA/V$，试求：

1）静态值 I_D、U_{DS}。

2）输入电阻 r_i 和输出电阻 r_o。

3）电压放大倍数 A_u。

第 10 章　集成运算放大器及其应用

集成运算放大器及其应用是电子技术的重要内容。通过本章的学习，熟悉集成运算放大器的功能、结构、参数和应用，理解反馈在电子技术中的基本概念和应用，特别是负反馈作用下，用理想运算放大器实现比例、加、减、积分等模拟运算电路的分析方法，了解微分运算电路的工作原理。

10.1　集成运算放大器

传统的放大电路由分立元器件构成。20 世纪 60 年代初出现了集成放大电路，它是利用半导体集成工艺，将放大电路的所有元器件和连接导线全部制作在一块很小的单晶硅片上，封装而成。集成放大电路的出现实现了元器件、电路和系统的统一，大大提高了电子设备的可靠性，减轻了重量，缩小了体积，降低了功耗和成本，同时，也使电路设计人员摆脱了从电路设计、元器件选配到组装调试等一系列烦琐的过程，大大缩短了电子设备的制造周期。

集成运算放大器（简称集成运放或运放）是一种具有高增益（放大倍数）、高输入电阻的直接耦合的模拟集成电路，早期的运算放大器主要用于模拟计算机中，通过改变运算放大器的外接反馈电路和输入电路的形式与参数，可完成加、减、乘、除、微积分对模拟信号的数学运算，其名称即由此而来。近年来，由于集成技术的飞速发展，各种新型的集成运算放大器不断涌现（如 CMOS 集成运算放大器），其应用已远远超出了数学运算范围，它在信号变换与处理、有源滤波、自动测量、程序控制及波形产生等技术领域中作为基本元器件得到了广泛的应用，而且更为新型的集成运算放大器正在不断研制和发展之中。

10.1.1　集成运算放大器的电路结构

（1）集成运放的符号和外形

集成运放的符号如图 10-1a 所示，通用型集成运放 CF741（F007）的引脚图如图 10-1b 所示。

图 10-1b 中，引脚 1、5 为外接调零电位器 R_P；引脚 2 为反相输入端 u_-；引脚 3 为同相输入端 u_+；引脚 4 为负电源端，接-15V 电源；引脚 6 为输出端 u_O；引脚 7 为正电源端，接+15V 电源；引脚 8 为空脚。

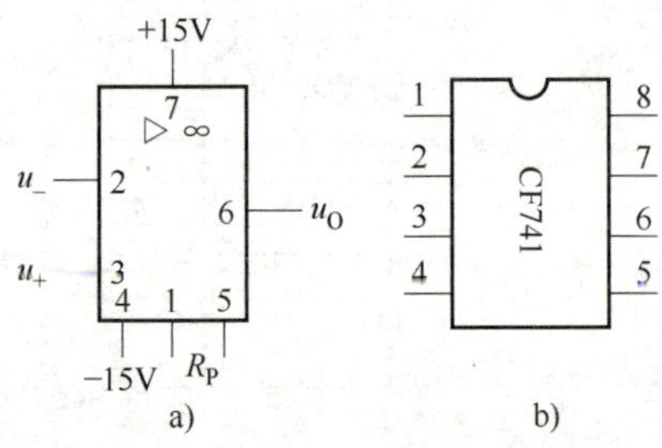

图 10-1　CF741 符号及引脚图

a）符号　b）引脚图

不同型号的集成运算放大器各引脚的含义和用途不尽相同，使用时应认真查阅半导体器件手册。

（2）集成运放的电路组成

集成运算放大器由输入级、中间级、输出级和偏置电路四部分组成，包括两个输入端（u_-和 u_+）和一个输出端（u_O），如图 10-2 所示。

1）输入级。输入级又称前置级，是提高运算放大器的关键部分，从提高输入电阻、减小零点漂移和具有较高的共模抑制比的角度考虑，一般采用具有恒流源的差分放大电路，有同相和反相两个输入端。

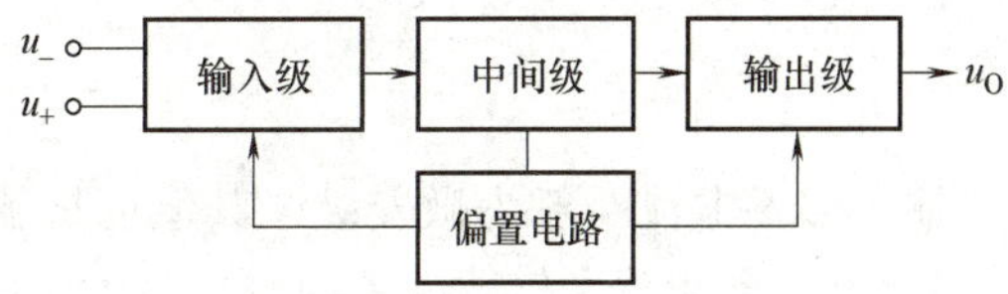

图 10-2　集成运算放大器的组成框图

2）中间级。中间级主要进行电压放大，要求具有较大的输出电压和电流以驱动输出级，中间级可以是各种形式的电路，一般多采用共发射极放大电路，放大倍数可达千倍以上。

3）输出级。为了降低输出电阻（有较强的带负载能力）、提高输出功率，输出级一般由互补对称功率放大电路或射极输出器组成。

4）偏置电路。由于需要设置各级电路的静态工作点，因此采用电流源电路为输入级、中间级和输出级提供合适的静态工作电流。

10.1.2　集成运算放大器的电压传输特性和主要参数

（1）电压传输特性

电压传输特性是指输出电压 u_O 与输入电压 u_I（对集成运算放大器来说是两个输入电压之差 u_+-u_-）的关系曲线。典型集成运算放大器的电压传输特性如图 10-3 所示。

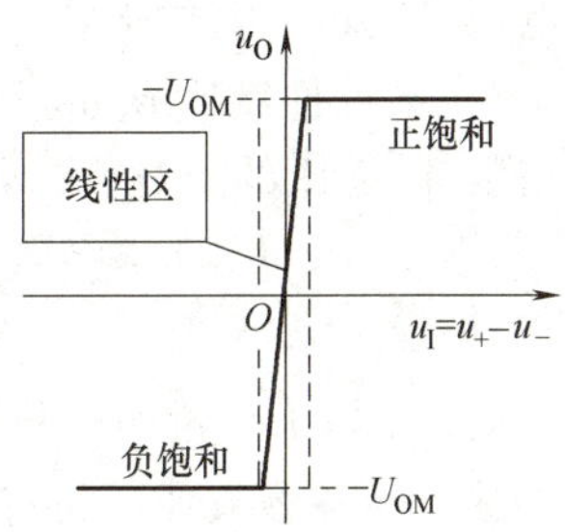

图 10-3　典型集成运算放大器的电压传输特性

电压传输特性分为线性区和非线性区，其中两个饱和区即非线性区。运算放大器可以工作在线性区，也可以工作在饱和区，但分析方法各不相同。

当运算放大器工作在线性区时，输出电压 u_O 与输入电压 u_I（$u_i=u_+-u_-$）为线性关系，即

$$u_O=A_{uo}u_I=A_{uo}(u_+-u_-) \tag{10-1}$$

式中，A_{uo} 为开环电压放大倍数。因 u_+与 u_O 为同相关系，所以 u_+称为同相输入端；u_-与 u_O 为反相关系，所以 u_-为反相输入端。

集成运算放大器是一个多级线性放大器件，由于 A_{uo} 很高，即使输入电压很低也可能工作在非线性区，输出电压达到最大值为$\pm U_{OM}$。

（2）主要参数

集成运算放大器的主要技术指标如下：

1）输入失调电压 U_{IS}。理想运算放大器的两输入电压 u_{I1}、u_{I2} 分别为同相和反相输入端，且同时为零（即同时接地）时，输出电压 u_O 应该为零，但由于实际运放中晶体管的参数和电阻值不可能完全匹配，即失调，使输出电压 $u_O\neq0$，必须在输入端加电压 U_{IS} 使输出电压 u_O 为零，U_{IS} 称为输入失调电压，一般在毫伏级，显然它越小越好。

2）输入失调电流 I_{IS}。输入失调电流是指输入信号为零时，两个输入端静态基极电流之差，即

$$I_{IS}=|I_{B1}-I_{B2}| \tag{10-2}$$

输入失调电流也是由于内部电路的不对称而引起的，一般为微安级，其值越小越好。

3）输入偏置电流 I_{IB}。输入偏置电流是指输入信号为零时，两个输入端静态电流的平均值，即

$$I_{IB}=\frac{1}{2}(I_{B1}+I_{B2}) \tag{10-3}$$

输入偏置电流一般为微安级，其值也是越小越好。

4）开环电压放大倍数（差模电压放大倍数）A_{uo}。开环电压放大倍数指集成运算放大器在没有外接反馈电路的情况下测得的差模电压放大倍数，是决定运算放大器精度的主要参数，其值越大，所构成的运算电路越稳定，精度也越高。A_{uo} 一般为 $10^7 \sim 10^{14}$，即 80~140dB。

5）最大输出电压 U_{OM}。能使输出电压和输入电压失真不超过允许值的最大输出电压，称运算放大器的最大输出电压。一般情况下 U_{OM} 接近正、负电源电压，当电源电压为±15V时，$\pm U_{OM}$ 约为±13V。

6）最大共模输入电压 U_{ICM}。运算放大器对共模信号具有抑制性能，但这个性能是在规定的共模电压范围内才具备。如超过这个电压，运算放大器的共模抑制性能就大为下降，甚至造成器件损坏。

7）最大差模输入电压 U_{IDM}。两输入间允许的最大输入电压即最大差模输入电压，超过该电压可能造成器件损坏。

8）共模抑制比 K_{CMRR}。共模抑制比为运算放大器的差模电压放大倍数 A_d 与共模电压放大倍数 A_c 之比的绝对值，若用分贝（dB）为单位，则

$$K_{CMRR}=20\lg\left|\frac{A_d}{A_c}\right| \tag{10-4}$$

K_{CMRR} 越大，说明运算放大器对共模信号的抑制性能越好，目前 K_{CMRR} 已高达 160dB。

除上述各参数外，还有开环输入电阻 r_i、开环输出电阻 r_o、静态功耗 P_{CM} 等，具体使用时可查阅有关手册，这里不再赘述。以 CF741（F007）为例，其主要参数为：$A_{uo}=106\text{dB}$，$r_i=2\text{M}\Omega$，$U_{CC}=\pm15\text{V}$，$U_{IS}=1\text{mV}$，$I_{IS}=20\text{nA}$，$I_{IB}=80\text{nA}$，$K_{CMRR}=90\text{dB}$，$U_{ICM}=\pm15\text{V}$，$U_{IDM}=\pm30\text{V}$。

（3）理想运算放大器

在分析运算放大器时，通常可将它看成是一个理想运算放大器，其理想化条件为：开环电压放大倍数 $A_{uo}\to\infty$；开环输入电阻 $r_i\to\infty$；开环输出电阻 $r_o\to0$；共模抑制比 $K_{CMRR}\to\infty$。

用理想运算放大器代替实际运算放大器分析各种运算电路所引起的误差很小，在工程上是允许的，可使分析过程大大简化。后面分析各种运算放大器组成的电路都将运算放大器看成是理想运算放大器。

根据上述理想化条件，对于工作在线性区的运算放大器，可得以下两个重要结论：

1）由于 $r_i\to\infty$，运算放大器两输入端流入的电流忽略不计。两输入端没有真正断路，但流入的电流忽略不计，这种现象称为虚拟断路，简称虚断。

2）工作在线性区时，其输出电压 u_O 为有限值，而在理想条件下 $A_{uo}\to\infty$，所以有

$$u_+-u_-=\frac{u_O}{A_{uo}}\approx0$$

即

$$u_+\approx u_-$$

这种两输入端之间没有真正短路，但电位相等的现象称为虚拟短路，简称虚短。虚短只适用于运算放大器工作在线性区的情况。

当运算放大器工作在非线性区（饱和区）时，不再存在虚短，所以有当 $u_+>u_-$时，$u_O=$

$+U_{OM}$；当 $u_+<u_-$时，$u_O=-U_{OM}$。

实际上，理想化条件是不存在的，它的实际意义在于：一方面，理想化条件符合集成运算放大器的发展方向，随着半导体集成技术的迅速发展，诞生了许多高性能运算放大器，其参数指标已接近理想化条件；另一方面，虚断和虚短的概念为运算放大器分析和计算提供了方便，通常不会引起明显的误差。所以，由理想化条件得出的虚短和虚短的概念是分析运算放大电路的基本出发点。

分析理想运算放大器，只画出其输入、输出端即可，如图 10-4a 所示。由于理想运放的开环电压放大倍数为∞，所以其电压传输特性如图 10-4b 所示。

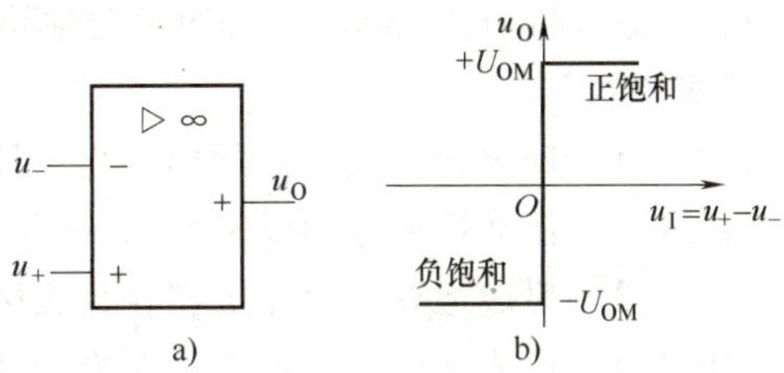

图 10-4　理想运放的符号和电压传输特性

a）符号　b）电压传输特性

【例 10-1-1】　设某运算放大器的正、负电源为±15V，最大输出电压为±14V，开环电压放大倍数 $A_{uo}=7\times10^5$，在以下几种情况下，分析其工作状态，求输出电压及极性。

1）u_+和 u_-分别为 5μV 和−3μV。

2）u_+和 u_-分别为−3μV 和 5μV。

3）u_+和 u_-分别为 1mV 和 6mV。

4）u_+和 u_-分别为 6mV 和 1mV。

5）如果 $A_{uo}=\infty$，上述结果有何变化?

解：当 $A_{uo}=7\times10^5$ 时，根据式（10-1），可得其最大输出电压时的临界输入电压为

$$u_I=u_+-u_-=\frac{U_{OM}}{A_{uo}}=\frac{\pm14}{7\times10^5}\text{V}=\pm20\mu\text{V}$$

所以，只要两个输入端之间的电压绝对值不超过 20μV，集成运放就工作在线性区；如果超过 20μV，则集成运放一定工作在饱和区（非线性区），输出电压就达到最大值。

1）两输入电压之差 $u_+-u_-=[5-(-3)]\mu\text{V}=8\mu\text{V}$，小于 20μV，所以运放工作在线性区，其输出电压为

$$u_O=A_{uo}(u_+-u_-)=7\times10^5\times8\mu\text{V}=+5.6\text{V}$$

2）两输入电压之差 $u_+-u_-=(-3-5)\mu\text{V}=-8\mu\text{V}$，绝对值小于 20μV，所以运放仍工作在线性区，其输出电压为

$$u_O=A_{uo}(u_+-u_-)=7\times10^5\times(-8)\mu\text{V}=-5.6\text{V}$$

3）两输入电压之差 $u_+-u_-=(1-6)\text{mV}=-5\text{mV}$，绝对值大于 20μV，所以运放工作在非线性区（负饱和区），其输出为电压为

$$u_O=-U_{OM}=-14\text{V}$$

4）两输入电压之差 $u_+-u_-=(6-1)\text{mV}=5\text{mV}$，大于 20μV，所以运放工作在非线性区（正饱和区），其输出为电压为

$$u_O=+U_{OM}=+14\text{V}$$

5）如果 $A_{uo}=\infty$，除非两输入之间电压为零，否则运放一定工作在饱和区，输出电压为$\pm U_{OM}$，即

$$u_+>u_-,\ u_O=+U_{OM}=+14\text{V}$$

$$u_{+}<u_{-},\ u_{O}=-U_{OM}=-14V$$

由此得出结论，运算放大器可以作为电压比较器，即通过输出电压的极性，精确比较两个输入电压的大小。即使两输入电压之差仅 2μV，经过放大输出电压也达到+1.4V（$A_{uo}=7\times10^{5}$）或+14V（$A_{uo}=\infty$），即可通过输出电压的极性比较两输入电压的微小差别。

【思考题】

10.1.1 理想运算放大器的理想化条件是什么？

10.1.2 什么是虚短和虚断？

10.1.3 集成运算放大器工作在什么区使用虚短和虚断的概念？

10.1.4 集成运算放大器工作在饱和区时，输出电压为多少？

10.2 反馈

10.2.1 反馈的基本概念

反馈是现代科学技术的基本概念之一。反馈产生于无线电工程技术，后来成为研究工程、社会和生产技术等领域自动调节现象的重要原理。反馈的目的是通过输出对输入的影响，改善系统的运行和控制效果。

馈即馈送、传送、传输，反馈即反向传输。在控制系统或放大电路中，如果输入对输出的控制称为正向传输，则输出对输入的反向传输（反向作用）就称为反馈。

图 10-5a 为一个典型的运用反馈进行温度控制的系统，电动机带动压缩机工作去控制温度（被控制对象），称为正向传输（正向控制）；如果开关 S 闭合，形成反馈回路，温度传感器将检测到的温度信号转换为电信号，反作用于电动机-压缩机，则为反向控制（反馈控制），以达到稳定温度（恒温）的作用。

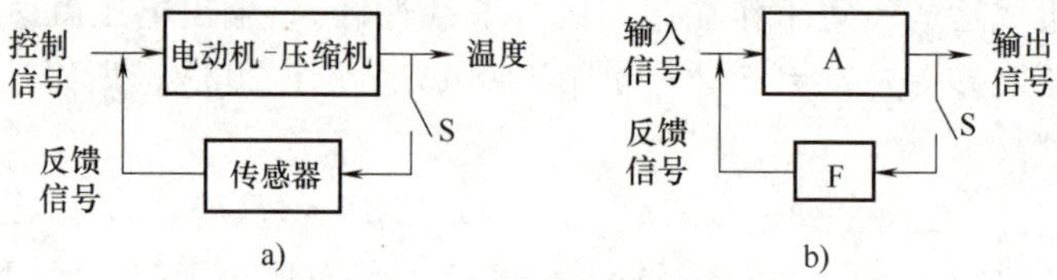

图 10-5 反馈的基本概念

a）温度控制中的反馈 b）电路中的反馈

含有反馈的电路包括基本放大部分和反馈网络两部分，如图 10-5b 所示。其中 A 为放大电路，F 为反馈网络。输入信号经过 A 到输出信号，称为正向传输（放大），而输出信号反向传输，通过 F 产生反馈信号，与输入信号叠加产生净输入信号，称为反馈。

无论是温度控制还是电路放大中的反馈，都有一个共同的特点，即构成反馈回路，形成闭环。

当开关断开时，只有输入信号控制输出信号，而输出信号对输入信号无影响，即无反馈，称为开环控制；当开关闭合时构成反馈回路，构成闭环，输出信号的一部分或全部通过反馈网络构成反馈信号作用到输入端，称为闭环控制或反馈控制。

电路中的输入信号、输出信号、反馈信号、净输入信号等均为电压或电流，电路中的反馈，就是将输出电压或电流的一部分或者全部，通过一定的电路形式作用到输入回路，用以影响输入量的措施。

所以，反馈是一个闭环的控制系统，是被控制的对象对控制机构的反作用。判断是否存在反馈，最重要的一点就是判断是否存在反馈回路、是否构成闭环。

10.2.2 反馈的极性及其判别方法

1. 正反馈与负反馈

根据反馈对输入信号的不同影响，可将反馈分为正反馈和负反馈，称为反馈的极性。如果反馈增强了输入信号的作用，称为正反馈；反之，如果反馈削弱了输入信号的作用，则称为负反馈。

在温度控制系统中，电动机-压缩机是控制者，是输入；环境温度是被控制的对象，是输出。压缩机转动使环境温度降低，当温度低于设定值时，传感器将温度转换为电信号并通过反馈控制压缩机减速或停止，即削弱了原来输入的作用（削弱压缩机原来转动加速导致温度下降的趋势），使环境温度升高；反之，由于压缩机减速或停止工作，而使环境温度高于设定值，通过反馈控制压缩机开启或加速，即削弱了原来输入的作用，使温度降低。因为反馈削弱了输入信号的作用，称为负反馈。由此可见，负反馈有稳定输出的功能，在温度控制系统中具有自动保持恒温的作用，在电路中可以达到稳定输出电压或输出电流的作用。

如果压缩机工作使环境温度降低，通过反馈使压缩机加速（即增强了输入信号的作用），则环境温度会继续降低，直到温度达到最低值；反之，当温度升高时，通过反馈使压缩机减速，则温度继续升高，直到最高值。这种反馈称为正反馈，正反馈的结果就是输出达到某个极值或者产生振荡，而不能达到稳定输出的作用。

图 10-6a 电路中，输入电压（u_I）接运算放大器的同相输入端（u_+），输出信号（u_O）反馈到反相输入端（u_-），当 u_I 增加时，u_+随之增加，电路会产生以下变化：

$$u_+\uparrow\rightarrow(u_+-u_-)\uparrow\rightarrow u_O\uparrow\rightarrow u_-\uparrow\rightarrow(u_+-u_-)\downarrow\rightarrow u_O\downarrow$$

即净输入（u_+-u_-）增加时，输出电压 u_O 随之增加，经过反馈使 u_-增加，又使净输入（u_+-u_-）减小，输出电压 u_O 下降。通过反馈，削弱了净输入电压和输出电压原来的变化趋势，起到稳定输出电压的作用，故为负反馈。

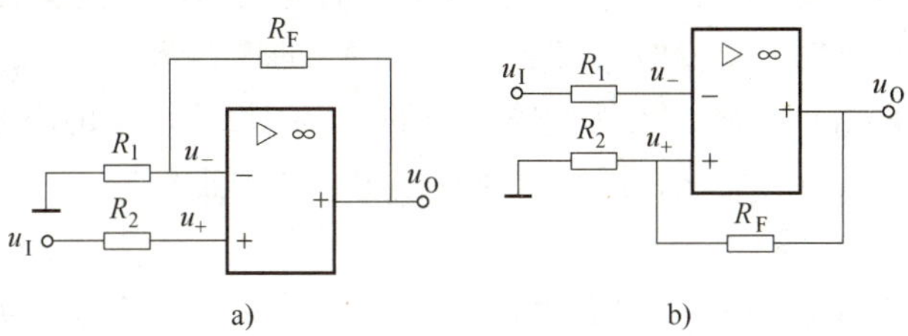

图 10-6 负反馈和正反馈

a）电路引入负反馈 b）电路引入正反馈

图 10-6b 电路中，输入电压（u_I）接运算放大器的反相输入端（u_-），输出信号反馈到同相输入端。当 u_I 增加时，u_-随之增加，净输入（u_+-u_-）减小，电路会产生以下变化：

$$u_-\uparrow\rightarrow(u_+-u_-)\downarrow\rightarrow u_O\downarrow\rightarrow u_+\downarrow\rightarrow(u_+-u_-)\downarrow\rightarrow u_O\downarrow$$

即净输入（u_+-u_-）减小时，输出电压 u_O 随之减小，经过反馈使 u_+减小，又使净输入

(u_+-u_-) 继续减小，导致输出电压持续下降，最终达到最低值 ($-U_{OM}$)。通过反馈，增强了净输入和输出电压原来的变化趋势，故为正反馈。

以上是假设输入电压 (u_I) 增加的结果，如果开始假设其减小，中间的变化过程相反，但最后的结论不变，负反馈依然能达到稳定输出电压的作用，正反馈则达到最高值 ($+U_{OM}$)。读者可自行分析。

在由单个集成运算放大器组成的简单反馈电路（见图 10-6）中，反馈信号接到反相输入端即为负反馈，接到同相输入端即为正反馈。在多个集成运算放大器组成的复杂电路中，可以采用瞬时极性法判断反馈的极性。

先任意设定输入信号的瞬时极性，如为正（即认为输入信号使输入端电位瞬间升高，在电路图上以⊕标记）或为负（即认为输入信号使输入端电位瞬间降低，在电路图上以⊖标记），然后，沿放大→反馈环路绕行一周，逐点确定相应的瞬时极性，并在电路图上以⊕或⊖标记（⊕表示由于反馈使该点电位趋于升高；⊖表示由于反馈使该点电位趋于降低），再根据它对净输入信号的作用（增强或者削弱），来确定反馈极性。

【例 10-2-1】 用瞬时极性法判断图 10-7 电路中间级反馈的反馈极性。

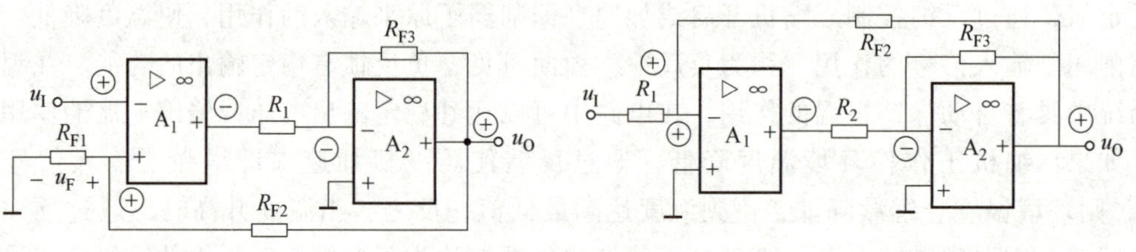

图 10-7 例 10-2-1 图

解： 在含有负反馈的电路中，仅限于本级的反馈称为局部反馈，前后级之间的反馈称为级间反馈。图 10-7 中两个电路的 A_2 和反馈电阻 R_{F3} 构成局部反馈；第二级的输出 u_O 经过电阻 R_{F2} 到第一级 (A_1) 输入的反馈则为极间反馈，即两级之间的反馈。

图 10-7a 中，根据瞬时极性法，设某时刻 u_I 增加，标记为⊕，A_1 的净输入 (u_+-u_-) 减小，所以 A_1 的输出为⊖，A_2 的输出（即 u_O）为⊕，反馈到第一级的 u_+ 为⊕，即 A_1 的净输入 (u_+-u_-) 增加，与原设定的 A_1 净输入减小的变化相反，削弱其作用，故为负反馈。

图 10-7b 中，仍设某时刻 u_I 增加，标记为⊕，A_1 的净输入 (u_+-u_-) 减小，A_1 的输出为⊖，A_2 的输出（即 u_O）为⊕，反馈到第一级的 u_- 为⊕，即 A_1 的净输入 (u_+-u_-) 减小，与原设定的 A_1 净输入减小的变化相同，增强其作用，故为正反馈。

2. 交流反馈和直流反馈

在电路中，较大容量的电容（微法级）对交流信号相当于短路，而对直流信号则相当于开路。所以在反馈网络中电容的位置决定了反馈信号的成分，即分为直流反馈和交流反馈。

图 10-8a 电路中，在 R_1 支路串联电容以隔断直流信号，反馈网络中只能通过交流信号，所以反馈电压 (u_F) 只有交流成分，没有直流成分，故称为交流反馈。图 10-8b 电路中，电容与 R_2 并联，交流成分被短路，反馈电压 (u_F) 只有直流成分，故称为直流反馈。如果反馈网络中不接入电容，则交直流反馈兼而有之。

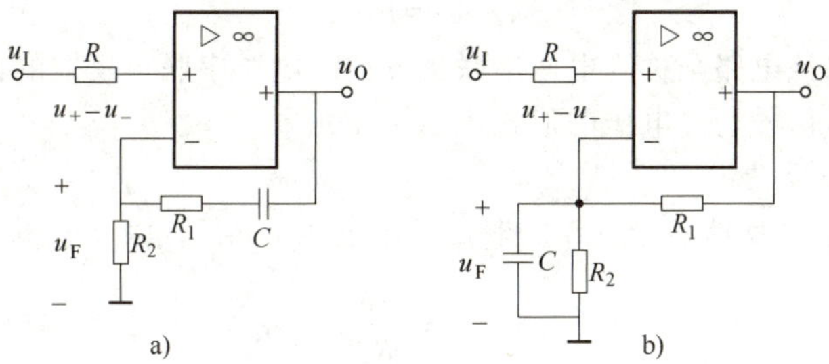

图 10-8　交流反馈与直流反馈

a）交流反馈　b）直流反馈

3. 反馈的四种类型

根据反馈网络与基本放大电路输入回路的连接方式不同，分为串联反馈和并联反馈。若反馈信号为电流且与输入电流并联，其差为净输入电流，称为并联反馈；若反馈信号为电压且与输入电压串联，其差为净输入电压，则为串联反馈。

根据反馈网络与基本放大电路输出回路的连接方式不同，分为电压反馈和电流反馈。若反馈信号取自输出电压，为电压反馈；若反馈信号取自输出电流，则为电流反馈。

综上所述，根据反馈信号取自不同的输出信号，分为电压反馈和电流反馈；而根据反馈信号在输入端与输入信号的连接方式，又分为串联反馈和并联反馈。输出和输入端各有两种反馈形式，所以实际的反馈可以组合为四种方式，即四种不同的类型（或称组态）：电压串联反馈、电压并联反馈、电流串联反馈、电流并联反馈。以下均以负反馈为分析对象。

（1）电压串联负反馈

图 10-9a 电路中，反馈信号（u_F）取自输出电压（u_O），即 u_O 在 R_1 和 R_2 的分压，即

$$u_F = u_O \frac{R_2}{R_1+R_2}$$

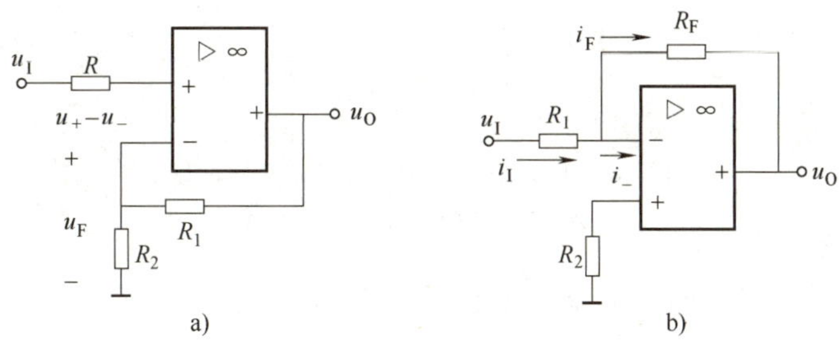

图 10-9　电压串联负反馈与电压并联负反馈

a）电压串联负反馈　b）电压并联负反馈

反馈系数为反馈电压与输出电压的比值，无量纲，即

$$F = \frac{u_F}{u_O} = \frac{R_2}{R_1+R_2} \tag{10-5}$$

如果输出电压短路（$u_O=0$），则反馈信号（u_F）消失，故为电压反馈。

因反馈信号（u_F）与输入信号（u_I）分别接运算放大器的不同输入端，以电压的形式串联，其差为净输入信号（u_+-u_-），即

$$u_{+}-u_{-}=u_{I}-u_{F}$$

称为串联反馈。所以该电路全称为电压串联负反馈。电压串联负反馈的输入信号、净输入信号、输出信号、反馈信号均以电压的形式表示。

(2) 电压并联负反馈

图 10-10b 电路中，反馈信号（i_F）取自输出电压（u_O），因 u_-为虚地，所以有

$$i_F=-\frac{u_O}{R_F}$$

反馈系数为反馈电流与输出电压的比值，相当于电导，即

$$F=\left|\frac{i_F}{u_O}\right|=\frac{1}{R_F} \tag{10-6}$$

如果输出电压短路（$u_O=0$），则反馈信号（i_F）消失，所以为电压反馈。

因反馈信号（i_F）与输入信号（i_I）接在运算放大器的同一输入端，以电流的形式并联，其差为净输入电流（i_-），即

$$i_-=i_I-i_F$$

称为并联反馈。所以该电路全称为电压并联负反馈。电压并联负反馈的输入信号、净输入信号、反馈信号均以电流的形式表示，输出信号则以电压的形式表示。

(3) 电流串联负反馈

图 10-10a 电路中，负载（R_L）两端为输出电压（u_O），输出电流（i_O）流经 R_L 和 R_1，反馈信号（u_F）取自输出电流（i_O），即

$$u_F=i_OR_1$$

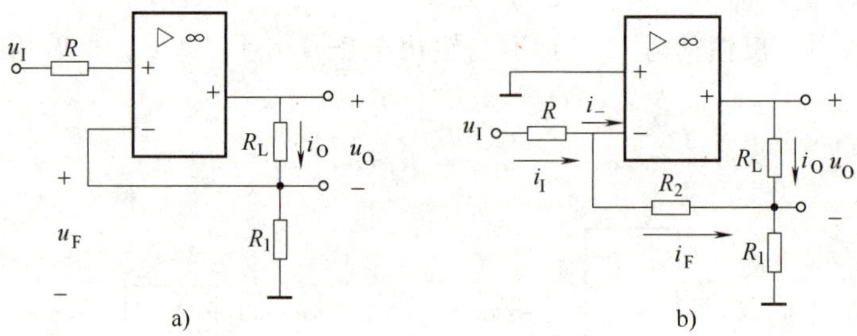

图 10-10 电流串联负反馈与电流并联负反馈

a）电流串联负反馈 b）电流并联负反馈

反馈系数为反馈电压与输出电流的比值，相当于电阻，即

$$F=\frac{u_F}{i_O}=R_1 \tag{10-7}$$

当输出电压（u_O）为零时，输出电流（i_O）仍存在，所以依然存在反馈；而当输出电流（i_O）为零时，反馈信号（u_F）消失，所以为电流反馈。输入信号（u_I）与反馈信号（u_F）以电压的形式串联，其差为净输入信号（u_+-u_-），故全称为电流串联负反馈。

电流串联负反馈的输入信号、净输入信号、反馈信号均以电压的形式表示，输出信号则以电流的形式表示。

(4) 电流并联负反馈

图 10-10b 为电流并联负反馈，反馈电流（i_F）为输出电流（i_O）在 R_1 和 R_2 上的分流

（u_-为虚地点，电位为零），即

$$i_F = -i_O \frac{R_1}{R_1+R_2}$$

反馈系数为反馈电流与输出电流的比值，无量纲，即

$$F = \left|\frac{i_F}{i_O}\right| = \frac{R_1}{R_1+R_2} \tag{10-8}$$

反馈电流（i_F）与输入电流（i_I）以电流的形式并联，其差为净输入电流（i_-），故全称为电流并联负反馈。电流并联负反馈的输入信号、净输入信号、输出信号、反馈信号均以电流的形式表示。

式（10-5）~式（10-8）分别为四种类型负反馈的反馈系数。

综上所述，有关反馈的判断总结为以下几点：

1）反馈信号直接引自输出端，是电压反馈；反馈信号引自负载靠近接地端，是电流反馈。

2）反馈信号与输入信号接在同一端的，是并联关系，即并联反馈；反馈信号与输入信号接在不同端的，是串联关系，即串联反馈。

3）不同类型的负反馈，其输入信号、净输入信号、反馈信号、输出信号、反馈系数的物理意义也不同。

4. 负反馈的基本关系式

综上所述，引入负反馈的放大电路由基本放大电路和反馈网络组成，可以由如图 10-11 所示的框图表示。其中 A 为基本放大电路，F 为反馈网络。

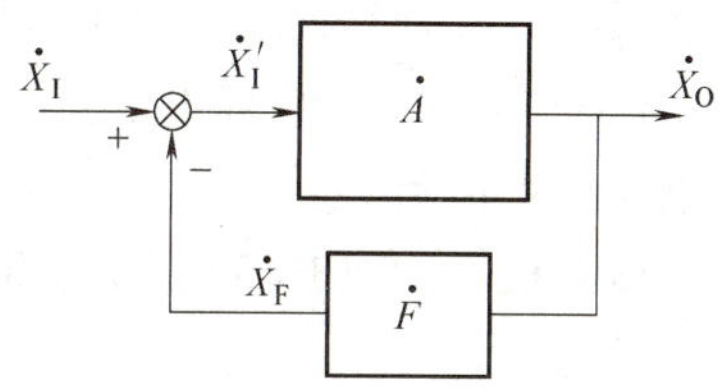

图 10-11　负反馈放大电路组成框图

考虑到相移的因素，图 10-11 中的 $\dot{A}$ 为基本放大倍数（或称为开环放大倍数），$\dot{F}$ 为反馈系数，$\dot{X}_I$、$\dot{X}_O$、$\dot{X}_F$ 分别为电路的输入信号、输出信号和反馈信号，均以相量表示。符号⊗表示求和（叠加）环节，$\dot{X}_F$ 与 $\dot{X}_I$ 在此叠加后得到基本放大电路的净输入信号 $\dot{X}_I'$。各信号可能是电压信号，也可能是电流信号，由反馈方式决定，箭头表示信号的传递方向。

基本放大倍数（开环放大倍数）为输出信号与净输入信号的比值，即

$$\dot{A} = \dot{X}_O / \dot{X}_I' \tag{10-9}$$

反馈系数为反馈信号与输出信号的比值，即

$$\dot{F} = \dot{X}_F / \dot{X}_O \tag{10-10}$$

净输入信号为输入信号与反馈信号的叠加，两者极性相反为负反馈，即

$$\dot{X}_I' = \dot{X}_I - \dot{X}_F \tag{10-11}$$

含反馈的放大倍数（闭环放大倍数）为输出信号与输入信号的比值，即

$$\dot{A}_F = \frac{\dot{X}_O}{\dot{X}_I} \tag{10-12}$$

将式（10-9）~式（10-11）代入式（10-12），可得闭环放大倍数的表达式为

$$\dot{A}_{\mathrm{F}}=\frac{\dot{A}}{1+\dot{A}\dot{F}} \tag{10-13}$$

在中频段，上述参数均为实数，式（10-13）可写为

$$A_{\mathrm{F}}=\frac{A}{1+AF} \tag{10-14}$$

式（10-13）和式（10-14）为反馈放大电路的基本关系式，通常定义 $|1+AF|$ 为反馈深度。

若 $|1+AF|>1$，则 $|A_{\mathrm{F}}|<|A|$，即为负反馈。$|1+AF|$ 越大，$|A_{\mathrm{F}}|$ 下降越多，表明负反馈越强烈。反馈深度是一个非常重要的概念，引入反馈后，放大电路性能的改变几乎都与反馈深度有关。当 $AF\gg1$ 时，称为深度负反馈。式（10-14）可以写为

$$A_{\mathrm{F}}=\frac{1}{F} \tag{10-15}$$

式（10-15）为深度负反馈的表达式。

10.2.3　负反馈对电路性能的影响

（1）降低放大倍数

根据式（10-14），闭环放大倍数（A_{F}）小于开环放大倍数（A），故引入反馈后放大倍数会下降，特别是深度负反馈条件下更加明显。

【例 10-2-2】 图 10-9a 电压串联负反馈电路中，开环放大倍数 $A=10^4$，$R_1=4R_2$，求闭环电压放大倍数。

解： 根据式（10-5），反馈系数为

$$F=\frac{R_2}{R_1+R_2}=\frac{R_2}{4R_2+R_2}=0.2$$

根据式（10-14），可得

$$A_{\mathrm{F}}=\frac{A}{1+AF}=\frac{10^4}{1+10^4\times0.2}\approx5$$

因为 $AF=10^4\times0.2=2000$（$\gg1$），属于深度负反馈，根据式（10-15），可以直接计算闭环电压放大倍数为

$$A_{\mathrm{F}}-\frac{1}{F}-\frac{1}{0.2}-5$$

引入负反馈前，开环电压放大倍数 $A=10^4$，引入反馈后，闭环电压放大倍数 $A_{\mathrm{F}}=5$，明显降低。

（2）稳定放大倍数

直流负反馈可以稳定静态值，一般用于晶体管放大电路中，如第 2 章介绍的分压式共发射极放大电路，通过直流负反馈稳定静态工作点。

将反馈的基本关系式（10-14）两边对 dA 求微分，可得

$$\mathrm{d}A_{\mathrm{F}}=\frac{(1+AF)\mathrm{d}A-AF\mathrm{d}A}{(1+AF)^2}=\frac{\mathrm{d}A}{(1+AF)^2}$$

上式左、右两边分别除以式（10-14）的左、右式，可得

$$\frac{\mathrm{d}A_F}{A_F}=\frac{1}{1+AF}\frac{\mathrm{d}A}{A} \tag{10-16}$$

式（10-16）为引入负反馈前、后放大倍数相对变化量的对比，很明显，引入负反馈后，放大倍数的相对变化减小为原来的 $1/(1+AF)$，大大增加了其稳定性。

【例 10-2-3】 图 10-9a 电压串联负反馈应用电路中，参数不变。如果开环放大倍数变化 10%，闭环放大倍数变化多少？

解： 引入负反馈后，闭环放大倍数的相对变化为

$$\frac{\mathrm{d}A_F}{A_F}=\frac{1}{1+AF}\frac{\mathrm{d}A}{A}=\frac{1}{1+10^4\times 0.2}\times 10\%\approx 0.005\%$$

引入负反馈后，闭环放大倍数的相对变化为 0.005%，仅为原变化率的 $1/(1+AF)$。

在输入不变的条件下，稳定放大倍数即稳定输出信号。具体而言，电压负反馈具有稳定输出电压的作用，电流负反馈具有稳定输出电流的作用，可以根据需求引入不同类型的负反馈。

（3）减小非线性失真

在第 9 章晶体管放大电路中，如果静态工作点不合适或输入信号过大，输出部分波形进入晶体管的非线性区引起的波形失真，称为非线性失真。如图 10-12a 所示为无反馈（开环）的放大电路，输出 $\dot{X}_O$ 产生非线性失真（波形不对称，假设上半波小于下半波）。在引入负反馈后，可将输出端的失真信号作为反馈信号 $\dot{X}_F$（依然是上半波小于下半波），与输入信号叠加后，得到波形相反（上半波大于下半波）的净输入信号，经过放大后，使输出信号的失真得到改善，如图 10-12b 所示。

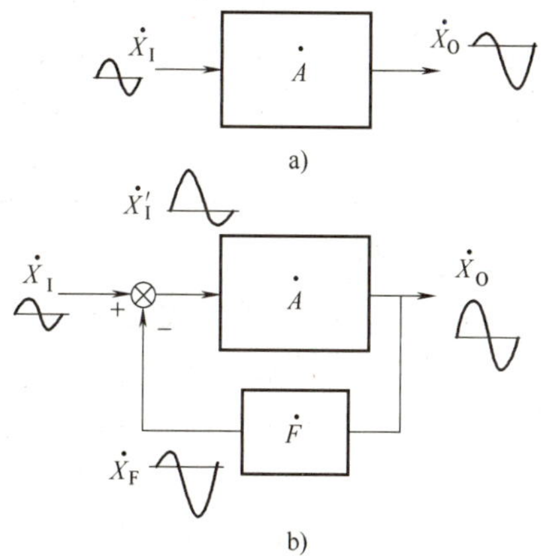

图 10-12　负反馈减小非线性失真

a）无反馈情况　b）引入负反馈的情况

需要说明的是，引入负反馈仅可以改善非线性失真，而不能完全消除非线性失真。

（4）展宽频带

由于集成运算放大器采用直接耦合，无耦合电容，所以下限频率为零，低频性能良好。引入负反馈后，在中频段 $|A|$ 和反馈信号都较高，$|A_F|$ 下降得也较多；而在高频段 $|A|$ 和反馈信号都下降，$|A_F|$ 下降较少，所以频带随之展宽。

同时，负反馈的影响之一就是稳定放大倍数，包括频率变化引起的放大倍数变化，即降低了放大倍数，但其效果也使频带得到展宽，如图 10-13 所示，引入负反馈前的电压放大倍数为 A，上限频率为 f_H，引入负反馈后的放大倍数（A_F）下降，但上限频率（f_{HF}）增加，频带得到展宽。

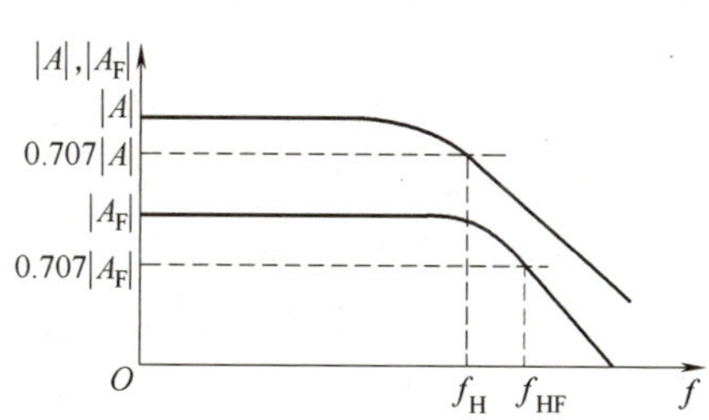

图 10-13　负反馈对频带的展宽

(5) 改变输入电阻和输出电阻

输入电阻是从放大电路输入端看进去的等效电阻，而输出电阻是从放大电路输出端看进去的等效电阻，均为交流参数，与相关电压与电流变化的比值有关。

在串联负反馈中，由于输入电压和反馈电压反相串联，输入电压的一部分被抵消，相当于输入电流减小，放大电路的输入电阻必然会增加；而在并联负反馈中，由于输入电流和反馈电流并联，相当于输入电流增加，即放大电路的输入电阻必然会减小。

电压负反馈具有稳定输出电压的作用，输出电压变化率的减小必然使输出电阻减小；而电流负反馈有稳定输出电流的作用，输出电流变化率的减小必然会使输出电阻增加。

结论：串联负反馈增加输入电阻，并联负反馈减小输入电阻；电压负反馈减小输出电阻，电流负反馈增加输出电阻。可以根据对输出、输入电阻的不同要求引入不同的反馈类型。如要求运算放大电路输入电阻较大、输出电阻较小，应引入电压串联负反馈。

关于反馈类型的分析和引入，将结合后面的运算电路继续介绍。负反馈类型对放大电路部分性能的影响，见表 10-1 所示。

表 10-1 负反馈类型对放大电路部分性能的影响

类型	输入电阻	输出电阻	稳定对象	净输入信号	反馈信号	反馈系数
电压串联	增加	减小	u_O	u_+-u_-	u_F	u_F/u_O
电压并联	减小	减小	u_O	i_+、i_-	i_F	i_F/u_O
电流串联	增加	增加	i_O	u_+-u_-	u_F	u_F/i_O
电流并联	减小	增加	i_O	i_+、i_-	i_F	i_F/i_O

【思考题】

10.2.1 为什么说集成运算放大器引入的负反馈一般都是深度负反馈？

10.2.2 反馈系数 F 的定义是什么？可能大于 1 吗？

10.2.3 串联负反馈和并联负反馈中，输入信号和净输入信号都是电压信号，这种说法对吗？

10.2.4 如何区分电压负反馈和电流负反馈？哪种类型的负反馈可以减小输出电阻？

10.2.5 如何区分串联负反馈和并联负反馈？哪种类型的负反馈可以增加输入电阻？

10.2.6 对输入和输出电阻有影响的是交流负反馈还是直流负反馈？

10.2.7 如果要求稳定输出电压、减小输入电阻，应该引入哪种类型的负反馈？

10.2.8 如果要求稳定输出电流、增加输入电阻，应该引入哪种类型的负反馈？

10.3 集成运算放大器在信号运算电路中的应用

对模拟信号的数学运算是集成运算放大器最重要的应用，为了保证输出电压稳定的工作在线性区，需要引入电压负反馈。因为集成运算放大器的开环放大倍数（A）很大，所以引入的反馈符合深度负反馈的条件（$AF\gg1$）。根据反馈网络和反馈类型的不同，电路的输入（变量）和输出（函数）可以构成各种对模拟信号的运算关系，即输出电压是输入电压某种运算的结果，如比例、加减、微积分等。可以根据虚短和虚断两个重要特点，以及电路常用的分析方法，求解输出电压和输入电压之间的运算关系。

10.3.1　比例运算电路

比例运算电路的特点是输出电压和输入电压为比例关系，即 $A=u_O/u_I$ 或 $u_O=Au_I$，其中 A 为比例系数。比例运算是其他运算电路的基础，后面介绍的加减、微积分等运算电路都是基于比例运算电路。

根据输入信号接在运算放大器的反相输入端还是同相输入端，其输出和输入可能为反相关系或同相关系，所以又分为反相比例运算电路和同相比例运算电路两种。

（1）反相比例运算电路

图 10-14 电路引入电压并联负反馈，R_F 为反馈电阻，输入信号接反相端，故输出电压 u_O 与输入电压 u_I 反相。

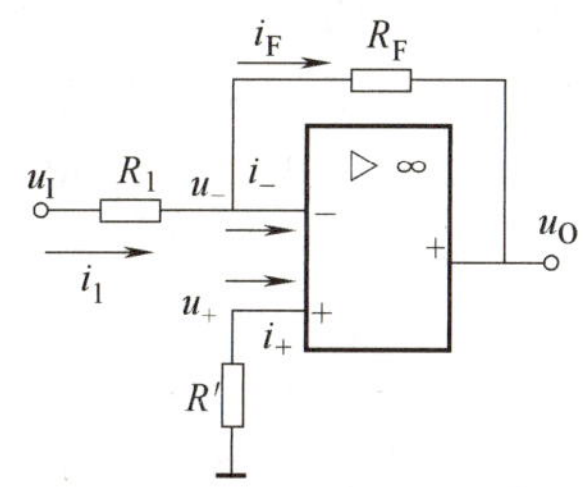

图 10-14　反相比例运算电路

反相输入端电压和输入端电流分别为 u_- 和 i_-，同相输入端电压和电流分别为 u_+ 和 i_+，因为虚断，所以 $i_+=0$，$u_+=0$，又因为虚短，所以 $u_-=u_+$，即 u_- 虽未接地，但实际电位为零，故 $u_-=0$，称为虚地。

因为虚断，$i_-=0$，所以 $i_1=i_F$，则反相输入端的节点电流方程为

$$\frac{u_I-u_-}{R_1}=\frac{u_--u_O}{R_F}$$

因 u_- 为虚地，将 $u_-=0$ 代入上式，得

$$u_O=-\frac{R_F}{R_1}u_I=Au_I$$

或

$$\frac{u_O}{u_I}=-\frac{R_F}{R_1}=A \tag{10-17}$$

式（10-17）为反相比例运算电路的基本关系式，A 为比例系数或放大倍数。

结论：输出电压和输入电压为反相比例运算（或比例放大）的关系，比例系数为负值（$A=-R_F/R_1$），所以称为反相比例运算电路。如果电阻 R_1 和 R_F 的阻值足够精确，且运算放大器的开环电压放大倍数足够大，则比例电路的比值与运算放大器本身参数无关，仅由两个电阻的比值决定。

R' 为同相输入端的平衡电阻，因为集成运算放大器的输入级为差动放大电路，为保证其静态时的平衡性，要求两输入端外接电阻相等。而静态时，输入信号和输出信号均为零，所以同一输入端所有外接电阻为并联关系。即要求反相输入端所有外接电阻的并联等于同相输入端所有外接电阻的并联，因此，图 10-14 电路中

$$R'=R_1//R_F$$

其他运算电路也按此要求选择平衡电阻。

如果图 10-14 电路中 $R_1=R_F$，即

$$A=\frac{u_O}{u_I}=-\frac{R_F}{R_1}=-1$$

$$u_O=-u_I$$

即输入与输出幅值相同而符号相反，则此电路称为反相器。

因为反相比例运算电路属于电压并联负反馈，所以输入电阻和输出电阻都很小，其中输入电阻约等于 R_1，图 10-14 电路属于反相比例运算电路的基本型，其缺点是 R_1 既与比例系数成反比，又相当于输入电阻，如果要提高输入电阻，必须加大 R_1 的值，如果同时要保证一定的比例系数（放大倍数），就要选择更大阻值的反馈电阻。如要求输入电阻为 100kΩ，电压放大 60 倍，则 R_1 选择为 100kΩ，R_F 必须为 R_1 的 60 倍，即阻值为 6MΩ 的电阻。

【例 10-3-1】 图 10-15 为改进型反相比例运算电路，利用基本运算电路的分析方法求出输入-输出电压的关系式，说明电路的特点并与基本型电路相比较。

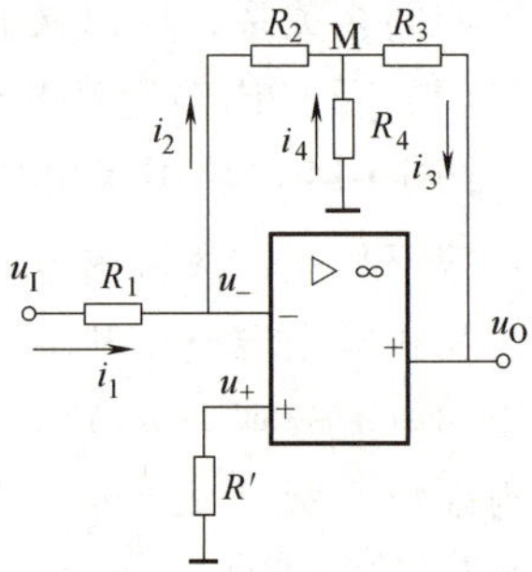

图 10-15 例 10-3-1 电路

解：根据虚短、虚断及电路分析方法，考虑反相输入端（u_-）为虚地，可列出电流方程为

$$i_1 = i_2 = \frac{u_I}{R_1}$$

$$i_3 = i_2 + i_4$$

节点 M 的电压为

$$u_M = -i_2 R_2 = -i_4 R_4$$

所以有

$$i_4 = \frac{R_2}{R_4} i_2$$

输出电压为

$$u_O = -i_2 R_2 - i_3 R_3 = -\frac{u_I}{R_1}\left(R_2 + R_3 + \frac{R_2 R_3}{R_4}\right) \tag{10-18}$$

图 10-15 电路实际是将基本型电路（见图 10-14）的反馈电阻 R_F 分为 R_2 和 R_3 两部分，中间插入一个电阻 R_4，这三个电阻（R_2、R_3、R_4）组成 T 形结构反馈网络，所以该电路称为 T 形网络反相比例运算电路。式（10-18）为 T 形网络反相比例运算电路的基本关系式。如果 R_4 开路，电路形式与基本型电路完全相同。

如果仍要求输入电阻为 100kΩ，电压放大 60 倍，根据式（10-18）可得

$$A = \frac{u_O}{u_I} = \left| -\frac{1}{R_1}\left(R_2 + R_3 + \frac{R_2 R_3}{R_4}\right) \right| = 60$$

如果选择 $R_1 = R_2 = R_3 = 100\text{k}\Omega$，可得 R_4 为 1.724kΩ，即可达到 60 倍的比例系数。

与基本型反相比例运算电路（见图 10-14）相比，反馈电阻采用 T 形网络后，可以在保证较高的输入电阻和较大的比例系数的前提下，避免使用大阻值电阻的情况。

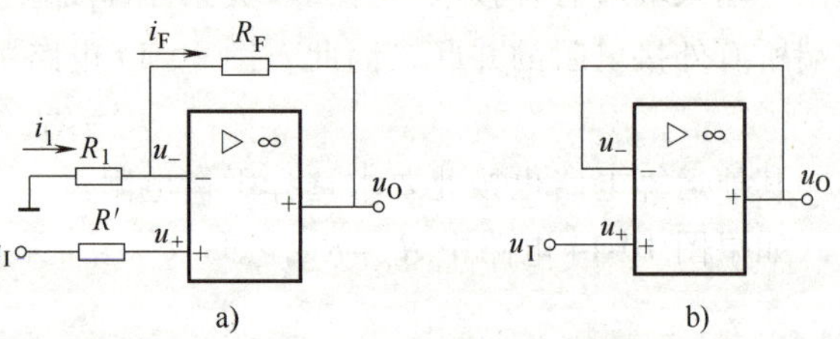

图 10-16 同相比例运算电路

a）原理电路 b）电压跟随器

（2）同相比例运算电路

图 10-16a 为引入电压串联负反馈的运算电路，R_F 为反馈电阻。输入信号接

同相端，故输出电压 u_O 与输入电压 u_I 同相。因同相端电位（u_+）不为零，所以反相端电位（u_-）不存在虚地的情况。

根据虚短和虚断的结论，$u_I=u_+=u_-$，由于 $i_+=i_-=0$，所以 $i_1=i_F$，则 u_-端的节点电流方程为

$$\frac{0-u_-}{R_1}=\frac{u_--u_O}{R_F}$$

将 $u_I=u_+=u_-$代入上式，可得

$$u_O=\left(1+\frac{R_F}{R_1}\right)u_I$$

或

$$\frac{u_O}{u_I}=1+\frac{R_F}{R_1}=A \tag{10-19}$$

式（10-19）为同相比例运算电路的基本关系式，A 为比例系数或放大倍数。其中 A 为正值且≥1，输出与输入同相，故称为同相比例运算电路，其比例系数同样与运算放大器本身参数无关，仅由两个电阻参数决定。

如果 R_F 短路或 R_1 开路，则 $A=1$，即 $u_O=u_I$，即

$$A=\frac{u_O}{u_I}=\left(1+\frac{R_F}{R_1}\right)=1$$

$$u_O=u_I$$

输入和输出电压的幅值和符号完全相同，如同输出跟随输入，所以称为电压跟随器，电路如图 10-16b 所示。电压跟随器与晶体管放大电路中的射极输出器功能相同，都具有较大的输入电阻和较低的输出电阻，输出、输入同相且放大倍数为 1，但前者的性能远高于后者。

也可以利用深度负反馈的条件对同相比例运算电路进行分析计算。作为电压串联负反馈，其反馈电压（u_F）是输出电压在两个电阻上的分压，即

$$u_F=\frac{R_1}{R_1+R_F}u_O$$

所以，反馈系数为

$$F=\frac{u_F}{u_O}=\frac{R_1}{R_1+R_F}$$

根据深度负反馈的表达式，可得

$$A_F=\frac{A}{1+AF}=\frac{1}{F}=\frac{R_1+R_F}{R_1}=1+\frac{R_F}{R_1}$$

结论：输出电压和输入电压为同相比例关系，称为同相比例运算电路。比例系数为正值且大于或等于 1。因同相比例运算电路属于电压串联负反馈，所以输入电阻很大（可视为无穷大），输出电阻很小。

通过对两种比例运算电路的分析可知，在理想运算放大器条件下，比例运算电路的比例系数与运算放大器本身的参数无关，仅取决于外接电阻的比值。只要电阻的精度足够精确，

就可以保证比例电路的精确度和稳定性。

比较两种比例运算电路，两种比例运算电路均属于电压反馈，反相比例运算电路引入电压并联负反馈，输入电阻小，比例系数为负值，其绝对值可以小于或大于1；同相比例运算电路引入电压串联负反馈，输入电阻大，比例系数为正值且≥1，由于同相比例电路不存在虚地，运算放大器承受的共模输入电压较大，要求运算放大器有较高的共模抑制比。

【例 10-3-2】 设计一个运算电路，其运算关系为 $u_O=0.5u_I$。

解： 比例系数为正值且小于1，不能单独用反相比例或同相比例运算电路实现，可以选择两级反相比例运算电路，其中一级比例系数为-0.5，另一级比例系数为-1（反相器），如图 10-17 所示。

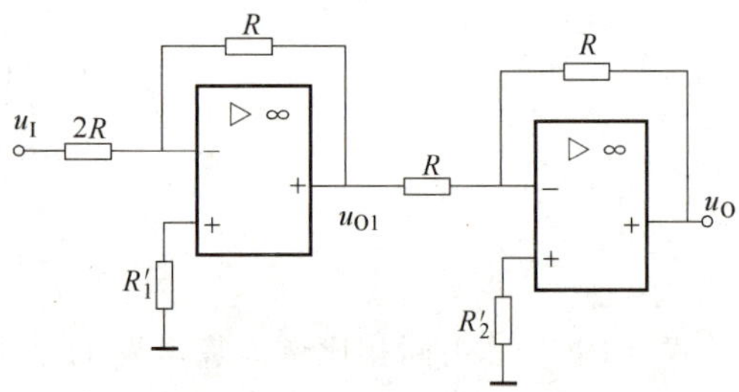

图 10-17 例 10-3-2 电路

输出电压为

$$u_{O1}=-\frac{R}{2R}u_I=-0.5u_I$$

$$u_O=-\frac{R}{R}u_{O1}=0.5u_I$$

平衡电阻为

$$R_1'=R//2R=2R/3$$

$$R_2'=R//R=R/2$$

【例 10-3-3】 设计一个放大电路，要求电压放大倍数 $A_u=100$，电路有足够大输入电阻。

解： 考虑到 A 为正值且对输入电阻的要求，可选用同相比例运算电路，电阻值选择计算公式为

$$A=\frac{u_O}{u_I}=1+\frac{R_F}{R_1}=100$$

【例 10-3-4】 如图 10-18 所示电路，$U_Z=12\text{V}$，求输出电压，并分析其功能。

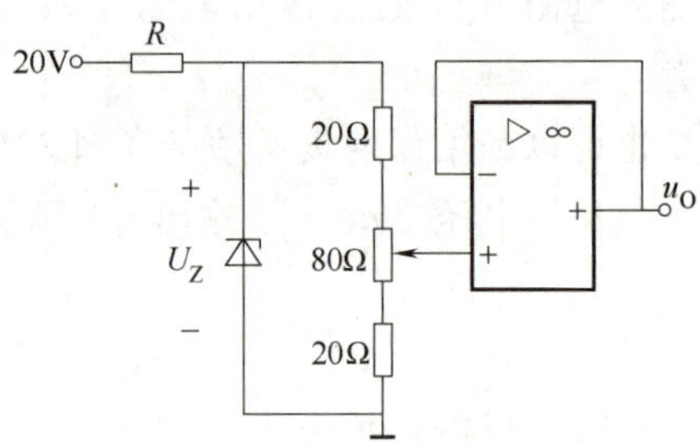

图 10-18 例 10-3-4 图

解： 稳压二极管提供的12V电压在电阻和电位器上分压后，通过电压跟随器输出。当调节电位器时，输出电压可以在一定范围调节。当电位器调到最上端时，输出电压最大；反之，电位器在最下端时，输出电压最小。

$$u_{OMIN}=\frac{20}{20+80+20}U_Z=\frac{1}{6}\times12\text{V}=2\text{V}$$

$$u_{OMAX}=\frac{20+80}{20+80+20}U_Z=\frac{5}{6}\times12\text{V}=10\text{V}$$

由计算结果可知，输出电压可以在2~10V之间调节，由于电压跟随器属于电压串联负反馈，具有输入电阻大的特点，所以接负载后，对分压后的电压精确度影响很小；又由于电压跟随器的输出电阻很小，作为基准电源带负载的能力也得到提高。

【例 10-3-5】　如图 10-19 所示电路，写出运算关系。

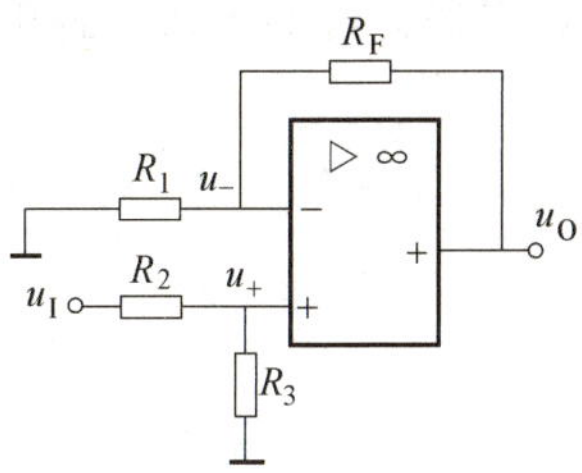

图 10-19　例 10-3-5 电路

解： 因为与图 10-16a 同相比例运算电路相比多一个电阻（R_3），所以，u_+不再与 u_I 相等，而是 u_I 在电阻 R_2 和 R_3 上的分压，即

$$u_+ = u_I \frac{R_3}{R_2+R_3}$$

根据同相比例运算电路的关系式，输出电压为

$$u_O = u_+\left(1+\frac{R_F}{R_1}\right) = \frac{R_3}{R_2+R_3}\left(1+\frac{R_F}{R_1}\right) u_I \tag{10-20}$$

考虑外接电阻的平衡，应该满足

$$R_2/\!/R_3 = R_1/\!/R_F$$

10.3.2　加法运算电路

加法运算电路的特点是在运算电路的同一输入端上并联多路输入信号，输出电压与各输入信号的电压之和有关，即

$$u_O = Au_{I1} + Bu_{I2} + \cdots \tag{10-21}$$

如图 10-20 所示电路，在反相比例运算电路的基础上，在输入端并联输入两路信号，R_F 为反馈电阻，R'为平衡电阻。

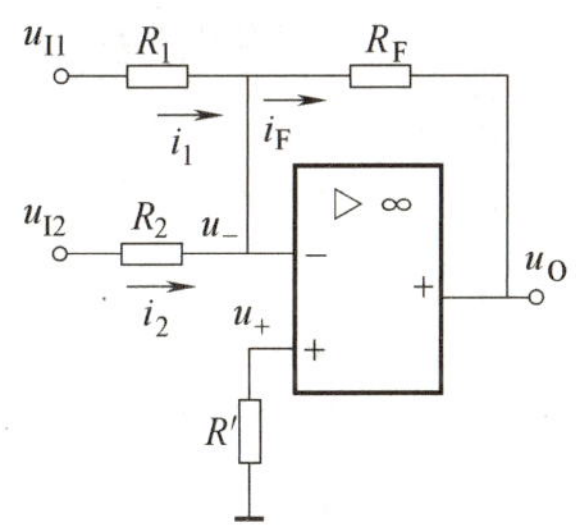

图 10-20　反相加法运算电路

根据虚短和虚断的原理，反相输入端（u_-）仍为虚地，其节点电流方程为

$$i_1 + i_2 = i_F$$

即

$$\frac{u_{I1}}{R_1} + \frac{u_{I2}}{R_2} = \frac{0-u_O}{R_F}$$

输出电压的表达式为

$$u_O = -\left(\frac{R_F}{R_1}u_{I1} + \frac{R_F}{R_2}u_{I2}\right) = -(Au_{I1} + Bu_{I2}) \tag{10-22}$$

式（10-22）为反相加法运算电路的基本关系式，其中系数 A、B 的值为反馈电阻和输入端电阻的比值。如果满足 $R_F = R_1 = R_2$，则 $A = B = 1$，则

$$u_O = -(u_{I1} + u_{I2}) \tag{10-23}$$

平衡电阻为

$$R' = R_1/\!/R_2/\!/R_F$$

上述分析方法和结论可以推广到任意多个输入信号的加法运算。由于输出电压与输入电压之和的绝对值成正比，即实现了加法运算；又由于反相关系，所以称为反相加法运算电路或反相求和运算电路。

如果在同相比例运算电路的基础上，在同相端并联多路输入信号，称为同相加法运算电路。读者可自行分析或参考相关资料。

【例 10-3-6】　设计一个电路，实现 $u_O = 3u_{I1} + 4u_{I2} + 6u_{I3}$（$R_F$ 给定为 24Ω）。

解： 因输出电压与输入电压之和为同相，如果采用反相加法运算电路，需再加一级反相

器。根据题目要求选择各电阻，其中反相加法部分的电阻为

$$R_1=R_F/3=8\Omega$$
$$R_2=R_F/4=6\Omega$$
$$R_3=R_F/6=4\Omega$$
$$R'=24//8//6//4\approx1.71\Omega$$

第一级输出为

$$u_{O1}=-(3u_{I1}+4u_{I2}+6u_{I3})$$

第二级输出为

$$u_O=-u_{O1}=3u_{I1}+4u_{I2}+6u_{I3}$$

电路如图 10-21 所示。

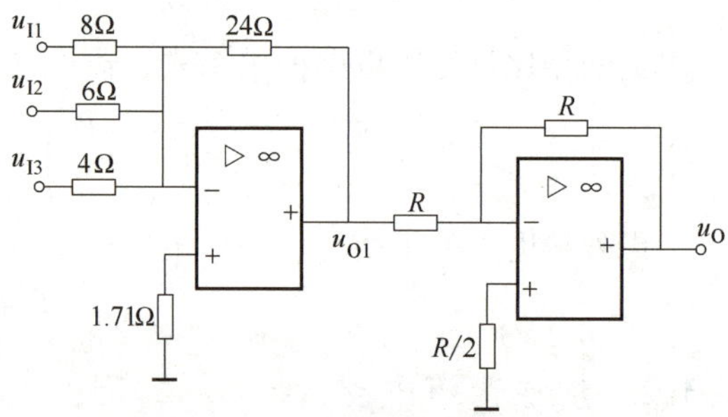

图 10-21　例 10-3-6 电路

【例 10-3-7】　设计一个电路，实现 $u_O=5u_{I1}-6u_{I2}-15u_{I3}$ 的模拟运算（R_F 给定为 30Ω）。

解：将原式改写为反相加法运算电路的基本关系式，即

$$u_O=-(6u_{I2}+15u_{I3}-5u_{I1})$$

根据题目要求，在 u_{I1} 端加一级反相器，R_1、R_2 和 R_3 分别为 6Ω、5Ω 和 2Ω，电路如图 10-22 所示。其中第一级输出为

$$u_{O1}=-u_{I1}\frac{R}{R}=-u_{I1}$$

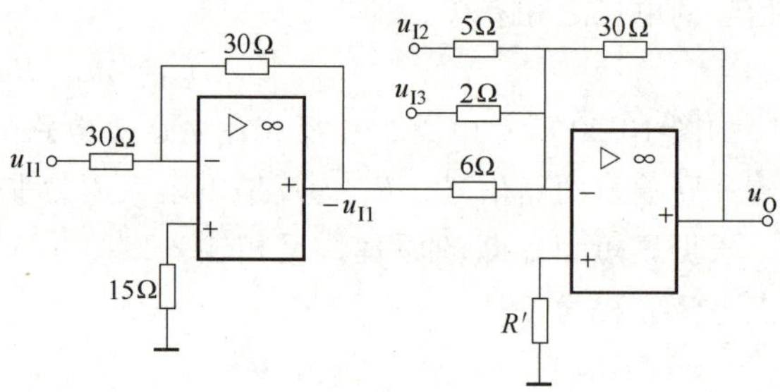

图 10-22　例 10-3-7 电路

第二级输出为

$$u_O=-[6u_{I2}+15u_{I3}-5(-u_{I1})]=5u_{I1}-6u_{I2}-15u_{I3}$$
$$R'=(30//5//2//6)\Omega$$

10.3.3　减法运算电路

在比例运算中，输入信号加到反相端时比例系数为 $-A$，而加到同相端时，比例系数为 $+A$，如果采用差动输入方式，即两路信号同时加到不同输入端，则称为差动输入。输出信号的电压必然是两个输入信号电压的叠加，所以与两输入信号的电压差有关。

如图 10-23 所示电路，两个输入信号 u_{I1} 和 u_{I2} 分别接到集成运算放大器的同相和反相输入端。

根据虚短和虚断的原理，可得反相输入端的节点电流方程为

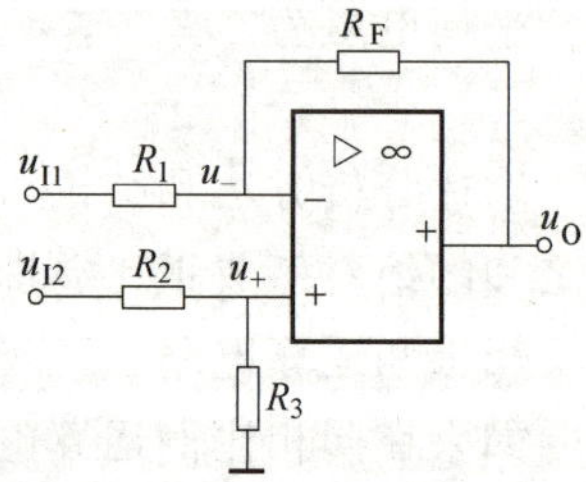

图 10-23　减法运算电路

$$\frac{u_{I1}-u_-}{R_1}=\frac{u_--u_O}{R_F}$$

整理后可得

$$u_O=u_-\left(1+\frac{R_F}{R_1}\right)-\frac{R_F}{R_1}u_{I1} \tag{10-24}$$

因为 $u_-=u_+$，而 u_+ 为同相端输入电压在电阻的分压，即

$$u_-=u_+=\frac{R_3}{R_2+R_3}u_{I2}$$

将 u_- 的表达式代入式（10-19），可得

$$u_O=\left(1+\frac{R_F}{R_1}\right)\frac{R_3}{R_2+R_3}u_{I2}-\frac{R_F}{R_1}u_{I1}=Au_{I2}-Bu_{I1} \tag{10-25}$$

如果满足 $R_1=R_2$、$R_3=R_F$，则系数 A、B 相等，式（10-25）为

$$u_O=\frac{R_F}{R_1}(u_{I2}-u_{I1}) \tag{10-26}$$

如果满足 $R_F=R_1$，则系数 $A=B=1$，式（10-26）为

$$u_O=u_{I2}-u_{I1} \tag{10-27}$$

式（10-26）和式（10-27）为减法运算电路的基本关系式，输出电压与两个输入电压之差成正比，电路实现了模拟信号的减法运算，所以该电路称为减法运算电路。

与比例运算电路相同，在理想运算放大器条件下，加、减法运算电路的基本关系式也与运算放大器本身的参数无关，仅取决于外接电阻的参数。只要电阻的精度足够精确，就可以保证加、减法运算电路的精确度和稳定性。

【例 10-3-8】 图 10-23 减法运算电路中，如果 R_3 开路，$R_2=R_1/\!/R_F$，$R_1=R_F$，写出其运算关系。当 $u_{I2}=2.8\text{V}$、$u_{I1}=1.2\text{V}$ 时，计算输出电压。

解： 如果 R_3 开路，根据虚短和虚断的原理，$u_-=u_+=u_{I2}$，代入反相输入端的节点电流方程，可得

$$\frac{u_{I1}-u_{I2}}{R_1}=\frac{u_{I2}-u_O}{R_F}$$

$$u_O=2u_{I2}-u_{I1}$$

代入给定数据，可得

$$u_O=(2\times2.8-1.2)\text{V}=4.4\text{V}$$

【例 10-3-9】 如图 10-24 所示电路，说明各部分分别构成什么运算电路？计算各输出电压。

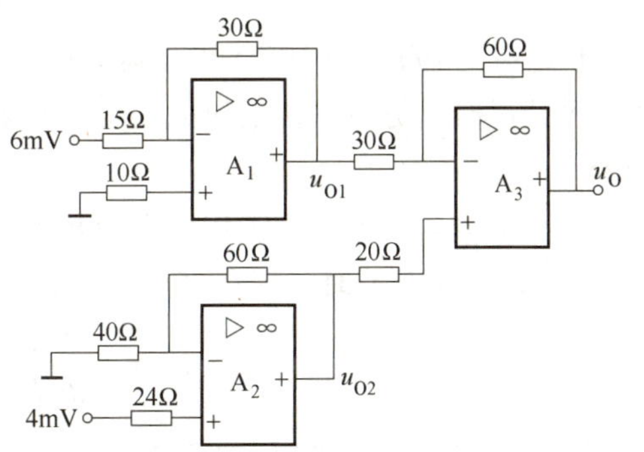

图 10-24 例 10-3-9 电路

解： A_1 及相关电阻构成反相比例运算电路，比例系数 $A-30/15=-2$，输出电压为

$$u_{O1}=-2\times6\text{mV}=-12\text{mV}$$

A_2 及相关电阻构成同相比例运算电路，比例系数 $A=1+60/40=2.5$，输出电压为

$$u_{O2}=2.5\times4\text{mV}=10\text{mV}$$

A_3 及相关电阻构成减法运算电路，其同相和反相输入电压为

$$u_-=u_+=u_{O2}=10\text{mV}$$

代入反相输入端的节点电流方程，可得

$$\frac{u_{O1}-u_{O2}}{30}=\frac{u_{O2}-u_O}{60}$$

整理后可得输出电压为

$$u_O = 3u_{O2} - 2u_{O1} = [3\times10 - 2\times(-12)]\text{mV} = 54\text{mV}$$

10.3.4 积分运算电路

如图 10-25 所示电路，将反相比例运算电路中的反馈电阻 R_F 换为电容 C，利用电容上电压和电流的关系，构成积分运算电路。

电容上的电压与所通过的电流积分有关，即

$$u_C = \frac{1}{C}\int i_C \mathrm{d}t \tag{10-28}$$

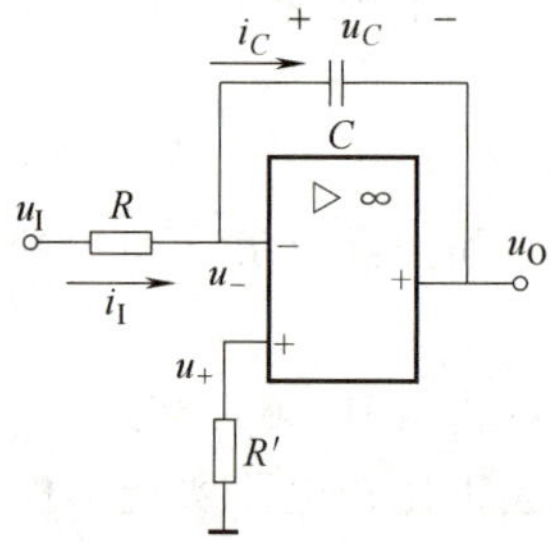

图 10-25 积分运算电路

根据虚短和虚断的原理，u_- 为虚地，电容中电流 i_C 和电阻中电流 i_1 相等，所以有

$$i_C = i_1 = \frac{u_I}{R}$$

将上式代入式（10-28），考虑到 $u_O = -u_C$，可得

$$u_O = -u_C = -\frac{1}{RC}\int u_I \mathrm{d}t \tag{10-29}$$

式（10-29）是积分运算电路的基本关系式，输出电压是输入电压积分的函数，其中 RC 为时间常数，当 R 的单位为欧姆（Ω）、C 的单位为法拉（F）时，时间常数的单位为秒（s）。

求解某段时间的积分值时，有

$$u_O = -u_C = -\frac{1}{RC}\int_{t_1}^{t_2} u_I \mathrm{d}t + u_O(t_1) \tag{10-30}$$

如果 u_I 为常量，输出电压为

$$u_O = -u_C = -\frac{u_I}{RC}(t_2 - t_1) + u_O(t_1) \tag{10-31}$$

【例 10-3-10】 图 10-25 积分运算电路中，当输入信号分别为正弦波、阶跃信号、矩形波三种情况时，分析输出电压的波形和参数（设 RC 为 1s，集成运放最大输出电压 U_{OM} 为 ±12V）。

解： 根据积分电路的工作原理和基本关系式，三种输入信号时的电路分析和计算如下：

1）u_I 为正弦波时，因积分电路具有正弦—余弦移相的功能，输出电压为

$$u_O = -\frac{1}{RC}\int \sin u_I \mathrm{d}t = -\cos u_I + C$$

2）输入端在 $t=0$s 时，$u_I=0$，$t=1$s 时加入 10V 阶跃信号，如图 10-26a 所示，由于充电电流（i_C）基本恒定，所以输出电压 u_O 向相反方向线性变化，可求出其达到最大值的时间，即

$$u_O = -\frac{10}{1}(t_2 - t_1)\Big|_{t_1=1\text{s}} + 0 = -12\text{V}$$

$$t_2 = 2.2\text{s}$$

经过 1.2s，即 $t=2.2\text{s}$ 时，输出电压 u_O 达到最大值（-12V）后不再变化。所以，积分运算电路具有电压延迟的功能。

3）输入为如图 10-26b 所示矩形波时，设 $u_O(0)=5\text{V}$，分时段计算，输出信号呈正、负交替线性变化，如果时间常数合适，输出为三角波。

$$0\sim1\text{s}:\ u_O=-\frac{u_I}{RC}(t_1-0)+u_O(t_1)=\left[-\frac{10}{1}(1-0)+5\right]\text{V}=-5\text{V}$$

$$1\sim2\text{s}:\ u_O=-\frac{u_I}{RC}(t_2-t_1)+u_O(t_1)=\left[\frac{10}{1}(2-1)-5\right]\text{V}=5\text{V}$$

$$2\sim3\text{s}:\ u_O=-\frac{u_I}{RC}(t_3-t_2)+u_O(t_1)=\left[-\frac{10}{1}(3-2)+5\right]\text{V}=-5\text{V}$$

所以，积分运算电路具有矩形波—三角波转换的功能。

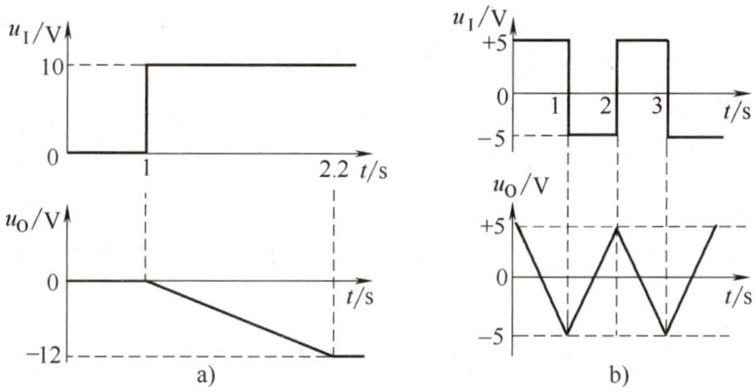

图 10-26　例 10-3-10 电路的输入、输出波形

a）输入阶跃信号　b）输入矩形波

10.3.5　微分运算电路

微分是积分的逆运算，将积分运算电路中的反馈电容和电阻交换位置就构成了微分运算电路，如图 10-27 所示。

因为虚断，所以电阻中的电流和电容中的电流相等，即

$$i_R=i_C$$

电容中的电流与两端电压的微分有关，即

$$i_C=C\frac{\mathrm{d}u_C}{\mathrm{d}t}\tag{10-32}$$

根据虚短和虚断的原理，u_-为虚地，输出电压为

$$u_O=-i_RR=-i_CR=-RC\frac{\mathrm{d}u_I}{\mathrm{d}t}\tag{10-33}$$

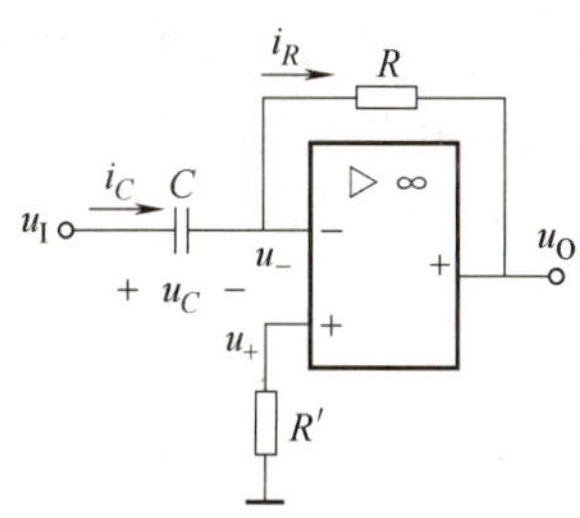

图 10-27　微分运算电路

$$u_O=-RC\frac{\mathrm{d}u_I}{\mathrm{d}t}\tag{10-34}$$

式（10-34）为微分运算电路的基本关系式，输出电压与输入电压的变化率成正比，即微分关系。

【例 10-3-11】　图 10-27 微分运算电路中，设 $RC=1\text{s}$，输入端加入三角波，如图 10-28

所示，画出输出波形并计算参数。

解： 根据式（10-34），电路分析计算如下：

0~1s 时，输入信号幅值增加，$\Delta u_I=5V$，输出电压为

$$u_O=-RC\frac{du_I}{dt}=-RC\frac{\Delta u_I}{\Delta t}=-\frac{5}{1}V=-5V$$

1~2s 时，输入信号幅值减小，$\Delta u_I=-5V$，输出电压为

$$u_O=-RC\frac{du_I}{dt}=-RC\frac{\Delta u_I}{\Delta t}=-\frac{-5}{1}V=+5V$$

由计算结果可知，输出为±5V 的矩形波，与积分运算电路相反。所以，微分运算电路可以实现三角波—矩形波的波形转换。

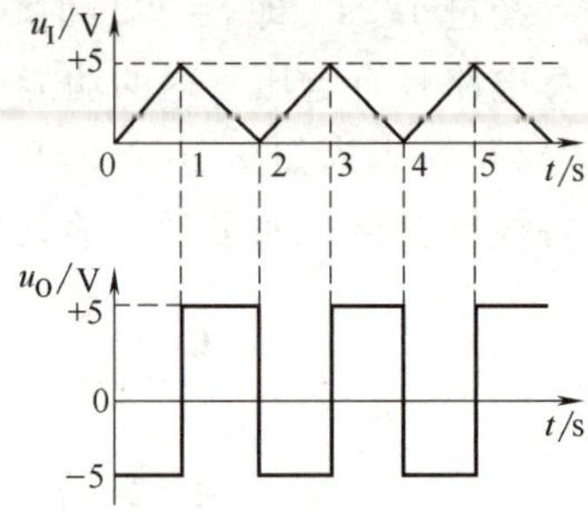

图 10-28　例 10-3-11 电路的输入、输出波形

【思考题】

10.3.1　运算电路为什么必须工作在负反馈状态？

10.3.2　运算电路为什么要引入电压负反馈？

10.3.3　同相与反相比例运算电路所引入的负反馈类型有什么不同？

10.3.4　与基本的反相比例运算电路相比，T 形网络反相比例运算电路有什么优点？

10.3.5　哪些运算电路引入的是电压串联负反馈？哪些运算电路引入的是电压并联负反馈？

10.3.6　哪种运算电路、在什么情况下可以实现反相器的功能？

本章小结

1）集成运算放大器是一种高增益、高输入阻抗的直流放大器。应熟悉集成运放的符号、引脚、电压传输特性、主要参数、理想运算放大器的特点，开环工作状态下集成运算放大器可作为电压比较器。

2）熟悉反馈的基本概念，包括框图和基本关系式、开环与闭环、与反馈相关的各种参数；熟悉反馈的分类，包括反馈的极性（正、负反馈）、成分（交、直流反馈）、四种类型（组态）；了解负反馈的各种影响，能根据要求引入负反馈。重点掌握作为基本运算电路基础的两种电压负反馈，即电压串联负反馈和电压并联负反馈。

3）熟悉集成运算放大器的信号运算方面的应用，在分析过程中，需要理解以下几点：集成运算放大器工作在理想状态下，即开环放大倍数和输入电阻均为无穷大；基本运算电路均为引入电压负反馈，工作在线性状态下，具有包括比例、加减、微积分等对模拟信号的运算功能。利用虚短和虚断两个重要结论，以及电路分析方法，分析求解运算电路中输出电压与输入电压的运算关系。

习　题

一、单项选择题

10.1　对于电路，所谓闭环是指（　　）。

A. 有放大部分　　B. 有信号源　　C. 有负载　　D. 有反馈通路

10.2　图 10-29 电路中引入的反馈属于（　　）。

A. 电压串联、直流负反馈
B. 电压串联、交流负反馈
C. 电压并联、直流负反馈
D. 电压并联、交流负反馈

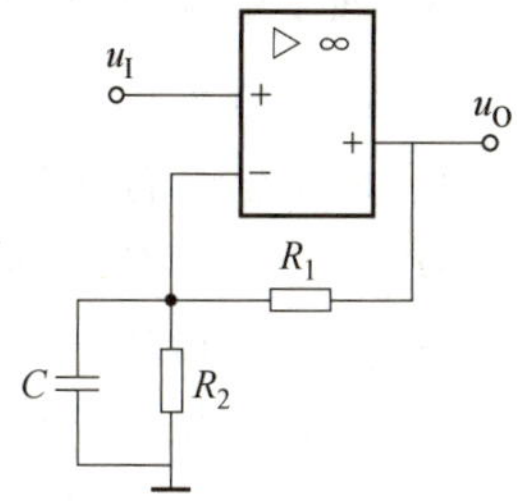

图 10-29　习题 10.2 图

10.3　为了稳定放大电路的输出电压、增加输入电阻，应引入（　　）。
A. 电压串联负反馈
B. 电压并联负反馈
C. 电流串联负反馈
D. 电流并联负反馈

10.4　为了提高放大电路的放大倍数的稳定性，应该引入（　　）。
A. 直流负反馈　　B. 交流负反馈
C. 交流负反馈或直流负反馈　　D. 交流负反馈和直流负反馈

10.5　在电压并联负反馈中，净输入信号和反馈信号（　　）。
A. 都是电压信号
B. 都是电流信号
C. 净输入信号是电压信号、反馈信号是电流信号
D. 净输入信号是电流信号、反馈信号是电压信号

10.6　在电压串联负反馈中，净输入信号和反馈信号（　　）。
A. 都是电压信号
B. 都是电流信号
C. 净输入信号是电压信号、反馈信号是电流信号
D. 净输入信号是电流信号、反馈信号是电压信号

10.7　下列基本运算电路中，（　　）电路不存在虚地。
A. 反相比例运算　　B. 同相比例运算
C. 反相加法运算　　D. 积分运算

10.8　下列基本运算电路中，（　　）电路属于串联负反馈。
A. 反相比例运算　　B. 同相比例运算
C. 积分运算　　D. 微分运算

10.9　下列基本运算电路中，（　　）电路具有输入电阻大的特点。
A. 同相比例运算　　B. 反相比例运算
C. 加法运算　　D. 积分运算

10.10　欲将正弦波信号叠加一个直流信号，应选用（　　）。
A. 反相比例运算电路　　B. 同相比例运算电路
C. 加法运算电路　　D. 积分运算电路

10.11　要求实现 $A=-0.8$ 的电路，应选用（　　）。
A. 反相比例运算电路　　B. 积分运算电路
C. 加法运算电路　　D. 减法运算电路

10.12　减法运算电路的输入方式是（　　）。

A. 两个输入信号都接反相端

B. 两个输入信号都接同相端

C. 两个信号都接反相端或都接同相端

D. 两个信号分别接反相端和同相端

10.13 能将矩形波转换为三角波的运算电路是（　　）。

A. 反相比例运算电路　　B. 同相比例运算电路

C. 加法运算电路　　D. 积分运算电路

二、分析计算题

10.14 如图 10-30 所示各电路，分别判断其反馈的极性和类型，说明是直流反馈还是交流反馈？

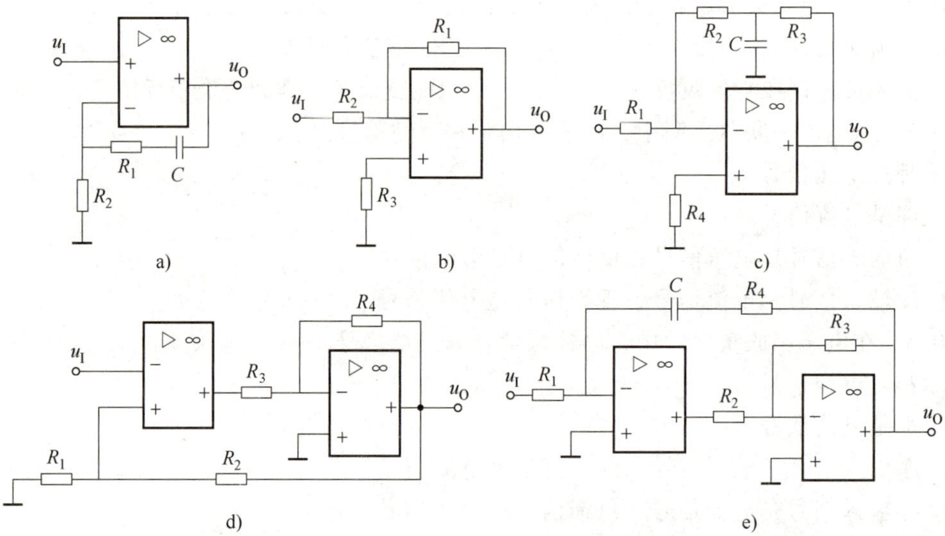

图 10-30 习题 10.14 图

10.15 某负反馈放大电路，开环放大倍数 $A=10000$，反馈系数 $F=0.0999$，输入电压为 0.1V，求闭环放大倍数、输出电压、反馈电压、净输入电压。

10.16 某负反馈放大电路，其开环放大倍数 $A=5000$，反馈系数 $F=0.1$，求反馈深度和闭环放大倍数。

10.17 某负反馈放大电路，输入电压为 100mV。闭环状态下，输出电压为 3V；开环状态下，输出电压为 6V，求反馈系数和反馈深度。

10.18 某负反馈放大电路的开环放大倍数 $A=10^4$，反馈系数 $F=0.2$，求：

1）闭环放大倍数 A_F。

2）如果 A 变化了 10%，A_F 的变化率是百分之多少？

10.19 如图 10-31 所示各电路，分别写出输出电压 u_{O1} 和 u_O 的表达式。

10.20 按下列各运算关系选择运算电路，并说明如何选择元件参数？

1）$u_O=-12u_I$

2）$u_O=15u_I$

3）$u_O=0.6u_I$

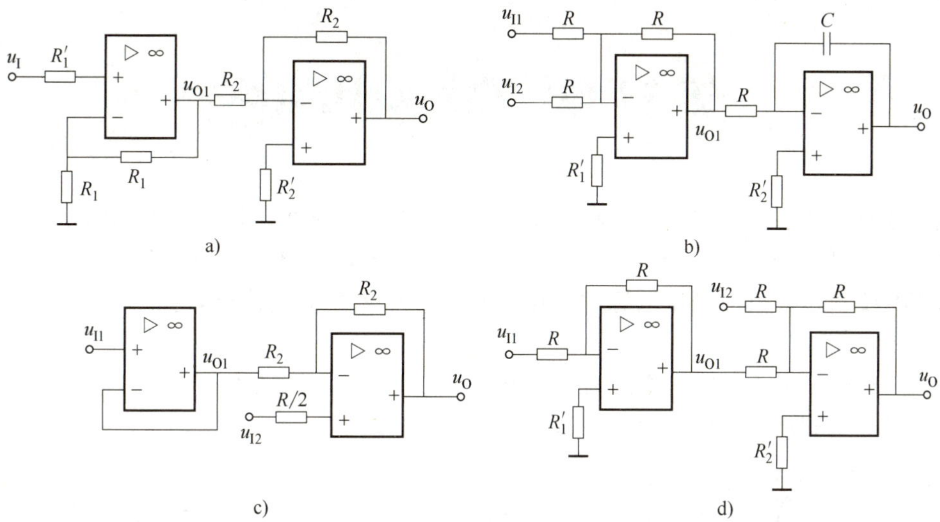

图 10-31　习题 10.19 图

4）$u_O = 3u_{I1} + 2u_{I2}$

5）$u_O = u_{I1} - 2u_{I2}$

6）$u_O = 2u_{I1} + 3u_{I2} - 4u_{I3}$

7）$u_O = -100\int u_I \mathrm{d}t$

8）$u_O = -100\dfrac{\mathrm{d}u_I}{\mathrm{d}t}$

10.21　选择一个电路，要求电压放大倍数为 $|A| = 100$，输入电阻为 80kΩ，要求：

1）用基本型反相比例运算电路（见图 10-14）实现。

2）用 T 形网络反相比例运算电路（见图 10-15）实现。

计算各元件参数。

10.22　图 10-32 为电阻测量电路，当电压表显示 4V 时，被测电阻 R_F 是多少？

10.23　在反相加法运算电路中，已知 $R_1 = R_2 = R_F$，两输入电压 u_{I1} 和 u_{I2} 的波形如图 10-33 所示，对应画出输出电压 u_O 的波形。

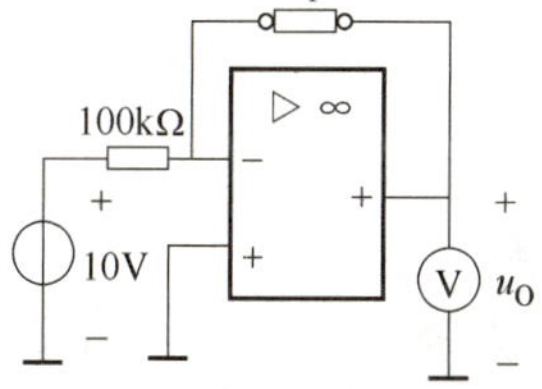

图 10-32　习题 10.22 图

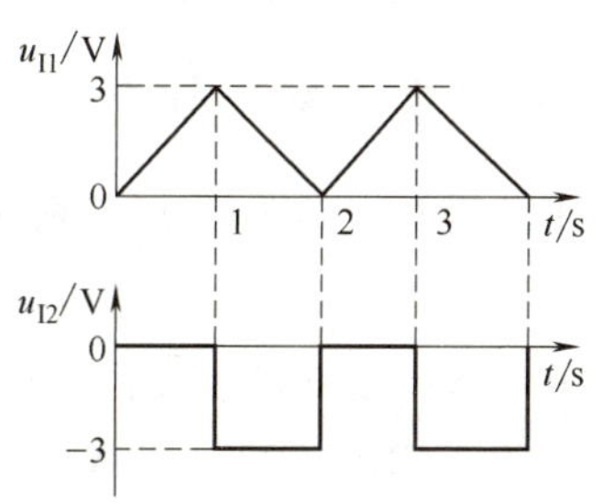

图 10-33　习题 10.23 图

10.24　在积分运算电路中，已知 $R = 10\text{k}\Omega$，$C = 1\mu\text{F}$，$U_C(0) = 0$，$t = 0$ 时加 $u_I = -1\text{V}$，输出电压 u_O 从 0V 上升到 10V 所需的时间是多少？如果 R 增加为 50kΩ，其上升时间有何变化？

第 11 章　直流稳压电源

电子装置、智能家电和自动控制系统中经常需要稳定的直流电源供电，因此，无论在生产中还是在生活中直流稳压电源都是必不可少的供电设备之一。发电厂提供给用户的是 220V/380V 交流电，直流稳压电源的作用就是将电压较高的交流电转换成电子设备需要的低压直流电。

直流稳压电源通常由降压变压器、整流电路、滤波电路和稳压电路四部分组成，其基本结构和各部分得到的电压波形如图 11-1 所示。

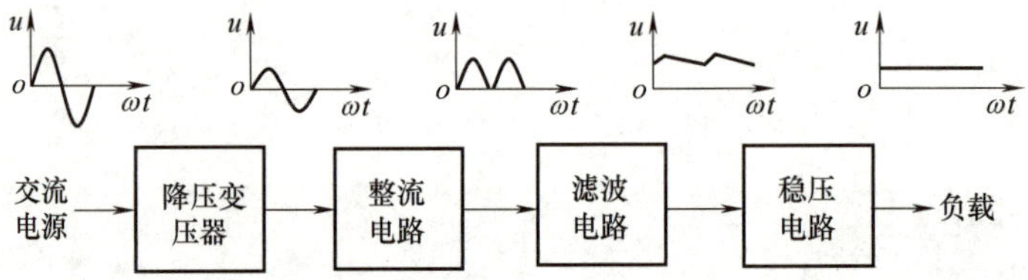

图 11-1　直流稳压电源的基本结构

降压变压器将较高的交流电源电压（220V）变换成整流电路所需数值的交流电压；经整流电路把交流电压变换为单向脉动电压；再利用滤波电路滤去单向脉动电压中的交流成分，得到较平滑的直流电压；稳压电路的作用是为了在交流电源电压波动或负载变化时能自动保持输出稳定的直流电压。

11.1　单相整流电路

将交流电转换为直流电的技术称为整流。一般整流电路是利用二极管的单向导电特性，将交流电变换为单向脉动直流电的电路。通常小功率直流电源采用单相整流电路，大功率直流电源则需要采用三相或多相整流电路，这里只介绍单相整流电路。单相整流电路有单相半波整流、单相全波整流、桥式整流等。分析过程中，假设二极管为理想二极管。

11.1.1　单相半波整流电路

单相半波整流电路如图 11-2 所示，设经变压器降压后二次电压 u 为

$$u=\sqrt{2}U\sin\omega t \tag{11-1}$$

式中，U 为输入电压 u 的有效值；ω 为输入电压 u_i 的角频率。

当 u 为正半周时，二极管 VD 正偏导通；而当 u 为负半周时，二极管反偏截止。以理想二极管模型代替实际二极管，相应的等效电路如图 11-3a、b 所示。由图 11-3 可知

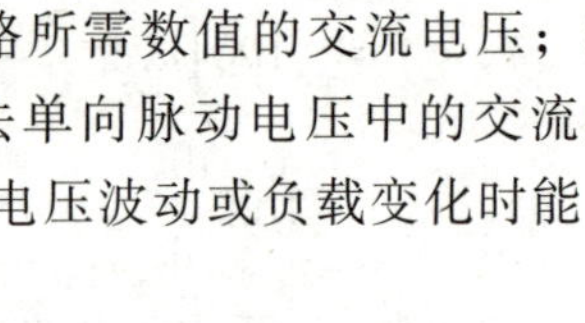

图 11-2　单相半波整流电路

$$u_D=\begin{cases}0 & u>0,对应图\ 11\text{-}3a\\ u & u\leqslant 0,对应图\ 11\text{-}3b\end{cases}$$

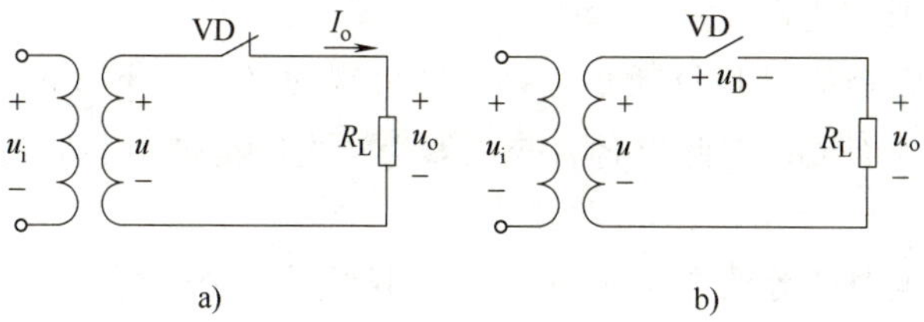

图 11-3　等效电路

a) $u_i>0$　b) $u_i<0$

$$u_o=\begin{cases}u & u>0,\text{对应图 11-3a}\\ 0 & u\leqslant 0,\text{对应图 11-3b}\end{cases}$$

单相半波整流电路的波形如图 11-4 所示。可见，u_o 为单向脉动电压，其平均值为

$$U_o=\frac{1}{2\pi}\int_0^{2\pi}u_o\mathrm{d}\omega t=\frac{1}{2\pi}\int_0^{\pi}\sqrt{2}U\sin\omega t\mathrm{d}\omega t$$

$$=\frac{\sqrt{2}U}{2\pi}(-\cos\pi+\cos 0°)=\frac{\sqrt{2}U}{\pi}=0.45U$$

所以，单相半波整流电路输出电压平均值为

$$U_o=0.45U \tag{11-2}$$

二极管的电流和负载电流相等，即

$$I_D=I_o=\frac{U_o}{R_L}=0.45\frac{U}{R_L} \tag{11-3}$$

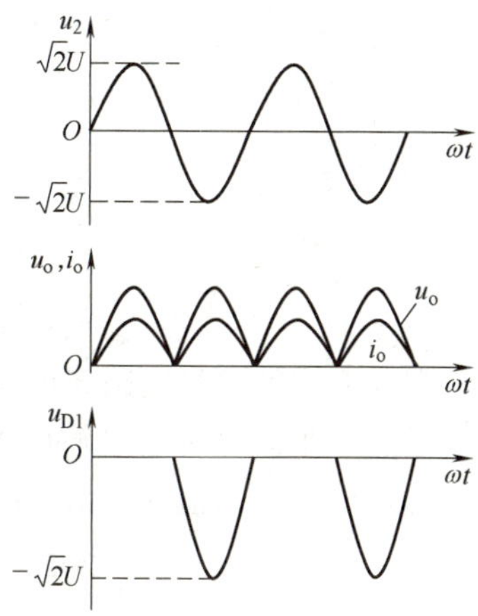

图 11-4　单相半波整流电路的波形

二极管承受的最高反向电压为

$$U_{DRM}=\sqrt{2}U \tag{11-4}$$

【例 11-1-1】　图 11-2 单相半波整流电路，已知负载电阻 $R_L=45\Omega$，负载电压 $U_o=45V$，试求变压器二次电压有效值、负载电流、二极管电流与最高反向电压。

解： 根据式（11-2）变压器二次电压有效值为

$$U=\frac{U_o}{0.45}=\frac{45}{0.45}V=100V$$

流过二极管的电流和负载电流相等，即

$$I_D=I_o=\frac{U_o}{R_L}=\frac{45}{45}A=1A$$

二极管承受的最高反向电压为

$$U_{DRM}=\sqrt{2}U=\sqrt{2}\times 100V=141.4V$$

11.1.2　单相全波整流电路

上述单相半波整流电路只利用了输入交流电压的一半，不仅电源效率低，而且输出电压脉动较大，实际应用中多采用单相全波整流电路，单相全波整流电路包括单相双半波整流电路和单相桥式整流电路。

（1）单相双半波整流电路

单相双半波整流电路如图 11-5 所示，该电路可视为（上、下）两个具有公共负载 R_L 的单相半波整流电路叠加而成，因此得名。变压器为二次绕组带中心抽头，以得到两个大小相等的电压。

单相双半波整流电路的等效电路如图 11-6a、b 所示。由图可得

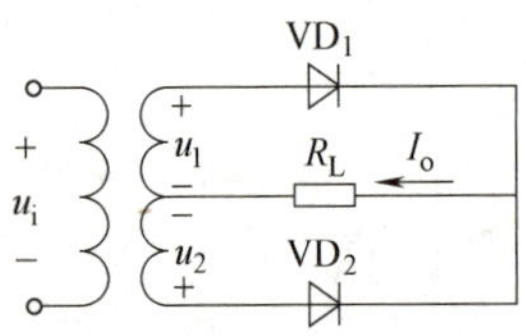

图 11-5　单相双半波整流电路

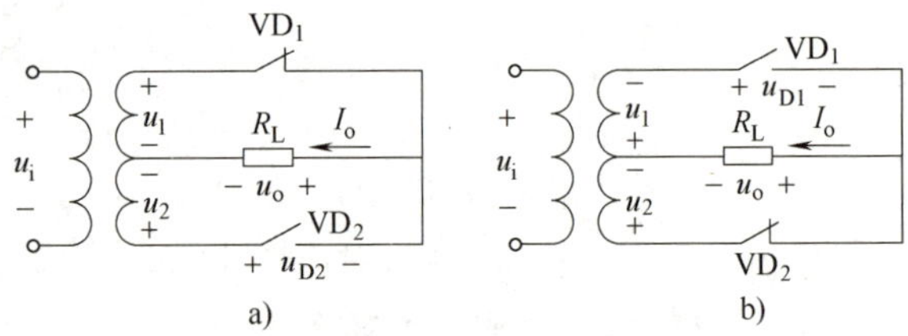

图 11-6　单相双半波整流电路的等效电路

a）$u_i>0$　b）$u_i<0$

$$u_o = |u| \tag{11-5}$$

单相双半波整流电路波形如图 11-7 所示。

单相双半波整流电路输出电压平均值为单相半波整流电路输出电压平均值的 2 倍，即

$$U_o = \frac{2\sqrt{2}U}{\pi} \approx 0.9U \tag{11-6}$$

二极管上承受的最大反向电压为

$$U_{DRM} = 2U_m = 2\sqrt{2}U \tag{11-7}$$

流过每个二极管的电流平均值等于输出电流平均值 I_o 的一半，即

$$I_D = \frac{1}{2}I_o = 0.45\frac{U}{R_L} \tag{11-8}$$

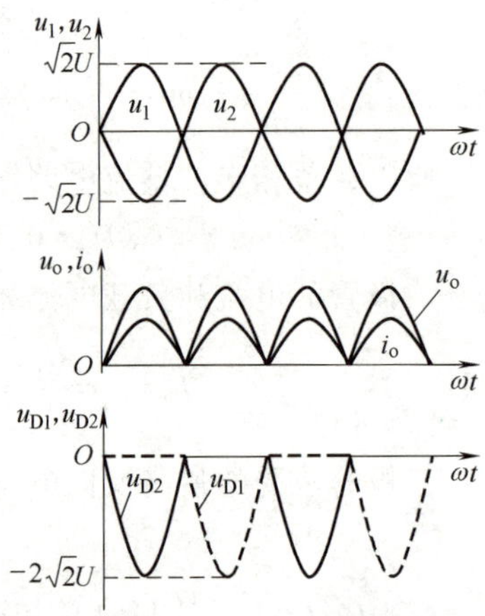

图 11-7　单相双半波整流电路波形

【例 11-1-2】　图 11-5 单相双半波整流电路，已知交流电源电压为 220V，负载电阻 R_L = 45Ω，负载电压 U_o = 90V，试求变压器的电压比、二极管的电流与最高反向电压。

解： 变压器的二次电压有效值为

$$U = \frac{U_o}{0.9} = \frac{90}{0.9}\text{V} = 100\text{V}$$

变压器的电压比为

$$K_u = \frac{220}{100} = 2.2$$

每个二极管的电流平均值为

$$I_D = \frac{1}{2}I_o = \frac{1}{2}\frac{U_o}{R_L} = \frac{1}{2}\times\frac{90}{45}\text{A} = 1\text{A}$$

二极管上承受的最高反向电压为

$$U_{DRM} = 2\sqrt{2}U = 2\sqrt{2}\times100\text{V} \approx 283\text{V}$$

以上分析表明，单相双半波整流电路的优点是输入电压利用率得到了提高，缺点是变压器二次侧是双线圈，制作复杂。虽然只用了两个整流二极管，但是二极管承受的最高反向电压是输入电压峰值的 2 倍。

（2）单相桥式整流电路

单相桥式整流电路如图 11-8a 所示。$u_i>0$ 时，VD_1、VD_3 正偏导通，VD_2、VD_4 反偏截止，等效电路如图 11-8b 所示；$u_i<0$ 时，VD_1、VD_3 反偏截止，VD_2、VD_4 正偏导通，等效电路如图 11-8c 所示。

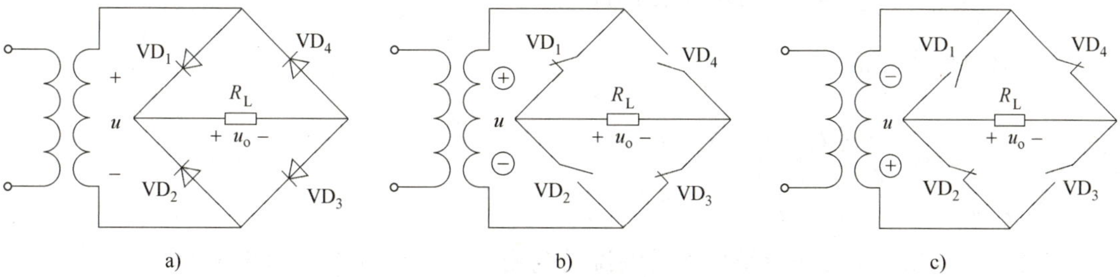

图 11-8　桥式整流电路及其等效电路

a）单相桥式整流电路　b）$u_i>0$ 等效电路　c）$u_i<0$ 等效电路

不难分析，单相桥式整流电路得到的 u_o 与双半波整流电路相同，即 $u_o=|u|$。在输入为正弦交流电压的情况下，单相桥式整流电路直流平均电压 U_o 为

$$U_o=\frac{2\sqrt{2}U}{\pi}\approx 0.9U \tag{11-9}$$

二极管上承受的最大反向电压为

$$U_{DRM}=U_m=\sqrt{2}U \tag{11-10}$$

流过负载电阻 R_L 的电流平均值为

$$I_o=\frac{U_o}{R_L}=0.9\frac{U}{R_L} \tag{11-11}$$

由于每两个二极管串联导电半周，因此每个二极管中流过的平均电流只有负载电流的一半，即

$$I_D=\frac{1}{2}I_o=0.45\frac{U}{R_L} \tag{11-12}$$

目前实际应用中广泛采用桥式整流模块，它将四个二极管集成在一个硅片上，只引出两个交流电压输入端和两个直流输出端，如图 11-9 所示，桥式整流模块接线简单，安装方便。

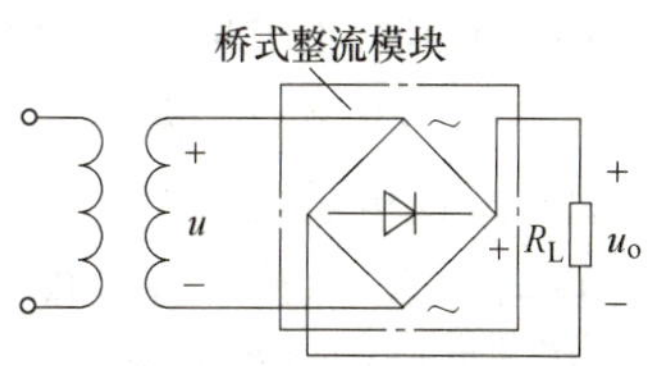

图 11-9　桥式整流模块的接线形式

单相桥式整流电路波形如图 11-10 所示。

单相桥式整流电路的优点是输出电压平均值高，脉动程度小，二极管所承受的最高反向电压较低，只有双半波整流电路的一半，所以应用广泛。

【例 11-1-3】　某单相桥式整流电路的输出直流电压为 90V、直流电流为 2A，求电源变压器的二次电压、二极管所承受的最高反向电压及流过每个二极管的平均电流。

解：由式（11-9）可得变压器二次电压有效值为

$$U=\frac{U_o}{0.9}=\frac{90}{0.9}V=100V$$

二极管所承受的最大反向电压为

$$U_{DRM}=\sqrt{2}U=\sqrt{2}\times100V=141.4V$$

二极管电流平均值为

$$I_D=\frac{1}{2}I_o=\frac{1}{2}\times2A=1A$$

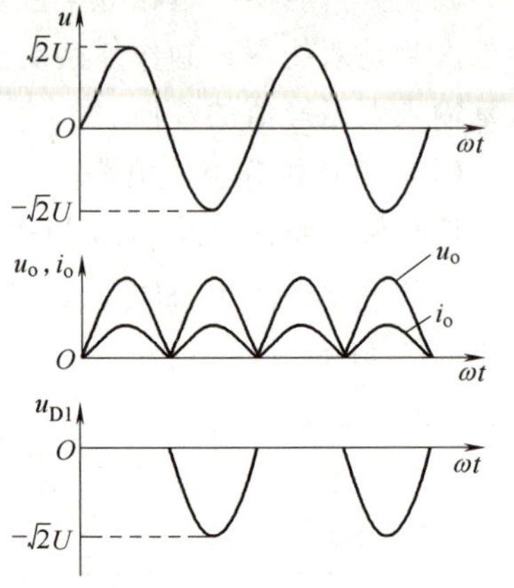

图 11-10　单相桥式整流电路电压波形

【思考题】

11.1.1　整流电路的功能是什么？整流是利用二极管的什么特性实现的？在整流电路中，二极管用什么模型表示？

11.1.2　常用的单相整流电路有几种？它们在电路结构上有什么区别？

11.1.3　说明几种常用的单相整流电路的工作原理，画出输入电压为正弦波时，各电路中负载电阻和二极管上的电压、电流波形。

11.1.4　输入电压为正弦波时，几种常用的单相整流电路的输出电压平均值与正弦输入电压有效值之间有什么关系？流过每个二极管的电流平均值有什么异同？二极管上的最高反向电压是多少？

11.2　滤波电路

11.2.1　电容滤波电路

整流电路的输出是单向脉动电压，除直流分量外，还包括或大或小的交流分量。对电子仪器和自动控制设备来说，这样的整流电压不宜用作直流电源，因此，必须在整流电路的输出端加上滤波电路，使脉动电压变成平滑的、接近理想的直流电压。

下面以单相半波整流滤波电路为例，说明滤波电容的作用。带电容滤波电路的单相半波整流电路如图 11-11 所示，在负载电阻 R_L 两端并联一个电容量较大的电容 C（通常采用电解电容）。

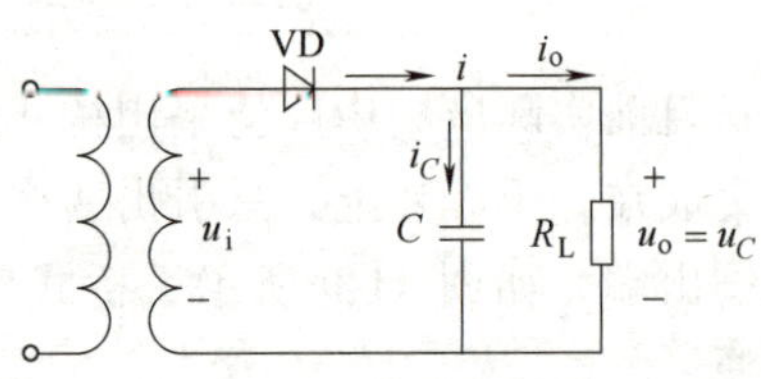

图 11-11　带电容滤波电路的单相半波整流电路

在 u_i 的正半周，当二极管 VD 导通时，电容 C 充电，因时间常数很小，故 u_C 基本上跟随 u 变化。当 $u=U_m=\sqrt{2}U$ 时，充电到最大值。此后 u_i 开始减小，使得 $u_C>u_i$，因此，VD 反偏截止，电容 C 经 R_L 放电，u_C 按指数规律降低。若放电时间常数 $\tau=R_LC$ 足够大，在下一个周期开始时，u_C 仍大于零，则 VD 仍维持截止，直到 $u>u_C$ 时，VD 才重新导通，C 重新充电，如此不断重复上述过程。单相半波整流电容滤波电路电压波形如

图 11-12 所示。

由图 11-12 中 $u_o(u_C)$ 波形可以看出，由于 C 的滤波作用，u_o 变得平滑了许多，且平均值 U_o 增大了许多。C 越大，效果越显著。不难理解，U_o 的大小与放电时间常数 τ（$\tau=R_LC$）有关，当 $R_L=\infty$（即 $I_o=0$）时，电容 C 不能放电，输出电压 u_o 为交流电压最大值，即 $U_o=U_{im}=\sqrt{2}U$。随着 R_L 的减小（I_o 增大），C 放电加快，U_o 降低。实际应用中为了得到比较平滑的输出电压波形，滤波电容的容量应尽量大，以使得电容放电时间常数 R_LC 远大于整流二极管前、后两次导通所间隔的时间，对单相整流滤波电路，一般应满足

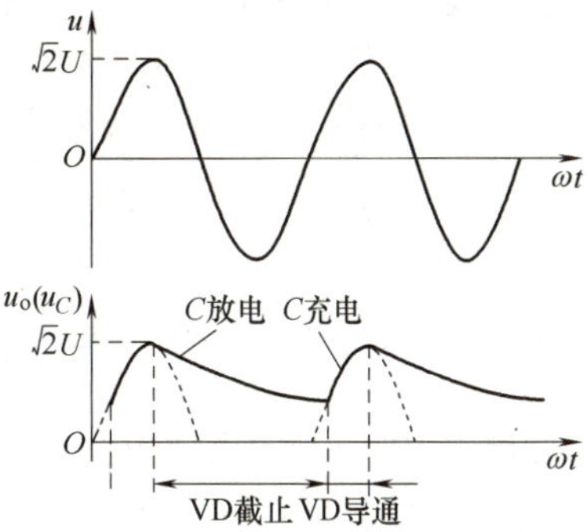

图 11-12　单相半波整流滤波电路电压波形

$$R_LC \geqslant (3\sim5)\frac{T}{2} \tag{11-13}$$

式中，T 为输入交流电源电压 u_i 的周期。在满足式（11-13）的前提下，U_o 可估算为

$$U_o=U \quad （半波整流滤波） \tag{11-14}$$

$$U_o=1.2U \quad （全波整流滤波） \tag{11-15}$$

输出直流电压 U_o 与输出直流电流 I_o 的变化关系称为滤波电路的外特性，电容滤波电路的外特性曲线如图 11-13 所示。

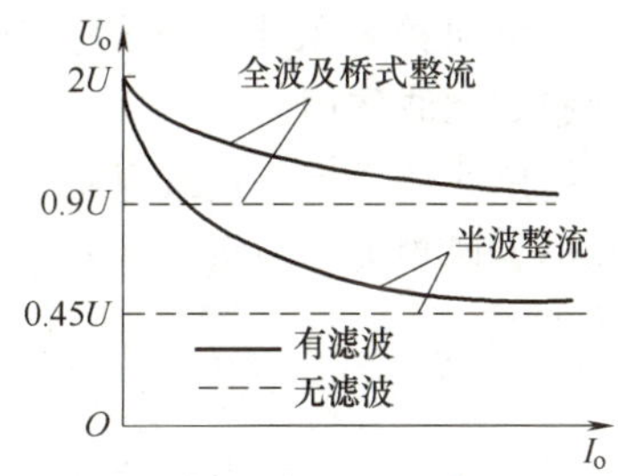

图 11-13　电容滤波电路的外特性曲线

选择滤波电容时，除考虑所需电容的容量外，还要注意电容的耐压值，一般应使电容的耐压值大于输入电压最大值的 1.5~2 倍。

整流电路加电容滤波后，整流二极管 VD 的工作条件发生了一些变化。首先 VD 的导通时间缩短；其次通过 VD 的电流除供给负载 R_L 外，还包含对滤波电容充电的电流，即正向电流峰值加大。这意味着二极管在较短的导通时间内流过较大的浪涌电流，因此在选择整流二极管时，应考虑这些情况。一般选择二极管的最大整流电流为管子实际通过的平均电流的 2~3 倍。

整流加电容滤波电路中的二极管承受的最高反向工作电压为

$$U_{DRM}=2\sqrt{2}U \quad （半波或双半波整流滤波） \tag{11-16}$$

$$U_{DRM}=\sqrt{2}U \quad （桥式整流滤波） \tag{11-17}$$

电容滤波电路的优点是电路简单，输出电压的脉动程度较小，输出电压平均值较高，缺点是带负载能力差，输出电压会随着负载的变化而变化，整流二极管承受较大的浪涌电流。综上所述，电容滤波电路适合要求输出电压平均值较高、负载电阻较大且负载基本不变的场合。

【例 11-2-1】 某负载要求输出电压和电流的平均值分别为 $U_o=30\text{V}$，$I_o=0.5\text{A}$，采用单相半波整流电容滤波电路（见图 11-11），试计算滤波电容器的电容量，并确定其最大工作电压值。已知交流电源频率为 50Hz。

解： 根据式（11-13）可得

$$C \geqslant \frac{1}{R_L}\frac{(3\sim5)T}{2}=\frac{I_o}{U_o}\frac{(3\sim5)T}{2}$$

取上限，可得

$$C \geqslant \frac{1}{R_L}\frac{5T}{2}=\frac{5I_o}{2U_o f}=\frac{5\times0.5}{2\times30\times50}\text{F}=833\mu\text{F}$$

可选用 1000μF 的电解电容。

根据式（11-14），$U_o=U$，因此变压器的二次电压有效值 U 为

$$U=U_o=30\text{V}$$

电容两端承受的最大电压为

$$2\sqrt{2}U=2\sqrt{2}\times30\text{V}=84.8\text{V}$$

实际可选用耐压值为 100V 的电容器。

11.2.2 电感滤波电路

电感滤波电路如图 11-14 所示，即在整流电路与负载电阻之间串联一个电感 L，当电流变化时电感线圈中将产生自感电动势来阻止电流的变化，使电流脉动趋于平缓，从而起到滤波作用。

电感滤波适用于负载电流较大的场合。它的缺点是制作复杂、体积大、笨重且存在电磁干扰。

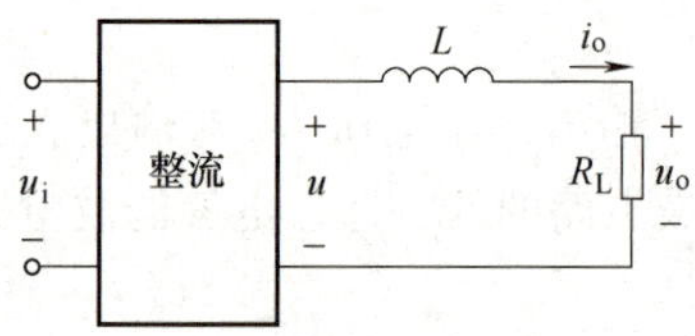

图 11-14 电感滤波电路

11.2.3 复合滤波电路

单独使用电容或电感构成的滤波电路，滤波效果不够理想，为了满足较高的滤波要求，常采用电容和电感共同组成的 π 形复合滤波电路，其电路形式如图 11-15a 所示，这种滤波电路适用于负载电流较大、要求输出电压脉动较小的场合。当负载较轻时，经常采用电阻替代笨重的电感，构成如图 11-15b 所示的滤波电路，同样可以获得脉动很小的输出电压，但电阻对交、直流均有电压降和功率损耗，故只适用于负载电流较小的场合。

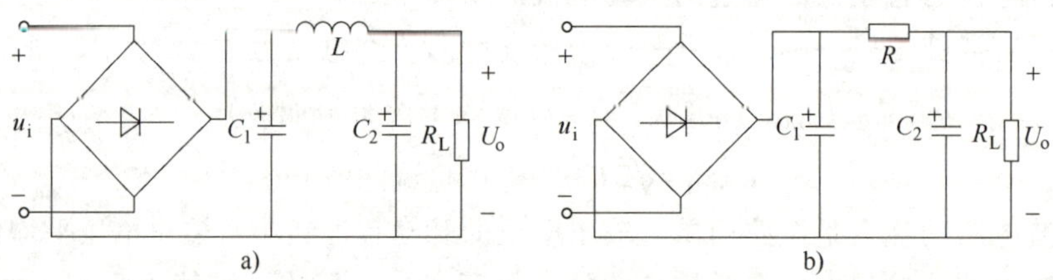

图 11-15 π 形复合滤波电路

a）CLC 型复合滤波电路 b）CRC 型复合滤波电路

【思考题】

11.2.1 电容滤波器的功能是什么？对于几种常用的单相整流电路，画出电容滤波前、后负载上的电压波形，说明滤波的效果。滤波效果和哪些参数有关？如何选择这些参数？

11.2.2　几种常用的单相整流电路加电容滤波后，输出电压平均值与正弦输入电压有效值之间有什么关系？二极管上的最高反向电压是多少？

11.3　稳压电路

顾名思义，稳压电路是可以稳定电压的电路。交流电经整流、滤波以后得到的直流电压是不稳定的，随输入的交流电压及负载的变化而变化，当输出电压的稳定性不能满足负载要求时，就应该增加稳压电路加以稳定。由于稳压电路可提供一个基本恒定的电压，所以在其他方面也有广泛的应用。

11.3.1　稳压二极管稳压电路

利用稳压二极管反向击穿时的稳压特性，把稳压二极管和限流电阻配合起来，就可以构成稳压二极管稳压电路，它可将输出电压 U_o 限制在稳压二极管的稳压值 U_Z，从这种意义上讲，它也是一种限幅电路。如图 11-16 所示，整个电路构成了一个简单的直流稳压电源，其中 U_i 为不稳定的直流输入电压。在稳压二极管稳压电路中，一般取 $U_i=(2\sim3)U_o$，$U_Z=U_o$。

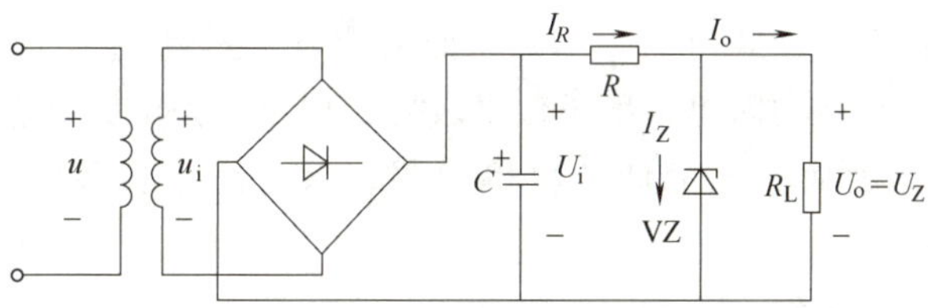

图 11-16　稳压二极管稳压电路

稳压二极管稳压的工作原理如下：造成输出电压 U_o 不稳定的因素有两个，一个是输入电压 U_i 的波动，另一个是负载 R_L 改变引起的负载电流的变化。下面将分别讨论这两种因素造成的影响。

首先讨论 U_i 波动造成的影响。当 U_i 波动，如升高时，将造成 U_o 升高，使流过稳压二极管的电流 I_Z 大大增加，致使流过电阻 R 的电流 I_R 增加而产生较大的电压降，从而抵消了 U_i 升高造成的影响，使 U_o 的增加量大大减小，即使 U_o 基本保持恒定。上述调节过程可表示为

$$U_i\uparrow\rightarrow U_o\uparrow\rightarrow I_Z\uparrow\uparrow\rightarrow I_R\uparrow\rightarrow U_R\uparrow$$
$$U_o\downarrow\leftarrow\!\!\!-\!\!\!-\!\!\!-\!\!\!-\!\!\!-\!\!\!-\!\!\!-\!\!\!-\!\!\!-\!\!\!-\!\!\!-\!\!\!-\!\!\!-\!\!\!-\!\!\!-\!\!\!\rfloor$$

在此调节过程中，电阻 R 起到了吞吐电压的作用，即 U_i 升高时，U_R 增大；U_i 降低时，U_R 减小，使得 U_o 基本恒定。R 越大，U_i 波动产生的影响越小。

再讨论负载 R_L 变化造成的影响。当 R_L 改变，如减小时，输出电流 I_o 随之增大，致使 R 中的电流 I_R 和电压降 U_R 增大，引起输出电压 U_o 降低，使流过稳压管的电流 I_Z 明显减小，从而抵消了 I_o 增加对 I_R 的影响，使 I_R 基本不变，U_R 和 U_o 也都基本恒定。上述调节过程可表示为

$$R_L\downarrow\rightarrow I_o\uparrow\rightarrow I_R\uparrow\rightarrow U_R\uparrow\rightarrow U_o\downarrow\rightarrow I_Z\downarrow\downarrow\rightarrow I_R\downarrow\rightarrow U_R\downarrow$$
$$U_o\downarrow\leftarrow\!\!\!-\!\!\!-\!\!\!-\!\!\!-\!\!\!-\!\!\!-\!\!\!-\!\!\!-\!\!\!-\!\!\!-\!\!\!-\!\!\!-\!\!\!\rfloor$$

上述分析表明，稳压二极管起到了吞吐电流的作用，即 I_o 增大时，I_Z 减小；I_o 减小时，I_Z 增大，从而使 I_R 基本不变，使 U_o 基本恒定。

图 11-16 电路中，在$\frac{R_L U_i}{R+R_L}>U_Z$ 的情况下，稳压二极管工作在反向击穿状态，由此不难得出

$$I_R=\frac{U_i-U_Z}{R} \tag{11-18}$$

$$I_o=\frac{U_Z}{R_L} \tag{11-19}$$

$$I_Z=I_R-I_o \tag{11-20}$$

流过稳压二极管的最大和最小电流分别为

$$I_{Zmax}=\frac{U_{imax}-U_Z}{R}-\frac{U_Z}{R_{Lmax}} \tag{11-21}$$

$$I_{Zmin}=\frac{U_{imin}-U_Z}{R}-\frac{U_Z}{R_{Lmin}} \tag{11-22}$$

为保证稳压二极管安全，应使 $I_{Zmax}<I_{ZM}$，而为使 U_o 始终稳定，应使 $I_{Zmin}<I_{ZF}$。

稳压二极管稳压电路结构简单，稳压效果较好，但由于该电路是靠稳压二极管的电流调节作用来实现稳压的，因而其电流调节范围有限，只适用于负载电流较小且变化不大的场合。

11.3.2 串联型线性稳压电路

上述由稳压二极管构成的稳压电路虽然很简单，但是受稳压二极管最大稳定电流的限制，负载电流不能太大。另外，输出电压不可调且稳定性也不够理想。串联型线性稳压电源克服了上述缺点，得到较为广泛的应用，串联型线性稳压电路如图 11-17 所示。整个电路由以下四部分组成。

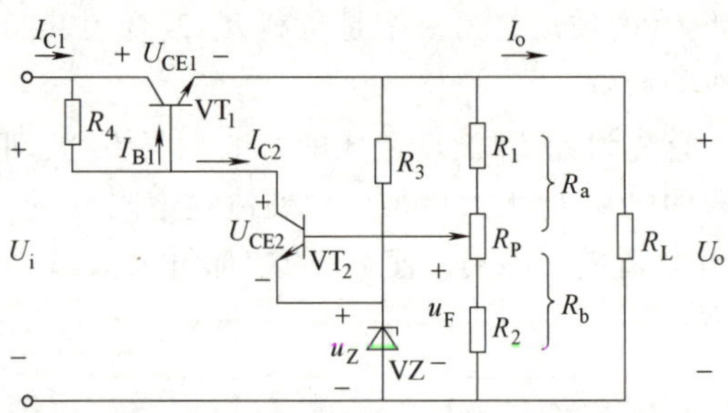

图 11-17 串联型线性稳压电路

(1) 采样环节

采样环节由 R_1、R_P、R_2 组成的分压电路构成，它将输出电压按比例分出一部分作为采样电压 U_F，送到比较放大环节。

(2) 基准电压

由稳压二极管 VZ 和电阻 R_3 构成，可以提供一个稳定的基准电压 U_Z，作为调整、比较的标准。忽略 VT_2 的发射结电压 U_{BE} 不计，则有

$$U_F=U_Z=U_o\frac{R_b}{R_a+R_b}$$

$$U_o=\left(1+\frac{R_a}{R_b}\right)U_Z \tag{11-23}$$

用电位器 R_P 即可调节输出电压 U_o 的大小，但 U_o 必定大于或等于 U_Z。

（3）比较放大电路

比较放大电路是由 VT_2 和 R_4 构成的直流放大器组成，其作用是将采样电压 U_F 与基准电压 U_Z 之差放大后去控制调整管 VT_1。

（4）调整环节

由工作在线性放大区的调整管 VT_1 组成，VT_1 的基极电流 I_{B1} 受比较放大电路输出的控制，它的改变又可使集电极电流 I_{C1} 和集-射电压 U_{CE1} 改变，从而达到自动调整稳定输出电压的目的。

图 11-17 电路的工作原理如下：当输入电压 U_I 或输出电流 I_o 变化引起输出电压 U_o 增加时，采样电压 U_F 相应增大，使 VT_2 的基极电流 I_{B2} 和集电极电流 I_{C2} 随之增加、集电极电压 U_{C2} 下降，因此 VT_1 的基极电流 I_{B1} 下降，使得 I_{C1} 下降，U_{CE1} 增加，U_o 下降，从而使 U_o 保持基本稳定。上述自动调压过程可表示为

$$U_o\uparrow\rightarrow U_F\uparrow\rightarrow I_{B2}\uparrow\rightarrow I_{C2}\uparrow\rightarrow U_{C2}\downarrow\rightarrow I_{B1}\downarrow\rightarrow U_{CE1}\uparrow\rightarrow U_o\downarrow$$

同理，当输入电压 U_I 或输出电流 I_o 变化使 U_o 降低时，调整过程相反，U_{CE1} 将减小，使 U_o 保持基本不变。

从上述调整过程可以看出，串联型线性稳压电路是依靠电压负反馈来稳定输出电压的。

11.3.3　集成稳压电路

上述由晶体管及外接元件组成的串联型线性稳压电源，可以利用半导体集成工艺把全部元器件集中制作在一小片硅片上构成集成稳压器。集成稳压电路具有体积小、使用方便、工作可靠等特点，常用有 W78××和 W79××系列三端固定式集成稳压器，其中××表示输出电压值，有 5V、8V、9V、12V、15V、18V 和 24V 等七个等级。电流等级有 0.1A、0.5A 和 1.5A。最高输入电压为 35V，最小输入与输出电压差（芯片电压降）为 2~5V。

W78××系列集成稳压器输出固定的正电压，如需要 15V 直流电压时，可选用 W7815 型稳压器。W79××系列集成稳压器输出固定的负电压，如需要 -5V 直流电压时，可选用 W7905 型稳压器。使用时三端稳压器接在整流滤波电路之后。

W78××系列三端稳压器的接线图如图 11-18 所示，其中电容 C_i 用于消除输入端引线过长时的电感效应，防止自激振荡的产生，一般为 0.1~1μF；电容 C_o 用来改善稳压器在负载电流瞬时变动时引起的输出电压波动，可选择 1μF。

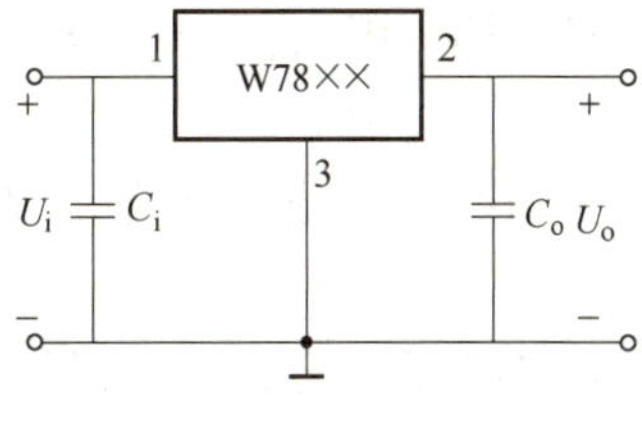

图 11-18　W78××系列三端稳压器的接线图

三端稳压器适当外接一些元器件后，可以实现提高输出电压、扩展输出电流以及输出电压可调等多种功能。

（1）正、负电压输出的电路

将 W78××系列和 W79××系列集成稳压器组合连接，可以得到正、负输出的电压。如图 11-19 所示电路可以得到±12V 同时输出的直流电源。

（2）提高输出电压的电路

当实际所需电压超过集成稳压器的规定值时，可外接一些元器件，以提高输出电压，如

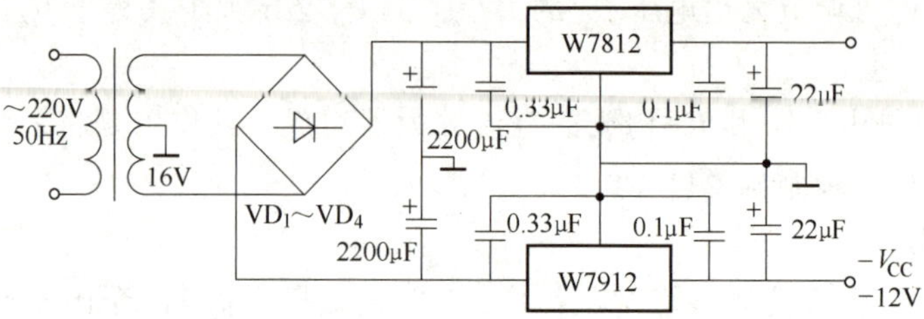

图 11-19 ±12V 电压同时输出的电路

图 11-20 所示。图中 $U_{\times\times}$ 为三端稳压器固定输出电压，显然

$$U_o = U_{\times\times} + U_Z$$

（3）输出电压可调的稳压电路

用 W78××组成的电压可调式稳压电路如图 11-21 所示，运算放大器起到电压跟随的作用，其电源是稳压电路的输入电压，则输出电压 U_o 为

$$U_o = \left(1+\frac{R_2}{R_1}\right) U_{\times\times} \tag{11-24}$$

调节 R_2 与 R_1 的比例，即可在一定范围内改变输出电压的大小。

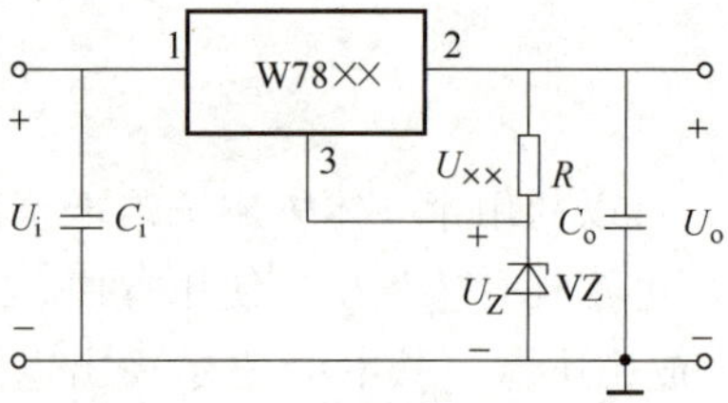

图 11-20 提高输出电压的电路

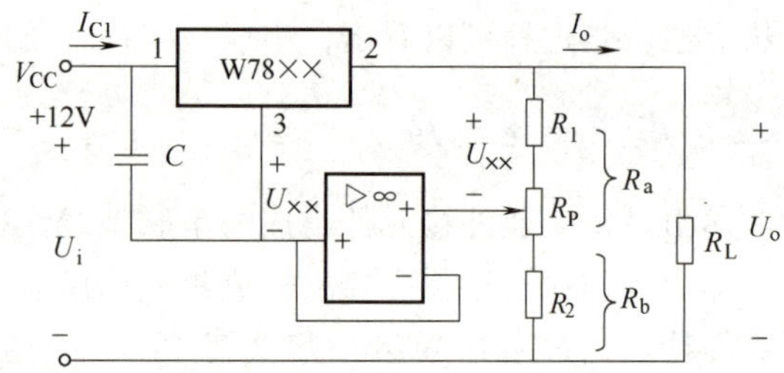

图 11-21 输出电压可调的电路

（4）三端可调集成稳压器

三端可调集成稳压器有正电压输出的 LM317 系列和负电压输出的 LM337 系列，输出电压能在 1.2~37V 范围内连续可调，最大可输出 1.5A 的电流，稳压器内部具有过热、限电流和安全工作区保护电路，使用安全可靠，比三端固定输出稳压器有更好的电压调整指标。二端可调集成稳压器的基木应用电路如图 11-22 所示。

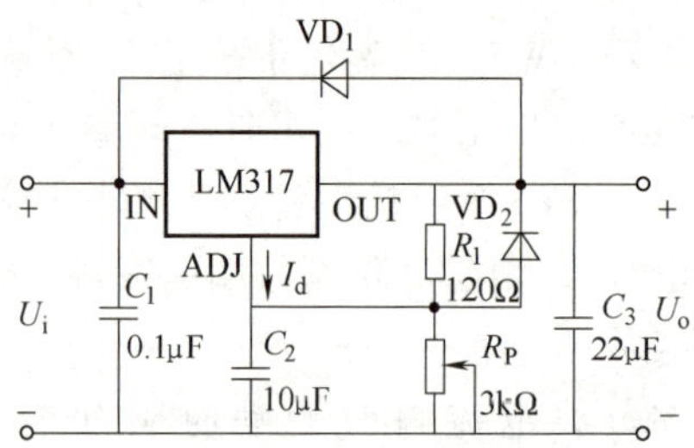

图 11-22 三端可调集成稳压器的基本应用电路

LM317 系列集成稳压器输出端（OUT）与调整端（ADJ）之间为固定参考电压，它的调整电流 I_d 值很小，约为 50μA，若忽略 I_d，$U_{REF}=1.25\text{V}$，则输出电压为

$$U_o = U_{REF}\left(1+\frac{R_P}{R_1}\right) = 1.25\left(1+\frac{R_P}{R_1}\right) \tag{11-25}$$

式中，R_1 一般取值为 120~240Ω。调节 R_P 可改变输出电压的大小。

图 11-22 电路中二极管 VD_1 用于防止出现输入端短路时，输出端电容 C_3 通过稳压器输

入端放电而损坏稳压器；VD_2 的作用是防止输出端对地短路时，C_2 上的电压会通过调整端 ADJ 放电，有可能损坏稳压二极管；C_1 起消振作用；C_2 用来提高纹波抑制比；C_3 用来减小容性负载产生的阻尼振荡。

【思考题】

11.3.1　根据稳压二极管稳压电路和串联型稳压电路的特点，试分析这两种电路各适用于什么场合？

11.3.2　W78××系列和 W79××系列三端集成稳压器属于哪一类型稳压电路？它们的区别是什么？

11.3.3　稳压电路对输入电压波动的范围有没有限制？对负载的变化有无限制？

本章小结

1）小功率直流稳压电源一般由降压变压器、整流电路、滤波电路和稳压电路等部分组成。

2）整流是将交流电变成直流电的技术，利用半导体二极管的单向导电性，构成整流电路。常用的单相整流电路有单相半波整流电路、单相全波整流电路和桥式整流电路。整流电路的输出是单向脉动电压。

3）滤波电路可以滤除整流电路输出的单向脉动电压中的交流分量。电容滤波是一种简单实用的滤波电路。

4）稳压二极管稳压电路利用稳压二极管的稳压特性来稳定负载电压，由稳压二极管和限流电阻组成。稳压二极管稳压电路适用于输出电流较小、输出电压固定、稳压要求不高的场合。

5）串联型线性稳压电路主要由采样环节、基准电压、比较放大电路和调整环节组成。输出电压经采样电路取出反馈电压并与基准电压比较、放大后去控制调整管进行负反馈调节，使输出电压达到基本稳定。串联型线性稳压电路输出电流较大，输出电压可以调节，适用于对稳压精度要求高、对效率要求不高的场合。

6）集成稳压器的稳压性能好、品种多、体积小、重量轻、使用方便、安全可靠，但效率不高。利用集成稳压器可以组成不同的实用电路。

习　题

一、单项选择题

11.1　单相半波整流电路的输入电压为正弦波时，负载电阻和二极管上的电压、电流波形（　　）。

A. 分别是与正弦波最大值相同的单向全波与单向半波脉动电压、电流波形

B. 都是与正弦波最大值相同的单向半波脉动电压、电流波形

C. 都是与正弦波最大值相同的单向全波脉动电压、电流波形

D. 都是与正弦波有效值相同的单向全波脉动电压、电流波形

11.2　单相桥式整流电路的输入电压为正弦波时，负载电阻和二极管上的电压、电流波形（　　）。

A. 分别是与正弦波最大值相同的单向全波与单向半波脉动电压、电流波形

B. 都是与正弦波最大值相同的单向半波脉动电压、电流波形

C. 都是与正弦波最大值相同的单向全波脉动电压、电流波形

D. 都是与正弦波有效值相同的单向半波脉动电压、电流波形

11.3 单相半波整流电路的输入电压为 $U_m \sin\omega t$，则负载电阻上电压的平均值约为（　　）。

A. $0.45U$　　B. $0.9U$　　C. U　　D. $1.2U$

11.4 单相双半波整流电路中，变压器每个二次绕组的正弦电压有效值为 U，则负载电阻上电压的平均值约为（　　）。

A. $0.45U$　　B. $0.9U$　　C. U　　D. $1.2U$

11.5 单相双半波整流电路中，变压器每个二次绕组的正弦电压有效值为 U，则二极管上的最高反向电压为（　　）。

A. U　　B. $1.2U$　　C. $\sqrt{2}U$　　D. $2\sqrt{2}U$

11.6 单相桥式整流电路的输入电压为 $\sqrt{2}U\sin\omega t$，则二极管上的最高反向电压为（　　）。

A. U　　B. $1.2U$　　C. $\sqrt{2}U$　　D. $2\sqrt{2}U$

11.7 单相半波整流电路的输入电压为 $\sqrt{2}U\sin\omega t$，加电容滤波，负载电阻上电压的平均值约为（　　）。

A. $0.45U$　　B. $0.9U$　　C. U　　D. $1.2U$

11.8 单相双半波整流电路中，变压器每个二次绕组的电压为 $\sqrt{2}U\sin\omega t$，加电容滤波，则负载电阻上电压的平均值约为（　　）。

A. $0.9U$　　B. U　　C. $1.2U$　　D. $2\sqrt{2}U$

11.9 单相桥式整流电路中，变压器二次绕组的电压有效值为 U，加电容滤波，负载电阻上电压的平均值约为（　　）。

A. U　　B. $0.9U$　　C. $1.2U$　　D. $\sqrt{2}U$

11.10 如图 11-23 所示稳压电路中，当输入电压 U_i 基本不变而负载电阻 R_L 变化时，电阻 R 上的电流（　　）。

A. 随负载电阻的变化而变化

B. 随负载电流的变化而变化

C. 随负载电压的变化而变化

D. 基本不变

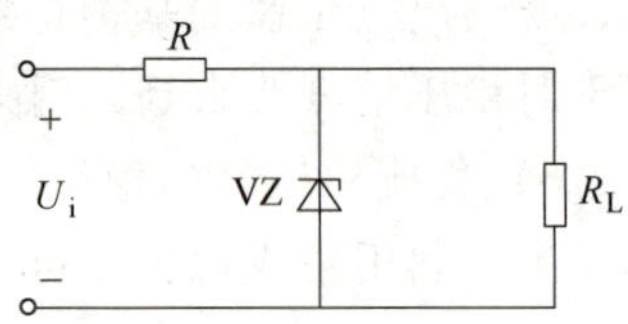

图 11-23　习题 11.10 图

11.11 整流电路加电容滤波后，输出电压（　　）。

A. 基本不变　　B. 为零　　C. 变小　　D. 变大

二、分析计算题

11.12 图 11-2 单相半波整流电路中，$R_L = 100\Omega$，输出直流电压平均值 $U_o = 100\text{V}$，求输出电流的平均值 I_o、输入电压的有效值 U_i。

11.13 图 11-5 单相双半波整流电路中，设 $u_{ia} = u_{ib} = 100\sqrt{2}\sin 314t$ V，$R_L = 100\Omega$，试分别求：

1）输出电压和输出电流的平均值 U_o、I_o。

2）流过二极管的电流的平均值和二极管上的最高反向电压。

11.14　某桥式整流加电容滤波电路中，设输入电压 $u=100\sqrt{2}\sin314t$ V，负载电阻 $R_L=100\Omega$，试求：

1）输出电压和输出电流的平均值 U_o、I_o。

2）流过二极管的电流的平均值和二极管上的最高反向电压。

3）滤波电容的容量。

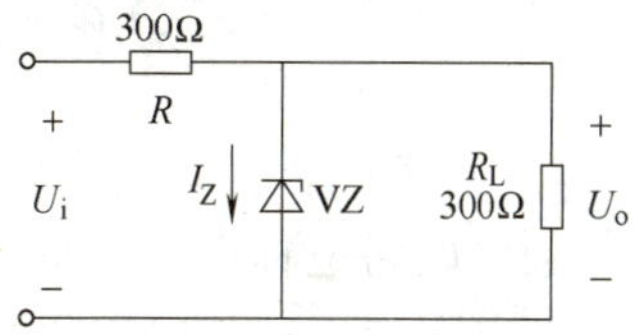

图 11-24　习题 11.15 图

11.15　如图 11-24 所示电路，$U_Z=6$V，分别求：

1）$U_i=10$V 时电路中的 U_o 和 I_Z。

2）$U_i=18$V 时电路中的 U_o 和 I_Z。

11.16　如图 11-25 所示电路，试求：

1）二极管 VD_1、VD_2 和 VD_3 各组成哪种整流电路？

2）U_{o1}、U_{o2} 的大小，并标出极性。

3）二极管 VD_1、VD_2、VD_3 中流过的平均电流。

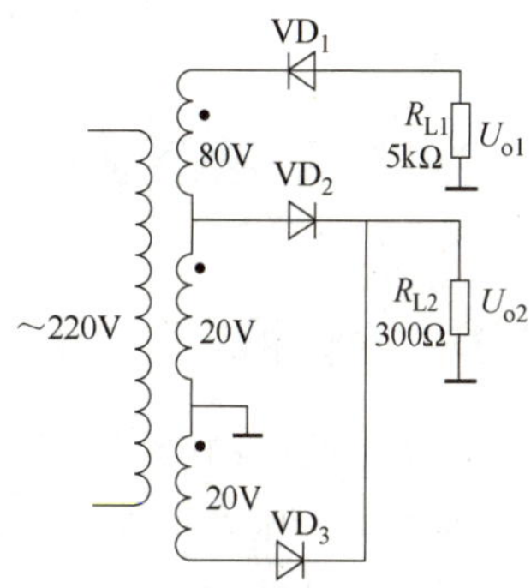

图 11-25　习题 11.16 图

11.17　单相桥式整流电容滤波电路中，已知变压器二次电压有效值 $U=20$V，负载电阻 $R_L=40\Omega$，滤波电容 $C=1000\mu$F，若用直流电压表测量负载两端电压 U_o，则出现以下数值，试说明哪些是正常的？哪些是故障的？并指出是什么故障，为什么？

1）$U_o=28$V。

2）$U_o=24$V。

3）$U_o=18$V。

4）$U_o=9$V。

11.18　图 11-17 电路中，已知 $U_Z=3$V，$R_1=R_2=3$kΩ，电位器 $R_P=10$kΩ。

1）输出电压 U_o 的最大值、最小值各为多少？

2）如果将 VT_2 的集电极电阻 R_4 改接到输出端 U_o 处（VT_1 发射极上），电路能否正常工作？为什么？

11.19　某整流滤波稳压电路如图 11-26 所示。

1）求输出电压 U_o。

2）若 W7812 型集成稳压器的芯片电压降 $U_{12}=3$V，求输入电压 U_i。

3）求变压器二次电压有效值 U_2。

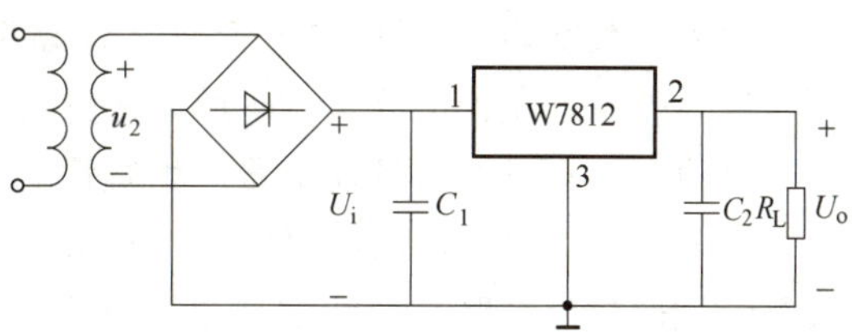

图 11-26　习题 11.19 图

第 12 章　数字逻辑基础和门电路

数字电路也称逻辑电路，分为组合逻辑和时序逻辑两大类型。门电路是最基本的逻辑单元电路，用门电路可以构成各种功能复杂的组合逻辑和时序逻辑电路。本章首先从应用的角度介绍逻辑代数的基础知识，讨论数字系统中数的表示方法、常用编码、逻辑代数的基本概念和基本理论；然后介绍各种类型和各种逻辑功能的门电路，说明逻辑函数的基本表示形式及其化简，应用逻辑代数对组合逻辑电路进行分析研究。

12.1　数字电路基础

12.1.1　脉冲信号与数字电路

电子电路中的电压和电流有两种不同的形式，一种称为模拟信号，用来模拟各种物理量，如温度、压力、流量、速度等，它们和这些物理量一样，是随时间连续变化的，其量值代表了物理量的大小，所以，对模拟信号关心的是其量值；另一种称为数字信号，不随时间连续变化，是离散的，一般为矩形脉冲，对数字信号，重点关心信号的有无及其脉冲个数，其量值的大小在规定的范围内即可。

处理模拟信号的电路称为模拟电路，如各种放大器及正弦波振荡器等，都是模拟电路。数字电路是用来处理数字信号的电路。在模拟电路中，晶体管始终工作在放大区，不允许进入饱和或截止区，否则，输出信号将出现严重的非线性失真；但在数字电路中，晶体管只能工作在开关状态，即或饱和，或截止，其电路作用相当于一个开关。

数字电路的一个重要应用领域是数字式电子计算机及各种数字装置，由于数字设备调整灵活方便、精度高、稳定可靠，所以，在非电量的测量、计时仪器及自动控制等领域，也越来越多地采用数字装置。图 12-1 为数字式频率计的结构原理，被测信号可以为任意波形，其频率设为 f_x。首先，由放大与整形电路将其放大并变换为同频率的矩形波，然后送到门电路的一个输入端；时基信号发生器产生宽度为 1s 的矩形脉冲，称为秒信号，加到门电路的另一个输入端，用以控制门电路的打开和关闭。在秒信号期间，门电路打开，整形为矩形波的被测信号通过门电路，由计数器累计其个数，并由数字显示电路显示，1s 后，门电路关闭，计数器记录的脉冲个数，即被测信号在 1s 内重复的次数，就是被测信号的频率。测量结果直接以数字形式显示，使用非常方便。

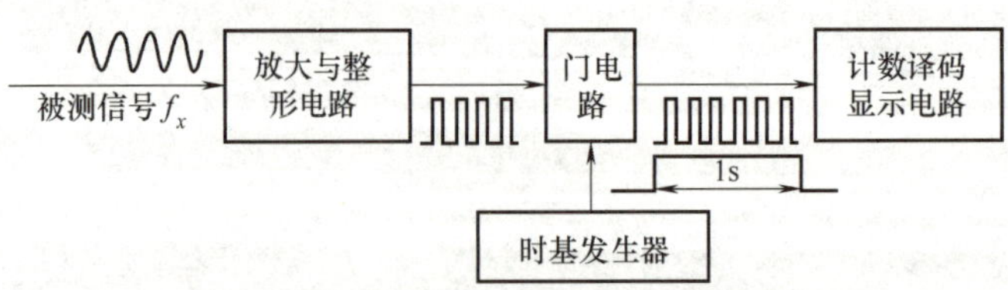

图 12-1　数字式频率计的结构原理

（1）脉冲信号

图 12-2 为数字电路通常处理的矩形脉冲或尖脉冲信号，也称脉冲信号。脉冲信号是指在短促的时间内，出现的突然变化的电压或电流。“脉冲”一词包含着脉动和短促的意思。矩形脉冲信号常用二值量信息表示，即用逻辑信号 1 或 0 来表示信号的状态，反映在电路上就是高电平或低电平两种状态。

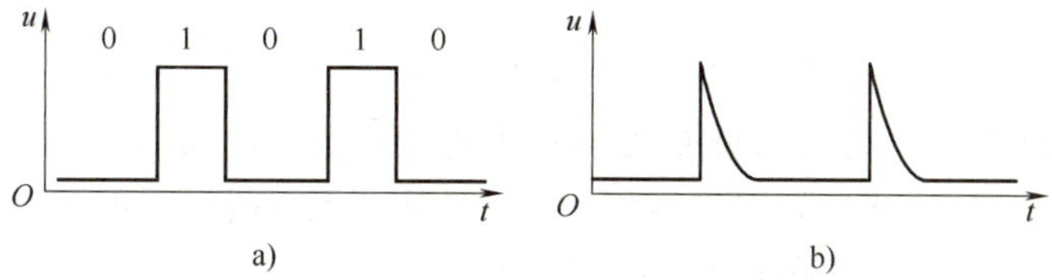

图 12-2　矩形脉冲和尖脉冲信号

a）矩形脉冲信号　b）尖脉冲信号

（2）数字电路的分类

1）按电路组成结构，数字电路可分为分立元器件电路和集成电路两类。

2）按电路的逻辑功能，数字电路可分为组合逻辑电路和时序逻辑电路。另外脉冲波形的产生与变换电路也属于数字电路的一部分。数/模转换（D/A 转换）电路和模/数转换（A/D 转换）电路则是由模拟电路和数字电路结合而成的。

数字集成电路正向着更大规模、低功耗、高速度、可测试和可编程的方向发展。

12.1.2　数字电路的特点

数字电路是数字逻辑关系的物理实现方法之一，也是现代电子技术的重要组成部分。数字电路只能处理数字信号，数字逻辑是研究用数字方式表示逻辑关系的学科。

数字电路具有以下特点：

1）数字电路的工作信号是离散的，因此电路中工作的半导体管多数工作在开关状态。如二极管工作在导通和截止态；晶体管工作在饱和态和截止态。数字电路在作为数值计数和运算电路时采用二进制数，每一位只有 1 和 0 两种可能。

2）数字电路是利用信号（脉冲）的有无来代表和传输 1 和 0 这样的数字信息的，幅度较小的干扰不能改变信号的有无，因此其抗干扰能力强。

3）数字电路结构简单，功能强，功耗低，集成度高，成本低。

4）数字信号更便于存储，使得巨量信息资源能得以保存和传输。

5）数字电路的分析方法不同于模拟电路，其重点在于分析各种数字电路输出与输入之间的相互关系，即逻辑关系。逻辑代数是分析数字电路的常用数学工具，表达数字电路逻辑功能的方式主要是真值表、逻辑表达式和波形图等。

12.1.3　数制

数制是进位计数制。数字电路中常用的数制有二进制、十进制、八进制、十六进制，用后缀 B、D、Q、H 或 2、10、8、16 来区别。

对于任意 R 进制数，存在以下共有规律：

1）一个确定的基数 R，且逢 R 进一。

2）有 R 个有序的数字符号和一个小数点，数码 K_i 为 0~(R-1)。

3）每一个数位均有固定的含义称为权 R^i。不同数位其权 R^i 不同。

4）进位制数均可写成按权展开式，式中每一项为该位的数码 K_i 和该位的权 R^i 的乘积。

一个数从一种进位制表示形式转换成等值的另一种进位制表示形式称为数制转换，其实质为权值转换。相互转换的原则是转换前、后两个有理数的整数部分和小数部分必定分别相等。

常用的有自然二进制码、格雷码、二-十进制码等。二-十进制编码（Binary Coded Decimal Codes）简称 BCD 码，它用二进制代码对十进制数的各个数码进行编码。二-十进制码有很多，最常用的是 8421BCD 码（有权码）、余三码（无权码），同一个十进制数所对应的余三码等于所对应的 8421BCD 码加 0011（3）。

日常生活中人们习惯使用十进制计数，它是用 0~9 共十个数字符号表示一个任意大小的数，数的每一位都是十个数字符号中的某一个，进位法则为低位够十向高位进一，即逢十进一。但十进制计数制不是唯一的计数制，如钟表上时针和秒针分别采用的是十二进制和六十进制，计算机及数字装置中广泛采用二进制，它是用 0 和 1 两个数字符号来表示一个任意大小的数，进位法则为逢二进一。

十进制平时使用很方便，但在计算机中应用却非常困难，因为在计算机中，所有信息都是用电位的高低来表示的，若采用十进制，为了表示 0~9 十个数字符号，需要设置十种大小不同的电平，且要求它们相当准确和稳定，否则，就会使它们表示的数字符号发生混淆，而且，处理这样的信号也是十分困难的。若采用二进制，因只有 0 和 1 两个数字符号，只用两种电平即可表示，处理这样的信号也非常简单，所以，在计算机及数字装置中，都毫无例外地采用二进制。

在各种进位制数中，同一个数字符号在不同位表示不同的量值大小，如十进制数 9999，同一个数字符号 9，在各位表示的量值由右至左依次为九个、九十、九百、九千，这里的个、十、百、千、…，数学上称为十进制数的权，表示为十进位制基数 10 的幂的形式，依次为 10^0、10^1、10^2、10^3、…。再如一个二进制数 1111，同一个数字符号 1，在各位表示的量值，由右至左依次等于十进制数 1、2、4、8，即二进制数的权，由低位至高位以二进位制基数 2 的幂的形式表示，依次为 2^0、2^1、2^2、2^3、…。

（1）二进制转换为十进制

二进制转换为十进制，可以利用二进制数的按权展开式，将任意一个二进制数转换为相应的十进制数。

【例 12-1-1】 将 $(10011.101)_2$ 转换成十进制数。

解： $(10011.101)_2=1\times2^4+0\times2^3+0\times2^2+1\times2^1+1\times2^0+1\times2^{-1}+0\times2^{-2}+1\times2^{-3}=(19.625)_{10}$

（2）十进制转换为二进制

十进制转换为二进制，包括整数部分和小数部分的转换。

1）整数部分的转换采用除基取余法，即用目标数制的基数（$R=2$）去除十进制数，第一次相除所得余数为目的数的最低位 K_0，将所得商再除以基数，反复执行上述过程，直到商为 0，所得余数为目的数的最高位 K_{n-1}。

【例 12-1-2】 将十进制数 29 转换成二进制数。

解： $(29)_{10}=(11101)_2$

2）小数部分的转换采用乘基取整法，即用小数乘以目标数制的基数（$R=2$），第一次相乘结果的整数部分为目的数的最高位 $K-1$，将其小数部分再乘基数依次记下整数部分，反复进行下去，直到小数部分为 0，或满足要求的精度为止（即根据设备字长限制，取有限位的近似值）。

【例 12-1-3】　将十进制数 $(0.723)_{10}$ 转换成 ε 不大于 2^{-6} 的二进制数。

解：ε 不大于 2^{-6}，即要求保留到小数点后第六位。由此得

$$(0.723)_{10}=(0.101110)_2$$

（3）二进制与十六进制之间的转换

从小数点开始，将二进制数的整数和小数部分每 4 位分为一组，不足 4 位的分别在整数的最高位前和小数的最低位后加 0 补足，然后每组用等值的十六进制码替代，即得目的数。

【例 12-1-4】　将二进制数 1011101.101001 转换成十六进制数。

解：$(1011101.101001)_2=(5D.A4)_{16}$

一个任意进制数的量值 N，等于各数字符号和它所在位的权的乘积之和，对于一个 n 位二进制数，其量值为

$$N=\sum_{i=0}^{n-1}a_i2^i=a_{n-1}2^{n-1}+\cdots+a_i2^i+\cdots+a_12^1+a_02^0$$

如二进制数 1101 的量值为

$$N=1\times2^3+1\times2^2+0\times2^1+1\times2^0=13$$

【思考题】

12.1.1　晶体管在模拟电路和数字电路中的工作状态有什么不同？

12.1.2　在计算机和数字装置中为什么采用二进制而不采用人们熟悉的十进制？

12.2　基本逻辑关系及其门电路

逻辑门电路是数字电路中最基本的逻辑元件。逻辑门电路的输入和输出之间存在一定的逻辑关系（因果关系），逻辑门电路又称门电路。

逻辑变量取值逻辑 0、逻辑 1。逻辑 0 和逻辑 1 不表示数值大小，仅表示相互对立的两种逻辑状态。

基本逻辑关系为与、或、非三种。

门电路主要有与门、或门、非门、与非门、或非门、异或门等。

门电路是一种最简单、最基本的数字电路，它对脉冲信号有控制作用，另外，门电路又是构成其他较复杂的数字电路的基础。

顾名思义，门电路的作用就像一扇门一样，在满足一定条件时，门电路打开，允许信号通过；而当条件不满足时，门电路关闭，信号不能通过。

门电路是否打开、有无输出信号，由输入信号的情况决定，输入信号反映了门电路打开的条件，这种条件与结果间的因果关系即所谓逻辑。

12.2.1　与逻辑及与门电路

所谓与逻辑关系，即一个事件的有关条件全部具备时，该事件才能发生。图 12-3a 中，

只有当 S_A、S_B、S_C 三个开关全部闭合时，灯才亮，可见灯亮这个事件的发生和三个开关闭合这些条件之间为与逻辑关系，与的含义为所有条件全部具备。

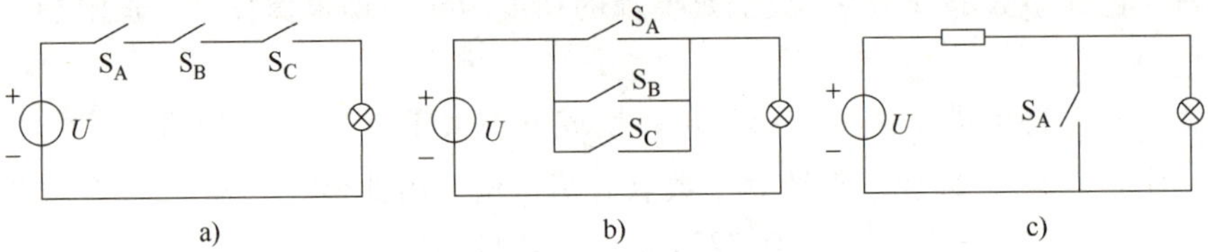

图 12-3 逻辑门电路

a）与门电路 b）或门电路 c）非门电路

图 12-4 为实用的三输入端与门电路及其逻辑符号。

当三个输入端全为低电平（如 0V）时，二极管 VD_A、VD_B、VD_C 全部导通，电流由+12V 电源经电阻 R、二极管 VD_A、VD_B、VD_C 及各自信号源到地，若忽略二极管正向电压降，则有

$$V_F = V_A = V_B = V_C = 0V$$

输出为低电平。

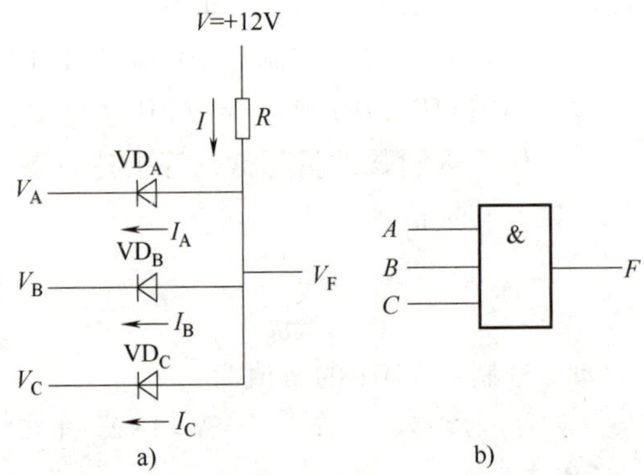

图 12-4 三输入端与门电路及其逻辑符号

a）三输入端与门电路 b）三输入端与门逻辑符号

若至少有一个输入端（如 A）为低电平，其余为高电平（如+3V），则电流由+12V 电源经 R、VD_A 及 A 端信号源到地，于是有

$$V_F = V_A = 0V$$

输出为低电平，二极管 VD_B、VD_C 因反向偏置而截止，输入端 B、C 与输出端相隔离。

若输入端全部为高电平，三个二极管均导通，电流流向与第一种情况相同，于是有

$$V_F = V_A = V_B = V_C = 3V$$

输出为高电平。

上述分析表明，只有当所有输入端全为高电平时，输出才为高电平，显然，输出与输入间为与逻辑关系。

为便于分析，一般用数字符号 1 表示输入和输出的高电平，用 0 表示输入和输出的低电平，则与门的逻辑关系可概括为：只有当与门的所有输入端全为 1 时，输出才为 1，只要至少有一个输入端为 0，输出就是 0。

12.2.2 或逻辑及或门电路

图 12-3b 中，将三个开关改为并联，则只要至少有一个开关闭合，灯就点亮，灯亮这个事件的发生和三个开关闭合这些条件之间的逻辑关系称为或逻辑关系。或逻辑关系为：当一个事件的有关条件至少具备一个时，事件就会发生，或是指这个或那个条件。

图 12-5 为实用的三输入端或门电路及其逻辑符号。

A、B、C 三个输入端中只要有一个（如 A）为高电平（如+3V），其余为低电平（0V），则二极管 VD_A 导通，电流由 A 端信号源经 VD_A、R 到-12V 电源，若忽略 VD_A 的电压降，

则有

$$V_F = V_A = 3V$$

输出为高电平，此时因 $V_B = V_C = 0V$，二极管 VD_B、VD_C 反向偏置而截止，B、C 两输入端与输出端相隔离。

若有两个或三个输入端为高电平，不难分析，输出仍为高电平。只有当三个输入端全为低电平时，二极管 VD_A、VD_B、VD_C 全导通，则有

$$V_F = V_A = V_B = V_C = 0V$$

输出端才为低电平。

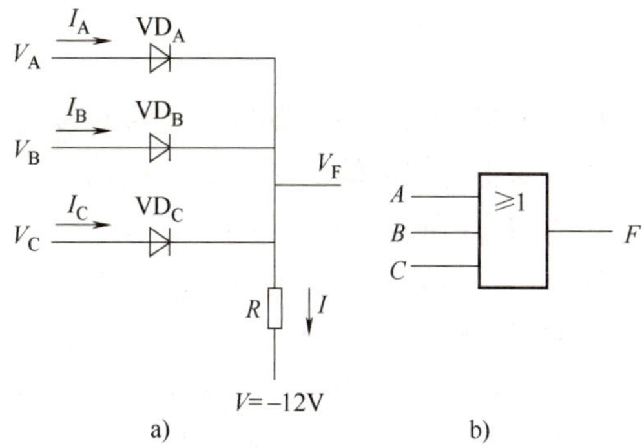

图 12-5　三输入端或门电路及其逻辑符号

a）三输入端或门电路　b）三输入端或门逻辑符号

同样，用 1 表示输入和输出的高电平，用 0 表示低电平，或门的逻辑关系可概括为：当不少于一个输入为 1 时，输出就是 1，只有当所有输入全为 0 时，输出才为 0。

12.2.3　非逻辑及非门电路

所谓非逻辑，即否定之意。图 12-3c 中，开关 S_A 闭合，灯反而熄灭，开关 S_A 不闭合灯才亮，则灯亮与开关 S_A 闭合之间为非逻辑关系。

非门又称为反相器，即输入与输出反相。图 12-6 为非门电路及其逻辑符号。

当 A 端输入为高电平时，适当选择 R_1、R_2 的比例，可使晶体管有足够大的基极电流而饱和，若忽略晶体管的饱和电压降，则有

$$V_F = 0V$$

输出为低电平，与输入相反。

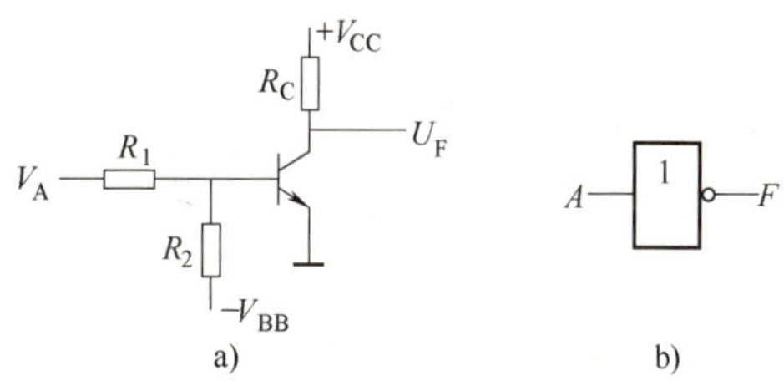

图 12-6　非门电路及其逻辑符号

a）非门电路　b）非门逻辑电路

当输入端为低电平时，$-V_{BB}$ 由 R_1、R_2 分压，晶体管基极为负电位，发射结反偏而截止，故有

$$V_F = V_{CC}$$

输出为高电平，与输入相反。

与门、或门、非门三种基本门电路，分别具有上述与、或、非的逻辑功能，或者说，输出信号和输入信号之间分别具有与、或、非的逻辑关系。图 12-3 三个开关电路，事实上就是有机械触点的与门、或门及非门电路，而这里要研究的是用晶体管作为开关器件构成的无触点电路，二者的逻辑关系是相同的。

【例 12-2-1】　分析如图 12-7 所示门电路对脉冲信号的控制作用。

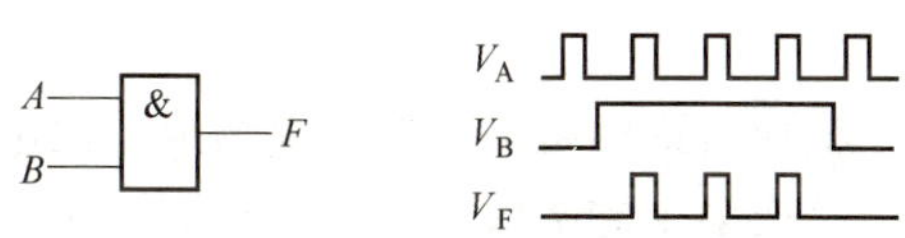

图 12-7　门电路对脉冲信号的控制作用

解： 脉冲信号加到与门输入端 A，控制信号加到与门输入端 B，只有当 A、B 端输入全为高电平时，输出端 F 才为高电平，即只有当控制信号 V_B 为高电平期间，与门才打开，才允许脉冲信号通过。

12.2.4 复合门电路

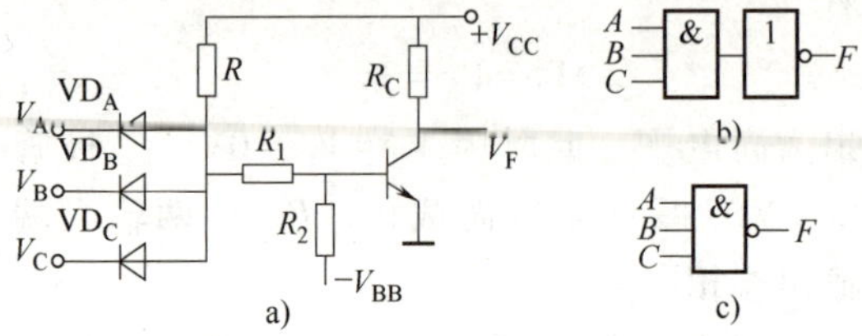

图 12-8 三输入端与非门电路

a）三输入端与非门电路 b）逻辑图 c）逻辑符号

由三种基本门电路可以组合成多种复合门电路，如将与门的输出端接到非门的输入端，如图 12-8a 所示，即为与非门，图 12-8b、c 分别为三输入端与非门的逻辑图和逻辑符号。与非门的输出是对与门输出的否定，故逻辑关系为：只有当所有输入全为 1 时，输出才是 0，只要至少有一个输入为 0，输出就是 1。

同理，由或门和非门可组合成或非门，逻辑图和逻辑符号如图 12-9 所示。逻辑关系为：只要不少于一个输入为 1 时，输出就是 0，只有当所有输入全为 0 时，输出才是 1。

用与门、或门及非门可组合成更复杂的与或非门，逻辑图如图 12-10 所示。根据三种基本门电路的逻辑关系不难得到与或非门的逻辑关系为：当不少于一个与门的所有输入全为 1 时，输出就是 0，否则输出为 1。

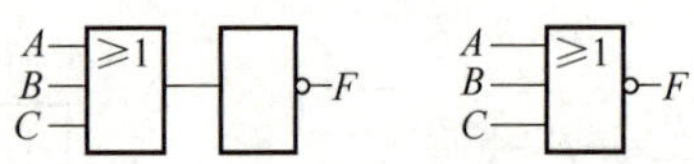

图 12-9 或非门逻辑图和逻辑符号

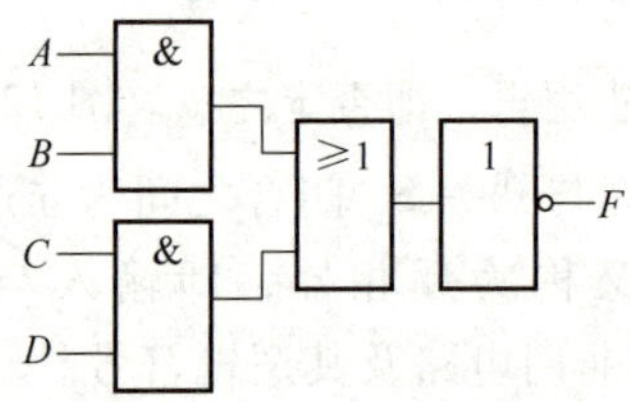

图 12-10 与或非门逻辑图

用与、或、非门还可组合成异或门，逻辑图和逻辑符号如图 12-11 所示。异或门的逻辑关系为：当 *A*、*B* 两端输入相同（不管是 0 还是 1）时，两与门输出总是 0，故或门输出 F 为 0；当 *A*、*B* 两端输入不同时，总有一个与门输出为 1，故或门输出为 1

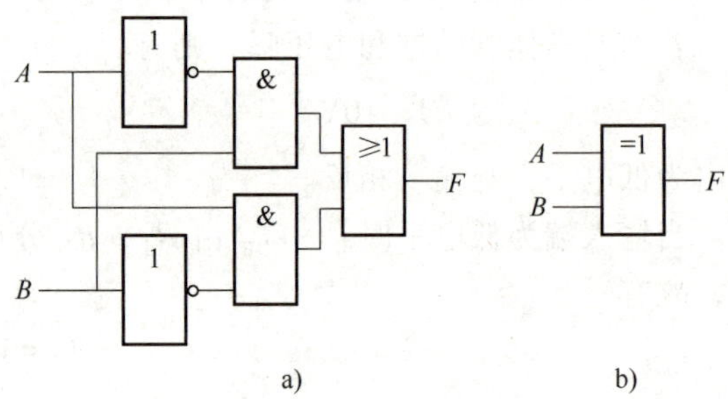

图 12-11 异或门逻辑图及逻辑符号

a）逻辑图 b）逻辑符号

【思考题】

12.2.1 基本门电路分为哪几种？

12.2.2 基本门电路的输出信号和输入信号间具有什么逻辑关系？

12.3 TTL 门电路

前面讨论的是由单个元件构成的门电路，称为分立元件门电路。利用半导体集成工艺可将一个或多个完整的门电路做在同一块硅片上，成为集成门电路，由于其体积小、功耗低、速度快、可靠性高，故取代分立元件门电路而获得广泛的应用。

集成门电路主要有以下几种类型：

1）二极管-晶体管逻辑（DTL）集成门电路。

2）晶体管-晶体管逻辑（TTL）集成门电路。

3）高阈值晶体管逻辑（HTL）集成门电路。

4）射极耦合晶体管逻辑（ECL）集成门电路。

5）P 沟道金属-氧化物-半导体场效应晶体管逻辑（PMOS）集成门电路。

6）N 沟道金属-氧化物-半导体场效应晶体管逻辑（NMOS）集成门电路。

7）互补型金属-氧化物-半导体场效应晶体管逻辑（CMOS）集成门电路。

前四种是以普通双极型晶体管为开关器件，称为双极型集成门电路，后三种是以场效应晶体管作为开关器件，场效应型集成门电路，也称 MOS 门电路。

DTL 电路是最早出现的集成门电路，内部电路和分立元件与非、或非门相似，由于其速度低、集成度不高已基本被淘汰；HTL 电路抗干扰能力强，但开关速度低、功耗大、集成度不高，仅限于特殊场合使用；ECL 电路速度高，但功耗最大、集成度低，使用也不广泛；TTL 电路速度虽不及 ECL，但较 DTL 和 HTL 高得多，而功耗却比 ECL 小得多，是最广泛应用的双极型电路。MOS 门电路的一个特点是易于大规模集成，尤其是 PMOS 门电路，最早达到了大规模、超大规模集成度，它的另一个特点是功耗低，尤其是 CMOS 门电路，可达微瓦级。MOS 门电路一般速度较低，尤其是 PMOS 门电路，工作频率一般在 1MHz 以下。MOS 门电路产品以较大规模的数字集成电路为主，主要应用在要求重量轻、体积小、耗电省而对速度无特殊要求的场合，如微计算机、低速数控装置及模拟开关等。

12.3.1　TTL 集成门电路

TTL 系列是应用最广泛的双极型集成门电路，它品种齐全，是具有上述各种逻辑功能的门电路，其中以与非门最常用。

（1）TTL 与非门电路

TTL 与非门的典型电路如图 12-12 所示。它的输入级是一个多发射极晶体管 VT_1，多个发射结及电阻 R_1 构成一个与门，每个发射极为与门的输入端。

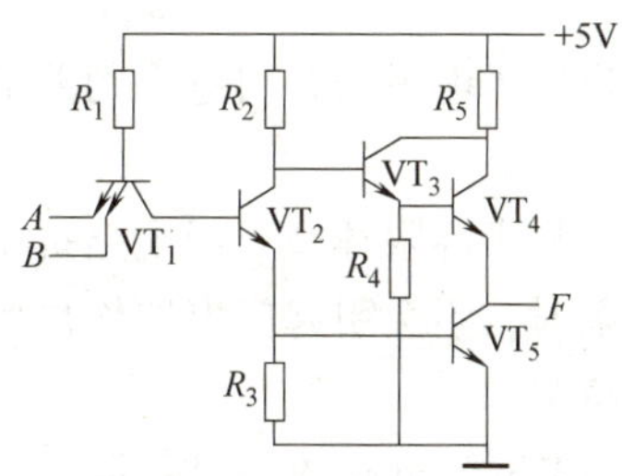

图 12-12　TTL 与非门的典型电路

多发射极晶体管 VT_1 的每个发射极和基极、集电极都构成一个 NPN 型晶体管，当不少于一个发射极（如 A）输入为低电平 0.3V 时，该发射结导通，+5V 电源经电阻 R_1 及 A 端信号源为 VT_1 提供基极电流，使其导通，VT_1 的集电极电流由+5V 电源经电阻 R_2 及晶体管 VT_2 的集电结提供，因 VT_2 的集电结反向偏置，反向电流极小，所以，VT_1 的集电极电流远小于基极电流，故 VT_1 深饱和，管电压降 $U_{CEA} \approx 0$，其集电极即 VT_2 的基极与输入端 A 等电位，约为 0.3V，该电位不足以使 VT_2、VT_5 的发射结导通，故 VT_2、VT_5 截止，等效电路如图 12-13a 所示。+5V 电源经电阻 R_2 为 VT_3、VT_4 组成的复合管提供基极电流，使其导通，故输出端 F 为高电平。

当所有输入全为高电平（如 3V）时，VT_1 基极电位被抬高，+5V 电源经电阻 R_1 及 VT_1 的集电结为 VT_2、VT_5 提供基极电流，使其饱和导通，故输出端 F 为低电平。此时，VT_2 的集电极电位等于 VT_2 的饱和电压降与 VT_5 发射结正向电压降之和，大约 1V，不足以使 VT_3、VT_4 同时导通，因而 VT_4 截止，等效电路如图 12-13b 所示。此时，VT_1 基极电位等于三个 PN 结（VT_1 集电结及 VT_2、VT_5 的发射结）正向电压降之和，大约 2.1V，所以，多发射极

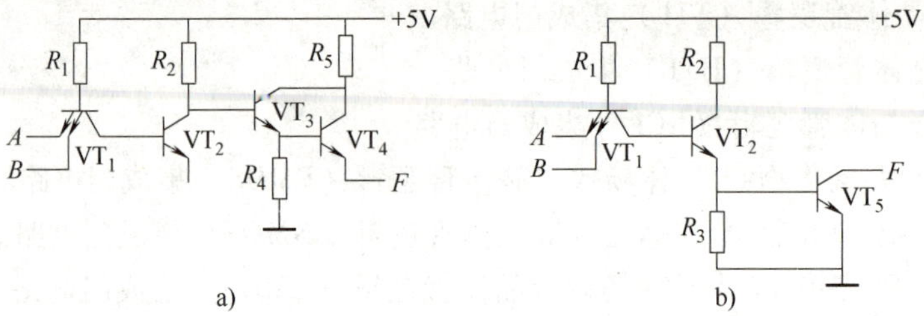

图 12-13　TTL 与非门等效电路

a）至少一个输入为低电平的等效电路　b）所有输入为高电平的等效电路

晶体管 VT_1 的所有发射结都反偏而截止，使输入信号与电路隔离。

由以上分析可知，当不少于一个输入为低电平时，输出为高电平，而当所有输入全为高电平时，输出为低电平，所以，输出与输入之间具有与非逻辑关系。

（2）TTL 门电路的电压传输特性

门电路的电压传输特性是指输出电压 u_o 与输入电压 u_i 之间的关系，如图 12-14 所示。当 $u_i \leqslant U_{OFF}$ 时，输出为高电平 U_{OH}，U_{OH} 是输出高电平的下限值；当 $u_i \geqslant U_{ON}$ 时，输出为低电平 U_{OL}，U_{OL} 是输出低电平的上限值，所以，U_{OFF} 是保持输出为高电平的最大输入电压，称为关门电平，而 U_{OH} 是保持输出为低电平的最小输入电压，称为开门电平。

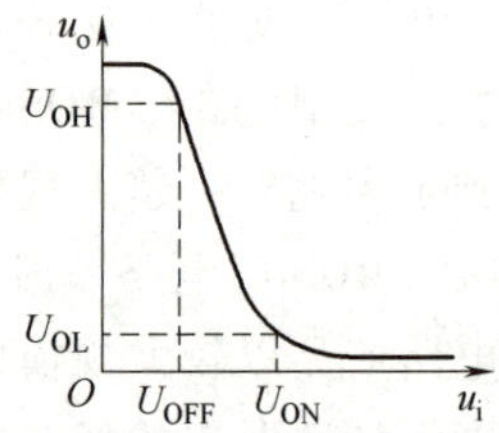

图 12-14　门电路的电压传输特性

为了保持门电路的可靠级联，逻辑 1 电平必须大于开门电平，逻辑 0 电平必须小于关门电平，关门电平与逻辑 0 电平的差值称为输入低电平噪声容限，即

$$U_{NL}=U_{OFF}-U_{OL}$$

而逻辑 1 电平与开门电平的差值称为输入高电平噪声容限，即

$$U_{NH}=U_{OH}-U_{ON}$$

噪声容限体现了门电路抗干扰能力的大小，当输入信号中叠加的干扰信号幅值小于噪声容限时，不会引起门电路输出状态的改变而造成逻辑错误，可见，噪声容限越大，抗干扰能力越强。

TTL 门电路的一组数据如下：

关门电平 $U_{OFF}=0.8V$。

开门电平 $U_{ON}=1.8V$。

输出高电平的下限值 $U_{OH}=3.2V$。

输出低电平的上限值 $U_{OL}=0.35V$。

输入低电平噪声容限 $U_{NL}=(0.8-0.35)V=0.45V$。

输入高电平噪声容限：$U_{NH}=(3.2-1.8)V=1.4V$。

74 系列 TTL 数字逻辑电路是国际上最通用的标准电路，共分六大类，74××为最普通的标准型（××表示序列号），74S××为肖特基型，74LS××为低功耗肖特基型，74AS××为先进肖特基型，74ALS××为先进低功耗肖特基型，74F××为高速型，只要序列号相同，逻辑功能就完全相同。通常将多个独立的门电路集成在一个芯片内，图 12-15 为两输入端四与非门 74LS00 的引脚排列。

(3) 集电极开路的 TTL 门电路（OC 门）

集电极开路的门电路是一种特殊的 TTL 集成门电路。图 12-16 为集电极开路的与非（OC）门电路及其逻辑符号，与图 12-12 普通与非门电路的不同在于去掉了复合管 VT_3、VT_4，使输出端 F 处于开路状态，工作时，必须在输出端 F 外接负载和正电源。该电路的工作原理与图 12-12 普通与非门电路基本相同。

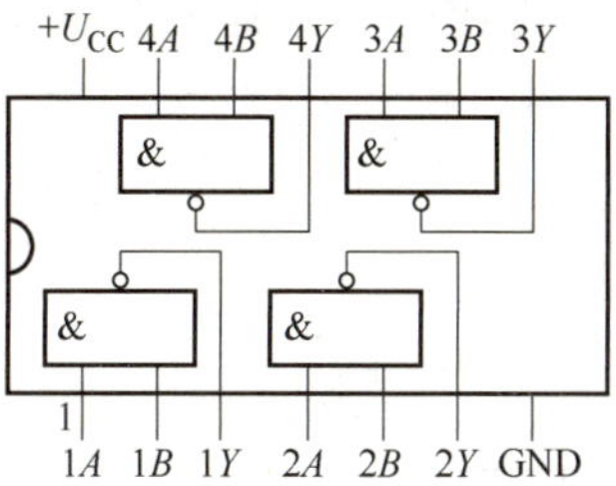

图 12-15 两输入端四与非门 74LS00 的引脚排列

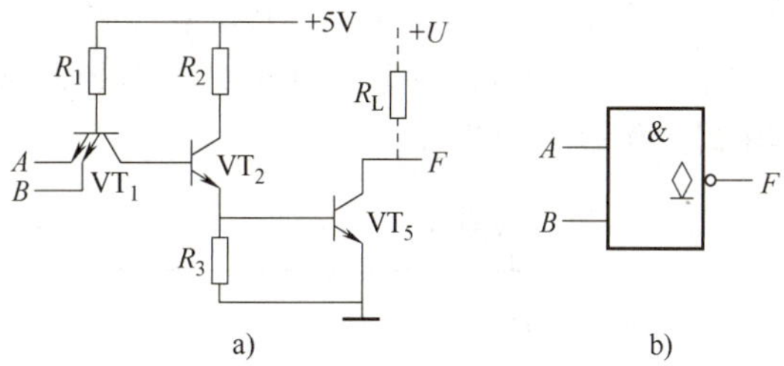

图 12-16 集电极开路的与非（OC）门电路及其逻辑符号

a）电路 b）逻辑符号

OC 门有其特殊的应用价值，其中一种应用是可以直接驱动高电压、小电流的负载。图 12-16 中，负载 R_L 可以是一个继电器、电磁阀等设备的线圈，也可以是一个用作指示灯的发光二极管等，使用灵活方便。电源 $+U$ 的电压由所连接负载的额定电压决定。

OC 门的另一种应用是可以将几个门的输出端直接相连而实现线与，如图 12-17a 所示。由图 12-17b 可知，任何一个门的输出晶体管饱和导通都会使输出 F 为低电平，只有当所有门的输出晶体管都截止时，输出 F 才是高电平，从而实现了多个与非门输出间的与逻辑，即 $F=Y_1Y_2Y_3$。

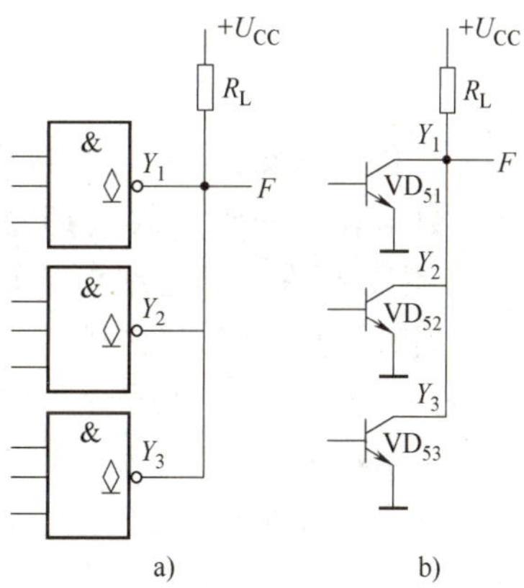

图 12-17 多个与非门输出间的与逻辑图

a）OC 线与门电路 b）与逻辑等效电路

(4) 三态门

三态门是 TTL 数字逻辑电路中另一类电路结构和功能比较特殊的门电路，它除了具有逻辑 1 和逻辑 0 两种通常的输出状态外，还有第三种高阻输出状态，当处于高阻输出状态时，输出端相当于悬空。图 12-18a 为三态与非门的逻辑符号，A、B 为数据输入端，F 为输出端，这与普通门电路相同，不同之处在于多了一个控制（使能）端 EN，当控制信号 $E=1$ 时，输出与输入间的逻辑关系与普通与非门相同（使能），而当 $E=0$ 时，输出为高阻状态，称为 1（高电平）使能。也可以使控制信号 $E=0$ 时，输出与输入间具有与普通与非门相同

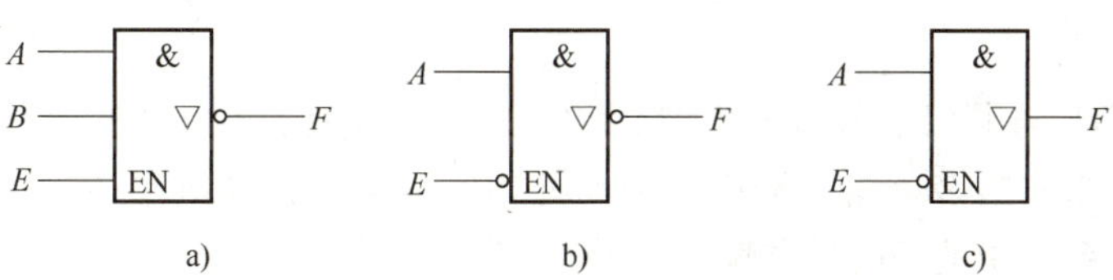

图 12-18 三态门的逻辑符号

a）三态与非门 b）三态非门 c）三态缓冲器

的逻辑关系（使能），而当 $E=1$ 时，输出为高阻状态，称为 0（低电平）使能。

常用的三态门还有三态非门和三态缓冲器，0（低电平）使能的三态非门和三态缓冲器逻辑符号如图 12-18b、c 所示。图中 EN 控制端的小圆圈即表示 0（低电平）使能。

将两个三态非门或三态缓冲器反向并联可构成三态收发器，它可以控制信号的双向传输，中规模集成组件三态 8 路总线收发器 74LS245 的引脚如图 12-19a 所示，A_0—A_7 和 B_0—B_7 为 8 路数据输入/输出。图 12-19b 为其中一路的逻辑图，G 为使能（选通）控制端，低电平有效，即当 $G=0$ 时使能，DIR 为方向控制端，当 DIR = 0 时，传输方向为 $B \to A$，而当 DIR = 1 时，传输方向为 $A \to B$ 。

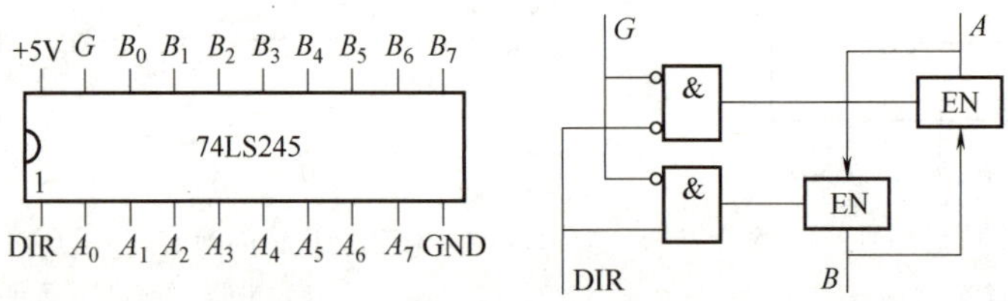

a) b)

图 12-19 74LS245 的引脚图与内部逻辑图

a）74LS45 的引脚图 b）74LS45 其中一路的内部逻辑图

三态门和三态收发器在计算机中应用十分广泛，它可以使多个数据在同一组导线（即总线）上分时传输，图 12-20 为一位数据在一条总线上传输的逻辑图。当需要传输某个数据时，只要使该数据的三态门的控制端为 0（低电平），使其处于工作（使能）状态，同时使其他数据的三态门的控制端为 1（高电平），使其处于高阻（非使能）状态，即可将该数据经总线传送。需要注意的是，几个数据只能分时占用总线，即在任何时候，只能使其中一个三态门处于使能状态。

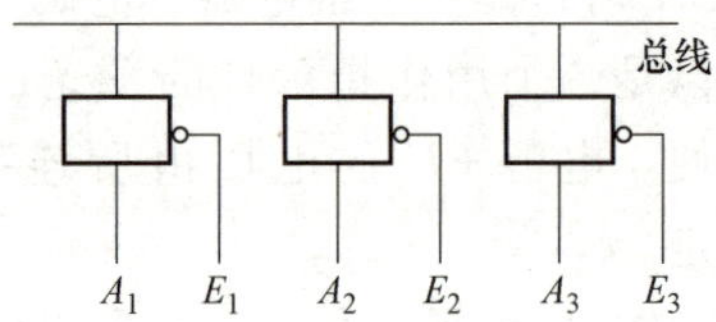

图 12-20 一位数据在一条总线上传输的逻辑图

12.3.2 集成门电路多余输入端的处理

TTL 门电路多余输入端悬空，相当于接高电平（输入 1），而 MOS 门电路多余输入端不允许悬空。在实际应用中，各种集成门电路多余输入端一般都不允许悬空，应根据不同的门电路，进行正确的处理，否则会引入干扰信号。

1）对与门、与非门电路，应将多余输入端接正电源（$+V_{CC}$）。

2）对或门、或非门电路，应将多余输入端接地（0V）。

3）如果前级电路有足够的驱动能力，也可以将多余输入端与接有信号的输入端连在一起。

【思考题】

12.3.1 当 TTL 与非门输入端悬空时，相当于输入 1 还是输入 0？为什么？

12.3.2 TTL 与非门多余输入端应该如何处理？悬空、接高电平还是接低电平？

12.3.3 TTL 系列中的 OC 门有哪些特殊应用？

12.3.4 三态门的输出有几种状态？什么是低电平有效？什么是高电平有效？

12.3.5 简述三态门在总线控制方面的应用。

12.4　CMOS 门电路

MOS 门电路具有制造工艺简单、成品率高、功耗低的优点。MOS 门电路主要包括 NMOS、PMOS 以及由 PMOS 和 NMOS 两管组成的互补型 CMOS 门电路。目前应用最为广泛的是 CMOS 门电路。

12.4.1　CMOS 反相器的组成及原理

CMOS 反相器如图 12-21 所示，数字逻辑电路中的 MOS 管均为增强型 MOS 管，VF_1 为 PMOS 管，VF_2 为 NMOS 管。根据 MOS 管的开关特性，输入低电平 $U_A=0V$ 时，VF_1 导通、VF_2 截止，输出为高电平 $U_{OH}\approx U_{DD}$；输入高电平 $U_A\approx U_{DD}$ 时，VF_1 截止、VF_2 导通，输出为低电平 $U_{OL}\approx 0V$，从而实现了逻辑非功能 $F=\overline{A}$。

12.4.2　CMOS 传输门

CMOS 传输门（TG）电路及其逻辑符号如图 12-22a、b 所示。

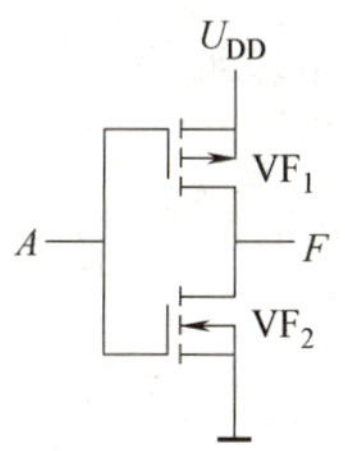

图 12-21　CMOS 反相器

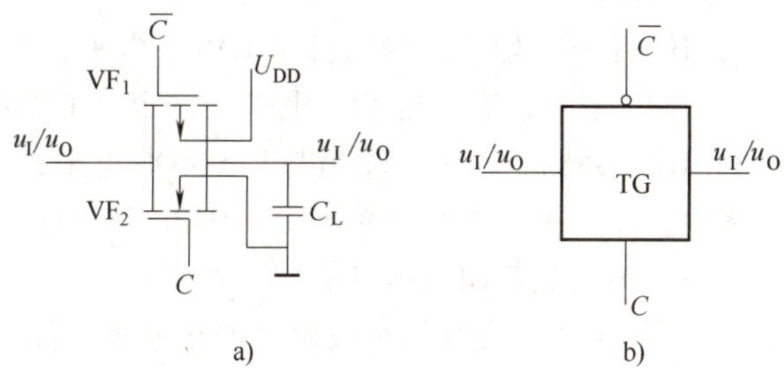

图 12-22　CMOS 传输门（TG）电路及其逻辑符号

a）TG 电路　b）TG 逻辑符号

CMOS 传输门的输出与输入端可以互换。一般输入电压变化范围为 $0\sim U_{DD}$，控制电压为 0 或 U_{DD}。CMOS 传输门与 CMOS 反相器一样，也是构成各种逻辑电路的一种基本单元电路。传输门的导通电阻为几百欧，截止电阻达 50 MΩ 以上，平均延迟时间为几十至几百纳秒。

VF_1、VF_2 的开启电压分别为 U_{T1}、U_{T2}，设 $U_{DD}>(U_{T1}+|U_{T2}|)$，VF_1 和 VF_2 的参数对称，有一对互补的电压控制信号，C_L 为负载电容。

TG 电路的工作原理如下：

1）C 门控信号 U_I 为低电平时，VF_1、VF_2 截止，传输门相当于开关断开。C_L 上电压保持不变，传输门可以保存信息。

2）C 门控信号 U_I 为高电平时，VF_1、VF_2 中至少有一个管子导通，使 $U_O=U_I$，相当于开关闭合，传输门传输信息。

结论：TG 相当于一个理想的双向开关。

与 TTL 集成门电路一样，CMOS 集成门电路还有或非门、与非门、异或门、三态输出等逻辑门电路。常用的 CMOS 集成门电路有 4000 系列和高速系列，高速 CMOS 集成门电路主要有 74HC/HCT 系列，其他还有 74AC/ACT 系列、74LVC 系列和 74ALVC 系列等。不同的系列具有各自的特点，除了4000系列以外，CMOS集成门电路系列也都采用了TTL的标志号命名方式，只要型号中最后的几位数字代码相同，则它们的逻辑功能都是一样的。其中74HCT系列和74ACT系列和传统的TTL门电路兼容，工作速度也接近TTL门电路，且同时具备CMOS门电路的特点，在许多领域已取代了TTL门电路。CMOS集成门电路4000系列虽然以其低功耗、高抗干扰能力等独特的优点和完整的产品系列，受到用户的普遍欢迎，发展也相当迅速，但是它的工作速度低，应用范围受到一定限制。

基于CMOS集成门电路4000系列的改进型电路有高速CMOS和双极型CMOS门电路，这两种改进型CMOS集成门电路的出现是CMOS集成门电路最重要的突破，改进型CMOS集成门电路集合了CMOS和TTL的优点。

CMOS集成门电路4000系列于20世纪60年代开发，70年代逐步完善，由于受到当时工艺条件的限制，该系列用金属栅工艺制造，因此在MOS管各极之间存在着较大的寄生电容，这些寄生电容的存在降低了MOS管的开关速度。

高速CMOS集成门电路从工艺上做了改进，包括采用硅栅工艺制造、尽可能地减小沟道的长度及缩小MOS管的尺寸，从而使高速CMOS的寄生电容减小，高速CMOS的开关速度达到标准4000系列的8~10倍。

高速CMOS集成门电路有以下三个系列：

1）HC系列，输入和输出都是CMOS电平，有输出缓冲级。

2）HCT系列，输入是TTL电平，输出是CMOS电平，且有输出缓冲级。

3）HCU系列，输入和输出都是CMOS电平，无输出缓冲。

多数产品集中在前两个系列中，HCU系列的产品较少。

高速CMOS集成门电路具有以下特点：

1）有简单门到大规模集成电路的全系列产品。

2）器件功能、器件引脚与TTL电路74系列相同。

3）电源电压和工作温度范围宽，功耗低，噪声容限高。

4）高速CMOS集成门电路的典型传输延迟为8~11.5ns，与TTL基本相同，比CMOS集成门电路4000系列提高一个数量级。

5）相邻输入端之间电流耦合小，有助于在交通或重工业噪声环境中使用。

CMOS集成门电路的优缺点如下：

1）静态功耗低。小规模静态功耗为2.5~5μW，中规模静态功耗为25~100μW。

2）集成度高、温度稳定性好。

3）抗辐射能力强。MOS管是多数载流子受控导电器件，射线辐射对多数载流子浓度影响不大。

4）电源利用率高。逻辑摆幅约等于电源电压，使电源电压得到充分利用。

5）扇出系数大。

6）电源取值范围宽。74HC系列电源范围为3~18V，74C系列为7~15V。

7）易受静态干扰。由于输入阻抗高，容易受静电感应，因此在使用和存放时应注意静电屏蔽，焊接时电烙铁应接地良好。

CMOS门电路多余的输入端不能悬空。低速场合可将多余的输入端和有用的信号端并联使用。

12.5　逻辑代数基础

逻辑代数也称布尔代数，由英国数学家乔治·布尔于 1847 年首先提出，后来应用于逻辑电路的分析，即将逻辑电路中各种复杂的逻辑关系用逻辑符号来表示，应用数字逻辑的方法进行处理，从而使逻辑分析与逻辑综合大大简化。

12.5.1　逻辑函数及其表示方法

逻辑代数虽然和普通代数一样，也用字母表示变量，但变量的含义却完全不同。普通代数中变量的取值具有数的概念，可以为 $-\infty \sim +\infty$ 之间的任意值，有大小和正负之分，而逻辑代数中变量的取值只有 0 和 1 两种可能，并且，这里的 0 和 1 仅仅是一种符号，代表着事物对立的两个方面，如灯的点亮和熄灭，开关的接通和断开，电位的高和低，晶体管的饱和和截止等，不具备数的概念，不能进行大小的比较，如不能说 1 大于 0，也不能进行数值的运算。为了与普通代数中的变量相区别，将其称作逻辑变量，取值 0 和 1 分别称作逻辑 0 和逻辑 1。

逻辑函数可以用逻辑式、真值表、逻辑图等多种形式表达。

（1）逻辑式

逻辑式是逻辑函数最简单、最常用的表达形式，但是，由基本定律可知，一个逻辑式可演化为多种形式，即描述同一逻辑函数的逻辑式不是唯一的。其中，有一种标准形式非常重要，在介绍这种标准形式之前，先介绍最小项的概念。

由 n 个变量可组合成许多个与项，在某些与项中，每个变量都以原变量或反变量形式出现一次，且仅出现一次，这些与项称为最小项。如二变量 A、B 的与项 AB、$A\overline{B}$、$\overline{A}B$、$\overline{A}\,\overline{B}$、$AB\overline{A}$、$ABA$、$AA$、…中，只有前四个与项才是最小项。

每个变量都有原、反两种形式，分别对应取值为 1 和 0，n 个变量可有 2^n 种取值组合，所以，共可组合成 2^n 个最小项。表 12-1 列出了三变量 A、B、C 的所有最小项，为便于研究，分别以 m_0、m_1、…、m_7表示。

表 12-1　三变量 A、B、C 的最小项

变量取值			最小项			编号	变量取值			最小项			编号
A	B	C					A	B	C				
0	0	0	$\overline{A}$	$\overline{B}$	$\overline{C}$	m_0	1	0	0	A	$\overline{B}$	$\overline{C}$	m_4
0	0	1	$\overline{A}$	$\overline{B}$	C	m_1	1	0	1	A	$\overline{B}$	C	m_5
0	1	0	$\overline{A}$	B	$\overline{C}$	m_2	1	1	0	A	B	$\overline{C}$	m_6
0	1	1	$\overline{A}$	B	C	m_3	1	1	1	A	B	C	m_7

若某个逻辑函数是以最小项之和的形式表达，则称为正规与或形式。逻辑函数的一般表达式有无穷多种，但正规与或形式是唯一的。

利用公式 $A=AB+A\overline{B}$ 可将逻辑函数展开为正规与或形式：与项每增加一个变量，则一项分成两项，其中一项含有新增的原变量，另一项含有新增变量的反变量。如逻辑函数 $F=A+\overline{A}B$ 包含两个与项，其中 $\overline{A}B$ 是最小项，而 A 不含变量 B，若添上变量 B，则分成两项 AB 和 $A\overline{B}$，所以，逻辑函数 $F=A+\overline{A}B$ 的正规与或形式为

$$F=\overline{A}B+A\overline{B}+AB$$

(2) 真值表

将 n 个变量的 2^n 种可能的取值组合，及其对应的函数值列成一个表格，称作真值表。变量 A 及二变量 A、B 的常用逻辑函数真值表见表 12-2、表 12-3。显然，真值表是逻辑函数最详尽的描述形式。

表 12-2 变量 A 的常用逻辑函数真值表

A	$\overline{A}$
0	1
1	0

表 12-3 二变量 A、B 的常用逻辑函数真值表

A	B	$A\cdot B$	$A+B$	$\overline{AB}$	$\overline{A+B}$	$A\overline{B}+\overline{A}B$
0	0	0	0	1	1	0
0	1	0	1	1	0	1
1	0	0	1	1	0	1
1	1	1	1	0	0	0

对应真值表中的每一种变量取值组合，可分别写出一个最小项，取值为 1 的变量以原变量表示，取值为 0 的变量以反变量表示，二者有一一对应的关系。

在列真值表时，通常将输入变量的取值组合按二进制数递增的顺序排列，这样可以避免遗漏和重复。将每种取值组合分别代入逻辑式，经逻辑运算得到函数值，填入表中即可建立逻辑函数的真值表。

将真值表中函数值为 1 的变量取值组合所对应的最小项做逻辑加，即可得到逻辑函数的正规与或形式，所以，由逻辑函数的正规与或形式也可以直接建立真值表。

上述建立真值表的方法都比较烦琐，对于逻辑函数的与或形式，可以用以下比较简单的方法建立真值表：因为当每一个与项为 1 时，逻辑函数值都为 1，所以，逐个考查与或式中的每一个与项，得到使该与项为 1 的条件，在真值表中相应的行填上 1，而在剩下的行填上 0 即可。如逻辑函数 $F=A+\overline{A}B$ 含有两个与项，显然，使第一个与项 A 为 1 的条件是 $A=1$，B 任意，所以可在满足 $A=1$ 的行（10 和 11）填上 1，使第二个与项 $\overline{A}B$ 为 1 的条件是 $A=0$ 且 $B=1$，在相应的行（01）填上 1，其余行填上 0 即可得到逻辑函数 $F=A+\overline{A}B$ 的真值表，见表 12-4。

表 12-4 逻辑函数 $F=A+\overline{A}B$ 的真值表

A	B	F
0	0	0
0	1	1
1	0	1
1	1	1

(3) 逻辑图

将逻辑电路中的基本单元（如各种门电路）用其逻辑符号表示，即可得到它的逻辑图。逻辑电路的输出与输入之间具有一定的逻辑关系，可以用一个逻辑函数来描述，可见，逻辑电路的逻辑图也是逻辑函数的一种表达形式。

根据基本元件（如各种门电路）的逻辑功能，由逻辑电路的输入到逻辑电路的输出，可以逐级写出逻辑电路的逻辑式。

【例 12-5-1】 如图 12-23 所示逻辑图，写出其逻辑式。

解： 由与非门的逻辑关系可得

$D=\overline{ABC}$

$E=\overline{BC}$

$F=\overline{DE}=\overline{\overline{ABC}\ \overline{BC}}$

反之，任何一个逻辑函数也都可以用一个由门电路构成的逻辑电路来实现，不过，选用不同的门电路，实现方法和步骤也不相同。

当用基本门电路实现逻辑函数时，逻辑图可由逻辑式直接画出。

【例 12-5-2】 对于逻辑函数 $F=\overline{ABC+\overline{D}}$，画出其逻辑图。

解： 若用与、或、非门实现，则由逻辑式可直接画出如图 12-24 所示的逻辑图。

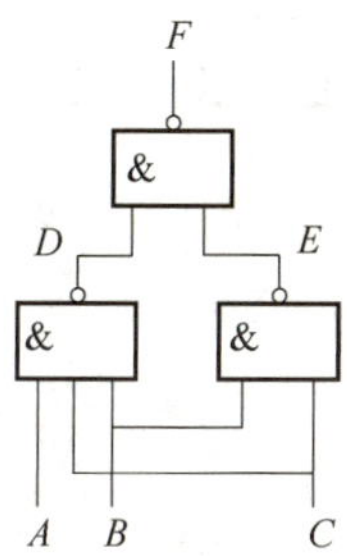

图 12-23　例 12-5-1 图

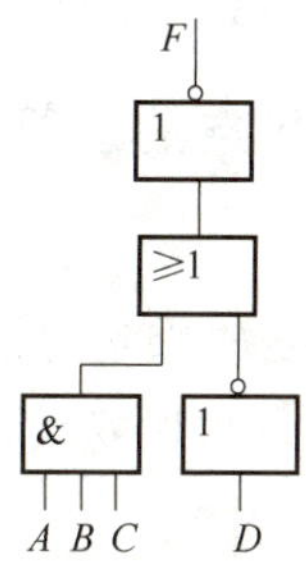

图 12-24　例 12-5-2 图

与非门是最常用的集成门，所以，逻辑电路通常用与非门组成。下面通过例题讨论具体的实现方法。

【例 12-5-3】 将与或逻辑式 $F=AB+BC$ 首先用基本门电路直接实现，然后转换为与非门实现。

解： 用基本门电路直接实现逻辑式 $F=AB+AC$，如图 12-25a 所示。根据摩根定理，可得

$$F=AB+BC=\overline{\overline{AB+BC}}=\overline{\overline{AB}\ \overline{BC}}$$

所以，可将与门和或门用与非门替换，如图 12-25b 所示，显然，这是全部用与非门组成的逻辑图。由此可知，采用摩根定理可以实现与或式到与非式的转换。

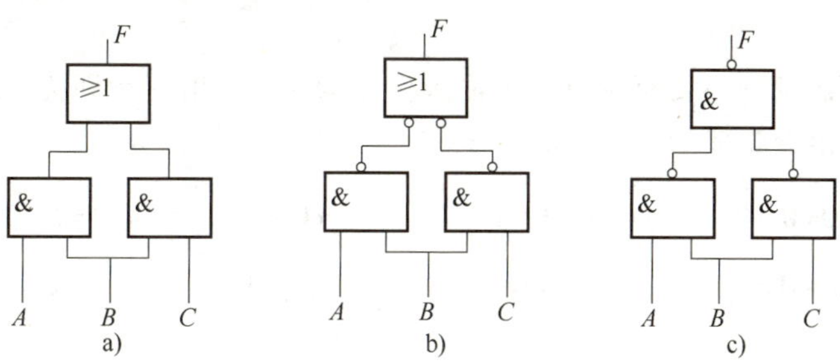

图 12-25　例 12-5-3 逻辑图的转换

a）与门和或门实现　b）与非门和非或门实现　c）完全用与非门实现

图 12-25b 与图 12-25a 的区别在于在两个与门的输出端和或门的对应输入端分别加了一个小圈，表示非，这样做并不改变原来的逻辑关系，但却使与门变成了与非门，或门变成了

非或门，根据摩根定理，非或门与与非门是等效的，所以，可将非或门用与非门替换，得到图 12-25c，显然，这是全部用与非门组成的逻辑图。

【例 12-5-4】 用与非门实现与或逻辑式 $F=A\overline{B}+B\overline{C}+C\overline{A}$ 的逻辑图。

解：用与非门直接实现与或逻辑式 $F=A\overline{B}+B\overline{C}+C\overline{A}$，根据摩根定理，可得

$$F=A\overline{B}+B\overline{C}+C\overline{A}=\overline{\overline{A\overline{B}+B\overline{C}+C\overline{A}}}=\overline{\overline{A\overline{B}}\ \overline{B\overline{C}}\ \overline{C\overline{A}}}$$

用与非门实现的逻辑图如图 12-26 所示。

与或式的每一个与项对应着一个与非门，与项的因子即为与非门的输入，再把各与非门的输出馈送到一个公共的与非门，该与非门的输出即为逻辑电路的输出。

与运算、或运算、非运算是逻辑代数的三种基本运算。

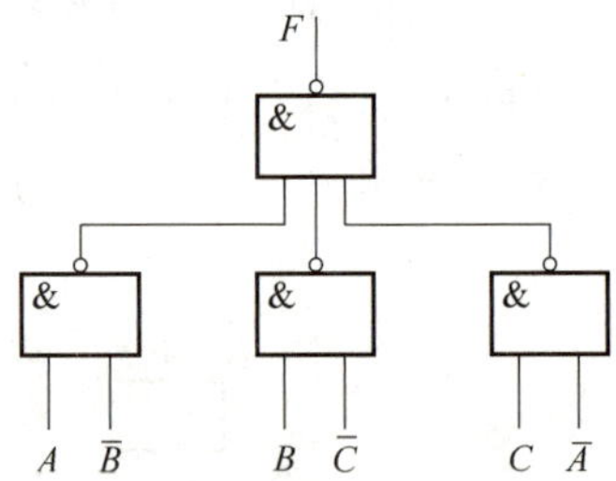

图 12-26 例 12-5-4 逻辑图

12.5.2 逻辑代数的运算法则

（1）与运算

与运算也称逻辑乘运算。如对变量 A 和 B 进行与运算，结果以 F 表示，逻辑代数式表示为

$$F=A\cdot B$$

式中，A、B 为输入变量；F 为输出变量；“·”表示与，可以省略，即

$$F=AB$$

与运算的基本法则：只有当所有输入变量为 1 时，输出变量才为 1，否则输出变量为 0。例如：

$$0\cdot 0=0 \qquad 0\cdot 1=0 \qquad 1\cdot 0=0 \qquad 1\cdot 1=1$$

$$A\cdot 0=0 \qquad A\cdot 1=A \qquad A\cdot A=A \qquad A\cdot\overline{A}=0$$

（2）或运算

或运算也称逻辑加运算，逻辑代数式为

$$F=A+B$$

其中“+”表示或。

或运算的基本法则：只要至少有一个输入变量为 1，输出变量即为 1，只有当所有输入变量都为 0 时，输出变量才为 0。例如：

$$0+0=0 \qquad 0+1=1 \qquad 1+0=1 \qquad 1+1=1$$

$$A+0=A \qquad A+1=1 \qquad A+A=A \qquad A+\overline{A}=1$$

（3）非运算

非运算又称取反运算。非运算的基本运算法则：输入变量为 1 时，输出变量为 0，而当输入变量为 0 时，输出变量为 1，即输出是对输入的否定，逻辑代数式为

$$F=\overline{A}$$

其中，A 上面的“-”为非运算符，$\overline{A}$ 读作非 A，即不是 A。例如：

$$\overline{0}=1 \qquad \overline{1}=0 \qquad \overline{\overline{A}}=A$$

（4）复合逻辑运算

当输入变量的取值确定之后，输出变量即有一个确定的值与之对应，所以，称输出变量是输入变量的逻辑函数。由三种基本的逻辑运算分别建立与函数、或函数、非函数，它们描述了事物间三种最基本的逻辑关系。

对变量进行复合逻辑运算，可建立复杂的逻辑函数。例如：

与非函数　$F=\overline{A \cdot B}$

或非函数　$F=\overline{A+B}$

与或函数　$F=AB+CD$

与或非函数　$F=\overline{AB+CD}$

异或函数　$F=A\overline{B}+\overline{A}B$

（5）逻辑代数的基本定律

根据逻辑运算的基本法则可导出如下基本定律：

交换律　$A+B=B+A$　　$AB=BA$

结合律　$A+(B+C)=(A+B)+C$　　$(AB)C=A(BC)$

分配律　$A(B+C)=AB+AC$　　（乘对加）

　　　　$A+BC=(A+B)(A+C)$　　（加对乘）

反演律（摩根定理）　$\overline{A \cdot B}=\overline{A}+\overline{B}$　　$\overline{A+B}=\overline{A}\cdot\overline{B}$

吸收律　$A+AB=A$　　$A+\overline{A}B=A+B$　　$AB+\overline{A}B=B$

12.5.3　逻辑函数的化简与变换

同一个逻辑函数的逻辑式可有多种形式，其中有繁有简，多数情况要求得到最简形式。最简形式可使列真值表的工作简化；在用门电路实现时，最简形式可以得到最简单的逻辑电路。

（1）化简的标准

在逻辑函数的几种表达式中，与或表达式最常用，也最容易转换成其他形式，所以，常将逻辑式演化为最简与或式。最简与或式的标准是化简得到的与或式包含的与项（乘积项）最少，且每个与项包含的变量数最少。

（2）公式化简法

应用逻辑运算的基本法则和定律进行化简，有如下几种方法。

1）并项法。利用运算法则 $A+\overline{A}=1$，将两个与项合并为一项，合并后消去一个互补的与项。例如：

$$ABC+A\overline{B}C=AC(B+\overline{B})=AC$$

$$ABC+AB\overline{C}+A\overline{B}=AB(C+\overline{C})+A\overline{B}=AB+A\overline{B}=A(B+\overline{B})=A$$

2）吸收法。利用吸收律 $A+AB=A$ 吸收多余因子。例如：

$$A\overline{B}+A\overline{B}C=A\overline{B}(1+C)=A\overline{B}$$

$$AB+AB\overline{C}(D+E)=AB$$

3）消去法。利用 $A+\bar{A}B=A+B$ 消去多余因子。例如：

$$A+\bar{A}C+B\bar{C}D=A+C+B\bar{C}D=A+C+BD$$

4）配项法。利用 $B=B(A+\bar{A})$，将某项与 $A+\bar{A}$ 相乘变成两项展开，然后再利用公式合并化简。例如：

$$\begin{aligned}F&=ABC+\bar{A}BC+A\bar{B}C=ABC+\bar{A}BC+A\bar{B}C+ABC\\&=BC(A+\bar{A})+AC(B+\bar{B})=BC+AC\end{aligned}$$

【例 12-5-5】 化简下列逻辑函数为最简与或式。

1）$F=AC+\bar{A}B+\bar{A}BCD=AC+\bar{A}B$

2）$F=AB(\bar{C}+\bar{D})+ABCD=AB\overline{CD}+ABCD=AB$

3）$F=A+\bar{A}BC=A+BC$

4）$F=A+\bar{A}CDE+(\bar{C}+\bar{D})E=A+CDE+\overline{CD}E=A+E$

5）$F=A(\bar{B}+\bar{C})+C(\bar{A}+\bar{B})+ABC=A\overline{BC}+\overline{AB}C+ABC+ABC=A+C$

6）$F=\bar{A}\,\bar{B}C+AB\bar{C}+BC=\bar{A}\,\bar{B}C+AB\,\bar{C}+\bar{A}BC+ABC=\bar{A}C+AB$

在化简过程中，有时需要综合应用几个公式才能得到最简结果，因此，必须熟练掌握逻辑函数的运算法则和基本定律。

【思考题】

12.5.1　逻辑变量和普通代数中的变量有什么不同？

12.5.2　为什么说真值表是逻辑函数的逻辑关系最详尽的描述形式？

12.5.3　如何根据逻辑式用最快捷的方法列出真值表？

12.5.4　真值表和逻辑函数两者之间有什么对应关系？如何根据真值表建立逻辑函数？

本章小结

1）通常将电子电路分为模拟电子电路和数字电子电路，组合逻辑电路是数字电子电路的一种类型。门电路是最简单的组合逻辑电路，也是构成功能更加复杂的逻辑电路的基本单元电路。

2）门电路分基本门电路、复合门电路和集成门电路等几种类型。基本门电路包括与门、或门和非门，任何复杂的逻辑关系都可以用三种基本门电路实现。三种基本门电路可以组合成与非、或非、与或非及异或等复合门电路。集成门电路是应用最广泛的商品化的数字组件。

3）集成门电路按照集成工艺的不同，可分为双极型和场效型两大类型，TTL 集成门电路是应用最广泛的双极型集成门电路，而场效应型集成门电路包括 PMOS、NMOS 和 CMOS 门电路三种，CMOS 门电路具有电路简单、集成度高、工作速度快、抗干扰性能好、负载能力较强、电源适用范围宽等优点。

4）逻辑代数是应用数字逻辑的方法处理逻辑电路中各种复杂的逻辑关系的数学工具，它使逻辑分析与逻辑综合大大简化。逻辑代数中的逻辑变量和逻辑函数不同于普通代数中的变量和函数。最基本的逻辑运算为与、或、非运算，由三种基本的逻辑运算可建立复杂的逻辑函数，描述复杂的逻辑关系。逻辑函数可以用逻辑式、真值表、逻辑图等多种形式表达，它们之间可以很方便地进行相互转换。

5）逻辑电路的分析是由给定的逻辑电路分析其逻辑功能，逻辑电路的综合是根据给定的逻辑要求设计相应的逻辑电路，二者都可以视为逻辑函数不同表达形式之间的转换。

习　题

一、单项选择题

12.1　用二进制数来表示一位十六进制数需要的位数为（　　）。

A. 1　　B. 2　　C. 4　　D. 16

12.2　十进制数 25 用 8421 BCD 码表示为（　　）。

A. 10101　　B. 00100101　　C. 100101　　D. 10101

12.3　在（　　）输入情况下，或非运算的结果是逻辑 1。

A. 全部输入为 0　　B. 全部输入为 1

C. 任一输入为 0，其他输入为 1　　D. 任一输入为 1

12.4　三态门输出高阻状态时，不正确的说法是（　　）。

A. 用电压表测量指针不动　　B. 相当于悬空

C. 电压不高不低　　D. 测量电阻指针不动

12.5　可用于总线结构进行分时传输的门电路是（　　）。

A. 异或门　　B. 同或门　　C. 非门　　D. 三态门

12.6　当逻辑函数有 n 个变量时，共有的变量取值组合数为（　　）。

A. n　　B. $2n$　　C. 2^n　　D. 2^{n+1}

12.7　以下表达式中符合逻辑运算法则的是（　　）。

A. $C \cdot C = C^2$　　B. $1+1=10$

C. $C<0$　　D. $A+1=1$

12.8　逻辑式 $A+BC=$（　　）。

A. $A+B$　　B. $A+C$

C. $(A+B)(A+C)$　　D. $B+C$

12.9　在函数 $F=AB+CD$ 的真值表中，$F=1$ 的状态有（　　）个。

A. 2　　B. 4　　C. 6　　D. 7

二、分析计算题

12.10　或门输入信号波形如图 12-27 所示，试画出输出信号波形。

12.11　与非门输入信号波形如图 12-28 所示，试画出输出信号波形。

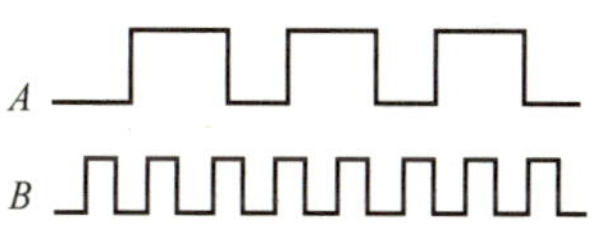

图 12-27　习题 12.10 图

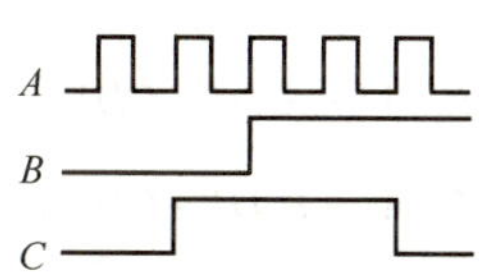

图 12-28　习题 12.11 图

12.12　列出真值表，证明下列等式成立。

1） $\overline{\overline{A}B+B}=\overline{B}$

2） $\overline{AC}+B\ C=A+\overline{C}$

3） $\overline{A}+\overline{AB+\overline{B}}=\overline{A}$

4） $A\ \overline{B}C+A\ \overline{BC}+ABC+A\ \overline{B}=A$

12.13　将下列逻辑函数展成正规与或形式。

1） $F=AB+BC+CA$

2） $F=AB+CD+B\ \overline{D}+\overline{A}BC+AB\ \overline{C}\ \overline{D}$

3） $F=(A+B+C)\overline{ABC}$

12.14　写出描述图 12-29a、b、c 逻辑电路功能的逻辑函数。

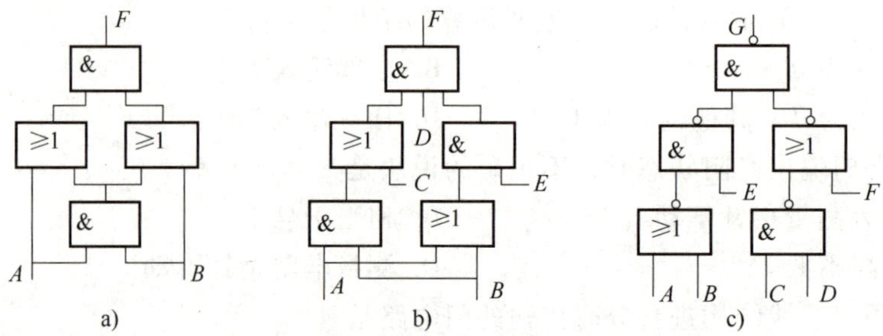

图 12-29　习题 12.14 图

12.15　写出图 12-30a、b、c 逻辑电路的逻辑式，并化为最简与或式。

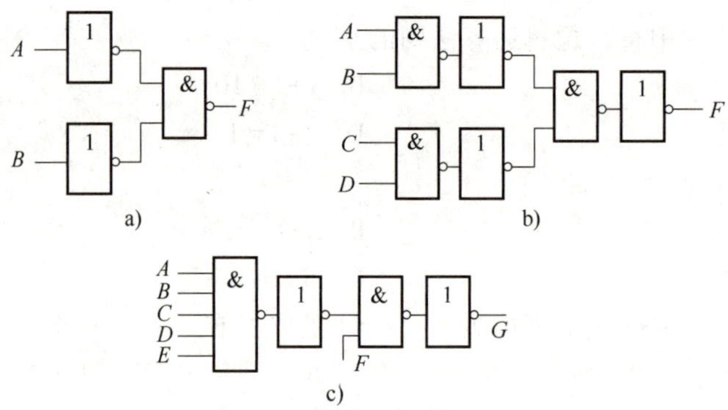

图 12-30　习题 12.15 图

12.16　用公式法将下列逻辑式化为最简与或式。

1） $F=A\overline{B}\ \overline{C}+\overline{B}C+\overline{A}C$

2） $F=BC+A\overline{E}+\overline{B}\ DE+\overline{C}DE$

3） $F=BC+A\overline{E}+\overline{B}\ DE+\overline{C}DE$

4） $F=BC+A\overline{E}+\overline{B}\ DE+\overline{C}DE$

12.17　写出三态门具有的三种输出状态。

12.18　简单说明传输门的作用。

第 13 章　组合逻辑电路

组合逻辑电路是由门电路按一定的逻辑功能组合成的电路，其输出状态只与当前的输入状态有关，而与电路原来所处的状态无关。从电路结构上看，电路中无记忆元件，输入与输出之间无反馈。

本章通过实例学习组合逻辑电路的分析和设计方法，介绍常用中、小规模组合逻辑集成电路的逻辑功能及其使用方法。

13.1　组合逻辑电路的分析和设计

13.1.1　组合逻辑电路的分析

组合逻辑电路的分析，就是对给定的逻辑电路，通过分析确定其逻辑功能；或者检查电路设计是否合理，验证其逻辑功能是否正确。

组合逻辑电路分析的一般步骤如下：

1）由已知的逻辑图，逐级写出逻辑函数表达式。

2）化简和变换逻辑函数表达式。

3）由化简后的逻辑函数表达式列出真值表（功能表）。

4）根据真值表确定电路的逻辑功能。

【例 13-1-1】　分析如图 13-1 所示电路的逻辑功能。

解：

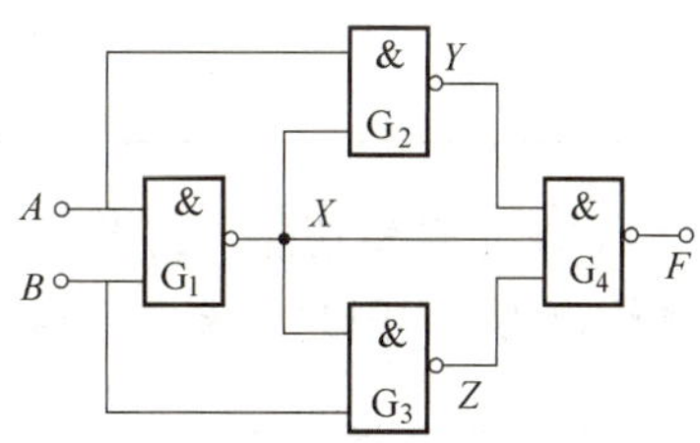

图 13-1　例 13-1-1 图

1）由逻辑图写出逻辑函数表达式，即

G_1 门：$X=\overline{AB}$

G_2 门：$Y=\overline{AX}=\overline{A\,\overline{AB}}$

G_3 门：$Z=\overline{BX}=\overline{B\,\overline{AB}}$

G_4 门：$F=\overline{XYZ}=\overline{\overline{AB}\;\overline{A\overline{AB}}\;\overline{B\overline{AB}}}$

2）对逻辑函数表达式 F 进行化简，即

$$
\begin{aligned}
F &= \overline{\overline{AB}\;\overline{A\overline{AB}}\;\overline{B\overline{AB}}}\\
&= \overline{\overline{AB}}+\overline{\overline{A\,\overline{AB}}}+\overline{\overline{B\,\overline{AB}}}\\
&= AB+A\,\overline{AB}+B\,\overline{AB}\\
&= AB+A\,(\overline{A}+\overline{B})\,+B\,(\overline{A}+\overline{B})\\
&= AB+A\,\overline{B}+\overline{A}B\\
&= A+B
\end{aligned}
$$

3）由化简后的逻辑函数表达式可知，该电路能实现或逻辑功能。

【例 13-1-2】 分析如图 13-2 所示电路的逻辑功能。

解：

1）由逻辑图写出逻辑函数表达式，即

G_1 门：$X=\overline{AB}$

G_2 门：$Y=\overline{BC}$

G_3 门：$Z=\overline{CA}$

G_4 门：$F=\overline{XYZ}=\overline{\overline{AB}\ \overline{BC}\ \overline{CA}}$

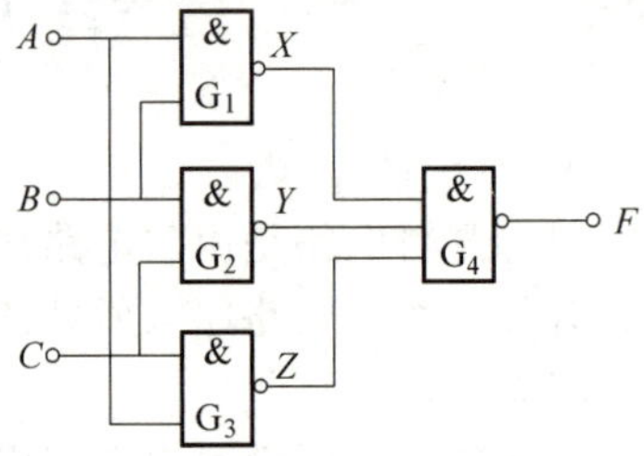

图 13-2 例 13-1-2 图

2）对逻辑函数表达式 F 进行化简，即

$$F=\overline{\overline{AB}\ \ \overline{BC}\ \ \overline{CA}}=AB+BC+CA$$

3）根据逻辑函数表达式列出真值表，见表 13-1-1。

表 13-1 例 13-1-2 真值表

输入			输出
A	B	C	F
0	0	0	0
0	0	1	0
0	1	0	0
0	1	1	1
1	0	0	0
1	0	1	1
1	1	0	1
1	1	1	1

4）确定逻辑功能。由真值表可知，当三个输入变量中有两个以上为 1 时，输出 F 为 1，否则输出为 0。因此，该电路为三人表决电路。

13. 1. 2 组合逻辑电路的设计

组合逻辑电路的设计，就是根据给定的逻辑要求，画出能够实现逻辑功能的最简单的逻辑电路。设计的步骤如下：

1）根据给定的逻辑要求列出真值表。

2）根据真值表写出输出逻辑函数的与或表达式。

3）化简或变换逻辑函数表达式。

4）根据化简后的逻辑函数表达式画出逻辑电路。

【例 13-1-3】 试用与非门设计一个逻辑电路，A、B 为输入变量，F 为输出变量，当输入变量中 1 的个数为奇数时，F 为 1，否则 F 为 0。

解：

1）根据题意列出真值表，见表 13-2。

表 13-1-2 例 13-1-3 真值表

输入		输出
A	B	F
0	0	0
0	1	1
1	0	1
1	1	0

2）由真值表写出逻辑函数表达式为

$$F=\bar{A}B+A\bar{B}$$

3）变换逻辑函数表达式。用与非门实现逻辑要求，可利用摩根定律进行逻辑函数表达式变换，即

$$F=\overline{\overline{\bar{A}B+A\bar{B}}}=\overline{\overline{\bar{A}B}\;\overline{A\bar{B}}}$$

4）画出逻辑电路，如图 13-3 所示。

图 13-3 逻辑电路称为二位奇数校验器。就其逻辑功能来讲，当 A、B 状态相同时，输出 F 为 0；当 A、B 状态相异时，输出 F 为 1。这种逻辑关系称为异或逻辑，其逻辑函数表达式为

$$F=\bar{A}B+A\bar{B}=A\oplus B \tag{13-1}$$

实现异或逻辑功能的电路，称为异或门电路，其逻辑符号如图 13-4 所示。

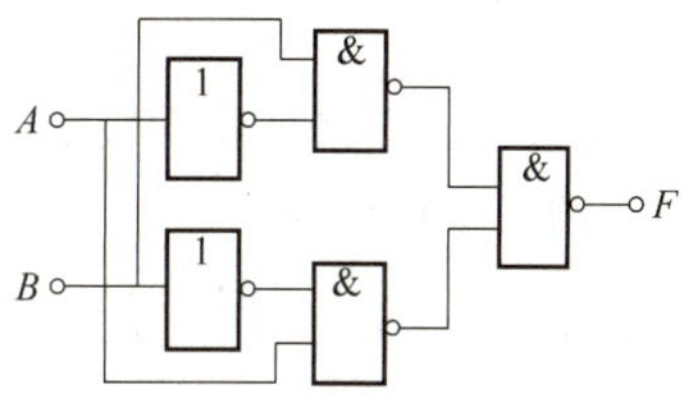

图 13-3 例 13-1-3 逻辑电路

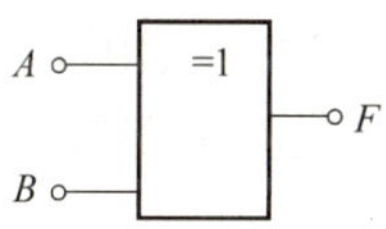

图 13-4 异或门逻辑符号

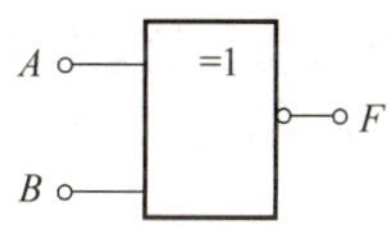

图 13-5 同或门逻辑符号

将异或逻辑取反得 $F=\overline{A\oplus B}=AB+\bar{A}\;\bar{B}$，称为同或逻辑。实现同或逻辑功能的电路称为同或门电路，其逻辑符号如图 13-5 所示。

图 13-6 为集成四异或门 74LS136 的引脚排列图。图 13-7 为集成四异或（同或）门 74LS135 的引脚排列图，当 C 为低电平 0 时，Y 与 A、B 间为异或逻辑关系；当 C 为高电平 1 时，Y 与 A、B 间为同或逻辑关系。

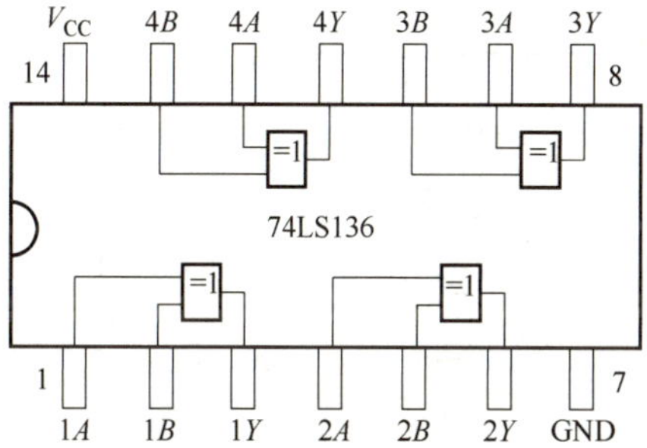

图 13-6 集成四异或门 74LS136 的引脚排列图

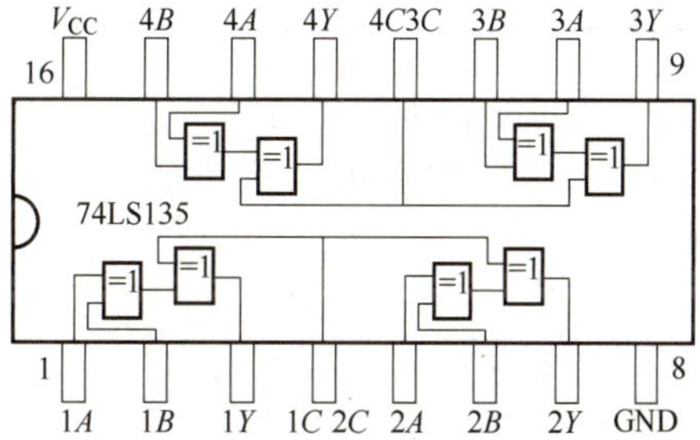

图 13-7 集成四异或（同或）门 74LS135 的引脚排列图

【思考题】

13.1.1　试分析图 13-1 电路的逻辑功能，并与图 13-3 比较，哪种方法更优？

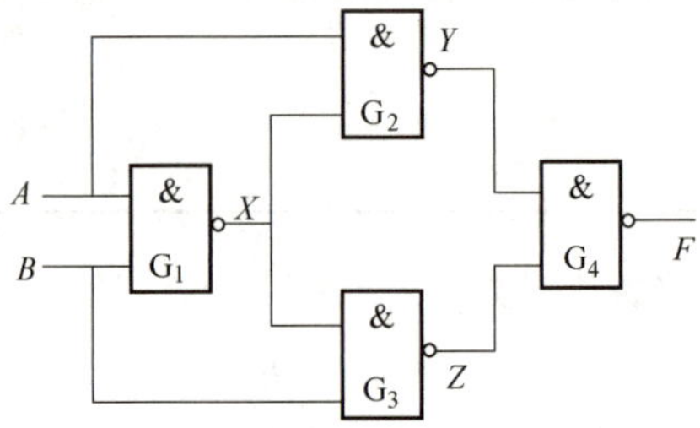

图 13-8　思考题 13.1.1 图

13.1.2　组合电路的设计方法与组合电路的分析方法有什么不同？

13.2　加法器

算术运算电路是计算机中不可缺少的单元电路，最常用的是加法器。加法器按功能又可分为半加器和全加器。

13.2.1　半加器

不考虑来自低位进位的两个一位二进制数的相加为半加，实现半加运算的电路称为半加器。

根据二进制数相加的运算规律可得半加器的真值表，见表 13-3。其中 A、B 为被加数和加数，S 为本位和，C 表示进位数。由真值表可得半加和 S 与进位 C 的逻辑表达式为

$$S=\overline{A}B+A\overline{B}=A\oplus B$$

$$C=AB$$

表 13-3　半加器真值表

被加数	加数	本位和	进位数
A	B	S	C
0	0	0	0
0	1	1	0
1	0	1	0
1	1	0	1

由上式可知，半加器可由一个异或门和一个与门来实现，其逻辑电路和逻辑符号如图 13-9 所示。

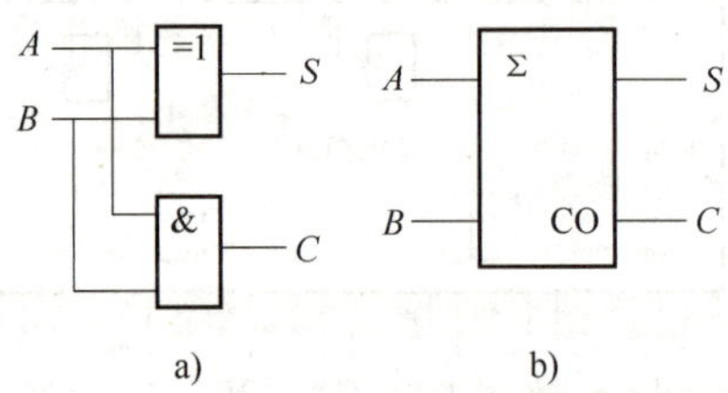

图 13-9　半加器逻辑电路及其逻辑符号

a）逻辑电路　b）逻辑符号

13.2.2　全加器

所谓全加，是指两个多位二进制数做加法运算时，第 n 位的被加数 A_n、加数 B_n 以及来自相

邻低位的进位 C_{n-1} 三者相加，其结果为本位和 S_n 以及向相邻高位的进位数 C_n 的运算。实现全加运算的逻辑电路称为全加器。全加器的真值表见表 13-4。

表 13-4　全加器真值表

输入			输出	
A_n	B_n	C_{n-1}	S_n	C_n
0	0	0	0	0
0	0	1	1	0
0	1	0	1	0
0	1	1	0	1
1	0	0	1	0
1	0	1	0	1
1	1	0	0	1
1	1	1	1	1

根据真值表可得和数 S_n、进位 C_n 的逻辑表达式为

$$\begin{aligned} S_n &= \overline{A}_n \overline{B}_n C_{n-1} + \overline{A}_n B_n \overline{C}_{n-1} + A_n \overline{B}_n \overline{C}_{n-1} + A_n B_n C_{n-1} \\ &= (\overline{A}_n B_n + A_n \overline{B}_n)\overline{C}_{n-1} + (\overline{A}_n \overline{B}_n + A_n B_n) C_{n-1} \\ &= (A_n \oplus B_n)\overline{C}_{n-1} + (\overline{A_n \oplus B_n}) C_{n-1} \\ &= A_n \oplus B_n \oplus C_{n-1} \end{aligned} \tag{13-2}$$

$$\begin{aligned} C_n &= \overline{A}_n B_n C_{n-1} + A_n \overline{B}_n C_{n-1} + A_n B_n \overline{C}_{n-1} + A_n B_n C_{n-1} \\ &= (\overline{A}_n B_n + A_n \overline{B}_n) C_{n-1} + A_n B_n (\overline{C}_{n-1} + C_{n-1}) \\ &= (A_n \oplus B_n) C_{n-1} + A_n B_n \end{aligned} \tag{13-3}$$

由式（13-2）和式（13-3）可知，全加器可由两个半加器和一个或门组成，其逻辑电路和逻辑符号如图 13-10 所示。

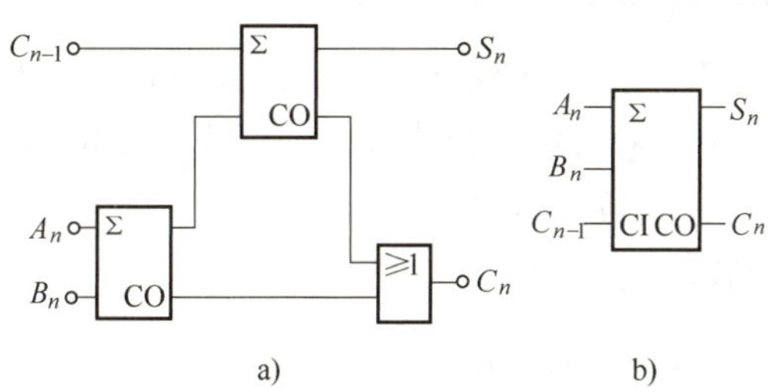

图 13-10　全加器逻辑电路及其逻辑符号

a）逻辑电路　b）逻辑符号

【思考题】

13.2.1　什么是半加器？什么是全加器？并列出它们的真值表。

13.2.2　半加器能组成全加器吗？全加器能用作半加器吗？

13.3 编码器

把具有特定含义的输入信号（如文字、数字和符号）转换成二进制代码的过程称为编码，能够实现编码的逻辑电路称为编码器。常用的编码器有二进制编码器、二-十进制编码器等。

13.3.1 二进制编码器

将某种信号转换成二进制代码的电路称为二进制编码器。如将 $I_0 \sim I_7$ 共 8 个输入信号进行编码，其步骤如下：

（1）确定二进制代码的位数

现有 8 个信号，应有 8 种状态来表示。由 $2^n=8$ 可知 $n=3$，所以输出应为 3 位二进制代码，即输出端有 3 个。

（2）列编码表

编码表是将待编码的 8 个输入信号和对应的二进制代码列成表格，见表 13-5。

表 13-5 3 位二进制编码表

输入								输出		
I_0	I_1	I_2	I_3	I_4	I_5	I_6	I_7	Y_2	Y_1	Y_0
0	0	0	0	0	0	0	1	1	1	1
0	0	0	0	0	0	1	0	1	1	0
0	0	0	0	0	1	0	0	1	0	1
0	0	0	0	1	0	0	0	1	0	0
0	0	0	1	0	0	0	0	0	1	1
0	0	1	0	0	0	0	0	0	1	0
0	1	0	0	0	0	0	0	0	0	1
1	0	0	0	0	0	0	0	0	0	0

由表 13-5 可知，对应于每一组二进制代码，要求 8 个输入信号中只能有一个输入为 1，其他都为 0。如当 I_7 为 1、其他输入信号都为 0 时，对应的二进制代码为 $Y_2Y_1Y_0=111$。

（3）根据编码表写出逻辑函数表达式

由表 13-5，可得逻辑函数表达式为

$$Y_2=I_4+I_5+I_6+I_7=\overline{\overline{I_4+I_5+I_6+I_7}}=\overline{\overline{I}_4\overline{I}_5\overline{I}_6\overline{I}_7}$$

$$Y_1=I_2+I_3+I_6+I_7=\overline{\overline{I_2+I_3+I_6+I_7}}=\overline{\overline{I}_2\overline{I}_3\overline{I}_6\overline{I}_7}$$

$$Y_0=I_1+I_3+I_5+I_7=\overline{\overline{I_1+I_3+I_5+I_7}}=\overline{\overline{I}_1\overline{I}_3\overline{I}_5\overline{I}_7}$$

（4）由逻辑函数表达式画出逻辑电路图

用与非门构成的 3 位二进制编码器如图 13-11 所示。由于该电路有 8 个输入端、3 个输出端，所以又称为 8 线-3 线编码器。

13.3.2　二-十进制编码器

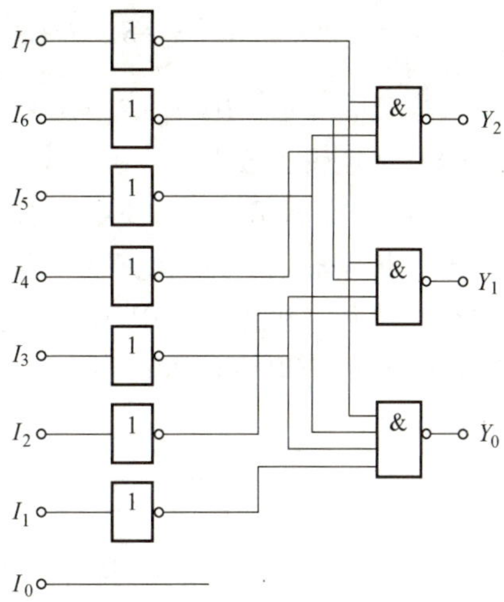

图 13-11　用与非门构成的 3 位二进制编码器

二-十进制编码器是指将十进制的 10 个数码 0~9 编成二进制代码的电路。输入是 0~9 十个数码，输出是对应的二进制代码。其步骤如下：

（1）确定二进制代码的位数

由于输入有 10 个数码，要求有 10 种状态，3 位二进制代码只有 8 种状态，所以输出应为 4 位二进制代码。

（2）列编码表

4 位二进制代码共有 16 种状态，其中，任何 10 种状态都可用来表示 0~9 这十个数码。最常用的是 8421BCD 编码方式，即在 4 位二进制代码的 16 种状态中取出前 10 种状态，即 0000~1001，去掉后 6 种状态。二进制代码各位的 1 所代表的十进制数从高位到低位的权依次为 8、4、2、1，二进制代码各位的数码乘以该位的权再相加，即可得出该二进制代码所表示的 1 位十进制数。如 0101 表示十进制数的 5，因为

$$0\times2^3+1\times2^2+0\times2^1+1\times2^0=5$$

8421BCD 码编码表见表 13-6。

表 13-6　8421BCD 码编码表

十进制数码	输入										输出			
	S_0	S_1	S_2	S_3	S_4	S_5	S_6	S_7	S_8	S_9	D	C	B	A
0	0	1	1	1	1	1	1	1	1	1	0	0	0	0
1	1	0	1	1	1	1	1	1	1	1	0	0	0	1
2	1	1	0	1	1	1	1	1	1	1	0	0	1	0
3	1	1	1	0	1	1	1	1	1	1	0	0	1	1
4	1	1	1	1	0	1	1	1	1	1	0	1	0	0
5	1	1	1	1	1	0	1	1	1	1	0	1	0	1
6	1	1	1	1	1	1	0	1	1	1	0	1	1	0
7	1	1	1	1	1	1	1	0	1	1	0	1	1	1
8	1	1	1	1	1	1	1	1	0	1	1	0	0	0
9	1	1	1	1	1	1	1	1	1	0	1	0	0	1

（3）由 8421BCD 码编码表写出逻辑函数表达式

由表 13-6，可得逻辑函数表达式为

$$A=\bar{S}_1+\bar{S}_3+\bar{S}_5+\bar{S}_7+\bar{S}_9=\overline{\overline{\bar{S}_1+\bar{S}_3+\bar{S}_5+\bar{S}_7+\bar{S}_9}}=\overline{S_1S_3S_5S_7S_9}$$

$$B=\bar{S}_2+\bar{S}_3+\bar{S}_6+\bar{S}_7=\overline{\overline{\bar{S}_2+\bar{S}_3+\bar{S}_6+\bar{S}_7}}=\overline{S_2S_3S_6S_7}$$

$$C=\bar{S}_4+\bar{S}_5+\bar{S}_6+\bar{S}_7=\overline{\overline{\bar{S}_4+\bar{S}_5+\bar{S}_6+\bar{S}_7}}=\overline{S_4S_5S_6S_7}$$

$$D=\bar{S}_8+\bar{S}_9=\overline{\overline{\bar{S}_8+\bar{S}_9}}=\overline{S_8S_9}$$

（4）由逻辑函数表达式画出逻辑电路图

如图 13-12 所示，当按下某一按键时，输出便产生与该按键号对应的 8421BCD 码。如按下 S_6，相应输入 6 为低电平 0，其余输入均为高电平 1，则输出端 $DCBA=0110$，即将十进制数 6 编码为二进制代码 0110。该电路设置了控制标志 S，当 $S=0$ 时，电路尚未处于编码状态，输出端 $DCBA=0000$；当 $S=1$ 时，按下 S_0，输出端 $DCBA=0000$ 是十进制数 0 的二进制代码。

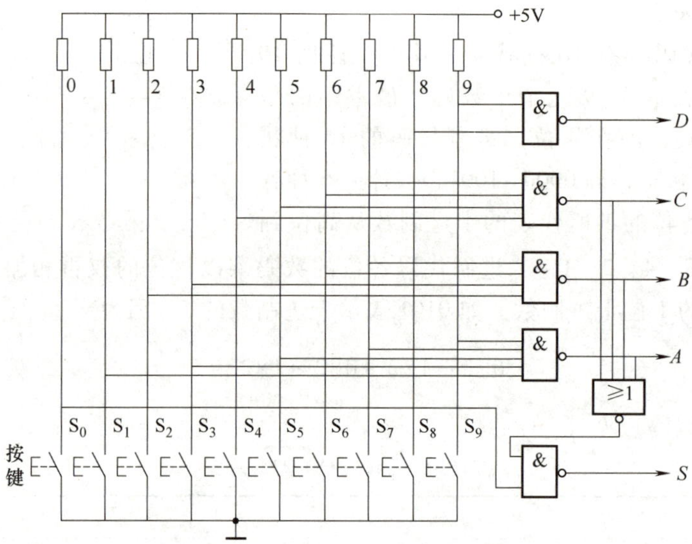

图 13-12　8421BCD 码编码器

13.3.3　优先编码器

上述两种编码电路存在一定的问题，编码器每次只允许出现一个输入信号。如果同时有多个输入信号出现时，其输出是混乱的。为了避免编码器输出混乱造成误操作，必须事先规定好各个输入信号的先后次序，即优先级别。识别这些输入信号的优先级别并进行编码的逻辑部件称为优先编码器。优先编码器允许几个信号同时输入，但电路只对其中优先级别最高的输入信号编码。4 线-2 线优先编码器的编码表见表 13-7。

表 13-7　4 线-2 线优先编码器编码表

输入				输出	
I_0	I_1	I_2	I_3	Y_1	Y_0
1	0	0	0	0	0
×	1	0	0	0	1
×	×	1	0	1	0
×	×	×	1	1	1

由编码表可知，4 个输入信号优先级别的高低次序依次为 I_3、I_2、I_1、I_0。如当 I_3 为 1 时，无论其他 3 个输入信号是否为有效电平输入，输出均为 11。读者可根据编码表列出逻辑表达式，并画出逻辑电路图。

实际应用中多采用集成优先编码器，常用的有 74LS147、74LS148 等。74LS147 为 10 线-4 线优先编码器，74LS148 为 8 线-3 线优先编码器。

【思考题】

13.3.1 编码器的功能是什么？

13.3.2 什么是优先编码？

13.4 译码器

译码是编码的逆过程，即将每一组二进制代码“翻译”成一个相应的输出信号。实现译码功能的逻辑电路称为译码器。译码器按用途大致分为三类：①二进制译码器，又称变量译码器，是用来表示输入变量状态的译码器；②码制变换译码器，常见的是将 BCD 码转换成十进制数码的译码器，简称二-十进制译码器；③显示译码器，是用来驱动数码管等显示器件的译码器。

13.4.1 二进制译码器

图 13-13 电路是一个 2 位二进制译码器，其中，A、B 为输入端，输入 2 位二进制代码，$\overline{Y}_0 \sim \overline{Y}_3$ 为 4 个输出信号，所以又称为 2 线-4 线译码器。其逻辑表达式为

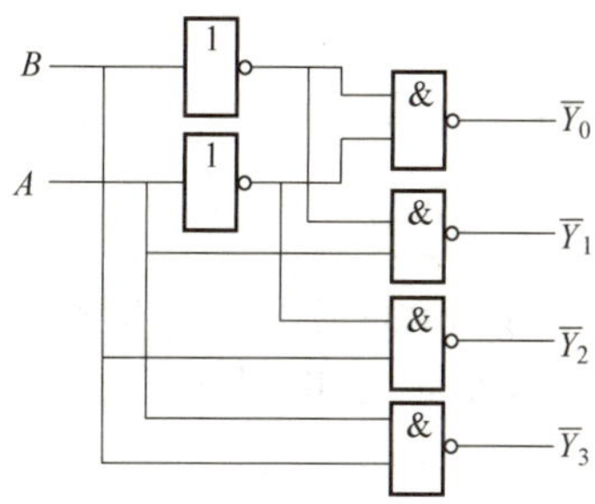

图 13-13 2 线-4 线译码器

$$\overline{Y}_0 = \overline{\overline{B}\,\overline{A}}$$

$$\overline{Y}_1 = \overline{\overline{B}A}$$

$$\overline{Y}_2 = \overline{B\overline{A}}$$

$$\overline{Y}_3 = \overline{BA}$$

当输入端 A、B 的状态改变时，输出端有相应的信号输出，其功能表见表 13-8。

表 13-8 2 线-4 线译码器功能表

输入		输出			
B	A	$\overline{Y}_3$	$\overline{Y}_2$	$\overline{Y}_1$	$\overline{Y}_0$
0	0	1	1	1	0
0	1	1	1	0	1
1	0	1	0	1	1
1	1	0	1	1	1

由表 13-8 可以看出，对应于任何一组代码的输入，都只能有一条相应的输出线有信号输出，在该电路中为低电平 0，而其他输出端均为高电平 1，从而实现了把输入代码译成特定信号的功能。

常用的集成二进制译码器种类很多，如 74LS139、74LS138 等。其中，74LS139 为双 2 线-4 线译码器，74LS138 为 3 线-8 线译码器。74LS138 的引脚排列如图 13-14a 所示，它具有三个控制端 G_1、$\overline{G}_{2A}$、$\overline{G}_{2B}$。只有 $G_1=1$ 且 $\overline{G}_{2A}=\overline{G}_{2B}=0$，即 $G_1\overline{G}_{2A}\overline{G}_{2B}=100$ 时允许编码，译码器输出低电平有效，如当 $A_2A_1A_0=101$ 时，$\overline{Y}_5=0$，其他输出端均为高电平 1。当 $G_1\overline{G}_{2A}\overline{G}_{2B}\neq100$ 时，无论其他输入端为何种状态，输出端 $\overline{Y}_0\sim\overline{Y}_7=11111111$，均为高电平 1，即禁止编码状态。

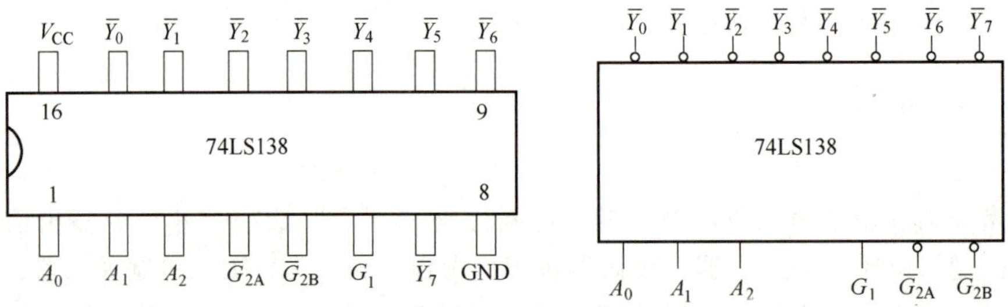

a) b)

图 13-14 74LS138 译码器

a）引脚排列图 b）逻辑符号

13.4.2 二-十进制译码器

集成电路二-十进制译码器 74LS42 的引脚排列如图 13-15 所示。该电路有 4 个输入端 $A_0\sim A_3$，有 10 个输出端 $\overline{Y}_0\sim\overline{Y}_9$，所以又称 4 线-10 线译码器，其功能表见表 13-9。

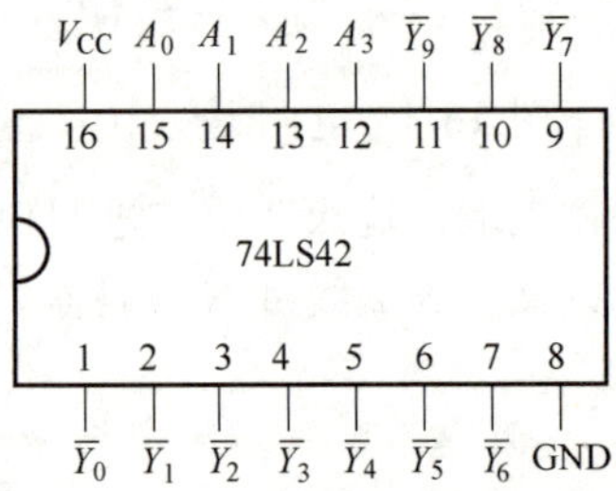

图 13-15 74LS42 译码器引脚排列图

由表 13-9 可知，当 $A_3A_2A_1A_0=0000$ 时，$Y_0=\overline{A}_3\overline{A}_2\overline{A}_1\overline{A}_0$，即 $\overline{Y}_0=\overline{\overline{A}_3\overline{A}_2\overline{A}_1\overline{A}_0}=0$，它对应的十进制数为 0。其余输出依次类推。

表 13-9 74LS42 译码器功能表

输入				输出									
A_3	A_2	A_1	A_0	$\overline{Y}_9$	$\overline{Y}_8$	$\overline{Y}_7$	$\overline{Y}_6$	$\overline{Y}_5$	$\overline{Y}_4$	$\overline{Y}_3$	$\overline{Y}_2$	$\overline{Y}_1$	$\overline{Y}_0$
0	0	0	0	1	1	1	1	1	1	1	1	1	0
0	0	0	1	1	1	1	1	1	1	1	1	0	1
0	0	1	0	1	1	1	1	1	1	1	0	1	1
0	0	1	1	1	1	1	1	1	1	0	1	1	1
0	1	0	0	1	1	1	1	1	0	1	1	1	1
0	1	0	1	1	1	1	1	0	1	1	1	1	1
0	1	1	0	1	1	1	0	1	1	1	1	1	1
0	1	1	1	1	1	0	1	1	1	1	1	1	1
1	0	0	0	1	0	1	1	1	1	1	1	1	1
1	0	0	1	0	1	1	1	1	1	1	1	1	1

13.4.3　7 段显示译码器

常见的显示译码器是数字显示电路，由显示器件、译码器和驱动电路等部分组成。常用的显示器件有半导体数码管、液晶数码管等。

1. 半导体数码管显示器

半导体数码管显示器（Light Emitting Diode，LED）的基本结构是 PN 结。当 PN 结外加正向电压时，就能发出清晰的光线。单个 PN 结可以封装成发光二极管，多个 PN 结可按分段封装成半导体数码管，如图 13-16 所示。发光二极管的工作电压为 1.5~3V，工作电流为几毫安到十几毫安。半导体数码管将十进制数码分成 7 段，又称 7 段数码管，选择不同的字段发光，可显示 0~9 不同的字形。

半导体数码管中，7 个发光二极管有共阴极和共阳极两种接法，如图 13-17 所示。对于共阴极接法，接高电平的字段发光，对于共阳极接法，接低电平的字段发光。使用时，每个发光管要串接约 100Ω 的限流电阻。

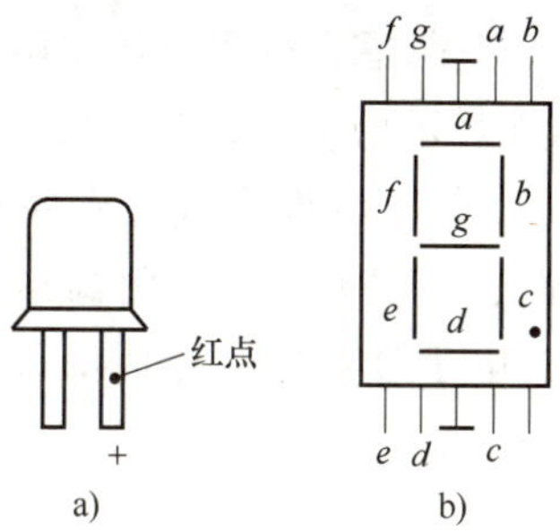

图 13-16　半导体数码管显示器

a）发光二极管　b）半导体数码管

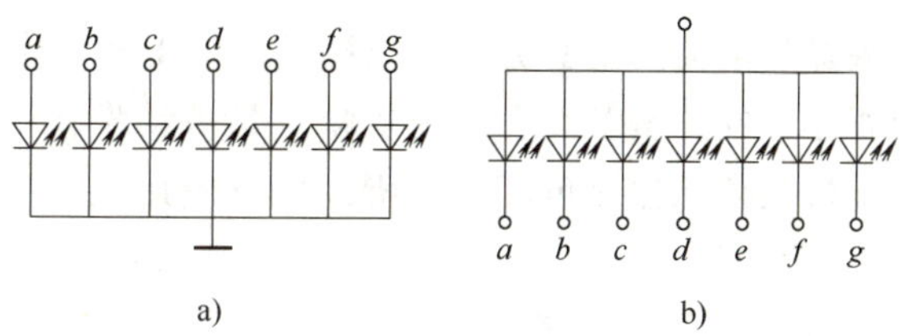

图 13-17　7 段数码管的两种接法

a）共阴极接法　b）共阳极接法

7 段显示译码器是把 BCD 代码译成驱动 7 段数码管的信号，显示出相应的十进制数码。其功能表见表 13-10。

表 13-10　7 段显示译码器功能表

输入				输出							显示数字
A_3	A_2	A_1	A_0	a	b	c	d	e	f	g	
0	0	0	0	1	1	1	1	1	1	0	0
0	0	0	1	0	1	1	0	0	0	0	1
0	0	1	0	1	1	0	1	1	0	1	2
0	0	1	1	1	1	1	1	0	0	1	3
0	1	0	0	0	1	1	0	0	1	1	4
0	1	0	1	1	0	1	1	0	1	1	5
0	1	1	0	1	1	0	1	1	1	1	6
0	1	1	1	1	1	1	0	0	0	0	7
1	0	0	0	1	1	1	1	1	1	1	8
1	0	0	1	1	1	1	1	0	1	1	9

由表 13-10 可以看出，7 段显示译码器的输出为高电平有效，应与共阴极半导体数码管配合使用。对于与共阳极半导体数码管配合使用的 7 段显示译码器，其功能表与表 13-10 相反，即将输出状态中的 1 和 0 对换。

2. 液晶数码管显示器

液晶是液态晶体的简称，是一种介于晶体和液体之间的有机化合物，常温下既有液体的流动性和连续性，又有晶体的某些光学特性，其透明度和颜色受外加电场的控制，利用这一特点可做成电场控制的 7 段液晶数码管显示器，其字形和 7 段数码管相近。

液晶数码管显示器（Liquid Crystal Display，LCD）是一种平板薄型显示器件，在没有外加电场时，液晶分子排列整齐，入射的光线绝大部分被反射回来，液晶呈现透明状态，不显示数字。当在相应字段的电极加上电压时，液晶中的导电正离子做定向运动，在运动过程中不断撞击液晶分子，从而破坏了液晶分子的整齐排列，使入射光产生了散射而变得混浊，使原本透明的液晶变成了暗灰色，从而显示出相应的数字。当外加电压断开时，液晶分子又恢复到整齐排列的状态，显示的数字也随之消失。

液晶数码管显示器件本身不发光，在黑暗中不能显示数字，它依靠在外界电场作用下产生的光电效应，调制外界光线使液晶不同部位显现出反差，从而显示出字形。

液晶显示器的主要优点是功耗极小、驱动工作电压很低、工作电流极小（1μA 左右）、辐射很小、发热量低。它的主要缺点是被动发光、响应速度慢、不耐振动、不耐高温和严寒。但液晶显示器绿色环保，所以广泛应用地用于电子钟表、电子计算器、各种仪器和仪表中。

3. 中规模 7 段显示译码器

集成电路 74LS48 是输出高电平有效的 7 段显示译码器，其引脚排列如图 13-18 所示。该电路除基本输入端和输出端外，还有三个辅助控制端：试灯输入端$\overline{LT}$，灭零输入端$\overline{RBI}$，灭灯输入/灭零输出端 $\overline{BI}/\overline{RBO}$。其中，$\overline{BI}/\overline{RBO}$ 既可以作为输入端用，也可作为输出端用。

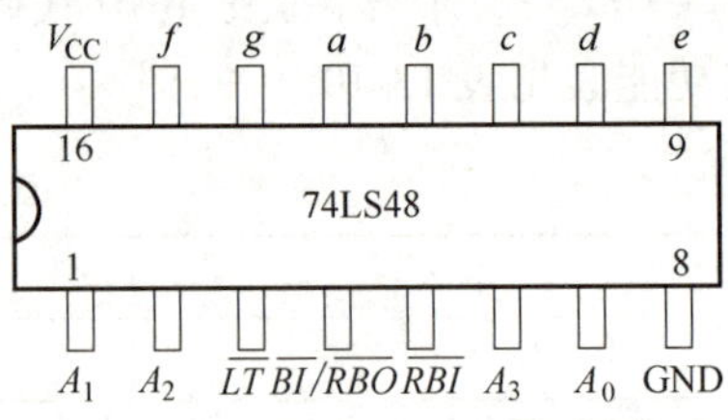

图 13-18 74LS48 引脚排列图

（1）试灯功能

当 $\overline{LT}=0$，$\overline{BI}/\overline{RBO}$ 作为输出端且 $\overline{RBO}=1$。无论其他输入端为何状态，$a \sim g$ 均为高电平 1，所有段全亮，显示十进制数字 8。该输入端常用于检查 74LS48 显示译码器及数码管的好坏。$\overline{LT}=1$ 时，方可进行译码显示。

（2）灭灯功能

$\overline{BI}/\overline{RBO}$ 作为输入端且 $\overline{BI}=0$，无论其他输入端为何状态，$a \sim g$ 均为低电平 0，数码管各段均熄灭。

（3）灭零功能

$\overline{BI}/\overline{RBO}$ 作为输出端且 $\overline{LT}=1$、$\overline{RBI}=0$，当 $A_3A_2A_1A_0=0000$ 时，$a \sim g$ 均为低电平 0，实现灭零功能。与此同时，$\overline{BI}/\overline{RBO}$ 输出低电平 0，表示 74LS48 处于灭零状态。而对于非 0000 状态的数码输入照常显示，$\overline{BI}/\overline{RBO}$ 输出高电平。

$\overline{RBO}$ 和 $\overline{RBI}$ 配合使用，可实现无意义位的消隐。如 5 位数显示器显示数为“03. 150”，将无意义位的 0 消隐后，则显示“3. 15”。

74LS48 显示译码器与共阴极数码管的连接示意图如图 13-19 所示。

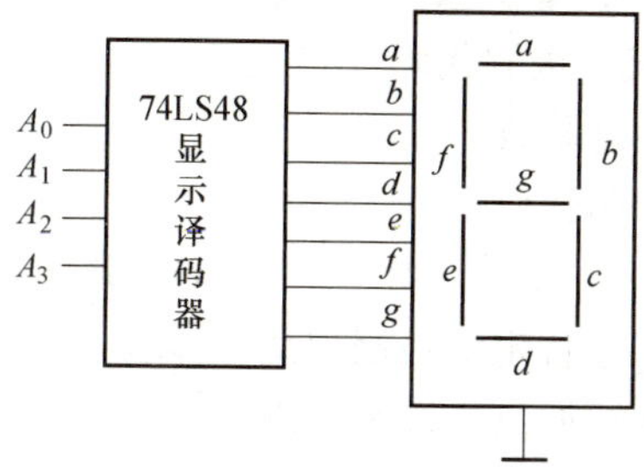

图 13-19　74LS48 显示译码器与共阴极数码管连接示意图

【思考题】

13. 4. 1　译码器的功能是什么？

13. 4. 2　4 线-10 线译码器与 7 段显示译码器有什么相同与不同？

13. 4. 3　液晶数码管显示器有什么特点？

本章小结

1）组合逻辑电路的输出状态只取决于同一时刻的输入状态，而与电路的原状态无关。

2）分析组合逻辑电路的目的是确定它的功能，即根据给定的逻辑电路，找出输入和输出信号之间的逻辑关系。

3）用逻辑门电路设计组合逻辑电路的步骤中，关键的一步是由实际问题列出真值表，然后写出表达式，画出逻辑电路图。若问题比较简单，也可以分析输入和输出之间的逻辑规律，直接写出表达式。

4）具有特定功能的常用的一些组合逻辑单元电路（如加法器、编码器、译码器等）的工作原理、逻辑功能、特点和相应的集成组件的型号及使用方法，只有熟悉它们的逻辑功能，才能灵活应用。真值表（功能表）是分析和应用各种逻辑电路的重要依据，同时分析和应用各种逻辑电路还要运用逻辑代数这一重要的数学工具。

习　　题

一、选择题

13. 1　能将输入信号转变成二进制代码的电路称为（　　）。

A. 译码器　　B. 编码器　　C. 半加器　　D. 全加器

13. 2　组合逻辑电路的输出取决于（　　）。

A. 输入信号的现态

B. 输出信号的现态

C. 输入信号的现态和输出信号变化前的状态

D. 输出信号变化前的状态

13. 3　如果对键盘上的 108 个符号用二进制代码进行编码，则要求输出二进制代码位数至少为（　　）。

A. 5 位　　　B. 7 位　　　C. 10 位　　　D. 11 位

13.4　二-十进制的编码器是（　　）。

A. 将二进制代码转换成 0~9 十个数字

B. 将 0~9 十个数字转换成二进制代码

C. 将二进制代码转换成十进制数

D. 将十进制数转换成二进制代码

13.5　二进制译码器指（　　）。

A. 将二进制代码转换成某个特定的控制信息

B. 将某个特定的控制信息转换成二进制代码

C. 具有以上两种功能

D. 将某个特定的控制信息转换成任意进制数

13.6　全加器是指实现（　　）。

A. 两个同位的二进制数相加运算的电路

B. 不带进位的两个同位的二进制数相加运算的电路

C. 两个同位的二进制数及来自低位的进位三者相加运算的电路

D. 两个不同位的二进制数相加运算的电路

13.7　逻辑电路如图 13-20 所示，其功能相当于一个（　　）。

A. 与门　　　B. 与非门　　　C. 异或门　　　D. 或门

13.8　图 13-21 所示组合逻辑电路的逻辑函数表达式为（　　）。

A. $Y=\overline{A}$　　　B. $Y=A$　　　C. $Y=1$　　　D. $Y=0$

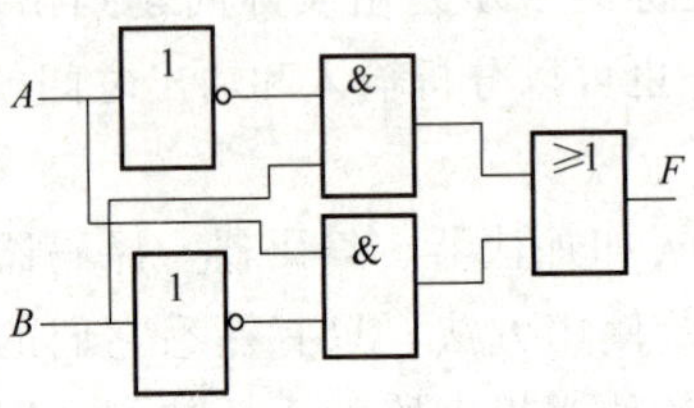

图 13-20　习题 13.7 图

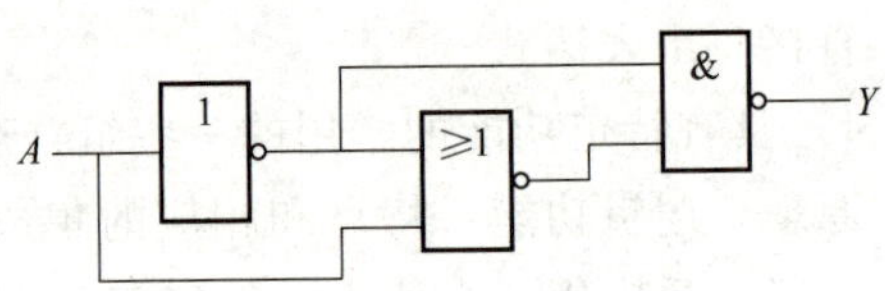

图 13-21　习题 13.8 图

13.9　如图 13-22 所示组合逻辑电路的逻辑函数表达式为（　　）。

A. $Y=\overline{AB+BC+CA}$　　　B. $Y=AB+BC+CA$

C. $Y=\overline{AB}+\overline{BC}+\overline{CA}$　　　D. $Y=AB-BC-CA$

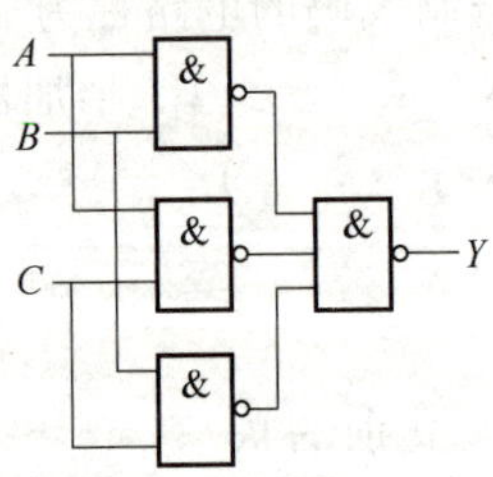

图 13-22　习题 13.9 图

13.10　真值表见表 13-11，则输出 Y 的逻辑函数表达式为（　　）。

A. $Y=\overline{A}+BC$　　　　B. $Y=A+BC$

C. $Y=\overline{A}+BC$　　　　D. $Y=\overline{A}+\overline{B}C$

表 13-11　习题 13.10 真值表

输入			输出
A	B	C	Y
0	0	0	0
0	0	1	0
0	1	0	0
0	1	1	1
1	0	0	1
1	0	1	1
1	1	0	1
1	1	1	1

二、分析计算题

13.11　写出如图 13-23 所示各电路输出端的逻辑函数表达式。

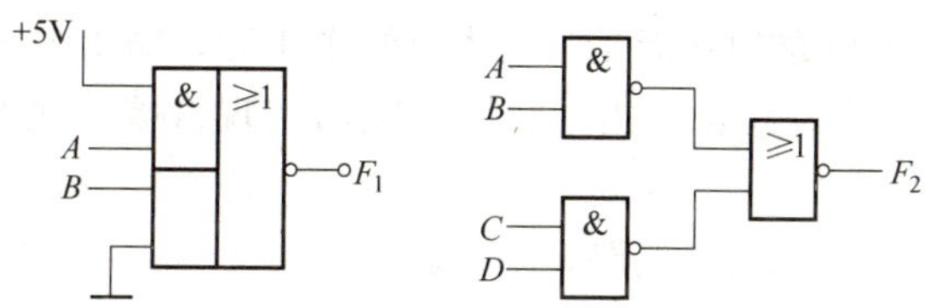

a)　　　　b)

图 13-23　习题 13.11 图

13.12　写出如图 13-24 所示各电路的逻辑函数表达式，并化简。

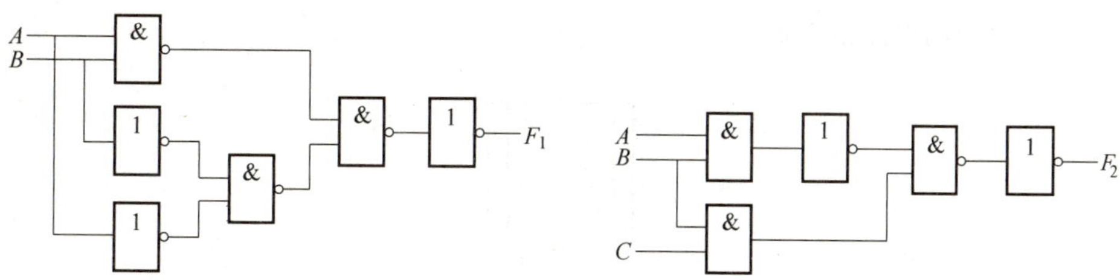

a)　　　　b)

图 13-24　习题 13.12 图

13.13　写出如图 13-25 所示各电路的逻辑函数表达式，并化简。

13.14　组合电路如图 13-26 所示，分析该电路的逻辑功能。

13.15　已知输入信号 A、B、C 的波形如图 13-27 所示，选择集成逻辑门，设计实现产生输出 Y 波形的组合电路。

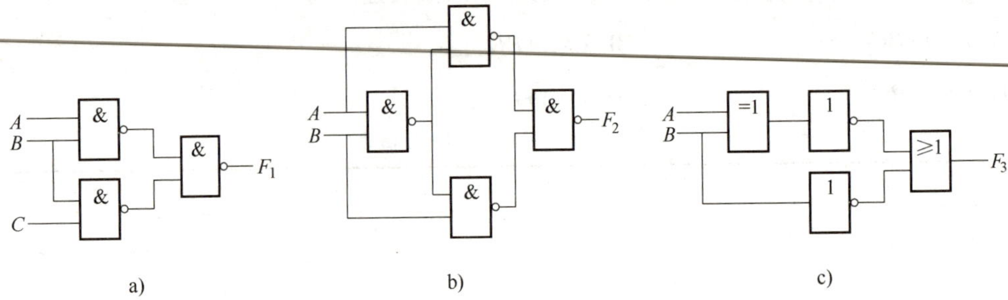

图 13-25　习题 13.13 图

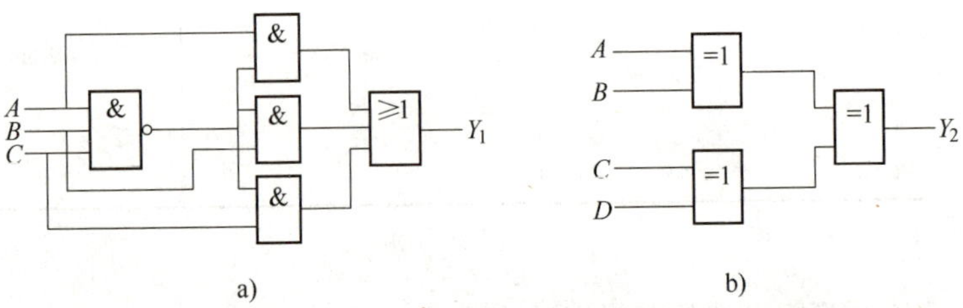

图 13-26　习题 13.14 图

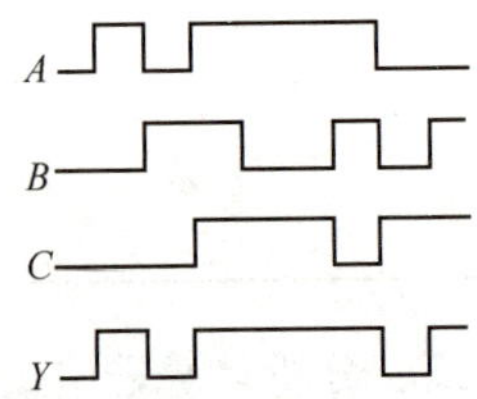

图 13-27　习题 13.15 图

13.16　三变量奇校验电路的功能是当输入奇数个 1 时，输出为 1，否则输出为 0。试列出其真值表，写出简化逻辑函数表达式，并用异或门实现（要求列出真值表、最简逻辑函数表达式、逻辑电路图）。

13.17　综合设计一个故障指示电路，要求如下：

1）两台电动机同时工作时，绿灯 G 亮。

2）其中一台电动机发生故障时，黄灯 Y 亮。

3）两台电动机都有故障时，则红灯 R 亮。

13.18　如图 13-28 所示是一个 5 段数码管显示器。电路输入为 A、B，要求译码电路能显示英文“Error”中的三个字母 E、r、o（并要求 $A=1$、$B=1$ 时全暗），列出真值表，用与非门画出此显示译码电路的逻辑电路图。

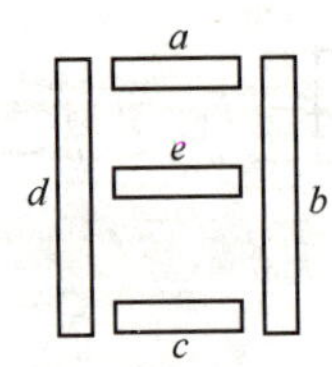

图 13-28　习题 13.18 图

第 14 章　时序逻辑电路

在数字电路中除了组合逻辑电路以外，还需要有具有记忆功能的时序逻辑电路（简称时序电路），触发器（Flip Flop）是组成时序电路的基本单元器件。触发器和组合电路结合可以构成寄存器、计数器等时序逻辑电路。时序逻辑电路要求在统一的时钟脉冲下工作，时钟脉冲 CP 就是一连串具有一定频率的电压方波，时钟脉冲 CP 的作用相当于打拍子，电路的状态只有在时钟脉冲 CP 的作用下才会发生改变。

14.1　触发器

触发器是组成时序电路的基本单元器件，触发器具有记忆功能，所谓记忆功能是指当给触发器施加输入时，其值根据输入而改变，当输入撤销后，其值保持不变。与组合电路不同的是，触发器的输入不仅有外加的输入，也包括自身电路的原状态。触发器可以用来保持存储二进制数，它的值可以是 0 或 1，一个触发器可以用于存储 1 位二进制数。

14.1.1　基本 *RS* 触发器

图 14-1 为由两个与非门组成的基本 RS 触发器逻辑电路及逻辑符号。该触发器有两个输入端 $\overline{S}_D$ 和 $\overline{R}_D$，以及两个正常工作时状态相反的输出端 Q 和 $\overline{Q}$。输入端 $\overline{S}_D$ 置 1 和 $\overline{R}_D$ 清 0 指的在这两个端加输入信号可将输出端 Q 的状态置 1 或清 0，$\overline{Q}$ 的状态应与 Q 的状态相反。$\overline{S}$ 和 $\overline{R}$ 表示低电平有效，即在 $\overline{S}_D$ 端或 $\overline{R}_D$ 端输入低电平 0 时，可将输出端 Q 置 1 或清 0，即在这两个输入端加输入信号（低电平 0），不再需要其他条件，即可直接将输出端 Q 置 1 或清 0。

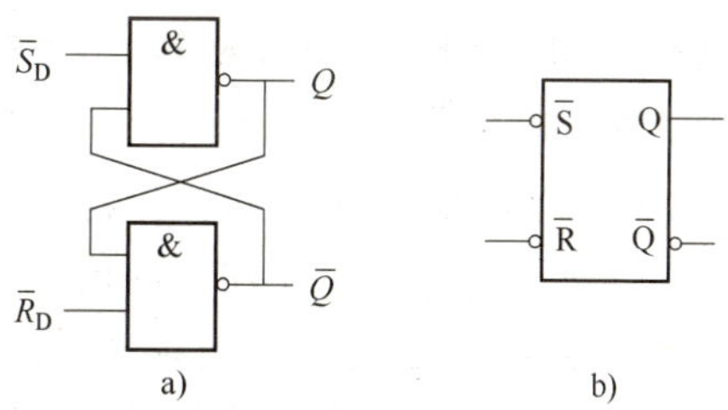

图 14-1　基本 *RS* 触发器

a）逻辑电路　b）逻辑符号

分析基本 RS 触发器的逻辑功能，可通过在逻辑电路输入端 $\overline{S}_D$ 和 $\overline{R}_D$ 依次加从 00 到 11 不同取值组合的输入信号，推测其输出端 Q 和 $\overline{Q}$ 的状态。根据图 14-1a 电路可得输入信号及相应电路的输出状态，并填写基本 RS 触发器的真值表见表 14-1。

表 14-1　基本 *RS* 触发器真值表

输入		输出		说明
$\overline{S}_D$	$\overline{R}_D$	Q	$\overline{Q}$	
0	0	1	1	禁用
0	1	1	0	置 1
1	0	0	1	置 0
1	1	不变	不变	

由表 14-1 可见，当在基本 RS 触发器的输入端 $\overline{S}_D$ 和 $\overline{R}_D$ 输入 00 时，触发器的输出端 Q 和 $\overline{Q}$ 均为 1，因正常工作时触发器的两个输出端 Q 和 $\overline{Q}$ 应状态相反，故此种状态应禁止出现，即应禁止同时在 $\overline{S}_D$ 和 $\overline{R}_D$ 端输入 0。

当 $\overline{S}_D=0$，$\overline{R}_D=1$ 时，可得 $Q=1$，$\overline{Q}=0$，即 $\overline{S}_D$ 施加有效输入低电平 0，可将输出端 Q 置 1，$\overline{Q}$ 的状态为 0。

当 $\overline{S}_D=1$，$\overline{R}_D=0$ 时，可得 $Q=0$，$\overline{Q}=1$，即 $\overline{R}_D$ 施加有效输入低电平 0，可将输出端 Q 清 0，$\overline{Q}$ 的状态为 1。

当 $\overline{S}_D=1$，$\overline{R}_D=1$ 时，由图 14-1a 电路可见此时触发器的输出 Q 和 $\overline{Q}$ 的状态不仅取决于输入 $\overline{S}_D$ 和 $\overline{R}_D$ 的值，而且还取于 Q 和 $\overline{Q}$ 之前的状态，若之前 $Q=1$、$\overline{Q}=0$，则此时仍维持 $Q=1$、$\overline{Q}=0$；若之前 $Q=0$、$\overline{Q}=1$，则仍维持 $Q=0$、$\overline{Q}=1$。即当输入 $\overline{S}_D=1$，$\overline{R}_D=1$ 时，Q 和 $\overline{Q}$ 维持原状态不变。

14.1.2 钟控 *RS* 触发器

如图 14-2 所示，在基本 RS 触发器的输入端 $\overline{S}_D$ 和 $\overline{R}_D$ 之前再连接两个与非门和一个时钟脉冲输入端 CP 就构成了一个时钟脉冲 CP 控制 RS 触发器，简称钟控 RS 触发器。钟控 RS 触发器的主要特点就是有一个时钟脉冲 CP 输入端。当 $CP=0$ 时，电路输入端的两个与非门输出为 1，使后级的基本 RS 触发器的 $\overline{S}_D$ 和 $\overline{R}_D$ 端均为 1，由前面对基本 RS 触发器的分析可知，这时钟控 RS 触发器的输出端 Q 和 $\overline{Q}$ 保持原状态不变，即无论输入端 R 和 S 的值是什么，都不会影响触发器输出端 Q 的状态。对钟控 RS 触发器，只有当 $CP=1$ 时，R 端和 S 端的输入信号才能传递通过电路输入端的两个与非门影响后级的基本 RS 触发器的输出端 Q，即钟控 RS 触发器输出端 Q 状态的改变受到时钟脉冲 CP 信号的控制。$CP=0$ 又称为时钟脉冲没有到来，或没有时钟脉冲触发；$CP=1$ 又称为时钟脉冲到来，或是有时钟脉冲触发，只有当 $CP=1$（时钟脉冲到来）时，钟控 RS 触发器的输出端 Q 的状态才能改变。需要指出的是，触发器的状态指的都是其输出端 Q 的状态，即 Q 的值。

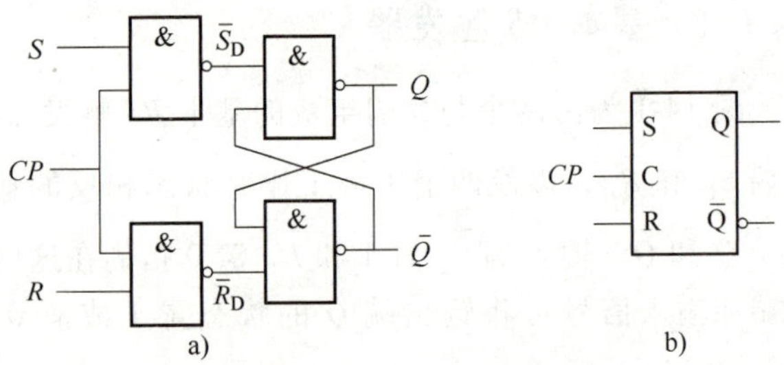

图 14-2 钟控 *RS* 触发器

a）逻辑电路 b）逻辑符号

有时钟脉冲 CP 控制的触发器都是时序电路，在分析时序电路的特性时要用到状态转换表，简称状态表（State Table）。状态表类似于真值表但又不同于真值表，状态表左边列应为电路的输入，除了有外部输入变量的取值外，还增加了时钟脉冲 CP 触发前电路输出端 Q 的状态，因为时钟脉冲 CP 触发前输出端 Q 的状态也会影响到时钟脉冲触发后输出端 Q 的状态，所以，时钟脉冲触发前的输出端 Q 的状态也是电路的输入之一。状态表右边列则为电路在时钟脉冲 CP 触发后输出端 Q 的状态。将 CP 触发前输出端的状态（值）记为 Q_n，将 CP 触发后输出端的状态（值）记为 Q_{n+1}，以示区别。注意：对于状态表中的每一行内容，左边列与右边列的值不是同一时刻的值，左边列的值是输入（包括外部输入值和时钟脉冲触发前输出端 Q 的值），为 CP 触发前的值；右边列的值为时钟脉冲触发后输出端 Q 的值。

根据图 14-2a 钟控 RS 触发器的逻辑电路，以及表 14-2 钟控 RS 触发器输入列的数据，可以逐行得出时钟脉冲 CP 触发后钟控 RS 触发器的状态表输出列的数据，见表 14-2。

表 14-2　钟控 RS 触发器状态表

输入			输出		说明
R	S	Q_n	Q_{n+1}	$\overline{Q}_{n+1}$	
0	0	0	0	1	保持
0	0	1	1	0	
0	1	0	1	0	置 1
0	1	1	1	0	
1	0	0	0	1	置 0
1	0	1	0	1	
1	1	0	1	1	禁用
1	1	1	1	1	

由表 14-2 最后两行可见，当输入为 $R=1$ 及 $S=1$ 时，钟控 RS 触发器的输出端出现 $Q=1$、$\overline{Q}=1$ 的现象，故钟控 RS 触发器不允许 R 和 S 端同时输入为 1。

由状态表表 14-2 可对输出端 Q 列写出一个类似于组合逻辑电路逻辑函数表达式的式子，称为 RS 触发器的特征方程，即

$$
\begin{aligned}
Q_{n+1} &= \overline{R}\,\overline{S}Q_n+\overline{R}S\overline{Q}_n+\overline{R}SQ_n+RS\overline{Q}_n+RS\overline{Q}_n \\
&= S+\overline{R}Q_n \qquad (RS\neq 1)
\end{aligned}
\tag{14-1}
$$

有了特征方程，即可直接根据输入值和特征方程方便地计算出触发器输出端的值，不必再参考逻辑电路图。

【例 14-1-1】　设钟控 RS 触发器的输入 $R=0$，$S=1$，时钟脉冲 CP 触发前（$CP=0$ 时）输出端 Q 的状态为 1，试写出时钟脉冲触发后（$CP=1$ 时）触发器两个输出端 Q 和 $\overline{Q}$ 的状态。

解： 时钟脉冲 CP 触发前 Q 的状态为 1，即 $Q_n=1$，将 $R=0$，$S=1$ 及 $Q_n=1$ 代入式（14-1），可得时钟脉冲 CP 触发后钟控 RS 触发器的输出为

$$Q_{n+1}=S+\overline{R}Q_n=1+\overline{0}1=1$$

因 R 和 S 未同时输入为 1，故 $\overline{Q}$ 的状态与 Q 的状态相反，即 $\overline{Q}=0$。

注意：与基本 RS 触发器不同的是，钟控 RS 触发器的两个输入端 R 和 S 均为高有效输入，即在 R 或 S 端输入高电平 1 时，可将触发器的输出端 Q 清 0 或置 1。若在 R 和 S 端同时输入 1，则是将 Q 端同时清 0 和置 1，显然这是不合理且无法做到的。

对于钟控 RS 触发器，若要将输出端 Q 清 0 或置 1，除了要在 R 或 S 端输入高电平 1 外，还要同时有时钟脉冲 $CP=1$，所以，钟控 RS 触发器又称为同步 RS 触发器（与时钟脉冲 CP 同步）。在实际应用中，常在钟控 RS 触发器上叠加基本 RS 触发器的功能，其逻辑电路和逻

辑符号如图 14-3 所示，图 14-3a 中，原钟控 RS 触发器中的输入端 $\overline{S}_D$ 和 $\overline{R}_D$ 用 $\overline{S}$ 和 $\overline{R}$ 代替，另外叠加的基本 RS 触发器的输入端用 $\overline{S}_D$ 和 $\overline{R}_D$ 来表示。

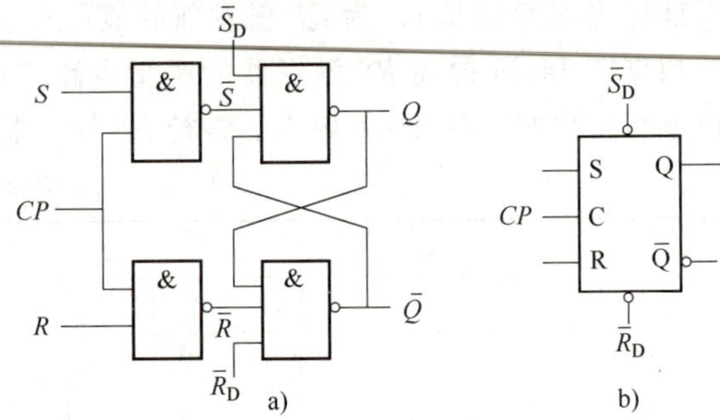

图 14-3　带异步清 0 或置 1 控制的钟控 RS 触发器

a）逻辑电路　b）逻辑符号

图 14-3a 电路中，当时钟脉冲 $CP=0$（没有时钟脉冲 CP 触发）时，输入端的两个与非门输出为 1（$\overline{S}=1$，$\overline{R}=1$），整个电路相当于基本 RS 触发器，这时可通过在 $\overline{S}_D$ 或 $\overline{R}_D$ 端输入低电平 0，将 Q 端清 0 或置 1。因在 $\overline{S}_D$ 端和 $\overline{R}_D$ 端对触发器输出端 Q 的置 1 或清 0 控制不需要与时钟脉冲 $CP=1$ 同步（同时进行），故称在 $\overline{S}_D$ 和 $\overline{R}_D$ 端输入的置 1 或清 0 控制为异步置 1 或清 0。$\overline{S}_D$ 和 $\overline{R}_D$ 的下标 D 表示直接（Direct），也即不需要其他条件，在这两个输入端加有效输入（低电平 0）可直接将输出端 Q 置 1 或清 0。

14.1.3　D 触发器

钟控 RS 触发器在使用时，不允许在 S 端和 R 端同时输入 1，否则会引起触发器输出 Q 和 $\overline{Q}$ 状态相同、功能混乱，为了避免 S 和 R 同时输入为 1 的情况，对钟控 RS 触发器的输入端进行一些改进，就产生了一种新触发器，即 D 触发器，其逻辑电路及逻辑符号如图 14-4 所示。

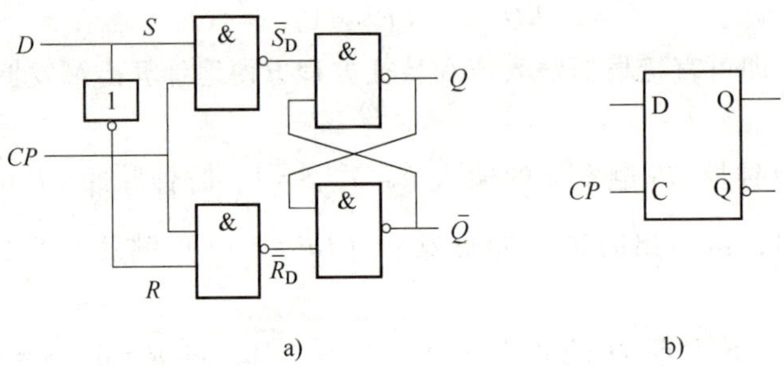

图 14-4　D 触发器

a）逻辑电路　b）逻辑符号

由图 14-4a 可见，因在 S 和 R 端之间引入一个非门，使得 S 与 R 端中如有一端为 1，另一端就必然为 0，从而避免了 S 和 R 同时输入为 1 的情况。

下面用状态表来分析 D 触发器的逻辑功能，状态表左侧输入列为外部输入 D 和触发器原状态 Q_n（时钟脉冲触发前输出 Q 的状态），D 和 Q_n 的取值组合从小到大、从 00 到 11 逐行依次排列，右侧输出列为时钟脉冲 CP 触发（$CP=1$）时触发器输出端的状态 Q_{n+1} 和 $\overline{Q}_{n+1}$，根据图 14-4a 逻辑电路及状态转移表左侧输入列的数据填写表 14-3 状态表右侧输出列的值。

表 14-3 D 触发器状态表

输入		输出		说明
D	Q_n	Q_{n+1}	$\overline{Q}_{n+1}$	
0	0	0	1	置 0
0	1	0	1	
1	0	1	0	置 1
1	1	1	0	

由表 14-3 可见，无论输入 D 的值和时钟脉冲 CP 触发前输出端 Q 的状态如何，CP 触发后，D 触发器的两个输出端 Q 和 $\overline{Q}$ 都不会出现状态相同的情况。

由表 14-3 可写出 D 触发器的特征方程为

$$Q_{n+1}=DQ_n+D\overline{Q}_n=D(Q_n+\overline{Q}_n)=D \tag{14-2}$$

同钟控 RS 触发器一样，D 触发器也具有基本 RS 触发器的异步置 1 或清 0 功能。D 触发器在实际中应用非常广泛。

【例 14-1-2】 设带异步清 0 控制的 D 触发器的 D 输入端波形如图 14-5 所示，试画出触发器输出端 Q 的波形。

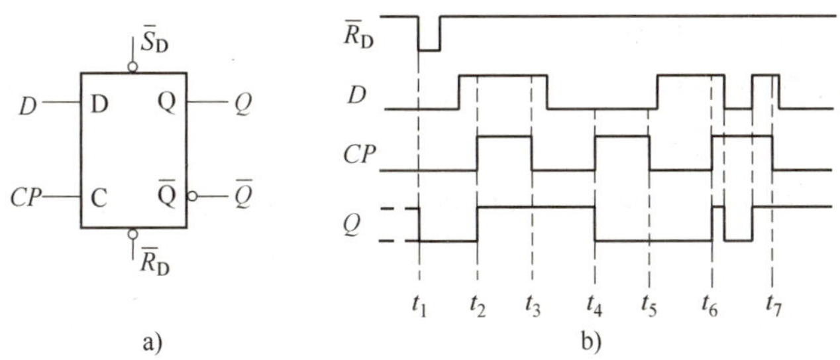

图 14-5 例 14-1-2 图

解： 根据 D 触发器的特征方程画出其输出端 Q 的波形，即

$$Q_{n+1}=D$$

D 触发器的特征方程说明，当有 CP 输入时，即 $CP=1$ 时，输出端 Q 的值等于输入端 D 的值，而当 $CP=0$ 时，Q 的状态保持 CP 从 1 变为 0 之前瞬间的值不变。画输出端 Q 的波形时，先在图 14-5 中标出 $CP=1$ 所有的区间，在该区间使 Q 的值与 D 的值相等即可。

在 $t<t_1$ 区间，Q 的状态未知，故 Q 的波形用可高可低的虚线来表示。

在 t_2 时刻，D 触发器收到异步清 0 信号 $\overline{R}_D=0$，于是 Q 的值变为 0，当 $\overline{R}_D$ 撤销（$\overline{R}_D$ 变为 1）后，Q 维持为 0 一直到 t_2 时刻。

在 $t_2<t<t_3$ 区间，$CP=1$，Q 的值应与 D 的值相等，Q 变为高电平 1。

在 $t_3<t<t_4$ 区间，因 $CP=0$，虽然 D 的值从 1 变为 0，但 Q 的值并不随 D 的值改变，而是维持 t_3 时刻之前的 1 不变。

在 $t_4<t<t_5$ 区间，$CP=1$，这时 Q 的值变为与 D 的值相等，即变为 0。

在 $t_5<t<t_6$ 区间，$CP=0$，Q 的值维持 t_5 时刻之前的值 0 不变。

在 $t_6<t<t_7$ 区间，$CP=1$，Q 的值随 D 的值改变，因为在该区间内，D 的值发生了多次改变，因此 Q 的值也随着 D 的值发生了多次改变。

对于例 14-1-2 的 D 触发器，在整个时钟脉冲 $CP=1$ 区间内，触发器的输出端 Q 的状态都可随着输入端 D 的改变而改变，这种触发器称为高电平触发的触发器。

如果在时钟脉冲 CP 输入端连接一个非门，则构成低电平触发的触发器，即触发器输出端 Q 的状态只有当 $CP=0$ 时才能发生改变。如图 14-6 所示为低电平触发的 D 触发器的逻辑电路，脉冲输入 C（CP 的输入端）上的小圆圈表示该触发器为低电平触发方式。

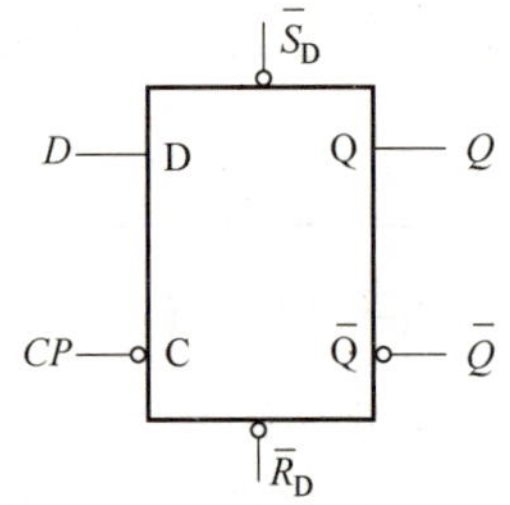

图 14-6　低电平触发的 D 触发器的逻辑电路

类似于高电平触发的触发器，低电平触发的触发器在整个时钟脉冲 $CP=0$ 区间内，触发器的输出端 Q 的状态都会随着输入端 D 的改变而改变。

对于时钟脉冲 CP 为电平触发的 D 触发器，在整个 $CP=1$ 或 $CP=0$ 区间内，触发器输出端 Q 的状态都会随着输入端 D 的改变而改变，这就造成了输入一个时钟脉冲 CP 周期，触发器输出端 Q 的状态发生多次改变的现象，见图 14-5 $t_6<t<t_7$ 区间。在实际应用中，常希望每输入一个 CP 周期，触发器输出端 Q 的状态仅发生一次改变，对于这种情况，高、低电平触发的触发器都无法做到，这时应采用 CP 为边沿触发的触发器。图 14-7 为 CP 下降沿触发的 D 触发器的逻辑电路及其逻辑符号。

图 14-7a 逻辑电路由主、从触发器两个触发器组成，主触发器为 D 触发器，从触发器为钟控 RS 触发器，当时钟脉冲 $CP=1$ 时，主触发器的输出 Q 根据输入端 D 的值变化，而从触发器因其时钟脉冲为 0，故其输出端 Q 保持原状态不变。当 CP 从 1 变为 0 时，主触发器 D 触发器的输出保持时钟脉冲从 1 变为 0 之前瞬间输入端 D 的值不变，而从触发器 RS 触发器的 CP 变为 1，将根据输入 S 和 R 的值（即主触发器输出端 Q 和 $\overline{Q}$ 的值）按照 RS 触发器的特征方程的关系进行输出。虽然在整个 $CP=0$ 期间，从触发器的输出都可根据其输入 S 和 R 的值改变，但因为 S 和 R 值（即主触发器的输出 Q 和 $\overline{Q}$ 的值）只是在 CP 从 1 到 0 瞬间发生了改变，而在其后的 $CP=0$ 期间并未变化，所以，从触发器的输出，即整个触发器输出的值的改变只是发生在时钟脉冲 CP 从 1 变为 0 的瞬间（CP 的下降沿），即整个电路为 CP 下降沿触发。

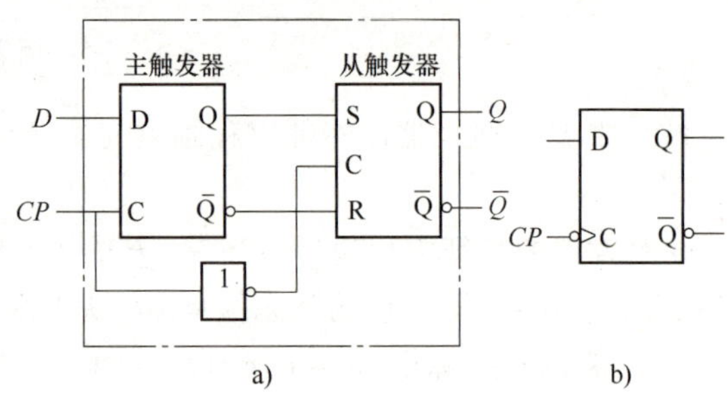

图 14-7　CP 下降沿触发的 D 触发器的逻辑电路及其逻辑符号

a）逻辑电路　b）逻辑符号

图 14-7 由 D 触发器和钟控 RS 触发器组成的电路的输入为主触发器 D 触发器的输入端 D，输出端为从触发器 RS 触发器的输出端 Q 和 $\overline{Q}$，首先列状态表分析该电路的逻辑功能，见表 14-4，状态表左边第 1、2 列分别为输入 D 和时钟脉冲 CP 触发前（下降沿到来之前）电路的输出 Q_n，状态表第 3、4 列分别为时钟脉冲 CP 触发后（下降沿之后）整个触发器的输出 Q_{n+1}（即 RS 触发器的输出），以及根据状态表第 1、2 列的输入和

图 14-7a 逻辑电路得出的触发器功能描述。

表 14-4　由 D 触发器和 RS 触发器组成的主从触发器状态表

输入		输出	功能
$D(S,R)$	Q_n	Q_{n+1}	
0(0,1)	0	0	置 0
0(0,1)	1	0	
1(0,1)	0	1	置 1
1(0,1)	1	1	

由表 14-4 可见，此状态表与 D 触发器的状态表完全相同，故这个由 D 触发器和钟控 RS 触发器组成的主从触发器，就总体功能来看，仍为 D 触发器，其逻辑符号如图 14-7b 所示。注意：图 14-7b 逻辑符号中 CP 输入端有一个小圆圈和小三角，其中小三角表示触发信号为 CP 的上升沿或下降沿，小圆圈表示负（这里不是求反的意思），即从 1 变 0，小圆圈加小三角表示时钟脉冲 CP 的下降沿触发。

在时钟脉冲 CP 下降沿触发的 D 触发器的 CP 输入端前再增加一个非门即构成上升沿触发的 D 触发器，其逻辑电路和逻辑符号如图 14-8 所示。

图 14-8a 逻辑电路中，当 $CP=0$ 时，主触发器收到触发信号输出状态发生改变，当 $CP=1$ 时，从触发器收到触发信号输出状态发生改变，整个触发器输出 Q 状态的改变是发生在时钟脉冲 CP 从 0 变到 1 的瞬间，即为 CP 上升沿触发。

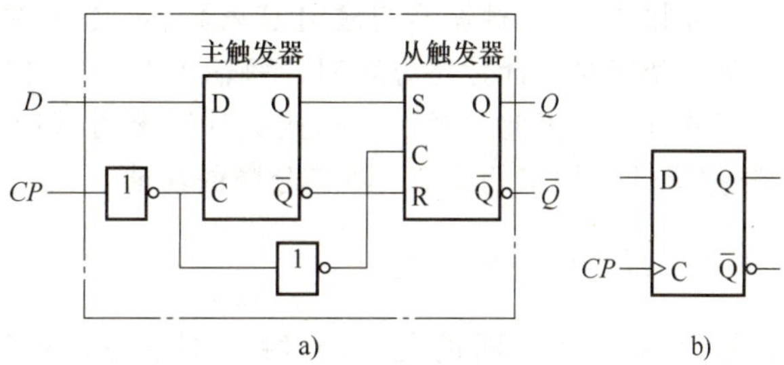

图 14-8　CP 上升沿触发的 D 触发器逻辑电路及其逻辑符号

a）逻辑电路　b）逻辑符号

【例 14-1-3】　设由 CP 上升沿触发的 D 触发器逻辑电路如图 14-9a 所示，试画出 D 触发器电路输出端 Q 的波形图。

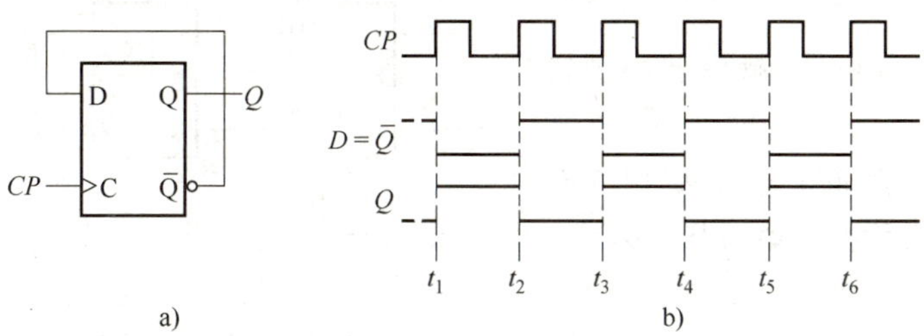

图 14-9　例 14-1-3 逻辑电路及波形图

a）逻辑电路　b）波形图

解： 画波形图时需要依据触发器的特征方程，D 触发器特征方程为 $Q_{n+1}=D=D_n$，即 CP 触发后，Q 端的状态等于时钟脉冲触发前 D 的状态。由图 14-9a 可见，D 连接到 $\overline{Q}$ 端，有 $D=\overline{Q}$，即有 $Q_{n+1}=\overline{Q}=\overline{Q}_n$，触发后 Q 的状态等于 CP 触发前 $\overline{Q}$ 的状态。

画波形图时，首先在图中标出所有 CP 上升沿的时刻（t_1、t_2、t_3、t_4、t_5、t_6）。因本题使用的 D 触发器为上升沿触发，故只有在 CP 上升沿时，Q 的值才能发生改变，而在其他时间，Q 的值保持不变。

因触发器输出端 Q 的初始状态未知，故$\overline{Q}$ 的初始状态也未知，D 的值也不能确定，这时，可假设 Q 的初始状态为 0，则 $D=\overline{Q}=1$，如图 14-9 b 中 $t<t_1$ 区间用虚线表示的 D 和 Q 的波形。

在 t_1 时刻，D 触发器受到时钟脉冲 CP 上升沿触发，t_1 左侧为 n 时刻，t_1 右侧为 $n+1$ 时刻，t_1 右侧 Q 的值应等于 t_1 左侧 D（即$\overline{Q}$）的值，于是 Q 的值变为 1，$\overline{Q}$ 变为 0，并维持到 t_2 时刻。

在 t_2 时刻，D 触发器又受到 CP 上升沿触发，t_2 左侧为 n 时刻，t_2 右侧为 $n+1$ 时刻，t_2 右侧 Q 的值等于 t_2 左侧 D（即 $\overline{Q}$）的值，CP 触发后，Q 的值变为 0，$\overline{Q}$ 变为 1，并维持到 t_3 时刻。

同理，可画出如图 14-9b 所示 t_3~t_6 各时刻触发器输出端 Q 的波形。

当触发器的特征方程化成 $Q_{n+1}=\overline{Q}_n$ 时，称为触发器连接成计数器方式，这时，每输入一个时钟脉冲 CP，触发器的输出 Q 就翻转一次，从 0 变为 1，或从 1 变为 0。由图 14-9b 可见，触发器连接成计数器方式时，每输入两个时钟脉冲 CP 周期，触发器输出端 Q 就输出一个周期的方波，因此，触发器连接成计数器方式时，触发器输出端 Q 还有将输入时钟脉冲 CP 频率降低为原来的 1/2，即二分频的功能。

14.1.4 *JK* 触发器

与 D 触发器不同的是，JK 触发器有 J、K 两个信号输入端，使用起来更加方便。图 14-10 为 CP 下降沿触发的主从式 JK 触发器逻辑电路及其逻辑符号，当 $CP=1$ 时，主触发器 JK 触发器输出端 Q 根据自己的输入和特征方程改变，当 $CP=0$ 时，从触发器 RS 触发器根据自己的输入（即主触发器的输出）和特征方程改变，整个触发器的输出端 Q（即 RS 触发器的输出端）状态的改变实际上发生在时钟脉冲从 1 变到 0 下降沿的瞬间，即整个触发器为时钟脉冲 CP 下降沿触发。可以证明，由 JK 触发器和 RS 触发器组成的主从式触发器就整体功能来看，为时钟脉冲 CP 下降沿触发的 JK 触发器。

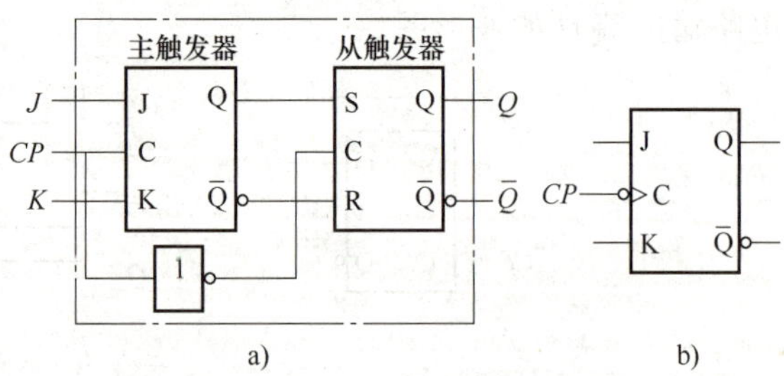

图 14-10 CP 下降沿触发的 JK 触发器逻辑电路及其逻辑符号

a）逻辑电路 b）逻辑符号

首先列状态表分析 JK 触发器的逻辑功能，见表 14-5。

根据图 14-10a 逻辑电路和表 14-5 左边第 1~3 列的输入数据，填写状态表第 4 列的值。由表 14-5 可见：

1）若 $J=0$，$K=0$，则 JK 触发器的输出维持原状态不变，即有 $Q_{n+1}=Q_n$。

2）若 $J=0$，$K=1$，则 JK 触发器的输出端 Q 被清 0，即 $Q_{n+1}=0$。

3）若 $J=1$，$K=0$，则 JK 触发器的输出端 Q 被置 1，即 $Q_{n+1}=1$。

4）若 $J=1$，$K=1$，则 JK 触发器的输出 Q 求反，即 $Q_{n+1}=\overline{Q}_n$。

表 14-5　*JK* 触发器状态表

输入			输出	功能
J	K	Q_n	Q_{n+1}	
0	0	0	0	不变(保持)
0	0	1	1	
0	1	0	0	置 0(清 0)
0	1	1	0	
1	0	0	1	置 1
1	0	1	1	
1	1	0	1	求反(翻转)
1	1	1	0	

由表 14-5 可写出 *JK* 触发器的特征方程为

$$\begin{aligned} Q_{n+1} &= \bar{J}\,\bar{K}Q_n + J\bar{K}\,\bar{Q}_n + J\bar{K}Q_n + JK\bar{Q}_n \\ &= J\bar{Q}_n + \bar{K}Q_n \end{aligned} \tag{14-3}$$

【例 14-1-4】　试判断图 14-11 逻辑符号中，哪些 *JK* 触发器连接成计数器方式?

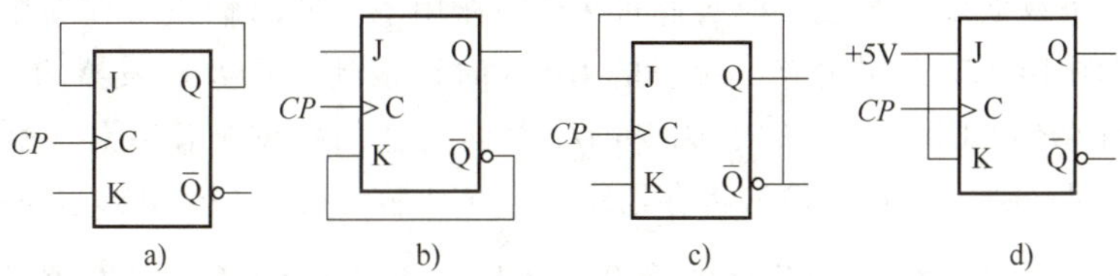

图 14-11　例 14-1-4 图

解： 判断触发器是否连接成计数器方式，就是看其特征方程能否化为 $Q_{n+1}=\bar{Q}_n$ 的形式。*JK* 触发器的特征方程为 $Q_{n+1}=J\bar{Q}_n+\bar{K}Q_n$。

图 14-11a 中，*J* 连接到 *Q* 端上，有 $J=Q$；*K* 悬空未与任何引脚连接，对 TTL 电路，悬空相当于输入为 1，即 $K=1$。将 *J* 和 *K* 值代入 *JK* 触发器的特征方程，有 $Q_{n+1}=Q_n\bar{Q}_n+\bar{1}Q_n=0$，即时钟脉冲触发 *CP* 后，触发器输出端 *Q* 变为 0。

图 14-11b 中，*J* 悬空相当于 $J=1$，*K* 与 $\bar{Q}$ 连接，$K=\bar{Q}$（即 $\bar{K}=Q$），将 *J* 和 *K* 的值代入 *JK* 触发器的特征方程，有 $Q_{n+1}=1\bar{Q}_n+Q_nQ_n=1$，即时钟脉冲触发 *CP* 后，触发器输出端 $Q=1$。

图 14-11c 中，*J* 连接到 $\bar{Q}$ 端，有 $J=\bar{Q}$，*K* 悬空，$K=1$，将 *J* 和 *K* 的值代入 *JK* 触发器的特征方程，有 $Q_{n+1}=\bar{Q}_n\bar{Q}_n+\bar{1}Q_n=\bar{Q}_n$，即 *JK* 触发器接成了计数器方式。

图 14-11d 中，*J* 和 *K* 都接到+5V，即 $J=K=1$，代入 *JK* 触发器特征方程，有 $Q_{n+1}=1\bar{Q}_n+\bar{1}Q_n=\bar{Q}_n$，即此触发器也连接成计数器方式。

【思考题】

14.1.1　触发器都有哪些种类？各有什么特点？

14.1.2 边沿触发器与电平触发器有什么不同？能否说边沿触发器比电平触发器好？或是电平触发器比边沿触发器好？

14.1.3 若采用 CP 上升沿触发的 D 触发器，试画出例 14-1-2 逻辑电路输出端 Q 的波形。

14.1.4 为什么说触发器可以存储二进制数？基本门电路可以存储二进制数吗？

14.1.5 为什么说触发器的特征方程 $Q_{n+1}=\overline{Q}_n$ 称为触发器连接成计数器方式？

14.2 寄存器

在计算机中，数据是以二进制数的形式存储，而寄存器（Register）就是存储二进制数的地方。寄存器实际上由若干个触发器组成，一个触发器存储一位二进制数，多个触发器组合起来可存储多位二进制数。数据存储在寄存器中，实际上是存储在各个触发器的输出端 Q。

14.2.1 并行输入寄存器

由 D 触发器组成的 3 位并行输入寄存器如图 14-12 所示。所谓并行，指的是多位二进制数每位数沿着一条数据线，在统一时钟脉冲 CP 的作用下，同时输入寄存器中（即各个触发器的 Q 端）。对图 14-12a 逻辑电路，统一的 CP 同时连接到三个 D 触发器的触发端，触发方式为高电平，当 $CP=1$ 时，来自 D_2、D_1 和 D_0 数据线上的数据被输入各个触发器的输出端 Q_2、Q_1 和 Q_0，即存到 3 位并行输入寄存器中，当 CP 撤销后（$CP=0$），寄存器中的数据保持不变。该寄存器还带有统一的低有效清 0 端 $\overline{CR}$，$\overline{CR}$ 连接到各个触发器的异步清 0 端 $\overline{R}$ 上，当 $\overline{CR}=0$ 时，在不受时钟脉冲 CP 控制下，寄存器的值被清 0。

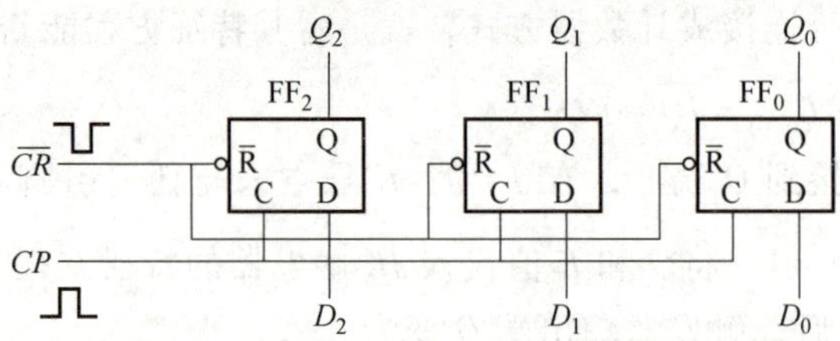

图 14-12 由 D 触发器组成的 3 位并行输入寄存器

当电路中出现多个触发器时，常对各触发器进行编号标注，类似于电阻 R_1、R_2 等，触发器则用 FF_1、FF_2 等来标注，FF（Flip-Flop）即触发器。

14.2.2 移位寄存器

在寄存器中存储的数据常需要对其进行移位操作，如左移或右移。如图 14-13a 所示为用 D 触发器实现的 3 位右移移位寄存器，其状态表见表 14-6。电路采用的 D 触发器为时钟脉冲 CP 下降沿触发，因 CP 同时加到各触发器的触发端上，可见，当统一 CP 到来（CP 下降沿）时，各 D 触发器的输出端 Q 根据自己的特征方程 $Q_{n+1}=D$ 改变，即有 $Q_{2n+1}=X$，$Q_{1n+1}=Q_{2n}$，$Q_{0n+1}=Q_{1n}$，3 位寄存器中的数据实现了整体向右移位，输入 X 的数据被移入 Q_2

端，Q_2 端的数据被移入 Q_1 端，Q_1 端的数据被移入 Q_0 端，原 Q_0 端的数据被丢弃。

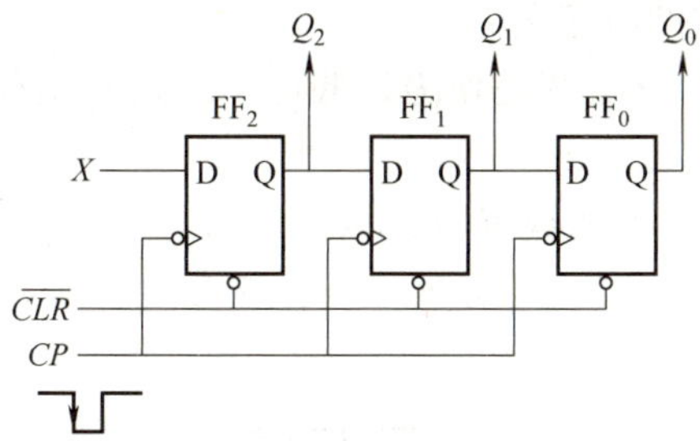

图 14-13　3 位右移移位寄存器

表 14-6　3 位右移移位寄存器状态表

输入		输出		
CP	*X*	Q_2	Q_1	Q_0
0	1	0	0	0
1	1	1	0	0
2	1	1	1	0
3	0	1	1	1
4	0	0	1	1
5	1	0	0	1
6	1	1	0	0

14.2.3　集成寄存器

集成寄存器具有功能齐全、使有方便等优点，因而应用广泛。74LS194 是一种不仅能并行输入置数，而且能实现左移和右移功能的 4 位集成寄存器，共有 16 个引脚，其引脚排列及引脚定义如图 14-14 所示。

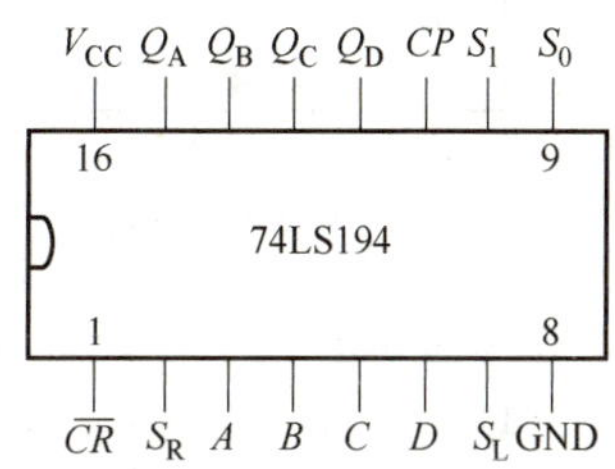

图 14-14　74LS194 引脚排列及引脚定义

74LS194 引脚功能如下：

D、*C*、*B*、*A*：并行数据输入端（*D* 为高位）。

Q_D、Q_C、Q_B、Q_A：并行数据输出端。

S_L：左移数据输入端。

S_R：右移数据输入端。

$\overline{CR}$：异步清 0 控制端，低电平有效。

CP：时钟脉冲输入端，上升沿触发。

S_1、S_0：工作方式选择端。

74LS194 状态表见表 14-7。

表 14-7　74LS194 状态表

输入				输出				功能
$\overline{CR}$	*CP*	S_1	S_0	Q_D	Q_C	Q_B	Q_A	
0	×	×	×	0	0	0	0	清 0
1	↑	0	0	Q_D	Q_C	Q_B	Q_A	保持
1	↑	1	1	*D*	*C*	*B*	*A*	并行置数
1	↑	0	1	S_R	Q_D	Q_C	Q_B	右移
1	↑	1	0	Q_C	Q_B	Q_A	S_L	左移

74LS194 工作在右移、左移和并行置数方式的接线图分别如图 14-15a～c 所示。

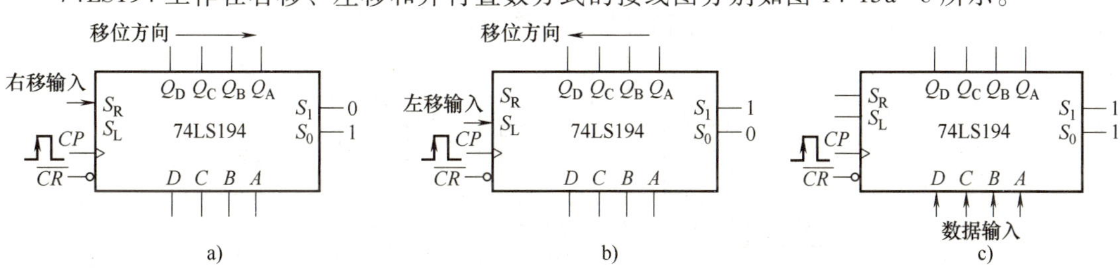

图 14-15　74LS194 工作在右移、左移和并行置数方式的接线图

a）右移　b）左移　c）并行置数

【例 14-2-1】 设 74LS194 连接成循环右移方式，如图 14-16 所示，$Q_DQ_CQ_BQ_A$ 的当前值为 1000，试画出经过 5 个时钟周期 CP 后 $Q_DQ_CQ_BQ_A$ 端的时序图。

解：在实际应用中，当多个触发器一起排列使用时，Q_A 都是作为最低位，因此循环右移移位的示意图如图 14-17 所示。

即在每个时钟脉冲 CP 上升沿到来时，各触发器输出端的数据按此示意图向右移 1 位。据此，画出 $Q_DQ_CQ_BQ_A$ 端的时序图如图 14-18 所示。由图 14-18 可见，经过 5 个时钟脉冲 CP 后，$Q_DQ_CQ_BQ_A=0100$。

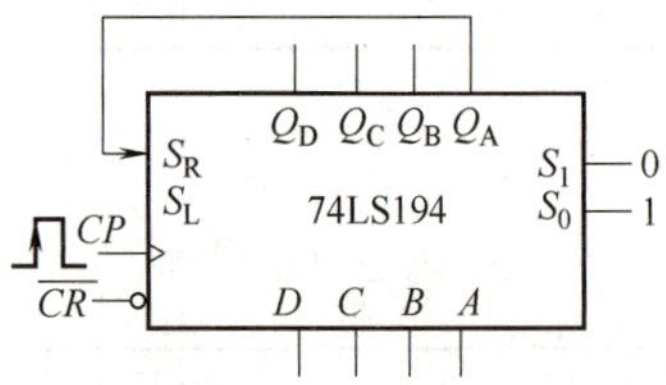

图 14-16 例 14-2-1 电路

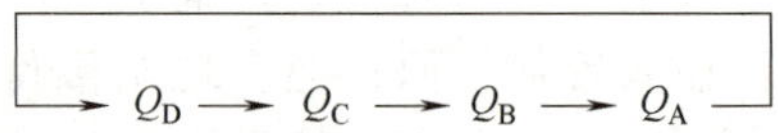

图 14-17 74LS194 循环右移移位示意图

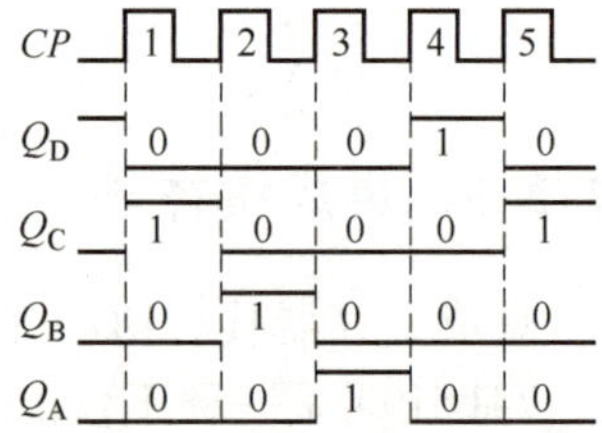

图 14-18 例 14-2-1 时序图

【思考题】

14.2.1 什么是寄存器？寄存器如何存储二进制数？

14.2.2 举例说明寄存器的值左移和右移有什么用途。

14.2.3 移位寄存器能采用电平触发的触发器实现吗？为什么？

14.3 计数器

在计算机电路中经常需要对事件进行计数，这就需要用到计数器，在对事件计数时，先要把事件转换成时钟脉冲 CP，一个事件对应 1 个 CP，计数器对 CP 的个数进行计数即可记录事件发生的次数。计数器有加计数器和减计数器，每输入 1 个 CP 脉冲计数器就加 1 的为加计数器，每输入 1 个 CP 计数器就减 1 的为减计数器。

14.3.1 异步二进制加 1 计数器

用 D 触发器实现的带异步清 0 功能的 3 位二进制加 1 计数器如图 14-19 所示，其计数范围为从 000 到 111。这里异步指的是时钟脉冲 CP 不是同时加到各个触发器的时钟脉冲输入端（图 14-19 电路中，外部输入 CP 只加到触发器 FF_0 上），若 CP 同时加到各触发器的时钟脉冲输入端则称为同步时序电路。下面分析其工作原理。

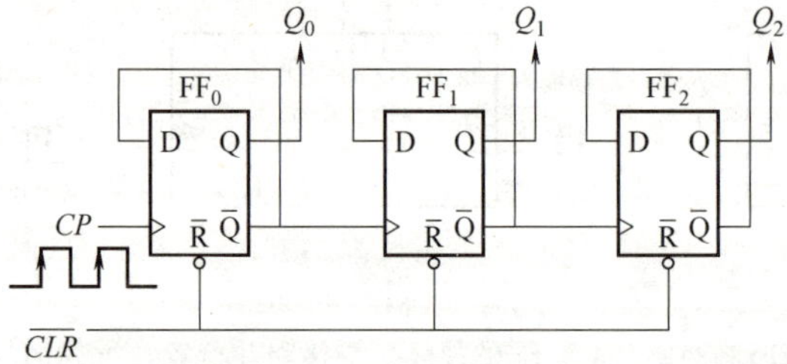

图 14-19 用 D 触发器实现的带异步清 0 功能的 3 位二进制加 1 计数器

图 14-19 电路功能的分析步骤如下：

1）写出电路所用触发器的特征方程。本电路为 D 触发器，则有

$$Q_{n+1}=D$$

2）写出各触发器的输入方程。即触发器的输入端 D 的连接关系式为

$$D_0=\overline{Q}_0 \qquad D_1=\overline{Q}_1 \qquad D_2=\overline{Q}_2$$

3）写出各触发器的状态方程。将输入方程代入特征方程中，则有

$$Q_{0n+1}=\overline{Q}_{0n} \qquad Q_{1n+1}=\overline{Q}_{1n} \qquad Q_{2n+1}=\overline{Q}_{2n}$$

可见，各触发器都是每输入一个 CP，输出端 Q 的状态就翻转一次（0 变 1 或 1 变 0），即各触发器都连接成了计数器状态。

4）写出各触发器的输入 CP。仅对异步时序电路需要，即

$$CP_0=CP \qquad CP_1=Q_1 \qquad CP_2=Q_2$$

5）列状态表。注意：一般同步时序电路的状态表为两列，左边一列为时钟脉冲 CP 触发前输出端 Q 的状态和外部输入变量的取值（本电路没有外部输入），右边一列为 CP 触发后各触发器输出端的状态 Q_{n+1}，但对异步时序电路，因为各触发器的触发脉冲不同，还要在状态表的中间增加一列对各触发器时钟脉冲的说明，以便看清只有触发器收到自己的触发信号时输出端的状态才能发生改变。根据各触发器的状态方程填写用 D 触发器实现的带异步清 0 功能的 3 位二进制加 1 计数器状态表，见表 14-8。注意：对本电路的每个触发器，当收到各自的时钟脉冲时，输出端 Q 的状态就翻转一次（$Q_{in+1}=\overline{Q_i}$），而没有收到时钟脉冲时，则维持原状态不变。

表 14-8　用 D 触发器实现的带异步清 0 功能的 3 位二进制加 1 计数器状态表

输入						输出		
Q_{2n}	Q_{1n}	Q_{0n}	$CP_2=Q_1$	$CP_1=Q_0$	$CP_0=CP$	Q_{2n+1}	Q_{1n+1}	Q_{0n+1}
0	0	0			↑	0	0	1
0	0	1		↑	↑	0	1	0
0	1	0			↑	0	1	1
0	1	1	↑	↑	↑	1	0	0
1	0	0			↑	1	0	1
1	0	1		↑	↑	1	1	0
1	1	0			↑	1	1	1
1	1	1	↑	↑	↑	0	0	0

由表 14-8 可见，每输入一个外部 CP，计数器的值就加 1，由此可知，图 14-19 电路确实为带异步清 0 功能的 3 位二进制加 1 计数器。

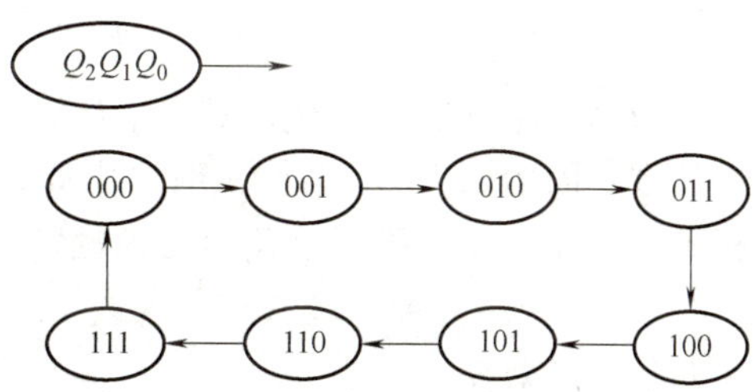

图 14-20　带异步清 0 功能的 3 位二进制加 1 计数器的状态转换图

6）画状态转换图。状态转换图（State Diagram）是用图的形式描述时序电路可能出现的所有状态，及 CP 触发前的状态、CP 触发后的状态。根据表 14-8 状态表画状态转换图，如图 14-20 所示。状态转换图中左上方为图例，表示

圆圈中的数值为 $Q_2Q_1Q_0$ 的值及排列顺序，箭头所指为 CP 触发后的下个状态。

7）画时序图。时序图即各触发器输出端 Q 状态与时钟脉冲 CP 个数对应关系的波形图。画图时可假设各触发器的初始状态均为 0，对带异步清 0 功能的 3 位二进制加 1 计数器有 000~111 共 8 个状态，画图时，CP 的个数应比实际状态多 1 个，其时序图如图 14-21 所示。

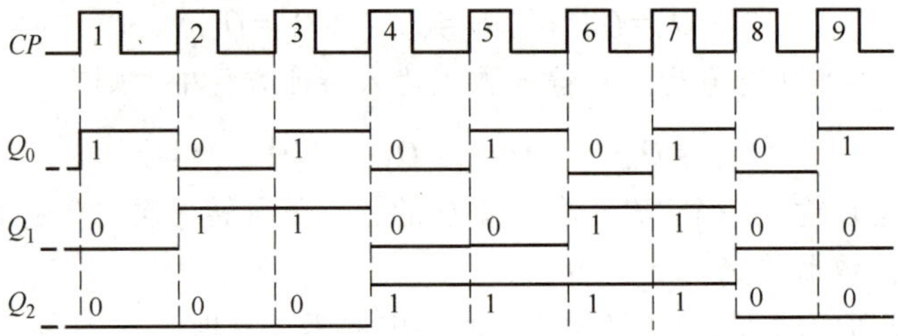

图 14-21 带异步清 0 功能的 3 位二进制加 1 计数器时序图

由图 14-21 时序图可见，每输入 2 个 CP，Q_0 就输出 1 个周期，因此，Q_0 还有将时钟脉冲频率降低一半（即二分频）的作用，不难看出，Q_1 和 Q_2 分别对 CP 进行四分频和八分频。

14.3.2 同步二进制加 1 计数器

用 JK 触发器实现的同步 3 位二进制加 1 计数器如图 14-22 所示。

图 14-22 电路功能的分析步骤如下：

1）写出电路所用触发器的特征方程。本电路为 JK 触发器，则有

$$Q_{n+1}=J\overline{Q}_n+\overline{K}Q_n$$

2）写出各触发器的输入方程。即各触发器的输入端的连接关系式为

FF_0：$J_0=1$，$K_0=1$（接 5V 电源相当于输入为 1）

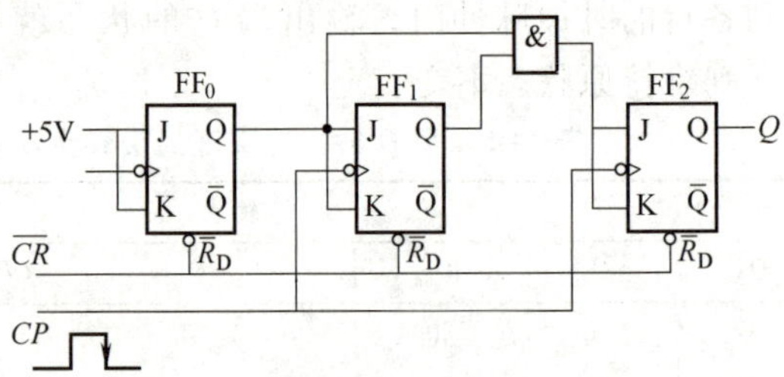

图 14-22 用 JK 触发器实现的同步 3 位二进制加 1 计数器

FF_1：$J_1=Q_0$，$K_1=Q_0$

FF_2：$J_2=Q_1Q_0$，$K_2=Q_1Q_0$

3）写出各触发器的状态方程。将输入方程代入特征方程中，则有

$$FF_0:\ Q_{0n+1}=1\ \overline{Q}_{0n}+\overline{1}Q_{0n}=\overline{Q}_{0n}$$

$$FF_1:\ Q_{1n+1}=Q_{0n}\ \overline{Q}_{1n}+\overline{Q}_{0n}Q_{1n}=Q_{0n}\oplus Q_{1n}$$

$$FF_2:\ Q_{2n+1}=Q_{1n}\ Q_{0n}\ \overline{Q}_{2n}+\overline{Q_{0n}Q_{1n}}Q_{2n}=(Q_{0n}Q_{1n})\oplus Q_{2n}$$

注意：因为图 14-22 为同步时序电路，各触发器的时钟脉冲都是同一个 CP，故不用像分析异步时序电路那样再单独列出各触发器的时钟脉冲。

4）根据状态方程列状态表，见表 14-9。由表 14-9 可见，图 14-22 电路确实为同步 3 位二进制加 1 计数器。

图 14-22 电路的状态转换图和时序图与异步电路相比，除了为时钟脉冲 CP 下降沿触发外基本相同，不再赘述。

表 14-9　用 *JK* 触发器实现的同步 3 位二进制加 1 计数器状态表

输入			输出		
Q_{2n}	Q_{1n}	Q_{0n}	Q_{2n+1}	Q_{1n+1}	Q_{0n+1}
0	0	0	0	0	1
0	0	1	0	1	0
0	1	0	0	1	1
0	1	1	1	0	0
1	0	0	1	0	1
1	0	1	1	1	0
1	1	0	1	1	1
1	1	1	0	0	0

14.3.3　同步十进制计数器

一个触发器只能存储表示 1 位二进制数，计数值只有 0 和 1，用四个触发器组合可以构成 1 位十进制数的 8421BCD 码计数器。用 *D* 触发器实现的同步十进制（8421BCD 码）计数器如图 14-23 所示。

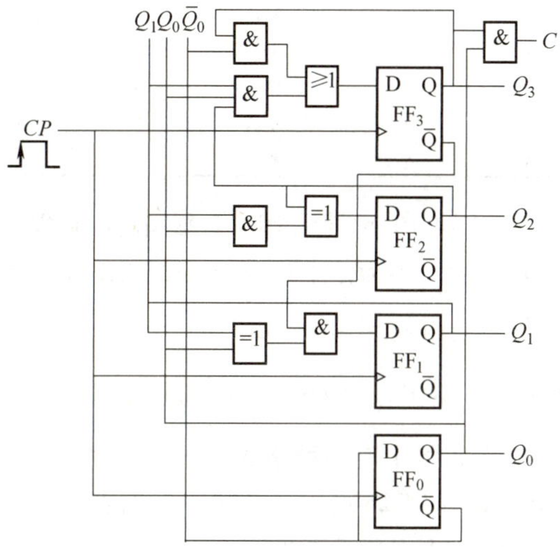

图 14-23　用 *D* 触发器实现的同步十进制（8421BCD 码）计数器

图 14-23 电路功能的分析步骤如下：

1）写出电路所用触发器的特征方程。本电路为 *D* 触发器，则有

$$Q_{n+1}=D$$

2）写出各触发器的输入方程。即各触发器输入端的连接关系式为

$$D_3=Q_3\overline{Q}_0+Q_2Q_1Q_0$$

$$D_2=Q_2\oplus(Q_1Q_0)$$

$$D_1=\overline{Q}_3(Q_1\oplus Q_0)$$

$$D_0=\overline{Q}_0$$

输入方程仅表示引脚之间的连接关系，触发器输出端 *Q* 用加下标 *n*。

3）将输入方程代入特征方程，得到各触发器的状态方程为

FF_3：$Q_{3n+1}=Q_{3n}\overline{Q}_{0n}+Q_{2n}Q_{1n}Q_{0n}$

FF_2：$Q_{2n+1}=Q_{2n}\oplus(Q_{1n}Q_{0n})$

FF_1：$Q_{1n+1}=\overline{Q}_{3n}(Q_{1n}\oplus Q_{0n})$

FF_0：$Q_{0n+1}=\overline{Q}_{0n}$

4）写出电路的输出方程。除了触发器输出端 *Q* 以外的其他输出，本电路为进位 *C*，则有

$$C=Q_3Q_0$$

在写状态方程和输出方程时，状态方程的左侧触发器输出 *Q* 应带下标 *n*+1，等式右侧触发器输出端 *Q* 应带下标 *n*，因为等式左侧的 *Q* 为 *CP* 触发后的值，等式右侧的 *Q* 为时钟脉冲

CP 触发前的值，下标用于区分 CP 触发前后的不同时刻。

5）根据状态方程和输出方程列出状态表，见表 14-10。

表 14-10 同步十进制（8421BCD 码）加 1 计数器状态表

输入				输出				
Q_{3n}	Q_{2n}	Q_{1n}	Q_{0n}	Q_{3n+1}	Q_{2n+1}	Q_{1n+1}	Q_{0n+1}	C
0	0	0	0	0	0	0	1	0
0	0	0	1	0	0	1	0	0
0	0	1	0	0	0	1	1	0
0	0	1	1	0	1	0	0	0
0	1	0	0	0	1	0	1	0
0	1	0	1	0	1	1	0	0
0	1	1	0	0	1	1	1	0
0	1	1	1	1	0	0	0	0
1	0	0	0	1	0	0	1	0
1	0	0	1	0	0	0	0	1
×	×	×	×					

由表 14-10 可见，图 14-23 电路确实为同步十进制（8421BCD 码）加 1 计数器。表 14-10 中，因为是十进制（8421BCD 码）计数器，故计数值大于 1001 无意义，用×××× 表示。

14.3.4 集成计数器

目前市场上有多种集成计数器，74LS161 是一种 4 位加 1 集成计数器，其引脚排列及引脚定义如图 14-24 所示，其状态表见表 14-11。

74LS161 引脚功能如下：

D_3、D_2、D_1、D_0：并行数据输入端。

Q_3、Q_2、Q_1、Q_0：并行数据输出端。

$\overline{LD}$：并行置数控制端，低电平有效。

$\overline{CR}$：异步清 0 控制端，低电平有效。

CP：时钟脉冲输入端，上升沿触发。

CT_T、CT_P：计数暂停控制端，低电平有效。

C_0：进位指示。

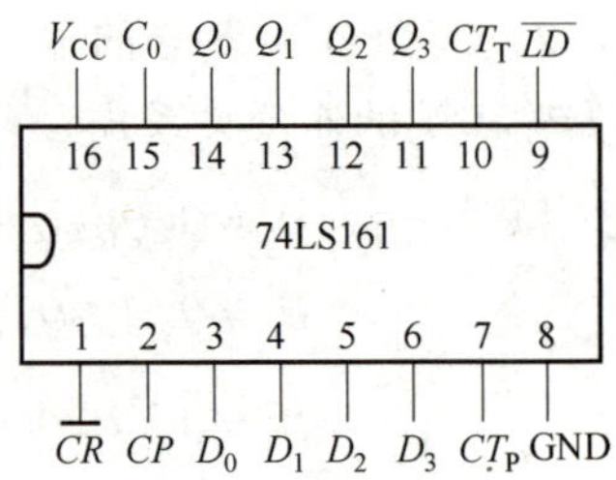

图 14-24 74LS161 引脚排列及定义引脚

表 14-11 74LS161（4 位二进制）加 1 计数状态表

输入						输出
$\overline{CR}$	$\overline{LD}$	CT_T	CT_P	CP	D_3 D_2 D_1 D_0	Q_3 Q_2 Q_1 Q_0
0	×	×	×	×	× × × ×	0 0 0 0
1	0	×	×	↑	D_3 D_2 D_1 D_0	D_3 D_2 D_1 D_0
1	1	1	1	↑	× × × ×	加计数
1	1	0	×	×	× × × ×	保持
1	1	×	0	×	× × × ×	保持

表 14-11 中，×表示取值任意，1 或 0 均可。

由表 14-11 可见，74LS161 为 4 位二进制数加 1 计数器，其计数值可从 0000 最大加到 1111。若能使其在从 0000 加计数到 1001 再加 1，即加到 1010 时，将计数器清 0 使计数值回到 0000 再重新加计数，则可作为十进制（8421BCD 码）计数器使用。为此，设计一个产生清 0 信号的电路使其当计数值 $Q_3Q_2Q_1Q_0=1010$ 时，输出一个低有效的 $\overline{CR}$ 清 0 信号，由此可得清 0 信号为$\overline{CR}=Q_3\overline{Q}_2Q_1\overline{Q}_0$。

又因 74LS161 的原进位信号 C_0 的作用是指示计数值从 1111 变为 0000，不适用于十进制计数器，故还需要再重新设计一个进位信号 C_1，使当计数器从 1001 变为 1010 时产生一个上升沿进位信号（74LS161 为上升沿计数），这就需要当计数值 $Q_3Q_2Q_1Q_0=1001$ 时使$C_1=0$，这样当计数值从 1001 变为 1010 时，C_1 能产生一个由 0 变为 1 的跳变，因此可得 $C_1=Q_3\overline{Q}_2\overline{Q}_1\overline{Q}_0$。

74LS161 接成十进制（8421BCD 码）计数器如图 14-25a 所示。

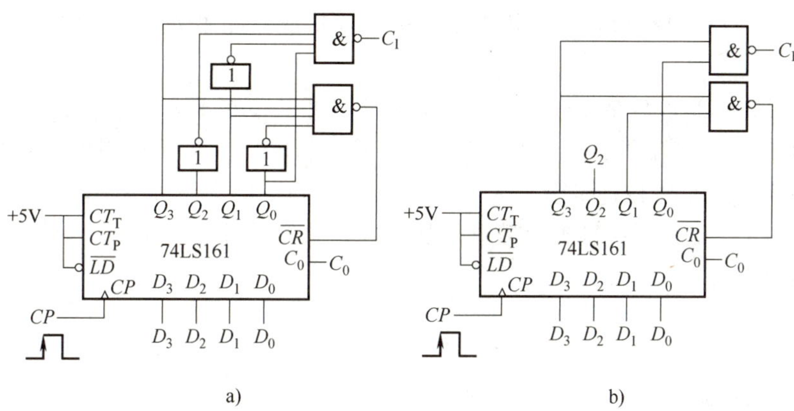

图 14-25　74LS161 接成十进制（8421BCD 码）计数器

a）原理电路　b）简化电路

由图 14-25a 的十进制计数器可见，当计数器 $Q_3Q_2Q_1Q_0$ 的值从 0000 加到 1010 时，Q_3 和 Q_1 都是首次同时为 1，也即在加计数的过程中 Q_3 和 Q_1 只要同时为 1，计数值就加到了 1010，就应将计数器清 0，于是清 0 信号可以简化为 $\overline{CR}=Q_3Q_1$。同样，计数器 $Q_3Q_2Q_1Q_0$ 的值从 0000 加到 1001 时，也是 Q_3 和 Q_0 首次同时为 1，故进位信号也可以简化为 $C_1=Q_3Q_0$。清 0 信号和进位信号简化后的十进制（8421BCD 码）计数器电路如图 14-25b 所示。

【思考题】

14.3.1　计数器是对什么信号进行计数？为什么说触发器的状态方程为 $Q_{n+1}=\overline{Q}_n$ 时称为连接成计数器方式？

14.3.2　分析一个给定时序电路功能的步骤是什么？

14.3.3　74LS161 能直接作为 3 位二进制加计数器使用吗？为什么？

14.3.4　用 74LS161 可以实现其他进制的计数器吗？如作为三进制、六进制计数器等，为什么？

本章小结

1）时序电路的基本单元器件是触发器，触发器在时钟脉冲 CP 控制下顺序工作。时钟脉冲是一系列电压方波，时钟脉冲像打拍子一样，每输入一个时钟脉冲，电路的状态就发生一次改变，一个复杂的操作需要多个时钟脉冲周期才能完成。时序电路是计算机电路的基础，或者说计算机电路都是时序电路，时钟脉冲的频率就是计算机的主频。

2）本章首先从没有时钟脉冲触发的基本 *RS* 触发器着手，渐次引入三种带时钟脉冲触发的钟控 *RS* 触发器、*D* 触发器和 *JK* 触发器，触发器的触发方式有四种形式，即高电平、低电平、上升沿和下降沿。每个触发器的状态只有在有时钟脉冲输入触发时才会按自己的特征方程改变，而在没有时钟脉冲输入时，触发器维持原状态不变。

3）利用触发器可以构成各种时序电路，分析一个给定时序电路功能的步骤如下：

① 写出电路所用触发器的特征方程。

② 写出各触发器的输入方程，即各触发器的输入端的连接关系式。

③ 将输入方程代入特征方程，得到状态方程。

④ 根据状态方程列状态表，由状态表分析出其功能；如果需要，再进一步画时序图和状态转换图。

4）寄存器的功能是存储二进制数，一个触发器可以存储 1 位二进制数，多位寄存器由多个触发器组成。对寄存器的操作主要有给寄存器并行输入一组二进制数（置数），对寄存器的数值进行清 0、左移和右移等。

5）计数器是对输入时钟脉冲个数进行加、减计数的器件，常用的计数器有二进制、十进制（8421BCD 码）计数器。

习　　题

一、单项选择题

14.1　钟控 *RS* 触发器的两个输入端 *R* 和 *S* 不能同时输入为（　　）。

A. $R=0$，$S=0$　　B. $R=0$，$S=1$　　C. $R=1$，$S=0$　　D. $R=1$，$S=1$

14.2　若要将 *JK* 触发器连接成计数器方式，输入端应为（　　）。

A. $J=0$，$K=0$　　B. $J=0$，$K=1$　　C. $J=1$，$K=0$　　D. $J=1$，$K=1$

14.3　如图 14-26 所示电路中，（　　）电路具有二分频功能。

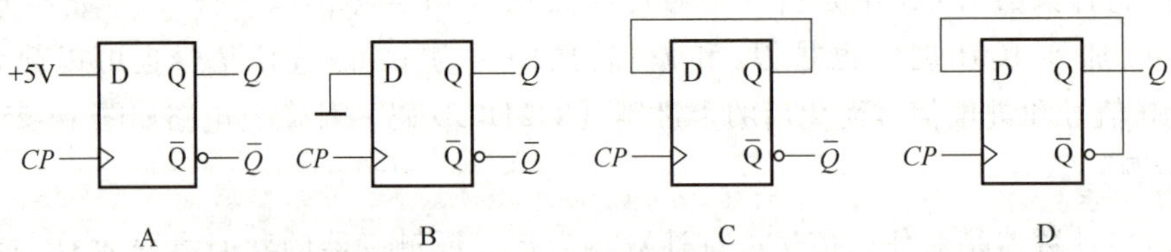

图 14-26　习题 14.3 电路

14.4　如图 14-27 所示电路，当 $T=0$ 时，电路具有（　　）功能。

A. 保持　　B. 计数　　C. 清 0　　D. 置 1

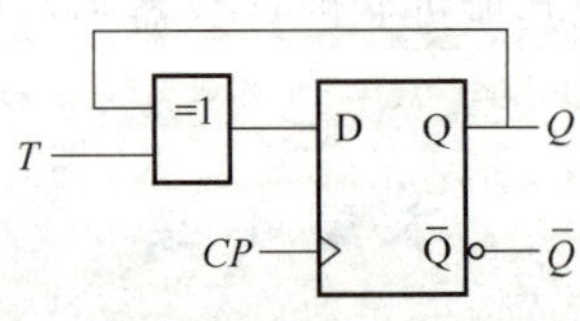

图 14-27　习题 14.4 电路

14.5　如图 14-28 所示电路，当 $T=0$ 时，电路具有（　　）功能。

A. 保持　　B. 计数

C. 清 0　　D. 置 1

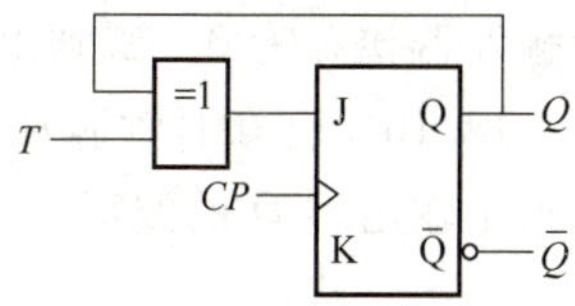

图 14-28　习题 14.5 电路

14.6　设 Q_1Q_0 的当前值为 01，如图 14-29 所示电路，经过 3 个时钟脉冲 CP 后，Q_1Q_0 的值为（　　）。

A. 00　　B. 01　　C. 10　　D. 11

14.7　如图 14-30 所示电路，74LS161 接成（　　）计数器。

A. 二进制　　B. 八进制　　C. 十进制　　D. 十六进制

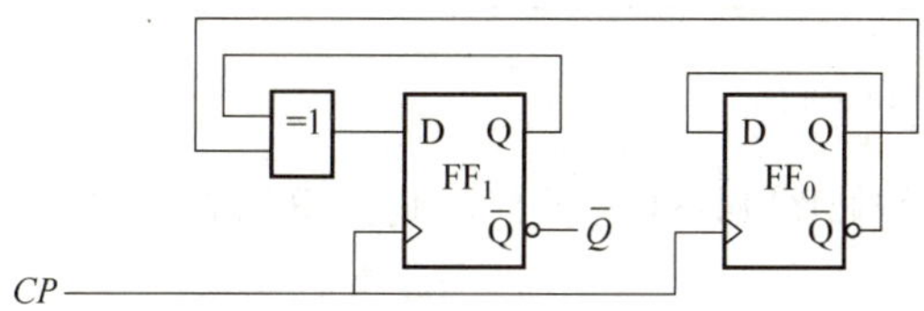

图 14-29　习题 14.6 电路

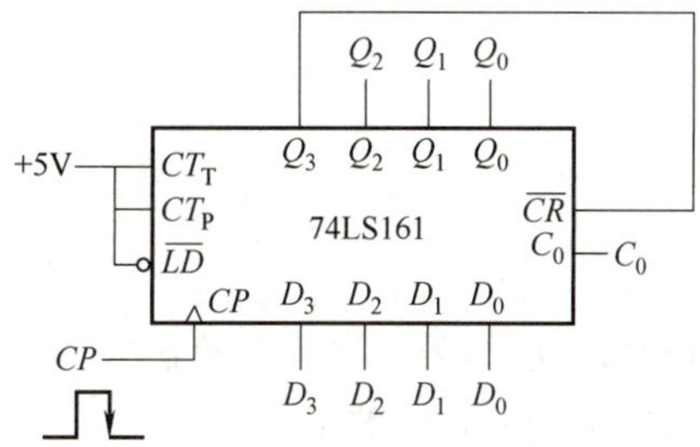

图 14-30　习题 14.7 电路

二、分析计算题

14.8　图 14-31 电路为用或非门实现的基本 RS 触发器及其逻辑符号，试填写其真值表并分析其逻辑功能。

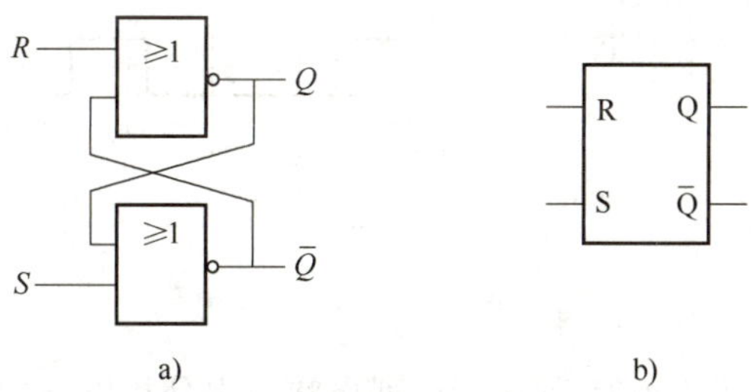

图 14-31　习题 14.8 用或非门实现的基本 RS 触发器及其逻辑符号

a）逻辑电路　b）逻辑符号

14.9　已知用与非门实现的基本 RS 触发器两输入端 $\overline{R}_D$ 和 $\overline{S}_D$ 的波形如图 14-32 所示，

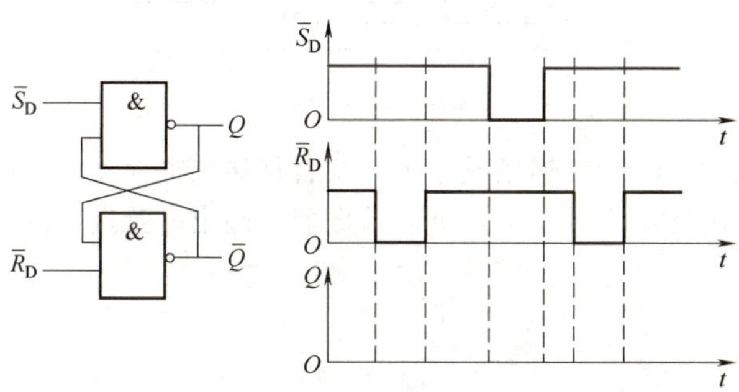

图 14-32　习题 14.9 图

设触发器初态为 0，试画出触发器输出端 Q 的波形。

14.10　已知时钟脉冲 CP 上升沿触发的 JK 触发器的 J 和 K 的输入波形如图 14-33 所示，试画出输出端 Q 的波形。

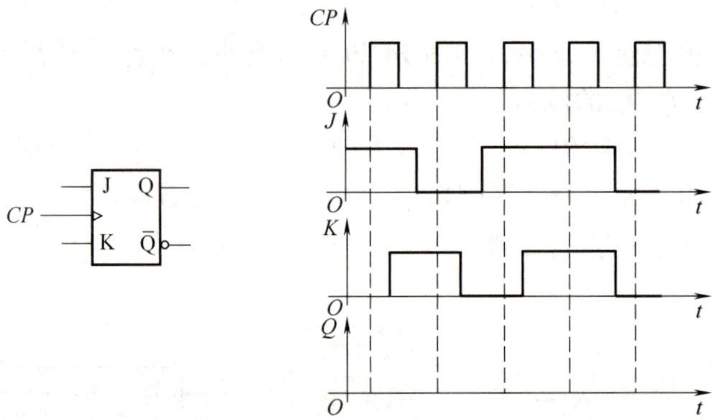

图 14-33　习题 14.10 图

14.11　已知某时序电路及输入 X 和 S 的波形如图 14-34 所示，试画出电路输出端（D 触发器输出端 Q）的波形。

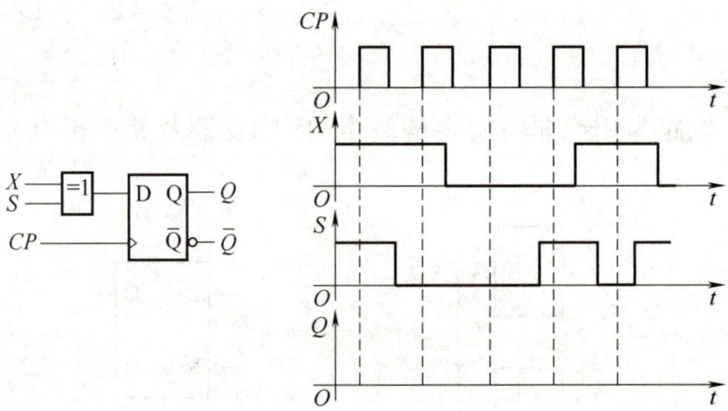

图 14-34　习题 14.11 图

14.12　设时序电路如图 14-35 所示，试列出状态表分析电路的功能。

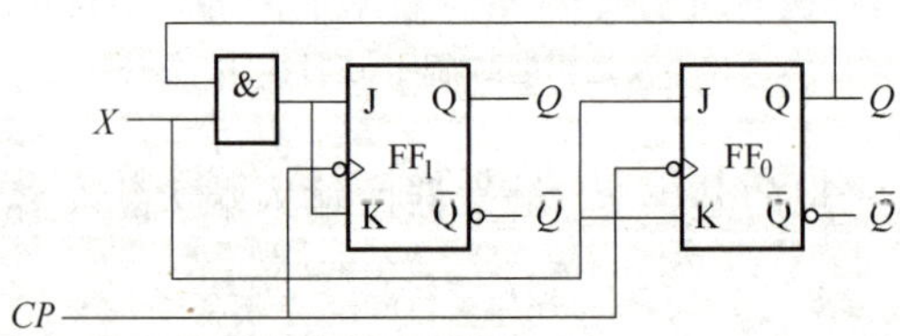

图 14-35　习题 14.12 图

14.13　如何用两片 74LS194 连接成一个 8 位右移移位寄存器？试画出电路接线图。

14.14　试利用 74LS161 设计一个六进制计数器，画出电路接线图。

第3篇　实验指导书

“电工与电子技术”是一门实践性很强的课程，要求考生必须按要求完成一定数量的实验，通过实验可以加深对课程内容的理解，验证有关定理，观察某些电子电路的特性和变化过程，以达到理论与实践相结合的目的。

1. 实验的目的和要求

电工与电子技术各个实验的目的和内容不同，实验步骤也不同，但基本要求是相同的。为了培养考生的良好习惯，充分发挥考生的主观能动性，促使考生独立思考、独立完成实验并有所收获，对参与实验的考生提出以下基本要求。

（1）实验前的预习

1）实验前考生要对实验内容进行预习，明确实验目的，了解所用实验仪器及其使用方法。

2）复习相关理论知识，掌握实验电路的基本原理。

3）根据实验内容明确要完成的实验任务，拟出实验方案和步骤，设计实验表格，初步估算实验结果（包括参数和波形）。

（2）实验中的要求

1）参加实验者要自觉遵守实验室规则，确保人身安全。

2）了解实验仪器和实验电路的布局，明确电源电压大小和开关方式。

3）根据实验内容，按实验方案连接并测试电路。

4）认真记录实验条件、实验数据、波形，发生故障时考生应尽量独立思考，并记录发生故障的原因、排除故障的过程和方法。

5）设备或电路发生事故时，考生应立即切断电源，报告指导老师，等待处理。

6）在连接电路操作或修改线路时，务必切断电源，不可带电操作。

2. 实验报告

考生在完成每个实验后均须撰写实验报告。撰写实验报告是实验教学中的重要环节，是培养考生对科学实验的总结能力和分析思维能力的有效手段，也是一项重要的基本功训练。实验报告内容应包括实验目的、实验内容、实验原理、实验电路、实验仪器和元器件、实验结果以及分析讨论等。

实验报告主要包括以下内容。

（1）预习报告

1）列出实验目的、基本实验原理。

2）确定电路结构，画出电路原理图。

3）了解实验所用元器件类型及参数。

4）根据实验内容拟出实验表格、实验步骤，明确实验中需要获取的各种参数的测量方法。

（2）实验数据记录和处理

1）记录实验数据和波形。实验原始数据的记录是科学实验的重要环节，因此记录实验数据要真实、详尽、可靠。

2）记录实验过程中出现的故障、发现的问题及解决的方法。

实验过程中，若发现测量结果与预想的发生矛盾，应检查电路，逐一排除，确定故障点。若发现某处电路接错，或某元器件、某导线故障，应改正或更换后重新测量。

（3）实验结果与分析

1）列出实验结果。根据需要，实验结果可用表格、波形图或文字表示。

2）实验结果分析。将实验结果与理论分析相比较，对于不一致的实验结果应分析其原因。

3）实验的收获、体会及改进建议。

实验报告是一份技术总结，是完成一个实验的答卷。实验报告要求内容齐全，表达清楚，文字、图表简洁、工整。

实验 1　常用电子元器件参数的测量（自习）

电子电路一般都是由无源元器件、有源元器件和接插件等组成，电阻器、电容器和二极管是最常用的无源元器件，晶体管属于有源器件。

1. 电阻器

电阻器简称电阻，电阻的种类很多，有不同的分类方法。按材料分有碳膜电阻、金属膜电阻和线绕电阻等；按结构功能分有固定电阻和可变电阻（电位器）。

电阻的标示方法有直标法和色标法。直标法是用数字和单位符号在电阻表面直接标出标称电阻值、允许误差。色环法有 4 环和 5 环两种，常见的为 4 环，4 环色环电阻中第 1 条色环和第 2 条色环分别表示电阻的第 1 位和第 2 位有效数字，第 3 条色环表示 10^n（n 为颜色所表示的数字），第 4 条色环表示允许误差（金色表示允许误差为±5%，银色则表示允许误差为±10%）。电阻色环颜色对应数值见实验表 1-1。色环电阻如实验图 1-1a 所示，某 4 环电阻如实验图 1-1b 所示，其电阻值为 $51\times10^3\Omega=51\text{k}\Omega$，允许误差为±5%。5 环电阻为精密电阻，第 1~3 条色环表示有效数字，第 4 条色环表示 10^n（n 为颜色所表示的数字），第 5 条色环表示允许误差。某 5 环电阻如实验图 1-1c 所示，其电阻值为 $270\times10^2\Omega=27\text{k}\Omega$，允许误差是 5%。

实验表 1-1　电阻色环颜色对应数值

颜色	棕	红	橙	黄	绿	蓝	紫	灰	白	黑	金	银	无色
数字	1	2	3	4	5	6	7	8	9	0			
误差											±5%	±10%	±20%

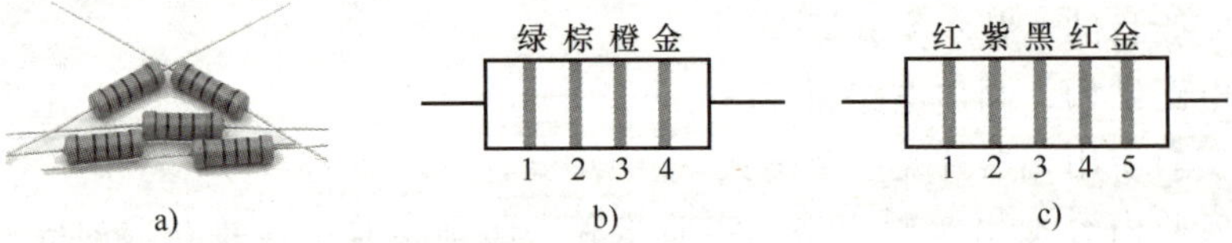

实验图 1-1　色环电阻

a）外形　b）4 环电阻　c）5 环电阻

2. 电位器

电位器又称为可调电阻，实验室常用的电位器是微调电位器，如实验图 1-2a 所示。电阻值一般用 3 位数字标注，前两位表示有效数字，第 3 位是 10^n（n 为第 3 位数字），如 104 表示电阻值为 $10\times10^4\ \Omega=100\text{k}\Omega$。

a)　　　　b)

实验图 1-2　电位器

a）微调电位器外形　b）电路符号

3. 电容器

电容器的基本功能是储存电荷，主要用于交流耦合、隔直、滤波、RC 定时和 LC 谐振等。最常见的有云母电容、电解电容、可变电容和微调电容等，常见的电容器外形及电路符号如实验图 1-3 所示。其标示方法有直读法、文字符号法和色标法。

a)　　　　b)

实验图 1-3　常见的电容器外形及电路符号

a）外形　b）电路符号

1）直读法。直读法主要用于体积较大的电容，一般标示容量、额定电压和允许误差。稳压电源用到的电解电容采用直读法，且注明了极性。

2）文字符号法。这种方法有几种情况，数字表示有效数字，字母表示数量级，如 μ、n、p 等，其中 μ 表示微法（10^{-6}F），n 表示纳法（10^{-9}F），p 表示皮法（10^{-12}F）；字母也表示小数点，如 3μ3 表示 3.3μF，3p3 表示 3.3pF。若用 3 位数字表示，其中第 1、2 位表示电容量的有效数字，第 3 位表示有效数字后 0 的个数，单位为 pF，如 103 表示电容量为 10×10^3pF = 0.01μF，104 表示电容量为 10×10^4pF = 0.1μF 等。

4. 二极管

（1）二极管的种类

二极管种类繁多，分类方法如下：按照其材料可分为锗二极管和硅二极管，另有砷化镓二极管等；按照其结构可分为点接触型和面接触型二极管；按照其作用可分为整流二极管、检波二极管、开关二极管、稳压二极管、发光二极管（LED）等。常见的二极管外形及电路符号如实验图 1-4 所示。

（2）用万用表判断二极管的好坏和极性

对于数字式万用表，测量二极管应使用二极管测量挡。如果显示“1”或“OL”，说明为断路；交换表笔，如果显示 0.7V 左右的电压值（锗管为 0.3V 左右，硅管为 0.7V 左右），则说明二极管是好的，且红表笔接的是二极管的正极，

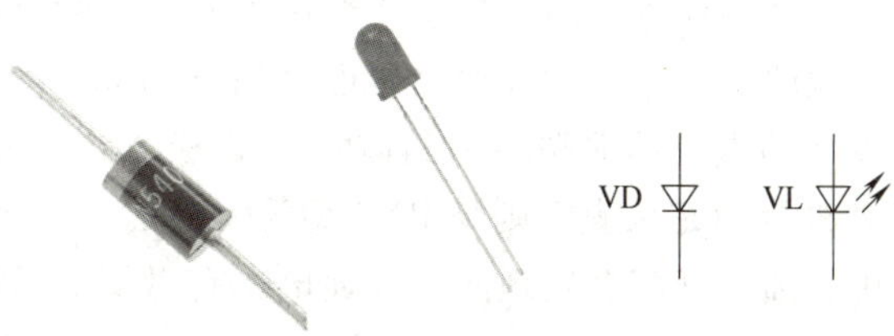

a)　　　　b)　　　　c)

实验图 1-4　常见的二极管外极及电路符号

a）普通二极管　b）发光二极管　c）电路符号

黑表笔接的是二极管的负极；否则二极管已损坏。

判断发光二极管，将数字式万用表调到二极管测量挡，红表笔接二极管的正极，黑表笔接二极管的负极。如果二极管发光则表明该发光二极管是好的，如果不发光则表明该发光二极管已损坏。

用数字式万用表测量二极管如实验图 1-5 所示。

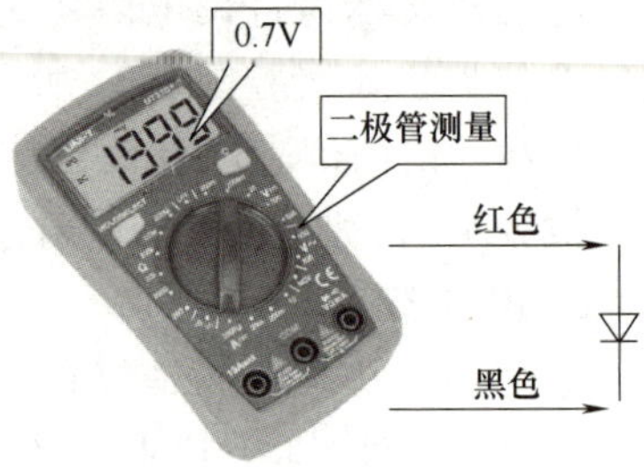

实验图 1-5 用数字式万用表测量二极管

5. 晶体管

(1) 晶体管的种类

晶体管有多种类型。

1）低频小功率晶体管：一般指特征频率在 3MHz 以下、功率小于 1W 的晶体管，主要用于收音机、电视机及各种电子设备中作为低放、功放管，以及输出功率小于 1W 的电路。

2）高频小功率晶体管：一般指特征频率大于 3MHz、功率小于 1W 的晶体管，主要用于高频振荡电路和放大电路。

3）低频大功率晶体管：主要指特征频率在 3MHz 以下、功率大于 1W 的晶体管。这类晶体管应用范围较广，如在电子音响设备的低频功率放大电路中用作功放管，在各种大电流输出的线性稳压电源中用作调整管，在低速开关电路中用作开关管等。

4）高频大功率晶体管：主要指特征频率大于 3MHz、功率在 1W 以上的晶体管，主要用于无线通信等设备或开关稳压电源。

晶体管按极性分为 NPN 型和 PNP 型，常见的晶体管外形及电路符号如实验图 1-6 所示。

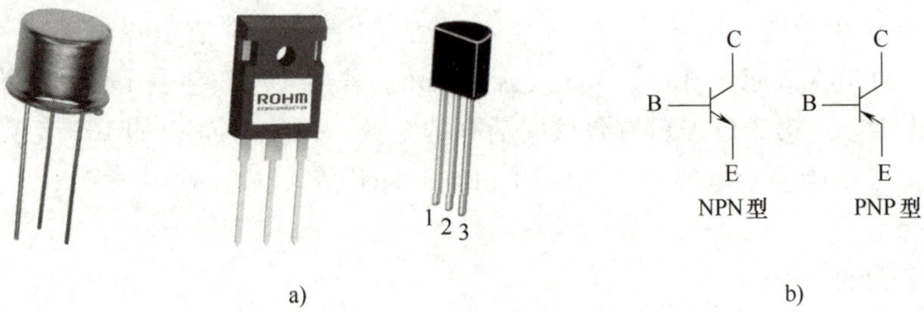

实验图 1-6 常见的晶体管外形及电路符号

a）外形 b）电路符号

(2) 用万用表判断晶体管的好坏和极性

测量晶体管要用到数字式万用表的二极管测量挡。首先分别对三个引脚颠倒测量，其中会出现两次二极管的导通电压值（锗管为 0.3V 左右，硅管为 0.7V 左右），那么这两次的公用极（即重复的那端）为晶体管的 B 极（即基极），若 B 极接的是红表笔则是 NPN 型管，若 B 极接的是黑表笔则是 PNP 型管。然后再来确认 C 极和 E 极。其实在上一步确定 B 极实验中，细心观察会发现两个导通电压有微弱的差别，其中电压较高的为 B、E 间电压，较低的为 C、B 间电压，这样即可判断出 C 极和 E 极。另一种判断方法是将晶体管的三个引脚插入万用表的 hFE 测量孔，用 hFE 档测量放大倍数。具体方法如下：

1）将晶体管分别插入 NPN 型或 PNP 型管的 E、B、C 插孔，并改变晶体管引脚方向，再分别插入，如果万用表的读数均为 0，表明晶体管已损坏。

2）将晶体管插入 NPN 型管的 E、B、C 插孔，改变晶体管引脚方向再插入，如果两次万用表的读数均为 0，再插入 PNP 型管的 E、B、C 插孔，万用表出现一个读数较小、一个读数较大，那么这个晶体管是 PNP 型，且读数较大的为正确的插入顺序，三个引脚对应万用表上的所标字母。

自习内容：利用万用表测量指定电阻器、电位器的阻值；利用万用表判断指定二极管、晶体管的好坏和极性。

实验 2　叠加定理

一、实验目的

1）正确使用直流稳压电源和万用表。

2）验证叠加定理，并进行误差分析。

二、实验原理

叠加定理适用于线性交、直流电路，本实验选用直流电路进行验证。

三、实验设备

1）双路直流稳压电源 1 台。

2）数字式万用表 1 块。

四、实验内容与步骤

叠加定理实验电路如实验图 2-1 所示，$R_1 = 1\text{k}\Omega$，$R_2 = 2\text{k}\Omega$，$R_3 = 1.5\text{k}\Omega$，直流电源 $U_{S1} = 5\text{V}$、$U_{S2} = 10\text{V}$。R_3 支路的电流 I_3 应等于实验图 2-2 中 U_{S1} 单独作用时的电流 I_3 和实验图 2-3 中 U_{S2} 单独作用时的电流 I_3 之和。

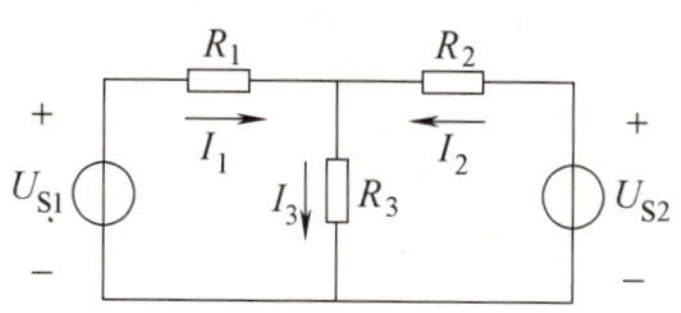

实验图 2-1　叠加定理实验电路

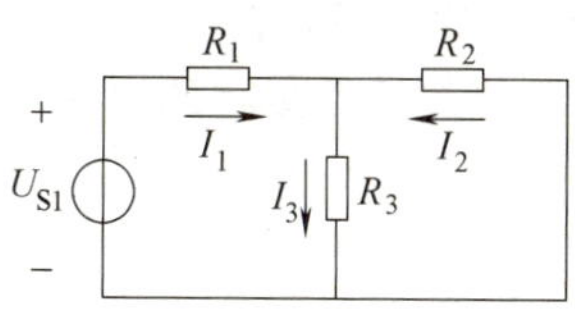

实验图 2-2　U_{S1} 单独作用

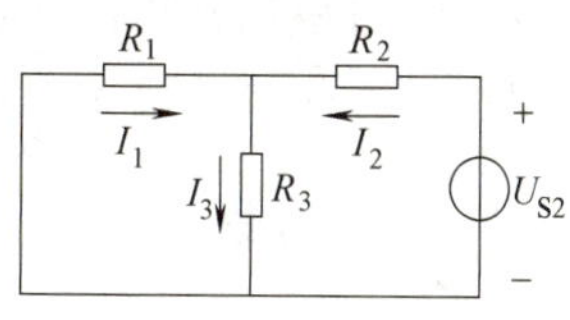

实验图 2-3　U_{S2} 单独作用

用数字式万用表电阻挡分别测量 R_1、R_2、R_3 的阻值，并将 U_{S1} 调到 5V，U_{S2} 调到 10V。

按实验图 2-1 连接电路，用数字式万用表直流电压挡测量 U_{R1}、U_{R2}、U_{R3}，计算得到 I_3（不测），填入实验表 2-1 中。

按实验图 2-2 连接电路，U_{S1} 单独作用时用数字式万用表直流电压挡测量 U_{R1}、U_{R2}、U_{R3}，计算得到 I_3（不测），填入实验表 2-1 中。

按实验图 2-3 连接电路，U_{S2} 单独作用时用数字式万用表直流电压挡测量 U_{R1}、U_{R2}、U_{R3}，计算得到 I_3（不测），填入实验表 2-1 中。

实验表 2-1 叠加定理参数测试记录

	实验值			测量值			
	U_{R1}/V	U_{R2}/V	U_{R3}/V	I_3/mA	U_{R1}/V	U_{R2}/V	U_{R3}/V
U_{S1}、U_{S2} 共同作用							
U_{S1} 单独作用							
U_{S1} 单独作用							

五、注意事项

1）当一个电源单独作用时，另一个电源从电路中取走后留出的空位置用导线连接起来，千万注意不允许将另一个电源短路。

2）稳压电源的内阻非常小，可以认为内阻为零。

六、预习要求

1）复习叠加定理的有关知识。

2）复习有关系统误差的计算方法。

七、实验报告要求

1）用实验数据验证支路电流 I_3 是否符合叠加定理，并对实验数据进行误差分析。

2）根据电流 I_3，分别计算三种情况下 R_3 所消耗的功率是多少？能否直接用叠加定理计算？试用具体数值说明。

实验 3 单相交流电路参数的测量

一、实验目的

1）学习使用常用的交流电工仪表和自耦调压器。

2）学习交流电路中电压、电流、功率等参数的测量方法。

二、实验说明

1）工频交流电路中电压和电流的测量方法，除了使用的仪表不同外，其方法和直流电路中电压、电流的测量方法基本相同。注意“交流电压、电流表测得的数值是有效值，并且交流电压、电流表的测量端没有极性问题。

2）本实验的被测对象为交流电路中的电阻、电容、电感和电阻、电容和电阻串联电路。为了获得不同大小的交流电压，本实验使用单相自耦调压器。它可以将 220V 的工频交流电压转换为 0~250V 连续可调的工频交流电压，其接线方法是一次侧的 A—X 为电源输入端，接在 220V 的工频电源上，二次侧的 a—x 为自耦调压器的输出端，通过调节手轮，使电压在 0~250V 之间变化，而手轮转盘上的刻度指示，只是一个供参考的数值。如果要得到准确的电压值还要使用电压表进行输出端的直接测量。

3）使用交流低功率因数功率表测量交流电路中的有功功率。它具有电压和电流两组线圈，使用时应将电流线圈通过电流接线端与电路串联，而将电压线圈通过电压接线端与电路并联，其电压、电流线圈的一个公共接线端标有符号“∗”，接线时应将电压线圈和电流线圈的公共接线端连接在一起，如实验图 3-1 所示。自耦调压器在电路中的表示方法如实验图 3-2 所示。

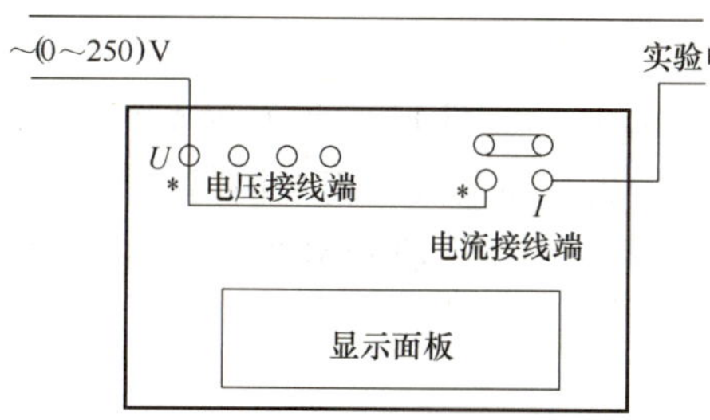

实验图 3-1　功率表的连接

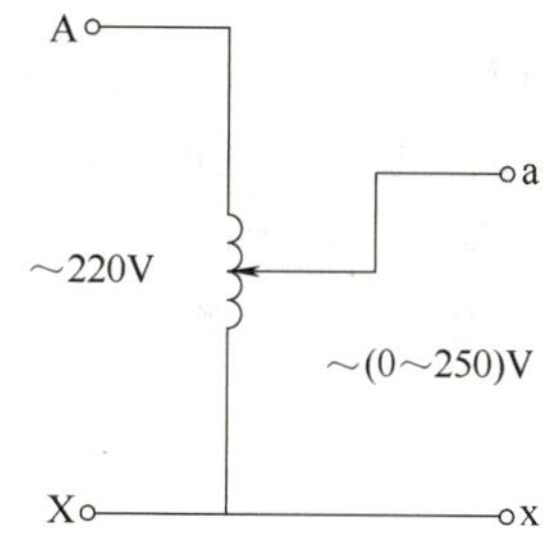

实验图 3-2　自耦调压器在电路中的表示方法

三、实验设备

1）交流电压表 1 块。
2）交流电流表 1 块。
3）交流功率表 1 块。
4）交流电容器 1 个，其参数为 2μF/400V。
5）交流电感线圈 1 个，可利用荧光灯镇流器。
6）自耦调压器 1 台。

四、实验内容

1. 测量电阻参数

测量电阻参数实验电路如实验图 3-3 所示，选择实验台上 40W 灯泡作为电阻 R，用自耦调压器调压使灯泡两端电压 $U_R=220\text{V}$，测量电流 I、有功功率 P，再分别由电压、电流及功率计算电阻值。

将电压降至 110V，再测量一组数据。

将以上两组测量数据填入实验表 3-1 中。

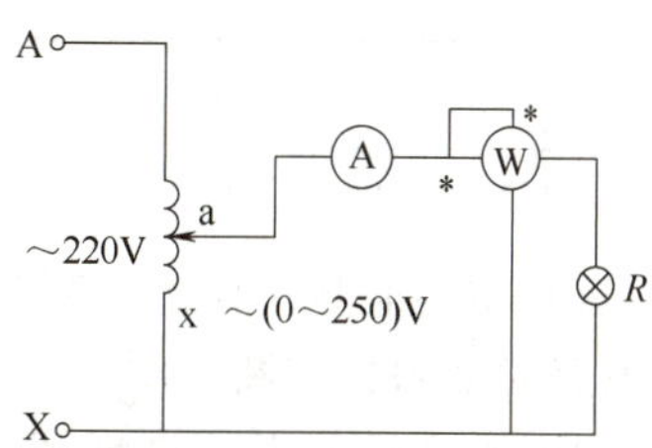

实验图 3-3　测量电阻参数实验电路

实验表 3-1　电阻参数测量记录

U_R/V	测量值		计算值
	I/A	P/W	R/Ω
220			
110			

2. 测量电感线圈（镇流器）的参数

测量电感线圈参数实验电路如实验图 3-4 所示，用自耦调压器调整使被测量的电感线圈的两端电压 $U=220\text{V}$，测量并记录电流 I 和有功功率 P 的值，通过计算得出线圈电阻 r 和线

圈电感 L 的值，将得到的数据填入实验表 3-2 中。

实验表 3-2 电感参数测量记录

U_R/V	测量值		计算值	
	I/A	P/W	r/Ω	L/mH
220				

3. 测量电阻、电容串联电路的参数

测量电阻、电容串联电路参数实验电路如实验图 3-5 所示，选择一个 40W 灯泡作为电阻 R，一个容量为 2μF 的电容 C，将 R、C 串联连接，构成容性负载，用自耦调压器调节使总电压 U 为 220V，然后测量电流 I，分电压 U_C、U_R 及功率 P，将得到的数据填入实验表 3-3 中。

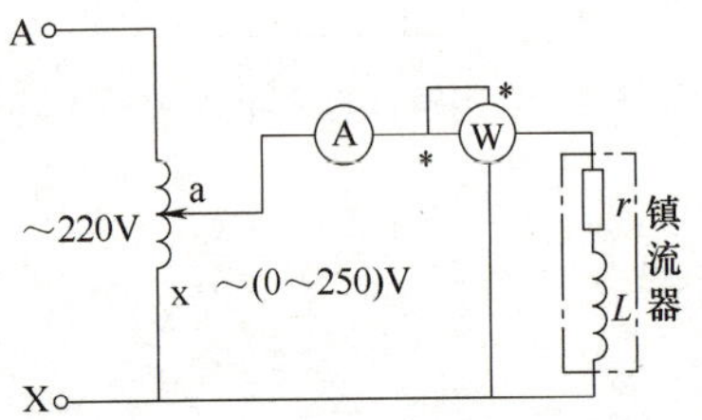

实验图 3-4 测量电感线圈参数实验电路

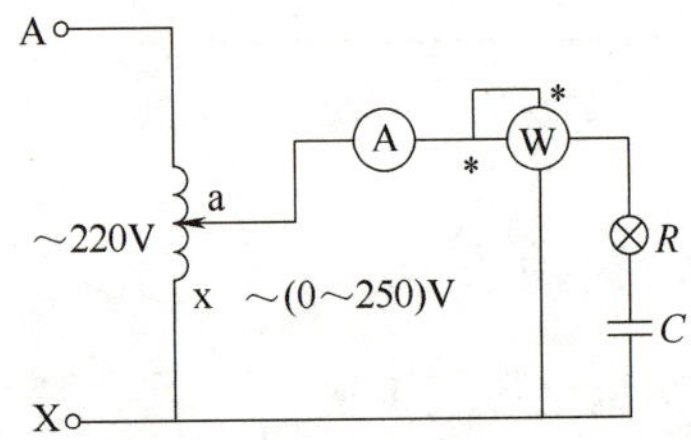

实验图 3-5 测量电阻、电容串联电路参数实验电路

实验表 3-3 电阻、电容串联电路参数测量记录

U/V	测量值			
	I/A	U_C/V	U_R/V	P/W
220				

五、注意事项

1）本实验直接使用工频交流 220V 电源，为了确保人身和设备的安全，连接和拆改实验电路时必须先切断电源。

2）本实验使用了自耦调压器，务必不能将一次侧和二次侧接反，否则会引起重大事故。在每完成一项实验后，应先将自耦调压器调回到零位，待下一项实验时再将自耦调压器调到所需要的电压值。

3）电路接好后，应仔细检查无误后，方可进行通电实验。

六、预习要求

1）认真阅读实验指导，领会实验指导中的每一项实验内容。

2）根据实验指导中的内容，掌握实验所使用的仪器设备的使用方法，正确使用各仪表的量程范围。

3）写出实验任务中的参数计算公式。

七、总结报告要求

1）根据实验内容 1 数据计算 40W 灯泡的电阻值（110V 和 220V 两种情况）。

2）根据实验内容 2 数据计算镇流器的 r 和 L。

3）根据实验内容 3 测量的数据画出相量图（包括电流、总电压及分电压）。

4）根据实验内容 3 测量的数据，验证是否有 $U=U_R+U_C$，用实验数据说明。

5）总结功率表及自耦调压器的接法及使用中的注意事项。

实验 4　三相交流电路

一、实验目的

1）练习三相负载的星形和三角形联结方法。

2）验证对称三相电路线电压与相电压以及线电流与相电流的关系。

3）了解三相四线制供电电路中中性线的作用。

4）观察故障情况。

二、实验说明

1）对称星形负载三相四线制电路中，线电压为相电压的$\sqrt{3}$倍，各端线电流分别为该相电流，中性线电流为各端线电流的相量和。当电路负载对称时，中性线电流为 0，所以中性线断开不影响电路的工作状态。当负载不对称时，若中性线断开，则负载的中性点与电源中性点之间将有电位差，负载阻抗较小的一相相电压降低，负载阻抗较大的一相相电压将升高，这就使得各负载电器不能正常工作，甚至损坏电器设备。

2）三角形联结的三相负载，当电路对称时，线电流为相电流的$\sqrt{3}$倍。

3）本实验为了使用一台电流表分别测量各线、相及中性线电流，采用了在待测电流处串联电流插孔的方法。在不测电流时，用短路线接通，如实验图 4-1a 所示，在测量电流时，将短路线换成接在电流表上的插头即可，如实验图 4-1b 所示，每组配备了一块电流插孔板。

4）本实验三相负载为三组白炽灯，每组由 4 盏 220V/40W 白炽灯组成，每组为一相负载，每一相负载的变化以白炽灯并联的个数表示，如实验图 4-1c 所示。

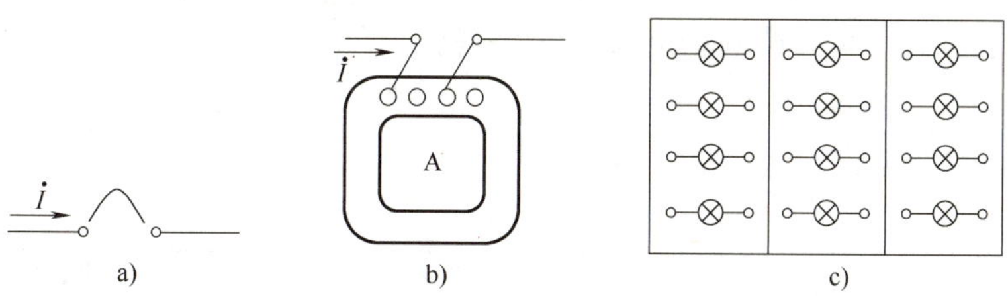

实验图 4-1　电流测量与三相负载

a）不测电流时，用短路线连接　b）串联电流表测量电流　c）三组白炽灯作为三相负载

三、实验设备

1）三相电源 220V/127V。

2）三相负载：白炽灯（220V/40W 的白炽灯三组，每组 4 盏）。

3）交流电流表 1 块。

4）交流电压表 1 块。

四、实验内容

（1）将三组白炽灯按实验图 4-2 连接成星形联结

1）在有中性线情况下分别使负载对称和不对称（对称时按 A、B、C 相的顺序分别接 2、2、2 盏灯；不对称时按 A、B、C 相的顺序分别接 1、2、3 盏灯），测量并记录各线电压、负载相电压、相电流（= 线电流）、中性线电流，同时观察各盏灯的亮度，进行比较。

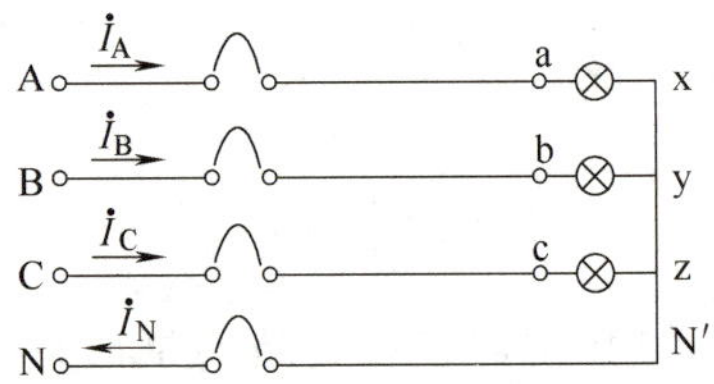

实验图 4-2　星形联结负载参数测量

2）在无中性线情况下分别使负载对称和不对称（负载接法同步骤 1）），测量并记录各负载相电压、相电流及电源与负载中性点之间的电压，同时观察各盏灯的亮度，进行比较。

将以上观测的数据记录于实验表 4-1 中。

实验表 4-1　星形联结负载参数测量记录（线电压 U_{AB} =　　V；U_{BC} =　　V；　U_{CA} =　　V）

实验条件	灯数			负载相电压/V			电流/A				电源与负载中性点之间的电压/V	比较亮度
	A	B	C	U_{ax}	U_{by}	U_{cz}	I_A	I_B	I_C	I_N		
有中性线	2	2	2									
	1	3	3									
无中性线	1	2	3									
	2	2	2									

（2）按实验图 4-3 将三组白炽灯连接成三角形联结

使负载对称（按 A、B、C 相的顺序分别接 2、2、2 盏灯），测量并纪录各负载相电压及端线 A 的线电流 I_A，以及 C、A 相负载的相电流 I_{CA}，并验证其大小是否符合$\sqrt{3}$关系。

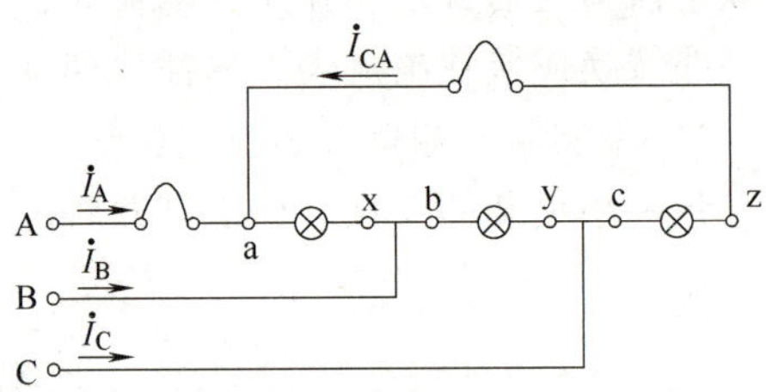

实验图 4-3　三角形联结负载参数测量

将以上观测的数据记录于实验表 4-2 中。

实验表 4-2　三角形联结负载参数测量记录

灯数			相电压/V			线电流/A	相电流/A
ax	by	cz	U_{ax}	U_{by}	U_{cz}	I_A	I_{CA}

观察端线 A 断路时灯泡的明暗变化。

五、预习要求与思考题

1）看懂实验电路图。

2）注意各种仪表的使用方法。

3）根据实验数据，负载为星形联结时 $U_L=\sqrt{3}U_P$ 在什么条件下成立？

4）根据实验结果，说明星形联结的照明电路中为什么必须有中性线？

六、总结报告要求

1）画出负载的星形和三角形联结电路图。

2）绘制测量数据记录表格，并认真填写测量数据。

3）根据测量数据来验证是否符合实验说明中的情况。

4）回答思考题。

实验 5　三相异步电动机及其基本控制电路

一、实验目的

1）练习三相异步电动机的连接方法。

2）了解交流接触器、继电器的结构、动作原理。

3）学习并实践连接基本控制电路，实现点动、自锁、互锁、联锁控制电路。

4）练习读懂控制电路的逻辑功能。

二、实验说明

为了实验顺利进行，保证人身、设备的安全，降低短路的危险，建议按如下方式接线。

1）日常工业用三相电压相电压为 220V，线电压为 380V。实验室用电源电压经过变压器降压相电压为 127V，线电压为 220V。虽然已经做了降压处理，但仍然对人体有危险，所以每相电源引出时都要先在主电路中接入熔断器。

2）实验的控制电路的电源由实验台上的 220V（L，N）电源引出，必要时可先接控制电路，等控制电路连接完毕，经检查全部正确后可先合闸。按下按钮观察继电器动作情况，若继电器动作与预期的结果相同，再接入主电路。否则必须先改正控制电路后再接主电路。

3）在较复杂的电路中，接线采用先串联后并联的原则，即从电路的某一起点开始依次顺序连接电路图中各个电路元器件，直到连接完这条线路上所有的元器件回到这条线路的终点，然后再连接并联在这条线路上的各个部件。

4）生产厂家将接收电能输入的 3 个定子绕组的 6 个端子引到电动机机壳上的接线盒内，实验图 5-1a 中下排 3 个端子是 3 个定子绕组的首端。三相电源就从这里引入，上排 3 个端子是 3 个定子绕组的尾端，星形联结时如实验图 5-1b 所示；或接成三角形联结，如实验图 5-1c 所示。

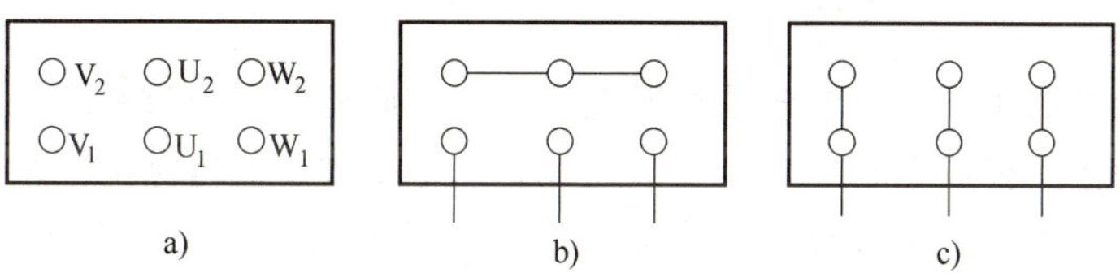

实验图 5-1　三相异步电动机的接线

a）接线端子　b）星形联结　c）三角形联结

三、实验内容

复习所学知识并预习下面的实验内容，画出控制电路与主电路，实现如下控制。

1）一台电动机点动控制电路，如实验图 5-2 所示。

2）带自锁环节的一台电动机起停控制电路，如实验图 5-3 所示。

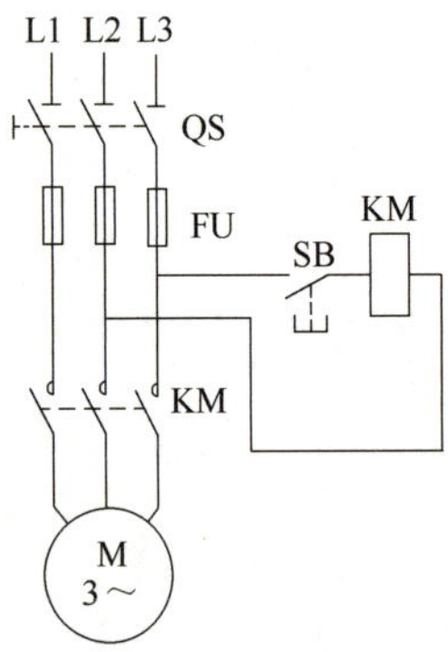

实验图 5-2 一台电动机点动控制电路

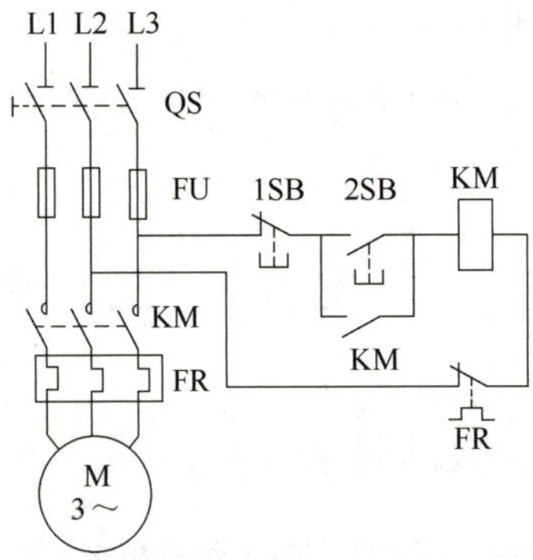

实验图 5-3 带自锁环节的一台电动机起停控制电路

3）带互锁环节的一台电动机正反转控制电路，如实验图 5-4 所示。

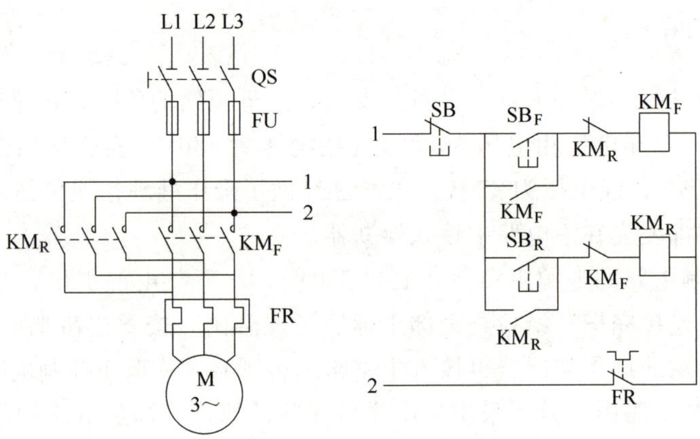

a) b)

实验图 5-4 带互锁环节的一台电动机正反转控制电路

a）主电路 b）控制电路

四、实验要求及注意事项

1）做好实验前的预习，弄清各种控制电路的工作原理及工作过程，写好预习报告。

2）掌握各种常用控制电路的接线方法，注意主电路与控制电路的关系。

3）整理实验内容，写出合格的实验报告。

4）总结实验涉及的三种电动机控制电路各自的特点。

5）总结实验的收获及体会。

五、思考题

1）实验图 5-3 电动机起停控制电路具有哪些保护措施？如何完成自锁控制环节？

2）实验图 5-4 电动机正反转控制电路中为什么必须具有互锁环节？

实验 6　整流与滤波电路

一、实验目的

1）掌握二极管单相半波整流电路、单相桥式整流电路的连接方法。

2）掌握单相电阻性负载桥式整流有、无滤波两种情况下输入电压、输出电压的关系。

3）学习整流电路的交流、直流电压、电流的测量方法。

4）学习整流电路的输入、输出电压波形的观测方法。

二、实验电路

单相半波整流电路如实验图 6-1 所示，单相桥式整流电路如实验图 6-2 所示。

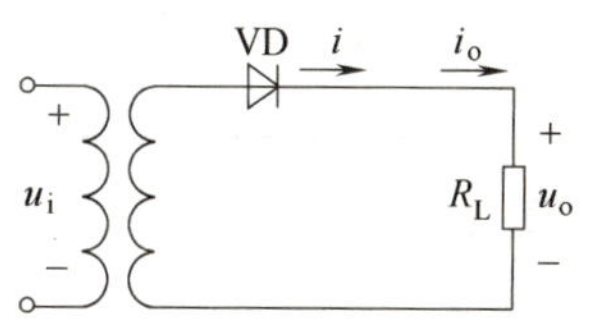

实验图 6-1　单相半波整流电路

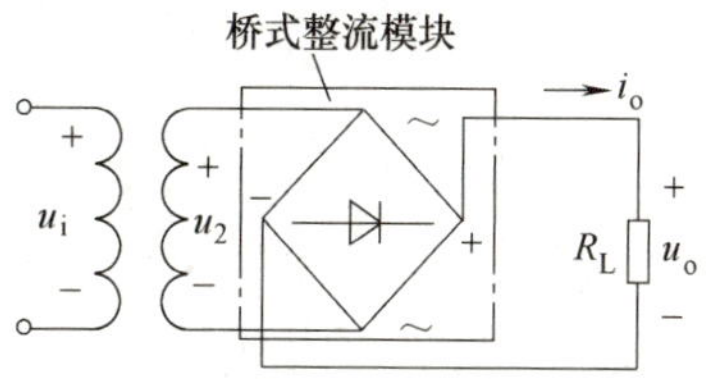

实验图 6-2　单相桥式整流电路

三、实验仪器及设备

1）降压变压器（220V/10V）1 台。

2）示波器 1 台。

3）数字式万用表 1 块。

4）整流二极管（1N4007）1 个。

5）整流模块（2A/400V）1 个。

6）负载电阻（100Ω/1W）1 个。

7）电解电容（1000μF/25V）1 个。

四、实验内容及方法

1）分别测量单相半波整流电路和单相桥式整流电路无滤波情况下输入电压、输出电压的关系；观测输入电压、输出电压的波形。

2）在负载电阻两端并联 1000μF 电解电容器（注意：电解电容是有极性的，千万不能接反，否则将导致电容器爆炸）；测量单相电阻性负载桥式整流有滤波情况下输入电压、输出电压的关系；观测输入电压、输出电压的波形。

3）充分理解滤波电容的作用。

4）主要操作内容如下：

单相半波整流电路和单相桥式整流电路的连接；使用万用表测量并记录单相半波整流电路输入电压、输出电压的值；分别测量并记录单相桥式整流电路（固定电阻负载）有、无电容滤波时输入电压、输出电压的值；分别填入实验表 6-1。

实验表 6-1　整流、滤波电路参数测量记录

交流输入 u_i/V		半波	桥式	
			无滤波	有滤波
输出 u_o/V	测量值			
	理论值			
误差				

用示波器观测单相桥式整流电路有、无电容滤波时输入电压、输出电压的波形，将波形分别记录于实验图 6-3、实验图 6-4。

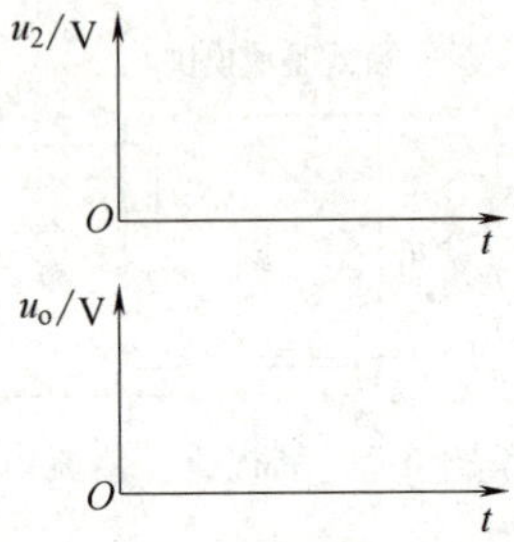

实验图 6-3　无电容滤波波形（记录）

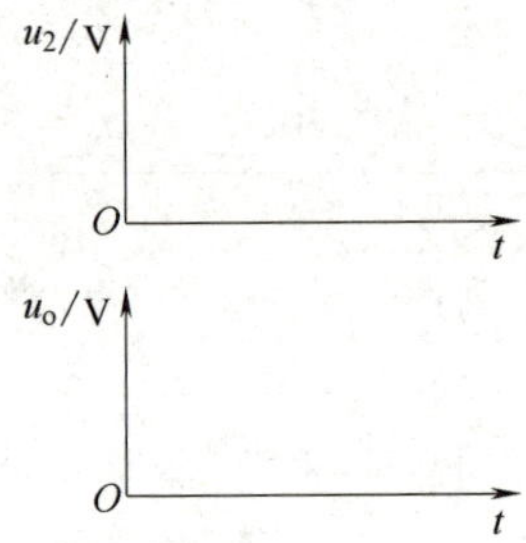

实验图 6-4　有电容滤波波形（记录）

五、实验要求及注意事项

1）做好实验前的预习，弄清楚整流电路的工作原理及其应用，写好预习报告。

2）掌握整流模块的使用与接线方法，注意整流二极管、整流模块及电解电容的符号与极性的连接关系。

3）整理实验数据，写出合格的实验报告。

4）总结每种电路的特点。

5）总结实验的收获及体会。

六、思考题

1）在输入电压、负载电阻相同的情况下，单相半波整流电路与单相桥式整流电路输出电压及二极管电流的差别是什么？

2）使用万用表测量整流电路输入电压和输出电压分别采用什么挡位？

3）单相桥式整流电路有、无电容滤波时，输入电压、输出电压的波形有什么区别？

实验 7　晶体管放大电路

一、实验目的

1）掌握晶体管放大电路静态工作点的概念及其调试方法。

2）掌握静态工作点对放大电路工作状态的影响。

3）学习放大电路技术指标的测量方法。

二、实验电路

分压式晶体管放大电路如实验图 7-1 所示。

三、实验仪器

1）信号发生器 1 台。

2）示波器 1 台。

3）直流稳压电源 1 台。

4）数字式万用表 1 块。

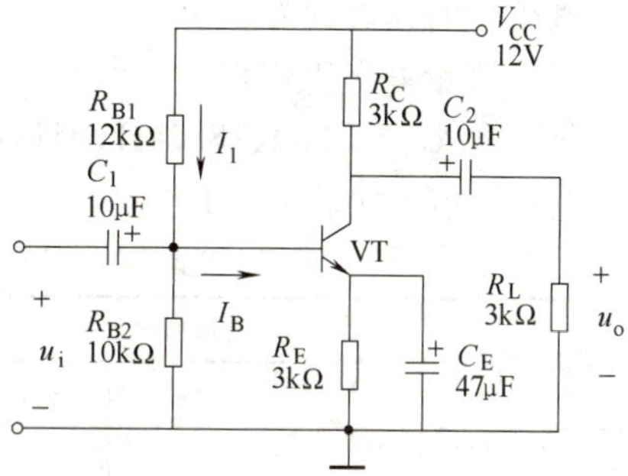

实验图 7-1　分压式晶体管放大电路

四、实验说明

对于由单个晶体管等分立元器件组成的放大电路来说，静态工作点（即 U_{BE}、U_{CE}、I_B、I_C）调整是一项重要的工作，因为静态工作点决定管子的工作状态，若静态工作点设置太低（I_B 太小），容易产生截止失真；反之，则将产生饱和失真，它不仅影响电路能否正常工作，也影响电路的技术指标。

（1）静态工作点的测量

U_{BE}：发射结的正向偏压，为 0.7V，一般不必测量。

U_{CE}：需要测量，可用万用表直流电压挡直接测量晶体管 C 和 E 极之间的电压。

I_C：通常通过 V_E 换算得到，$I_C = V_E / R_E$。

I_B：通过 I_C 换算得到，$I_B = I_C / \beta$。

静态工作点的测量在组装、修理电路，以及电路的调试中都经常用到。

（2）调整方法

在晶体管确定以后，影响静态工作点的因素有电源电压 V_{CC}、集电极电阻 R_C、基极偏置电阻 R_{B1}、R_{B2}。其中任意一个元件参数的变化，都将使静态工作点发生变化。但一般情况下，电路确定以后，R_C、R_E、V_{CC} 已经确定，静态工作点主要取决于 I_B 的选择，即主要由 R_{B1}、R_{B2} 的取值决定。实验图 7-1 分压式晶体管放大电路中，有

$$V_B = \frac{V_{CC}}{R_{B1} + R_{B2}} R_{B2}$$

$$I_B = \frac{V_B - U_{BE}}{R_B + (1+\beta) R_E}$$

其中 $R_B=R_{B1}//R_{B2}$。可见改变 R_{B1}、R_{B2} 均可改变 V_B 值，进而改变 I_B。实际中，一般都是通过调整 R_{B1} 来实现静态工作点的调整。

（3）操作方法

1）一般用一个固定电阻 R 和一个电位器 R_P 串联来代替 R_{B1}，R 的阻值稍小于 R_{B1}，R_P 与 R_{B1} 相当即可，R 的作用是保护晶体管，防止当 R_P 调到零时，V_{CC} 全部加到管子的发射结，使流过管子的电流过大而烧坏晶体管。

2）调整 R_E，并同时测量 V_{EQ}（发射极对地的电压），使 I_{CQ} 为设计值。

五、实验内容及方法步骤

（1）按图组装电路

设 $R_{B2}=10k\Omega$，$R_C=3k\Omega$，$R_E=3k\Omega$，$C_1=C_2=10\mu F$，电源 V_{CC} 为 12V，连接并检查电路（将稳压电源设置为 12V）。

（2）测量静态工作点

分别取 $R_{B1}=12k\Omega$、8.2kΩ、51kΩ，用万用表直流电压挡测量晶体管引脚 E、B、C 的对地电压，填入实验表 7-1。

实验表 7-1 分压式晶体管放大电路静态参数测量记录

$R_{B1}/k\Omega$	测量值/V			根据测量值得出的计算值			理论值		
	V_E	V_B	V_C	U_{BE}/V	U_{CE}/V	I_C/mA	U_{BE}/V	U_{CE}/V	I_C/mA
12									
8.2									
51									

（3）测量放大电路的电压放大倍数

放大电路的电压放大倍数 $A_u=U_o/U_i$，测量方法如下：

1）将信号源设置为频率 1kHz、电压 20mV，接到输入端；负载开路，用示波器观察输出波形。改变信号的幅度使输出波形在不失真情况下最大，用示波器（或万用表交流电压挡）测量输出端电压 U_o，根据信号源设置 U_i，求出放大器的电压放大倍数 A_u。

2）用示波器同时观察输入和输出波形，对应画出其波形草图，讨论其相位关系。

3）在输出端与地间接一个 $R_L=3k\Omega$ 的负载电阻，再测量 A_u。讨论负载对 A_u 的影响。将上述测量数据填入实验表 7-2，并简单分析 A_u 变化的原因。

实验表 7-2 分压式晶体管放大电路动态参数测量记录

实验条件		u_i/mV	u_o/V	A_u	结论
$R_L=\infty$（开路）	$C_E=0$				
	$C_E=47\mu F$				
$R_L=3k\Omega$	$C_E=0$				
	$C_E=47\mu F$				

六、实验要求及注意事项

1）实验前必须做好预习，并对静态工作点（U_{CE}、I_C）和 A_u（以 $R_{B1}=12k\Omega$ 为准）进

行理论计算，按要求写出预习报告。

2）理解、回答思考题，以便在实验中加以应用。

3）实验结束后，整理实验数据，在预习报告的基础上完成实验报告。

4）将实验结果与理论计算值进行比较，如果超过 10%时，分析误差产生原因。

七、思考题

1）如何调整和测量静态工作点？简洁写出操作过程。

2）放大电路的电压放大倍数 $A_u = U_o / U_i$ 时，为什么必须在输出不失真的条件下测量？

3）测量时若把示波器的地线与测量线接反，会出现什么情况？

实验 8　集成运算放大器的基本运算电路

一、实验目的

1）掌握集成运算放大器的正确使用方法。

2）了解集成运算放大器的特点及其基本运算关系。

二、集成运算放大器简介

集成运算放大器（简称集成运放）实际上是一个放大倍数很高的直流放大器（其开环增益达 10^6 以上），应用时必须加入深度负反馈，以组成负反馈放大器，加入的反馈网络不同，实现的运算功能亦不同。如加入线性网络（R、C 等元件组成）可实现放大、加法、减法、微分、积分等。

集成运放与数字集成电路一样都是由多个引脚（有 8、14 引脚等）组成，引脚的排列顺序也相同，都是由其上的标志（其表面上有一个圆点或顶端有一凹槽）开始，按逆时针方向，分别为 1、2…，如实验图 8-1 所示。集成电路型号不同，引脚的数量及功能亦不同，使用时应查阅相关资料明确其使用方法。

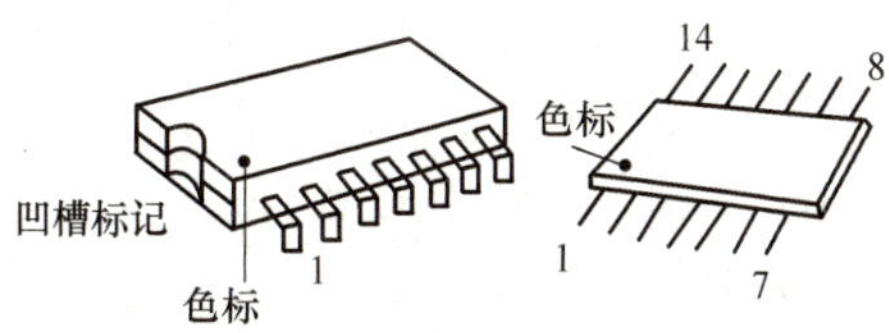

实验图 8-1　集成运放外形及引脚识别标记

集成运放 LM324 的引脚位置符号如实验图 8-2 所示，其内部有 4 个运放：引脚 1、2、3 为运放 1；引脚 5、6、7 为运放 2；引脚 8、9、10 为运放 3；引脚 12、13、14 为运放 4；引脚 4 为正电源 $+V_{CC}$；引脚 11 为负电源 $-V_{SS}$。

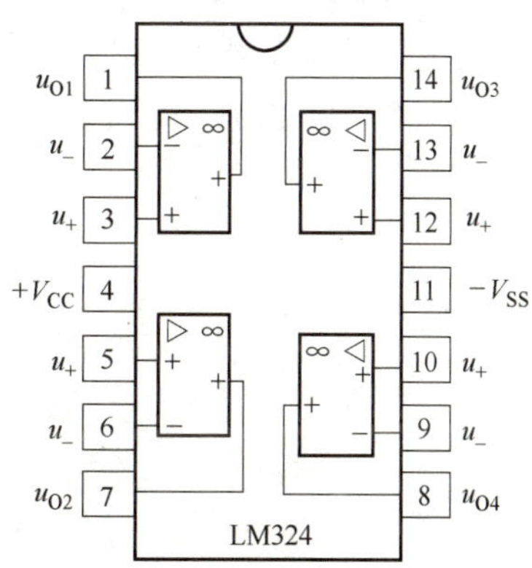

实验图 8-2　集成运放 LM324 的引脚位置符号

三、实验仪器

1）信号发生器 1 台。

2）数字万用表 1 块。

3）双踪示波器 1 台。

4）直流稳压电源 1 台。

四、实验内容及方法步骤

1. 反相比例运算电路

反相比例运算电路如实验图 8-3 所示。

反相比例放大器的输出电压 u_O 与输入电压 u_I 成比例变化，且极性相反，其比例系数为

$$A_{uf}=\frac{u_O}{u_I}=-\frac{R_F}{R_1}$$

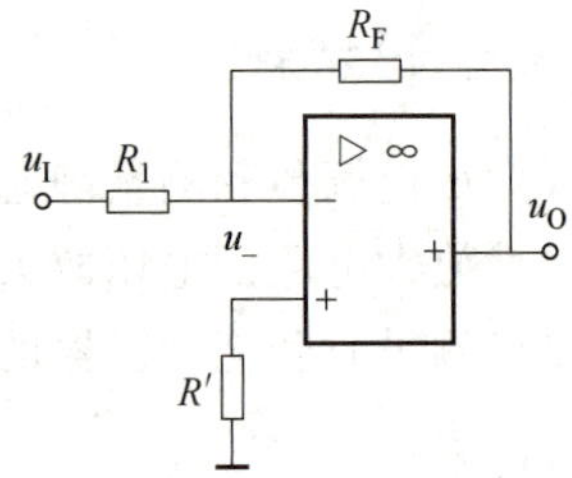

实验图 8-3　反相比例运算电路

实验步骤如下：

1）按实验图 8-3 连接成反相比例放大器，取 $R_1=1k\Omega$，$R_F=3k\Omega$，$R=0.75k\Omega$。

2）电源电压为±12V。

3）为了观察输入、输出波形的相位关系，输入信号采用直流，由稳压电源提供。

4）分别按实验表 8-1 输入相应信号，用万用表测量各自的输出电压 u_O，并与理论值比较，完成记录表内各项内容，再测量反相端对地的电压。

实验表 8-1　反相比例运算电路参数测量记录

输入电压 u_I/V		0.5	-1
输出电压 u_O/V	测量值		
	理论值		
误差			
反相端电压 u_-/V			

5）输入信号改为信号源提供的 1kHz、$1V_{p\text{-}p}$ 交流信号，测量该电路的电压放大倍数 A_{uf}，用示波器观测输入、输出波形，并记录于实验图 8-4 中。

6）关掉实验箱上的电源。

7）总结实验结论。

8）分析误差产生的主要原因。

2. 加法运算电路

在上述电路基础上，在反相端再接一电阻 $R_2=1.5k\Omega$，再加入另一个输入信号 u_{I2}，则可实现两个信号相加，如实验图 8-5 所示，元件参数值与实验图 8-3 一致。

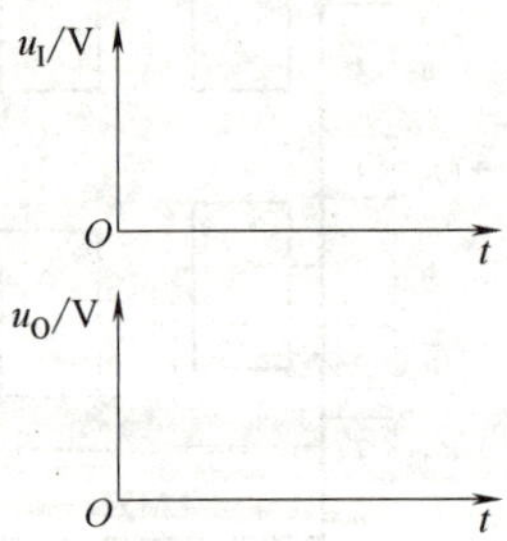

实验图 8-4　输入、输出电压波形

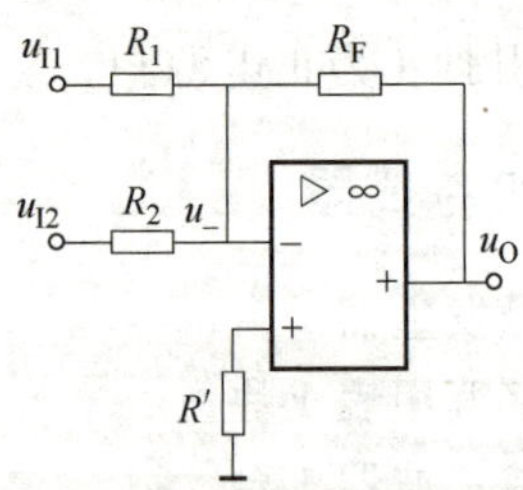

实验图 8-5　加法运算电路

实验步骤如下：

1）实验图 8-5 加法运算电路中，输出电压与两个输入电压之和有关，即

$$u_O=-\left(\frac{R_F}{R_1}u_{I1}+\frac{R_F}{R_2}u_{I2}\right)$$

2）按实验表 8-2 输入信号，测量 u_O，并记录于实验表 8-2 中。

3）关掉实验箱上的电源。

4）分析误差产生的主要原因。

5）写出实验结论。

实验表 8-2　加法运算电路参数测量记录

输入电压 u_I/V		u_{I1}	u_{I2}	u_{I1}	u_{I2}
		1	−2	−0.5	1.5
输出电压 u_O/V	测量值				
	理论值				
误差					

3. 同相比例运算电路

同相比例运算电路如实验图 8-6 所示，信号从同相端输入，反馈网络仍加到反相端，属于电压串联反馈类型，故有输入阻抗高、输出阻抗低的特点。

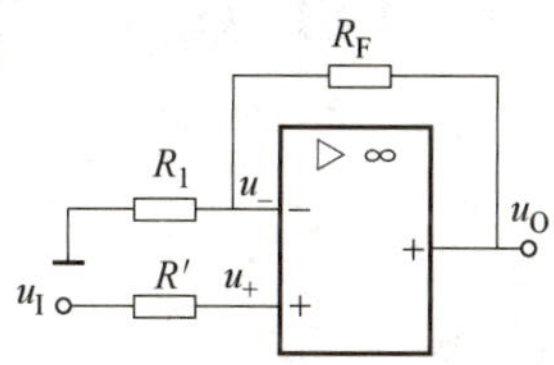

实验图 8-6　同相比例运算电路

输出电压与输入电压的关系为同相比例关系，其比例系数为

$$A_{uf}=\frac{u_O}{u_I}=1+\frac{R_F}{R_1}$$

实验步骤如下：

1）按照实验图 8-6 连接电路，元件参数值与实验图 8-3 一致。

2）按实验表 8-3 输入信号，测量 u_O，并记录于实验表 8-3 中。

实验表 8-3　同相比例运算电路参数测量记录

输入电压 u_I/V		1	−0.5
输出电压 u_O/V	测量值		
	理论值		
误差			
同相端电压 u_+/V			
反相端电压 u_-/V			

3）测量同相、反相端的直流电压。

4）关掉实验箱上的电源。

5）写出实验结论。

6）分析误差产生的主要原因。

五、实验注意事项及报告要求

1）做好实验前的预习，弄清楚集成运放的工作原理及其应用，写好预习报告。

2）掌握集成运放的使用方法。

3）整理实验数据，写出合格的实验报告。

4）总结每种电路的特点。

5）总结实验的收获及体会。

六、思考题

1）集成运放实际上是一个直流放大器，能否放大交流信号？

2）集成运放在使用中，从同相端输入时，反相端电压是否为0？为什么？

3）在电路中如何判断集成运放是否损坏？

4）影响输出误差的主要因素有哪些？

实验9　TTL 集成门电路

一、实验目的

1）熟悉并掌握数字电路的测试方法。

2）验证基本逻辑门电路的逻辑功能。

二、实验设备与器材

1）直流稳压电源1台。

2）集成逻辑门电路芯片74LS00、74LS02、74LS04、74LS08、74LS10各1片。

三、实验内容

1. 4-2输入与非门（74LS00）功能测试

74LS00是4-2输入与非门，即内部为4个独立的两输入与非门，引脚 A、B 为输入，引脚 Y 为输出，如实验图9-1所示，其逻辑表达式为

$$Y=\overline{AB}$$

可自选任意一个与非门进行测试，选用实验箱上两组高低电平开关作为被测与非门的引脚 A、B 两个输入，用一个发光二极管与引脚 Y 相连，显示输出电平。

1）熟悉引脚排列，如实验图9-1所示。

2）改变电平开关位置，观察发光二极管，将输出电平值填入实验表9-1。

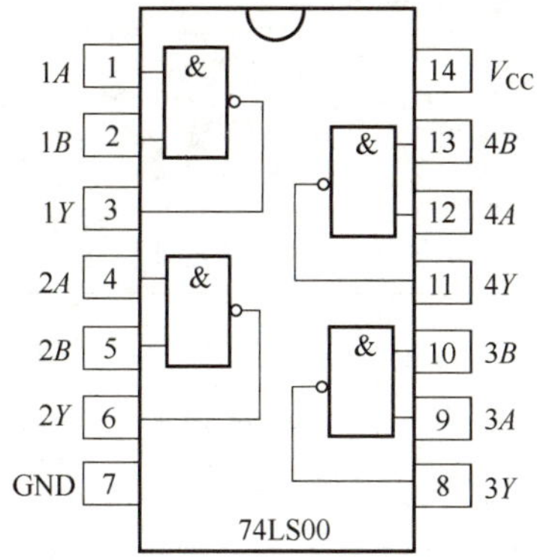

实验图 9-1　74LS00 引脚排列

实验表 9-1　两输入与非门功能测试记录

A	B	Y
0	0	
0	1	
1	0	
1	1	

2. 4-2 输入或非门（74LS02）功能测试

74LS02 是 4-2 输入或非门，即内部为 4 个独立的两输入或非门，引脚 A、B 为输入，引脚 Y 为输出，如实验图 9-2 所示，其逻辑表达式为

$$Y=\overline{A+B}$$

可自选任意一个或非门进行测试，选用实验箱上两组高低电平开关作为被测或非门的引脚 A、B 的两个输入，用一个发光二极管与引脚 Y 相连，显示输出电平。

1）熟悉引脚排列，如实验图 9-2 所示。

2）改变电平开关位置，观察发光二极管，将输出电平值填入实验表 9-2。

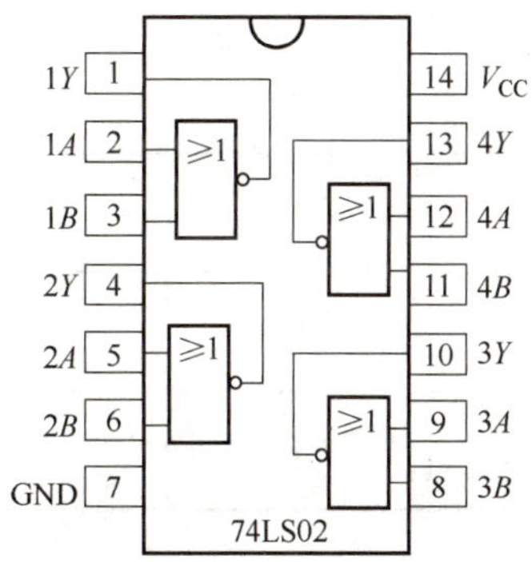

实验图 9-2　74LS02 引脚排列

实验表 9-2　两输入或非门功能测试记录

A	B	Y
0	0	
0	1	
1	0	
1	1	

3. 6 非门（74LS04）功能测试

74LS04 是 6 非门，内部含 6 个独立的非门，引脚 A 为输入端，输出端为引脚 Y，如实验图 9-3 所示，其逻辑表达式为

$$Y=\overline{A}$$

可自选任意一个非门进行测试，选用实验箱上一组高低电平开关作为被测非门的引脚 A 输入，用一个发光二极管与引脚 Y 相连，显示输出电平。

1）熟悉引脚排列，如实验图 9-3 所示。

2）改变电平开关位置，观察发光二极管，将输出电平值填入实验表 9-3。

4. 2-2 输入与门（74LS08）功能测试

74LS08 是 4-2 输入与门，即内部为 4 个独立的两输入与门，引脚 A、B 为输入，引脚 Y

为输出，如实验图 9-4 所示，其逻辑表达式为

$$Y=AB$$

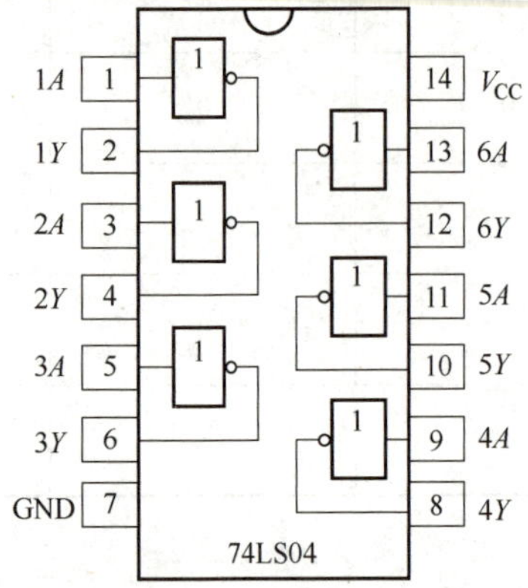

实验图 9-3 74LS04 引脚排列

实验表 9-3 非门功能测试记录

A	Y
0	
1	

可自选任意一个非门进行测试，选用实验箱上两组高低电平开关作为被测与门的引脚 A、B 两个输入，用一个发光二极管与引脚 Y 相连，显示输出电平。

1）熟悉引脚排列，如实验图 9-4 所示。

2）改变电平开关位置，观察发光二极管，将电平值填入实验表 9-4。

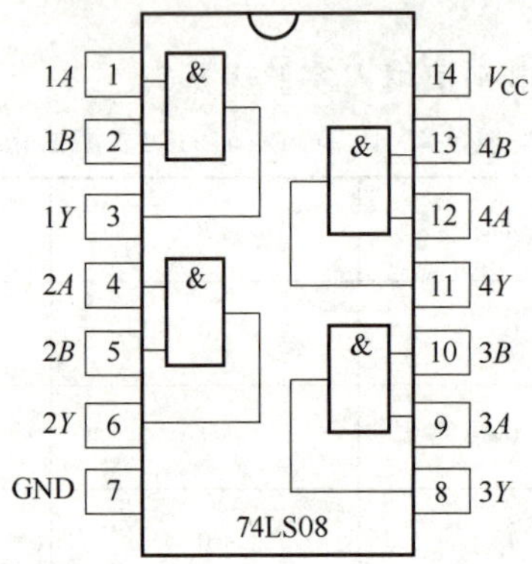

实验图 9-4 74LS08 引脚排列

实验表 9-4 两输入与门功能测试记录

A	B	Y
0	0	
0	1	
1	0	
1	1	

5. 3-3 输入与非门（74LS10）功能测试

74LS10 是 3-3 输入与非门，即内部为 3 个独立的三输入与非门，引脚 A、B、C 为输入，引脚 Y 为输出，如实验图 9-5 所示，其逻辑表达式为

$$Y=\overline{ABC}$$

可自选任意一个与非门进行测试，选用实验箱上两组高低电平开关作为被测与门的引脚 A、B、C 三个输入，用一个发光二极管连接引脚 Y，显示输出电平。

1）熟悉引脚排列，如实验图 9-5 所示。

2）改变输入电平开关位置，观察发光二极管，将输出电平值填入实验表 9-5。

6. 用非门和与非门组成或门

1）电路如实验图 9-6 所示，输入用电平开关，输出接发光二极管。

2）改变输入电平开关位置，观察发光二极管，将输出电平值填入实验表 9-6。

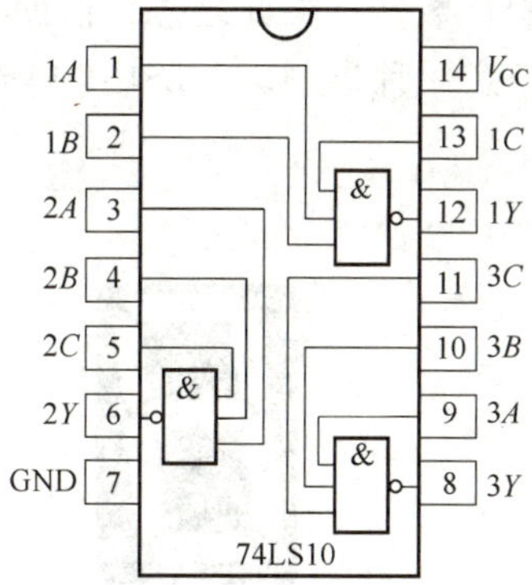

实验图 9-5　74LS10 引脚排列

实验表 9-5　三输入与非门功能测试记录

A	B	C	Y
0	0	0	
0	0	1	
0	1	0	
0	1	1	
1	0	0	
1	0	1	
1	1	0	
1	1	1	

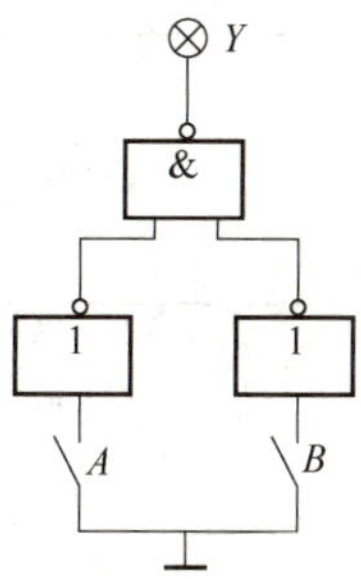

实验图 9-6　用与非门和非门组成或门

实验表 9-6　或门功能测试记录

A	B	Y
0	0	
0	1	
1	0	
1	1	

四、报告要求

1）填写各集成门电路的逻辑功能表。

2）写出各集成门电路的逻辑表达式。

3）根据实验图 9-6 推导或门的逻辑表达式。

实验 10　集成计数器的应用

一、实验目的

1）熟练掌握集成计数器的逻辑功能和各控制端的作用。

2）掌握集成计数器的使用方法。

二、实验设备与器材

1）直流稳压电源 1 台。

2）集成电路片 74LS161（4 位二进制计数器）、74LS248（7 段显示译码器）、74LS00（四二输入与非门）各 1 片。

三、实验内容

1. 74LS161（4 位二进制计数器）

计数器是应用最广泛的时序逻辑电路。74LS161 是一种 4 位二进制（十六进制）计数器，可以直接用来组成 1 位十六进制计数器和 4 位二进制计数器，除此之外，借助异步清 0 法和同步置数法，还可以灵活地组成二～十五进制中的任意一种进制。74LS161 集成计数器引脚排列及状态表见第 14 章图 14-24 和表 14-11。

2. 74LS248（7 段显示译码器）

74LS248（7 段显示译码器）接线图如实验图 10-1 所示，其功能表见实验表 10-1。其中，$a \sim g$ 为 7 段显示译码输出，对应接到 7 段数码显示器的输入端；$DCBA$ 为输入端，当 $DCBA$ 为 0000～1111 时，通过输出不同的显示代码，数码管依次显示 0、1、2、3、4、5、6、7、8、9、A、B、C、D、E、F（十六进制数）；$\overline{LT}$ 为测试输入，低电平（0）有效，当 $\overline{LT}=0$ 时，无论 $DCBA$ 为何状态，均显示“8”，测试各发光段是否正常显示；$\overline{BI}/\overline{RBO}$ 为灭灯输入/灭 0 输出，外加 0 时，无论 $DCBA$ 为何状态，均不显示（灭灯）；当灭 0 时，输出低电平（0）；$\overline{RBI}$ 为灭 0 输入，低电平（0）有效，当 $\overline{RBI}=0$ 时，即使 $DCBA=0000$，也不显示 0。

以上各控制端用于多位数码管的连接，详见有关章节。

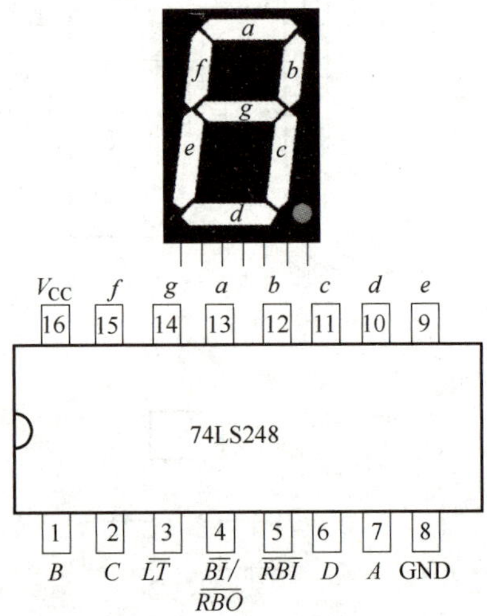

实验图 10-1　74LS248（7 段显示译码器）接线图

实验表 10-1　74LS248（7 段显示译码器）**功能表**（输入 0000～1001 时）

功能	输入				输出	显示
	$\overline{LT}$	$\overline{RBI}$	$\overline{BI}/\overline{RBO}$	D　C　B　A	a　b　c　d　e　f　g	
测试	0	×	1	×　×　×	1　1　1　1　1　1　1	8
灭灯	×	×	0	×　×　×　×	0　0　0　0　0　0　0	全灭
灭 0	1	0	1	0 0 0 0	0　0　0　0　0　0　0	灭 0
十六进制数数码显示	1	1	1	0000	1　1　1　1　1　1　0	0
	1	×	1	0001	0　1　1　0　0　0　0	1
	1	×	1	0010	1　1　0　1　1　0　1	2
	1	×	1	0011	1　1　1　1　0　0　1	3
	1	×	1	0100	0　1　1　0　0　1　1	4
	1	×	1	0101	1　0　1　1　0　1　1	5
	1	×	1	0110	1　0　1　1　1　1　1	6
	1	×	1	0111	1　1　1　0　0　0　0	7
	1	×	1	1000	1　1　1　1　1　1　1	8
	1	×	1	1001	1　1　1　1　0　1　1	9
	1	×	1	1010～1111	…	A～F

设计应用 74LS248、74LS00 和 74LS161 组成十进制加法计数器，并用 7 段数码管显示计数结果，实验电路接线如实验图 10-2 所示。

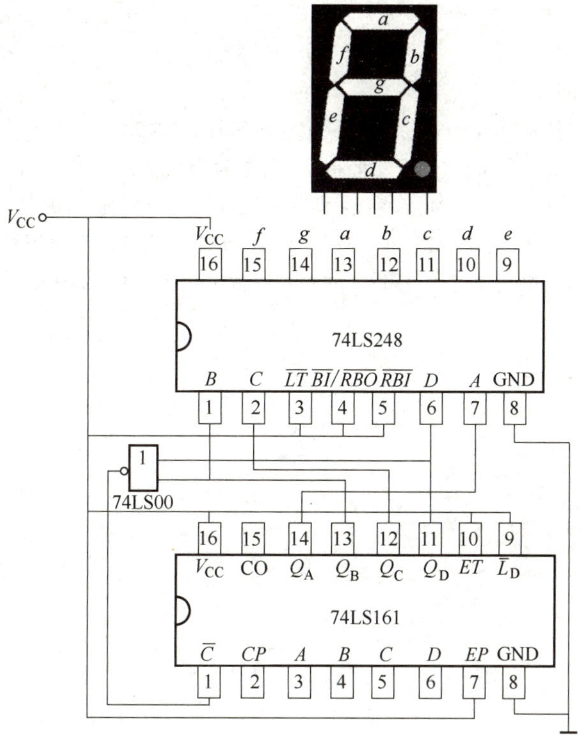

实验图 10-2　计数-译码-显示电路接线图

四、实验要求及注意事项

1）做好实验前的预习，熟悉集成电路 74LS248、74LS00 和 74LS161 的功能和各个引脚的作用。

2）总结实验的收获及体会。

参考文献

[1] 贾贵玺. 电工与电子技术 [M]. 北京：机械工业出版社，2015.

[2] 秦曾煌. 电工学简明教程 [M]. 3版. 北京：高等教育出版社，2015.

[3] 贾贵玺. 电工技术：电工学Ⅰ [M]. 5版. 北京：高等教育出版社，2017.

[4] 刘全忠，刘艳莉. 电子技术：电工学Ⅱ [M]. 5版. 北京：高等教育出版社，2023.

[5] 贾贵玺. 可编程控制器原理与应用 [M]. 北京：机械工业出版社，2015.

后　记

经全国高等教育自学考试指导委员会同意，由机械及轻纺化工类专业委员会负责高等教育自学考试《电工与电子技术》教材的审定工作。

本教材由贾贵玺、赵刚担任主编，田梦君、马晓春、李良洪、孙琦参与编写。全书由贾贵玺统稿。

本教材由西安交通大学刘晔教授、西安工程大学徐建教授评审，并提出了宝贵的修改意见，谨向他们表示诚挚的谢意。

机械及轻纺化工类专业委员会最后审定通过了本教材。

全国高等教育自学考试指导委员会
机械及轻纺化工类专业委员会
2023 年 12 月